Xpert.press

Springer
Berlin
Heidelberg
New York
Barcelona
Hongkong
London
Mailand
Paris
Singapur
Tokio

Die Reihe Xpert.press des Springer-Verlags vermittelt Professionals in den Bereichen Betriebs- und Informationssysteme, Software Engineering und Programmiersprachen aktuell und kompetent relevantes Fachwissen über Technologien und Produkte zur Entwicklung und Anwendung moderner Informationstechnologien.

Jörg Noack (Hrsg.)

Techniken der objektorientierten Softwareentwicklung

Mit 326 Abbildungen und 74 Tabellen

Dr. Jörg Noack
Königswinterer Straße 552
53227 Bonn
joerg.noack@siz.de

ISSN 1439-5428
ISBN-13:978-3-642-63991-3

Die Deutsche Bibliothek – CIP-Einheitsaufnahme
Techniken der objektorientierten Softwareentwicklung / Hrsg.: Jörg Noack. –
Berlin; Heidelberg; New York; Barcelona; Hongkong; London; Mailand; Paris;
Singapur; Tokio: Springer, 2001
(Xpert.press)
ISBN-13:978-3-642-63991-3 e-ISBN-13:978-3-642-59481-6
DOI: 10.1007/978-3-642-59481-6

Springer-Verlag Berlin Heidelberg New York
ein Unternehmen der BertelsmannSpringer Science+Business Media GmbH
http://www.springer.de

Softcover reprint of the hardcover 1st edition 2001

Umschlaggestaltung: KünkelLopka, Heidelberg
Satz: Datenkonvertierung durch G & U, Flensburg
Gedruckt auf säurefreiem Papier – SPIN: 10795720 33/3142 GF 543210

Vorwort

Dieses Buch stellt keine Einführung in objektorientierte Modellierung oder Programmierung dar. Es wendet sich vielmehr an die vielen Software-Entwickler, denen die Zeit fehlt sich durch die zahlreichen Werke von namhaften Autoren zu kämpfen, um endlich die Stelle zu finden, die das objektorientierte Software-Projekt in einer bestimmten Problemsituation auf den Erfolgspfad bringt.

Das Buch wurde geschrieben, um in einem laufenden Software-Projekt auf eine möglichst effiziente Art von A nach B zu kommen.

Es wendet sich an alle Kritiker, die eine konkrete Hilfestellung für den Software-Entwickler in Vorgehensmodellen vermissen. Es beruht auf den Erfahrungen und Kenntnissen einer großen Software-Organisation und eines Autorenteams, das sich über viele Jahre mit Detailaspekten in der objektorientierten Software-Entwicklung beschäftigt hat.

Bei der Beschreibung der Techniken wurde ein besonderer Wert auf eine in sich geschlossene Darstellung sowie eine Veranschaulichung durch praxisnahe Beispiele gelegt. Sofern die Techniken ein bestimmtes Know-how voraussetzen, wird dieses explizit ausgewiesen.

Die dargestellten Techniken wurden entwickelt, um das Anwendungsentwicklungsmodell für die objektorientierte Software-Entwicklung, welches das Informatikzentrum der Sparkassenorganisation (SIZ) für die IT-Entwicklungseinheiten der Sparkassen-Finanzgruppe herausgibt, zu erweitern und auf den neuesten Stand zu bringen.

Der hier gewählte Ansatz fokussiert die elementaren Schritte der Software-Entwicklung und ist daher auch kompatibel zu anderen Vorgehensmodellen.

Die Techniken können und sollten in Zusammenhang mit verschiedenen Entwicklungswerkzeugen eingesetzt werden. Sie sind aber (bis auf wenige Ausnahmen) unabhängig von Produkten bestimmter Hersteller. Bei den Modellierungstechniken wird jedoch davon ausgegangen, dass die eingesetzten Werkzeuge die Version 1.3 der Unified Modeling Language unterstützen.

Die Idee, das in diesem Buch niedergelegte Wissen über Techniken der objektorientierten Software-Entwicklung einem größeren Leserkreis verfügbar zu machen, stammt von den Mitgliedern des Autorenteams, die im akademischen Umfeld zu Hause sind. Sie sahen hierin eine interessante Quelle für eine praxisrelevante Ausbildung in Software-Engineering und Software-Management.

Jeder, der Anregungen, Verbesserungen oder Erweiterungsvorschläge zum Buch übermitteln möchte, ist herzlich eingeladen, Kontakt mit dem Herausgeber aufzunehmen.

Allen, die zur Entstehung des Buches direkt oder indirekt beigetragen haben, sei an dieser Stelle ganz herzlich gedankt. Besonders erwähnen möchte ich die Mitglieder des Arbeitskreises AE-Modell, die die Weiterentwicklung des AE-Modells mit Rat und Sachverstand in vielen Sitzungen und Reviewveranstaltungen begleitet haben, sowie dem Geschäftsführer des SIZ, Herrn Alexander von Stülpnagel, und dem Leiter des Modellierungskompetenzzentrums, Herrn Hans-Bernd Kittlaus, die diese Veröffentlichung ermöglicht haben. Es war mir eine besondere Freude und Ehre, in der engagierten Projektgruppe die Projektleitung und damit auch die Herausgeberschaft für dieses Buch zu übernehmen.

Bonn, im März 2001

Jörg Noack

Inhaltsverzeichnis

1 Einführung

1.1 Über dieses Buch

Objektorientierte Software-Entwicklung ist ein vielversprechender Ansatz, um Software-Qualität, Software-Wartung, Software-Wiederverwendung und Software-Produktivität zu verbessern. Mehr und mehr industrielle Projekte nicht nur in der Finanzbranche, in dessen Umfeld das Buch entstanden ist, folgen diesem Paradigma, wenn sie neue Anwendungssysteme entwickeln.

In der Sparkassenorganisation näherten wir uns diesem Ansatz, indem wir die ersten Erfahrungen in Pilotprojekten, die sich auf objektorientiertes Gedankengut und objektorientierte Technologien abstützten, analysierten und dann darüber nachdachten, wo die Hauptunterschiede zur herkömmlichen Vorgehensweise, die auf einem Phasenmodell, strukturierter Analyse und Design sowie auf der Programmierung in konventionellen Programmiersprachen basiert, liegen.

Herausgekommen ist dabei ein eigenständiges objektorientiertes Anwendungsentwicklungs-modell, dass auf industriellen Standards wie der Unified Modeling Language(UML) für die objektorientierte Modellierung, modernen objektorientierten Programmiersprachen wie Java, einem flexiblen, iterativen und inkrementellen Vorgehensmodell und einer mehrschichtigen Software-Architektur beruhen. Dabei entstand außerdem die Erkenntnis, dass der Erfolg von OO-Projekten, nicht nur von der Beherrschung dieser objektorientierten Technologien, sondern auch von deren Zusammenspiel mit entwicklungsbegleitenden Prozessen wie Qualitäts-, Konfigurations- und Projektmanagement abhängt. Das Thema Sicherheit, welches nicht nur im Bankenumfeld eine besondere Rolle spielt, war ebenfalls gesondert zu berücksichtigen.

Seit 1997 gibt das Informatikzentrum der Sparkassenorganisation (SIZ) unter dem Namen *AE-Modell* einen OO-Leitfaden für die IT-Entwicklungseinheiten der Sparkassenorganisation heraus, der einem kontinuierlichen Verbesserungsprozess unterliegt. Im Zuge der Weiterentwicklung des objektorientierten AE-Modells wurde Mitte 1999 ein Projekt aufgesetzt mit dem Ziel, die einzelnen Rollen im objektorientierten Entwicklungsprozess durch allgemein anerkannte und für die Projektpraxis in der Software-Entwicklung der Sparkassenorganisation angemessene Handlungsleitlinien zu unterstützen. Gleichzeitig sollte dabei ein Update der

Modellierungsleitlinien auf die Version 1.3 der UML [OMG1999] vorgenommen werden.

Im Rahmen der Projektarbeit fanden wir eine Vielzahl von Quellen, bei denen Basistechniken der objektorientierten Software-Entwicklung diskutiert werden. Stellvertretend für diese Quellen sollen hier das Werk von Booch, Rumbaugh und Jacobson [Booch1999] sowie die Sammlung der OPEN-Techniken [Henderson-Sellers1998] genannt werden, die uns zu diesem Buch inspiriert haben.

Leider mussten wir jedoch feststellen, dass Darstellung, Abdeckungsgrad oder Aktualität dieser Quellen für unsere Zwecke nur wenig angemessen waren. Mit der Hilfe eines Autorenteams, das über Expertenwissen in Teilbereichen des Software Engineering verfügt, wurden über 90 Techniken der objektorientierten Software-Entwicklung, die in diesem Buch aufgeführt sind, identifiziert und nach einem einheitlichen Raster so beschrieben, dass auch weniger erfahrene Software-Entwickler (insbesondere solche, die in der traditionelle Software-Entwicklung zu Hause sind) vom Expertenwissen in der OO Community profitieren können.

Die in diesem Buch dargestellten Techniken liefern keine lückenlose Gesamtdarstellung des Software-Entwicklungsprozess. Vielmehr dienen sie als Hilfestellung für Entwickler, die zu bestimmten Zeitpunkten bestimmte Aufgaben in der Software-Entwicklung zu bewältigen haben. Obwohl die Techniken ursprünglich für das AE-Modell der Sparkassenorganisation entwickelt wurden, sind sie damit auch kompatibel zu anderen Entwicklungsprozessen wie dem V-Modell [Dröschel 1998] oder dem Unified Process [Kruchten1999].

1.2 Der angesprochene Leserkreis

Dieses Buch will nicht mit Werken der universitären Forschung in Hinblick auf neueste, theoretische Erkenntnisse der Software-Spezifikation konkurrieren, sondern es wendet sich an:

- **Praktiker,** die einen Überblick über die wichtigsten Techniken in der objektorientierten Anwendungsentwicklung untermauert durch praxisnahe Beispiele für Selbststudium und als Nachschlagewerk suchen
- **Wissenschaftler/Forscher,** die einen Überblick über Methoden und Verfahren der industriellen Praxis in der Software-Entwicklung erhalten wollen
- **Dozenten,** die praxisrelevante Lernmaterialien und Beispiele aus verschiedenen Teildisziplinen des Software Engineering suchen
- **Studenten,** die sich auf industrielle Software-Projekte vorbereiten wollen
- **Institute/Bibliotheken,** die ein umfassendes Nachschlagewerk zu Basistechniken in der objektorientierten Anwendungsentwicklung bereitstellen möchten.

1.3 Die Autoren

Die in diesem Buch zusammengestellten Techniken basieren auf verschiedenen Projekten des Informatikzentrum der Sparkassenorganisation (SIZ)[1]. Substantielle Beiträge wurden von folgenden Projektbeteiligten (in alphabetischer Reihenfolge) geleistet:

- Dr. Matthias Besch
- Lilian Hages
- Christian Haider
- Prof. Dr. Wolfgang Hesse
- Dr. Klaus Heuer
- Nora Koch
- Dieter Küspert
- Dr. Bruno Schienmann
- Prof. Dr. Fridtjof Toenniessen
- Guido Weischedel
- Dr. Mario Winter
- Martin Wischhusen
- Dr. Dr. Andreas Zendler

Die Projekleitung lag beim Herausgeber, der auch die einführenden Kapitel und die redaktionelle Überarbeitung übernommen hat.

1.4 Aufbau und Gliederung

Das Buch ist wie folgt aufgebaut:

- **Kapitel 2** beschreibt das vom SIZ herausgegebene Anwendungsentwicklungsmodell, soweit es zum Grundverständnis der im weiteren aufgeführten Techniken notwendig ist.
- **Kapitel 3** begründet, warum Techniken in der Software-Entwicklung benötigt werden, analysiert wie andere Entwicklungsprozesse mit elementaren Arbeitsschritten umgehen, stellt das einheitliche Beschreibungsraster und den Werkzeugkasten vor, in den die gefundenen Techniken einsortiert werden können.
- **Kapitel 4** stellt einige Basistechniken für die Anforderungsanalyse vor.
- **Kapitel 5** beschäftigt sich mit der Herleitung und Ausarbeitung von Anwendungsfällen.
- **Kapitel 6** widmet sich den statischen Aspekten der objektorientierten Modellierung und hilft beim Aufbau und der Strukturierung von Klassen- und Objektmodellen.

[1] Ausführlichere Informationen über das SIZ und die Partnerunternehmen der SIZ-Gemeinschaft finden Sie im Internet unter http://www.siz.de

- **Kapitel 7, 8 und 9** behandeln die dynamischen Aspekte der Zustands-, Aktivitäts- Interaktionsmodellierung.
- **Kapitel 10** beschäftigt sich mit der Modellierung von Komponenten und Verteilung.
- **Kapitel 11** betrachtet übergreifende Techniken, die auf verschiedene UML-Modelle angewendet werden können.
- **Kapitel 12** unterstützt den Einsatz von Analyse- und Designmustern.
- **Kapitel 13 und 14** betrachten Techniken zu Analyse und Design von Benutzungsoberflächen.
- **Kapitel 15** stellt Techniken vor, die bei der Erstellung von Software-Architekturen Anwendung finden.
- **Kapitel 16** befasst sich mit der Aufgabenstellung, wie man die statischen und dynamischen Modelle in Programmrahmen überführt.
- **Kapitel 17** diskutiert Techniken zum Umgang mit Datenbanken.
- **Kapitel 18** betrachtet ausgewählte Techniken des Konfigurationsmanagement.
- **Kapitel 19** diskutiert Sicherheitsanalyse und Designaspekte bei der Erstellung von sicheren Anwendungen.
- **Kapitel 20** zeigt einige Techniken der analytischen Qualitätssicherung auf.
- **Kapitel 21** stellt Techniken vor, die bei verschiedenen Teststufen wie Klassentest, Integrationstest und Systemtest eingesetzt werden können.
- **Kapitel 22** geht auf technische Fragen des Managements von OO-Projekten ein.
- Im **Anhang** findet der Leser ein über alle Kapitel konsolidiertes Literaturverzeichnis sowie die Liste aller Techniken in alphabetischer Reihenfolge.

Literatur

[Booch1999] Booch, G., Rumbaugh, J., Jacobson, I.: The Unified Modeling Language, Addison-Wesley, 1999

[Dröschel1998] Dröschel, W., Heuser, W., Midderhoff, R. (Hrsg.): Inkrementelle und objektorientierte Vorgehensweisen mit dem V-Modell 97, Oldenbourg, 1998

[Henderson-Sellers1998] Henderson-Sellers, B., Simons, A., Younessi, H.: The OPEN Toolbox of Techniques, Addison-Wesley, 1998

[Kruchten1999] Kruchten, P.: The Rational Unified Process, Addison-Wesley, 1999

[OMG1999] OMG: OMG Unified Modeling Language Specification 1.3, 1999, http://www.omg.com/uml

2 Das Anwendungsentwicklungsmodell

Mit dem Anwendungsentwicklungsmodell (AE-Modell) gibt das Informatikzentrum der Sparkassenorganisation (SIZ) verschiedene Prozessleitfäden heraus, die die Vorgehensweisen und Standards für die Anwendungsentwicklung in der Sparkassenorganisation beschreiben. Die Leitfäden dienen den IT-Entwicklungseinheiten der Sparkassenorganisation als Orientierungshilfe für Software-Projekte. Das AE-Modell fördert Kooperationsgemeinschaften und erleichtert den Austausch von Anwendungen und Software-Komponenten innerhalb einer föderalistischen Organisation. Zudem bilden die in ihm enthaltenen Leitlinien eine Vorgabe bei der Vergabe von Entwicklungsaufträgen an externe Software-Häuser.

2.1 Aufbau

Vor dem Hintergrund einer kontrovers geführten Diskussion über I-CASE-Werkzeuge [Biberstein1993] entstand 1995 ein erster Band des AE-Modells mit dem Ziel, die für die Anwendungsentwicklung in der Sparkassenorganisation notwendigen Kernkonzepte von den proprietären Lösungsansätzen einzelner CASE-Tool-Hersteller zu abstrahieren.

Bei der Entstehung der weiteren Ausprägungen des AE-Modells war eine Kernfrage, inwieweit bereits vorhandene Konzepte übernommen oder erweitert werden konnten. Dabei stellte sich heraus, dass die in Abb. 2-1 veranschaulichten Kernkonzepte, die mit dem ersten Band entstanden sind, für die weiteren Ausprägungen des AE-Modells übernommen oder zumindest erweitert werden konnten:

- Das Kernkonzept *Modellierung* definiert die eingesetzten Modell- und Diagrammtypen sowie Leitlinien für den Übergang zur Programmierung und zum Datenbank-Design. Die Notwendigkeit eines nahtlosen Übergangs aus der Geschäftsprozessmodellierung in die Anwendungsmodellierung wurde später erkannt und im Kernkonzept ergänzt.
- Im Kernkonzept *Architektur* wird die Entwicklung einer Software-Architektur betrachtet. Während die Schichtenbildung bereits im strukturierten AE-Modell berücksichtigt wurde, sind Empfehlungen zur Verteilung und Persistenz mit dem objektorientierten Modell hinzugekommen.

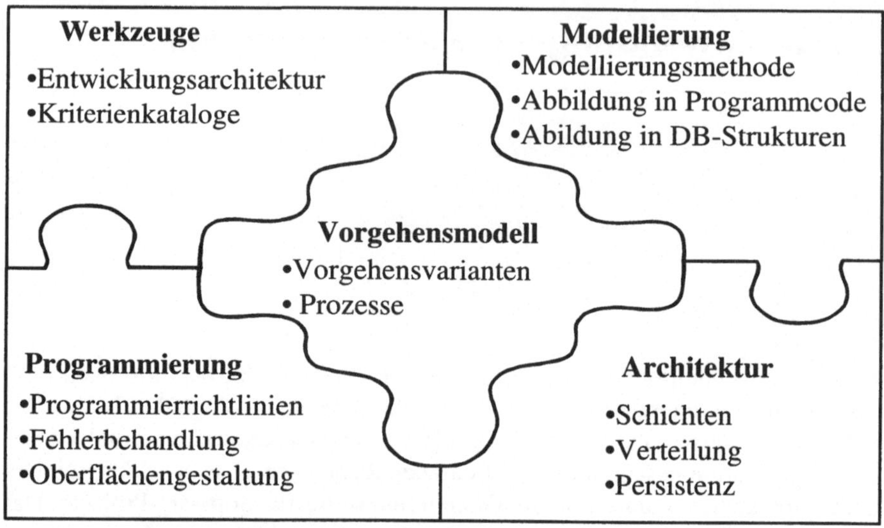

Abb. 2-1. Kernkonzepte des AE-Modells

- Das Kernkonzept *Programmierung* enthält Richtlinien für die Implementierung einer Anwendung in einer bestimmten Programmiersprache sowie Empfehlungen für die Fehlerbehandlung und die Gestaltung der Benutzungsoberfläche auf Basis des SIZ-Style-Guides [SIZ1999c].
- Im Kernkonzept *Werkzeuge* wird die Architektur einer Entwicklungsumgebung beschrieben. Ferner werden Kriterien für die Auswahl einzelner Werkzeuge definiert.
- Die vier genannten Kernkonzepte werden durch das *Vorgehensmodell* miteinander verknüpft. In Ergänzung zum eigentlichen Entwicklungsprozess im engeren Sinne werden weitere begleitende Prozesse wie Projektmanagement, Konfigurationsmanagement, Sicherheit, Qualitätssicherung und Testen betrachtet.

2.2 Ausprägungen

Zur Zeit existieren drei Ausprägungen des AE-Modells für verschiedene Anwendungsbereiche (Abb. 2-2).

Das *AE-Modell Strukturierte Entwicklung* umfasst ein phasenorientiertes Vorgehensmodell, Leitlinien für das strukturierte Entwicklungsparadigma und konventionelle Programmierung. Es wird hauptsächlich bei der Erstellung von Back-End-Systemen auf dem Großrechner in Anwendungsgebieten wie Clearing oder Buchen eingesetzt.

Einhergehend mit dem Trend zur Dezentralisierung und der wachsenden Popularität des objektorientierten Paradigmas ist 1997 ein zweiter Band hinzugekommen, der ein flexibleres Vorgehensmodell mit verschiedenen Entwicklungsstrategien sowie Leitlinien für die objektorientierte Modellierung und Programmierung beinhaltet und zunächst auf Client/Server-Plattformen ausgerichtet war [Noack 1998].

Das objektorientierte AE-Modell wurde 1999 noch einmal erweitert, um die mit dem Internet-Boom entstandenen neuen Technologien (wie Java) zu berücksichtigen. Der dritte Band des AE-Modells zielt auf Browser-basierte Anwendungen für Network Computing Plattformen. Ein tiefergehender Vergleich der drei Modelle findet sich in [Noack2000b].

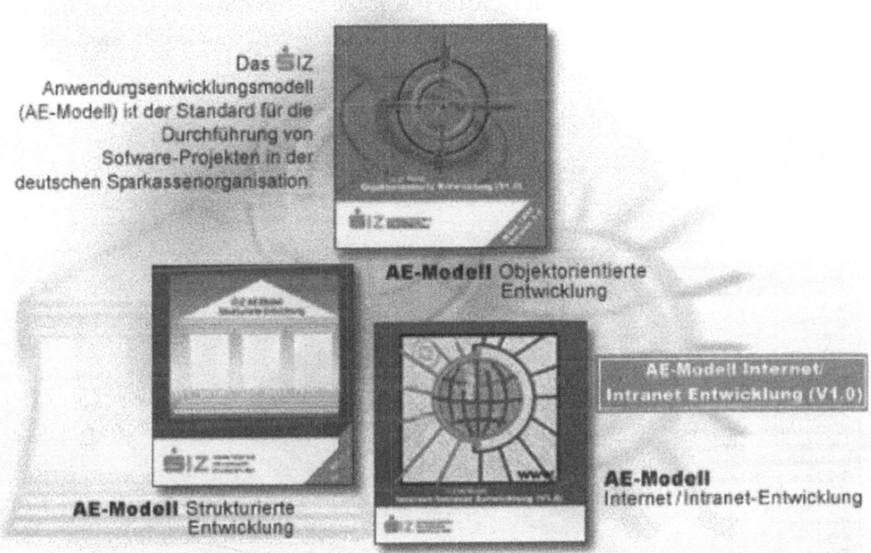

Abb. 2-2. Ausprägungen des AE-Modells

2.3 Das objektorientierte AE-Modell

Die Erfahrungen zeigen, dass die Akzeptanz eines Prozessleitfadens wesentlich verbessert werden kann, indem die Abläufe als Prozesse modelliert und die zugehörigen Beschreibungsraster und Leitlinien durch Hyperlinks mit ihnen verknüpft werden. Gegenüber einer rein textuellen Darstellung ergeben sich hierdurch erweiterte Navigationsmöglichkeiten. Außerdem kann die Vielzahl an Informationen zielgruppengerecht gefiltert und damit letztlich die Komplexität für die am Entwicklungsprozess beteiligten Rollen reduziert werden.

Deshalb wurden die drei Ausprägungen des AE-Modells als CD-ROM so aufbereitet, dass sie in das Intranet eingestellt und per Browser auf sie zugegriffen werden kann. Abb. 2-3 zeigt den Aufbau des objektorientierten AE-Modells.

Im linken Navigationsfenster sind die drei Hauptbestandteile des objektorientierten AE-Modells abgebildet:

- Das *Referenzmodell* bildet den Wissensspeicher, aus dem die Vorgehensmodellvarianten aufgebaut werden. Er beinhaltet die Grundbausteine in Form von *Aktivitäten, Ergebnistypen, Rollen* und *Techniken*. Letztere werden ausführlich im weiteren diskutiert.
- Die *Modellvarianten* (s. Abb. 2-3) basieren auf den Grundbausteinen des Referenzmodells. Die vier angebotenen Varianten decken eine Vielzahl von Entwicklungssituationen ab und können projektspezifisch weiter zugeschnitten werden. Das Hauptfenster zeigt den Ablauf auf einer hohen Ebene innerhalb der Modellvariante *Inkrementelle Entwicklung*.
- Der *OO-Leitfaden* liefert anhand der Kernkonzepte zahlreiche Leitlinien und Hintergrundinformationen wie z.B. Programmierrichtlinien zur Unterstützung der Projektarbeit.

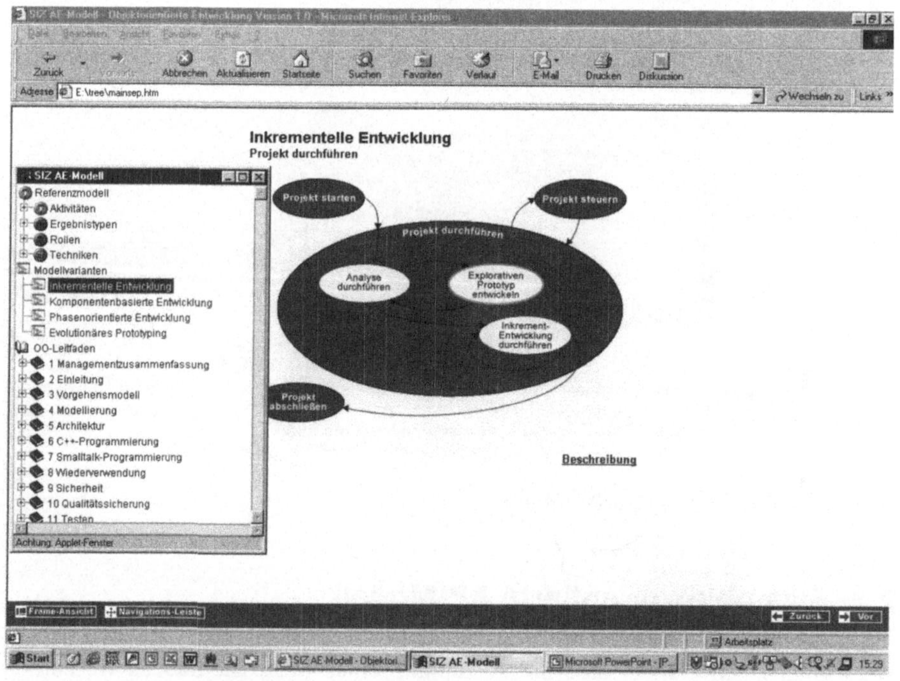

Abb. 2-3. Browserdarstellung

Im Vergleich zu einem monolithischen Vorgehensmodell reduziert der hier gewählte multivariante Ansatz den Aufwand für eine projektspezifische Anpassung (sog. *Tailoring*). Gleichzeitig werden bewährte Entwicklungsstrategien wie inkrementelle oder komponentenbasierte Entwicklung eingesetzt. Die weitere Ausgestaltung der Modellvarianten und deren Auswahl für eine spezielle Projektsituation wird in [Hesse1999] beschrieben.

2.4 Lebenszyklus

Die Dynamik der Informationstechnologie macht es notwendig, dass ein Prozessleitfaden – wie jede andere Software auch – permanent aktualisiert werden muss, um den Kundenbedürfnissen gerecht zu werden. Innovationen in Bereichen wie

- Prozessstruktur (z.B. Komponentenbasierte Entwicklung)
- Modellierungssprachen (z.B. UML und ihre Folge-Releases)
- Programmiersprachen (z.B. bei Java)
- marktgängige Software-Werkzeuge (z.B. Web-Publishing Werkzeuge)
- Systemarchitekturen (z.B. Einbindung von Mobilen Endgeräten)

erfordern eine ständige Überprüfung der angebotenen Inhalte des Prozessleitfadens. Von besonderer Bedeutung ist dabei die Einschätzung der Stabilität einer Technologie. In einer großen Organisation ist die Adaption einer Technologie sehr leicht konsensfähig, sobald sich Standards oder zumindest Industriestandards abzeichnen [Kobryn1999]. Bedenkt man, dass die Lebenszeit bewährter Großrechner-Anwendungen durchaus 20 Jahre überschreiten kann, so wird deutlich, dass für einen Prozessleitfaden nur ein evolutionärer Ansatz in Frage kommt, der die Koexistenz verschiedener Technologien berücksichtigt.

In der Sparkassenorganisation existiert ein wohldefinierter Prozess, um das AE-Modell kontinuierlich zu verbessern [Noack1999b]. Der Prozess wurde im Zusammenhang mit dem strukturierten Modell etabliert und inzwischen auf die beiden anderen Modelle übertragen. Abb. 2-4 zeigt einen Überblick.

Der Prozess basiert auf einer Mischung von Methoden- und Anwendungsprojekten. Die ersten Erfahrungen mit einer neuen Entwicklungstechnologie werden in Anwendungsprojekten gemacht, die von einer Studie begleitet werden. Hieraus ergeben sich Aufschlüsse und Anregungen, welche Konzepte in einem Basisprojekt zu erarbeiten sind.

In einem Basisprojekt wird die erste Version eines AE-Modells erstellt, welche als Vorversion an die Entwicklungseinheiten in der Sparkassenorganisation ausgeliefert wird. Anschließend erfolgt die Pilotierung des Modells in ausgewählten Anwendungsprojekten innerhalb der Organisation. Bei der Auswahl eines Piloten kommt es darauf an, dass das Projektteam von sich aus motiviert ist, eine neue Vorgehensweise anzuwenden, die Aufgabenstellung dem Budget und der Zeit nach begrenzt ist und es sich nicht um ein Projekt von höchster Dringlichkeit und Wichtigkeit handelt [Bellert1998]. Die bei der Pilotierung gewonnenen Erfahrungen werden in einem (im Vergleich zum Basisprojekt) kleineren Fortschreibungsprojekt konsolidiert, welches zu einer verbindlichen Version eines AE-Modells führt, die dann in Breite ausgeliefert wird.

Anschließend wird das Modell in einen regulären Fortschreibungszyklus übernommen, durch den noch existierende Unzulänglichkeiten und Lücken eliminiert werden. Dabei bietet es sich an, für thematisch verwandte Änderungsbedarfe größeren Umfangs wiederum Fortschreibungsprojekte einzusetzen, die dann zu Folgeversionen führen. Die meisten der in diesem Buch vorgestellten Techniken sind in

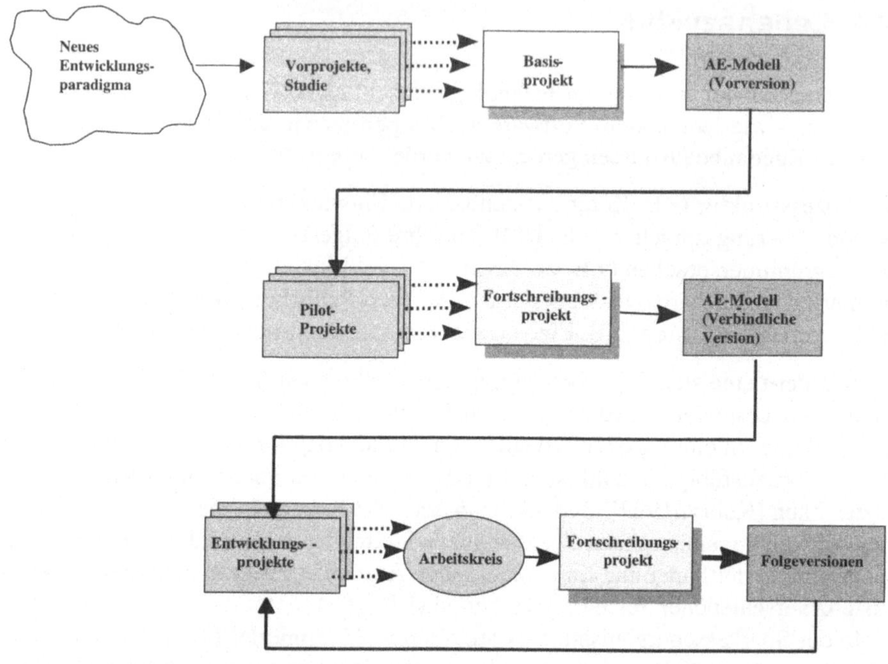

Abb. 2-4. Einführungs- und Verbesserungsstrategie

einem solchen Fortschreibungsprojekt zum objektorientierten AE-Modell entstanden.

Garant für den Erfolg dieser Strategie ist der Feedback zur Praxistauglichkeit aus den Anwendungsprojekten. Eine entscheidende Rolle kommt dabei den Vertretern der Entwicklungseinheiten der Sparkassenorganisation im Rahmen des Arbeitskreises „AE-Modell" zu. Die Mitglieder des Arbeitskreises kommunizieren und bewerten Änderungswünsche und übernehmen eine Reviewfunktion bei Basis- und Fortschreibungsprojekten. Die Budgetfreigabe und Verbindlichkeitserklärung erfolgt durch die Management-Gremien des SIZ.

Literatur

[Bellert1998] Bellert, J., Noack, J. Zang, T.: Ein UML-Vorgehensmodell im Praxiseinsatz, ObjektSpektrum, (5) 1998, 66-77

[Biberstein1993] Biberstein, N.: CASE-Tools: Auswertung – Bewertung – Einsatz, Hanser, 1993

[Hesse1999] Hesse, W., Noack, J. : A Multi-Variant Approach to Software Process Modelling, In: M. Jarke, A. Oberweis (Eds.): CAiSE'99, Springer LNCS 1666, 1999, 210-224

[Kobryn1999] Kobryn, C.: UML 2001: A Standardization Odyssey, Communications of the ACM 42(10), 1999, 29-37

[Noack1998] Noack, J., Schienmann, B.: Designing an Application Development Model for a Large Banking Organization, In Proc. 20th ICSE´98, Kyoto, IEEE,1998, 495-498

[Noack1999b] Noack, J., Schienmann, B.: Introducing Object Technology in a Large Banking Organization, IEEE Software 16(3) 1999, 71-81

[Noack2000b] Noack, J.: Entwicklung, Einsatz und Pflege von Vorgehensmodellen in der Sparkassenorganisation, in U. Andelfinger, G. Herzwurm, W. Mellis, G. Müller-Luschnat (Hrsg.): Vorgehensmodelle: Wirtschaftlichkeit, Werkzeugunterstützung und Wissensmanagement, 7. Workshop der Fachgruppe 5.11 der Gesellschaft für Informatik, Shaker Verlag, 1-16

[SIZ1999c] Informatikzentrum der Sparkassenorganisation GmbH (SIZ): SIZ-Style-Guide, Release 5.1, Deutscher Sparkassen Verlag GmbH, Stuttgart, Mai 1999.

3 Techniken im Software-Entwicklungsprozess

3.1 Motivation

Im Zeitalter des E-Business sind neben den reinen Programmierung viele weitere Fertigkeiten notwendig, um in einer vernetzten Welt Software-Systeme erfolgreich bereitzustellen. Im allgemeinen Trend liegen komplexe Systeme, die auf Mehrschichten-Architekturen basieren und über standardisierte Schnittstellen und Daten miteinander kommunizieren. In der IT-Branche setzt sich mehr und mehr die Einsicht durch, dass die traditionelle Art der Software-Entwicklung, wie sie bis vor kurzem noch bei der Entwicklung von Kernsystemen üblich war, einer radikalen Revision unterzogen werden muss.

Das objektorientierte Paradigma – früher aufgrund des Methodenstreits seiner treuesten Verfechter als Spielwiese verschrieen – ist mittlerweile auch in der betrieblichen Software-Entwicklung salonfähig geworden. Es propagiert flexible Vorgehensstrategien wie iterative und inkrementelle Entwicklung und basiert auf allgemein akzeptierten Standards wie der Unified Modeling Language (UML) und weit verbreiteten Programmiersprachen wie Java.

Trotzdem stellt die Migration hin zur und die erfolgreiche Durchführung der objektorientierten Entwicklung eine Herausforderung an jede größere Software-Entwicklungsorganisation dar. Denn der Erfolg hängt von der Beherrschung innovativer Technologien wie auch von nicht-technischen Aspekten wie kooperativer Projektorganisation, Multiprojektmanagement und sich kontinuierlich verbessernden Vorgehensweisen ab.

Hierfür werden Software-Prozesse benötigt, die Praktiken des Software-Engineering mit denen des Software-Management integrieren. Ein moderner Software-Prozess beschreibt alle notwendigen Aktivitäten und Arbeitsergebnisse, die bei der Produktion und Evolution von Software-Systemen benötigt werden. In diesem Buch konzentrieren wir uns auf die Aufgaben, die von den individuellen Prozessbeteiligten in der Besetzung bestimmter Rollen wie Analytiker, Designer, Software-Architekt oder Tester so übernommen werden müssen, dass sich die erzielten Ergebnisse gleichsam einem Puzzle zu einem anforderungsgerechten, von den Benutzern akzeptierten, stabilen Software-System zusammenfügen lassen.

Aktivitäten sind grob granulare Elemente eines Prozessmodells. Sie definieren, dass ein spezifisches Arbeitsergebnis (z.B. ein Anwendungsfallmodell) konstruiert werden soll, und geben dabei jedoch keinen Hinweis darauf, wie dies geschehen soll. Typischerweise gibt es unterschiedliche Techniken, die für die Durchführung relevant sind. Novizen können von erfahrenen Software-Entwicklern, die effektive und effiziente Herangehensweise für einzelne Schritte der Software-Entwicklung kennen, profitieren, sofern dieses Wissen weitergereicht wird.

In diesem Sinne sind Software-Techniken keine genialen Erfindungen, sondern kognitive Werkzeuge, die sich in zahlreichen Projekten als sinnvoll und nützlich erwiesen haben. Ähnlich wie Muster (engl. pattern) [Gamma1995] können sie als Allmende der Software-Entwicklung angesehen werden. Da sie in der Fachliteratur an vielen Stellen erwähnt werden, besteht das Problem weniger darin, Techniken zu finden, sondern vielmehr in ihrer angemessenen Dokumentation und der Integration mit einem definierten Software-Prozess. Letztendlich geht es also darum, wie das in ihnen aggregierte Wissen einer Gemeinschaft von Software-Entwicklern bereitgestellt werden kann.

3.2 Verwandte Ansätze

In diesem Abschnitt soll die Behandlung von Software-Entwicklungstechniken in einigen Prozessmodellen, die den State-of-the-Practice repräsentieren, kurz miteinander verglichen werden. Eine allgemeinere Analyse von UML-kompatiblen Prozessmodellen findet der Leser in [Hruby1999] oder [Noack1999a]. An dieser Stelle soll analysiert werden, wie die primitiven Elemente des Prozessmodells, welche die elementaren Arbeitschritte der Entwickler beschreiben, in die jeweilige Prozessstruktur integriert wurden und welche Felder der Software-Entwicklung jeweils abgedeckt werden.

WSSDM

Hierbei handelt es sich um ein Prozessmodell, das sich nicht an Phasen oder Aktivitäten orientiert [IBM1997]. Software-Entwicklung wird als Netzwerk von kollaborierenden Objekten (sogenannten *Arbeitsprodukten*) aufgefasst, welche jeweils über Attribute, Beziehungen und Methoden zur Erstellung, Verifizierung und Präsentation verfügen. Der Ansatz wurde von der Consulting-Gruppe der IBM erfunden. Er kann an unterschiedliche Entwicklungsstrategien (z.B. iterative und inkrementelle Entwicklung), die von den Kunden der IBM vorgegeben werden, angepasst werden. WSSDM verwendet eine Schablone zur Beschreibung von Arbeitsprodukten. Die Beschreibung eines Arbeitsproduktes enthält einen Abschnitt über Techniken, welcher eine kurze Darstellung enthält, wie das Arbeitsprodukt erzeugt werden kann. Arbeitsprodukte lassen sich nach Entwicklungsphasen (von Anforderungserhebung bis Testen) oder Projektmanagement einteilen. Außer den Techniken, die sich auf einzelne Arbeitsprodukte beziehen, gibt es weitere, die mehrere Arbeitsprodukte und mehrere Phasen umspannen. WSSDM verwendet für übergreifende Techniken dieselbe Schablone wie für die elementaren

Arbeitsprodukte, was für den Leser ein wenig verwirrend ist. Übergreifende Arbeitsprodukte fallen in eine der drei Kategorien Entwicklung, Projektmanagement und Wiederverwendung.

Perspective

Der komponentenbasierte Ansatz zielt auf die Entwicklung von unternehmensweiten Anwendungssystemen. Dabei wird zwischen einem Komponentenprozess, mit dem wiederverwendbare Komponenten entwickelt werden, und einem Lösungsprozess, der die Assemblierung von Komponenten zu unternehmensweiten Anwendungssystemen beschreibt, unterschieden [Allen1998]. Perspective verwendet eine Prozessschablone, um die verschiedenen Aktivitäten von Lösungs- und Komponentenprozess zu beschreiben. Für jede Aktivität wird der Zweck, die Liste der Eingangs- und Ausgangsprodukte, wichtige Anmerkungen zur Durchführung der Arbeiten sowie ein Aufgabenkatalog dargestellt. Beim Aufgabenkatalog handelt es sich um eine Liste von Arbeitsschritten, die zur Ausführung der Aktivität notwendig sind. Die einzelnen Aufgaben der Perspective referenzieren Modellierungstechniken. Diese sind nach Modellierungsthemen wie Geschäftsprozess-modellierung oder Verteilung gegliedert und durch unstrukturierten Text beschrieben.

RUP

Beim Rational Unified Process (RUP) handelt es sich um eine Software Engineering Prozess, der um eine Palette von Entwicklungswerkzeugen gruppiert ist [Kruchten 1999]. Seine Schlüsselelemente sind Rollen, Aktivitäten, Produkte und Workflows, welche das Wer, Wie, Was und Wann der Software-Entwicklung beschreiben. Ein Rolle ist für die Manipulation und Kontrolle von bestimmten Produkten zuständig. Das Zusammenwirken von Rollen bei einer bestimmten Aufgabenstellung wird durch eine Folge von Aktivitäten beschrieben, welche Workflow genannt wird. RUP unterscheidet zwischen Kern-Workflows der Software-Entwicklung und unterstützenden Workflows für Konfigurationsmanagement, Projektmangement und Umgebung. Eine Aktivität ist kohäsiv, was bedeutet, dass sie am besten von einer einzelnen Person ausgeführt werden sollte. Aktivitäten werden durch eine Liste von Einzelschritten beschrieben. Bei Aufruf einer Aktivität müssen jedoch nicht alle Schritte ausgeführt werden. Schritte (wie *Finde Akteure*) sind demnach die elementaren Prozesselemente von RUP. Details, wie bestimmte Schritte durchgeführt werden sollen, finden sich in ergänzenden Prozessdokumenten (Guidelines, Konzepten und Werkzeug-Mentoren) von RUP.

OPEN

Bei OPEN handelt es sich um einen anpassbaren Software-Prozess, der in Verbindung mit unterschiedlichen Notationen zur Produktbeschreibung wie COMN oder UML verwendet werden kann [Graham1997]. Die prozeduralen Bestandteile von

OPEN sind Aktivitäten, Aufgaben und Techniken. Aufgaben können durch Benutzung bestimmter Techniken erledigt werden. [Graham 1997] ist ein Handbuch, welches die große Sammlung der OPEN Techniken präsentiert. Jede OPEN-Technik ist anhand einer vordefinierten Schablone wohl-strukturiert. Diese sorgt für eine kurze textuelle Beschreibung, worum es bei der Technik geht, Ein- und Ausgabeinformationen, sowie Beziehungen zu Aufgaben und anderen Techniken. OPEN-Techniken behandeln sowohl Aspekte des Software Engineering wie User Interface Design oder Codierung als auch Projektmanagement und Training.

Die kurze Analyse einiger repräsentativer UML-kompatibler Prozessmodelle lässt den Leser sehr schnell zu der Schlussfolgerung kommen, dass kein allgemeiner Konsens besteht,

- was genau eine elementare Entwicklungstechnik ist
- welche Teilprozesse im Software-Engineering durch Techniken abgedeckt werden sollten
- wie Techniken am besten darzustellen sind
- und wie sie mit einem existierenden Prozessmodell verknüpft werden sollen.

Die folgenden Abschnitte erläutern, wie diese Fragestellungen im Umfeld des AE-Modells behandelt werden.

3.3 Das Beschreibungsraster

Bei der Festlegung, wie Techniken im AE-Modell-Umfeld dargestellt werden sollten, wurden folgende Aspekte berücksichtigt:

- Techniken sollen selbsterklärend sein
- Techniken sollen umfassend sein
- Techniken sollen beispielhaft sein und
- Techniken sollen klar voneinander abgrenzbar sein.

Zusätzlich war zu berücksichtigen, dass eine allzu formale Darstellung die Akzeptanz der Software-Entwickler in einer großen Organisation gefährdet hätte.

Die in nachfolgenden Kapiteln dargestellten Techniken basieren daher alle auf einem einheitlichen Beschreibungsraster. Das Beschreibungsraster besteht aus fünf Abschnitten:

- Name
- Beschreibung
- Qualitätskriterien
- Vorausgesetztes Wissen
- Literatur.

3.3.1 Name

Der Name einer Technik besteht aus einem Substantiv oder substantivierten Verb und eventuellen Ergänzungen.

Beispiele: *Anwendungsfallmodellierung*, *Identifizierung von Subsystemen, CRC-Karten.*

Diese Konvention wurde gewählt, um Techniken von Aktivitäten des Vorgehensmodells unterscheiden zu können. Letztere bestehen aus Substantiv und Verb, wie zum Beispiel: *Anwendungsfall modellieren* oder *Subsystem identifizieren.*

3.3.2 Beschreibung

Die Beschreibung einer Technik besteht aus fünf impliziten Paragraphen. Die impliziten Paragraphen sind daran zu erkennen, dass sie mit einem entsprechendem Schlüsselwort beginnen:

- Das *Ziel* der <Technik> ist ...
- Der *Nutzen* der <Technik> besteht darin ...
- Die *Voraussetzungen* für die <Technik> sind ...
- Das *Ergebnis* der <Technik> ist ...
- Die *Arbeitsschritte* der <Technik> sind ...

Ziel-Paragraph

Der Ziel-Paragraph enthält in kurzen Sätzen das übergeordnete Ziel, das mit der zu beschreibenden Technik verfolgt wird. Zudem werden in diesem Paragraphen die wesentlichen Konzepte genannt, auf denen die Technik aufbaut.

Nutzen-Paragraph

Der Nutzen-Paragraph enthält in kurzen Sätzen, was mit der zu beschreibenden Technik erreicht werden kann.

Voraussetzungs-Paragraph

Der Voraussetzungs-Paragraph nennt die Ergebnisse (Input), auf denen die zu beschreibende Technik aufsetzt.

Ergebnis-Paragraph

Der Ergebnis-Paragraph nennt die Ergebnisse (Output), die durch Einsatz der zu beschreibenden Technik hervorgebracht werden.

Arbeitsschritt-Paragraph

Der Arbeitsschritt-Paragraph umfasst die konkreten Arbeitsschritte, die für die Durchführung der Technik notwendig sind. Der Arbeitsschritt-Paragraph wird in der Regel mit einer Übersicht über die einzelnen Arbeitsschritte eingeführt.
In den einzelnen Arbeitsschritte werden

- die für die Durchführung relevanten Konzepte beschrieben,
- die beschriebenen Konzepte durch ein oder mehrere Beispiele veranschaulicht,
- die beschriebenen Beispiele und Konzepzte graphisch dargestellt, falls möglich und sinnvoll.
- Falls eine markante Differenzierung notwendig ist, wird ein Negativbeispiel ausgeführt.

3.3.3 Qualitätskriterien

Die Qualitätskriterien machen Aussagen darüber, wie die Qualität der Ergebnisse (hervorgebracht durch den Einsatz der beschriebenen Technik) überprüft werden kann. Der Anwender der Technik kann die Qualitätskriterien als Checkliste verwenden.

3.3.4 Vorausgesetztes Wissen

Dieser Paragraph enthält das für die Anwendung einer Technik vorausgesetzte Wissen. Hier werden die wesentlichen Konzepte genannt, die die beschriebene Technik voraussetzt und selbst nicht näher erläutert. Insbesondere werden andere Techniken referenziert, auf deren Ergebnisse die betrachtete Technik aufbaut und mit denen sich der Leser zunächst beschäftigen sollte.

3.3.5 Literatur

Dieser Paragraph enthält die wesentlichen Literaturangaben. Dabei werden solche Quellen referenziert, die zusätzliche Hintergrundinformationen zur beschriebenen Technik und deren Anwendung liefern.

3.4 Die Techniken im Überblick

Während mehrerer Brainstorming-Sitzungen wurden zunächst mehr als 200 Kandidaten für Techniken identifiziert. Eine Technik wurde nur dann als Kandidat nominiert, wenn es eine Referenz zu einem Projekt oder zu einer Literaturstelle gibt, welche zumindest eine grobe Beschreibung liefert, wie die Technik anzuwenden ist und was mit ihrer Anwendung erreicht werden kann.

In der so gefundenen Kandidatenliste wurden synonyme und sich überlappende Techniken eliminiert, so dass die übrig gebliebenen Kandidaten klar voneinander abgegrenzt werden konnten. Die übrig gebliebenen Kandidaten wurden anschließend mit Hilfe des Werkzeugkastens in Abb. 3-1 strukturiert. Der Aufbau des Werkzeugkastens reflektiert das Vorgehensmodell innerhalb des AE-Modells, wo zwischen dem Kernprozess der *Entwicklung* und entwicklungsbegleitenden Prozessen für *Konfigurationsmanagement, Sicherheit, Qualitätsmanagement, Testen* und *Projektmanagement* unterschieden wird.

Da das AE-Modell für die Ergebnisse der Modellierungsaktivitäten die UML-Notation vorsieht, bot es sich an, Modellierungstechniken nach dem Umgang mit den UML-Diagrammtypen (s. [OMG 1999]) sowie modellübergreifende Techniken zu unterscheiden. Die Teilprozesse der Entwicklung wie *Anforderungsanalyse, Wiederverwendung von Mustern, Erstellung von Benutzungsoberflächen, Software-Architektur, Übergang in die Programmierung* und *Anbindung von Datenbanken* stellen weitere Themengebiete dar, in denen Techniken identifiziert werden konnten. Die Verteilung der Kandidatenliste auf die Fächer des Werkzeugkastens erlaubte schließlich eine Priorisierung der übrig gebliebenen Kandidaten anhand ihrer Wichtigkeit und des zur Verfügung stehenden Budgets.

Insgesamt konnten in verschiedenen Projekten des Informatikzentrums der Sparkassenorganisation über 90 Techniken identifiziert werden, die in den nachfolgenden Kapiteln vorgestellt werden. Die Gliederung orientiert sich in weiten Teilen an dem Werkzeugkasten in Abb. 3-1. Sämtliche Techniken basieren auf dem einheitlichen Beschreibungsraster in Abschnitt 3.3.

3.5 Einbettung ins Vorgehensmodell

Abb. 3-2 zeigt einen Ausschnitt aus der dem AE-Modell hinterlegten Metastruktur. Die Metaobjekte beschreiben die wesentlichen Elemente des Prozessmodells. Sie sind durch Beziehungen miteinander verknüpft. Wir gehen hier nur kurz auf ihre Bedeutung ein und erläutern, wie Techniken mit den übrigen Metaobjekten des AE-Modells in Verbindung stehen. Die Thematik wird ausführlicher in [Noack2000c] besprochen.

Aktivität

Aktivitäten sind die Basiselemente einer (Vorgehens-)Modellvariante. Sie liefern Handlungsanweisungen für den Projektalltag, indem sie auf Basis eines einheitlichen Rasters (ähnlich dem in Abschnitt 3.3) beschreiben, was zu tun ist und welches Ergebnis produziert werden soll. Aktivitäten können in (Sub-)Aktivitäten weiter zerlegt werden. Beispielsweise lässt sich die Aktivität *Analyse durchführen*

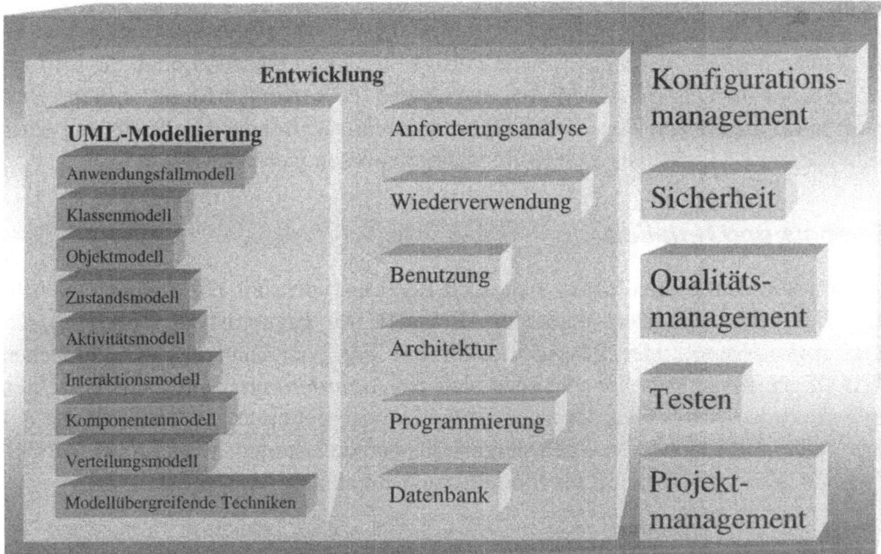

Abb. 3-1. Der Werkzeugkasten der AE-Modell-Techniken

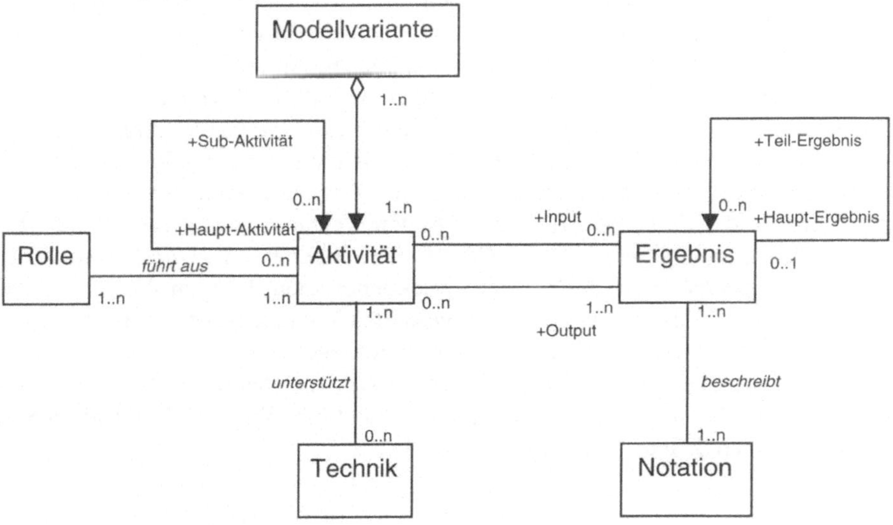

Abb. 3-2. Metastruktur AE-Modell

weiter untergliedern in *Anforderung analysieren* und *Anwendungsfall analysieren.* Die Abfolge von Aktivitäten wird im AE-Modell als Graph wiedergegeben.

Rolle

Die Rollen beschreiben, über welche Fertigkeiten und Qualifikationen die im Entwicklungsprozess nach AE-Modell beteiligten Personen verfügen sollten. Beispiele sind: *Analytiker, Tester* oder *Software-Architekt.* Bei der Durchführung einer Aktivität muss mindestens eine Rolle wahrgenommen werden.

Ergebnis und Notation

Ähnlich wie Aktivitäten lassen sich auch Ergebnistypen mit Hilfe eines einheitlichen Beschreibungsrasters darstellen. Beispiele für Ergebnistypen sind *Projektplan, Anforderung,* oder *Klassenmodell.* Ein Ergebnis kann aus verschiedenen (Teil-)Ergebnissen bestehen. So setzt sich ein *Anforderungskatalog* aus einzelnen *Anforderungen* zusammen. Obwohl Entwicklungsergebnisse auf verschiedene Art und Weise grafisch oder textuell dargestellt werden könnten, wird im AE-Modell UML als Standard-Notation für Modellierungsergebnisse verwendet.

Technik

Sämtliche Techniken werden im AE-Modell auf der Ebene des Referenzmodells mit den Aktivitäten verknüpft. Eine Technik wird von einer Aktivität referenziert, wenn sie einen Beitrag dazu leistet, wie das von der Aktivität geforderte Ergebnis erzeugt werden kann. Geforderte Ergebnisse können mit Hilfe einer Technik vollständig oder auch nur teilweise erstellt werden. So hilft die Technik *Identifizierung von Klassen* bei der Durchführung der Aktivität *Klassenmodell erstellen.* Einige Aktivitäten werden am besten mit einer einzelnen Technik ausgeführt. Die Technik *Schichtenbildung* dient der Durchführung der Aktivität *Schichtenmodell erstellen* beim Aufbau der Software-Architektur. Andere Techniken wiederum können für viele Aktivitäten eingesetzt werden. *CRC-Karten* helfen bei *Anforderung analysieren* und *Klassenmodell erstellen.* Der Projektleiter kann die vom AE-Modell für eine bestimmte Aktivität zur Verfügung gestellten Techniken beim Zuschnitt einer Modellvariante weiter einschränken, indem er festlegt, dass nur bestimmte Techniken zum Einsatz kommen sollen. So könnte er z.B. entscheiden, dass Anforderungen in seinem Projekt durch *CRC-Karten* und nicht mit Hilfe von *Problem Frames* ermittelt werden sollen.

Literatur

[Allen1998]Allen, P., Frost, S.: Component-Based Development for Enterprise Systems, Cambridge University Press, 1998

[Gamma1995]Gamma, E., Helm, R., Johnson, R., Vlissides, J.: Design-Patterns, Elements of Reusable Object-Oriented Software, Addison-Wesley, 1995

[Graham1997]Graham, I., Henderson-Sellers, B., Younessi, H.: The OPEN Process Specification, Addison-Wesley, 1997

[Henderson-Sellers1998]Henderson-Sellers, B., Simons, A., Younessi, H.: The OPEN Toolbox of Techniques, Addison-Wesley, 1998

[Hesse1999]Hesse, W., Noack, J. : A Multi-Variant Approach to Software Process Modelling, In: M. Jarke, A. Oberweis (Eds.): CAiSE'99, LNCS 1666, 1999, pp. 210-224

[Hruby1999]Hruby, P.: Framework for Describing UML Compatible Development Process, Proceedings UML'99, Springer LNCS 1723, 1999, 308-323

[IBM1997]IBM OOTC: Developing Object-Oriented Software, Prentice Hall, 1997

[Kruchten1999]Kruchten, P.: The Rational Unified Process, Addison-Wesley, 1999

[OMG1999]OMG: OMG Unified Modeling Language Specification 1.3, 1999, http://www.omg.com/uml

[Noack1999a]Noack, J., Schienmann, B.: Objektorientierte Vorgehensmodelle im Vergleich, Informatik-Spektrum 22, 1999, 166-180

[Noack2000c]Noack, J: Extending the Software Development Process with a Toolkit of UML-Centred Techniques, Proceedings Software Methods and Tools 2000, Wollongong, IEEE, 87-96

4 Anforderungsanalyse

4.1 Anforderungsinterview

Beschreibung

Das Ziel eines Anforderungsinterviews (Erstinterviews) ist

- das Kennenlernen des Interviewten und seiner Vorstellung des zukünftigen Systems
- das grobe Abstecken des Anforderungsrahmens
- das Schaffen von Grundlagen für weitere Aktivitäten der Anforderungsaufnahme zu schaffen.

Auf das Erstinterview folgen i.d.R. thematisch stärker fokussierte Anforderungsinterviews.

Der Nutzen eines Anforderungsinterviews (Erstinterviews) ist die Ermittlung essentieller Anforderungen an ein Produkt (aus subjektiver Sicht des Interviewten). Die Voraussetzung für ein Interview sind:

- Klarheit über das Ziel des Interviews (Vorliegen einer groben Produktvision)
- Verfügbarkeit kompetenter Interviewteilnehmer.

Das Ergebnis des Interviews ist ein abgezeichnetes, aufbereitetes Interviewprotokoll mit allen wesentlichen Anforderungen aus Sicht des Interviewten.

Interviews sollten in ungestörter Atmosphäre stattfinden. Der Zeitrahmen für ein Interview bewegt sich typischerweise zwischen einer und maximal 4 Stunden. An einem Interview sind typischerweise drei Personen beteiligt: der Interviewer, der Protokollführer und der Interviewte.

Zu Beginn des Interviews sollte der Interviewer exakt die Ziele und Nichtziele des Interviews benennen. Wichtig ist die klare Festlegung von „Spielregeln" für alle Beteiligten vor Beginn des Interviews.

Der Zeitplan sollte stündliche Pausen vorsehen. Für die Beantwortung der Fragen sollten exakte Zeitlimits von wenigen Minuten vorgesehen werden. Dies verhindert ein zu langes „Festkleben" des Interviewten an thematischen Punkten, an welchen er umfangreiches Wissen besitzt. Als hilfreich hat es sich erwiesen, die Einhaltung der Zeitlimits mit Hilfe einer Stoppuhr zu überwachen.

An Ende jedes Interviewabschnitts sollten die ermittelten Anforderung nochmals zusammenfassend durch den Interviewer reflektiert werden, um ein gemeinsames Verständnis der thematischen Inhalte zu erreichen.

Die Arbeitsschritte eines Erstinterviews sind im folgenden aufgeführt. Der wichtigste Schritt – die eigentliche Durchführung des Interviews – ist wiederum in Teilschritte untergliedert.

- Vorbereitung des Interviews
- Durchführung des Interviews
  - Fragen zum Personenprofil
  - Fragen zum Nutzerprofil
  - Fragen zur strategischen Einordnung
  - Fragen zur Problemstellung
  - Fragen zum fachlichen Umfeld
  - Fragen zum technischen Umfeld
  - Fragen zu funktionalen Produktanforderungen
  - Fragen zu nichtfunktionalen Produktanforderungen
  - Fragen zu Einführung und Betrieb
  - Abschließende Fragen
- Nachbereitung des Interviews.

Für alle Teilschritte im Rahmen der Durchführung des Interviews werden Beispiele gegeben.

Arbeitsschritte

4.1.1 Vorbereitung des Interviews

Vor Begin eines Interviews oder einer Interviewserie sind zunächst einige wesentliche Modalitäten festzulegen. Hierzu gehören:

- Festlegung der beteiligten Personen (Interviewer, Interviewte, Protokollführer)
- Festlegung der Zeitpunkte und Orte der einzelnen Interviews
- Festlegung der Inhalte der einzelnen Interviews.

Soweit möglich sollten alle wichtigen Schlüsselpersonen (Fachexperten, etc.) interviewt werden und deren Verfügbarkeit für das Interview frühzeitig sichergestellt werden. Vor jedem Interview ist der thematische Fokus des Interviews festzulegen.

Die Durchführung eines Interviews ist sorgfältig vorzubereiten. Fragenkataloge sollten in Papierform oder als Datei auf dem Notebook bereitstehen. Falls notwendig, sollte ein Review des Fragebogens vor dem Interview erfolgen. Für jedes Interviews sind die zugrundeliegenden Fragebögen entsprechend anzupassen. Um diese Anpassungen vornehmen zu können, sollte der Interviewer ausreichende Informationen über den Interviewten besitzen (Position, fachliche Kenntnisse).

4.1.2 Durchführung des Interviews

4.1.2.1 Fragen zum Personenprofil

Fragen zum Personenprofil dienen i.w. der Einordnung des Interviewten in den Firmenkontext. Ca. 5 Minuten sollten ausreichend sein.

Beispiel

Folgende Fragen sind typisch für diesen Interviewschritt:

- Name
  (kann vorab ausgefüllt werden)
- Firma
  (kann vorab ausgefüllt werden)
- Branche
  (kann vorab ausgefüllt werden)
- Was sind Ihre Kernkompetenzen?
- Welche Verantwortlichkeiten besitzen Sie?
- Welche Ergebnisse produzieren Sie?
- Wer verwendet die von Ihnen produzierten Ergebnisse?

4.1.2.2 Fragen zum Nutzerprofil

Fragen zum Nutzerprofil dienen der Ermittlung typischer Nutzerprofile des zukünftigen Systems. Ca. 5 Minuten sollten ausreichend sein.

Beispiel

Folgende Fragen sind typisch für diesen Interviewschritt:

- Wer sind die verschiedenen Benutzer?
- Wie ist die Ausbildung der Benutzer?
- Wie ist ihr EDV-Wissensstand?
- Sind die Benutzer mit der Anwendung vertraut?

4.1.2.3 Fragen zur strategischen Einordnung

Fragen zur strategischen Einordnung loten die strategische Bedeutung des Systems aus. Ca. 5 Minuten sollten ausreichend sein.

Beispiel

Folgende Fragen sind typisch für diesen Interviewschritt:

- Wer in ihrer Organisation hat Interesse an dem System?
- Wer in ihrer Organisation hat Nachteile durch das System?

- Wie viele Personen werden das System benutzen?

4.1.2.4 Fragen zur Problemstellung

„Kontextfreie Fragen" zur Problemstellung dienen der Konkretisierung des zugrundeliegenden Problems. Für die Beantwortung dieser Grundsatzfragen sollte ausreichend Zeit zur Verfügung stehen (ca. 30 Minuten, evtl. auch mehr).

Beispiel

Folgende Fragen sind typisch für diesen Interviewschritt:

- Was sind die akuten Probleme in ihrem Arbeitsbereich?
- Warum existiert dieses Problem?
- Wie gehen Sie mit dem Problem jetzt um?
- Wie würden Sie das Problem lösen?

4.1.2.5 Fragen zum fachlichen Umfeld

Fragen zum fachlichen Umfeld dienen zur Ermittlung organisatorischer und rechtlicher Rahmenbedingungen. Bei fachlicher Kompetenz des Interviewten sind 30 Minuten ein typischer Mittelwert. Ansonsten kann entsprechend weniger Zeit veranschlagt werden.

Beispiel

Folgende Fragen sind typisch für diesen Interviewschritt:

- Welche rechtlichen Rahmenbedingungen existieren?
- Wie stark ändern sich die rechtlichen Rahmenbedingungen?
- Welche organisatorischen Rahmenbedingungen existieren?
- Stehen organisatorische Änderungen für die Zukunft an?
- Welche organisatorischen Änderungen werden durch die Einführung des Systems notwendig?

4.1.2.6 Fragen zum technischen Umfeld

Fragen zum technischen Umfeld dienen zur Ermittlung der Hard- und Softwareumgebung. Bei technischer Kompetenz des Interviewten sind 30 Minuten ein typischer Mittelwert. Ansonsten kann entsprechend weniger Zeit veranschlagt werden.

Beispiel

Folgende Fragen sind typisch für diesen Interviewschritt:

- Welche Hard- und Softwareplattformen werden momentan eingesetzt?
- Welche Hard- und Softwareplattformen sollen in Zukunft eingesetzt werden?

- Welche weiteren Softwareapplikationen kooperieren mit dieser Applikation?
- Auf welche Art und Weise kooperieren diese Softwareapplikationen?
- Welche weiteren Softwareapplikationen im Umfeld des Systems sind für die Zukunft geplant?

4.1.2.7 Fragen zu funktionalen Produktanforderungen

Fragen zu funktionalen Anforderungen sind die „Kernfragen" des Interviews und dienen der Ermittlung aller wesentlichen Funktionalitäten des neuen Systems. (Diese sollten unbedingt aus subjektiver Sicht des Interviewten nach ihrer Relevanz gewichtet werden.) Dieser Teil des Interviews wird i.d.R. in weiteren darauffolgenden Interviews stärker konkretisiert. Die Dauer kann eine Stunde überschreiten.

Beispiel

Folgende Fragen sind typisch für diesen Interviewschritt:

- Was sind die wesentlichen Funktionalitäten (Anwendungsfälle) des neuen Systems?
- Wie sehen typische Bedienungsabläufe aus?
- Was sind für Sie die wichtigsten Funktionalitäten?
- Auf welche Funktionalitäten könnten sie notfalls verzichten?
- Welche weiteren Funktionalitäten würden Sie sich für zukünftige Versionen wünschen?

4.1.2.8 Fragen zu nichtfunktionalen Produktanforderungen

Fragen zu nichtfunktionalen Produktanforderungen fragen wesentliche Qualitätsmerkmale ab. In weiteren Interviews werden die nichtfunktionalen Produktanforderungen stärker konkretisiert. Die Dauer beträgt ca. 30 Minuten.

Beispiel

Folgende Fragen sind typisch für diesen Interviewschritt:

- Was sind Ihre Erwartungen an die Bedienbarkeit?
- Was sind ihre Erwartungen an die Zuverlässigkeit?
- Was sind ihre Erwartungen an die Performance?
- Was sind ihre Erwartungen an Sicherheit?

4.1.2.9 Fragen zu Einführung und Betrieb

Für Fragen zu Einführung und Betrieb fokussieren sollten ca. 20 Minuten eingeplant werden.

Beispiel

Folgende Fragen sind typisch für diesen Interviewschritt:

- Was sind Ihre Vorstellungen bzgl. Schulung?
- Welche Hilfefunktionen (Handbücher, Online-Hilfen, etc.) wären wünschenswert?
- Welche Art von Support wünschen Sie?
- Was sind Ihre Vorstellungen bzgl. der Wartung?
- Wie soll die Software verteilt und ausgeliefert werden?
- Was sind Ihre Vorstellungen bzgl. der Installation des Systems?

4.1.3 Abschließende Fragen

Abschließende Fragen dienen i.w. der Klärung noch offener Punkte.

Beispiel

Folgende Fragen sind typisch für diesen Interviewschritt:

- Gibt es noch wichtige Punkte, die wir in diesem Interview vergessen haben?
- Haben Sie noch Fragen an mich?
- Darf ich mich noch einmal mit Ihnen in Verbindung setzen, falls noch weitere Fragen auftauchen?

Qualitätskriterien

Qualitätskriterien für das Anforderungsinterview sind:

- Die ermittelten Anforderungen sind präzise und verständlich protokolliert.
- Die Interviewmitschrift ist von allen Beteiligten abgezeichnet.
- Offene Punkte sind explizit dokumentiert.

Vorausgesetztes Wissen

Vorausgesetztes Profil beim Interviewer:

- Erfahrungen in Anforderungsermittlung
- Durchführung von strukturierten Interviews

Vorausgesetztes Profil beim Interviewten:

- Wissen der Anwendungsdomäne

Literatur

[Gause1993] Gause, D.C., Weinberg, G.M.: Software Requirements. Anforderungen erkennen, verstehen und erfüllen, Hanser, 1993

[Graham1998] Graham, I.: Requirements Engineering and Rapid Development, Addison-Wesley, 1998

[Leffingwell1999] Leffingwell, D., Widrig, D.: Managing Software Requirements – A Unified Approach, Addison-Wesley, 1999

[Robertson1999] Robertson S., Robertson J.: Mastering the Requirements Process, Addison-Wesley, 1999

[Wiegers1999] Wiegers, K.: Software Requirements, Microsoft Press, 1999

4.2 Anforderungsworkshop

Beschreibung

Das Ziel eines Anforderungsworkshops ist die gemeinsame Erarbeitung der Anforderungen eines Systems. Während eines Anforderungsworkshops erarbeiten die Vertreter wichtiger Interessengruppen in typischerweise ein bis zwei Tagen (maximal fünf Tagen) die Anforderungen eines Systems. Dabei ist zu unterscheiden zwischen initialen Workshops, welche Anforderungen auf „hoher Ebene" (Projektziele und Kundenanforderungen) erarbeiten, und vertiefenden Workshops, welche thematisch stärker fokussiert sind. Bei komplexen Systemen ist nicht nur ein Workshop, sondern eine gesamte Workshopserie zu planen. Im folgenden wird nur der initiale Workshop betrachtet.

Der Nutzen eines Anforderungsworkshops besteht in folgenden Punkten:

- Jeder Workshopteilnehmer hat vor Beginn des Workshops seine eigene individuelle Sichtweise des Systems. Durch eine Workshopsituation findet eine echte Erweiterung dieser Sichtweise durch Einwände und Anregungen Dritter statt.
- Durch die direkte Kommunikation wird ein gegenseitiges Verständnis und die Bereitschaft zu Kompromissen gefördert. Die Chance für einen Konsens bzgl. der Anforderungen wird erhöht. Differenzen können sofort in direkter Kommunikation geklärt werden.
- Die Entwicklerseite (Architekten, etc.) erhält Informationen aus erster Hand über die gewünschten Anforderungen. Hierdurch entsteht für die Entwickler ein wesentlich plastischeres Bild des Systems und ein erhöhtes fachliches Verständnis, welches sich positiv auf den Entwicklungsprozess auswirkt.
- Es eröffnet sich die Chance (aber nicht die Gewähr!), Interessenskonflikte zwischen den verschiedenen beteiligten Parteien frühzeitig zu entschärfen.
- Das Ergebnis in Form einer Festschreibung der gemeinsam erarbeiteten Anforderungen ist sofort verfügbar. (Langwierige Abstimmungsprozesse, welche

durch Abgleich von widersprüchlichen Anforderungen aus Einzelinterviews resultieren, entfallen.)

Die Voraussetzung für einen Workshop sind:

- Klarheit über die Ziele des Workshops (Vorliegen einer groben Produktvision)
- Verfügbarkeit kompetenter Workshopteilnehmer

Das Ergebnis eines Workshops ist ein von allen Workshop-Teilnehmern abgezeichnetes Anforderungsdokument.

Die Arbeitsschritte eines initialen Workshops sind:

- Workshopvorbereitung
  - Auswahl der Teilnehmer
  - Organisatorische Vorbereitung
- Workshopdurchführung
  - Festlegung des Ablaufs
  - Auswahl und Nutzung von Erhebungstechniken
  - Vorfilterung der Anforderungen
  - Clusterung der Anforderungen
  - Präzisierung der Anforderungen
  - Priorisierung der Anforderungen
- Workshopnachbereitung.

Abb. 4-1 stellt den Ablauf eines Workshops zusammenfassend dar:

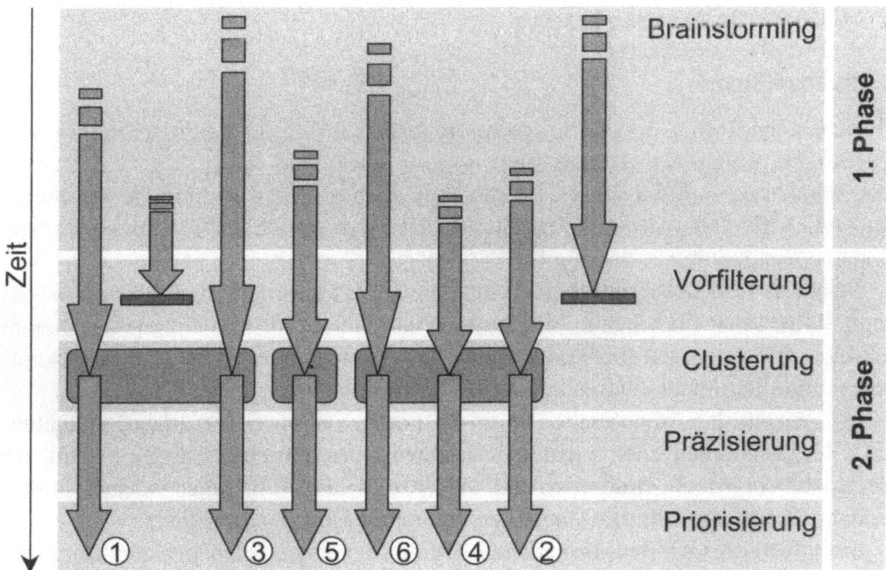

Abb. 4-1. Ablauf eines Workshops

In der ersten Phase (vormittags, evtl. früher Nachmittag) werden Anforderungen kreativ erarbeitet. In der zweiten Phase werden die Anforderungen gefiltert, geordnet, konkretisiert und bewertet.

Arbeitsschritte

4.2.1 Workshopvorbereitung

4.2.1.1 Auswahl der richtigen Teilnehmer

Die Auswahl der richtigen Teilnehmer ist ein kritischer Erfolgsfaktor für einen Anforderungsworkshop. Wichtigste Teilnehmer im Sinne von Anforderungsstellern bzw. Beteiligten und Betroffenen (neudeutsch: stakeholder) in einem Workshop sind:

- Auftragnehmer
- Endbenutzer
- Fachexperten
- Projektleiter
- Entwicklungsteam.

Hinzu kommen folgende Rollen:

- Moderator (= Workshopleiter)
- Anforderungsanalytiker
- Protokollführer.

Neben den Rollen, welche an einem Workshop aktiv teilnehmen, existieren weitere Rollen, welche im „Hintergrund" wirken. Wichtigste Rolle ist der Organisator des Workshops – oftmals durch die Projektleitung besetzt – welcher die Durchführung eines Workshops erst ermöglicht und für die Auswahl der teilnehmenden Personen zuständig ist.

Neben den oben aufgeführten Rollen sind je nach Bedarf noch weitere Workshop-Teilnehmer einzuladen. Alle Anwesenden müssen Entscheidungskompetenz besitzen. Dies gilt auch für Stellvertreter. Das Vorliegen der Entscheidungskompetenz ist vor Beginn des Workshops vom Workshopleiter zu überprüfen.

Die Anzahl der Anwesenden ist ein kritischer Faktor. Es ist darauf zu achten, dass Repräsentanten aller wichtigen Gruppen vertreten sind. Da die Anzahl der Diskussionen jedoch dramatisch mit der Anzahl der Teilnehmer wächst, sollten jedoch Obergrenzen für die Anzahl der Teilnehmer festgelegt werden.

Eine Kernidee der Workshoptechnik ist die Idee eines „gemeinsamen Entwicklungsteams", bestehend aus verschiedenen Rollen (Endbenutzer, Kunden, Entwickler, etc.).

4.2.1.2 Organisatorische Vorbereitung

Die professionelle Vorbereitung eines Workshops ist von entscheidender Wichtigkeit und kann über Erfolg oder Misserfolg entscheiden.

Meist ist es nötig, das Bewusstsein für die Relevanz einer effizienten Anforderungsaufnahme zu schärfen und den Workshop innerhalb (aber auch außerhalb) des Unternehmens zu „verkaufen". Dies erfolgt am besten, indem der Workshop als Entscheidungsplattform genutzt wird. Nichtteilnehmer bringen sich so um ihre Möglichkeit der Einflussnahme.

Ein sehr wichtiger Punkt ist die „logistische Vorbereitung" des Worksshops. Die große Bedeutung des Anforderungsworkshops sollte sich in einem hohen Grad an professioneller Vorbereitung kristallisieren. Die logistische Vorbereitung umfasst (neben anderen wichtigen Basisvorbereitungen wie Einladungen, Hotelreservierungen, etc.) folgende wichtige Punkte:

- Auswahl der Räumlichkeiten (Raumgröße, weitere Räume – sog. „break-out rooms" besonders bei mehrtägigen Workshops, Reservierungen)
- Bereitstellung IT- und sonstige Infrastruktur (Drucker, Beamer, Email, Vernetzung, Office-Software, Kopierer, Flipcharts, Tafel etc.)
- Bereitstellung Unterlagen (Agenda, Handouts, Unterlagen aus früheren Besprechungen, Referenzdokumente, etc.)
- Vorbereitung Abschlussdokument (welches von allen Anwesenden abgezeichnet wird).

Ein weiterer wichtiger Punkt im Rahmen de Workshopvorbereitung ist die umfassende Information aller Teilnehmer im Vorfeld. Dies umfasst:

- Zusendung der Agenda und Teilnehmerliste
- Bereitstellung aller aktuellen Projektunterlagen.

Die Bereitstellung projektspezifischer Informationen dient dem „Warm-Up" der Teilnehmer. Projektspezifische Information kann umfassen:

- Vorversionen von Anforderungsdokumenten
- Laufende Information über aktuelle Managemententscheidungen aus dem Projekt.

Neben projektspezifischen Informationen gibt es eine weitere Klasse von „Warm-Up"-Materialien, welche dazu dient, den Teilnehmern einen umfassenderen Blick auf die Thematik zu verschaffen. Hierzu gehören z.B.

- Informationen über Konkurrenzprodukte
- Information über neueste Produkttrends.

Beispiel

Abb. 4-2 zeigt eine typische beispielhafte Agenda:

Zeit	Thema	Erläuterung
8:00 - 8:30	Einführung	Agenda, Regeln
8:30 - 10:00	Kontext	Projektstatus, vorliegende Ergebnisse
10:00 - 12:00	Brainstorming (1.Teil)	(s. u.)
12:00 - 13:00	Mittagspause	
13:00 - 14:00	Brainstorming (2.Teil)	(s. u.)
14:00 - 15:00	Vorfilterung und Clusterung	(s. u.)
15:00 - 16:00	Präzisierung und Priorisierung	(s. u.)
16:00 - 17:00	Abschluss	Zusammenfassung, nächste Schritte

Abb. 4-2. Agenda

4.2.2 Workshopdurchführung

4.2.2.1 Festlegung des Ablaufs

Zu Beginn des Workshops werden durch den Workshopleiter die Agenda und die „Spielregeln" des Workshops kommuniziert.

Beispiel

Die „Spielregeln" des Workshops sind:

- Zu einem Zeitpunkt gibt es nur einen Sprecher.
- Der Sprecher wird nicht unterbrochen (Ausnahme: Unterbrechung durch den Workshopleiter).
- Es finden keine parallelen privaten Diskussionen statt.
- Es finden keine persönlichen Angriffe statt.
- Die maximale Redezeit beträgt 5 bis 10 Minuten.
- Die zeitlichen Vorgaben aus der Agenda werden strikt eingehalten.
- Falls nach einer festen Frist (ca. 15 Minuten) immer noch Meinungsdifferenzen bestehen, wird die Meinungsdifferenz in die Liste der offenen Punkte aufgenommen.

4.2.2.2 Auswahl und Nutzung von Erhebungstechniken

Innerhalb eines Workshops können verschiedene Erhebungstechniken eingesetzt werden, um Anforderungen gemeinsam zu erarbeiten. Effektiv sind hier besonders „Kreativtechniken" wie z.B.

- Brainstorming
- Snowcards.

Wichtig ist diese Techniken in der ersten Hälfte des Workshops (vormittags, früher Nachmittag) einzusetzen, wenn die mentale Leistungskurve am höchsten ist.

Beispiel

Für eine Software zur Routenplanung wurden u.a. folgende spontan geäußerten Stichworte während der Brainstorming-Sitzung notiert:

- Ermittlung der kürzesten Fahrstrecke
- Ermittlung der Entfernung
- Zoomen
- Mehrere simultane Routenvorschläge
- Eingeblendete Übersichtskarte
- Schnelle Berechnung der Entfernung
- Leicht bedienbar
- Optische Anzeige der ermittelten Fahrstrecke
- Detaillierte Innenstadtpläne
- Schnelle Berechnung der kürzesten Fahrstrecke
- Zusätzliche Kostenberechnung mit Hilfe einer Kilometerpauschale
- Schneller Bildschirmaufbau.

4.2.2.3 Vorfilterung der Anforderungen

Der zweite Teilschritt der Workshopdurchführung besteht aus einer Vorfilterung der bislang (durch *Brainstorming* oder *Snowcards*) ermittelten Anforderungen. Der Workshopleiter stellt jede Anforderung kurz vor und fragt nach, ob diese Anforderung verworfen werden kann. Jeder Teilnehmer besitzt ein „Veto-Recht" bzgl. der Verwerfung. Hält auch nur ein Workshopteilnehmer die Anforderung für wichtig, wird sie nicht verworfen und bleibt im „Anforderungspool".

Beispiel

Aus der Liste der stichwortartig formulierten Anforderungen werden folgende drei Anforderungen im Einvernehmen zwischen allen Workshopteilnehmern gelöscht:

- Ermittlung der kürzesten Fahrstrecke
- Ermittlung der Entfernung
- Zoomen

- ~~Mehrere simultane Routenvorschläge~~
- Eingeblendete Übersichtskarte
- Schnelle Berechnung der Entfernung
- Leicht bedienbar
- Optische Anzeige der ermittelten Fahrstrecke
- ~~Detaillierte Innenstadtpläne~~
- Schnelle Berechnung der kürzesten Fahrstrecke
- ~~Zusätzliche Kostenberechnung mit Hilfe einer Kilometerpauschale~~
- Schneller Bildschirmaufbau.

4.2.2.4 Clusterung der Anforderungen

Bei einer großen Anzahl von Anforderungen ist es hilfreich, Anforderungen zu clustern. Karten mit ähnlichen Anforderungen werden räumlich auf der Pinwand gruppiert. Diese Anforderungscluster werden benannt, z.B.

- Funktionale Anforderungen
- Performanceanforderungen
- Sicherheitsanforderungen
- Ergonomieanforderungen

Der Einsatz bestimmter Techniken kann die Gruppierung erleichtern. So kann die Typisierungsinformation auf Snowcards für eine Clusterung verwendet werden. Neben dieser Typ-Clusterung kann eine Clusterung nach Features, Anwendungsfällen oder Akteuren je nach Art des Systems besser geeignet sein.

Während der Clusterung werden von Seiten der Workshopteilnehmer oftmals noch neue Anforderungen „entdeckt". Diese Anforderungen sollten mit in die Anforderungscluster aufgenommen werden.

Beispiel

Die stichwortartig formulierten Anforderungen werden wie folgt geclustert:

- Funktionale Anforderungen (Berechnungsfunktionalität)
  - Ermittlung der kürzesten Fahrstrecke
  - Ermittlung der Entfernung
- Funktionale Anforderungen (Oberflächenfunktionalität)
  - Optische Anzeige der ermittelten Fahrstrecke
  - Zoomen
  - Eingeblendete Übersichtskarte
- Ergonomieanforderungen
  - Leicht bedienbar
- Performanceanforderungen
  - Schnelle Berechnung der kürzesten Fahrstrecke
  - Schnelle Berechnung der Entfernung
  - Schneller Bildschirmaufbau

Eine weitere sinnvolle Art der Clusterung wäre bei diesem Beispiel die Zuordnung nichtfunktionaler Anforderungen zu den zugehörigen funktionalen Anforderungen. (Die zugehörigen nichtfunktionalen Anforderungen sind im folgenden eingerückt dargestellt).

- Ermittlung der kürzesten Fahrstrecke
  - Schnelle Berechnung der kürzesten Fahrstrecke
- Ermittlung der Entfernung
  - Schnelle Berechnung der Entfernung
- Zoomen
  - Schneller Bildschirmaufbau
- ...

4.2.2.5 Präzisierung der Anforderungen

Die gefilterten und geclusterten Anforderungen werden in diesem Schritt stärker präzisiert. Dies geschieht schwerpunktmäßig durch diejenige Person, welche die Anforderung eingebracht hat. Die „Essenz“ der Anforderung sollte in ein bis zwei Sätzen kurz beschrieben werden.

Bei der Präzisierung von Anforderungen sollte vom Workshopleiter darauf geachtet werden, dass die Anforderungen auf relativ ähnlichem Granularitätslevel (keine zu detaillierten Anforderungen, keine zu allgemeinen Anforderungen) formuliert werden. Der jeweils adäquate Granularitätslevel hängt von der Art des Workshops ab.

Beispiel

Die folgenden stichwortartig formulierten Anforderungen

- Schnelle Berechnung der kürzesten Fahrstrecke
- Eingeblendete Übersichtskarte
- Optische Anzeige der ermittelten Fahrstrecke

werden wie folgt präzisiert:

- Auf einem Referenzrechner soll die Berechnung der kürzesten Fahrstrecke zwischen zwei frei wählbaren Koordinaten maximal 20 Sekunden benötigen.
- Das System soll das zusätzliche Einblenden einer Übersichtskarte ermöglichen. Der aktuell dargestellte Kartenausschnitt ist in der Übersichtskarte als Rahmen sichtbar.
- Das System soll die berechnete kürzeste Fahrstrecke vor dem Landkartenhintergrund als farblich abgehobenen Linienzug in darstellen.

4.2.2.6 Priorisierung der Anforderungen

Die vorliegenden Anforderungen werden nun gewichtet. Eine mögliche Technik wird an dieser Stelle beschrieben:

Jeder Teilnehmer erhält 100 Punkte und kann diese Punkte entsprechend seiner subjektiven Einschätzung von Wichtigkeit auf die Anforderungen verteilen. Hierzu notiert er auf einem Blatt Papier die zugehörigen Punkte.

Anschließend werden zu jeder Anforderung die Punkte aller Teilnehmer aufsummiert und das Ergebnis vorgestellt.

Hinweis: Diese Technik lässt sich meist nur einmal einsetzen, da in einem zweiten Durchlauf die Teilnehmer ihre Bewertung verfälschen, um „ihre Anforderungen" durchzusetzen, falls diese im ersten Durchlauf aus subjektiver Sichtweise „unterbewertet" wurden. Dieses Problem kann abgemildert werden, wenn pro Person und Anforderungen nur eine reduzierte Maximalanzahl von Punkten (z.B. 30 Punkte) vergeben werden kann.

Beispiel

Die drei Bespielanforderungen werden wie folgt priorisiert:

- (290 Punkte) Auf einem Referenzrechner soll die Berechnung der kürzesten Fahrstrecke zwischen zwei frei wählbaren Koordinaten maximal 20 Sekunden benötigen.
- (190 Punkte) Das System soll das zusätzliche Einblenden einer Übersichtskarte ermöglichen. Der aktuell dargestellte Kartenausschnitt soll auf der Übersichtskarte als Rahmen dargestellt werden.
- (370 Punkte) Das System soll die berechnete kürzeste Fahrstrecke vor dem Landkartenhintergrund als farblich deutlich abgehobenen Linienzug in darstellen.

4.2.3 Workshopnachbereitung

Typische unmittelbare Ergebnisse eines Workshops sind Mitschriften. Diese Dokumente bilden die Ausgangsbasis für eine professionelle Nachbereitung, welche in einem Workshop-Protokoll mündet, welches alle wesentlichen Workshopergebnisse festhält und von allen Teilnehmern abgezeichnet wird.

Ein weiteres wichtiges „Sekundärergebnis" eines Workshops sind offene Fragen, welche zwangsläufig während eines Workshops aufgeworfen und oft nur mit Hilfe Dritter gelöst werden können. Diese offene Fragen müssen detailliert am Ende des Abschlussdokuments unter der Rubrik „offene Punkte" vermerkt werden. Wenn offene Punkte bestehen, muss explizit vermerkt werden, wer für die Klärung des offenen Punktes zuständig ist und bis wann der offene Punkt geklärt sein muss.

Werden bereits in der Phase der Anforderungsermittlung Tools eingesetzt, sind die Workshop-Ergebnisse in die Tools einzupflegen:

- Bei Einsatz von Requirements-Engineering-Tools (Objects9000, RequisitePro, C.A.R.E, etc.), welche Anforderungen in stark formalisierter Form verwalten, sind „halbformale“ Ergebnistypen wie Mitschriften in diese formalisierten Formen zu überführen. Hierzu gehört speziell das Erstellen von formalen Anforderungsdokumenten mit allen zugehörigen Attributen in den entsprechenden Tools.
- Bei Einsatz von CASE-Tools (Rational Rose, etc.) sind „halbformale“ Ergebnistypen wie Mitschriften in Modellierungsinformationen zu überführen (Anwendungsfälle, Fachklassen, etc.)

Zur Nachbereitung eines Workshops zählt ferner das Anstoßen von Folgeaktivitäten, z.B. die Organisation weiterer Workshops.

Qualitätskriterien

Qualitätskriterien für den Anforderungsworkshop sind:

- Die ermittelten Anforderungen sind präzise und verständlich formuliert.
- Alle Anforderungen sind geclustert.
- Alle Anforderungen sind priorisiert.
- Das Anforderungsdokument ist von allen Teilnehmern abgezeichnet.
- Offene Punkte sind explizit dokumentiert.

Vorausgesetztes Wissen

Vorausgesetztes Profil beim Moderator des Workshops:

- Erfahrungen in Anforderungsermittlung
- Durchführung von Workshops

Vorausgesetztes Profil bei den Teilnehmern des Workshops:

- Wissen über die Anwendungsdomäne

Literatur

[Gause1993] Gause, D.C., Weinberg, G.M.: Software Requirements. Anforderungen erkennen, verstehen und erfüllen, Hanser, 1993

[Graham1998] Graham, I.: Requirements Engineering and Rapid Development, Addison-Wesley, 1998

[Leffingwell1999] Leffingwell, D., Widrig, D.: Managing Software Requirements – A Unified Approach, Addison-Wesley, 1999

[Robertson1999] Robertson S., Robertson J.: Mastering the Requirements Process, Addison-Wesley, 1999

[Wiegers1999] Wiegers, K.: Software Requirements, Microsoft Press, 1999

4.3 Anforderungspriorisierung

Beschreibung

Das Ziel der Anforderungspriorisierung ist es, diejenigen Anforderungen zu ermitteln, welche im Rahmen eines Projekts bevorzugt zu realisieren sind.

Der Nutzen der Anforderungspriorisierung besteht darin, dass aufgrund der Priorisierung der Anforderungen deutlich wird, welche Anforderungen Bestandteil eines „Produktkerns“ sind. Die Teile eines Systems, die diese hochpriorisierten Anforderungen umsetzen, bilden die „Stripped Version“, welche zuerst realisiert werden sollte. Umgekehrt wird durch die Priorisierung der Anforderungen deutlich, welche Anforderungen weniger relevant sind und u.U. zurückgestellt werden können. Die Priorisierung von Anforderungen wirkt sich sowohl auf die Struktur als auch auf die Planung eines Systems aus. Nachfolgend wird ein sehr einfach anwendbares Priorisierungsverfahren vorgestellt.

Die Voraussetzung der Anforderungspriorisierung sind:

- Existenz einer Anforderungsliste
- Möglichkeit, die vorliegenden Anforderungen insbesondere aus Sicht des Kunden zu bewerten
- Möglichkeit, die vorliegenden Anforderungen aus Sicht der Anwendungsentwicklung zu bewerten.

Das Ergebnis der Anforderungspriorisierung ist eine Liste von Anforderungen, welchen Prioritäten zugeordnet sind.

Die Arbeitsschritte der Anforderungspriorisierung sind folgende:

- Erstellung der Anforderungsliste
- Festlegung der Bewertungskriterien
- Bewertung der Anforderungen
- Festlegung eines Berechnungsverfahrens
- Berechnung der Prioritäten der einzelnen Anforderungen.

Arbeitsschritte

4.3.1 Erstellung der Anforderungsliste

Die Anforderungen werden aufgelistet und (falls noch nicht geschehen) mit einem eindeutigen Identifikator versehen.

Beispiel

Abb. 4-3 enthält typische Anforderungen an eine Software zur Routenplanung:

Anf. 1	Das System soll das zusätzliche Einblenden einer Übersichtskarte ermöglichen. Der aktuell dargestellte Kartenausschnitt ist in einer Übersichtskarte als Rahmen sichtbar.
Anf. 2	Auf einem Referenzrechner soll die Berechnung der kürzesten Fahrstrecke zwischen zwei frei wählbaren Koordinaten maximal 20 Sekunden benötigen.
Anf. 3	Das System soll die berechnete kürzeste Fahrstrecke vor dem Landkartenhintergrund als farblich abgehobenen Linienzug in darstellen.
....	

Abb. 4-3. Anforderungsliste Routenplanung

4.3.2 Festlegung der Bewertungskriterien

Für die Bewertung der Anforderungen sind geeignete Bewertungskriterien festzulegen. Dabei ist darauf zu achten, dass sowohl Bewertungskriterien aus Kundensicht als auch aus Lieferanten- bzw. Entwicklungssicht berücksichtigt werden.

Beispiel

Es werden beispielsweise folgende Bewertungskriterien ausgewählt:

- Bewertungskriterien aus Sicht des Kunden
  - Nutzen aus Sicht des Kunden
  - Relevanz aus Sicht des Kunden
- Bewertungskriterien aus Sicht des Lieferanten (Entwicklung)
  - Kosten der Realisierung
  - Risiken der Realisierung
    (speziell technische Risiken)

	Kundensicht			Lieferantensicht			Gesamtsicht		
Anforderung	**Nutzen**	**Relevanz**	Σ	**Kosten**	**Risiko**	Σ			**Ergebnis**
Gewichtung									
Anf. 1									
Anf. 2									
Anf. 3									
....									

Abb. 4-4. Überblick Bewertungskriterien

4.3.3 Bewertung der Anforderungen

Die Anforderungen sind nach den Kriterien zu bewerten. Hierzu ist die aktive Beteiligung des Kunden und des Lieferanten notwendig. Für jedes Bewertungskriterium ist ein Wertebereich festzulegen.

Beispiel

Für jedes der Bewertungskriterien wird ein Wertebereich von 1–5 festgelegt. Die vorhandenen Bewertungskriterien

- Nutzen aus Sicht des Kunden
- Relevanz aus Sicht des Kunden
- Kosten der Realisierung
- Risiken der Realisierung

werden für jede Anforderung ermittelt:

	Kundensicht			Lieferantensicht			Gesamtsicht		
Anforderung	**Nutzen**	**Relevanz**	Σ	**Kosten**	**Risiko**	Σ			**Ergebnis**
Gewichtung									
Anf. 1	2	3		5	4				
Anf. 2	4	5		2	2				
Anf. 3	5	4		2	1				
....									

Abb. 4-5. Exemplarische Bewertung

4.3.4 Festlegung eines Berechnungsverfahrens

Basierend auf den Bewertungskriterien wird ein numerisches Berechnungsverfahren gewählt, um die Priorität einer Anforderung zu ermitteln.

Beispiel

Als Berechnungsformel für die Priorität wird gewählt:

(A * Nutzen + B * Relevanz) / (C * Kosten + D * Risiko)

wobei A, B, C und D Gewichtungsfaktoren für Nutzen, Relevanz, Kosten und Risiko darstellen. Die Werte für die Gewichtungsfaktoren werden wie folgt gewählt:

A = B = C = 2

D = 1

Bei der Wahl des Berechnungsverfahrens ist zu beachten, dass manche der Bewertungsfaktoren positiv mit dem Ergebnis korrelieren (Nutzen, Relevanz) während andere negativ korrelieren (Kosten, Risiko). Faktoren, welche negativ korrelieren, werden im vorliegenden Beispiel im Nenner aufgeführt.

	Kundensicht			**Lieferantensicht**			**Gesamtsicht**		
Anforderung	**Nutzen**	**Relevanz**	Σ	**Kosten**	**Risiko**	Σ			**Ergebnis**
Gewichtung	**2**	**2**		**2**	**1**				
Anf. 1	2	3		5	4				
Anf. 2	4	5		2	2				
Anf. 3	5	4		2	1				
....									

Abb. 4-6. Gewichtete Anforderungen

4.3.5 Berechnung der Prioritäten der Anforderungen

Die Prioritäten der einzelnen Anforderungen werden auf Basis der gewählten Formel errechnet.

Beispiel

Für das vorliegende Beispiel gibt sich folgendes Gesamtergebnis:

	Kundensicht			**Lieferantensicht**			**Gesamtsicht**		
Anforderung	**Nutzen**	**Relevanz**	Σ	**Kosten**	**Risiko**	Σ			**Ergebnis**
Gewichtung	**2**	**2**		**2**	**1**				
Anf. 1	2	3	10	5	4	14			0.7
Anf. 2	4	5	18	2	2	6			3
Anf. 3	5	4	18	2	1	5			3.6
....									

Abb. 4-7. Gesamtergebnis

Andere Berechnungsschemata sind denkbar und ggf. erforderlich, um genauere Priorisierungen von Anforderungen zu erhalten oder zusätzliche Parameter zu berücksichtigen. Wird diese Technik durch Erfahrungsdaten ergänzt, können die Prioritäten von Anforderungen mittelfristig sehr genau ermittelt werden.

Die Abschätzungen und Gewichtungen können apriori durch eine Sensitivitätsanalyse validiert werden. Bei der Sensitivitätsanalyse wird analysiert, wie sich die Priorisierung der Anforderungen ändert, wenn die Modellparameter und deren Gewichtung leicht variiert werden. Ändern sich die Priorisierungen der Anforderungen nicht wesentlich, dann ist die Abschätzung der Modellparameter und deren Gewichtung stabil. Bei Anforderungen deren Priorität unstabil ist, sollte die Abschätzungen überprüft und ggf. kalibriert werden.

Mittelfristig kann das Problem von verzerrten Priorisierungen durch systematische Postmortem-Analyse – Vergleich der Abschätzungen mit den tatsächlichen Daten am Ende eines Projektes – erheblich reduziert werden. Diese Erfahrungsdaten sollten systematisch erfasst und in neuen Projekten bei Abschätzung der Modellparameter und deren Gewichtung berücksichtigt werden.

Qualitätskriterien

Qualitätskriterien für die Anforderungspriorisierung sind:

- Qualität des Bewertungsschemas
- Vorliegen verlässlicher Bewertungen aus Sicht des Kunden
- Vorliegen verlässlicher Bewertungen aus Sicht der Anwendungsentwicklung.

Vorausgesetztes Wissen

Für die Anforderungspriorisierung ist kein spezielles Wissen erforderlich. Erfahrungen aus vorhergehenden Projekten sind zur Feinkalibrierung des Berechnungsverfahrens hilfreich.

Literatur

[Leffingwell99] Leffingwell, D.; Widrig, D.: Managing Software Requirements – A Unified Approach, Addison-Wesley 1999

[Wiegers99] Wiegers, K.: Software Requirements, Microsoft Press 1999

4.4 Mediation

Beschreibung

Das Ziel der Mediation ist es, eine Verständigung bzw. Vereinbarung zwischen zwei oder mehreren Konfliktparteien herbeizuführen. Mediation bedeutet etwa „Vermittlung“ oder „vermittelndes Dazwischentreten“. Der Mediator ist demzufolge ein *Vermittler,* der die Konfliktparteien befähigt, selbst konsensfähige Lösungen für ihr Problem zu entwickeln. Dies kann für die Parteien bedeuten, ausgetretene Wege zu verlassen und sich von Vorurteilen zu verabschieden, um gemeinsam nach neuen Optionen Ausschau zu halten, die sich deutlich von „faulen“ Kompromissen unterscheiden. Unter Anleitung des neutralen Vermittlers sollen die Beteiligten ihre Interessen und Bedürfnisse einbringen und nach wechselseitig wertschöpfenden Interessenlösungen mit möglichst großem Gewinn für alle suchen. Diese werden als so genannte „Win-Win-Lösungen“ bezeichnet.

Im Vordergrund steht also das gemeinsame Finden sachlicher Lösungen, die die Parteien zukünftig nicht trennen, sondern eine weitere und partnerschaftliche Zusammenarbeit in der Zukunft ermöglichen. Insbesondere fällt der Mediator keine Entscheidungen, Urteile oder Schlichtersprüche, sondern die Konfliktpartner behalten ihre Selbstverantwortlichkeit, was den Mediator deutlich von einem Polizisten, Richter oder Revisor unterscheidet.

Mediation ist in verschiedenen Bereichen des privaten und öffentlichen Lebens anwendbar, so zum Beispiel als Familien-Mediation bei Scheidungen, Sorgerecht und Vermögensverteilung oder als Schul-, oder Unternehmensmediation bei Mobbing. Der Mediator hilft hierbei als neutrale Partei eine neue und zuvor wenig verwendete Streitkultur zu entwickeln, die den Konfliktpartnern eine konstruktive Konfrontation und schließlich eine Lösung des Konfliktes ermöglicht. In diesem

Sinne unterscheidet er sich von einem Moderator durch die Zielgerichtetheit seines Tuns.

Durch das Herausarbeiten und Verdeutlichen von hinter dem Konflikt liegenden Bedürfnissen und Hintergründen sowie durch die Aufarbeitung emotionaler Folgen schafft die Mediation die Voraussetzungen dafür, dass die Konfliktpartner sich nicht übervorteilt fühlen und ihre Selbstachtung erhalten bleibt. Werden die Beteiligten durch ihre Gefühls- und Verhaltensmuster eingeschränkt oder sogar unter Druck gesetzt, so wird dies aufgebrochen. An die Stelle des Sich-Durchsetzen-Müssens tritt die persönliche Verständigung und die Suche nach einer Grundlage für die zukünftige Beziehung. Damit ergibt sich eine weitaus tragfähigere Lösung, die motiviert umgesetzt werden kann und weiteren Streit vermeidet.

Durch die Verbindlichkeit – teilweise sogar Rechtsverbindlichkeit – der getroffenen Vereinbarung werden unter anderem zusätzliche Aktivitäten überflüssig, was sich sowohl in monetärem (Ersparnis von Gebühren, Prozesskosten) als auch in nicht-monetärem Nutzen (Zeitersparnis, Motivation) niederschlagen kann. Insbesondere werden die Beteiligten durch den Konflikt nicht enteignet, sondern sie behalten Einfluss auf das Ergebnis. Dies verhindert durch Fremdbestimmung auftretende Blockaden und Frust.

Der Nutzen der Mediation besteht in der Möglichkeit, solche Lösungen für ein Problem zu entwickeln, die konsensfähig und damit nachhaltig sind. Es handelt sich hierbei um wechselseitig wertschöpfende Interessenlösungen, die einen möglichst großen Gewinn für alle versprechen.

Die Voraussetzungen für die Mediation sind ein Mediationsübereinkommen oder Mediationsvertrag, in dem unter anderem festgehalten wird, dass

- ein Konflikt existiert,
- die während der Mediation gewonnenen Erkenntnisse vertraulich behandelt werden,
- die beteiligten Parteien freiwillig an der Mediation teilnehmen,
- die beteiligten Parteien bereit sind, ihre eigenen Bedürfnisse, Interessen und Wünsche zu artikulieren und zu vertreten,
- die beteiligten Parteien die Gebote der Fairness und Rücksichtnahme anerkennen und die Unterschiedlichkeit der Bedürfnisse, Interessen und Wünsche der verschiedenen Parteien akzeptieren,
- die beteiligten Parteien zu gemeinsamen Gesprächen und Verhandlungen, zur Kooperation und zur Suche nach einer tragfähigen Lösung bereit sind,
- die beteiligten Parteien für ihre Entscheidungen eigenverantwortlich sind,
- die beteiligten Parteien verhandlungsfähig sind,
- der Mediator in seiner Rolle als unabhängiger Vermittler zwischen den Parteien ohne Entscheidungsgewalt anerkannt wird.

Dieses Übereinkommen kann am Ende der ersten Phase der Mediation, der „Vorbereitung“, geschlossen werden.

Das Ergebnis der Mediation ist eine durch Hilfe zur Selbsthilfe im Sinne des „Win-Win-Prinzips“ entstandene Vereinbarung, die zwischen den Konfliktpartnern über die ausgewählte Lösung geschlossen wird. Hierbei handelt es sich um diejenige der erarbeiteten Optionen, die für alle Beteiligten den größtmöglichen Gewinn ermöglicht. Die Vereinbarung enthält Kriterien, die die Konfliktpartner in die Lage versetzen, die Umsetzung zu kontrollieren.

Die Arbeitsschritte der Mediation sind durch die folgenden Phasen gekennzeichnet:

- Vorbereitung
- Erhebung
- Prüfung der Motivation
- Lockerung der Positionen
- Entwicklung von Optionen
- Vereinbarung
- Umsetzung.

Die Phasen zwei bis sechs sind als Hauptteil (eigentliche Mediation) zu sehen. Die Phasen drei bis fünf können mehrmals durchlaufen werden. Die Phasen drei und vier können neben gemeinsamen Sitzungen der Konfliktparteien auch Einzelsitzungen erfordern.

Arbeitsschritte

4.4.1 Vorbereitung

Der Mediator erläutert den Konfliktparteien den Ablauf und die Möglichkeiten einer Mediation. Er stellt seine Rolle als neutraler Vermittler dar, der weder Entscheidungen fällt noch Ratschläge inhaltlicher Art gibt. Gegebenenfalls wird ein Mediationsübereinkommen zwischen den Konfliktparteien oder sogar ein juristisch bindender Mediationsvertrag zwischen Konfliktparteien und Mediator geschlossen.

Beispiel

Mediator: Guten Tag, meine Herren. Sie haben sich freiwillig hier in der Zentrale Ihres Unternehmens versammelt, weil Sie sich von einer Mediation die Möglichkeit einer Einigung versprechen. Ich hoffe, dies wird uns gemeinsam gelingen. Meine Rolle ist in der Weise festgelegt, dass ich als Vermittler zwischen Ihren Positionen fungieren werde. Ein Unterbreiten von Lösungsvorschlägen durch meine Person ist hierbei explizit ausgeschlossen. Sämtliche Vorschläge werden von Ihnen kommen, wodurch wir hoffentlich zu einer tragfähigen Lösung kommen werden.

4.4.2 Erhebung

Unter Anleitung des Mediators erarbeiten die Konfliktparteien gemeinsam die relevanten Themenbereiche. Der Mediator hält mit nicht-manipulativen Zusammenfassungen eine konstruktive Arbeitsatmosphäre aufrecht, wobei er die Technik des Refraiming einsetzt. Refraiming nimmt den Äußerungen ihre emotionalen, unsachlichen Anteile, so dass der Empfänger in die Lage versetzt wird, die Botschaft aufzunehmen.

Beispiel

Mediator: Was führt Sie also hier zusammen?

Direktor Nord: Wir benötigen unbedingt ein grundlegend neues Erscheinungsbild, das in der Öffentlichkeit deutlich mehr Aufmerksamkeit erregt und uns die Kunden förmlich in die Arme treibt. Aber damit treffe ich überall nur auf taube Ohren. Mit der derzeitigen Selbstdarstellung unserer Unternehmensgruppe können wir uns in der Öffentlichkeit unter gar keinen Umständen weiter sehen lassen, wenn wir nicht massive Einbrüche bei unserem Geschäft hinnehmen wollen.

Direktor Süd: Aber nicht doch. Wir profitieren gerade davon, dass wir in der Öffentlichkeit seit mehr als 150 Jahren nahezu unverändert als eine Art Markenzeichen bekannt sind. Dies zu ändern, würde uns die Existenzgrundlage nehmen, von der auch Sie, Herr Direktor Nord, Ihr täglich Brot beziehen. Lassen Sie sich das von einem Kollegen sagen, der die Geschicke unserer Unternehmensgruppe seit immerhin 25 Jahren verfolgt und mitgestaltet.

Mediator: Wenn ich Sie bislang richtig verstanden habe, gibt es also zwei verschiedene Sichtweisen hinsichtlich der Unternehmensdarstellung in der Öffentlichkeit. Möglichkeit eins: die Darstellung ist nicht zeitgemäß. Möglichkeit zwei: die Darstellung ist zeitlos.

4.4.3 Prüfung der Motivation

Unter Anleitung des Mediators stellen die Konfliktparteien ihre Interessen und Sichtweisen dar. Der Mediator legt ihre subjektiven Wirklichkeiten offen und arbeitet mit ihnen etwaige verdeckte Konflikte heraus, um hinter dem Konflikt liegende Wünsche, Bedürfnisse, Forderungen und Hintergründe ebenso deutlich zu machen wie Ängste und Vorbehalte. Der Mediator benötigt hierzu Kenntnisse über die systemische Sichtweise, über die wechselseitige Beeinflussung von menschlichem Verhalten und deren Umwelt und Gesellschaft. Das Verhalten der Konfliktparteien muss im Zusammenhang mit der jeweiligen sozialen Umgebung gesehen werden, ohne dass es jedoch zu Verharmlosung kommt. Die Vergangenheit wird hierbei ausschließlich als Information für das Verstehen des Konflikts und der Anliegen beider Parteien aufgearbeitet.

Beispiel

Direktor Nord: Natürlich ist sie nicht zeitgemäß. Bei der Konkurrenz gegenüber geht die Jugend ein und aus. Und bei uns? Uns geht die Jugend aus.

Mediator: Und wie äußert sich das?

Direktor Nord: Kaum ein Jugendlicher erscheint in unseren Räumlichkeiten. Selbst meine Tochter sagte neulich, dass sie sich in ihrem neuen Freundeskreis an der Universität gar nicht zu sagen traut, wo ihr Vater arbeitet. Und neuerdings läuft sie auch noch den ganzen Tag in Sportkleidung herum, die in großen Buchstaben für die Konkurrenz wirbt. Und das in meinem Haus.

Mediator: Und wie sieht es bei Ihnen, Herr Direktor Süd, mit den Jugendlichen aus?

Direktor Süd: Diese Schwierigkeiten stellen sich bei uns nicht. Was Sie vielleicht noch nicht wissen: ich war einer der Vorgänger von Herrn Direktor Nord. Es hat mich fünf Jahre gekostet, diesem Standort den Rücken kehren zu dürfen.

4.4.4 Lockerung der Positionen

Unter der teilnehmenden Neutralität des Mediators nehmen die Konfliktparteien ihre Verhandlungen auf. Die nicht nur durch Vorteilsstreben, sondern auch zusätzlich durch zum Beispiel Ärger, Enttäuschung, Ängste oder Hilflosigkeit verfestigten Positionen werden konstruktiv in Frage gestellt. Der Mediator baut bei den Beteiligten den Anspruch auf Beurteilung oder Verurteilung der Vergangenheit ab und leitet organische Veränderungen gegen Aggressionen, Unverständnis oder Verunsicherung ein. Hierzu benötigt er Kenntnisse im Umgang mit unterschiedlichen Machtverhältnissen auf der Beziehungs- und Ressourcenebene. Er achtet auf das Einhalten der Spielregeln und baut Brücken des Verstehens. Durch Lockerung der Positionen schafft der Mediator eine wesentliche Voraussetzung dafür, dass die Beteiligten die Problemlösung als eine gemeinsame Herausforderung betrachten und somit zu Konfliktpartnern werden. Konstruktive Zusammenfassungen und die Technik des Reframings kommen auch hier zum Einsatz.

Beispiel

Mediator: Haben Sie, Herr Direktor Süd, damals ähnliche Erfahrungen gemacht, wie Ihr Kollege heute?

Direktor Süd: Allein durch die Lage gingen die Geschäfte selbstverständlich nicht so gut wie an dem von mir aktuell betreuten Standort. Aber wenn ich mich recht erinnere, so gab es damals keine Anzeichen dafür, dass die Konkurrenz im direkten Vergleich besser abschnitt als unser Haus. Und auch das Geschäft mit den Jugendlichen machte dabei keine Ausnahme. Bei vier weiteren am Standort vertretenen Konkurrenten zählten wir etwas mehr als 20 Prozent der Jugendlichen zu unseren Kunden.

Mediator: Und wie sehen die Zahlen zur Zeit aus, Herr Direktor Nord?

Direktor Nord: Obwohl zwei der Konkurrenten nicht mehr an unserem Standort vertreten sind, zählen wir weiterhin nur 20 Prozent zu unseren Kunden. Und gerade die Jugendlichen bekommen wir kaum mehr zu Gesicht, weil sie sich überwiegend an Automaten bedienen. Damit nimmt gleichsam unsere Möglichkeit ab, ihnen zusätzliche Geschäfte anzubieten.

Mediator: Was bedeutet es, dass zwei ihrer Konkurrenten nicht mehr an ihrem Standort vertreten sind?

Direktor Nord: Das bedeutet, dass sie ihre Räumlichkeiten für die Kundenberatung aufgegeben haben und die Kunden jetzt durch andere Standorte mitbetreut werden. Wir konnten unsere Präsenz jedoch bislang nicht zu unserem Vorteil ausnutzen, womit wir wieder bei unserem Erscheinungsbild wären.

Mediator: Bevor die Diskussion weitergeht, lassen Sie uns noch kurz einiges festhalten. Ihr Anteil, Herr Direktor Nord, beträgt nach wie vor 20 Prozent und es gibt noch immer vier Mitbewerber. Von diesen haben jedoch zwei ihr Filialnetz ausgedünnt und sind räumlich nicht mehr direkt präsent.

Direktor Nord: Das ist richtig.

4.4.5 Entwicklung von Optionen

Die inzwischen zu Konfliktpartnern gewordenen Beteiligten arbeiten unter Anleitung des Mediators verschiedene Lösungsoptionen heraus. Wichtig ist ein kooperatives und produktives Klima, das Möglichkeiten entstehen lässt, die über den bisherigen Horizont hinaus gehen. Hierzu benötigt der Mediator die Kenntnis von Kreativitätstechniken. Die Bewertungskriterien für die Lösungsoptionen leiten sich nicht ausschließlich aus einer wirtschaftlichen Kosten-Nutzen-Rechnung, sondern ebenso aus ethischen Werten und gesellschaftlichen Interessen ab, so dass die Motivation der Betroffenen gefördert wird.

Beispiel

Mediator: Außerdem haben Sie erzählt, Herr Direktor Nord, dass speziell die Jugendlichen nicht mehr allein durch den Schalter zu erreichen sind.

Direktor Nord: Auch das ist richtig.

Direktor Süd: Wenn ich auch noch einmal etwas sagen darf. Bei der öffentlichen Darstellung spielt ja auch das gewählte Medium eine Rolle. So kann man selbstverständlich Trainingsanzüge mit Werbeaufdruck einsetzen. Ebenso kann man sich über neue Plakate in den Verkaufsräumen unterhalten. Wenn ich jedoch höre, dass viele der Jugendlichen eher von den Automaten als von der Beratung Gebrauch machen, scheint mir der Brückenschlag zum Internet näher zu liegen. Vielleicht könnten wir über die Internetpräsenz speziell Jugendliche stärker ansprechen als uns das mit unseren Beratungsräumen gelingt. Und vielleicht müssten wir hierbei nicht einmal sehr viel an unserer Darstellung in der Öffentlichkeit ändern, so dass man uns nach wie vor wiedererkennen würde.

Direktor Nord: Das erscheint mir in Ansätzen ein erfolgversprechender Weg.

4.4.6 Vereinbarung

Aus den gemeinsam entwickelten Lösungsoptionen wählen die Konfliktpartner einvernehmlich die für alle Beteiligten beste Lösung aus. Dies kann zum Beispiel bedeuten, dass Recht, Wirtschaft und Emotion in einem ausgewogenen Verhältnis zueinander stehen, so dass keine der Parteien benachteiligt wird und keine zukünftigen Konflikte vorprogrammiert sind. Über die gewählte Lösung wird als Ergebnis der Mediation eine Vereinbarung zwischen den Beteiligten geschlossen. Die Vereinbarung enthält Kriterien, die die Konfliktpartner in die Lage versetzen, deren spätere Umsetzung zu kontrollieren.

Beispiel

Mediator: Wie könnte man diesen Weg nun formulieren?

Direktor Nord: Ich schlage vor, dass Sie, Herr Kollege Süd, und ich gemeinsam beim nächsten Direktorentreffen den Vorschlag unterbreiten werden, ein Projekt für eine Internetpräsentation unseres Hauses zu initiieren. Unter Nutzung unseres Bekanntheitsgrades in der Öffentlichkeit und unter weitgehender Nutzung der gewohnten Erscheinung sollte unser Internetauftritt insbesondere den Zukunftsmarkt der Jugendlichen ansprechen. Vielleicht können wir ja auch später an den kritischen Standorten mit Internet-Cafés aufwarten.

Direktor Süd: Meine Unterstützung haben Sie.

4.4.7 Umsetzung

Die Konfliktparteien setzen die Punkte der Vereinbarung um. Da es sich um die für alle Beteiligten beste Lösung handelt, stehen die Chancen gut, dass keine der Parteien aus dem Konsens aussteigt oder diesen zukünftig blockiert. Unter Anleitung des Mediators überprüfen die Konfliktpartner mit Hilfe der in der Vereinbarung festgelegten Kriterien gemeinsam die Umsetzung.

Beispiel

... und auf der Agenda des folgenden Direktorentreffens war zu lesen: „TOP 8: Internetauftritt“.

Qualitätskriterien

Wesentliches Qualitätskriterium ist der Umsetzungsgrad der Vereinbarungen, zu messen an den erfolgreich umgesetzten Punkten, die in der Vereinbarung festgelegt wurden.

Vorausgesetztes Wissen

Bei anerkannten Mediatoren handelt es sich häufig um juristisch oder psychologisch geschulte Personen mit einer Zusatzausbildung zum Mediator. Allgemein werden beim Mediator Kenntnisse folgender Art vorausgesetzt:

- Kommunikation, Interaktion, Frageformen und Fragetechniken
- Verhandlungsführung zum interessengerechten Verhandeln
- Entscheidungsfindung
- systemisches Denken
- Psychologische Konzepte wie Krise, Konflikt, Bewältigung, Verlust, Schuld, Bindung, Gewalt und Macht

Literatur

[Altmann1999] Altmann, G., Fiebiger H., Müller R.: Mediation: Konfliktmanagement für moderne Unternehmen, Beltz, 1999

4.5 CRC-Karten

Beschreibung

Das Ziel der CRC-Karten (CRC = **C**lass **R**esponsibility **C**ollaboration) ist es, aus einer Menge von Anwendungsfällen eine Klassenstruktur mit definierten gegenseitigen Verantwortlichkeiten abzuleiten. Die Strukturierung der Klassen (*class*) erfolgt gemäß den zwei Hauptaspekten *responsibility* und *collaboration*: Jede Klasse besitzt Verantwortlichkeiten (*responsibilities*) gegenüber anderen Klassen, mit denen sie zusammenarbeitet (*collaboration*). Ziel der CRC-Technik ist die stabile Verteilung der Verantwortlichkeiten der Klassen, da dies zu einem weniger anfälligen und gut strukturierten System führt.

Der Nutzen der CRC-Karten besteht in folgenden Punkten:

- Ermittlung fachlicher Klassen, deren Verantwortlichkeiten (*responsibilities*) und konzeptionelles Zusammenwirken (*collaboration*)
- Gemeinsames Verständnis des Klassenmodells für alle an einem CRC-Workshop Beteiligten
- Stabiler Ausgangspunkt für eine spätere Verfeinerung des Klassendesigns
- Die CRC-Karten können anhand verschiedener Metriken ausgewertet werden.
- Die CRC-Karten bieten einen Anhaltspunkt für die Klassenkomplexität und damit auch eine kalkulatorische Grundlage für Aufwandsschätzungen.

- Die Verantwortlichkeiten (*responsibilities*) der einzelnen Klassen korrespondieren mit funktionalen Anforderungen. Beim Walkthrough der verschiedenen Szenarien wird so das eventuelle Fehlen funktionaler Anforderungen in anderen Dokumenten aufgedeckt.

  Die Voraussetzung der CRC-Karten sind:

- Existenz eines Anforderungsdokuments mit einer Beschreibung der Ziele und Anwendungsfälle des zu erstellenden Systems (Eine grobgranulare Beschreibung der Anwendungsfälle ist hinreichend.)

  Das Ergebnis der CRC-Technik ist

- eine erste Klassenstruktur auf fachlicher Ebene
- eine Zuordnung von Diensten (*responsibilities*) zu den Klassen
- eine Zuordnung von Kollaborationen (*collaborations*) zu den Diensten
- ein gemeinsames Verständnis der Beteiligten über die Begriffe und deren Zusammenhänge in einer Anwendungsdomäne
- eine fundierte Verteilung der Verantwortlichkeiten zwischen den Klassen.

CRC-Karten sind in ihrer ursprünglichen Form Karteikarten, auf welchen die bereits erwähnten Informationen *Klasse, Verantwortlichkeit, Kollaboration* notiert werden.

Klasse:	
Verantwortlichkeiten:	**Kollaborationen :**

Abb. 4-8. Aufbau einer CRC-Karte

Der Einsatz der CRC-Technik erfolgt in einer sehr frühen Phase der Modellierung. CRC-Karten forcieren eine bewusste Black-Box-Sicht der Klassen auf fachlicher Ebene. Eine Beschreibung des Innenlebens (Instanzvariablen, etc.) und des Schnittstellendesigns der Klassen in Form von Methodensignaturen wird explizit zurückgestellt und bleibt späteren Phasen der Modellierung vorbehalten.

CRC-Karten werden typischerweise in Workshops erarbeitet. An CRC-Workshops nehmen ca. 3–10 Personen teil (optimale Gruppengröße: 5 oder 6 Personen). Die Beteiligung sollte pluralistisch sein (Anwender, Fachexperten, Analytiker, Entwickler, Manager). Ein Moderator nimmt Anregungen aus der Gruppe auf, hinterfragt und versucht einen Konsens herbeizuführen. Er oder eine weitere Person verwaltet die CRC-Karten.

Die Arbeitschritte eines CRC-Workshops (für einen Anwendungsfall) sind folgende:

- Auswahl eines spezifischen Szenarios
- Ermittlung der beteiligten Klassen

- Ermittlung der Verantwortlichkeiten und Kollaborationen
- Überprüfung der Szenarien.

Diese Arbeitschritte werden für alle weiteren vorliegenden Anwendungsfälle wiederholt.

Arbeitsschritte

4.5.1 Auswahl eines spezifischen Szenarios

Aus den vorliegenden Anwendungsfällen wird ein Nutzungsszenario ausgewählt.

Beispiel

Das folgende Beispiel behandelt einen Anwendungsfall für ein Softwaresystem einer Behörde. Ein textueller Auszug des Anwendungsfalls ist folgender:

- ... der Sachbearbeiter ermittelt die Akte im Aktenverzeichnis ... öffnet die Akte ... fügt eine zusätzliche Anlage an ...

4.5.2 Ermittlung der beteiligten Klassen

Durch textuelle Analyse des Anwendungsfalls werden potentielle Klassenkandidaten ermittelt und auf die Karten notiert. Dies geschieht üblicherweise durch „noun-verb-analysis", wobei die im Text des Anwendungsfalls enthaltenen Substantive potenzielle Klassenkandidaten sind.

Die Klassenkandidaten werden auf die CRC-Karten notiert. Um begriffliche Schwierigkeiten zu vermeiden, sollte die Namensvergabe unter Berücksichtigung bereits bestehender Glossare (Nomenklaturen, etc.) erfolgen.

Beispiel

Im oberen Text des Anwendungsfalls finden sich u.a. etwa die Substantive „Aktenverzeichnis", „Akte" und „Anlage". Diese Substantive stellen potentielle Klassenkandidaten dar und werden auf die CRC-Karten notiert:

***Klasse*: Aktenverzeichnis**	
Verantwortlichkeiten:	**Kollaborationen:**

Klasse: **Akte**	
Verantwortlichkeiten:	**Kollaborationen:**

Klasse: **Anlage**	
Verantwortlichkeiten:	**Kollaborationen:**

Abb. 4-9. 3 CRC-Karten

4.5.3 Ermittlung der Verantwortlichkeiten und Kollaborationen

In einem weiteren Schritt werden die Karten zeilenweise ausgefüllt. Unter der Rubrik *Verantwortlichkeiten* werden die Verantwortlichkeiten der Klasse stichwortartig aufgelistet. Verantwortlichkeiten drücken Dienste aus, welche die Klasse ihrer Umwelt anbietet. Unter der Rubrik *Kollaborationen* werden alle beteiligten Klassen aufgeführt, welche an der „Erbringung der Dienstleistung" (*Verantwortlichkeit*) beteiligt sind.

Als Technik kann wiederum die „noun-verb-analysis" eingesetzt werden, wobei diesmal die Verben potentielle Kandidaten für Dienste (*Verantwortlichkeiten*) sind.

Beispiel

Aus dem Verben des Anwendungsfalls

- ... der Sachbearbeiter **ermittelt** die Akte im Aktenverzeichnis ... **öffnet** die Akte ... **fügt** einen zusätzliche Anlage **an** ...
  werden folgende Zeileneinträge abgeleitet:

Klasse: **Aktenverzeichnis**	
Verantwortlichkeiten:	**Kollaborationen:**
Akte ermitteln	Akte

Klasse: **Akte**	
Verantwortlichkeiten:	**Kollaborationen:**
Akte öffnen	
Anlage anfügen	Anlage

Abb. 4-10. Ausgefüllte CRC-Karten

Am Beispiel der Zeile „Anlage anfügen“ wird die Semantik kurz erläutert:

- Die *Klasse* „Akte“ bietet den Dienst „Anlage anfügen“ an. Zur Erbringung des Dienstes ist eine „Anlage“ notwendig. Diese ist daher in der Spalte *Kollaborationen* aufgeführt.

4.5.4 Überprüfung der Szenarien

Das im Anwendungsfall beschriebene Szenario sowie alternative Szenarien werden nun anhand der CRC-Karten durchgespielt, um die Stabilität des „CRC-Designs“ zu testen.

Beispiel

Im Rahmen von „Szenarien-Walkthroughs“ werden die Szenarien auf die Dienste der einzelnen Klassen abgebildet. Für das anfangs gewählte Szenario (siehe Beispiel in Arbeitsschritt 4.5.1) sieht die Abbildung wie folgt aus:

1. **Klasse Aktenverzeichnis**
   Der Sachbearbeiter benutzt den Dienst „Akte ermitteln“, um eine spezielle Akte zu finden.
2. **Klasse Akte**
   Der Sachbearbeiter benutzt den Dienst „Akte öffnen“, um die Akte zu öffnen.
3. **Klasse Akte**
   Der Sachbearbeiter benutzt den Dienst „Anlage anfügen“, um eine Anlage anzufügen.

Hinweis:

- Der Schritt von 1. auf 2. ist nur möglich, da im ersten Schritt der Dienst „Akte ermitteln“ eine Kollaboration zur Klasse „Akte“ besitzt.

Eine Menge von CRC-Karten spannt ein Geflecht von Beziehungen (*collaborations*) auf, welche die Klassen miteinander „verbinden“. Anhand des Beziehungsgeflechts kann ermittelt werden, wer wem welche Dienste zur Verfügung stellt (vgl. Abb. 4-11).

Beim Szenarien-Walkthrough wird entlang der Kollaborationen navigiert. Neben dem ursprünglichen Szenario werden weitere Varianten der Szenarien (z.B. Einfügen eines Aktenquerverweises anstelle einer Anlage) ausgeführt. Hierdurch werden die CRC-Karten weiter verfeinert und auf Konsistenz geprüft. Falls notwendig werden Restrukturierungen des CRC-Modells vorgenommen. Die Bedeutung und Verantwortlichkeiten der Klassen werden hierdurch abgeglichen. Die Ausbalancierung der Verantwortlichkeiten führt insgesamt zu einem robusteren und gut strukturierten System.

Nach der Integration weiterer Szenarien wie

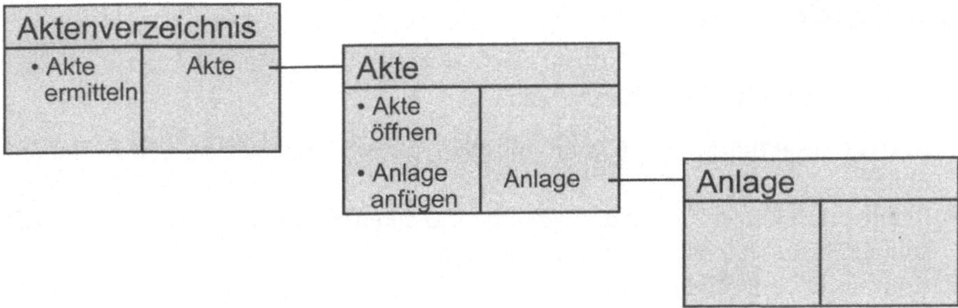

Abb. 4-11. Beziehungsgeflecht

- Aktenquerverweis anlegen
- Neuanlegen einer Akte
- Drucken einer Akte
- Editieren einer Akte

besitzen die CRC-Karten folgende Einträge:

Klasse: **Aktenverzeichnis**	
Verantwortlichkeiten:	**Kollaborationen:**
Akte ermitteln	Akte
Akte neu anlegen	Akte

Klasse: **Akte**	
Verantwortlichkeiten:	**Kollaborationen:**
Akte öffnen	
Anlage anfügen	Anlage
Aktenquerverweis anlegen	Akte
Akte drucken	Drucker
Akte editieren	

Abb. 4-12. CRC-Karten vervollständigt

Der vorliegende Satz CRC-Karten stellt eine Vorstufe eines fachlichen Klassenmodells dar:

- Verantwortlichkeiten (*responsibilities*) sind Ausgangspunkt für Methoden.
- Kollaborationen sind Ausgangspunkt für assoziative Beziehungen.

Qualitätskriterien

Qualitätskriterien für CRC-Karten sind:

- Korrekt ausgefüllte CRC-Karten mit allen Verantwortlichkeiten und Kollaborationen
- Relative Gleichverteilung der Verantwortlichkeiten auf den CRC-Karten (z.B. keine Klassen, die nur Datencharakter haben)
- Konsens über den Inhalt der CRC-Karten bei den Workshopteilnehmern
- Alle definierten Szenarien können anhand des vorliegenden CRC-Kartensatzes vollständig nachvollzogen und abgearbeitet werden.

Vorausgesetztes Wissen

- Moderatorische Fähigkeiten und Fragetechniken
- Fachwissen der Anwendungsdomäne (bei mindestens einem Teil der Teilnehmer)
- Kenntnisse fundamentaler objektorientierter Konzepte wie Klassen und Dienste

Literatur

[Bellin1995] Bellin D., Simone S. S.: The CRC Card Book, Addison-Wesley, 1995

[Wirfs-Brock1990] Wirfs-Brock, R., Wilkerson, B., Wiener, L.: Designing Object-Oriented Software, Prentice Hall, 1990

4.6 Snowcards

Beschreibung

Das Ziel der Snowcards ist die kartengestützte Erarbeitung und Fixierung von Anforderungen und wichtiger zugehöriger Informationen, wie Quelle oder Abnahmekriterium. Snowcards werden typischerweise in Anforderungsworkshops erarbeitet. Als Karten- bzw. Gruppentechnik unterstützen sie die *gemeinsame* und *kreative* Erarbeitung von Anforderungen durch verschiedene Personen. Durch die nur wenig formalisierte Darstellung können alle an der Definition von Anforderungen beteiligten Rollen flexibel in den Prozess einbezogen werden.

Der Nutzen der Snowcards umfasst insbesondere folgende Punkte:

- Einbeziehung verschiedener Personen in den Erhebungsprozess
- Flexible Erarbeitung von Anforderungen in einem kreativen Umfeld
- Hoher Konsens aller an der Anforderungsermittlung beteiligten Personen
- Weitgehende Strukturierung der Anforderungen
- Frühzeitige Erarbeitung von ergänzenden Informationen wie Abnahmekriterien etc.

Voraussetzungen für den Einsatz der Snowcards sind:

- Fachwissen über die Anwendungsdomäne (mindestens bei einem Teil der Teilnehmer), eingebracht durch Anwender oder Fachexperten
- Teilnahme eines Moderators mit Erfahrungen in Bereich der Anforderungsermittlung
- Existenz eines Anforderungsdokuments mit einer Beschreibung der Ziele des zu erstellenden Systems. (Liegen bereits Anwendungsfälle dokumentiert vor, können diese ebenfalls genutzt werden.)

Das Ergebnis der Snowcard-Technik ist ein in Rahmen eines Workshops erarbeiteter, abgestimmter Satz von Snowcards, welcher die Basis für eine weitergehende Verfeinerung und Formalisierung der ermittelten Anforderungen darstellt.

Die Arbeitsschritte der Snowcard-Technik sind:

- Festlegung eines Snowcard-Templates
- Initiales Ausfüllen einer Snowcard
- Diskussion und Ergänzung der Snowcard in der Gruppe
- Erstellung ergänzender Snowcards.

Die letzten beiden Schritte werden zumeist in mehreren Iterationen durchgeführt.

Arbeitsschritte

4.6.1 Festlegung eines Snowcard-Templates

Vor Beginn des Einsatzes der Snowcard-Technik ist das Snow-Card-Template geeignet zu konfigurieren. D.h. es sind alle Beschreibungsfelder oder Attribute festzulegen, durch welche eine Anforderung auf einer Snowcard beschrieben werden soll.

Beispiel

[Robertson1999] schlagen folgendes beispielhafte Mustertemplate vor:

Anforderung #: Anforderungstyp: Anwendungsfall #:
Beschreibung:

Auslöser:
Quelle:
Abnahmekriterium:

Kundenzufriedenheit: *1 2 3 4 5* Kundenunzufriedenheit: *1 2 3 4 5*
Abhängigkeiten: Konflikte:
Weitere Referenzen:
Historie:

Abb. 4-13. Mustertemplate

Die Bedeutung der aufgeführten Felder ist:

- *Anforderung #* identifiziert die Anforderung eindeutig.
- *Anforderungstyp* gibt die Kategorie der Anforderung an (z.B. funktionale Anforderung, Sicherheitsanforderung, etc.). ([Robertson1999] stellen ein Kategorisierungsschema vor.)
- *Anwendungsfall #* identifiziert den Use Case, zu welchem diese Anforderung gehört. Dies ermöglicht eine Gruppierung zusammengehörender Anforderungen.
- *Beschreibung* erläutert die Anforderung in einem Satz.
- *Auslöser* beschreibt, wieso diese Anforderung relevant ist. Es können sowohl negative als auch positive Auslöser in Form von Missständen oder Verbesserungsvorschlägen genannt werden.
- *Quelle* gibt an, wer diese Anforderungen eingebracht hat.
- *Abnahmekriterium* formuliert einen eindeutigen Test, der überprüft, ob eine Lösung die Anforderung erfüllt.
- *Kundenzufriedenheit* gibt auf einer Skala, z.B. von 1 bis 5, den subjektiven Grad der Zufriedenheit an, wenn die Anforderung realisiert wird.
- *Kundenunzufriedenheit* gibt auf einer Skala, z.B. von 1 bis 5, den subjektiven Grad der Zufriedenheit an, wenn die Anforderung nicht realisiert wird.
- *Abhängigkeiten* führt andere Anforderungen auf, welche in einer Abhängigkeitsbeziehung mit der Anforderung stehen.

- *Konflikte* führt andere Anforderungen auf, welche potentiell in Konflikt mit der Anforderung stehen.
- *Weitere Referenzen* verweist auf Definitionen, Modelle und Dokumente, welche die Anforderung näher erläutern.
- *Historie* listet Datum und Gründe der Erstellung, Änderung und (eventuell) Verwerfung der Snowcard auf.

Dieses beispielhafte Schema wird für die folgenden Schritte unverändert übernommen. Abhängig vom Anwendungsfeld können natürlich weitere Beschreibungsfelder wie etwa die *Wichtigkeit* oder *Dringlichkeit* einer Anforderung ergänzt werden.

4.6.2 Initiales Ausfüllen einer Snowcard

Snowcards werden typischerweise in Anforderungsworkshops eingesetzt, können aber natürlich auch mit anderen Erhebungstechniken, wie etwa Interviews, kombiniert werden. Die Workshops sollten heterogen besetzt sein (Anwender, Fachexperten, Analytiker, Entwickler, Manager). Bei der Erhebung nichtfunktionaler Anforderungen (Performance, Sicherheit, etc.) ist die Anwesenheit kompetenter Fachexperten Voraussetzung.

Im ersten Schritt dienen die Snowcards dazu, alle von den Workshopteilnehmern u.U. auch spontan geäußerte Anforderungen zur geplanten Anwendung festzuhalten. Alle Snowcard erhalten eine eindeutige Identifikationsnummer, um auch Abhängigkeiten zwischen Anforderungen im weiteren Verlauf notieren zu können.

Beispiel

Im Rahmen eines Anforderungsworkshops sollen etwa Anforderungen an eine Textverarbeitungskomponente erarbeitet werden. Eine initiale Snowcard, welche eine funktionale Anforderung an die Rechtschreibkorrektur der Textverarbeitungskomponente definiert, könnte wie folgt aussehen:

Anforderung #:	Anforderungstyp:	Anwendungsfall #:

Beschreibung: *Das System soll eine automatische Rechtschreibkorrektur besitzen*

Auslöser:

Quelle: *Thomas Reischl (Poweruser)*

Abnahmekriterium:

Kundenzufriedenheit:	Kundenunzufriedenheit:
Abhängigkeiten:	Konflikte:

Weitere Referenzen:

Historie:

Abb. 4-14. Initiale Snowcard

4.6.3 Diskussion und Ergänzung der Snowcard in der Gruppe

Werden Anforderungen initial von einem Teilnehmer auf einer Snowcard notiert, brauchen noch nicht alle Felder ausgefüllt zu sein. Wie im oberen Beispiel wird anfangs möglicherweise nur die Beschreibung der Anforderung und die Quelle vorhanden. Im Laufe des Workshops (oder folgender Aktivitäten) werden diese Informationen sukzessiv ergänzt, wodurch sich schließlich ein vollständiges Bild der Anforderung ergibt.

Die notwendigen Ergänzungen werden im Rahmen einer moderierten Gruppendiskussion erarbeitet. Der Vorteil der Verwendung einer Kartentechnik besteht darin, dass die Karten zwischen den Workshopteilnehmern ausgetauscht und ergänzt werden können. Sie können z.B. dem Anforderungsanalytiker zwecks Klärungsfragen übergeben werden. Neben dem Medium Karte können Snowcards bei Bedarf auch mit Hilfe anderer Medien, z.B. einer Textverarbeitung, realisiert werden, wobei dabei allerdings der interaktive Aspekt verloren geht.

Beispiel

Die initial eingegebene Anforderung wird im Laufe der Diskussion um alle weiteren Felder ergänzt. Wichtigste inhaltliche Ergänzung ist die Festlegung eines Abnahmekriteriums.

Anforderung #: *75* Anforderungstyp: *funktional* Anwendungsfall #: *6*

Beschreibung: *Das System soll eine automatische Rechtschreibkorrektur besitzen*

Auslöser: *Zuviele Rechtschreibfehler beim momentan genutzten System*

Quelle: *Thomas Reischl (Poweruser)*

Abnahmekriterium: *Alle Wörter, welche nicht im Duden enthalten sind, sollen angemahnt werden*

Kundenzufriedenheit: *4* Kundenunzufriedenheit: *5*

Abhängigkeiten: *keine* Konflikte: *keine*

Weitere Referenzen: *Protokoll des RE-Workshops vom 4.11.2001*

Historie: *4.11.2001*

Abb. 4-15. Snowcard(ergänzt)

4.6.4 Erstellung ergänzender Snowcards

Im Laufe des Workshops werden zu einer Anforderung oftmals ergänzende „Subanforderungen" erarbeitet, welche spezielle Aspekte einer Anforderung weiter verfeinern. (Die übergeordnete Anforderung ist unter dem Feld *Abhängigkeiten* aufgeführt.) Die Subanforderungen können sowohl funktionaler als auch nichtfunktionaler Art sein.

Beispiel

Eine funktionale Subanforderung, welche die beschriebene Anforderung #75 präzisiert, kann wie folgt definiert sein: Die jeweilige Referenz wird im Feld *Abhängigkeit* festgehalten.

Anforderung #: *76* Anforderungstyp: *funktional* Anwendungsfall #: *6*

Beschreibung: *Der Sprachschatz der Rechtschreibkorrektur soll erweiterbar sein*

Auslöser: *Existenz vieler Eigennamen, welche nicht im Duden enthalten sind*

Quelle: *Frieda Zellner (Sachbearbeiterin)*

Abnahmekriterium: *Neue korrekte Begriffe können jederzeit eingegeben werden. Diese werden von diesem Zeitpunkt an nicht mehr angemahnt.*

Kundenzufriedenheit: *4* Kundenunzufriedenheit: *3*

Abhängigkeiten: *#75* Konflikte: *keine*

Weitere Referenzen: *Protokoll des zweiten RE-Workshops vom 10.12.2001*

Historie: *10.12.2001*

Abb. 4-16. Funktional abhängige Snowcard

Eine nicht-funktionale Subanforderung, welche die Anforderung #75 präzisiert, ist im folgenden definiert:

Anforderung #: *77* Anforderungstyp: *Zeitverhalten* Anwendungsfall #: *6*

Beschreibung: *Die Signalisierung falsch eingegebener Begriffe soll in Echtzeit erfolgen*

Auslöser: *Schreibfluss soll nicht unnötig unterbrochen werden*

Quelle: *Klaus Horriar (Sachbearbeiter)*

Abnahmekriterium: *Alle Wörter, welche nicht im internen Wörterbuch enthalten sind, sollen innerhalb zwei Sekunden optisch als falsch gekennzeichnet werden (z.B. rot unterstrichen.)*

Kundenzufriedenheit: *4* Kundenunzufriedenheit: *3*

Abhängigkeiten: *#75* Konflikte: *keine*

Weitere Referenzen: *Protokoll des zweiten RE-Workshops vom 10.12.2001*

Historie: *10.12.2001*

Abb. 4-17. Nicht-funktional abhängige Snowcard

Um diese Abhängigkeiten zwischen Anforderungen in einem Workshop für alle Teilnehmer transparent zu machen, können die vorhandenen Karten auf Stellwände geheftet und die Beziehungen optisch markiert werden:

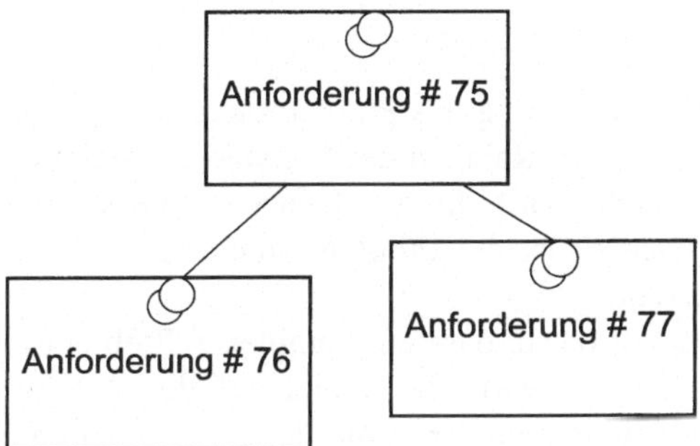

Abb. 4-18. Abhängigkeiten von Anforderungen

Qualitätskriterien

Qualitätskriterien für Snowcards sind:

- Vollständig ausgefüllte Snowcards
- Verständlichkeit (eindeutige Interpretation) der ausgefüllten Felder für alle Teilnehmer
- Gruppenkonsens über den Inhalt der Snowcards.

Vorausgesetztes Wissen

Auf Seiten des Moderators wird Wissen über Kommunikationstechniken, Frageformen und Fragetechniken vorausgesetzt, um offene Gruppendiskussionen sicherzustellen.

Auf Seiten der Workshopteilnehmer ist Fachwissen über die Anwendungsdomäne notwendig.

Literatur

[Robertson1999] Robertson S., Robertson J.: Mastering the Requirements Process, Addison-Wesley, 1999

4.7 Problem Frames

Beschreibung

Das Ziel der Problem Frames ist die Strukturierung des Problemraumes. Problem Frames basieren auf der Beobachtung, dass im Rahmen der Softwareentwicklung zu früh und zu stark in Lösungen gedacht wird. In den frühesten Phasen der Anwendungsentwicklung sollte jedoch zunächst die Problem analysiert werden, welche durch das System gelöst werden soll.

Der Nutzen der Problem Frames besteht darin, dass ein komplexes Problem in kleinere „handhabbare" Teilprobleme zerlegt wird. Basierend auf der Art des jeweiligen Problemtyps (dies entspricht einem *Problem Frame*) resultieren zwangsläufig bestimmte Arten von Anforderungen. Diese Anforderungen können gezielt den jeweiligen Teilproblemen zugeordnet und somit sinnvoll gruppiert werden. Abhängig von der Art der Anforderungen können geeignete Techniken für die Anforderungsspezifikation abgeleitet werden. Beispielsweise sind Anwendungsfälle eine solche Technik, welche speziell bei Problem Frames eingesetzt werden kann, bei denen die Benutzerinteraktion der dominierende Faktor ist.

Die Voraussetzungen der Problem Frames ist das Vorliegen eines „Visionsdokuments", in welchem die Ziele des geplanten Systems grob fixiert sind.

Das Ergebnis der Problem Frames sind:

- Framediagramme
- Beschreibung der Problem Frames und der zugehörigen Anforderungen
- Beschreibung der Domänen.

Die Arbeitsschritte der Problem Frames sind:

- Ermittlung aller Domänen, welche durch die Problemstellung betroffen sind
- Ermittlung von Berührpunkten zwischen den Domänen (sog. *shared phenomena*)
- Ermittlung der Problem Frames
- Formulierung der zugehörigen Anforderungen
- Vertiefung des zugehörigen Domänenwissens.

Arbeitsschritte

4.7.1 Ermittlung aller Domänen, welche durch die Problemstellung betroffen sind

In der Sichtweise der Problem Frames ist ein tiefes Verständnis der Anforderungen nur aus dem Verständnis des Systemumfelds zu erreichen.

Aus diesem Grunde werden zunächst Domänen des Systemumfelds identifiziert. Dies sind typischerweise Systembenutzer, benachbarte Systeme, Eingabe- und Ausgabedaten.

Hinzu kommt die Systemdomäne, welche das spätere System repräsentiert. Evtl. existieren weitere „interne“ Domänen innerhalb der Systemgrenzen (z.B. die Domäne der CAD-Zeichnungen innerhalb eines CAD-Systems).

Beispiel

Anhand eines stark vereinfachten Beispiels – eines Compilers – werden die Arbeitsschritte nun erläutert. In Falle des Compilers können drei elementare Domänen mit verschiedenen Eigenschaften identifiziert werden:

- die Domäne der Eingaben (Quellcode-Domäne)
- der Compiler (Systemdomäne)
- die Domäne der Ausgaben (Zielcode-Domäne)

Diese Domänen werden mit Hilfe eines Frame-Diagramms visualisiert. Die Domänen (einschließlich der speziell gekennzeichneten System-Domäne) sind durch Rechtecke dargestellt:

Abb. 4-19. Ermittlung von Berührpunkten zwischen den Domänen (shared phenomena)

4.7.2 Ermittlung von Berührpunkten zwischen den Domänen

In einem zweiten Schritt wird ermittelt, welche Domänen in direkter Wechselwirkung (*shared phenomena*) miteinander stehen. Berührpunkte deuten Schnittstellen zwischen den Domänen an. (Diese Schnittstellen müssen nicht notwendigerweise technisch sein, sondern können auch fachlicher Natur sein.)

Beispiel

Beim Beispiel „Compiler“ sind die Domänen der Ein- und Ausgaben über Schnittstellen mit der Systemdomäne verbunden. Soweit „Berührungspunkte“ (*shared phenomena*) zwischen den einzelnen Domänen existieren, wird im Frame-Diagramm eine Verbindung eingezeichnet:

4.7.3 Ermittlung des Problem Frames

Im nächsten Schritt werden Probleme identifiziert, welche von dem System gelöst werden sollen. [Jackson1995] identifiziert fünf Arten von *Problem Frames*, welche typische elementare Problemstellungen widerspiegeln:

- Transformationsprobleme (transformation problem)
- Informationsprobleme (information problem)
- Werkstückprobleme (workpiece problem)
- Kontrollprobleme (control problem)
- Verbindungsprobleme (connection problem)

Bei dieser Kategorisierung handelt es sich im Grunde um eine Typisierung fundamentaler, immer wiederkehrender Problemstellungen. Reale Problemstellungen bestehen meist aus mehreren, u.U. geschachelten Problem Frames. Ähnlich Entwurfsmustern (*design patterns*) sind Problem Frames Muster – jedoch eben keine *Lösungs*muster, sondern *Problem*muster.

Zur besseren Veranschaulichung wird jeder der Problem Frames anhand eines Beispiels charakterisiert:

- Ein Beispiel für ein *Transformationsproblem* ist die Problemstellung „Compiler". Typisch für Transformationsprobleme ist die Übersetzung von Eingaben in Ausgaben.
- Ein Beispiel für ein *Informationsproblem* ist die Problemstellung „Internet-Suchmaschine". Typisch für Informationsprobleme ist, dass Aktoren sich über eine Domäne (hier das Internet) informieren können. (In einer Variante des Informationsproblems werden die Aktoren aktiv mit Informationen über die Domäne versorgt.)
- Ein Beispiel für *Werkstückprobleme* ist die Problemstellung „Editor" in allen ihren Varianten – Grafikeditoren, CAD-Systeme, etc. Typisch für solche Probleme ist, dass Objekte (Textdokumente, CAD-Zeichnung) „systemintern" manipuliert werden.
- Ein Beispiel für *Kontrollprobleme* aus dem technischen Bereich ist die Problemstellung „Anlagensteuerung". Typisch für Kontrollprobleme ist die Kontrolle bestimmter Entitäten im Systemumfeld nach vorgegebenen Regeln.
- Ein Beispiel für *Verbindungsprobleme* ist die Problemstellung „TCP-IP-Protokoll". Typisch für Verbindungsprobleme ist die Synchronisation von Informationen und Abläufen in verschiedenen Domänen. Verbindungsprobleme existieren in vielfältiger Ausprägung und sind oftmals nicht trivial.

Beispiel

Bei der Problemstellung „Compiler" liegt somit ein einfaches Transformationsproblem vor, welches in Abb. 4-20 visualisiert wird:

Der Frame – als Ellipse visualisiert – verbindet die Domänen, welche direkt in das Problem involviert sind. Dies sind die Quellcode- und Zielcode-Domäne, zwi-

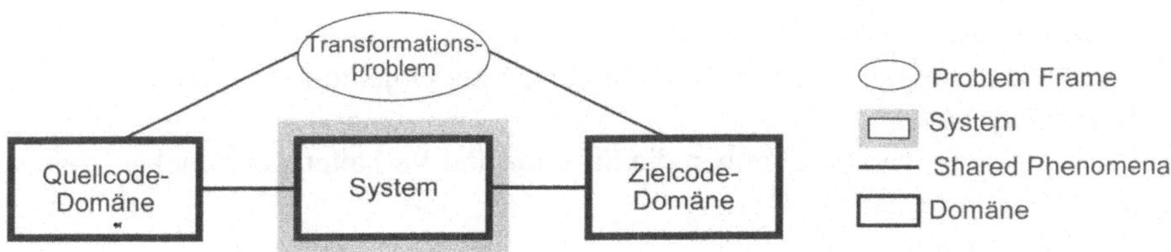

Abb. 4-20. Transformationsproblem

schen welchen eine Abbildungsrelation (in Form von Übersetzungsregeln) besteht. (Interessanterweise erfolgt im Unterschied zu einem Anwendungsfalldiagramm keine Verbindung zwischen Problem Frame und dem System, da das System die zukünftige *Lösung* repräsentiert und nicht Teil des *Problems* ist.)

Für die fünf Problem Frames sind typische Framediagramme wie folgt skizziert:

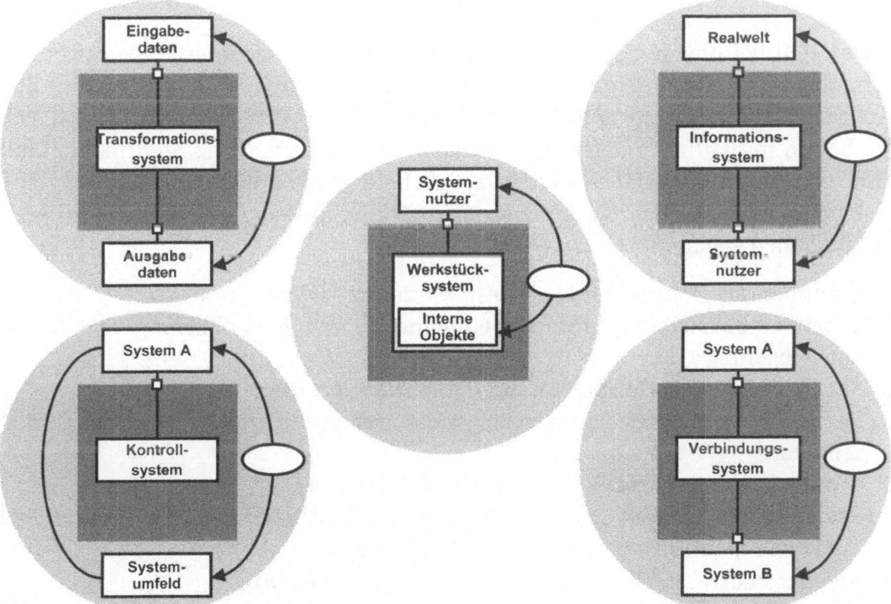

Abb. 4-21. Exemplarische Framediagramme

4.7.4 Formulierung der zugehörigen Anforderungen

Jedem der vorgestellten Problemtypen entsprechen spezielle Arten von Anforderungen. Typische Anforderungen für die fünf vorgestellten Problem Frames sind:

- *Transformationsproblem*
  Die Anforderungen beschreiben Abbildungsregeln zwischen Ein- und Ausgaben.

- *Informationsproblem*
  Die Anforderungen beschreiben Anfragen an die Objekte der Domäne.
- *Werkstückproblem*
  Die Anforderungen beschreiben die Struktur und Verhalten der Objekte, welche „bearbeitet" werden.
- *Kontrollproblem*
  Die Anforderungen beschreiben Regeln zur Kontrolle dieser Entitäten.
- Verbindungsproblem
  Die Anforderungen beschreiben Synchronisations- und Transaktionsmechanismen.

Die verschiedenen Arten von Anforderungen, welche aus den Problem Frames resultieren, favorisieren bestimmte Spezifikationsmethoden.

Beispiel

Da es sich bei einem Compiler um ein typisches Übersetzungsproblem handelt, formulieren die Anforderungen eine Abbildungsvorschrift zwischen der Ein- und Ausgabedomäne (Quell- und Zielcodedomäne). Diese Anforderungen lassen sich am besten mit Hilfe formaler Grammatiken spezifizieren. (Eine Spezifikation mit Hilfe von Anwendungsfällen wäre in diesem Falle nur von sehr partiellem Nutzen.)

Exemplarisch werden für die oben aufgeführten Systeme geeignete Spezifikationsmethoden genannt:

- Compiler (als Beispiel für ein *Transformationsproblem*)
  Spezifikationsmethode „formale Grammatik" zur Spezifizierung der Abbildungsregeln.
- Suchmaschine (als Beispiel für ein *Informationsproblem*)
  Spezifikationsmethode „Anwendungsfälle" zur Spezifizierung typischer Suchszenarien.
- Grafikeditor (als Beispiel für ein *Werkstückproblem*)
  Spezifikationsmethode „Klassenmodell" zur Spezifizierung von Struktur und Verhaltenrepertoire der bearbeiteten Graphikobjekte.
- Anlagensteuerung (als Beispiel für ein *Kontrollproblem*)
  Spezifikationsmethode „erweiterte Zustandsautomaten" zur Spezifizierung der Zustände des angesteuerten Systems.
- TCP-IP-Protokoll (als Beispiel für ein *Verbindungsproblem*)
  Spezifikationsmethode „kommunizierende Zustandsautomaten" zur Spezifizierung der Zustände.

Tab. 4-1 skizziert die zugehörigen Problem Frames mit dem jeweiligen Grundmodell.

Tab. 4-1. Exemplarische Problem Frames

Problemart	Grundmodell	Systeme	Beispiel
Transformationsproblem	Grammatik, einfache Automaten	Substitution, Parser, Interpreter, Compiler	syntaktische Prüfung einer Kommandosprache
Informationsproblem	E-R-Modelle, Relationenalgebra, SQL-Abfragesprache	Relationale DB-Maschinen	Informationssysteme
Werkstückproblem	Objekt-Modelle	(OO-) Entwicklungs-umgebung, Editoren, Generatoren	Graphikeditor
Kontrollproblem	erweiterte Zustandsautomaten	Regelungen, Steuerungen	SPS
Verbindungsproblem	kommunizierende Zustandsautomaten, verteilte Transaktionen, Übertragungsprotokolle	Netzwerk-Umgebungen	TCP/IP, RPC, 2PC

Bereits diese kurze Auflistung macht deutlich, dass für jede Problemstellung ein anderes Repertoire von Methoden zur Spezifikation funktionaler Anforderungen geeignet ist (Anwendungsfälle, formale Grammatiken, Klassenmodelle, Zustandsautomaten, etc.). Problem Frames helfen, die geeignete Spezifikationsmethode für ein Problem zu identifizieren.

4.7.5 Vertiefung des zugehörigen Domänenwissens

Für jeden Problem Frame existieren spezielle typische Fragen zu den verbundenen Domänen. Die Beantwortung dieser Fragen führt zu einem tieferen Problemverständnis. [Kovitz1998] argumentiert, dass eine präzise Beschreibung der Charakteristika der Domänen die Basis für die Spezifikation von Anforderungen liefert. Ist diese Beschreibung (des Systemkontexts) unvollständig, resultieren typischerweise Integrationsprobleme bei der späteren Inbetriebnahme des Systems.

Beispiel

Bei dem vorliegenden Compiler können für den Problem Frame „Transformationsproblem“ typische Fragen zur Vertiefung des Domänenwissens gestellt werden. Typische Fragen zur Eingabedomäne sind:

- Was ist die Menge der möglichen Eingaben?
  (Reguläre Ausdrücke? ...)

- Wie bekommt das System diese Eingaben?
  (Via Datei? Via direkter Eingabe durch den Benutzer? Via Netzwerk? ...)
- In welcher Form liegen die Eingaben vor?
  (ASCII? Unicode? XML?)

Zur Ausgabedomäne lassen sich ähnliche typische Fragen stellen.

Qualitätskriterien

Qualitätskriterien für Problem Frames sind:

- Vollständig dokumentierte Framediagramme
- Präzise Beschreibung aller Problem Frames eines Anwendungsbereichs einschließlich der zugehörigen Anforderungen
- Präzise Beschreibung aller Domänen.

Vorausgesetztes Wissen

- Kenntnisse der verschiedenen Arten von Problem Frames
- Analytische Fähigkeiten zur Problembeschreibung
- Fähigkeit zur Problemabstraktion
- Wissen der Anwendungsdomäne

Literatur

[Kovitz1998] Kovitz, B.: Practical Software Requirements, Manning Publications, 1998
[Jackson1995] Jackson, M.: Software Requirements and Specifications, ACM Press, 1995

4.8 Quality Function Deployment (QFD)

Beschreibung

Das Ziel des Quality Function Deployment (QFD) ist die Erstellung von Produkten, welche die Bedürfnisse des Kunden optimal befriedigen. QFD wurde zu Beginn der siebziger Jahre in Japan von Professor Akao u.a. als Qualitätsmethode zur Ermittlung von Kundenanforderungen und deren direkter Umsetzung in die notwendigen technischen Lösungen erwickelt. Quality Function Deployment ist eine systematische Strategie, die sicherstellt, dass die Festlegung der Lösungsmerkmale ausschließlich von den Anforderungen der (zukünftigen) Kunden bestimmt wird. Im Sinne des QFD-Ansatzes gibt es keine „gute" oder „schlechte" Qualität, sondern nur Qualität im Sinne der Erfüllung der Kundenbedürfnisse. QFD ist deshalb auch ein wichtiger Bestandteil der vorbeugenden Qualitätssicherung.

Der Nutzen des Quality Function Deployment besteht in der Trennung der Kundenanforderungen (*WAS*) von den technischen Lösungsmerkmalen (*WIE*), um zu verhindern, dass ohne genaue Kenntnisse der Kundenanforderungen sofort Produkt- bzw. Lösungsmerkmale festgelegt werden. Aufgrund der starken Kundenorientierung werden spätere Änderungen weitgehend minimiert.

Die Voraussetzungen für das Quality Function Deployment ist die direkte Ermittlung der Kundenanforderungen (*Voice of the Customer*). Die oftmals undifferenzierten, vagen Äußerungen der Kunden müssen in definierte, aussagefähige und weitgehend messbare Kundenanforderungen umgewandelt werden, ohne sie dabei zu verfälschen. Zur Unterstützung und Dokumentation wird dazu oft die *6-W Tabelle* herangezogen (*wer*, *was*, *wo*, *wann*, *wieviel*, *warum*). Unterschieden wird oft auch in:

- Basisanforderungen (oft nicht ausgesprochen, werden vorausgesetzt)
- Leistungsanforderungen (werden genannt, sind meist messbar)
- Begeisternde Anforderungen (oft nicht genannt, nur als Bedürfnis angedeutet)

Das Ergebnis des Quality Function Deployment ist eine nach Kundenprioritäten ermittelte Produkt- bzw. Lösungsplanung. Zur Auswertung und Dokumentation wird heute überwiegend das von Fukahara entwickelte *House of Quality* eingesetzt, das die QFD-Matrix und die verschiedenen Bewertungstabellen, -listen und weitere Dokumentationen zusammengefasst darstellt (siehe Abb. 4-22).

Die Arbeitsschritte des Quality Function Deployments werden nun skizziert:

- Ermittlung der potentiellen Kunden
- Ermittlung der Kundenanforderungen (Zeilenstruktur im House of Quality)
- Bewertung der Kundenanforderungen
- Festlegung technischer Produktmerkmale (Spaltenstruktur im House of Quality)
- Zuordnung von Kundenanforderungen zu technischen Produktmerkmalen
- Bewertung der Produktmerkmale
- Gewichtung der Produktmerkmale.

Das QFD-Verfahren findet somit diejenigen Produktmerkmale, bei welchen eine Optimierung im Sinne einer maximalen Kundenzufriedenheit „lohnt": Produktmerkmale, welche stark mit Kundenanforderungen hoher Priorität korrelieren, sind bevorzugt zu realisieren.

Die geschilderten Schritte beschreiben nur das prinzipielle Vorgehen. In das *House of Quality* können wesentlich mehr Informationen eingebracht werden:

- Zuordnung von Qualitätszielen zu Produktmerkmalen
- Abschätzungen technischer Schwierigkeiten bei der Realisierung der Produktmerkmale

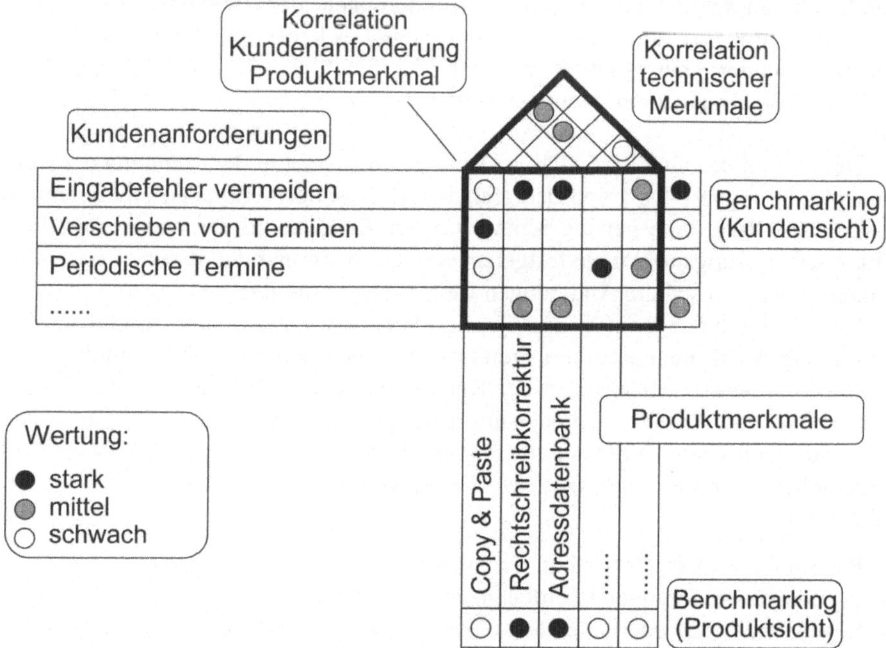

Abb. 4-22. House of Quality

- Abschließende Bewertung aus Kundensicht nach erfolgter Realisierung des Produkts
- Vergleich der Produktmerkmale verschiedener Konkurrenzprodukte.
- Konflikte zwischen technischen Merkmalen (im Dach des *House of Quality*).

Durch gezielte Auswertung dieser Informationen kann eine weitere Optimierung der Produkteigenschaften erfolgen und es können wertvolle Informationen für folgende Produktreleases gewonnen werden.

Arbeitsschritte

4.8.1 Ermittlung der potentiellen Kunden

Im ersten Schritt werden potentielle Kunden des zukünftigen Produkts ermittelt.

Beispiel

Im folgenden Beispiel wird ein QFD-Diagramm für eine Office-Komponente zur Adress- und Terminverwaltung schrittweise erstellt. Zunächst werden die Schlüsselkunden für dieses System identifiziert. Wichtigste Personenklassen sind:

- Sachbearbeiter, welche mit dem System arbeiten
- Organisatorische Bereiche, welche für das System bezahlen.

4.8.2 Ermittlung der Kundenanforderungen (Zeilenstruktur im House of Quality)

Sind wichtige Schlüsselkunden bekannt, werden Kundenanforderungen systematisch ermittelt werden (z.B. durch Kundenbefragungen).

Beispiel

Für die Office-Komponente werden folgende wichtige Kundenanforderungen identifiziert:

Eingabefehler vermeiden
Verschieben von Terminen
Periodische Termine
……

Abb. 4-23. Kundenanforderungen

4.8.3 Bewertung der Kundenanforderungen

Die Kundenanforderungen werden nach verschiedenen Kriterien aus Kundensicht bewertet. Vor der Bewertung sind zunächst die Bewertungskriterien geeignet festzulegen.

Beispiel

Für die Bewertung der Kundenanforderungen erfolgt folgende Kriterienauswahl:

- Wichtigkeit (aus Kundensicht)
- Dringlichkeit (aus Kundensicht)
- Kundenbasis (Anzahl interessierter Kunden)

Die vorliegenden Kundenanforderungen werden gemäss dieser Kriterien gewichtet:

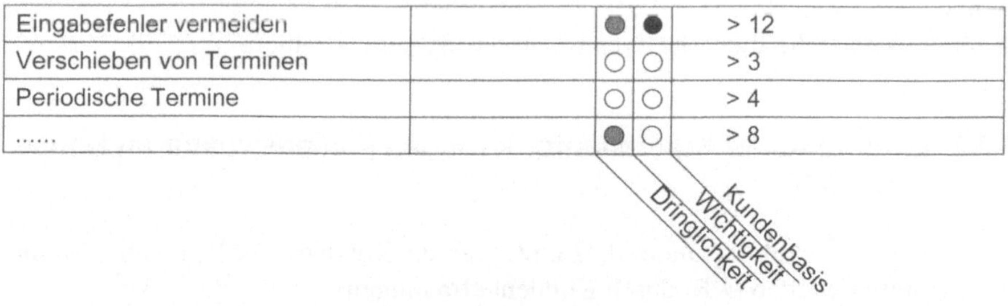

		Dringlichkeit	Wichtigkeit	Kundenbasis
Eingabefehler vermeiden		●	●	> 12
Verschieben von Terminen		○	○	> 3
Periodische Termine		○	○	> 4
......		●	○	> 8

Abb. 4-24. Bewertung von Kundenanforderungen

4.8.4 Festlegung technischer Produktmerkmale (Spaltenstruktur im House of Quality

Kundenanforderungen werden durch technische Produktmerkmale realisiert. Produktmerkmale, welche Kundenanforderungen (auch partiell) realisieren, werden in der Spaltenstruktur des QFD-Diagramms aufgelistet.

Beispiel

Technische Produktmerkmale, welche die Kundenanforderungen (partiell) realisieren, sind im vorliegenden Fall:

- Copy & Paste
- Rechtschreibkorrektur
- Adressdatenbank

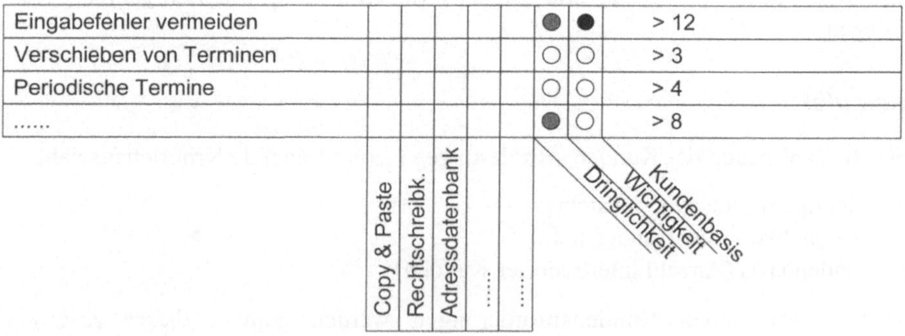

	Copy & Paste	Rechtschreibk.	Adressdatenbank	......	......	Dringlichkeit	Wichtigkeit	Kundenbasis
Eingabefehler vermeiden						●	●	> 12
Verschieben von Terminen						○	○	> 3
Periodische Termine						○	○	> 4
......						●	○	> 8

Abb. 4-25. Produktanforderungen

4.8.5 Zuordnung von Kundenanforderungen zu technischen Produktmerkmalen

Technische Produktmerkmale werden Kundenanforderungen zugeordnet. Hierzu werden in die Zeilen-Spalten-Matrix der Kundenanforderungen-Produktmerkmale Korrelationsfaktoren eingetragen, welche anzeigen, wie stark ein Produktmerkmal eine Kundenanforderung erfüllt.

Beispiel

Im vorliegenden Beispiel wird eine vierstufige Skala gewählt: Keine, schwache, mittlere oder starke Korrelation. Die Korrelationsmatrix zeigt beispielsweise starke Korrelationen zwischen der Kundenanforderung „Eingabefehler vermeiden" zu der Produktanforderung „integrierte Rechtschreibkorrektur".

	Copy & Paste	Rechtschreibk.	Adressdatenbank	......	......	Dringlichkeit	Wichtigkeit	Kundenbasis
Eingabefehler vermeiden	○	●	●		◐	◐	●	> 12
Verschieben von Terminen	●					○	○	> 3
Periodische Termine	○			●	◐	○	○	> 4
......		◐	◐			◐	○	> 8

Abb. 4-26. Zuordnung Kundenanforderungen – technische Produktmerkmale

Hinweis: Kommerzielle Requirements-Engineering(RE)-Tools wie z.B. Requisite Pro verwenden Traceability-Matrizen mit gleicher Intention wie die QFD-Matrix. RE-Tools verfügen i.d.R. jedoch über keinerlei Möglichkeiten, die Stärke einer Korrelation anzugeben.

Eingabefehler vermeiden		↴	↴		↴
Verschieben von Terminen	↴				
Periodische Termine				↴	↴
......		↴	↴		

Abb. 4-27. Traceability Matrix eines RE-Tools

4.8.6 Bewertung der Produktmerkmale

Die technischen Produktmerkmale werden (ähnlich wie die Kundenanforderungen) bewertet. Diesmal erfolgt die Bewertung jedoch nicht aus Sicht des Endkunden, sondern aus Sicht des Produktmanagements bzw. der Anwendungsentwicklung. Zunächst sind wieder die Kriterien festzulegen.

Beispiel

Bei den Produktmerkmalen werden folgende Kriterien gewählt:

- Risiken (speziell technologische Risiken wie z.B. Komplexität der Realisierung)
- Stabilität („technologische Halbwertzeit")
- geschätzte Kosten

Die vorliegenden Produktmerkmale werden gemäss dieser Kriterien gewichtet:

	Copy & Paste	Rechtschreibk.	Adressdatenbank	......	......	Dringlichkeit	Wichtigkeit	Kundenbasis
Eingabefehler vermeiden	○	●	●		◐	◐	●	> 12
Verschieben von Terminen	●					○	○	> 3
Periodische Termine	○			●	◐	○	○	> 4
......		◐	◐			◐	○	> 8
Risiko	○	○	○	◐	◐			
Stabilität	●	●	●	◐	◐			
geschätzte Kosten	TDM 20	TDM 5	TDM 14	TDM 28	TDM 10			

Abb. 4-28. Bewertung der Produktmerkmale

4.8.7 Gewichtung der Produktmerkmale

Mit Hilfe eines Bewertungsverfahrens werden nun diejenigen Produktmerkmale „errechnet", welche bevorzugt zu realisieren sind. Die Berechnung erfolgt für jedes einzelne Produktmerkmal konzeptionell wie folgt:

- Ermittlung der zugehörigen Kundenanforderungen
  (via Korrelationsmatrix)
- Codierung der Kundenanforderung als Kennzahl
  (basierend auf den vorhandenen Kenngrößen wie Wichtigkeit, Kundenbasis, etc.)

- Aufsummierung dieser Kennzahlen unter Berücksichtigung der Korrelationsfaktoren
- Korrektur der gewonnenen Summe
(basierend auf Kenngrößen der Produktanforderung wie Kosten, Risiken, etc.)

Formal ausgedrückt:
Gewichtung = Bewertung Produktmerkmal * $\sum$ (Korrelation * Bewertung Kundenanforderung)

Das Berechnungsverfahren ist Abhängigkeit von den vorhandenen Kenngrößen festzulegen. Zweck dieses Verfahrens ist es, diejenigen Produktmerkmale zu finden, welche für den Kunden wichtig sind und deren Realisierung (unter verschiedenen Gesichtspunkten – Kosten, Risiken, etc.) vertretbar ist.

Beispiel

Die abschließende Gewichtung der Produktmerkmale verknüpft die im QFD-Diagramm vorhandenen Informationen und favorisiert bestimmte Produktanforderungen:

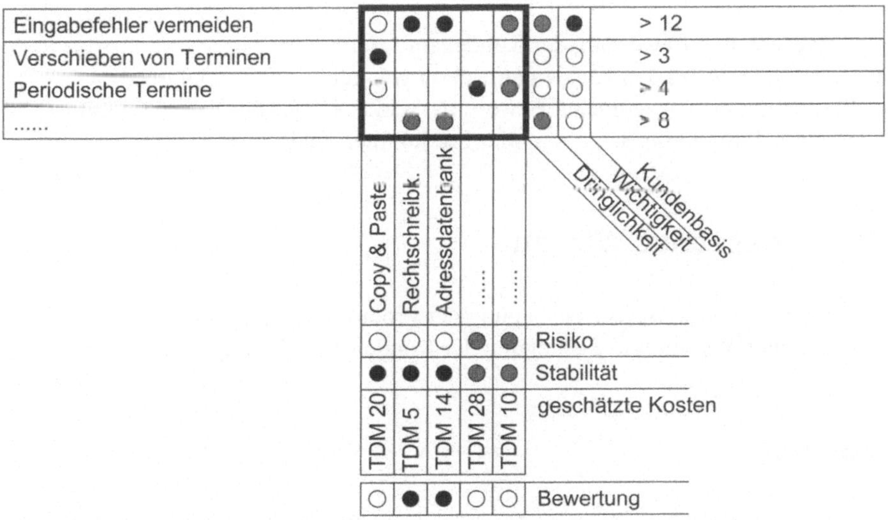

Abb. 4-29. Gewichtung der Produktmerkmale

In die Berechnung fließen ein:

- Kundenbasis (positive Korrelation)
- Wichtigkeit (positive Korrelation)
- Dringlichkeit (positive Korrelation)
- Stabilität (positive Korrelation)
- Risiko (negative Korrelation)
- Kosten (negative Korrelation)

Für verschiedene Produktmerkmale ergeben sich verschiedene Gewichtungen (unterste Zeile der Graphik). Das Produktmerkmal „Rechtschreibkorrektur“ erhält beispielsweise eine hohe Gewichtung. Die Gründe hierfür werden erläutert:

- Hohe Dringlichkeit (aus Kundensicht)
- Sehr hohe Wichtigkeit (aus Kundensicht)
- Grosse Kundenbasis (> 12)
- Geringes (technologisches) Risiko
- Sehr große (technologische) Stabilität
- Moderate Kosten

Qualitätskriterien

Qualitätskriterien für das Quality Function Deployment sind:

- Auswahl eines repräsentativen Kundenquerschnitts
- Ermittlung aller relevanten Kundenanforderungen
- Festlegung eines geeigneten Bewertungsschlüssels für die Kundenanforderungen
- Repräsentative Bewertung der Kundenanforderungen
- Ermittlung der zu den Kundenanforderungen gehörigen Produktmerkmale
- Festlegung eines geeigneten Bewertungsschlüssels für die Produktmerkmale
- Technisch fundierte Bewertung der Produktmerkmale.

Vorausgesetztes Wissen

- Technisches Wissen (zur Festlegung der Produktmerkmale)
- Fachliches Wissen (zur Festlegung der Kundenanforderungen)

Literatur

[Herzwurm97] Herzwurm, G., Schockert, S., Mellis, W.: Qualitätssoftware durch Kundenorientierung, Vieweg, 1997

[Klein1999] Klein, B.: QFD-Quality Function Deployment, Expert Verlag, 1999

[Saatweber1997] Saatweber J.: Kundenorientierung durch Quality Function Deployment, Hanser, 1997

5 Anwendungsfallmodellierung

5.1 Anwendungsfallmodellierung

Beschreibung

Das Ziel der Anwendungsfallmodellierung ist die Modellierung der von außen sichtbaren Anforderungen an ein Anwendungssystem. Die beiden wesentlichen Konzepte der Anwendungsfallmodellierung sind Anwendungsfall (*use case*) und Akteur (*actor*).

Der Nutzen der Anwendungsfallmodellierung besteht darin:

- die Anforderungen an ein Anwendungssystem zu modellieren,
- das Anwendungssystem von der Außenwelt abzugrenzen.

Die Voraussetzung für die Anwendungsfallmodellierung ist das Vorliegen von Anforderungen in Form von Text, Interviews, formalen Beschreibungen u.a.

Das Ergebnis der Anwendungsfallmodellierung ist ein Anwendungsfallmodell, repräsentiert durch ein Anwendungsfalldiagramm.

Die Arbeitsschritte bei der Anwendungsfallmodellierung sind:

- Identifizierung von Akteuren
- Identifizierung von Anwendungsfällen
- Definition von Akteuren und Anwendungsfällen
- Erstellung eines Anwendungsfalldiagramms.

Arbeitsschritte

5.1.1 Identifizierung von Akteuren

Bei der Identifizierung von Akteuren geht es darum, Personen, bestehende Anwendungssysteme, Geräte, bestehende Datenbestände und Netzwerke zu identifizieren, die mit dem Anwendungssystem interagieren. Individuelle Akteure werden zu

Typen zusammengefasst (Konkrete Personen wie etwa „Maier", „Müller", „Schulte" werden zum Typ *Mitarbeiter* zusammengefasst). Akteure können dabei in verschiedenen Rollen auftreten.

Akteure sind stets extern zum Anwendungssystem zu sehen. Sie sind nicht Bestandteil des zu entwickelnden Anwendungssystems.
Hilfreiche Fragen zur Identifizierung von Akteuren sind:

- Wer benutzt das Anwendungssystem?
- Mit welchen anderen (Anwendungs-)Systemen interagiert das zu entwickelnde Anwendungssystem?
- Wer gibt Informationen in das Anwendungssystem ein?
- Wer erhält Informationen aus dem Anwendungssystem?
- Wer benutzt das Anwendungssystem?

Ergebnis des ersten Arbeitsschrittes sind die identifizierten Akteure. Jeder Akteur hat einen Namen und eine graphische Repräsentation. Abb. 5-1 zeigt drei identifizierte Akteure: *Kunde, Mitarbeiter* und *Lieferant.*

Abb. 5-1. Identifizierte Akteure

5.1.2 Identifizierung von Anwendungsfällen

Die Identifizierung von Anwendungsfällen nimmt ihren Ausgangspunkt bei den identifizierten Akteuren. Mit Bezug auf jeden Akteur wird gefragt, welche Funktionen das Anwendungssystem für den Akteur erbringen soll.
Hilfreiche Fragen zur Identifizierung von Anwendungsfällen sind:

- Welche Funktionen erwartet der Akteur vom Anwendungssystem?
- Welche Informationen erzeugt, liest, ändert, löscht der Akteur?
- Teilt das Anwendungssystem dem Akteur Änderungen mit?

Ergebnis des zweiten Arbeitsschrittes ist eine Beschreibung der kompletten Funktionalität des Anwendungssystems aus der Sicht des Benutzers. Jeder Anwendungsfall hat einen Namen und eine graphische Repräsentation. Abb. 5-2 zeigt drei identifizierte Anwendungsfälle: *Produkt bestellen*, *Katalog senden*, *Produkt liefern.*

Abb. 5-2. Identifizierte Anwendungsfälle

5.1.3 Definition von Akteuren und Anwendungsfällen

Die Definition von Akteuren und Anwendungsfällen umfasst jeweils eine kurze Beschreibung. Erstes Teilergebnis des dritten Arbeitsschrittes ist eine Kurzbeschreibung der Akteure.

Kurzbeschreibung der Akteure

Kunde:	eine Person, die Produkte kauft
Mitarbeiter:	eine Person, die Kundenaufträge bearbeitet
Lieferant:	eine Firma, die Produkte liefert

Zweites Teilergebnis des dritten Arbeitsschrittes ist eine Kurzbeschreibung der Anwendungsfälle. Die Anwendungsfälle sollten dann textuell noch genauer beschrieben werden, wenn ihr Name nicht allein genugend Auskunft gibt. Fur jeden Anwendungsfall müssen die Assoziationen zum Akteur angegeben werden, und zwar die Assoziation vom Akteur und die Assoziation zum Akteur.

Kurzbeschreibung der Anwendungsfälle

von Kunde:	Produkt bestellen, Katalog senden, Produkt liefern
zu Kunde:	Produkt bestellen, Katalog senden, Produkt liefern
von Mitarbeiter:	Produkt bestellen, Katalog senden, Produkt liefern
zu Mitarbeiter:	Produkt bestellen, Katalog senden
von Lieferant:	Produkt liefern
zu Lieferant:	Produkt liefern

Nach der vollständigen Identifizierung und der Definition von Akteuren und Anwendungsfällen liegt als zusätzliches Ergebnis die Anwendungssystemgrenze fest (siehe Abb. 5-3). Das heißt, es ist eindeutig festgelegt, was innerhalb des Anwendungssystems abläuft – die Anwendungsfälle – und was außerhalb des Anwendungssystems existiert – die Akteure.

5.1.4 Erstellung eines Anwendungsfalldiagramms

Bei der Erstellung eines Anwendungsfalldiagramms werden die Ergebnisse der vorhergehenden Arbeitsschritte verwendet.

Zunächst wird dem Anwendungsfalldiagramm ein Name gegeben, der innerhalb der Anwendungssystemgrenze wiedergegeben wird. Im vorliegenden Beispiel hat das Anwendungsfalldiagramm den Namen *Produktmanagementsystem*.

Ergebnis des vierten Arbeitsschrittes ist die graphische Darstellung der identifizierten Akteure und Anwendungsfälle sowie die Assoziationen zwischen den Akteuren und den Anwendungsfällen; zudem ist die Anwendungssystemgrenze graphisch repräsentiert.

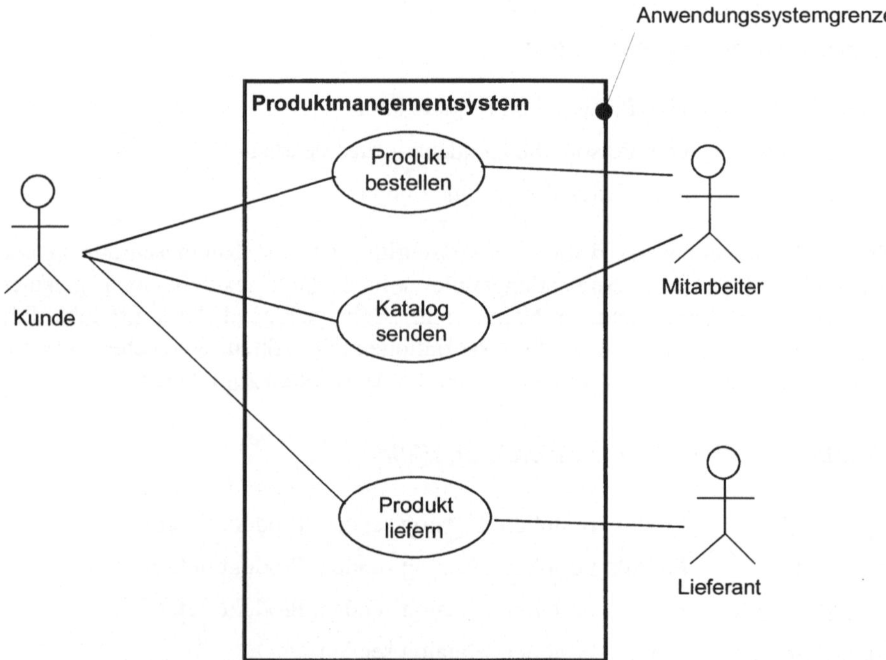

Abb. 5-3. Anwendungsfalldiagramm

Qualitätskriterien

Qualitätskriterien für ein Anwendungsfallmodell sind:

- Die wesentlichen Akteure sind festgelegt.
- Die wesentlichen Anwendungsfälle sind festgelegt.
- Jeder Anwendungsfall ist aus Sicht von den Akteuren und aus Sicht zu den Akteuren untersucht.

- Alle wesentlichen Assoziationen zwischen Akteuren und Anwendungsfällen sind wiedergegeben.
- Für jeden Akteur liegt eine Kurzbeschreibung vor.
- Für jeden Anwendungsfall liegt eine Kurzbeschreibung vor.
- Ein Anwendungsfalldiagramm ist erstellt, das einen Namen hat.
- Im Anwendungsfalldiagramm werden semantisch zusammengehörende Elemente auch entsprechend graphisch zusammengehörend repräsentiert.
- Im Anwendungsfalldiagramm werden sich kreuzende Assoziationen vermieden.

Vorausgesetztes Wissen

Interview- und Moderationstechniken.

Literatur

[Booch1999] Booch, G., Rumbaugh, J. und Jacobson, I.: The Unified Modeling Language, Addison-Wesley, 1999

[Jacobson1992] Jacobson, I.: Object-Oriented Software Engineering, Addison-Wesley, 1992

[OMG1999] OMG: OMG Unified Modeling Language Specification 1.3, 1999, http://www.omg.com/uml (UML-Notation Guide, Part 6)

[Schneider1998] Schneider, G., Winters, J.P.: Applying Use Cases, Addison-Wesley, 1998

5.2 Detaillierung des Anwendungsfallmodells

Beschreibung

Das Ziel dieser Technik ist die ausführliche Modellierung von Anwendungsfallmodellen. Die wesentlichen Konzepte dieser Technik sind Ereignisfluss (*flow of events*) sowie die Beziehungen *extend*, *include*, *interface* und *inheritance*.

Hinweis: Die *include*-Beziehung [OMG 1999] [Booch 1999] ersetzt die *use*-Beziehung aus früheren Veröffentlichungen zur Anwendungsfallmodellierung.

Der Nutzen der Technik besteht darin:

- Anwendungsfälle so beschreiben zu können, dass sie realisiert werden können,
- Gemeinsamkeiten von Anwendungsfällen dokumentieren zu können.

Die Voraussetzung für die Anwendung dieser Technik ist das Vorliegen eines groben Anwendungsfallmodells mit identifizierten Akteuren, Anwendungsfällen und deren Assoziationen.

Das Ergebnis der Anwendung dieser Technik ist ein detailliertes Anwendungsfallmodell, repräsentiert durch ein oder mehrere detaillierte Anwendungsfalldiagramme.

Die Arbeitsschritte bei der Detaillierung des Anwendungsfallmodells sind:

- Identifizierung von Vor- und Nachbedingungen
- Festlegung des Ereignisflusses
- Identifizierung optionaler Ereignisflüsse
- Identifizierung von verwendbaren Anwendungsfällen
- Identifizierung von Vererbungsbeziehungen bei Akteuren
- Identifizierung von Vererbungsbeziehungen bei Anwendungsfällen
- Definition von Interfaces (Schnittstellen)
- Erstellung eines detaillierten Anwendungsfalldiagramms.

Arbeitsschritte

5.2.1 Identifizierung von Vor- und Nachbedingungen

Identifizierte Vorbedingungen legen fest, welche Voraussetzungen erfüllt sein müssen, damit der Anwendungsfall ausgeführt werden kann. Die identifizierte Nachbedingung beschreibt den Zustand des Anwendungssystems nach Beendigung des Anwendungsfalles.

Ergebnis dieses Arbeitsschrittes sind die identifizierten Vor- und Nachbedingungen für einen Anwendungsfall.

Für den Anwendungsfall *Produkt bestellen* lauten die Vor- und Nachbedingungen wie folgt:

Produkt bestellen

Vorbedingung:	Ein Benutzer hat sich im Anwendungssystem angemeldet.
Nachbedingung:	Die Bestellung ist im Anwendungssystem gesichert und als bestätigt gekennzeichnet.

5.2.2 Festlegung des Ereignisflusses

Die Festlegung des Ereignisflusses besteht darin, die einzelnen Aktionen des Anwendungsfalles anzugeben. Ein spezifischer Pfad durch den Anwendungsfall heißt primäres Szenario *(primary scenario)* [Schneider1998]. Alternative Pfade, die mit Hilfe von sekundären Szenarien *(secondary scenarios)* gefunden werden, können mit Verzweigungsstatements (*if statements*) dokumentiert werden. (siehe unten auch *extend*-Beziehung).

Ergebnis dieses Arbeitsschrittes ist der Ereignisfluss für einen Anwendungsfall. Für den Anwendungsfall *Produkt bestellen* ist der Ereignisfluss wie folgt festgelegt:

Produkt bestellen

Vorbedingung: Ein Benutzer hat sich im Anwendungssystem angemeldet.

Ereignisfluss:

1. Der Anwendungsfall startet, wenn der Kunde *Produkt bestellen* selektiert.
2. Der Kunde gibt seinen Namen und seine Adresse ein.
3. Falls der Kunde nur seine Postleitzahl eingibt, liefert das Anwendungssystem Ort und Postleitzahl.
4. Der Kunde wählt Produkte aus.

...

10. Nachdem die Zahlung bestätigt ist, ist die Bestellung als bestätigt gekennzeichnet; der Kunde bekommt eine Auftragsbestätigung, der Anwendungsfall ist beendet.

Nachbedingung: Die Bestellung ist im Anwendungssystem gesichert und als bestätigt gekennzeichnet.

5.2.3 Identifizierung optionaler Ereignisflüsse

Für die Identifizierung optionaler Ereignisflüsse wird ein Anwendungsfall auf Erweiterungen untersucht. Solche Erweiterungen werden mit Hilfe von sekundären Szenarios [Schneider1998] gefunden.

Sekundäre Szenarien werden gefunden, indem man die einzelnen Aktionen des Ereignisflusses mit folgenden Fragen konfrontiert.
Hilfreiche Fragen zur Identifizierung optionaler Ereignisflüsse sind:

- Kann an diesem Punkt eine andere Aktion ausgeführt werden? (Alternative)
- Kann an diesem Punkt etwas falsch laufen? (Ausnahme)

Ergebnis dieses Arbeitsschrittes sind optionale Ereignisflüsse – Alternativen und Ausnahmen – für einen Anwendungsfall. Optionale Ereignisflüsse werden wie unter Abschnitt 5.2.2 beschrieben:

Optionale Ereignisflüsse werden im Anwendungsfallmodell mit dem reservierten Wort **Extension Points** markiert und über die *extend*-Beziehung graphisch repräsentiert. Zu einem Anwendungsfall kann es mehrere Extensionen geben. Mehrere Extensionen können von einem Extension Point ausgeführt werden.

Die nachfolgende Abbildung zeigt für den Anwendungsfall *Produkt bestellen* die beiden Extensionen *Stammkunde berücksichtigen* und *Sonderangebot berücksichtigen*, die beide vor Aktion 4 durchzuführen sind.

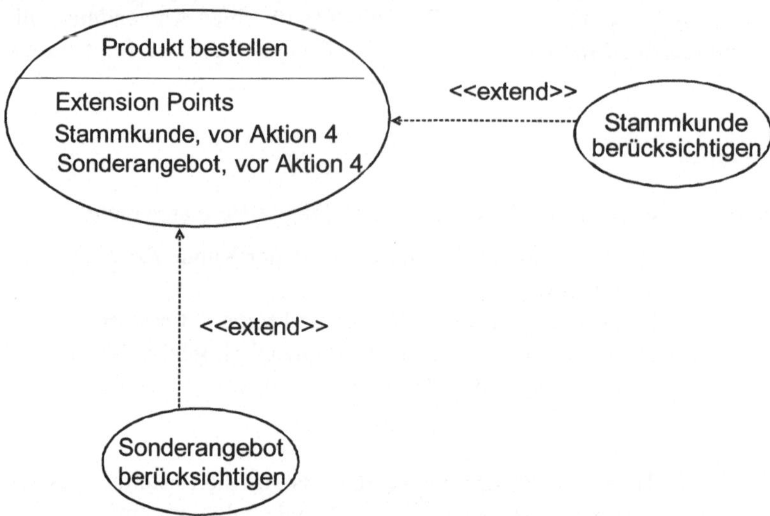

Abb. 5-4. Extension Points mit zwei Extensionen für einen Anwendungsfall

5.2.4 Identifizierung von verwendbaren Anwendungsfällen

Bei der Identifizierung von verwendbaren Anwendungsfällen werden die Anwendungsfälle dahingehend untersucht, ob Anwendungsfälle von anderen Anwendungsfällen verwendet werden können.

Ergebnis dieses Arbeitsschrittes ist die Identifikation von Anwendungsfällen, die von anderen Anwendungsfällen verwendet werden. Anwendungsfälle, die von anderen Anwendungsfällen verwendet werden, werden mit der *include*-Beziehung graphisch repräsentiert.

Die nachfolgende Abbildung zeigt für den Anwendungsfall *Produkt bestellen* den verwendeten Anwendungsfall *Produktinformation ausgeben*.

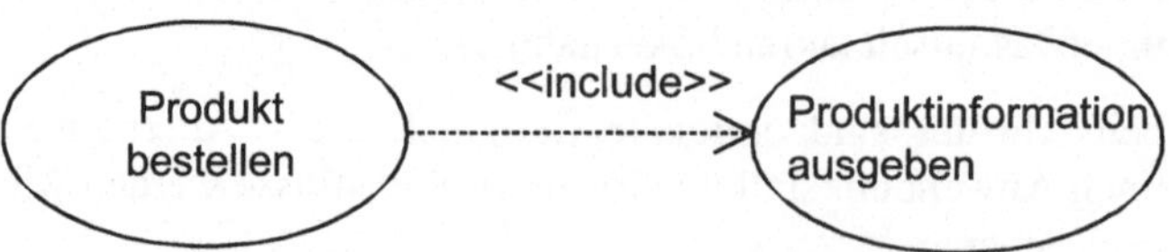

Abb. 5-5. Zwei Anwendungsfälle mit include-Beziehung

5.2.5 Identifizierung von Vererbungsbeziehungen bei Akteuren

Ziel dieses Arbeitsschrittes ist es, Generalisierungen zwischen Akteuren zu finden. Generalisierte Akteure vererben Rollen. Akteure, die von generalisierten Akteuren Rollen erben, haben gegenüber diesen Akteuren noch zusätzliche Rollen.

Ergebnis dieses Arbeitsschrittes ist die Identifikation von Akteuren, die in Vererbungsbeziehungen zu anderen Akteuren stehen. Akteure, die mit anderen Akteuren in einer Vererbungsbeziehung stehen, werden mit der *inheritance*-Beziehung durch einen Pfeil graphisch repräsentiert.

Die nachfolgende Abbildung zeigt den Akteur *Kunde*, der seine Rollen an den Akteur *Firma* vererbt. Gegenüber *Kunde* zeichnet sich die Rolle des Akteurs *Firma* dadurch aus, dass er zusätzlich zum Anwendungsfall *Produkt bestellen* mit dem Anwendungsfall *Firmenrabatt* in einer Assoziationsbeziehung steht.

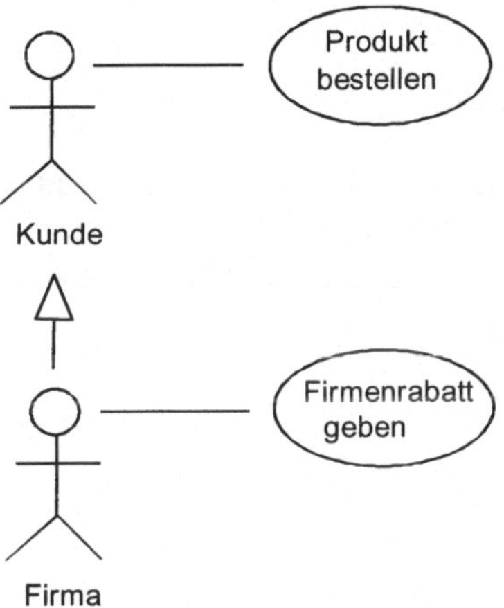

Abb. 5-6. Vererbungsbeziehung zwischen Akteuren

5.2.6 Definition von Interfaces (Schnittstellen)

Ziel dieses Arbeitsschrittes ist es Generalisierungen zwischen Anwendungsfällen zu finden. Generalisierte Anwendungsfälle vererben ihre Funktionalität. Anwendungsfälle, die von generalisierten Anwendungsfällen Funktionen erben, haben gegenüber diesen Anwendungsfällen noch zusätzliche Funktionen.

Ergebnis dieses Arbeitsschrittes ist die Identifikation von Anwendungsfällen, die in Vererbungsbeziehungen zu anderen Anwendungsfällen stehen. Vererbungsbeziehungen zwischen Anwendungsfällen werden mit der *inheritance*-Beziehung durch einen Pfeil graphisch repräsentiert.

Die nachfolgende Abbildung zeigt den Anwendungsfall *Kunde validieren*, der Funktionalität an *Passwort validieren* und *Fingerabdruck scannen* vererbt. *Passwort validieren* und *Fingerabdruck scannen* bieten eigene Funktionen.

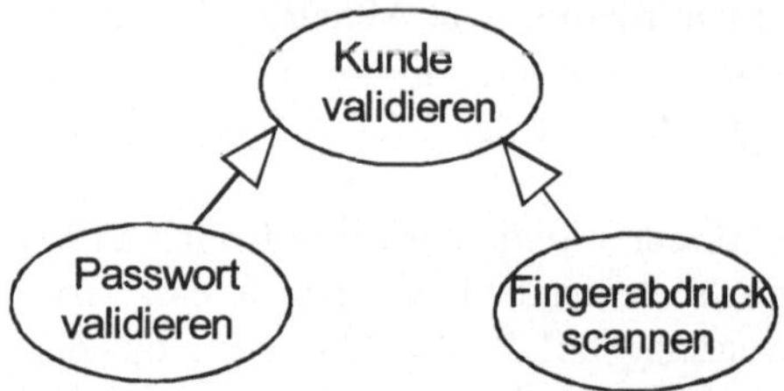

Abb. 5-7. Vererbungsbeziehung zwischen Anwendungsfällen

5.2.7 Definition von Interfaces (Schnittstellen)

Bei der Definition von Interfaces geht es darum, für Akteure und Anwendungsfälle zu definieren, wie mit diesen zu interagieren ist. Interfaces können sowohl für Akteure als auch für Anwendungsfälle definiert werden. Für einen Akteur wie auch für einen Anwendungsfall kann es mehr als ein Interface geben.

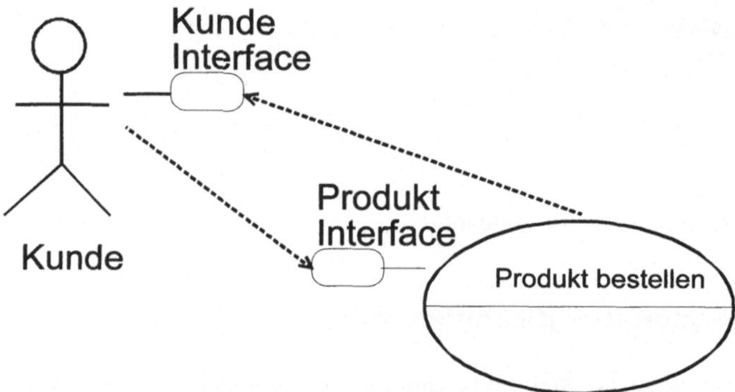

Abb. 5-8. Interfaces zwischen Akteur und Anwendungsfall

Abb. 5-8 zeigt die Interfaces *Kunde Interface* und *Produkt Interface.*

Für das *Produkt Interface* ergibt sich beispielsweise in Pseudocode die folgende Spezifikation:

Produkt ()
Get Produktbeschreibung und Produktpreis (Produkt #)
    return Produktbeschreibung, Produktpreis
Add Preis zu Total (Preis)
    return Total
Submit Bestellung
    return Bestellung #

5.2.8 Erstellung eines detaillierten Anwendungsfalldiagramms

Bei der Erstellung eines detaillierten Anwendungsfalldiagramms werden die Ergebnisse der vorhergehenden Arbeitsschritte verwendet.

Ergebnis dieses Arbeitsschrittes ist die graphische Darstellung der Akteure, der Anwendungsfälle, der Assoziationen, der Anwendungssystemgrenze. Zudem sind die Beziehungen *extend, include, interface* und *inheritance* berücksichtigt.

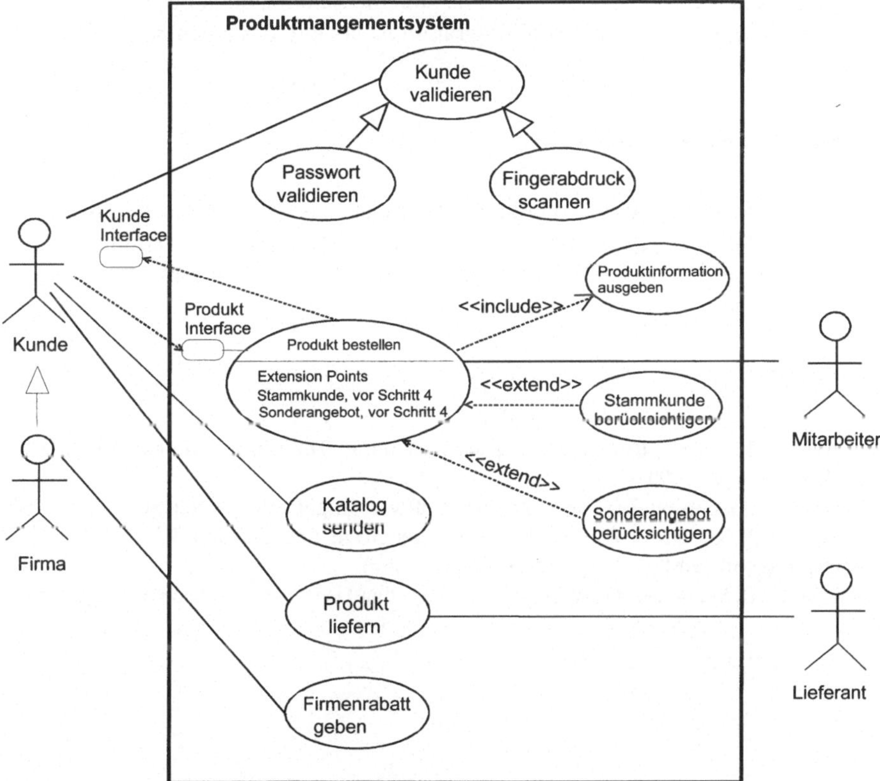

Abb. 5-9. Detailliertes Anwendungsfalldiagramm

Qualitätskriterien

Qualitätskriterien für ein detailliertes Anwendungsfallmodell sind:

- Die Vor- und Nachbedingungen sind für alle Anwendungsfälle festgelegt.
- Die Ereignisflüsse sind für alle Anwendungsfälle festgelegt.
- Jede Aktion eines Anwendungsfalls ist auf optionale Ereignisflüsse untersucht; diese sind mit Hilfe der *extend*-Beziehung beschrieben.

- Alle Anwendungsfälle sind auf verwendbare Anwendungsfälle untersucht; verwendete Anwendungsfälle sind mit Hilfe der *include*-Beziehung beschrieben.
- Alle Akteure sind auf Generalisierungen untersucht; Akteure, die in Vererbungsbeziehungen zu anderen Akteuren stehen, sind mit der *inheritance*-Beziehung beschrieben.
- Alle Anwendungsfälle sind auf Generalisierungen untersucht; Anwendungsfälle, die in Vererbungsbeziehungen zu anderen Anwendungsfällen stehen, sind mit der *inheritance*-Beziehung beschrieben.
- Für alle Akteure und Anwendungsfälle sind die Schnittstellen beschrieben.
- Ein detailliertes Anwendungsfalldiagramm ist erstellt, das einen Namen hat.

Vorausgesetztes Wissen

Interview- und Moderationstechniken. Zudem ist das Verständnis der Konzepte Anwendungsfall (*use case*), Akteur (*actor*), Assoziation und Anwendungssystemgrenze vorausgesetzt (siehe Technik *Anwendungsfallmodellierung*).

Literatur

[Booch1999] Booch, G., Rumbaugh, J. und Jacobson, I.: The Unified Modeling Language, Addison-Wesley, 1999

[Jacobson1992] Jacobson, I.: Object-Oriented Software Engineering, Addison-Wesley, 1992

[OMG1999] OMG: OMG Unified Modeling Language Specification 1.3, 1999, http://www.omg.com/uml (UML-Notation Guide, Part 6)

[Schneider1998] Schneider, G., Winters, J.P.: Applying Use Cases, Addison-Wesley, 1998

6 Klassen- und Objektmodellierung

6.1 Identifizierung von Klassen

Beschreibung

Das Ziel dieser Technik ist es, Klassen zur Beschreibung einer bestimmten Problemdomäne zu finden. Bei dieser Technik geht es um die Identifizierung und nicht um eine vollständige Definition der Klassen. Letzteres erfolgt mit Hilfe der Techniken zur Erstellung eines groben und detaillierten Klassenmodells.

Der Nutzen der Identifizierung von Klassen besteht darin,

- die Basisbausteine zur objektorientierten Modellierung einer Anwendung festzulegen,
- eine grobe Beschreibung der Klassen zu liefern,
- eindeutige Namen für diese Klassen zu finden.

Die Voraussetzung für die Anwendung dieser Technik ist das Vorliegen einer ausführlichen Beschreibung der gewünschten Systemfunktionalität. Diese Funktionalität kann textuell als Anforderungskatalog beschrieben sein oder als Anwendungsfallmodell vorliegen. Alternativ kann ein Glossar, ein Geschäftsprozessmodell oder ein Datenmodell verwendet werden.

Das Ergebnis der Anwendung dieser Technik ist eine Menge von Klassen, die mit einem Namen bezeichnet und anhand von Attributen und Operationen beschrieben sind.

Die einzelnen Arbeitsschritte bei der Identifizierung von Klassen sind:

- Fokussierung auf eine Anforderungsbeschreibung
- Finden von Kandidaten für Klassen
- Finden von Attributen
- Finden von Operationen
- Überprüfung der Relevanz der Kandidaten
- Umbenennen von Klassen.

Für die Identifizierung von Klassen bieten sich zwei Vorgehensweisen an: Top-Down und Bottom-up. Beim Top-Down-Vorgehen wird versucht alle möglichen

Klassen zu definieren und anschließend diese Klassen mit konkreten Attributen und Operationen zu unterlegen. Das Bottom-up-Vorgehen besteht darin, zuerst Attribute und Operationen zu sammeln und diese anschließend zu sinnvollen Klassen zu gruppieren.

Hier soll das Top-Down-Vorgehen Schritt für Schritt erläutert werden.

Arbeitsschritte

6.1.1 Fokussierung auf eine Anforderungsbeschreibung

Zur Erläuterung der Arbeitsschritte bei der Identifikation von Klassen wird folgende Anforderungsbeschreibung einer einfachen Kontoführung verwendet:

„Die Kunden einer Bankfiliale besitzen ein oder mehrere Konten, bei denen es sich um Girokonten und/oder Sparkonten handelt. Ein Kunde kann Konten in mehreren Filialen gleichzeitig führen. Sowohl für Kunden als auch für Filialen werden Adressen verwaltet. Ein Konto wird durch eine achtstellige Kontonummer identifiziert. Kunden können Geld einzahlen, abheben oder überweisen. Der Saldo eines Kontos kann abgefragt werden. Für Sparkonten zahlt die Bank ihren Kunden Zinsen aus. Für jeden Besitzer eines Girokontos ist ein Dispokredit festgelegt. Filialen haben zwei Kundentypen: Firmen- und Privatkunden. Zu jedem Firmenkunden ist der Filiale mindestens ein Ansprechpartner bekannt. Konten werden von Mitarbeitern einer Filiale eröffnet."

6.1.2 Finden von Kandidaten für Klassen

Kandidaten für Klassen können mit Hilfe der Textanalyse in der Anforderungsbeschreibung gefunden werden. Hierfür wird der Text der Anforderungsanalyse linear durchgelesen und nach Substantiven durchsucht. Diese Substantive bilden die Liste der potentiellen Klassen. Alle Substantive werden in der Liste im Singular eingetragen.

Die Liste enthält meistens zu viele Kandidaten. Eine Analyse der Liste ermöglicht die Identifizierung von unterschiedlichen Substantiven, die sich auf dieselben Objekte beziehen. Die Aussagekraft und die Kürze des Substantivs sind bei der Auswahl zu berücksichtigen.

Eine weitere Möglichkeit bildet der strukturierte Ansatz. Hier bilden Geschäftsprozessmodelle die Ausgangsbasis für das Finden von Klassen. Rollen in den Geschäftsprozessen können mögliche Kandidaten für Klassen darstellen, aber auch Dienstleistungen oder physische Objekte können für die Bildung von Klassen herangezogen werden.

Als Beispiel wird die Textanalyse für die Anforderungsbeschreibung der Kontoführung durchgeführt. Das Ergebnis ist folgende Liste von Kandidaten:

Kunde, Bankfiliale, Girokonto, Sparkonto, Konto, Filiale, Adresse, Kontonummer, Geld, Saldo, Bank, Zins, Besitzer eines Girokontos, Dispokredit, Kundentyp, Firmenkunde, Privatkunde, Ansprechpartner, Mitarbeiter.

Bei der Analyse dieser Liste kann folgendes beobachtet werden:

Filiale und *Bankfiliale* beziehen sich auf das selbe Objekt. Insofern das Wort Bank keine zusätzliche Information bietet, wird das Substantiv *Filiale* gewählt.

Die Wahl zwischen *Kunde* und *Besitzer* eines Girokontos fällt wegen seiner Kürze auf *Kunde*.

Zinsen werden anhand von einem Zinssatz berechnet. Aus diesem Grund wird *Zins* durch *Zinssatz* ersetzt.

Das Ergebnis dieses Arbeitsschrittes ist folgende Liste von Kandidaten für Klassen:

Kunde, Girokonto, Sparkonto, Konto, Filiale, Adresse, Kontonummer, Geld, Saldo, Bank, Zinssatz, Dispokredit, Kundentyp, Firmenkunde, Privatkunde, Ansprechpartner, Mitarbeiter.

6.1.3 Finden von Attributen

Mit Hilfe der Textanalyse werden Substantive und Adjektive gefunden, die Eigenschaften der Objekte beschreiben. Die gefundenen Attributlisten für die Kandidaten werden anhand von zusätzlichen Informationsquellen wie Interviews, Geschäftsprozessmodelle oder Anwendungsfallmodelle ergänzt.

Des öfteren ist es nicht einfach zu entscheiden, ob ein Substantiv als Kandidat für eine Klasse oder als Attribut verwendet werden soll. Wenn es eine Eigenschaft eines Kandidaten beschreibt und selbst keine Attribute hat, so sollte man es als Attribut zum Kandidaten hinzufügen.

Im Zweifelsfall sollte man es als Kandidat beibehalten und, wenn nötig, zu einem späteren Zeitpunkt im Entwicklungsprozess ändern. Es ist einfacher, kleinere Klassen zu einer umfangreicheren Klasse zusammenzufassen, als umgekehrt eine große Klasse nachträglich in kleinere Klassen zu zerlegen.

In der Anforderungsbeschreibung der Kontoführung ist zu beobachten, dass *Kontonummer, Saldo, Dispokredit* und *Zinssatz* Eigenschaften der Kandidaten *Konto, Girokonto* bzw. *Sparkonto* sind. *Kontonummer* und *Saldo* werden als Attribute für *Konto, Girokonto* und *Sparkonto* definiert. *Dispokredit* ist ein Attribut von *Girokonto* und *Zinssatz* ein Attribut von *Sparkonto*.

Ein *Ansprechpartner* ist eine Kontaktperson in einer Firma und für sie sind Attribute bekannt wie *Name, Adresse, Telefonnummer, E-mail-Adresse, Geburtsdatum* und *Geburtsort*. Welche Attribute für den Ansprechpartner im Rahmen dieser Anwendung relevant sind, kann anhand eines Interviews oder der Dokumentation eines Geschäftsprozessmodells festgestellt werden, wenn die Anforderungsbeschreibung keine Information liefert.

Die *Adresse* ist eine Eigenschaft sowohl von der *Filiale* als auch vom *Kunden*. Eine *Adresse* wird anhand von *Straße, Hausnummer, Postleitzahl, Ort, Land*, usw.

beschrieben, d.h. eine *Adresse* hat Attribute. Demzufolge wird *Adresse* als Kandidat für eine Klasse beibehalten.

Abb. 6-1 zeigt die graphische Darstellung einer Klasse in UML-Notation. Attribute wurden mit ihrem Wertebereich notiert.

Girokonto
KontoNr :Integer Saldo: Real Dispokredit: Real

Abb. 6-1. Klasse mit Attributen

6.1.4 Finden von Operationen

Die Textanalyse kann auch zur Findung von Operationen benutzt werden. Hierfür wird die Anforderungsbeschreibung durchgelesen und nach Verben durchsucht, die als Kandidaten für mögliche Operationen dienen. Die gefundenen Operationen können anhand von zusätzlichen Informationsquellen wie Interviews, Geschäftsprozessmodelle oder Anwendungsfallmodelle ergänzt werden.

Ziel ist es herauszufinden, welche Aufgaben das System zu erfüllen und auf welche Ereignisse das System zu reagieren hat.

Im Beispiel Kontoführung sind folgende Operationen das Ergebnis der Textanalyse*: einzahlen, auszahlen, überweisen und Saldo abfragen.* Diese Operationen werden den Klassenkandidaten *Konto, Girokonto* und *Sparkonto* hinzugefügt.

Zusätzlich sind für jedes Attribut einer Klasse zwei implizite Operationen zu definieren, die sehr selten in der graphischen Darstellung präsentiert werden:

- *setAttribute* zum Erfassen oder Ändern eines Attributwertes, wie z.B. *setKontoNr.*
- *getAttribute* zum Lesen eines Attributwertes, wie z.B. *getSaldo.*

Girokonto
KontoNr :Integer Saldo: Real Dispokredit: Real
einzahlen() auszahlen() überweisen() saldoAbfragen()

Abb. 6-2. Klasse mit Attributen und Operationen

6.1.5 Überprüfung der Relevanz der Kandidaten

Bei der Anwendung der Arbeitsschritte zur Findung von Klassen, Operationen oder Attributen werden häufig viele irrelevante Kandidaten identifiziert. Überflüssige Klassen, Operationen oder Attribute müssen in einem weiteren Schritt aussortiert werden.

Folgende Regeln können zur Bestimmung der Irrelevanz der Kandidaten verwendet werden:

- Kandidaten, die für die Problemdomäne keine Bedeutung haben, werden aussortiert.
- Kandidaten, für die keine Attribute bekannt sind, werden entfernt oder als Attribute anderer Klassen hinzugefügt.
- Kandidaten, die dem Modell keine weitere Funktionalität hinzufügen, können entfernt werden.
- Können mehrere Kandidaten zu einer Klasse zusammengefasst werden, so wird aus den vielen Kandidaten eine einzige Klasse gebildet.

Von der Liste der Klassenkandidaten für die Kontoführung können folgende Kandidaten aussortiert werden: *Kundentyp, Geld* und *Bank.* Aus folgenden Gründen sind diese Kandidaten als Klassen für die Domäne „Kontoführung" irrelevant. Der *Kundentyp* ist explizit durch *Firmenkunde* oder *Privatkunde* gegeben. Alle Kandidaten beziehen sich auf das Geschäft einer Bank, d.h. der Kandidat *Bank* bietet in dieser Domäne keine zusätzliche Information. *Geld* steht mit den Konto-Aktivitäten *Einzahlen, Auszahlen* und *Überweisen* in Zusammenhang, fügt aber selbst keine Funktionalität hinzu.

Es bleiben folgende Klassenkandidaten bestehen:
Kunde, Firmenkunde, Privatkunde, Filiale, Konto, Girokonto, Sparkonto, Adresse, Ansprechpartner, Mitarbeiter.

6.1.6 Umbenennen von Klassen

Bei der Namensgebung der Klassen sollten folgende Regeln beachtet werden:

- Der Name ist ein präzises Substantiv im Singular.
- Der Name bezeichnet Gegenstände des Anwendungsbereichs so konkret wie möglich.
- Der Name drückt dasselbe aus wie die Gesamtheit der Attribute und Operationen.
- Der Name beschreibt nicht die Rolle des Objektes einer Klasse zu anderen Objekten.
- Der Name soll möglichst an die Begriffe, die in der Geschäftswelt verwendet werden, angepasst sein.

Sollten die Namen der Klassen nicht den Regeln entsprechen, so werden sie in diesem Arbeitsschritt umbenannt.

Im Beispiel der Kontoführung ist der Ansprechpartner mit den Attributen einer Person beschrieben. Die Rolle dieser Person ist die eines Ansprechpartners. Aus diesem Grund ist es sinnvoll, die Klasse Ansprechpartner in *Person* umzubenennen.

Abb. 6-3 zeigt die graphische Darstellung von allen Klassen mit Namen, Attributen und Operationen, die für die Kontoführung identifiziert worden sind.

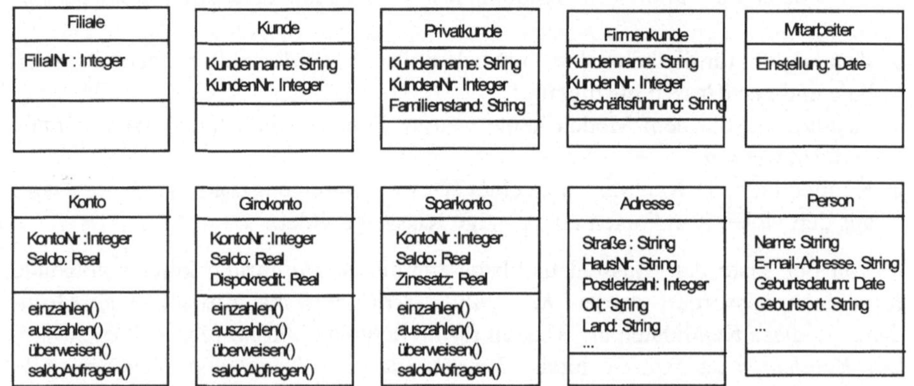

Abb. 6-3. Klassen für die Kontoführung

Qualitätskriterien

Qualitätskriterien für die Identifizierung von Klassen sind:

- Alle wichtigsten Klassen für die Problemdomäne sind identifiziert.
- Jede Klasse ist mit einem aussagekräftigen Namen benannt.
- Die wichtigsten Attribute sind bestimmt.
- Die wichtigsten Operationen sind bestimmt.

Vorausgesetztes Wissen

Basiskonzepte der objektorientierten Modellierung: Klasse, Attribut, Operation.

Literatur

[Balzert1995] Balzert, H.: Methoden der objektorientierten Systemanalyse, BI Wissenschaftsverlag, 1995

[Balzert1999] Balzert, H.: Lehrbuch der Objektmodellierung: Analyse und Entwurf, Spektrum Akademischer Verlag, 1999

[Booch1999] Booch, G., Rumbaugh, J. und Jacobson, I.: The Unified Modeling Language, Addison-Wesley, 1999

[Fowler1997] Fowler, M.,Scott, K.: UML Distilled, Applying the Standard Object Modeling Language. Addison-Wesley, 1997

[Wirfs-Brock1993] Wirfs-Brock, R. ; Wilkerson B. und Wiener L.: Objektorientiertes Software-Design, Hanser, 1993

6.2 Erstellung eines groben Klassenmodells

Beschreibung

Das Ziel dieser Technik ist es, auf der Basis einer Menge von identifizierten Klassen ein grobes Klassenmodell zu erstellen. Die Erstellung eines Klassenmodells ist eine zentrale Aufgabe bei der objektorientierten Entwicklung einer Anwendung. Der Nutzen der Erstellung eines groben Klassenmodells besteht darin:

- ein konzeptuelles Modell der Problemdomäne aufzustellen,
- das konzeptuelle Modell graphisch darzustellen.

Die Voraussetzung für die Anwendung dieser Technik ist das Vorliegen einer Menge von Klassen und eine ausführliche Beschreibung der gewünschten Systemfunktionalität. Diese Funktionalität kann als eine textuelle Anforderungsbeschreibung und/oder als Anwendungsfallmodell vorliegen. Ein Interaktionsmodell, ein Glossar oder ein Geschäftsprozessmodell bieten zusätzlich nützliche Informationen; sie sind aber optional.

Das Ergebnis der Anwendung dieser Technik ist ein grobes Klassenmodell.

Die einzelnen Arbeitsschritte bei der Anwendung dieser Technik sind:

- Fokussierung auf eine Anforderungsbeschreibung und eine Menge von Klassen
- Finden von elementaren Beziehungen
- Finden von zusätzlichen Attributen
- Finden von zusätzlichen Operationen
- Erstellung des Klassendiagramms.

Arbeitsschritte

6.2.1 Fokussierung auf eine Anforderungsbeschreibung und eine Menge von Klassen

Zur Erläuterung der Arbeitsschritte bei der Identifikation von Klassen wird folgende Anforderungsbeschreibung einer einfachen Kontoführung verwendet:

„Die Kunden einer Bankfiliale besitzen ein oder mehrere Konten, bei denen es sich um Girokonten und/oder Sparkonten handelt. Ein Kunde kann Konten in mehreren Filialen gleichzeitig führen. Sowohl für Kunden als auch für Filialen werden Adressen verwaltet. Ein Konto wird durch eine achtstellige Kontonummer identifiziert. Kunden können Geld einzahlen, abheben oder überweisen. Der Saldo eines Kontos kann abgefragt werden. Für Sparkonten zahlt die Bank ihren Kunden Zinsen aus. Für jeden Besitzer eines Girokontos ist ein Dispokredit festgelegt. Filialen haben zwei Kundentypen: Firmen- und Privatkunden. Zu jedem Firmenkunden ist der Filiale mindestens ein Ansprechpartner bekannt. Konten werden von Mitarbeitern einer Filiale eröffnet.“

Mit Hilfe der Technik *Identifizierung von Klassen* sind die in Abb. 6-4 dargestellten Klassen für dieses Beispiel gefunden worden.

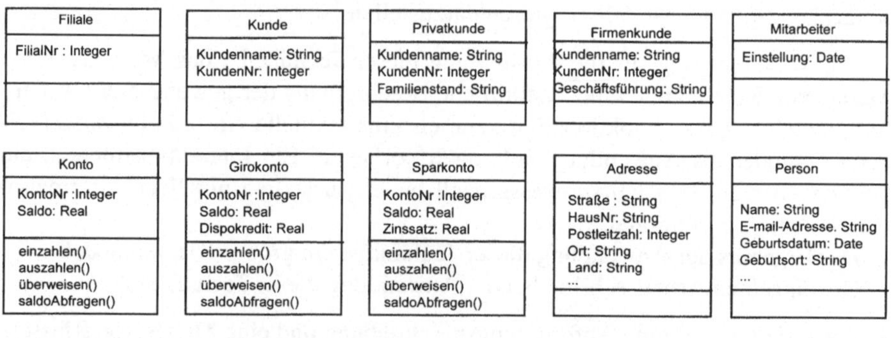

Abb. 6-4. Klassen für die Kontoführung

6.2.2 Finden von elementaren Beziehungen

Das Ziel dieses Arbeitsschrittes ist es, elementare Beziehungen zwischen den Klassen zu finden. Beziehungen werden definiert, wenn Objekte einer Klasse im Rahmen ihrer Aufgaben Informationen benötigen, welche von Objekten anderer Klassen bereitgestellt werden. Sie beschreiben die mögliche Navigation bzw. den Botschaftenfluss zwischen verbundenen Objekten.

Anhand folgender Checkliste können Beziehungen identifiziert und definiert werden.

- Liegen zwischen den Objekten permanente Beziehungen vor?

Es werden nur diejenigen Beziehungen modelliert, die für das Modell relevant und von zeitlicher Dauer sind. Auch durch die Suche nach Verben können solche Beziehungen gefunden werden.

Beispiel: Die Aussage „... Kunden besitzen ein oder mehrere Konten ..." definiert eine Beziehung zwischen einem Objekt *Kunde* und einem oder mehreren Objekten vom Typ *Konto*. Dem zufolge wird ein Beziehung zwischen den Klassen *Kunde* und *Konto* spezifiziert.

- Müssen die Objekte der Klassen miteinander kommunizieren?

Die Kommunikation zwischen Klassen ist ausschlaggebend für die Bildung von Beziehungen. Klassen, die miteinander kommunizieren, d.h. die Teil des Informationsflusses sind, benötigen eine Beziehung, die sie verbindet.

Beispiel: Dem Satz „... sowohl für Kunden als auch für Filialen werden Adressen verwaltet." zufolge existiert eine Beziehung zwischen *Kunde* und *Adresse* und eine Beziehung zwischen *Filiale* und *Adresse*, somit müssen die Objekte der Klassen *Kunde* und *Filiale* ihre Adresse abfragen können.

Für diese einfachen Beziehungen werden *Assoziationen* in der UML verwendet. Abb. 6-5 zeigt die graphische Darstellung der Klassen *Kunde* und *Konto*, die durch eine Beziehungslinie verbunden sind.

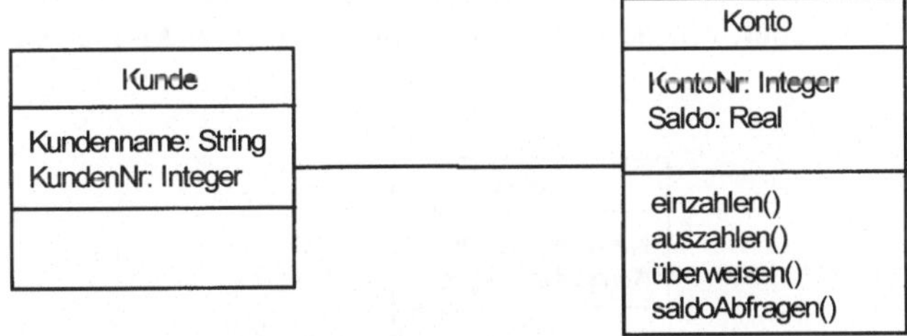

Abb. 6-5. Assoziationsbeziehung

- Sind die beteiligten Klassen gleichrangig oder ist eine Klasse untergeordnet?

Wenn eine Klasse die Eigenschaften einer anderen Klasse besitzt und über zusätzliche Details in Form von Attributen oder Methoden verfügt, ist die erste Klasse eine Spezialisierung der zweiten Klasse. Diese Klassen stehen in einer Generalisierungs-/Spezialisierungsbeziehung zueinander. Die UML bietet hierfür die *Vererbungsbeziehung* an.

Im Beispiel der Kontoführung ist die Klasse *Konto* die Oberklasse der Klassen *Girokonto* und *Sparkonto*. Die Unterklassen *Girokonto* und *Sparkonto* können auch als Spezialisierung der Klasse *Konto* gesehen werden, wobei die Oberklasse *Konto* wiederum eine Generalisierung der Unterklassen darstellt. Abb. 6-6 zeigt die graphische Darstellung dieser Vererbung.

- Ist ein Objekt der Klasse ein Teil eines Objektes einer anderen Klasse?

Wenn Objekte aus einer Menge von Einzelteilen zusammengesetzt sind und diese Einzelteile Objekte einer anderen Klasse sind, stehen diese Klassen in einer Ganze-Teil-Beziehung zueinander, die auch als *Aggregationsbeziehung* bezeichnet

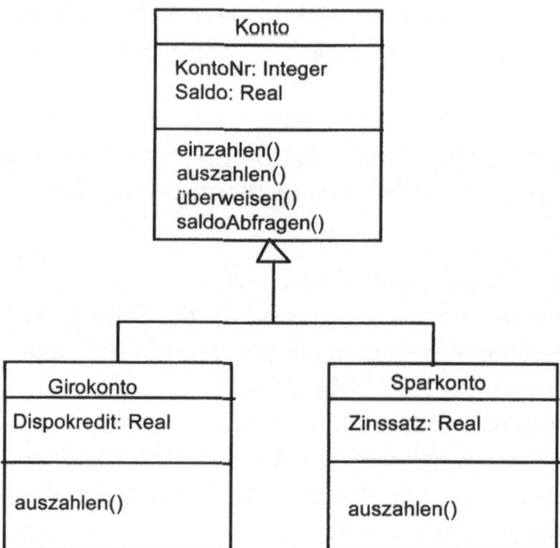

Abb. 6-6. Vererbungsbeziehung

wird. Aggregationsbeziehungen zwischen Klassen sind eine besondere Form der Assoziation.

Im Beispiel ist der Kunde ein Teil der *Filiale (Abb. 6-7*). Ebenso bestehen Aggregationsbeziehungen zwischen *Filiale* und *Adresse* und zwischen *Kunde und Adresse.*

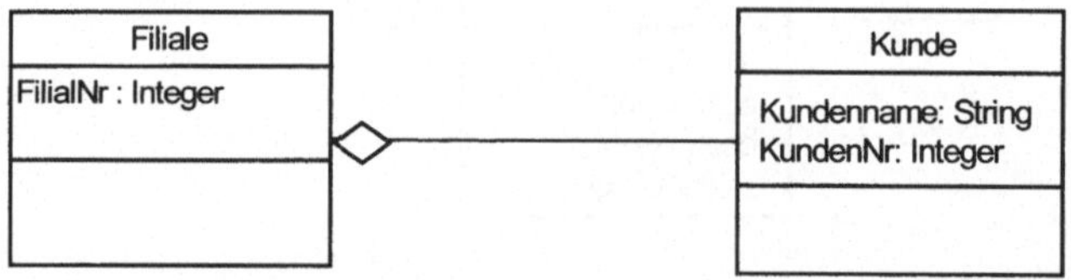

Abb. 6-7. Aggregationsbeziehung

6.2.3 Finden von zusätzlichen Attributen

Das Ziel dieses Arbeitsschritt ist es, die Attributlisten der Klassen zu vervollständigen. Um weitere Attribute einer Klasse zu finden, kann folgende Checkliste verwendet werden:

- Welche Eigenschaften der Objekte werden als Attribute modelliert?
  Ein Attribut ist als ein Klassenattribut zu deklarieren, wenn es entweder die Gesamtheit aller Objekte beschreibt oder Informationen enthält, die für alle Objekte einer Klasse gelten.
  Beispiel: Jedes *Konto* hat eine *Kontonummer.*

- Wann ist ein Attribut als Klasse abzubilden?

  Bestehen Zweifel, ob Attribute einer bestehenden Klasse zugeordnet werden, oder ob eine neue Klasse gebildet wird, sollten diese Attribute besser in einer eigenen, neuen Klasse zusammengefasst werden. Eine spätere Zusammenfassung der gebildeten Klassen ist immer weniger Aufwand als die Auftrennung bereits bestehender Klassen.

  Beispiel: *Adresse* könnte ein Attribut der Klassen *Filiale*, *Kunde* und *Person* sein, wird aber als Klasse modelliert.

- Ist ein Attribut problemrelevant im Sinne der Systemanalyse?

  Alle Attribute, die im Sinne der Systemanalyse problemrelevant sind, werden auch im Modell aufgenommen. Attribute, die nie oder nur unwahrscheinlich einen Wert annehmen werden, sind nicht im Modell aufzunehmen.

  Zum Beispiel ist das Attribut *Religion* der Klasse *Person* im gegebenen Beispiel für die Kontoführung nicht relevant.

6.2.4 Finden von zusätzlichen Operationen

In diesem Arbeitsschritt geht es darum, zusätzliche Operationen für die gegebenen Klassen zu finden. Ziel ist es zunächst die Namen der jeweiligen Operationen zu definieren. Erst zu einem späteren Zeitpunkt werden Ein-/ Ausgabeparameter hinzugefügt.

Als Hilfsmittel zur Definition von Operationen kann folgende Checkliste verwendet werden:

- Welche Aufgaben muss die Klasse realisieren?

  Die Operationen jeder Klasse sind abhängig von den jeweilig zu bearbeitenden Aufgaben dieser Klassen. Aus solchen Aufgaben werden Teilaufgaben abgeleitet und zur Klasse als Operationen hinzugefügt.

  Beispiel hierfür sind die Operationen *einzahlen(), auszahlen(), überweisen()* und *saldoAbfragen()* der Klasse *Konto*.

- Auf welche Ereignisse muss das System reagieren?

  Ereignisse, die im Umfeld für das System bzw. die Klasse relevant sind, können als Operation für die Klasse hinzugefügt werden.

  Beispiel ist die Operation *einzahlen()* in der Klasse *Konto*.

- Welche Ein-/Ausgabeparameter benötigt die Operation?

  Für jede Operation werden Ein- und Ausgabeparameter definiert. Eingabeparameter liefern der Operation nötige Informationen. Mittels dieser Informationen kann die Operation ihre Aufgabe erfüllen. Liefert die Operation Ergebnisse, so müssen Ausgabeparameter hinzugefügt werden.

  Im Beispiel der Kontoführung benötigt die Operation *einzahlen* einen Eingabeparameter der den eingezahlten Betrag der Operation mitteilt.

6.2.5 Erstellung des Klassendiagramms

Bei der Erstellung des Klassendiagramms werden die Ergebnisse der vorhergehenden Arbeitsschritte verwendet. Das Klassendiagramm wird mit einem eindeutigen Namen versehen.

Abb. 6-8 zeigt das Klassendiagramm für die einfache Kontoführung.

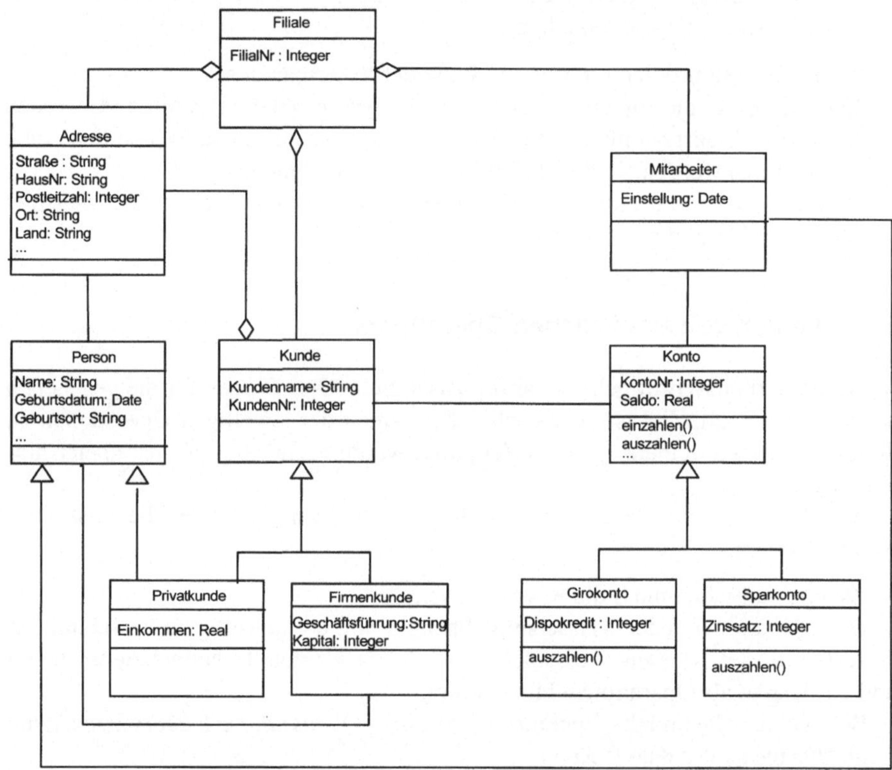

Abb. 6-8. Klassendiagramm für eine einfache Kontoführung

Qualitätskriterien

Qualitätskriterien für die Erstellung eines groben Klassenmodells sind:

- Die wichtigsten Beziehungen zwischen Klassen sind identifiziert.
- Attribute der Klassen sind bestimmt.
- Operationen der Klassen sind bestimmt.
- Ein Klassenmodell ist erstellt und ist mit einem Namen versehen.
- Die Länge der Beziehungslinien ist minimiert.
- Im Klassendiagramm werden kreuzende Beziehungslinien vermieden.

- Semantisch nahestehende Klassen sind physisch auch nah zueinander dargestellt.

Vorausgesetztes Wissen

- Basiskonzepte der objektorientierten Modellierung, insbesondere Assoziation, Aggregation und Vererbung
- Technik *Identifizierung von Klassen.*

Literatur

[Balzert1995] Balzert, H.: Methoden der objektorientierten Systemanalyse, BI Wissenschaftsverlag, 1995

[Balzert1999] Balzert, H.: Lehrbuch der Objektmodellierung: Analyse und Entwurf, Spektrum Akademischer Verlag, 1999

[Booch1999] Booch, G., Rumbaugh, J. und Jacobson, I.: The Unified Modeling Language, Addison-Wesley, 1999

[Fowler1997] Fowler, M.,Scott, K.: UML Distilled, Applying the Standard Object Modeling Language. Addison-Wesley, 1997

[Wirfs-Brock1993] Wirfs-Brock, R. ; Wilkerson B. und Wiener L.: Objektorientiertes Software-Design, Hanser, 1993

6.3 Erstellung eines detaillierten Klassenmodells

Beschreibung

Das Ziel dieser Technik ist es ein detailliertes Klassenmodell zu erstellen. Dies ist eine zentrale Aufgabe bei der Entwicklung von objektorientierten Anwendungen. Hierbei geht es i.w. um die weitere Detaillierung des Klassenmodells durch die Ausgestaltung der Klassenbeschreibung, die Festlegung der Beziehungsstrukturen sowie die Spezifikation von Schnittstellen und Constraints.

Der Nutzen der Erstellung eines detaillierten Klassenmodells besteht darin:

- eine verfeinerte Darstellung von Klassen und Beziehungen zu ermöglichen,
- ein implementierbares Modell der Problemdomäne zu erstellen.

Die Voraussetzung für die Anwendung dieser Technik ist das Vorliegen des groben Klassenmodells und eine ausführliche Anforderungsbeschreibung. Diese Anforderungen können textuell beschrieben sein und/oder als Anwendungsfallmodell vorliegen. Interaktionsmodelle, Geschäftsprozessmodelle oder ein Glossar bieten zusätzlich nützliche Informationen, sie sind aber optional.

Das Ergebnis der Anwendung dieser Technik ist ein detailliertes Klassenmodell.

Die einzelnen Arbeitsschritte bei der Erstellung eines detaillierten Klassenmodells sind:

- Fokussierung auf eine Anforderungsbeschreibung und ein grobes Klassenmodell
- Unterscheidung von Aggregations- und Kompositionsbeziehungen
- Verfeinerung von Vererbungsstrukturen
- Festlegung der Multiziplitäten
- Beschreibung von Assoziationsbeziehungen
- Festlegung der Sichtbarkeit
- Spezifikation von Constraints
- Definition von abstrakten und parametrisierbaren Klassen
- Spezifikation von Schnittstellen
- Erstellen eines detaillierten Klassendiagramms.

Arbeitsschritte

6.3.1 Fokussierung auf eine Anforderungsbeschreibung und ein grobes Klassenmodell

Zur Erläuterung der Arbeitsschritte bei der Erstellung eines detaillierten Klassenmodells wird folgende Anforderungsbeschreibung und das grobe Klassenmodell einer einfachen Kontoführung verwendet.

„Die Kunden einer Bankfiliale besitzen ein oder mehrere Konten, bei denen es sich um Girokonten und/oder Sparkonten handelt. Ein Kunde kann Konten in mehreren Filialen gleichzeitig führen. Sowohl für Kunden als auch für Filialen werden Adressen verwaltet. Ein Konto wird durch eine achtstellige Kontonummer identifiziert. Kunden können Geld einzahlen, abheben oder überweisen. Der Saldo eines Kontos kann abgefragt werden. Für Sparkonten zahlt die Bank ihren Kunden Zinsen aus. Für jeden Besitzer eines Girokontos ist ein Dispokredit festgelegt. Filialen haben zwei Kundentypen: Firmen- und Privatkunden. Zu jedem Firmenkunden ist der Filiale mindestens ein Ansprechpartner bekannt. Konten werden von Mitarbeitern einer Filiale eröffnet."

In Abb. 6-9 ist das grobe Klassenmodell der einfachen Kontoführung dargestellt.

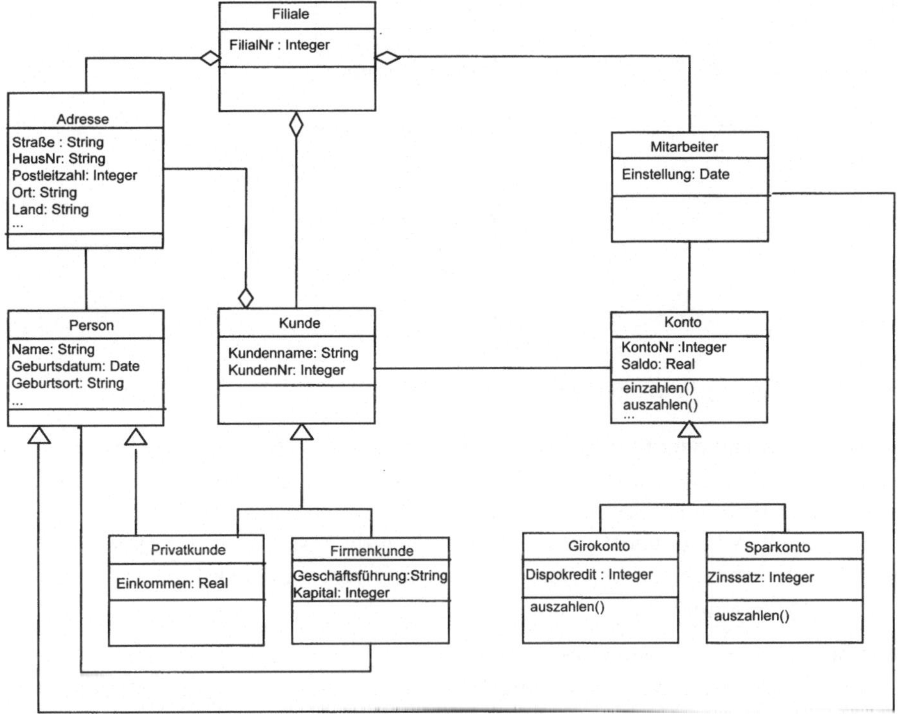

Abb. 6-9. Grobes Klassenmodell für die Kontoführung

6.3.2 Unterscheidung von Aggregations- und Kompositionsbeziehungen

Ziel dieses Arbeitsschrittes ist es, Aggregations- von Kompositionsbeziehungen zu unterscheiden. Eine *Aggregation* ist zu verwenden, wenn zwischen den Objekten der beteiligten Klassen eine Rangordnung im Sinne von „bestehen aus" oder „ist Teil von" zu erkennen ist. Eine *Komposition* ist zu modellieren, wenn eine Existenzabhängigkeit der Teile vom Ganzen besteht.

Abb. 6-10 zeigt diese beiden Beziehungstypen. Eine Aggregationsbeziehung besteht zwischen den Klassen *Filiale* und *Kunde*. Ein Kunde ist Teil einer Filiale.

Die Kompositionsbeziehung zwischen den Klassen *Kunde* und *Adresse* stellt die Existenzabhängigkeit der Klasse *Adresse* dar. Verlässt der Kunde die Bank, wird auch seine Adresse gelöscht.

6.3.3 Verfeinerung von Vererbungsstrukturen

Die Vererbung beschreibt eine Beziehung zwischen allgemeinen und speziellen Klassen. Die spezielle Klasse ist eine Erweiterung der allgemeinen Klasse, die über

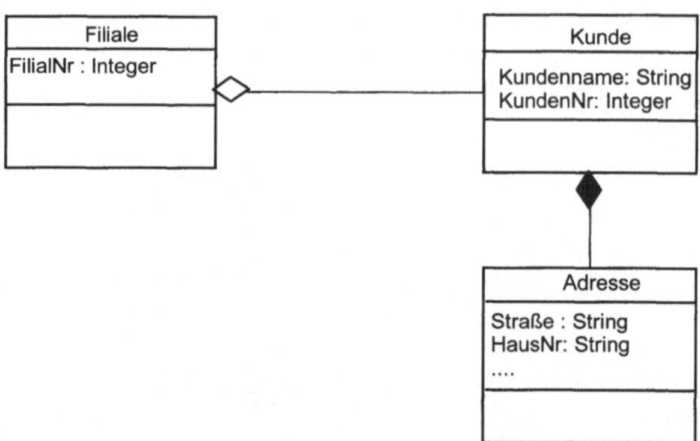

Abb. 6-10. Aggregations- und Kompositionsbeziehung

weitere Attribute oder Operationen verfügt. Allgemeine Klassen werden als *Oberklassen* und spezielle Klassen als *Unterklassen* bezeichnet. Diese Klassen stehen in einer Generalisierung-/Spezialisierungs-beziehung zueinander.

In diesem Arbeitsschritt geht es darum, Vererbungsstrukturen zu konstruieren, einfache und mehrfache Vererbung zu identifizieren, und Diskriminatoren für die Vererbung zu definieren.

- Konstruktion einer Vererbungsstruktur

Die Konstruktion von Vererbungsbeziehungen und damit die Definition von Generalisierung- bzw. Spezialisierungsbeziehungen kann auf zwei Arten erfolgen:

Bottom-up (Generalisierung) von der spezialisierteren zu den allgemeineren Klassen: Eine neue Oberklasse wird aus Klassen mit gemeinsamen Attributen und Operationen gebildet. Ein Teil der Attribute und Operationen wird in die Oberklasse verlagert.

Top-Down (Spezialisierung) von einer (Ober-)Klasse ausgehend werden speziellere Unterklassen definiert, da ein Teil der Merkmale nur für einen Teil der Objekte der Oberklasse gelten. Für diese Untermenge wird eine neue Unterklasse als Spezialisierung der Oberklasse eingeführt.

- Identifizierung von einfacher und mehrfacher Vererbung

In jeder Vererbungsstruktur existiert mindestens eine Oberklasse und eine Unterklasse. Besitzt eine Unterklasse nur eine Oberklasse wird diese Struktur als Einfachvererbung bezeichnet. Besitzt eine Unterklasse mehrere Oberklassen wird dies als Mehrfachvererbung bezeichnet.

Im folgendem Beispiel stellen die Klassen *Kunde* und *Firmenkunde* eine Einfachvererbung dar. Die Beziehung der Klasse *Privatkunde* zu *Kunde* und *Person* ist hingegen eine Mehrfachvererbung: *Privatkunde* erbt Attribute und Operationen sowohl von der Oberklasse *Kunde* als auch von *Person*. Abb. 6-11 zeigt die Vererbungsstrukturen der oben genannten Klassen.

- Definition von Diskriminatoren

Eine Vererbung kann anhand von einem Diskriminator (Unterscheidungsmerkmal) erfolgen. Mit dem Diskriminator kann angegeben werden, nach welchen Kri-

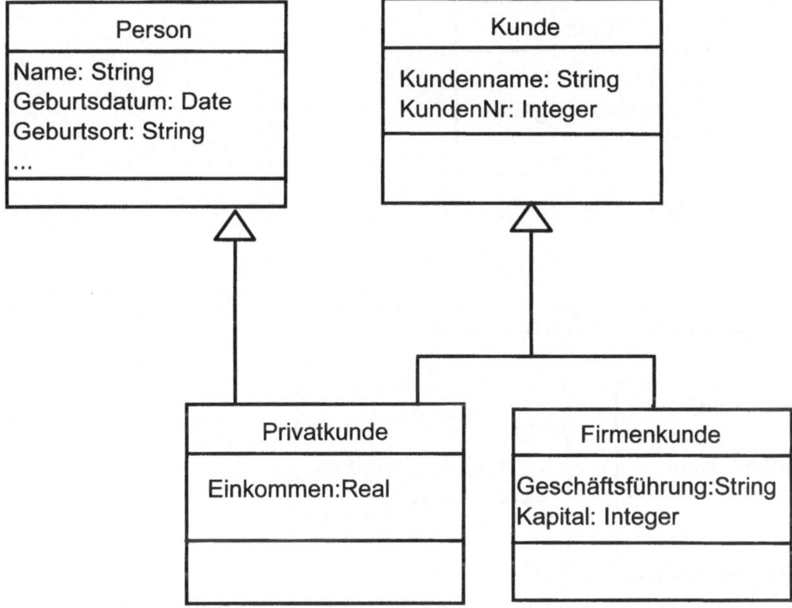

Abb. 6-11. Einfache und mehrfache Vererbung

terien eine Vererbungsstruktur erstellt wird. Dies ist eine Entwurfsentscheidung und es ist sinnvoll die Wahl des Diskriminators im Modell festzuhalten.

In Abb. 6-12 wird der Diskriminator „Art" für die Unterscheidung von *Privatkunde* und *Firmenkunde* in der Vererbungsstruktur dargestellt.

6.3.4 Festlegung der Multiziplitäten

Hier geht es darum, festzulegen, wie viele Objekte ein anderes bestimmtes Objekt kennen kann. Die *Multiplizitätsangabe* wird als Zahl oder als Wertbereich auf beiden Seiten von Assoziationen notiert. An gerichteten Assoziationen wird die Multiplizitätsangabe nur auf der Seite notiert, zu der navigiert wird.

Ein Wertebereich wird durch die Angabe des Minimums und Maximus definiert. Steht ein „*" für das Maximum, so bedeutet es beliebig viele. Liegt das Minimum bei 0, bedeutet dies, dass die Beziehung optional ist.

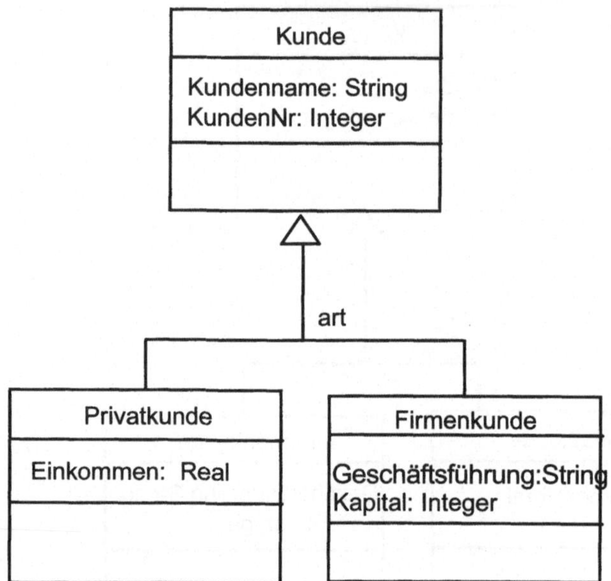

Abb. 6-12. Diskriminator für eine Vererbungsstruktur

Tab. 6-1 zeigt eine Reihe von Beispielen.

Tab. 6-1. Beispiele für Multiplizitätsangaben

1	Genau eins
0,1	Keines oder eins
0 .. 7	Keines, eins bis maximal sieben
3,7	Genau drei oder sieben
0..*	Keines oder beliebig viele
*	Viele
0..3,7,9..*	Keines, eines bis drei, genau sieben oder größer oder gleich neun

Abb. 6-13 zeigt zwei Beispiele zur Verwendung von Multiplizitäten im Klassendiagramm. In der ersten Beziehung kann ein Kunde über ein bis vier Konten verfügen. Jedes Konto wird allerdings nur einem Kunde zugeordnet. Auch in der zweiten Beziehung wird jedes Konto nur einem Kunde zugeordnet, der Kunde kann hier aber über kein Konto, ein Konto oder viele Konten verfügen. Die Anzahl der Konten ist in dieser Beziehung nicht festgelegt.

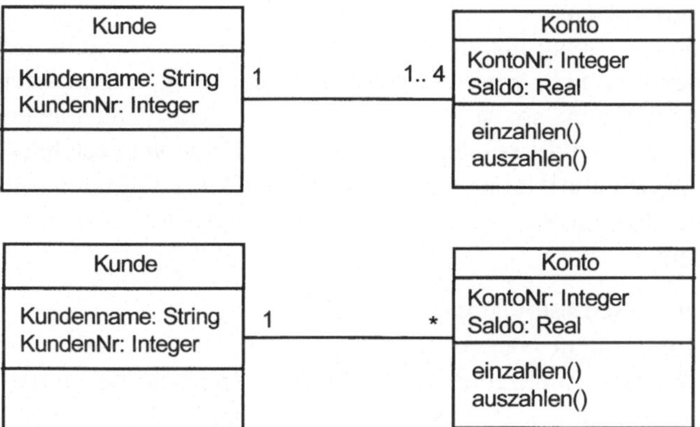

Abb. 6-13. Beziehungen mit Multiplizitäten

6.3.5 Beschreibung von Assoziationsbeziehungen

Eine Assoziation ist für die Kommunikation zwischen den Objekten notwendig. Eine Assoziationsbeziehung zwischen Klassen wird angegeben, um deutlich zu machen, dass die Objekte der verbundenen Klassen Informationen gegenseitig bereitstellen müssen.

Das Ziel dieses Arbeitsschrittes ist es, Assoziationen genauer zu beschreiben. Hierfür stellt UML u.a. folgende Mittel zur Verfügung: die Richtung der Navigation, Assoziationsklassen, Namen zur Identifikation der Beziehung und Rollen so wie die Definition von rekursiven Assoziationen.

- Definition von gerichteten und ungerichteten (bidirektionale) Assoziationen

  Eine gerichtete Assoziation stellt eine besondere Form der Assoziation dar, welche sonst als ungerichtet (bidirektionalen) angenommen wird. Eine gerichtete Assoziation bietet die Möglichkeit von der einen beteiligten Assoziationsrolle zur anderen direkt zu navigieren, nicht aber umgekehrt. Multiplizitäten und Rollenbezeichnungen werden nur auf der Seite angefügt, zu der navigiert werden kann.

  In Abb. 6-14 ist folgende gerichtete Assoziation dargestellt: „Eine Filiale wird von einem Mitarbeiter geleitet, der die Rolle des Filialleiters hat".

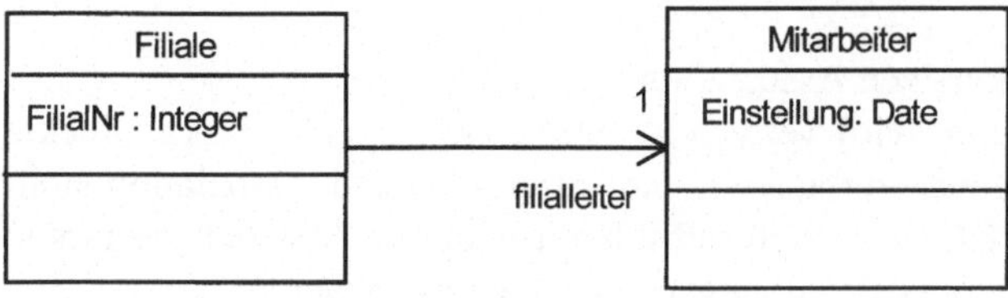

Abb. 6-14. Gerichtete Assoziation

- Finden von Assoziationsklassen

  Besitzt eine Assoziation Attribute und/oder Operationen, welche nur aufgrund dieser Beziehung bestehen und nicht einer der durch die Beziehung verbundenen Klassen zugeordnet werden kann, so ist eine eigenständige Klasse anzulegen. Diese Klasse wird als *Assoziationsklasse* oder *attributierte Assoziation* bezeichnet.

  Abb. 6-15 zeigt eine Assoziationsklasse. Hier wird die Beziehung zwischen dem Kunden und seinem Konto über die Attribute *Laufzeit* und *Datum* der Assoziationsklasse *Vertrag* beschrieben.

- Benennung, gekennzeichnete Leserichtung und Rollen

  Eine Beziehung wird mit einem Namen versehen, der beschreibt, worin oder warum diese Beziehung besteht. Zur Definition der Leserichtung wird neben dem Namen der Beziehungen ein Anzeiger der Leserichtung hinzugefügt. Einer Assoziation können beide Leserichtungen zugewiesen werden.

  Abb. 6-15 zeigt die Benennung der Assoziation mit „besitzt". Der Richtungsanzeiger neben dem Assoziationsnamen gibt die Leserichtung von „Kunde" nach „Konto" an.

  An jedem Ende der Assoziation können zusätzlich Rollennamen angegeben werden, die beschreiben, wie das Objekt durch das in der Assoziation gegenüberliegende Objekt gesehen wird. An gerichteten Assoziationen stehen Rollenbezeichnungen nur an der Seite, zu der navigiert wird.

  Im Beispiel nimmt die Klasse *Konto* für die Klasse *Kunde* die Rolle des Services der Bank ein. Für die Klasse *Konto* stellt der Kunde die Rolle des „Kontoinhabers" dar (siehe Abb. 6-15).

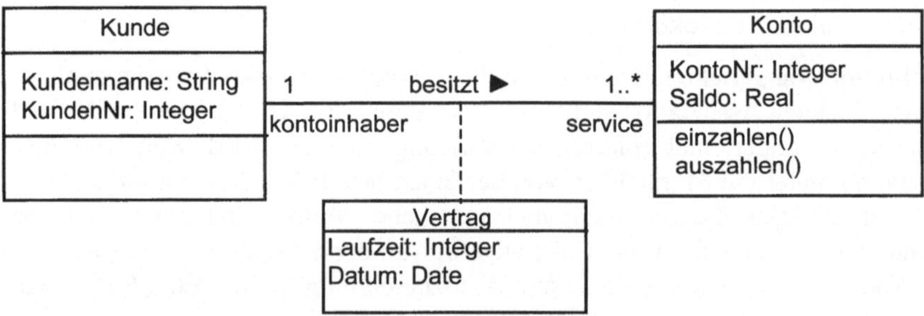

Abb. 6-15. Assoziationsname, Assoziationsklasse und Rollen

- Identifizierung einer rekursiven Assoziation

  Eine *rekursive Assoziation* wird verwendet, wenn zwei oder mehrere Objekte der selben Klasse miteinander verbunden sind. Eine rekursive Assoziation stellt eine Beziehung von einer Klasse zu sich selbst her. Bei diesen Assoziationen müssen entweder Rollennamen oder Beziehungsnamen angegeben werden.

  Abb. 6-16 zeigt eine rekursive Assoziation, in der eine Filiale die Rolle der „Hauptstelle" einnehmen kann, die andere Filialen kontrolliert. Die kontrollierten Filialen nehmen die Rolle der „Zweigstelle" an, die an die Hauptfiliale berichten.

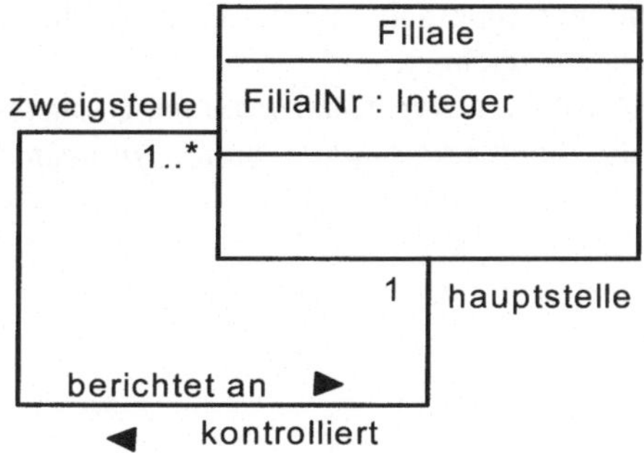

Abb. 6-16. Rekursive Assoziation

- Definition von qualifizierten Assoziationen

Eine qualifizierte Assoziation wird bei Klassen angewendet, die über die Multiplizität „viele" verfügen. Anhand einer qualifizierten Assoziation können Objekte einer Klasse in Partitionen unterteilt werden. Das Ausgangsobjekt ist eindeutig einer Partition zuzuordnen.

In Abb. 6-17 werden sämtliche Kunden einer Filiale nach ihren Geburtsdaten gruppiert. Das Attribut, das zur Qualifikation verwendet wird, ist in der Beziehungslinie integriert.

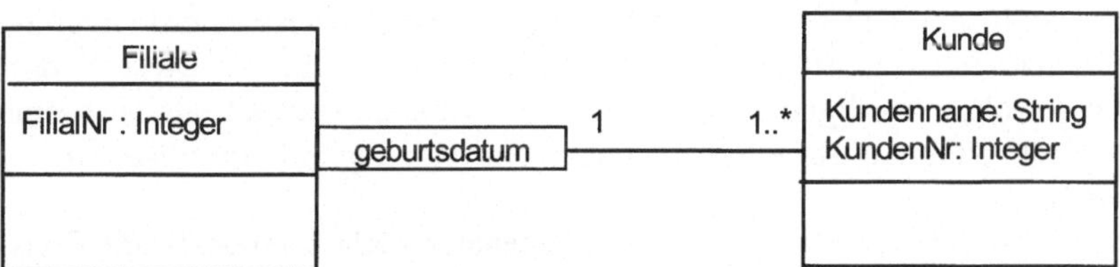

Abb. 6-17. Qualifizierte Assoziation

6.3.6 Festlegung der Sichtbarkeit

Das Ziel dieses Arbeitsschrittes ist es, die *Sichtbarkeit (Visibility)* von Elementen festzulegen. Für Klassen bedeutet es, zu spezifizieren, ob auf Attribute und Operationen (Elemente) einer Klasse von außerhalb der Klasse zugegriffen werden kann. Auch für Assoziationen und Pakete kann die Sichtbarkeit definiert werden. Es werden folgende Stufen der Sichtbarkeit unterschieden: *public, protected* und *private.*

Mit *public* werden Elemente gekennzeichnet, die für alle anderen Klassen sichtbar und somit auch zugriffsfähig sind. Vor *public*-Attribute oder -Operationen wird das Symbol '+' geschrieben.

Mit *protected* bezeichnete Elemente sind nur innerhalb der Klasse und in ihren Unterklassen sichtbar. Das Symbol '#' steht vor *protected* -Elementen.

Mit *private* bezeichnete Elemente sind nur innerhalb der jeweiligen Klasse sichtbar. Sie werden mit dem Symbol '-' gekennzeichnet.

Abb. 6-18 zeigt die Klasse *Person*. Die Attribute *Name, Geburtsdatum, Geburtsort* und *Geschlecht* haben beispielsweise die Sichtbarkeit *public, public, protected* und *private*.

Person
+ Name: String + Geburtsdatum : Date # Geburtsort: String - Geschlecht: enum{w, m}

Abb. 6-18. Sichtbarkeit von Attributen

6.3.7 Spezifikation von Constraints

Eine *Zusicherung (Constraint)* ist ein Ausdruck, der die möglichen Inhalte, Zustände oder die Semantik eines Modellelementes einschränkt. Eine Zusicherung muss stets erfüllt sein. Die Zusicherung beschreibt beispielsweise eine Bedingung, die den Wertbereich von Attributen oder Operationen einschränkt. Diese Bedingung kann sowohl eine allgemeine Bedingung, Invariante genannt, als auch eine Vor- oder Nachbedingung für eine Operation sein (vgl. Technik *Spezifikation von Constraints*).

Das Ziel dieses Arbeitsschrittes ist es, Elemente im Klassenmodell mit Constraints zu ergänzen, um die in einer Anforderungsbeschreibung gegebenen Einschränkungen zu modellieren, soweit diese nicht modellinhärent dargestellt sind.

In Abb. 6-19 stehen die Klassen *Filiale* und *Mitarbeiter* durch eine gerichtete Assoziation und eine Aggregation in Beziehung. Die Zusicherung {Untergruppe} stellt die Bedingung, dass der Filialleiter einer der Mitarbeiter der Filiale sein muss.

6.3.8 Definition von abstrakten und parametrisierbaren Klassen

Eine Klasse beschreibt die gemeinsamen Attribute und Operationen ihrer Objekte. Sie definiert den Typ der Objekte, d.h. sie steht für die Menge aller möglichen Objekte, die dieser Beschreibung genügen. Die Klasse ist auch zuständig für die Erzeugung neuer Instanzen.

Das Ziel dieses Arbeitsschrittes ist es, „normale" Klassen von abstrakten Klassen und parametrisierbaren Klassen zu unterscheiden.

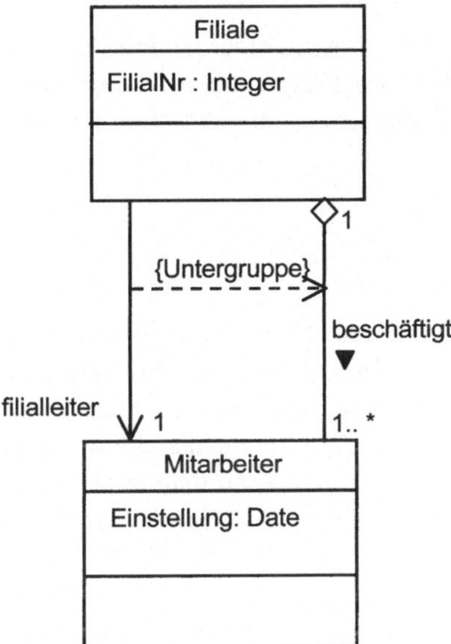

Abb. 6-19. Constraints

- Verwendung von abstrakten Klassen

Eine abstrakte Klasse wird häufig in Vererbungsstrukturen verwendet. Eine abstrakte Klasse wird gebildet, um für ihre Unterklassen Operationen und Attribute verfügbar zu machen. Sie kann selbst keine Objekte erzeugen. Die Rolle einer abstrakten Klassen kann nur von einer Oberklasse wahrgenommen werden. Abb. 6-20 zeigt die abstrakte Klasse *Kunde*.

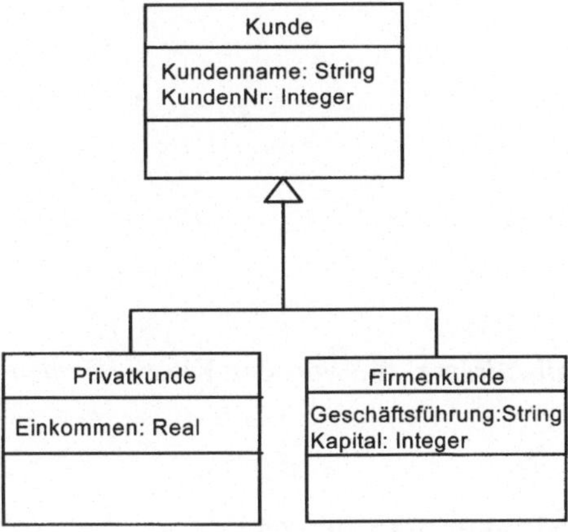

Abb. 6-20. Abstrakte Klasse

- Definition von parametrisierbaren Klassen
Eine parametrisierbare oder generische Klasse ist eine mit einer generischen formalen Parametern versehende Schablone. Sie dient zur Erzeugung von „normalen“ Klassen. Die generischen Parameter stehen als Stellvertreter der aktuellen Parameter in den „normalen“ Klassen.

6.3.9 Spezifikation von Schnittstellen

In diesem Arbeitsschritt geht es darum, Schnittstellen für Klassen zu definieren.

Eine Schnittstelle (Interface) ist eine Menge von Operationen, die das Verhalten einer Klasse spezifiziert. Dieses Verhalten entspricht den Diensten, die diese Klasse anderen bereitstellt. Die Schnittstelle beschreibt nur die nach außen sichtbaren Operationen einer Klasse. Die Operationen, die in der Schnittstelle enthalten sind, können nur ein Teil der Operationen der Klasse betreffen. Eine Klasse kann mehrere Schnittstellen realisieren.

Vererbungsbeziehungen zwischen Schnittstellen sind möglich, d.h. Schnittstellen können weitere Interfaces als Unterklassen besitzen. Schnittstelle und Klasse stehen in einer Realisationsbeziehung zueinander.

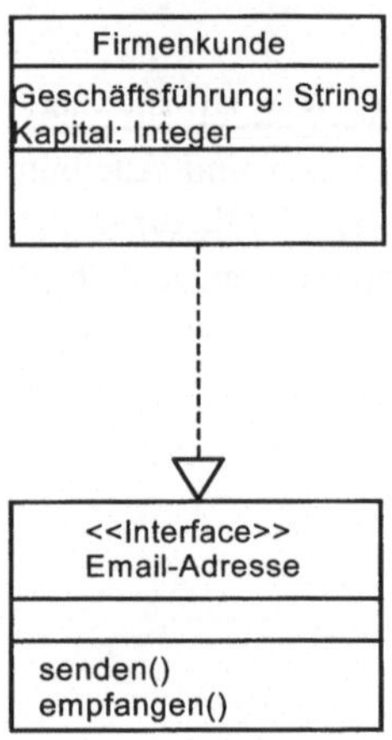

Abb. 6-21. Schnittstelle

Abb. 6-21 zeigt die Schnittstelle *Email-Adresse*, die von der Klasse *Firmenkunde* realisiert wird.

6.3.10 Erstellen eines detaillierten Klassendiagramms

Bei der Erstellung des detaillierten Klassendiagramms werden die Ergebnisse der vorhergehenden Arbeitsschritte verwendet. Das Klassenmodell wird mit einem eindeutigen Namen versehen.

Das Ergebnis dieser Arbeitsschrittes ist die graphische Darstellung der Klassen, Beziehungen, Schnittstellen und Constraints für die einfache Kontoführung. Abb. 6-22 zeigt das detaillierte Klassenmodell für die Kontoführung.

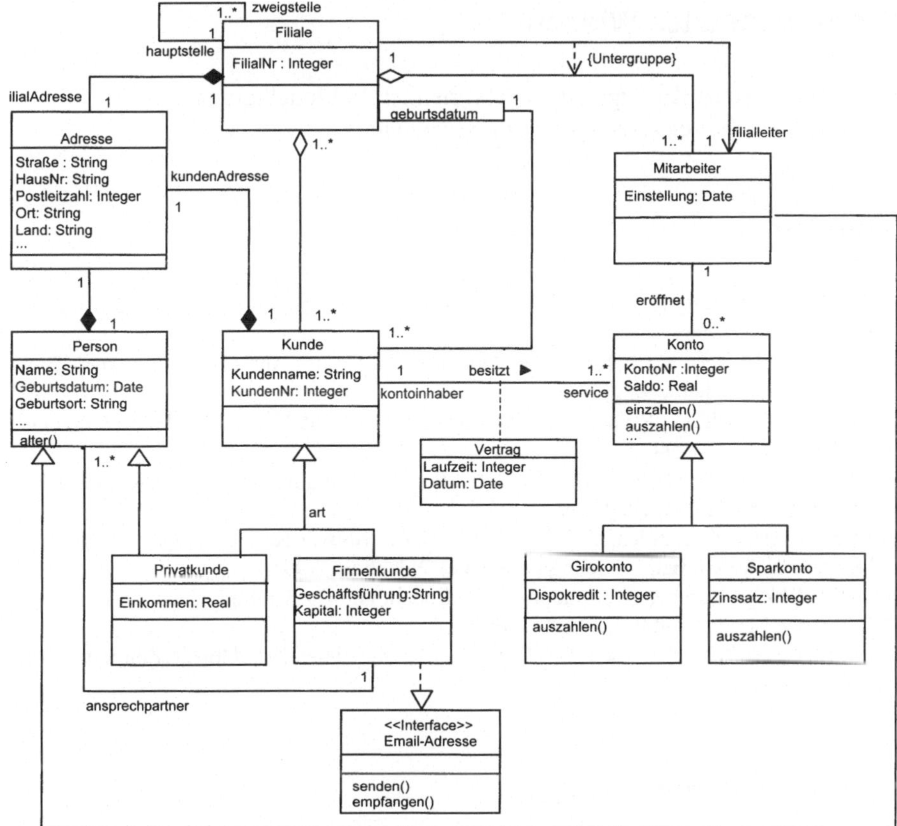

Abb. 6-22. Detailliertes Klassenmodell für die Kontoführung

Qualitätskriterien

Qualitätskriterien für die Erstellung eines detaillierten Klassenmodells sind:

- Alle Klassen, ihre Attribute und Operationen sind genau beschrieben.
- Alle unterschiedlichen Beziehungen sind bis ins Detail spezifiziert.
- Die nötigen Constraints sind spezifiziert.
- Das Klassenmodell ist erstellt und benannt.
- Die Länge der Beziehungslinien ist minimiert.
- Im Klassendiagramm werden kreuzende Beziehungslinien vermieden.

- Semantisch nahestehende Klassen sind physisch auch nah zueinander dargestellt.

Vorausgesetztes Wissen

- Fortgeschrittene Konzepte der objektorientierten Modellierung
- Technik *Erstellung eines groben Klassenmodells*

Literatur

[Balzert1995] Balzert, H.: Methoden der objektorientierten Systemanalyse, BI Wissenschaftsverlag, 1995

[Balzert1999] Balzert, H.: Lehrbuch der Objektmodellierung: Analyse und Entwurf, Spektrum Akademischer Verlag, 1999

[Booch1999] Booch, G., Rumbaugh, J. und Jacobson, I.: The Unified Modeling Language, Addison-Wesley, 1999

[Fowler1997] Fowler, M.,Scott, K.: UML Distilled, Applying the Standard Object Modeling Language. Addison-Wesley, 1997

[Oestereich1998] Oestereich, B.: Objektorientierte Softwareentwicklung: Analyse und Design mit der Unified Modeling Language, Oldenburg, 1998

[Rumbaugh1999] Rumbaugh J., Jacobson, I., Booch, G.: The Unified Modeling Language: Reference Manual, Addison-Wesley, 1999

[Wirfs-Brock1993] Wirfs-Brock, R. ; Wilkerson B. und Wiener L.: Objektorientiertes Software-Design, Hanser, 1993

6.4 Objektmodellierung

Beschreibung

Das Ziel dieser Technik ist es, auf der Basis einer Menge von identifizierten Klassen ein Modell einiger Instanzen dieser Klassen (Objekte) zu erstellen. Ein Objektmodell stellt eine Darstellung der Instanzen zu einem bestimmten Zeitpunkt dar.

Der Nutzen der Objektmodellierung besteht darin:

- die Modellierung von Objektstrukturen zu ermöglichen,
- die Beziehungen zwischen Instanzen zu beschreiben,
- diese Modelle bei der Erstellung von Prototypen zu verwenden.

Die Voraussetzung für die Anwendung dieser Technik ist das Vorliegen einer Menge von Klassen und eine ausführliche Beschreibung der gewünschten Anwendungsfunktionalität. Diese Funktionalität kann als eine textuelle Anforderungsbeschreibung und/oder als Anwendungsfallmodell vorliegen. Ein Interaktionsmodell, ein Glossar oder ein Geschäftsprozessmodell bieten zusätzliche nützliche Informationen; sie sind aber optional.

Das Ergebnis der Anwendung dieser Technik ist ein statisches Objektmodell oder ein Interaktionsmodell.

Die einzelnen Arbeitsschritte bei der Anwendung dieser Technik sind:

- Fokussierung auf eine Anforderungsbeschreibung und eine Menge von Klassen
- Auswahl und Darstellung der Instanzen
- Finden von Beziehungen zwischen den Instanzen
- Finden von Abhängigkeitsbeziehungen von Instanzen zu Klassen
- Erstellung eines statischen Objektdiagramms.

Arbeitsschritte

6.4.1 Fokussierung auf eine Anforderungsbeschreibung und eine Menge von Klassen

Zur Erläuterung der Arbeitsschritte bei der Erstellung eines Objektmodells wird folgende Anforderungsbeschreibung einer einfachen Kontoführung verwendet:

„Die Kunden einer Bankfiliale besitzen ein oder mehrere Konten, bei denen es sich um Girokonten und/oder Sparkonten handelt. Ein Kunde kann Konten in mehreren Filialen gleichzeitig führen. Sowohl für Kunden als auch für Filialen werden Adressen verwaltet. Ein Konto wird durch eine achtstellige Kontonummer identifiziert. Kunden können Geld einzahlen, abheben oder überweisen. Der Saldo eines Kontos kann abgefragt werden. Für Sparkonten zahlt die Bank ihren Kunden Zinsen aus. Für jeden Besitzer eines Girokontos ist ein Dispokredit festgelegt. Filialen haben zwei Kundentypen: Firmen- und Privatkunden. Zu jedem Firmenkunden ist der Filiale mindestens ein Ansprechpartner bekannt. Konten werden von Mitarbeitern einer Filiale eröffnet.“

Einige der Klassen, die mit Hilfe der Technik *Identifizierung von Klassen* gefunden worden sind, sind in Abb. 6-23 dargestellt.

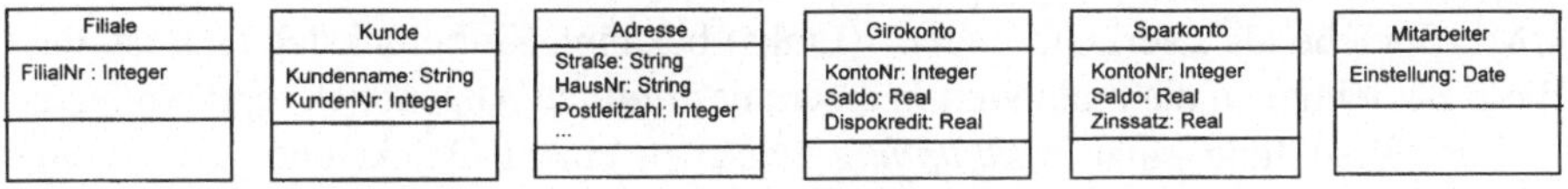

Filiale	Kunde	Adresse	Girokonto	Sparkonto	Mitarbeiter
FilialNr : Integer	Kundenname: String KundenNr: Integer	Straße: String HausNr: String Postleitzahl: Integer ...	KontoNr: Integer Saldo: Real Dispokredit: Real	KontoNr: Integer Saldo: Real Zinssatz: Real	Einstellung: Date

Abb. 6-23. Einige Klassen für eine einfache Kontoführung

6.4.2 Auswahl und Darstellung der Instanzen

Das Ziel dieses Arbeitsschritts ist es, eine kleine Menge von Instanzen auszuwählen, die exemplarisch für die Modellierung und Visualisierung des Anwendungsproblems verwendet werden kann. Für diese Objekte werden

- Namen vergeben,
- ihre Eigenschaften festgelegt, d.h. mögliche Werte für Attribute gefunden,
- eine graphische Darstellung gewählt.

Objekte können als benannte oder anonyme Instanzen dargestellt werden. Bei *benannten Instanzen* wird der Name des Objektes und eventuell der Name der Klasse angegeben, getrennt durch einen Doppelpunkt. Bei *anonymen Instanzen* wird nur der Name der Klasse mit einem vorausgehenden Doppelpunkt verwendet.

Abb. 6-24 zeigt die ausgewählten Instanzen für das Beispiel der Kontoführungsanwendung: die Filiale „Arabellapark", die Kunden „Meier" und „Beck", die Adresse einer dieser Kunden und ein Girokonto sowie ein Sparkonto. Instanzen der Klassen *Filiale, Adresse* und *Kunde* werden als benannte, Konteninstanzen als anonyme Objekte dargestellt. Für die Klasse *Mitarbeiter* wurde keine Instanz selektiert, um zu zeigen, dass nicht Objekte aller Klassen im Objektmodell präsent sein müssen.

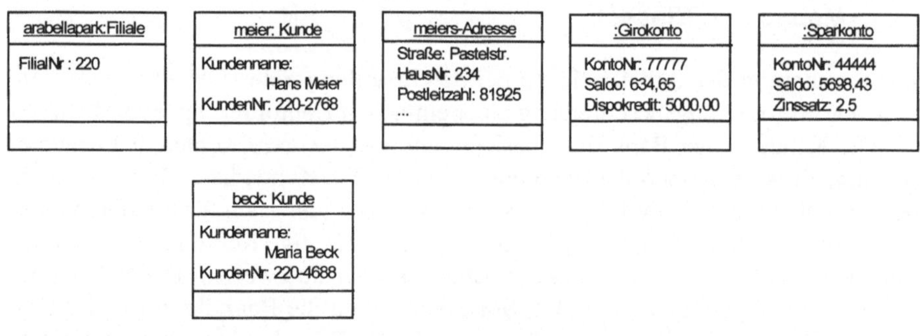

Abb. 6-24. Exemplarische Instanzen für die Kontoführungsanwendung

6.4.3 Finden von Beziehungen zwischen den Instanzen

Das Ziel dieses Arbeitsschritts ist es, die Beziehungen zwischen den ausgewählten Objekten zu erkennen und graphisch darzustellen. Diese Beziehungen sind in der UML-Sprache als „Verknüpfungen" (Links) bekannt. Zu berücksichtigen ist, dass diese Beziehungen die reale Welt in einem bestimmten Augenblick repräsentieren.

Zur Herstellung einer *Verknüpfung* zwischen einem Objekt und einer Menge nicht benannter Objekte wird in einem Objektdiagramm ein Multiobjekt verwendet. Ein Multiobjekt ist wie ein anonymes Objekt benannt, hat aber eine unterschiedliche Notation.

In Abb. 6-25 wird eine Objektstruktur für *Filiale* und *Kunden* dargestellt. Sie besteht aus der Filiale „Arabellapark" und zwei identifizierten Kunden: „Meier" und „Beck", sowie aus einer Menge anderer Kunden. Für die Darstellung dieser Kundenmenge wird ein Multiobjekt verwendet.

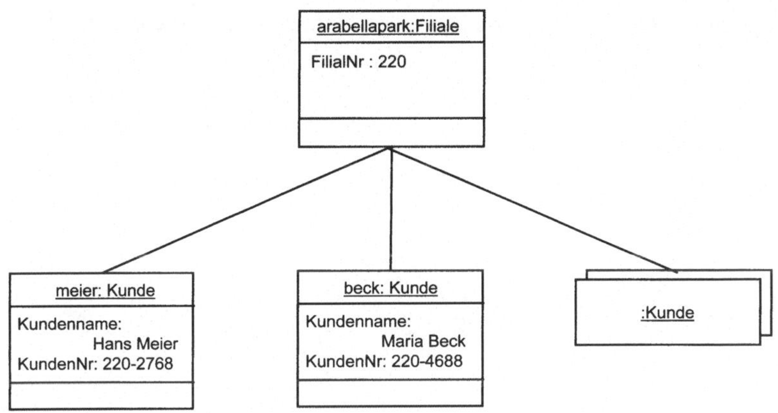

Abb. 6-25. Beziehungen zwischen Instanzen

6.4.4 Finden von Abhängigkeitsbeziehungen von Instanzen zu Klassen

In diesem Arbeitsschritt geht es darum, Klassen zum Objektdiagramm hinzuzufügen und Beziehungen vom Typ «instanceOf» und «instantiates» zu identifizieren. Die Beziehungen vom Typ «instanceOf» werden im Objektdiagramm dargestellt, wenn verdeutlicht werden soll, zu welcher Klasse das Objekt gehört. Mit «instantiates» wird verdeutlicht, welche Klasse für die Generierung der Instanzen verantwortlich ist.

Zwei Beispiele sind in der Abb. 6-26 enthalten. Das linke Beispiel zeigt, dass das Objekt *meiers-Adresse* eine Instanz der Klasse *Adresse* ist. Das rechte veranschaulicht, dass das anonyme Objekt der Klasse *Sparkonto* von der Klasse *Mitarbeiter* instanziert wird.

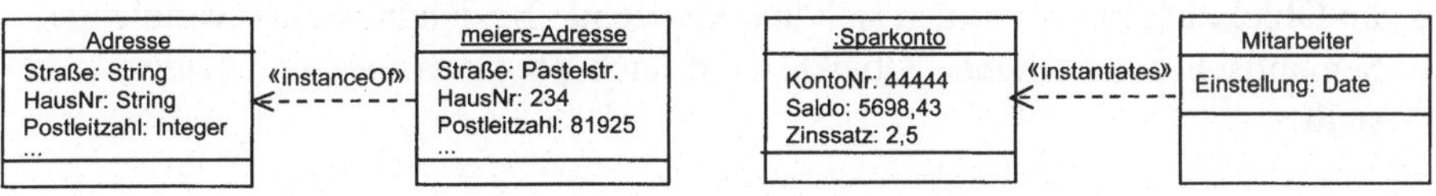

Abb. 6-26. Beziehung zwischen Objekten und Klassen

6.4.5 Erstellung eines statischen Objektdiagramms

Bei der Erstellung des Objektdiagramms werden die Ergebnisse der vorhergehenden Arbeitsschritte verwendet. Das Objektdiagramm wird mit einem eindeutigen Namen versehen.

Abb. 6-27 zeigt das Objektdiagramm für einige Instanzen der Anwendung „Einfache Kontoführung".

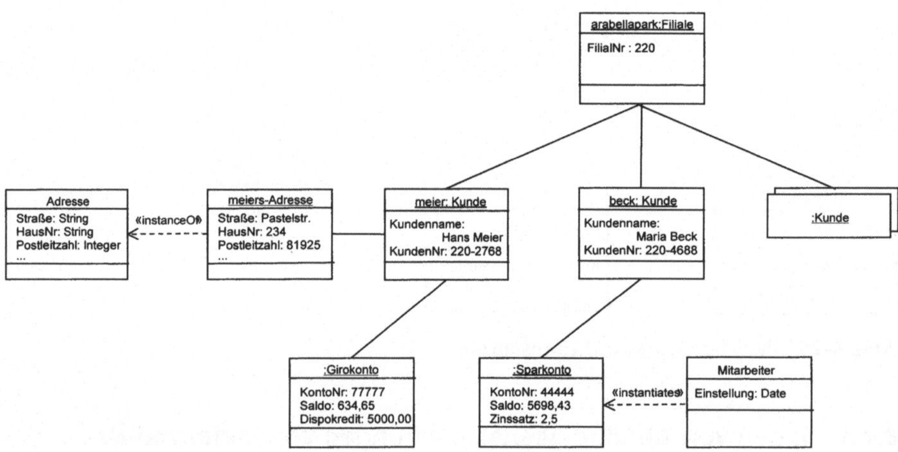

Abb. 6-27. Objektdiagramm für die Kontoführungsanwendung

Qualitätskriterien

Qualitätskriterien für die Erstellung eines Objektmodell sind:

- Die relevanten Objekte für das Objektmodell sind ausgewählt.
- Beziehungen zwischen Objekten sind identifiziert.
- Beziehungen zwischen Objekten und Klassen sind identifiziert.
- Ein Objektmodell ist erstellt und mit einem Namen versehen.
- Die Länge der Beziehungslinien ist minimiert.
- Im Objektdiagramm werden sich überkreuzende Beziehungslinien vermieden.
- Semantisch nahestehende Objekte sind auch physisch nah zueinander dargestellt.

Vorausgesetztes Wissen

- Basiskonzepte der objektorientierten Modellierung
- Techniken *Identifizierung von Klassen, Erstellung eines groben Klassenmodells.*

Literatur

[Balzert1995] Balzert, H.: Methoden der objektorientierten Systemanalyse, BI Wissenschaftsverlag, 1995

[Balzert1999] Balzert, H.: Lehrbuch der Objektmodellierung: Analyse und Entwurf, Spektrum Akademischer Verlag, 1999

[Booch1999] Booch, G., Rumbaugh, J. und Jacobson, I.: The Unified Modeling Language, Addison-Wesley, 1999

[Oestereich1998] Oestereich, B.: Objektorientierte Softwareentwicklung: Analyse und Design mit der Unified Modeling Language, Oldenburg, 1998

6.5 Identifizierung von Subsystemen

Beschreibung

Das Ziel der Identifizierung von Subsystemen ist die Zerlegung eines Anwendungssystems in überschaubare Einheiten. Das wesentliche Konzept bei der Identifizierung von Subsystemen ist das Subsystem.

Der Nutzen der Identifizierung von Subsystemen besteht darin:

- die Struktur eines Anwendungssystems entwerfen zu können,
- Software-Einheiten relativ unabhängig von einander realisieren zu können.

Die Voraussetzung für die Identifizierung von Subsystemen ist das Vorliegen eines Klassenmodells und eines oder mehrerer Interaktionsmodelle.

Das Ergebnis der Identifizierung von Subsystemen ist ein UML-Übersichtsmodell, repräsentiert durch ein UML-Übersichtsdiagramm mit Subsystemen.

Die Arbeitsschritte bei der Identifizierung von Subsystemen sind:

- Fokussierung auf ein Klassendiagramm
- Bestimmung von gekoppelten Klassen
- Rückgriff auf Interaktionsmodelle zur Identifizierung von Einheiten
- Repräsentierung von identifizierten Einheiten mit Subsystem-Konzept
- Erstellung eines UML-Übersichtsdiagramms mit Subsystemen.

Arbeitsschritte

6.5.1 Fokussierung auf ein Klassendiagramm

Das UML-Klassenmodell aus Abb. 6-28 zeigt ein einfaches Bestellwesen, das aus den fünf Klassen *Kunde, Bestellung, KontaktInfo, Firmenkunde* und *Posten* besteht.

Kunde und *Kontaktinfo* stehen über eine *dependency*-Beziehung in Beziehung, *Kunde* und *Firmenkunde* über eine *generalization*-Beziehung, *Kunde* und *Bestellung* über eine *association*. Die Klassen *Bestellung* und *Posten* stehen in einer *aggregation*-Beziehung zueinander.

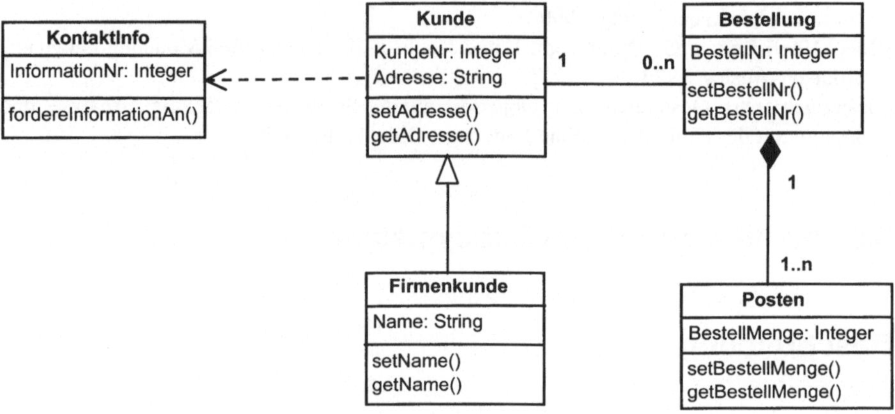

Abb. 6-28. Klassenmodell einfaches Bestellwesen

6.5.2 Bestimmung von gekoppelten Klassen

Ziel dieses Arbeitsschrittes ist die Bestimmung von Klassen, die starke Abhängigkeiten zueinander haben. Dazu werden die Beziehungen, die die Klassen untereinander haben, analysiert. Konzeptionelle Beziehungstypen, die auf starke Abhängigkeiten zwischen Klassen hinweisen, sind: die *generalization*-Beziehung und die *aggregation*-Beziehung.

Ergebnis dieses Arbeitsschrittes ist die Einteilung von Klassen, in solche, die aufgrund der konzeptionellen Beziehungstypen eine hohe Kopplung haben, und in solche, die weniger stark gekoppelt sind.

Für die Klassen aus Abb. 6-28 ergibt sich folgende Einteilung A, B, C:

A: *Bestellung* und *Posten* sind wegen des *aggregation*-Beziehungstyps stark gekoppelt.

B: *Kunde* und *Firmenkunde* sind wegen des *generalization*-Beziehungstyps stark gekoppelt.

C: *KontaktInfo* stellt eine eigene Einheit dar, weil sie wegen des *association*-Beziehungstyps am wenigsten stark gekoppelt ist.

6.5.3 Rückgriff auf Interaktionsmodelle zur Identifizierung von Einheiten

Um zusätzliche Informationen über die Abhängigkeiten von Klassen zu bekommen und um Einheiten von Klassen von anderen Einheiten von Klassen abgrenzen zu können, werden Interaktionsmodelle herangezogen. Auf Instanzen-Ebene wird dazu die Zusammenarbeit der Objekte untersucht. Weil insbesondere der zeitliche Verlauf der Nachrichten im Vordergrund des Interesses steht, werden Interaktionsmodelle analysiert, die durch Sequenzdiagramme repräsentiert sind (vgl. Technik *Interaktionsmodellierung mit Sequenzdiagrammen).*

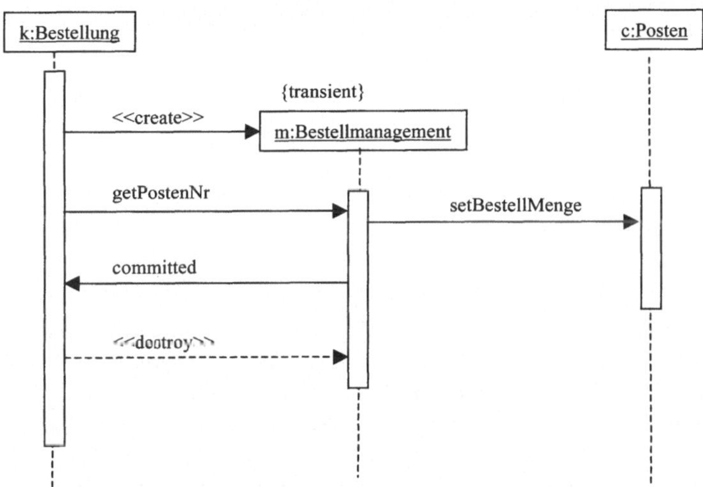

Abb. 6-29. Sequenzdiagramm für Zusammenarbeit von Objekten

Abb. 6-29 zeigt ein Sequenzdiagramm, in dem die Zusammenarbeit der Objekte der Klassen Bestellung, Bestellmanagement und Posten gezeigt ist.

Starke Abhängigkeiten von Objekten in Sequenzdiagrammen sind dadurch charakterisiert, dass Objekte die Methoden von anderen Objekten benötigen. Aus Sequenzdiagrammen wird zudem deutlich, dass zusätzliche Objekte (Bestellmanagement) für die Zusammenarbeit benötigt werden. Ergebnis dieses Arbeitsschrittes ist die Identifizierung von Einheiten mit deren Klassen.

Für die Klassen aus Abb. 6-28 ergibt sich aufgrund der zusätzlichen Informationen aus Sequenzdiagrammen die folgende Identifizierung der Einheiten A, B, C.

A: *Bestellung, Bestellmanagement, Posten*
B: *Kunde, Firmenkunde*
C: *Kontaktinfo*

Anmerkung: Für die Zusammenarbeit von Objekten der anderen Klassen *Kunde, Firmenkunde* sowie *Kontaktinfo* sind entsprechende Sequenzdiagramme nötig, die – wie oben beschrieben – analog zu analysieren sind.

6.5.4 Repräsentierung von identifizierten Einheiten mit Subsystem-Konzept

Identifizierte Einheiten von Klassen werden mit Hilfe des Subsystem-Konzepts von UML repräsentiert.

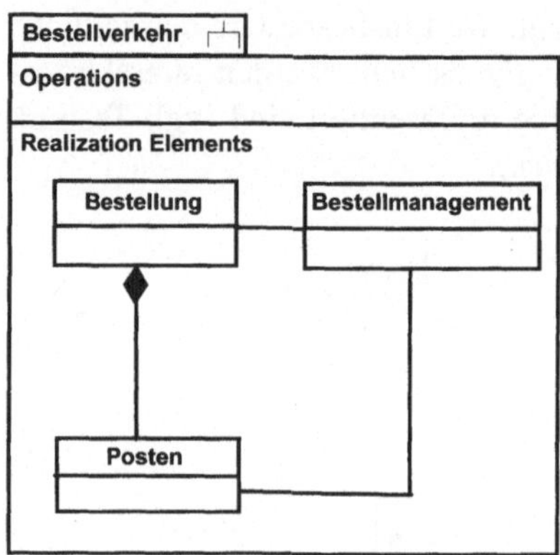

Abb. 6-30. Subsystem-Konzept

Abb. 6-30 zeigt die Repräsentierung der identifizierten Einheit A mit den *Realization Elements* (Klassen) *Bestellung, Posten* und *Bestellmanagement* als Subsystem mit dem Namen *Bestellverkehr.* Die identifizierten Einheiten B und C sind durch die Subsysteme *Kundenbetreuung* und *Infomanagement* analog zu repräsentieren.

Subsysteme können mit Hilfe einer eigenen Technik weiter modelliert werden, wobei u.a. Beziehungen von *Realization Elements* zu *Operations* spezifiziert werden.

6.5.5 Erstellung eines UML-Übersichtsdiagramms mit Subsystemen

Bei der Erstellung eines UML- Übersichtsdiagramms mit Subsystemen werden die Ergebnisse der vorhergehenden Arbeitsschritte verwendet.

Ergebnis dieses Arbeitsschrittes ist die graphische Darstellung der identifizierten Subsysteme in einem UML-Übersichtsdiagramm.

Abb. 6-31 zeigt das UML-Übersichtsdiagramms für die Subsysteme *Bestellverkehr, Kundenbetreuung* und *Infomanagement.*

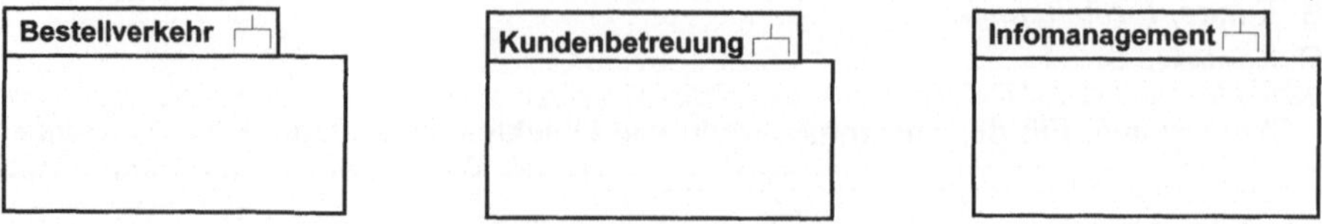

Abb. 6-31. UML-Übersichtsdiagramm mit Subsystemen

Qualitätskriterien

Qualitätskriterien für die Identifizierung von Subsystemen sind:

- Alle Beziehungen der Klassen aus dem vorliegenden Klassenmodell sind untersucht.
- Der Nachrichtenaustausch auf Instanzenebene mit Sequenzdiagrammen ist untersucht.
- Eine Einteilung in stark gekoppelte Klassen und weniger stark gekoppelte Klassen liegt vor.
- Einheiten mit gekoppelten Klassen sind identifiziert.
- Alle identifizierten Einheiten sind als Subsysteme repräsentiert.
- Alle Subsysteme haben einen Namen.
- Es ist ein UML-Übersichtsmodell mit Subsystemen erstellt.

Vorausgesetztes Wissen

- Konzepte der Klassenmodellierung (Technik *Erstellung eines detaillierten Klassenmodells*)
- Konzepte der Interaktionsmodellierung (Technik *Interaktionsmodellierung mit Sequenzdiagrammen*)
- Kohäsions- und Kopplungsprinzipien
- Konzept des Subsystems aus UML 1.3.

Literatur

[Booch1999] Booch, G., Rumbaugh, J. und Jacobson, I.: The Unified Modeling Language, Addison-Wesley, 1999

[OMG1999] OMG: OMG Unified Modeling Language Specification 1.3, 1999, http://www.omg.com/uml

[Rumbaugh1991] Rumbaugh, J., Blaha, M., Premerlani, W., Eddy, F., Lorenson, W.: Object-Oriented Modeling and Design, Prentice Hall, 1991

[Wirfs-Brock1993] Wirfs-Brock, R. ; Wilkerson B. und Wiener L.: Objektorientiertes Software-Design. Hanser, 1993

7 Zustandsmodellierung

7.1 Objektlebenszyklusmodellierung

Beschreibung

Das Ziel dieser Technik ist es, den Lebenszyklus eines reaktiven Objektes anhand seiner Zustände zu modellieren. Ein Objekt wird als *reaktiv* bezeichnet, wenn sein Verhalten auf externe Ereignisse reagiert. Für ein reaktives Objekt können eine begrenzte Anzahl von verschiedenen Zuständen identifiziert werden. Diese Objekte besitzen einen eindeutigen Lebenszyklus. Der aktuelle Zustand eines Objektes ist durch die vorherigen Zustände geprägt. Zustandsdiagramme stellen den Kontrollfluss von Zustand zu Zustand dar.

Der Nutzen der Objektlebenszyklusmodellierung anhand von Zustandsdiagrammen besteht darin,

- das Verhalten eines Objekts während seiner Lebensdauer zu beschreiben,
- die verschiedenen Zustände und Zustandsübergänge darzustellen und
- die Ereignisse zu identifizieren, die Zustandsübergänge auslösen.

Die Voraussetzung für die Anwendung dieser Technik ist das Vorliegen einer detaillierten Beschreibung des Objekts. Ein Klassen- bzw. Objektdiagramm ist für die Objektidentifizierung hilfreich aber nicht notwendig.

Das Ergebnis der Anwendung dieser Technik ist ein Objektlebenszyklus, repräsentiert durch ein Zustandsdiagramm.

Die einzelnen Arbeitsschritte bei der Objektlebenszyklusmodellierung mit Zustandsdiagrammen sind:

- Fokussierung auf eine Anforderungsbeschreibung
- Identifizierung von Zuständen
- Identifizierung von Ereignissen
- Beschreibung der Zustandsübergänge
- Erstellung eines Zustandsdiagramms.

Arbeitsschritte

7.1.1 Fokussierung auf eine Anforderungsbeschreibung

Die folgende Anforderungsbeschreibung einer Bestellung wird als Beispiel zur Illustration der Arbeitsschritte verwendet:

„Eine neue Bestellung wird zuerst im System angenommen. Nach der Erfassung wird die Bestellung bearbeitet. Vollständig abgearbeitete Bestellungen werden kontrolliert. Ist bei der Kontrolle der Bestellung ein Fehler gefunden worden, dann muss sie erneut bearbeitet und dabei verbessert werden. Bei positivem Ergebnis der Qualitätssicherung wird die bestellte Ware an den Versand übergeben. Nachdem der Versand erledigt ist, ist die Bestellung abgeschlossen."

7.1.2 Identifizierung von Zuständen

Bei der Identifizierung der Zustände geht es darum, die stabilen Zustände zu finden, in denen das Objekt für einen erkennbaren Zeitraum im Laufe seines Lebens verweilt. Ein Zustand ist eine Situation im Leben eines Objekts, in der das Objekt bestimmte Bedingungen erfüllt, Aktivitäten ausführt oder auf Ereignisse wartet. Es beschreibt die Eigenschaften eines Objekts zu einem bestimmten Zeitpunkt.

In einem Zustand können Aktivitäten ausgeführt werden. Eine Aktivität benötigt zur Ausführung eine gewisse Zeit. Dieser Zeitraum kann sich vom Eintritt des Zustands bis zum Verlassen des Zustands ausdehnen oder von selbst nach einer bestimmten Zeit terminieren. Eine Aktivität kann durch Eintreten eines Ereignisses, das einen Zustandsübergang auslöst, vorzeitig beendet werden.

Ein Objekt kann i.a. in mehreren Zuständen verweilen. Zu einem Zeitpunkt befindet es sich jedoch in nur einem (einfachen) Zustand. Es gibt genau einen Startzustand und mindestens einen Endzustand. Zu einem Startzustand kann kein Übergang stattfinden und von einem Endzustand führt kein Ereignis weg.

Die Zustände für das oben genannte Beispiel sind: Start (noch nicht im System eingegebene Bestellung), Annahme, Bearbeitung, Kontrolle, Versand und Endzustand (erledigte Bestellung). Abb. 7-1 zeigt die UML-Notation für den Startzustand, Endzustand und die allgemeinen Zustände, die für die Bestellung identifiziert wurden.

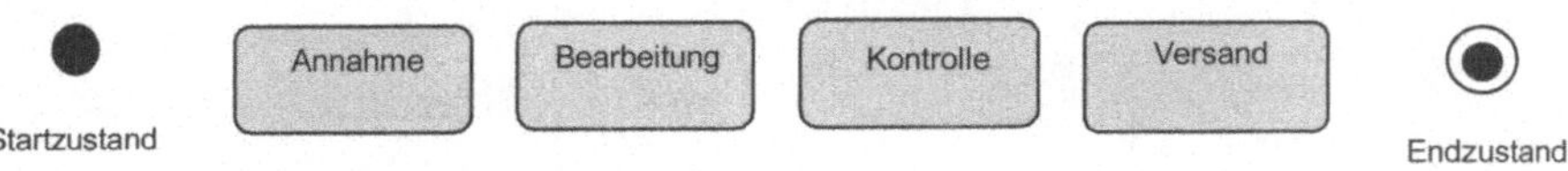

Abb. 7-1. Identifizierte Zustände

7.1.3 Identifizierung von Ereignissen

Ein Ereignis ist das Auftreten eines Vorkommnisses, das in einem gegebenen Kontext Bedeutung hat und Folgen verursacht, z.B. einen Zustandsübergang auslöst. Ein Ereignis wird zeitlich und räumlich lokalisiert, d.h. es tritt immer zu einem Zeitpunkt auf und besitzt keine Dauer.

Das Ziel dieses Arbeitsschrittes ist, die Ereignisse zu finden, die den Zustand des Objektes verändern. Ereignisse gehören einer der folgenden Gruppen an: Aufrufereignisse, Änderungsereignisse, Signalereignisse oder Zeitereignisse.

- Ein *Aufrufereignis* findet statt, wenn eine synchrone Anfrage von einem wartenden Objekt empfangen wird.
- Ein *Änderungsereignis* ist eine Änderung im Wert eines boolschen Ausdrucks.
- Ein *Signalereignis* ist eine asynchrone Kommunikation zwischen Objekten.
- Ein *Zeitereignis* ist gegeben, wenn ein bestimmtes Zeitintervall vergeht oder ein definierter Zeitpunkt erreicht ist.

Ereignisse werden in der UML-Notation mit Pfeilen von einem Zustand zum nächsten dargestellt. Auf den Pfeilen werden die Beschreibungen der Zustandsübergänge hinzugefügt. Folgende Ereignisse sind im Beispiel „Bestellung“ identifiziert worden: neu, erfasst, fehlerhaft, abgearbeitet, geprüft und erledigt.

Diese Ereignisse führen zu folgenden Zustandsübergängen: vom Startzustand nach „Annahme“, von „Annahme“ nach „Bearbeitung“, von „Bearbeitung“ nach „Kontrolle“, von „Kontrolle“ nach „Bearbeitung“, von „Kontrolle“ nach „Versand“ und von „Versand“ in den Endzustand (siehe Abb. 7-2).

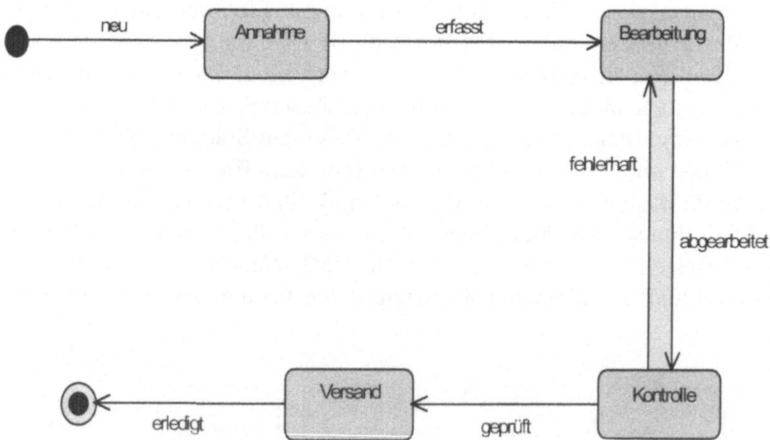

Abb. 7-2. Zustände und Nachrichten

7.1.4 Beschreibung der Zustandsübergänge

Bei diesem Arbeitsschritt geht es darum, die Zustandsübergänge zu beschreiben. Zustandsübergänge sind Transitionen von einem Zustand zum nächsten. Ein Zustandsübergang wird durch Angabe des auslösenden Ereignisses, einer Bedingung, einer Aktion und eines Zielzustands definiert.

Zustände wurden in Abschnitt 7.1.2, Ereignisse im Abschnitt 7.1.3 beschrieben. Die Angabe von Bedingungen und Aktionen ist optional. Eine hinzugefügte Bedingung muß den Wert *true* haben, damit der Zustandsübergang stattfindet. Aktionen, die Teil der Beschreibung sind, werden beim Übergang ausgelöst. Aktionen, im Gegensatz zu Aktivitäten, beanspruchen keine oder eine für das Modell irrelevante, minimale Zeit für ihre Ausführung.

Die UML-Notation zur Beschreibung der Zustandsübergänge ist anhand der folgenden Beispiele dargestellt:

bestellen	Ereignis
bestellen [menge>0]	Ereignis mit Bedingung
bestellen / vergibBestellnummer	Ereignis und Aktion

Im oben beschriebenen Beispiel sind folgende Aktionen zur Beschreibung der Zustandsübergänge hinzugefügt worden: „aktion_Annahme“, „aktion_Bearbeitung“, „aktion_Kontrolle“, „aktion_BestellungMangelhaft“, „aktion_Versand“ und „aktion_Erledigt“.

7.1.5 Erstellung eines Zustandsdiagramms

Ausgehend von der Ergebnissen der vorherigen Arbeitsschritte werden Zustände, Ereignisse und Zustandsübergänge graphisch dargestellt. Das Ergebnis ist ein Zustandsdiagramm, das den Lebenszyklus eines Objektes repräsentiert (siehe Abb. 7-3).

Qualitätskriterien

Qualitätskriterien für die Objektlebenszyklusmodellierung mit Zustandsdiagrammen sind:

- Alle wesentlichen Zustände für das Objekt sind identifiziert und im Zustandsdiagramm repräsentiert.
- Alle Ereignisse, die Übergänge von einem Zustand zu einem anderen auslösen, sind im Zustandsdiagramm enthalten.
- Alle Zuständsübergänge sind beschrieben.
- Ein Zustandsdiagramm ist erstellt und mit einem Namen versehen.
- Im Zustandsdiagramm werden kreuzende Zustandsübergänge vermieden.

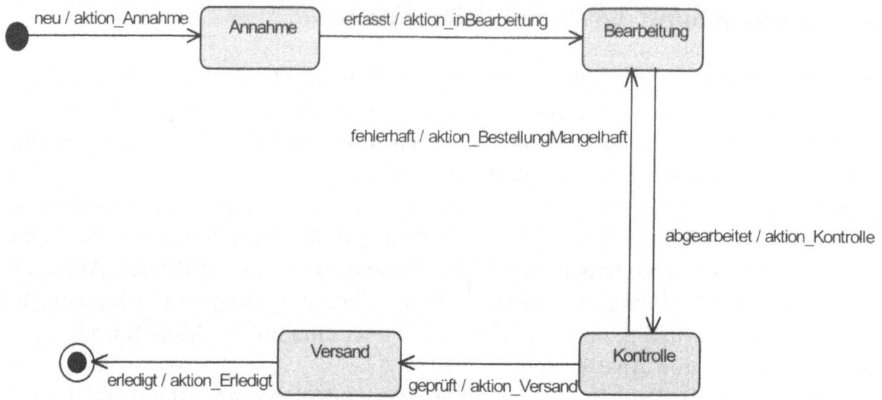

Abb. 7-3. Objektlebenszyklus einer Bestellung

Vorausgesetztes Wissen

- Objektorientierte Basiskonzepte: Klassen und Objekte
- Basiskonzepte der Anforderungsanalyse

Literatur

[Balzert1999] Balzert, H.: Lehrbuch der Objektmodellierung: Analyse und Entwurf, Spektrum Akademischer Verlag, 1999

[Booch1999] Booch, G., Rumbaugh, J. und Jacobson, I.: The Unified Modeling Language, Addison-Wesley, 1999

[Oestereich1998] Oestereich, B.: Objektorientierte Softwareentwicklung: Analyse und Design mit der Unified Modeling Language, Oldenburg, 1998

[Rumbaugh1999] Rumbaugh J., Jacobson, I., Booch, G.: The Unified Modeling Language: Reference Manual, Addison-Wesley, 1999

7.2 Detaillierte Zustandsmodellierung

Beschreibung

Das Ziel dieser Technik ist es, ein detailliertes Modell des Verhaltens eines reaktiven Objekts zu erstellen. Ein Objekt wird als *reaktiv* bezeichnet, wenn sein Verhalten auf externe Ereignisse reagiert.

Ausgangspunkt ist das Zustandsdiagramm, das zur Repräsentation des Objektlebenszyklus erstellt worden ist. Bei der Detaillierung werden komplexe Zustände dieses Zustandsdiagramms durch sequentiell oder parallel zusammengesetzte Zustände ersetzt. Zusammengesetzte Zustände bestehen aus Unterzuständen und Zustandsübergängen. Das Objekt kann diese Unterstände sequentiell durchlaufen oder auch in zwei oder mehreren Unterzuständen gleichzeitig verweilen. Der Zustand wird als *sequentiell* bzw. *parallel zusammengesetzter* Zustand bezeichnet.

Der Nutzen einer detaillierten Zustandsmodellierung besteht darin,

- komplexe Zustände des Objektlebenszyklus genauer zu beschreiben,
- sequentiellen und parallelen Kontrollfluss zu erkennen,
- verschachtelte Zustände im Zustandsdiagramm zu integrieren.

Die Voraussetzung für die Anwendung dieser Technik ist das Vorliegen eines Objektlebenszyklusmodells und einer detaillierten Beschreibung des Objekts.

Das Ergebnis der Anwendung dieser Technik ist ein detailliertes Zustandsdiagramm.

Die einzelnen Arbeitsschritte bei der detaillierten Zustandsmodellierung sind:

- Fokussierung auf ein Zustandsmodell und eine Anforderungsbeschreibung
- Erkennen von komplexen Zuständen
- Identifizierung von Unterzuständen
- Modellierung eines sequentiell zusammengesetzten Zustands
- Modellierung eines parallel zusammengesetzten Zustands
- Darstellung von geschachtelten Zuständen
- Erstellung eines detaillierten Zustandsdiagramms.

Arbeitsschritte

7.2.1 Fokussierung auf ein Zustandsmodell und eine Anforderungsbeschreibung

Das Zustandsmodell einer Bestellung wird als Ausgangspunkt zur Illustration der Arbeitsschritte verwendet. In Abb. 7-4 ist das Zustandsdiagramm für den Lebenszyklus einer Bestellung dargestellt.

Auf der Basis der genaueren Anforderungsbeschreibung der Bestellung wird das Zustandsmodell in den nachfolgenden Arbeitsschritten verfeinert. Das Beispiel baut auf der folgenden Anforderungsbeschreibung auf:

„Eine neue Bestellung wird zuerst im System angenommen. Nach der Erfassung wird die Bestellung bearbeitet. Vollständig abgearbeitete Bestellungen werden kontrolliert. Ist bei der Kontrolle der Bestellung ein Fehler gefunden worden, dann muss sie erneut bearbeitet und dabei verbessert werden. Bei positivem Ergebnis der

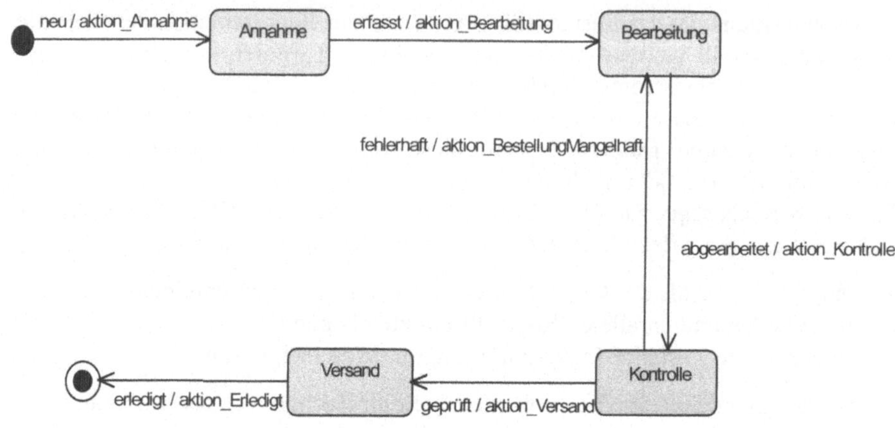

Abb. 7-4. Objektlebenszyklus einer Bestellung

Qualitätssicherung wird die bestellte Ware an den Versand übergeben. Nachdem der Versand erledigt ist, ist die Bestellung abgeschlossen.

Die Bearbeitung einer Bestellung besteht in der Überprüfung des Vorrates für jeden Posten und die Vorbereitung der Dokumentation für den Versand. Diese Dokumentation besteht aus dem Versandschein und einen Speditionsauftrag."

7.2.2 Erkennen von komplexen Zuständen

Bei der Fokussierung auf einen komplexen Zustand geht es zunächst darum, ein Zustandsdiagramm für ein Objektlebenszyklus zu betrachten und solche Zustände zu finden, die eine Verfeinerung benötigen. Hierfür wird die genauere Anforderungsbeschreibung verwendet, um nach zusätzlichen Unterzuständen und Zustandsübergängen zu suchen. Die nachfolgenden Schritte werden für jeden verfeinerbaren Zustand separat durchgeführt.

Basierend auf der oben genannten Beschreibung einer Bestellung, wird festgestellt, dass der Zustand „Bearbeitung" nicht detailliert genug repräsentiert ist. Die Überprüfung des Vorrates und die Vorbereitung der Dokumentation ist im Zustandsdiagramm nicht dargestellt. In den folgenden Arbeitsschritten wird die Verfeinerung anhand dieses Zustands veranschaulicht.

7.2.3 Identifizierung von Unterzuständen

Das Ziel dieses Arbeitsschrittes ist es, die Unterzustände für einen komplexen Zustand zu finden, in denen das Objekt für einen erkennbaren Zeitraum im Laufe dieses Zustands verweilt. Die Unterzustände beschreiben den betrachteten Zustand genauer. Dieser Schritt, Unterzustände zu finden, muss bei Bedarf wiederholt werden.

Folgende Unterzustände sind im Beispiel Bestellung für den Zustand „Bearbeitung“ identifiziert worden: „Vorratsüberprüfung“ und „Dokumenterstellung“. Der Unterzustand „Dokumenterstellung“ besteht wiederum aus den Unterzuständen „Versandscheinvorbereitung“ und „Speditionsauftrag“.

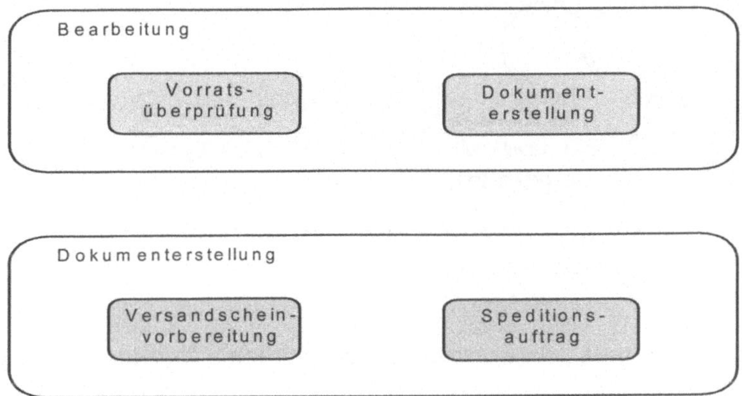

Abb. 7-5. Identifizierte Unterzustände

7.2.4 Modellierung eines sequentiell zusammengesetzten Zustands

Bei diesem Arbeitsschritt geht es darum, einen sequentiell zusammengesetzten Zustand im Modell darzustellen. Die Unterzustände eines solchen Zustands werden sequentiell vom Objekt durchlaufen, d.h. das Objekt kann sich jeweils nur in einem Unterzustand befinden.

Ein sequentiell zusammengesetzter Zustand wird mit einem Zustandssymbol repräsentiert. Innerhalb des Symbols wird das Zustandsdiagramm bestehend aus Unterzuständen und Zustandsübergängen dargestellt. Diese Zustandsübergänge sowie die Ereignisse, die diese Zustandsübergänge auslösen, werden mit dem gleichen Verfahren identifiziert, wie bei der Technik *Objektzyklusmodellierung*.

Ein sequentiell zusammengesetzter Zustand kann maximal einen Startzustand und einen Endzustand besitzen. Wenn ein sequentiell zusammengesetzter Zustand aktiviert wird, ist als erstes der Startzustand aktiv, die sequentiell aufgereihten Unterzustände werden anschließend nacheinander durch Zustandsübergänge erreicht. Diese Zustandsübergänge werden durch Ereignisse ausgelöst. Das Objekt verlässt den sequentiell zusammengesetzten Zustand, wenn es im Endzustand angekommen ist.

Im oben beschriebenen Beispiel ist „Bearbeitung“ ein sequentiell zusammengesetzter Zustand. Die Bestellung verweilt in dem Unterzustand „Vorratsüberprüfung“ bis festgestellt wird, dass ausreichend Ware für die Bestellung des Postens vorhanden ist und dieses so oft bis der Vorrat für alle Posten überprüft worden ist. Anschließend erfolgt der Übergang zum Unterzustand „Dokumenterstellung“. Der

Übergang zum Endstand erfolgt nachdem das Dokument fertiggestellt worden ist. Abb. 7-6 stellt diesen Zustand dar.

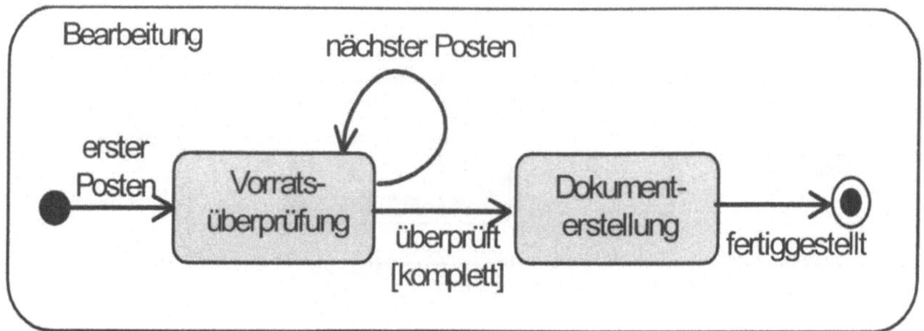

Abb. 7-6. Sequentiell zusammengesetzter Zustand

7.2.5 Modellierung eines parallel zusammengesetzten Zustands

Bei diesem Arbeitsschritt geht es darum, einen parallel zusammengesetzten Zustand zu modellieren. Das Objekt kann sich gleichzeitig in zwei oder mehreren Unterzuständen befinden, d.h. dass diese parallelen, konkurrierenden Unterzustände gleichzeitig aktiv sein können.

Ein parallel zusammengesetzter Zustand wird mit einem Zustandssymbol dargestellt, das durch gestrichelte Linien in Abschnitten unterteilt ist. Die Anzahl der Unterteilungen ist durch die Anzahl der parallelen Unterzustände gegeben. Jeder Abschnitt enthält einen sequentiell zusammengesetzten Zustand, der mindestens aus einem Unterzustand und einem Endzustand besteht.

Das Objekt verlässt den parallel zusammengesetzten Zustand, wenn es alle Endzustände der Abschnitte erreicht hat. Es ist auch möglich, dass ein Zustandsübergang zu einem Zustand eintritt, der sich außerhalb des parallel zusammengesetzten Zustands befindet.

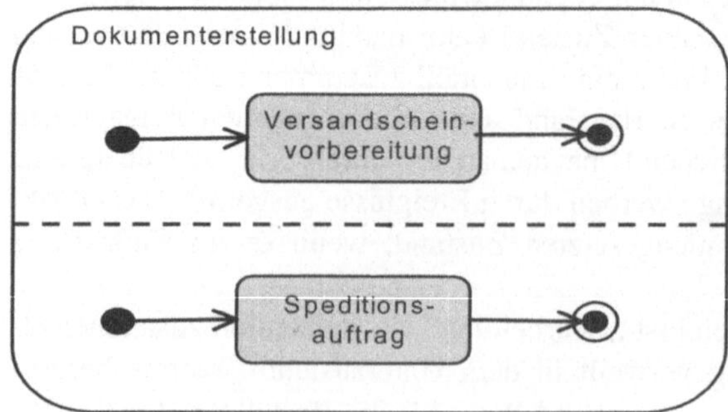

Abb. 7-7. Parallel zusammengesetzter Zustand

Im oben beschriebenen Beispiel ist „Dokumenterstellung“ ein parallel zusammengesetzter Zustand. Die Bestellung kann sich gleichzeitig in den Unterzuständen „Versandscheinvorbereitung“ und „Speditionsauftrag“ befinden, da die Aktivitäten dieser Unterzustände parallel durchgeführt werden können. Abb. 7-7 stellt diesen Zustand dar.

7.2.6 Darstellung von geschachtelten Zuständen

Das Ziel dieses Arbeitsschrittes ist es, geschachtelten Zuständen aus den sequentiell und parallel zusammengesetzten Zustände zu erstellen. In einem „top-down“ Verfahren wird jedes Zustandssymbol durch seine verfeinerte, zusammengesetzte Darstellung ersetzt.

Das Ergebnis für den Zustand „Bearbeitung“ wird in Abb. 7-8 dargestellt.

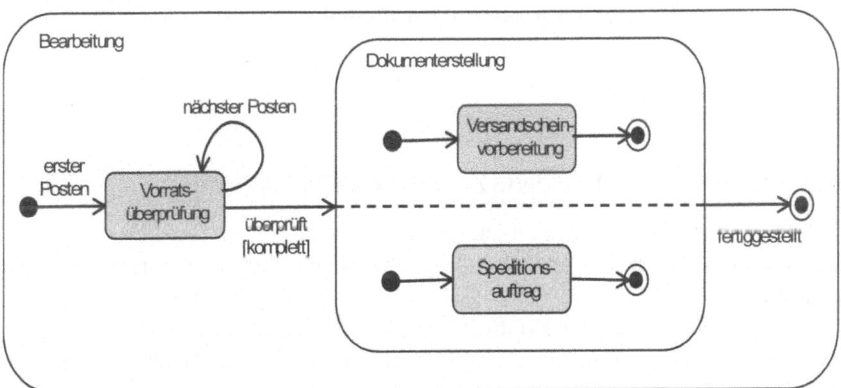

Abb. 7-8. Zusammengesetzter Zustand „in Bearbeitung“

7.2.7 Erstellung eines detaillierten Zustandsdiagramms

Ausgehend von dem gegebenen Zustandsdiagramm und den Ergebnissen der vorherigen Arbeitsschritte werden die geschachtelten Zustände in das Zustandsdiagramm integriert. Hierfür werden die bearbeiteten Zustände durch ihre verfeinerte Darstellung ersetzt.

Das Ergebnis ist ein detailliertes Zustandsdiagramm, dass den Lebenszyklus eines Objekts anhand von sequentiell und parallel zusammengesetzten Zuständen repräsentiert (siehe Abb. 7-9).

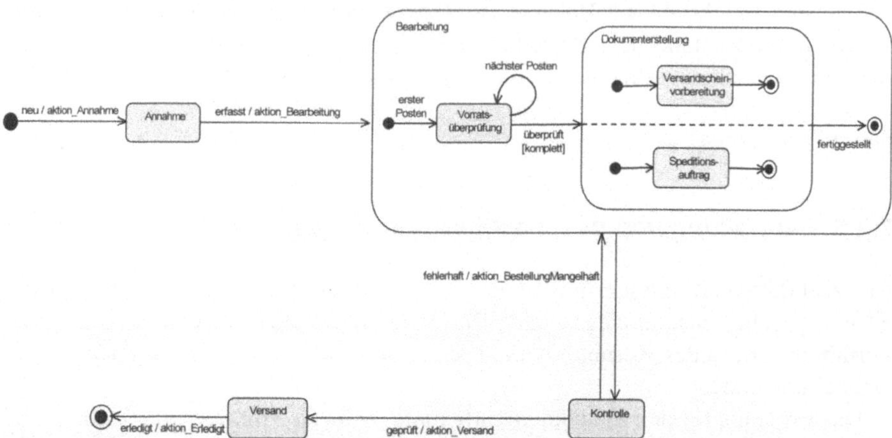

Abb. 7-9. Detailliertes Zustandsdiagramm für eine Bestellung

Qualitätskriterien

Qualitätskriterien für eine detaillierte Zustandsmodellierung sind:

- Alle komplexen Zustände des Objekts sind identifiziert.
- Unterzustände sowie Zustandsübergänge zwischen den Unterzuständen sind identifiziert.
- Sequentieller oder paralleler Kontrollfluss ist graphisch dargestellt.
- Komplexe Zustände sind durch verschachtelte und/oder zusammengesetzte Zustände beschrieben.
- Ein detailliertes Zustandsdiagramm ist erstellt.

Vorausgesetztes Wissen

- Objektorientierte Anforderungsanalyse
- Technik *Objektlebenszyklusmodellierung*

Literatur

[Booch1999] Booch, G., Rumbaugh, J. und Jacobson, I.: The Unified Modeling Language, Addison-Wesley, 1999

[Harel1998] Harel, D., Politi, M.: Modelling reactive Systems with Statecharts: The Statemate Approach, McGraw-Hill, 1998

8 Aktivitätsmodellierung

8.1 Aktivitätsmodellierung

Beschreibung

Das Ziel der Aktivitätsmodellierung ist die Modellierung von Aktivitätsflüssen, die insbesondere bei der Operationsmodellierung und der Worflowmodellierung eine Rolle spielen. Die wesentlichen Konzepte der Aktivitätsmodellierung sind Aktion (*action*), Aktionszustand (*action state*) und Zustandsübergang (*transition*).

Der Nutzen der Technik besteht darin:

- Operationen von Klassenmethoden modellieren zu können, bzw.
- Workflows (Geschäftsprozesse mit Bezug auf Geschäftsobjekte) modellieren zu können.

Die Voraussetzung für die Anwendung dieser Technik ist das Vorliegen von zu modellierenden Klassenmethoden (Operationsmodellierung) bzw. das Vorliegen von Geschäftsprozessen und Geschäftsobjekten (Workflowmodellierung).

Das Ergebnis der Anwendung dieser Technik ist ein Aktivitätsmodell, repräsentiert durch ein oder mehrere Aktivitätsdiagramme.

Die Arbeitsschritte bei der Aktivitätsmodellierung sind:

- Identifizierung von Aktionszuständen
- Entwicklung eines vorläufigen Aktivitätsgraphen
- Festlegung von Verzweigungen
- Festlegung von Nebenläufigkeiten
- Gruppierung von Aktionszuständen
- Strukturierung von Aktionszuständen.

Arbeitsschritte

8.1.1 Identifizierung von Aktionszuständen

Bei der Identifizierung von Aktionszuständen geht es darum, Zustände zu identifizieren, die eine interne Aktion und eine oder mehrere ausgehende Transitionen umfassen; die Transitionen folgen automatisch dem Abschluß der internen Aktion.

Ergebnis des ersten Arbeitsschrittes sind identifizierte Aktionszustände. Jeder Aktionszustand hat einen Namen und eine graphische Repräsentation. Die nachfolgende Abbildung zeigt drei identifizierte Aktionszustände für den Betrieb eines Getränkeautomaten: *findeGetränk, eingießenKaffee, trinkenGetränk.*

Abb. 8-1. Drei identifizierte Aktionszustände

8.1.2 Entwicklung eines vorläufigen Aktivitätsgraphen

Bei der Entwicklung des Aktivitätsgraphen werden identifizierte Aktionszustände in ein Abfolge gebracht. Dabei sind auch Initialzustand (*initial state*) und Endzustand (*final state*) für den Aktivitätsgraphen festzulegen.

Vor- und Nachbedingung werden mit den entsprechenden Symbolen der Aktivitätsmodellierung graphisch repräsentiert:

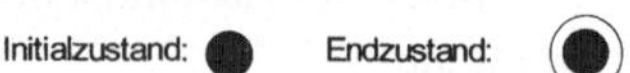

Ergebnis dieses Arbeitsschrittes ist ein Aktivitätsgraph mit den identifizierten Aktionszuständen. Abb. 8-2 zeigt den Aktivitätsgraphen mit den drei identifizierten Aktionszustände für den Betrieb eines Getränkeautomaten sowie Initialzustand (*initial state*) und Endzustand (*final state*).

8.1.3 Festlegung von Verzweigungen

Mit der Festlegung von Verzweigungen (*branch*) im Aktivitätsgraph wird die Ausführung von Aktionen unter bestimmten Bedingungen spezifiziert. Die Verzweigung wird durch eine Raute graphisch dargestellt. Von der Verzweigung ausgehende Pfeile, die die Bedingungen darstellen, werden benannt. Gehen von einem Aktionszustand mehrere Transitionen aus, werden auch diese benannt.

Ergebnis dieses Arbeitsschrittes ist ein Aktivitätsgraph mit benannten Bedingungen und benannten Transitionen sowie Verzweigungen.

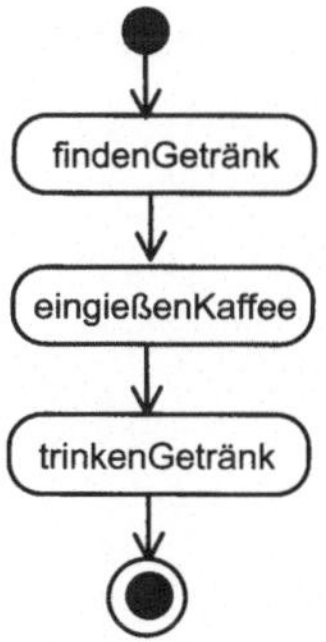

Abb. 8-2. Aktivitätsgraph

Abb. 8-3 zeigt den Aktivitätsgraph mit vier identifizierten Aktionszuständen, benannten Bedingungen und benannten Transitionen.

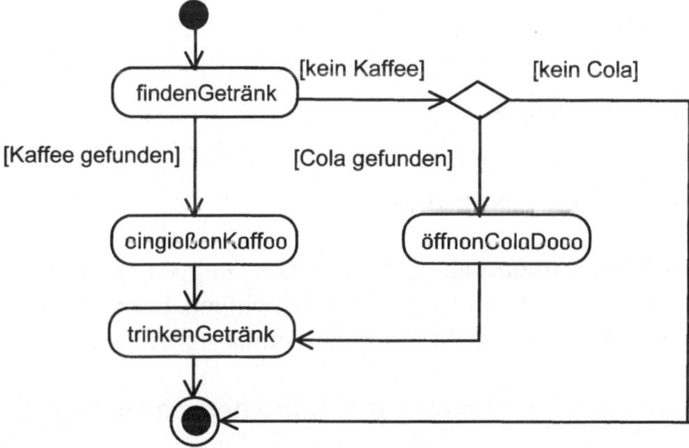

Abb. 8-3. Aktivitätsgraph mit Verzweigung

8.1.4 Festlegung von Nebenläufigkeiten

Mit der Festlegung von Nebenläufigkeiten im Aktivitätsgraphen wird die parallele Ausführung von Aktionen spezifiziert. Für die Festlegung der Nebenläufigkeit werden die beiden Konzepte *Fork* und *Join* verwendet. Mit Hilfe von *Fork* wird eine Transition in zwei oder mehrere parallele Transitionen zerlegt. Die Aktionen nach *Fork* laufen parallel ab. Mit Hilfe von *Join* werden zwei oder mehrere parallele Transitionen zu einer Transition synchronisiert.

Ergebnis dieses Arbeitsschrittes ist ein Aktivitätsgraph mit Nebenläufigkeit.

Abb. 8-4 zeigt einen Aktivitätsgraphen mit zwei parallelen Aktionen *brauenKaffee* und *holenKaffeetasse*.

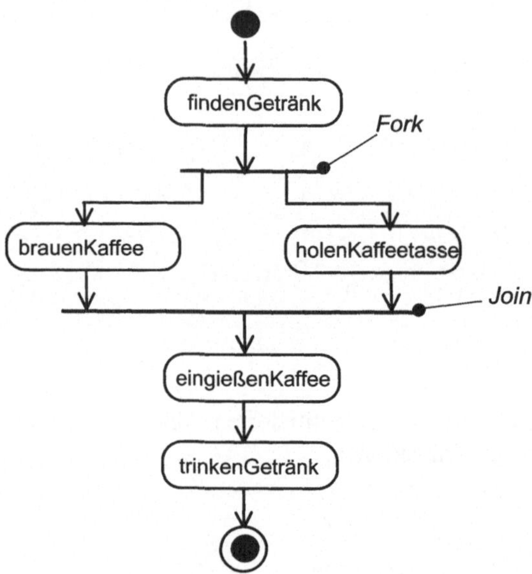

Abb. 8-4. Aktivitätsgraph mit Nebenläufigkeit

8.1.5 Gruppierung von Aktionszuständen

In diesem Schritt werden die Aktionszustände gruppiert. Die Gruppen repräsentieren geschäftsrelevante Entitäten, die durch sogenannte Schwimmbahnen (*Swimlanes*) graphisch veranschaulicht werden. Jede Swimlane erhält einen eindeutigen Namen.

Ergebnis dieses Arbeitsschrittes ist ein gruppierter Aktivitätsgraph mit Swimlanes.

Abb. 8-5 zeigt einen gruppierten Aktivitätsgraphen, dessen Aktionszustände auf die beiden Entitäten *Getränkeautomat* und *Benutzer* aufgeteilt sind.

8.1.6 Strukturierung von Aktionszuständen

Bei der Strukturierung von Aktionszuständen werden Aktionszustände in Unteraktivitätszustände (*subactivity states*) strukturiert. Ergebnis dieses Arbeitsschrittes sind Unteraktivitätszustände.

Unteraktivitätszustände werden graphisch wie Aktionszustände durch ein Oval repräsentiert, das allerdings noch ein zusätzliches Symbol enthält, das auf die Strukturierung hinweist. Wird ein Unteraktivitätszustand aufgerufen, laufen sämtliche Aktionen dieses Unteraktivitätszustandes ab.

Abb. 8-6 zeigt den Aktivitätsgraph aus Abb. 8-2 als Unteraktivitätszustand.

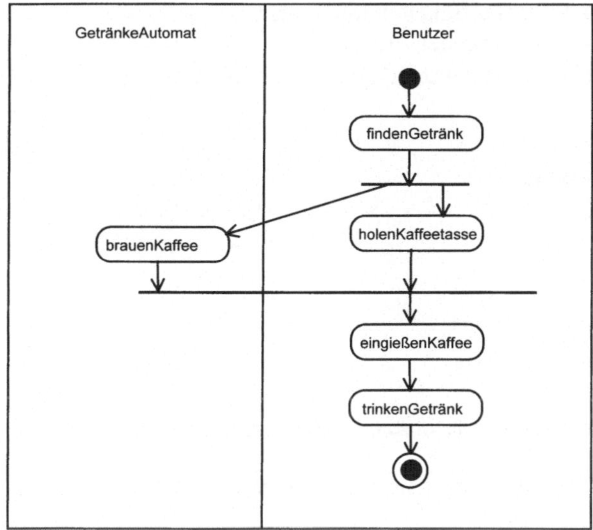

Abb. 8-5. Gruppierter Aktivitätsgraph mit Swimlanes

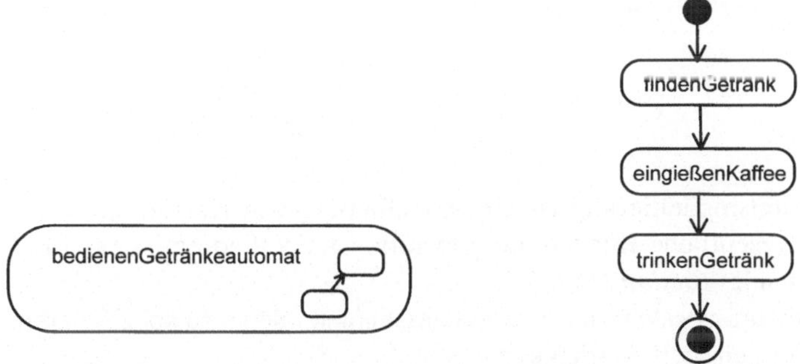

Abb. 8-6. Unteraktivitätszustand und dazugehöriger Aktivitätsgraph

Qualitätskriterien

Qualitätskriterien für ein Aktivitätsmodell sind:

- Die Aktionszustände sind identifiziert und spezifiziert.
- Ein Aktivitätsgraph ist festgelegt.
- Jeder Aktionszustand ist auf Transitionen untersucht.
- Liegen für einen Aktionszustand mehrere Transitionen vor, so sind diese benannt.
- Jede Transition ist auf Verzweigungen untersucht.
- Alle Bedingungen sind benannt.

- Der Aktivitätsgraph ist auf Nebenläufigkeiten untersucht.
- Aktionszustände sind in Schwimmbahnen gruppiert.
- Aktionszustände sind als Unteraktivitätszustände strukturiert (optional).

Vorausgesetztes Wissen

Interview- und Moderationstechniken

Literatur

[Booch1999] Booch, G., Rumbaugh, J. und Jacobson, I.: The Unified Modeling Language, Addison-Wesley, 1999

[OMG1999] OMG: OMG Unified Modeling Language Specification 1.3, 1999, http://www.omg.com/uml

8.2 Operationsmodellierung

Beschreibung

Das Ziel der Operationsmodellierung ist die Modellierung von Klassenmethoden als *Flowchart*. Das wesentliche Konzept der Operationsmodellierung ist das Konzept des Aktionszustandes (*action state*).

Der Nutzen der Technik besteht darin, eine Klassenmethode so zu spezifizieren, dass sie realisiert oder generiert werden kann.

Die Voraussetzung für die Anwendung dieser Technik ist das Vorliegen der zu modellierenden Klassenmethode.

Das Ergebnis der Anwendung dieser Technik ist ein Operationsmodell, repräsentiert durch ein oder mehrere Aktivitätsdiagramme.

Die Arbeitsschritte bei der Operationsmodellierung sind:

- Kontextbestimmung für die Operation
- Identifizierung der Vor- und Nachbedingungen
- Spezifizierung von Aktionen
- Festlegung von Verzweigungen
- Festlegung von Nebenläufigkeiten.

Arbeitsschritte

8.2.1 Kontextbestimmung für die Operation

Die Kontextbestimmung für die Operation umfaßt die Signatur der Operation, ihre Klasse mit Attributen und andere Klassen, die die Operation verwenden.

Ergebnis dieses Arbeitsschrittes ist der Kontext für die Operation.

Der Kontext für eine Operation *Intersection* sei im folgenden wie folgt angegeben: Die Signatur umfaßt einen Eingabeparameter *l* (der Klasse *Line*) und den Rückgabewert (Klasse *Point*). Die Klasse hat zwei Attribute: *Steigung* (Anstieg der Linie) und *Delta* (Offset der Linie vom Ursprung).

Andere Klassen, die *Intersection* verwenden, sind *Rechteck* und *Polygon*.

8.2.2 Identifizierung der Vor- und Nachbedingungen

Identifizierte Vorbedingungen legen fest, welche Voraussetzungen erfüllt sein müssen, damit die Operation ausgeführt werden kann. Die identifizierte Nachbedingung beschreibt den Zustand der Operation nach ihrer Beendigung.

Ergebnis dieses Arbeitsschrittes sind die identifizierten Vor- und Nachbedingungen für den Initialzustand (*initial state*) und Endzustand (*final state*) der Operation.

Vor- und Nachbedingung werden mit den entsprechenden Symbolen der Aktivitätsmodellierung graphisch repräsentiert:

Initialzustand: ● Endzustand: 

Für die Operation *Intersection* lauten die Vor- und Nachbedingungen für den Initialzustand und Endzustand wie folgt:

Vorbedingung für den Initialzustand:	*Eingabeparameter vorhanden.*
Nachbedingung für den Endzustand:	*Schnittpunkt ist berechnet.*

8.2.3 Spezifizierung von Aktionen

Ziel dieses Arbeitsschrittes ist die Spezifizierung der Aktionen, die die Operation ausführen muss.

Ergebnis dieses Arbeitsschrittes sind die für eine Operation spezifizierten Aktionen in einem Aktivitätsdiagramm.

Die nachfolgende Abbildung zeigt für die Operation *Intersection,* dass zunächst die x-Koordinate für den Schnittpunkt berechnet wird, danach deren y-Koordinate; schließlich wird der Schnittpunkt mit x- und y-Koordinaten zurückgegeben.

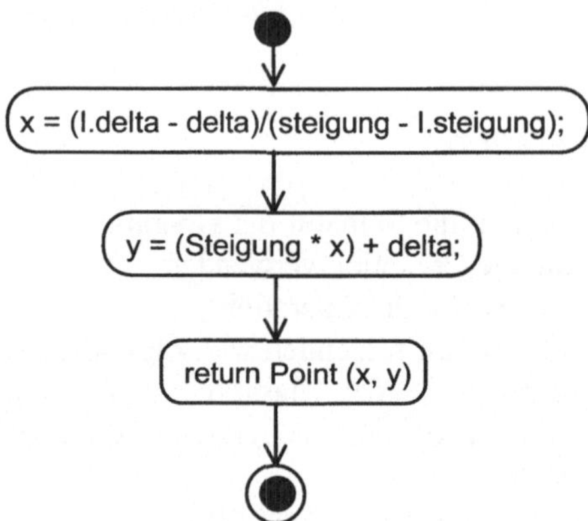

Abb. 8-7. Aktionen für die Operation *Intersection*

8.2.4 Festlegung von Verzweigungen

Ziel dieses Arbeitsschrittes ist die Festlegung von Operationsverzweigungen. Ergebnis dieses Arbeitsschrittes sind die für eine Operation spezifizierten Verzweigungen mit den entsprechenden Aktionen in einem Aktivitätsdiagramm.

Die nachfolgende Abbildung zeigt für die Operation *Intersection,* dass zunächst geprüft wird, ob für die als Parameter übergebene Linie die Steigung gleich ist der Steigung einer aktuellen Linie. Sind die Steigungen gleich, schneiden sich die Linien nicht: *Point (0,0)* wird zurückgegeben und die Operation beendet.

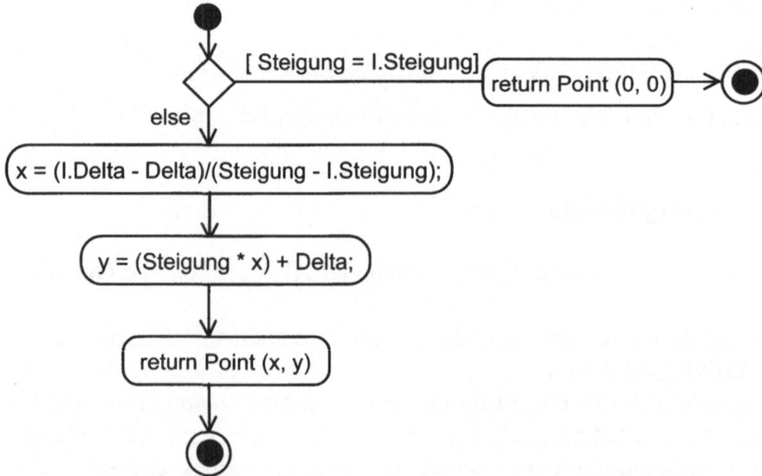

Abb. 8-8. Aktionen mit Verzweigung für die Operation Intersection

8.2.5 Festlegung von Nebenläufigkeiten

Ziel dieses Arbeitsschrittes ist die Festlegung von nicht-sequentiellen Zustandsübergängen – (*branch, fork* und *join*).

Die Festlegung von nicht-sequentiellen Zustandsübergängen ist bei der Technik *Aktivitätsmodellierung* beschrieben.

Qualitätskriterien

Qualitätskriterien für ein Operationsmodell sind:

- Der Kontext für eine Operation ist bestimmt.
- Die Vor- und Nachbedingungen für den Initialzustand und den Endzustand der Operation sind festgelegt.
- Die Aktionen der Operation sind spezifiziert.
- Jede Aktion der Operation ist auf mögliche Verzweigungen untersucht.
- Jede Aktion der Operation ist auf nicht-sequentielle Zustandsübergänge untersucht.
- Ein Aktivitätsdiagramm ist erstellt, das einen Namen hat.

Vorausgesetztes Wissen

- Kenntnisse von Berechnungsverfahren und Algorithmen
- Technik *Aktivitätsmodellierung.*

Literatur

[Booch1999] Booch, G., Rumbaugh, J. und Jacobson, I.: The Unified Modeling Language, Addison-Wesley, 1999

[OMG1999] OMG: OMG Unified Modeling Language Specification 1.3, 1999, http://www.omg.com/uml

8.3 Workflowmodellierung

Beschreibung

Das Ziel der Workflowmodellierung ist die Modellierung von Geschäftsprozessen mit Bezug auf Geschäftsobjekte. Die beiden wesentlichen Konzepte der Workflowmodellierung sind Geschäftsobjekte (*business objects*) und Aktionszustände (*action states*).

Der Nutzen der Technik besteht darin:

- Geschäftsprozesse in ein Workflowmodell abzubilden;
- Workflow-Anwendungen zu modellieren.

Die Voraussetzung für die Anwendung dieser Technik ist das Vorliegen von Geschäftsprozessen und Geschäftsobjekten.

Das Ergebnis der Anwendung dieser Technik ist ein Workflowmodell, repräsentiert durch ein oder mehrere Aktivitätsdiagramme.

Die Arbeitsschritte bei der Workflowmodellierung sind:

- Fokussierung auf einen Geschäftsprozess
- Bestimmung von Geschäftsobjekten
- Identifizierung von Vor- und Nachbedingungen
- Spezifizierung von Aktionen
- Festlegung von sequentiellen Zustandsübergängen
- Festlegung von nicht-sequentiellen Zustandsübergängen
- Beschreibung des Aktion-Objektflusses im Aktivitätsdiagramm.

Arbeitsschritte

8.3.1 Fokussierung auf einen Geschäftsprozess

Bei der Abgrenzung des Workflow geht es darum, einen konkreten Geschäftsprozess als Workflow abzugrenzen. Der Geschäftsprozess kann textuell formuliert sein oder als Ereignisgesteuerte Prozesskette (EPK) vorliegen.

Ergebnis dieses Arbeitsschrittes ist der Fokus auf einen Geschäftsprozess; zusätzliche Informationen in Form eines Mengengerüstes können zudem vorliegen [Henderson-Sellers 1998].

Abb. 8-9 zeigt den Fokus auf den Geschäftsprozess *Kontostand ändern,* der hier als EPK mit Ereignissen und Funktionen gegeben ist.

8.3.2 Bestimmung von Geschäftsobjekten

Die Bestimmung von Geschäftsobjekten erfolgt dadurch, dass man die Funktionen eines Geschäftsprozesses bezüglich beteiligter Geschäftsobjekte untersucht. Hilfreiche Fragen zur Bestimmung von Geschäftsobjekten sind:

- Welche Funktion steht in Beziehung mit welchem Geschäftsobjekt?
- Welche Informationen erzeugt, liest, ändert, löscht die Funktion eines Geschäftsprozesses?

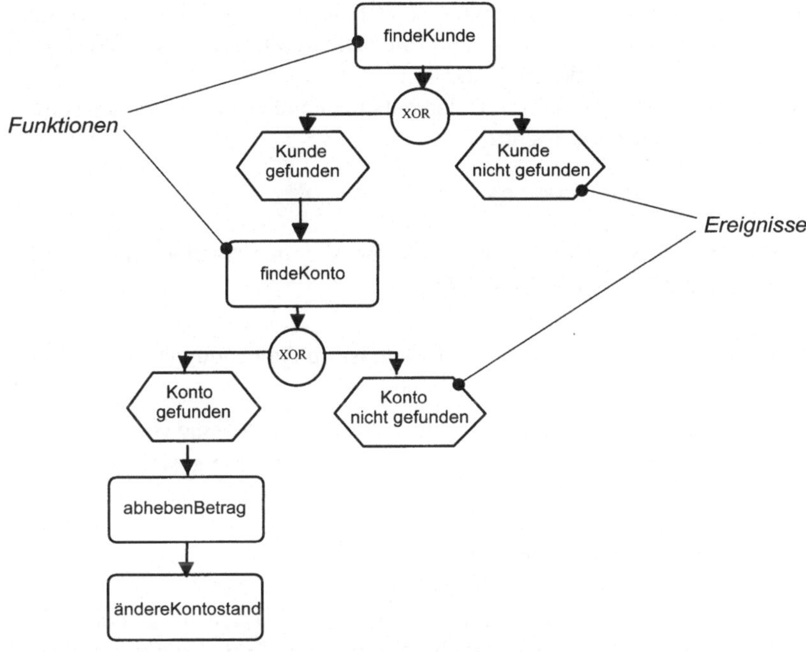

Abb. 8-9. Geschäftsprozess „Kontostand ändern"

Die nachfolgende Abbildung zeigt für den Workflow *Kontostand ändern* die relevanten Geschäftsobjekte *Kunde, Konto* und *Kontomanagement.* Für jedes Geschäftsobjekt ist eine sogenannte Schwimmbahn *(swimlane)* dargestellt, die zur Organisation der Funktionen des Geschäftsprozesses als Aktionszustände mit Bezug auf die Geschäftsobjekte dienen.

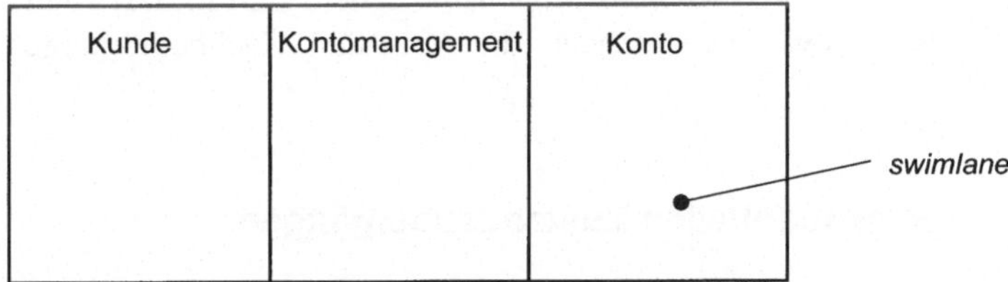

Abb. 8-10. Geschäftsobjekte für den Workflow „Kontostand ändern"

8.3.3 Identifizierung von Vor- und Nachbedingungen

Identifizierte Vorbedingungen legen fest, welche Voraussetzungen erfüllt sein müssen, damit der Workflow ausgeführt werden kann. Die identifizierte Nachbedingung beschreibt den Zustand des Workflow nach seiner Beendigung.

Ergebnis dieses Arbeitsschrittes sind die identifizierten Vor- und Nachbedingungen für den Initialzustand (*initial state*) und Endzustand (*final state*) des Workflow. Zudem ist die Grenze des Workflow festgelegt.

Vor- und Nachbedingung werden mit den entsprechenden Symbolen der Aktivitätsmodellierung graphisch repräsentiert:

Initialzustand:  Endzustand: 

Für den Worflow *Kontostand ändern* lauten die Vor- und Nachbedingungen für den Initialzustand und Endzustand wie folgt:

Vorbedingung für den Initialzustand:	Kunde ist im Anwendungssystem vorhanden.
Nachbedingung für den Endzustand:	Der geändert Kontostand ist unter Transaktionskontrolle gesichert.

8.3.4 Spezifizierung von Aktionen

Ziel dieses Arbeitsschrittes ist die Spezifizierung von Aktionen sowie deren Platzierung in den *Swimlanes* des Aktivitätsdiagramm unter Berücksichtigung zeitlicher Aspekte. Aktionen unter Berücksichtigung der Zeit werden von oben nach unten im Aktivitätsdiagramm dargestellt.

Ergebnis dieses Arbeitsschrittes ist ein Aktivitätsdiagamm mit den repräsentierten Geschäftsobjekten und Aktionen für einen Workflow. Jede Aktion wird einer *swimlane* zugeordnet.

Abb. 8-11 zeigt für den Workflow *Kontostand ändern* die relevanten Aktionen *findeKunde, findeKonto, abhebenBetrag* und *ändereKontostand* mit Bezug auf die Geschäftsobjekte *Kunde, Konto* und *Kontomanagement.* Zudem sind Initialzustand und Endzustand des Workflow eingezeichnet, die Vor- und Nachbedingungen repräsentieren.

8.3.5 Festlegung von sequentiellen Zustandsübergängen

Ziel dieses Arbeitsschrittes ist die Festlegung von sequentiellen Zustandsübergängen (*transitions*), die die Aktionen des Workflow verbinden.
Hilfreiche Fragen zur Festlegung der sequentiellen Zustandsübergängen sind:

- Welche Aktion ist notwendige und hinreichende Voraussetzung für das Starten einer anderen Aktion?
- Was muss erfüllt sein, damit eine Aktion starten kann?

Ergebnis dieses Arbeitsschrittes ist ein Workflow mit Geschäftsobjekten, Aktionen und sequentiellen Zustandsübergängen (vgl. Abb. 8-12).

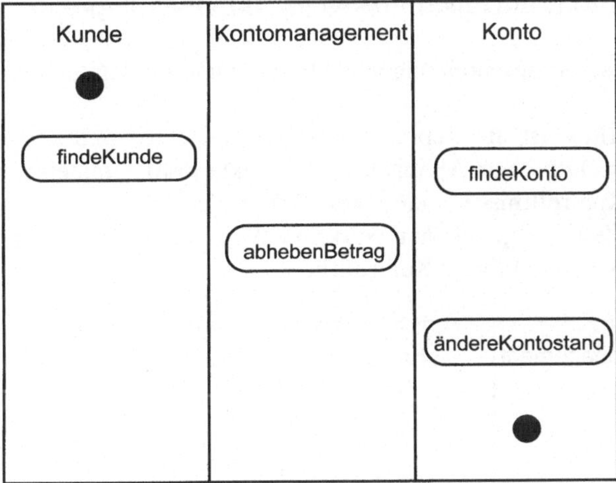

Abb. 8-11. Workflow mit Geschäftsobjekten und Aktionen

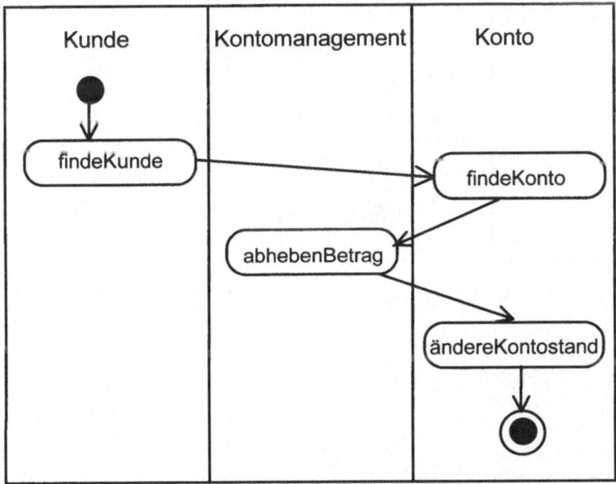

Abb. 8-12. Workflow mit Geschäftsobjekten, Aktionen und sequentiellen Zustandsübergängen

8.3.6 Festlegung von nicht-sequentiellen Zustandsübergängen

Ziel dieses Arbeitsschrittes ist die Festlegung von nicht-sequentiellen Zustandsübergängen (*branch, fork* und *join).*

Die Festlegung von nicht-sequentiellen Zustandsübergängen ist bei der Technik *Aktivitätsmodellierung* beschrieben.

8.3.7 Beschreibung des Aktion-Objektflusses im Aktivitätsdiagramm

Ziel dieses Arbeitsschrittes ist die Beschreibung von Aktion-Objektflüssen (*action-object flows*).

Ergebnis des Arbeitsschrittes ist die Repräsentation von Objekten und deren Kontrolflüsse, die Input oder Output von Aktionen sind. Objekte werden mit einem Rechteck repräsentiert, ihr Kontrollfluss mit einer gestrichelten Linie.

Die nachfolgende Abbildung zeigt für den Workflow *Kontostand ändern* die beiden Objekte *Kunde* und *Konto* mit ihrem Kontrollfluss.

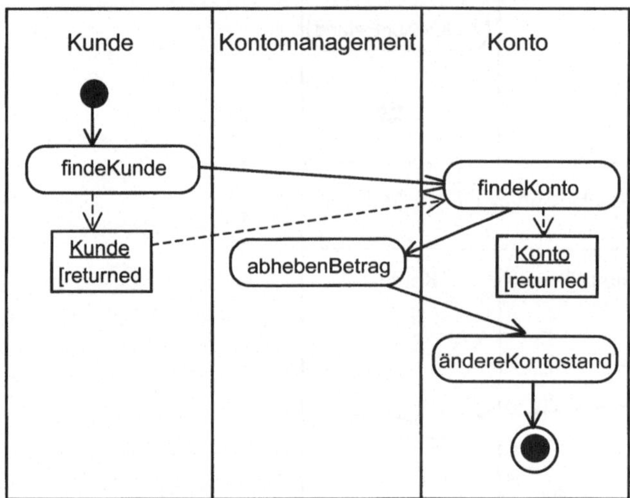

Abb. 8-13. Workflow mit Objekten und Kontrollfluss

Qualitätskriterien

Qualitätskriterien für ein Workflowmodell sind:

- Ein konkreter Geschäftsprozess ist fokussiert.
- Die Vor- und Nachbedingungen für den Initialzustand und den Endzustand des Workflow sind festgelegt.
- Die Geschäftsobjekte für den Workflow sind festgelegt.
- Die Aktionen für den Workflow sind mit Bezug auf die Geschäftsobjekt spezifiziert.
- Jede Aktion des Workflow ist auf sequentielle Zustandsübergänge untersucht.
- Jede Aktion des Workflow ist auf nicht-sequentielle Zustandsübergänge untersucht.
- Zentrale Objekte und deren Kontrolflüsse sind beschrieben.
- Ein Aktivitätsdiagramm ist erstellt, das einen Namen hat.

Vorausgesetztes Wissen

- Konzepte der Geschäftsprozessmodellierung, insbesondere Kenntnis von EPKs
- Technik *Aktivitätsmodellierung.*

Literatur

[Booch1999] Booch, G., Rumbaugh, J. und Jacobson, I.: The Unified Modeling Language, Addison-Wesley, 1999

[Henderson-Sellers1998] Henderson-Sellers, B., Simons, A., Younessi, H.: The OPEN Toolbox of Techniques, Addison-Wesley, 1998

[OMG1999] OMG: OMG Unified Modeling Language Specification 1.3, 1999, http://www.omg.com/uml

9 Interaktionsmodellierung

9.1 Interaktionsmodellierung mit Sequenzdiagrammen

Beschreibung

Das Ziel dieser Technik ist es, Nachrichten zu modellieren, die eine ausgewählte Menge von Objekten in einer zeitlich begrenzten Situation austauschen. Bei Sequenzdiagrammen steht der zeitliche Verlauf der Nachrichten im Vordergrund. Zur Interaktionsmodellierung können auch Kollaborationsdiagramme verwendet werden. Bei Kollaborationsdiagrammen steht die strukturelle Organisation der Objekte und die Zusammenarbeit der Objekte im Vordergrund.

Der Nutzen der Interaktionsmodellierung mit Sequenzdiagrammen besteht darin,

- das dynamische Verhalten einer Gruppe von Objekten zu modellieren,
- die zeitlichen Abhängigkeiten von Objekten hervorzuheben und
- den Kontrollfluss zwischen Objekten oder Akteuren eines Anwendungsfalles zu modellieren.

Die Voraussetzung für die Anwendung dieser Technik ist das Vorliegen einer detaillierten Beschreibung des dynamischen Verhaltens der Objekte oder der Anwendungsfälle. Diese dynamischen Aspekte können in Form von informellem Text oder formaler Beschreibung vorliegen. Ein Klassen- bzw. Objektdiagramm ist für die Objektidentifizierung hilfreich aber nicht notwendig.

Das Ergebnis der Anwendung dieser Technik ist ein Interaktionsmodell, repräsentiert durch ein Sequenzdiagramm.

Die einzelnen Arbeitsschritte bei der Interaktionsmodellierung mit Sequenzdiagrammen sind:

- Fokussierung auf eine Anforderungsbeschreibung
- Festlegung des Interaktionskontexts
- Identifizierung der Objekte
- Identifizierung der Nachrichten
- Feststellung des Steuerungsfokus
- Erstellung eines Sequenzdiagramms.

Arbeitsschritte

9.1.1 Fokussierung auf eine Anforderungsbeschreibung

Die folgende Anforderungsbeschreibung einer Bestellung wird als Beispiel zur Illustration der Arbeitsschritte verwendet.

„Eine Bestellung besteht aus mehreren Posten. Ein einzelner Bestellposten besteht aus einer Bestellmenge, einer Mengeneinheit und einer Ware. Der Lieferpreis ist abhängig von der Ware und der Bestellmenge. Von der Bestellung ausgehend werden alle Posten der Bestellung berechnet. Für jeden Posten wird der Listenpreis aufgrund der Ware und der Mengeneinheit ermittelt und anschließend mit der Bestellmenge multipliziert."

9.1.2 Festlegung des Interaktionskontexts

Bei der Festlegung des Interaktionskontexts geht es darum, den Rahmen für die Interaktionsmodellierung zu bestimmen. Dieser Rahmen ist das gesamte System, ein Subsystem, eine Klasse oder ein Szenario eines Anwendungsfalls.

Der Interaktionskontext für das oben genannte Beispiel ist: Berechnung des Betrags einer Bestellung in Abhängigkeit vom Listenpreis der Ware und von der Bestellmenge.

9.1.3 Identifizierung der Objekte

Bei diesem Arbeitsschritt geht es darum, die Objekte zu identifizieren, die in dem ausgewählten Kontext für die Interaktionsmodellierung relevant sind.

Im oben beschriebenen Beispiel sind Objekte der folgenden Klassen identifiziert worden: *Bestellung, Posten, Ware* und *Listenpreis*. Diese Objekte werden graphisch mit UML-Notation für Objekte dargestellt, nebeneinander von links nach rechts platziert und mit senkrechten Objektlinien versehen. Die nachfolgende Abbildung zeigt die graphische Darstellung der Objekte.

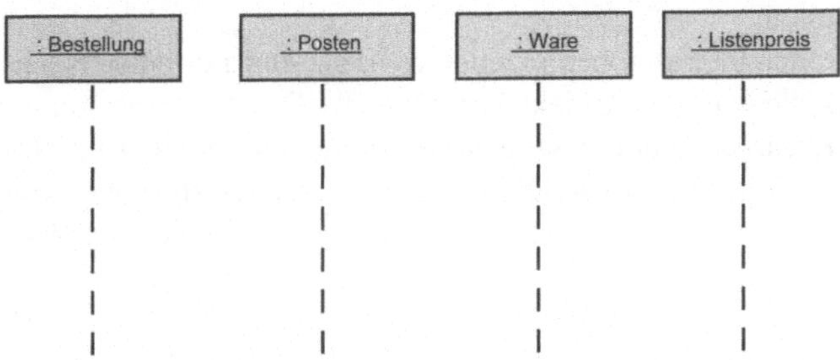

Abb. 9-1. Identifizierte Objekte

9.1.4 Identifizierung der Nachrichten

Ausgehend von der vorhandenen Beschreibung oder von den Methoden der Klassen werden die Nachrichten ermittelt. Hierfür sind folgende Fragen hilfreich:

- Welche Aktionen müssen durchgeführt werden?
- Welche Information kennt jedes Objekt?

Ergebnis des dritten Arbeitsschritt ist eine Beschreibung der Interaktionen anhand von Nachrichten, die im ausgewählten Kontext stattfinden. Die Nachrichten werden mit waagerechten Pfeilen zwischen den senkrechten Objektlinien gezeichnet. Eine Nachricht ist mit einem Namen und mit den zutreffenden Argumenten auf der Linie notiert.

Verschiedene Pfeilformen und Linienarten können zur Kennzeichnung spezieller Synchronisationsbedingungen verwendet werden:

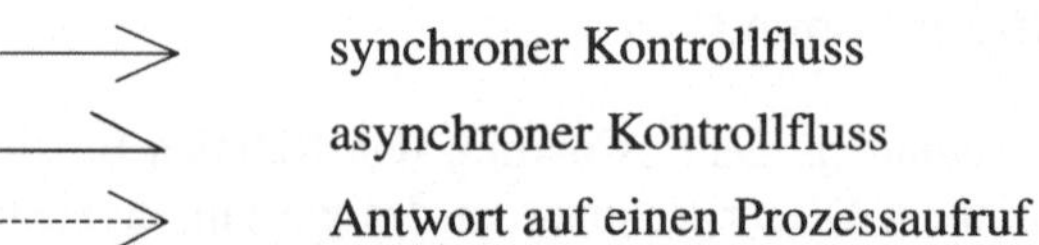

Ein diagonaler Pfeil wird verwendet, wenn die Nachricht eine bestimmte Zeit benötigt, um ihr Ziel zu erreichen.

Der Nachrichtenname soll dem Namen der Operation gleichen, die diese Nachricht interpretiert. Der Name besteht aus einem Verb oder wird aus Verb und Substantiv zusammengestellt. Die Antwort auf eine Nachricht kann mit dem Namen einer lokalen Variable oder eines Objektattributes versehen werden.

Abb. 9-2 zeigt die Darstellung von Nachrichten in Sequenzdiagrammen.

9.1.5 Feststellung des Steuerungsfokus

Der Steuerungsfokus gibt an, welche Objekte gerade aktiv sind, d.h. die Kontrolle besitzen oder auf eine Antwort warten. Die Lebenslinien sind mit breiten Balken überlagert um den Steuerungsfokus zu symbolisieren. Wenn ein Objekt sich selbst rekursiv eine Nachricht sendet, wird ein zweiter Balken hinzugefügt, um das mehrfache Aktivieren darzustellen.

Objekte, die im Laufe der Interaktionen erzeugt werden, sind mit einer Nachricht *new()* identifiziert, die auf das Objektsymbol trifft. Das Entfernen eines Objekt wird mit einem Kreuz am Ende des Steuerungsfokus angezeigt. Abb. 9-3 illustriert die Kreation und Destruktion von Objekten im folgendem Beispiel: „Bei nicht ausreichender Ware zur Abwicklung der Bestellung, wird diese in einer Warteliste gespeichert.“

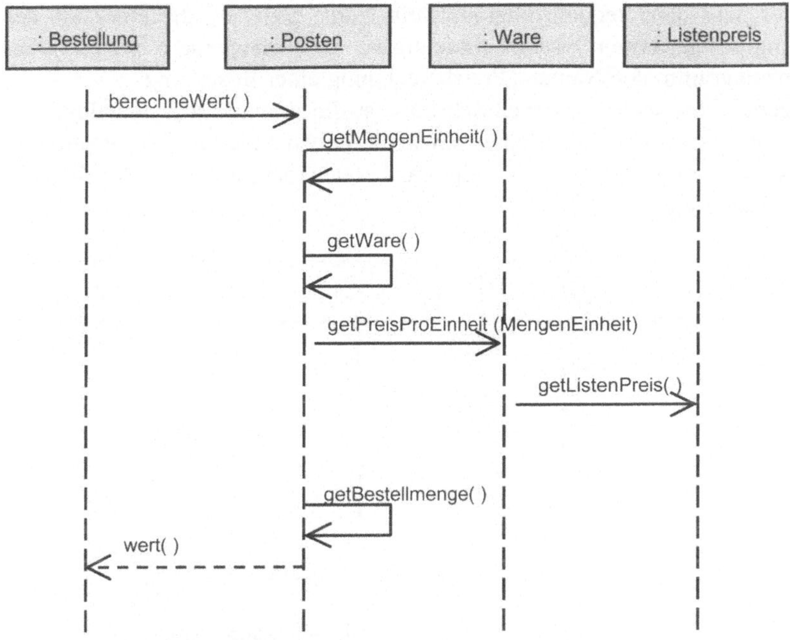

Abb. 9-2. Darstellung von Nachrichten

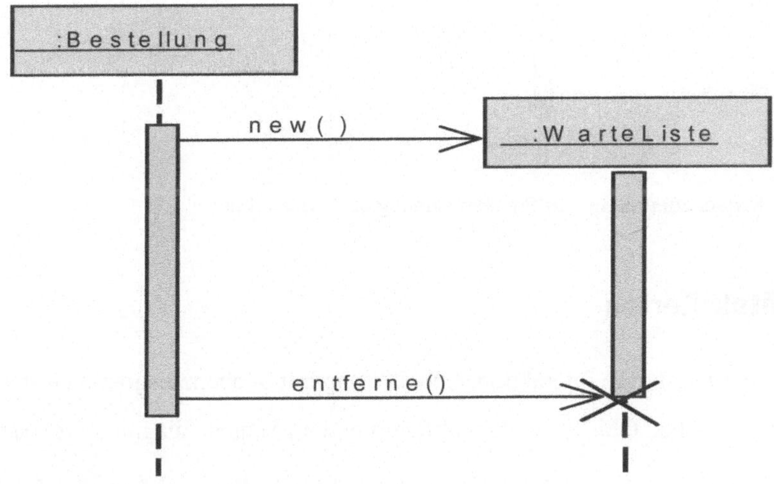

Abb. 9-3. Kreation und Destruktion von Objekten

9.1.6 Erstellung eines Sequenzdiagramms

Bei der Erstellung eines Sequenzdiagramms werden die Ergebnisse der vorhergehenden Arbeitsschritte verwendet.

Als erstes wird dem Sequenzdiagramm ein Name gegeben, der innerhalb der Modellierung des gesamten Systems eindeutig ist. Im vorliegendem Beispiel trägt das Sequenzdiagramm den Namen „Preisberechnung einer Bestellung“.

Das Ergebnis des sechsten Arbeitsschrittes ist die graphische Darstellung der identifizierten Objekte und Nachrichten sowie die Lebenslinie und der Steuerungsfokus jedes dieser Objekte. Abb. 9-4 zeigt das Sequenzdiagramm zur Preisberechnung einer Bestellung.

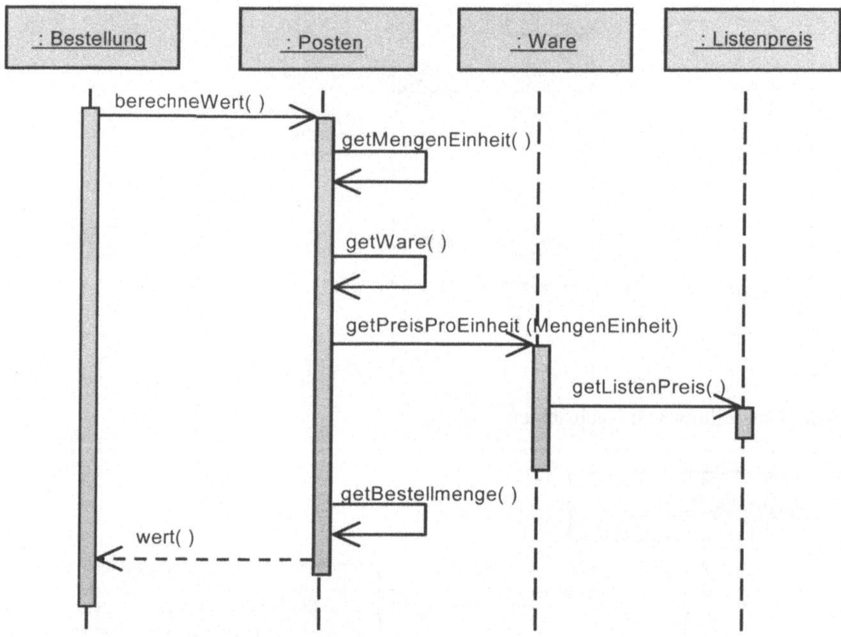

Abb. 9-4. Sequenzdiagramm zur Preisberechnung einer Bestellung

Qualitätskriterien

Qualitätskriterien für die Interaktionsmodellierung mit Sequenzdiagrammen sind:

- Alle wesentlichen Objekte sind identifiziert und im Sequenzdiagramm repräsentiert.
- Alle wesentlichen Nachrichten, die diese Objekte senden, sind im Sequenzdiagramm enthalten.
- Die Nachrichten sind zeitlich geordnet.
- Ein Sequenzdiagramm ist erstellt und mit einem Namen versehen.
- Die Länge der Nachrichtenpfeile ist minimiert.
- Im Sequenzdiagramm werden Verzweigungen und kreuzende Nachrichtenlinien vermieden.

Vorausgesetztes Wissen

- Interview- und Moderationstechniken
- Konzepte zur Beschreibung dynamischen Verhaltens.

Literatur

[Booch1999] Booch, G., Rumbaugh, J. und Jacobson, I.: The Unified Modeling Language, Addison-Wesley, 1999

[Oestereich1998] Oestereich, B.: Objektorientierte Softwareentwicklung: Analyse und Design mit der Unified Modeling Language, Oldenburg, 1998

[Rumbaugh1999] Rumbaugh J., Jacobson, I., Booch, G.: The Unified Modeling Language: Reference Manual, Addison-Wesley, 1999

9.2 Interaktionsmodellierung mit Kollaborationsdiagrammen

Beschreibung

Das Ziel dieser Technik ist es, Interaktionen zu modellieren, die eine ausgewählte Menge von Objekten in einer zeitlich begrenzten Situation austauschen. Bei Kollaborationsdiagrammen steht die strukturelle Organisation der Objekte sowie die Zusammenarbeit der Objekte im Vordergrund. Zur Interaktionsmodellierung können auch Sequenzdiagramme verwendet werden. Bei Sequenzdiagrammen steht der zeitliche Verlauf der Nachrichten im Vordergrund.

Der Nutzen der Interaktionsmodellierung mit Kollaborationsdiagrammen besteht darin,

- das dynamische Verhalten einer Gruppe von Objekten zu modellieren,
- die Zusammenarbeit der Objekte hervorzuheben und
- den Kontrollfluss zwischen Objekten oder Akteuren eines Anwendungsfalles zu modellieren.

Die Voraussetzung für die Anwendung dieser Technik ist das Vorliegen einer detaillierten Beschreibung des dynamischen Verhaltens der Objekte oder der Anwendungsfälle. Diese dynamischen Aspekte können in Form von informellem Text oder einer formalen Beschreibung vorliegen. Ein Klassen- bzw. Objektdiagramm ist für die Objektidentifizierung hilfreich aber nicht notwendig.

Das Ergebnis der Anwendung dieser Technik ist ein Interaktionsmodell, repräsentiert durch ein Kollaborationsdiagramm.

Die einzelnen Arbeitsschritte bei der Interaktionsmodellierung mit Kollaborationsdiagrammen sind:

- Fokussierung auf eine Anforderungsbeschreibung
- Festlegung des Interaktionskontexts
- Identifizierung der Objekte
- Identifizierung der Nachrichten
- Festlegung der Nachrichtenreihenfolge
- Bezeichnung von Nachrichten
- Erstellung eines Kollaborationsdiagramms.

Arbeitsschritte

9.2.1 Fokussierung auf eine Anforderungsbeschreibung

Die folgende Anforderungsbeschreibung einer Bestellung wird als Beispiel zur Illustration der Arbeitsschritte verwendet:

„Eine Bestellung besteht aus mehreren Posten. Ein einzelner Bestellposten besteht aus der Bestellmenge, der Mengeneinheit und der Warenbezeichnung. Der Lieferpreis ist abhängig von der Ware und der Bestellmenge. Von der Bestellung ausgehend werden alle Posten der Bestellung berechnet. Für jeden Posten wird der Listenpreis aufgrund der Ware und der Mengeneinheit ermittelt und anschließend mit der Bestellmenge multipliziert."

9.2.2 Festlegung des Interaktionskontexts

Bei der Festlegung des Interaktionskontexts geht es darum, den Rahmen für die Interaktionsmodellierung zu bestimmen. Dieser Rahmen ist das gesamte System, ein Subsystem, eine Klasse oder ein Szenario eines Anwendungsfalls.

Der Interaktionskontext für das oben genannte Beispiel lautet: Berechnung des Betrags einer Bestellung in Abhängigkeit vom Listenpreis der Ware und von der Bestellmenge.

9.2.3 Identifizierung der Objekte

Bei diesem Arbeitsschritt geht es darum, die Objekte zu identifizieren, die in dem ausgewählten Kontext für die Interaktionsmodellierung relevant sind.

Im oben beschriebenen Beispiel sind Objekte der folgenden Klassen identifiziert worden: *Bestellung, Posten, Ware* und *Listenpreis*. Diese Objekte werden graphisch in UML-Notation für Objekte dargestellt.

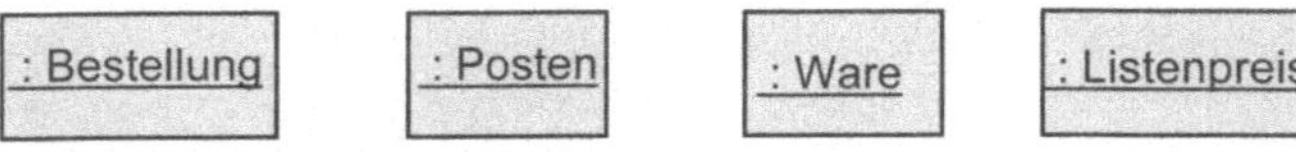

Abb. 9-5. Identifizierte Objekte

9.2.4 Identifizierung der Nachrichten

Ausgehend von der vorhandenen Beschreibung oder von den Methoden der Klassen werden die Nachrichten ermittelt. Hierfür sind folgende Fragen hilfreich:

- Welche Aktionen müssen durchgeführt werden?
- Welche Information kennt jedes Objekt?

Ergebnis des dritten Arbeitsschrittes ist eine Beschreibung der Interaktionen anhand von Nachrichten, die im ausgewähltem Kontext stattfinden. Eine Nachricht ist mit einer Assoziationslinie dargestellt, die den Sender der Nachricht mit dem Empfänger verbindet. Nachrichten werden mit einem Namen und den zutreffenden Parametern auf der Linie notiert. Zusätzlich zeigt ein Pfeil die Richtung der Nachricht an. Antworten sowie rekursive Nachrichten können ebenfalls dargestellt werden.

Verschiedene Pfeilformen und Linienarten können zur Kennzeichnung spezieller Synchronisationsbedingungen verwendet werden:

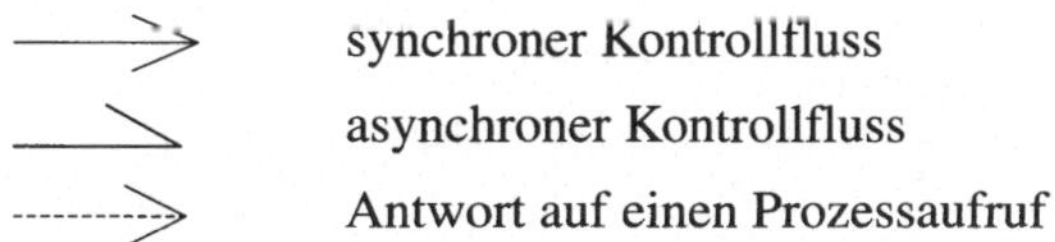

Im Beispiel sind folgende sechs Nachrichten identifiziert worden: *Mengeneinheit ermitteln, Ware ermitteln, Preis pro Einheit ermitteln, Listenpreis ermitteln, Bestellmenge ermitteln* und *Wert berechnen.* Abb. 9-6 zeigt die Darstellung von Objekten und Nachrichten des Beispiels im Kollaborationsdiagramm.

9.2.5 Festlegung der Nachrichtenreihenfolge

Nachrichten werden zeitlich geordnet und anschließend aufsteigend nummeriert. Die erste Nachricht beginnt mit der Nummer „1“. Nachrichten können geschachtelt werden. Diese Schachtelung wird durch Untersequenznummern erreicht (siehe Sequenzausdruck im folgenden Abschnitt) .

Die Reihenfolge der Nachrichten im Beispiel ist: *1: Wert berechnen, 2: Mengeneinheit ermitteln, 3: Ware ermitteln, 4: Preis pro Einheit ermitteln, 5: Listenpreis ermitteln, 6: Bestellmenge ermitteln.* Diese Reihenfolge wird in Abb. 9-7 dargestellt.

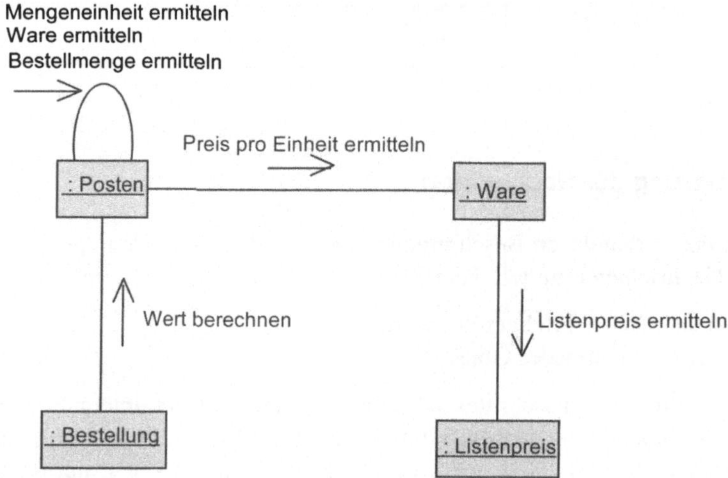

Abb. 9-6. Darstellung von Objekten und Nachrichten

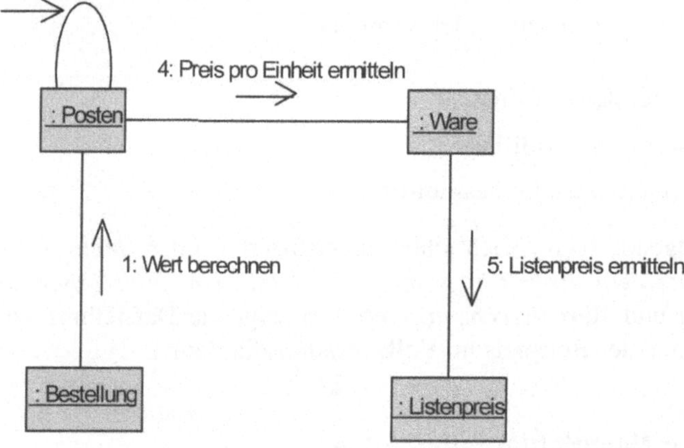

Abb. 9-7. Nummerierte Nachrichten

9.2.6 Bezeichnung von Nachrichten

Die Nachrichtenbezeichnung besteht aus einer Vornachrichtenliste, einem Sequenzausdruck, einer Bedingung, einer Antwortvariable, einem Nachrichtennamen und einer Parameterliste. Bis auf den Nachrichtennamen und die Parameterliste sind alle anderen Bestandteile der Nachrichtenbezeichnung optional.

- Die *Vornachrichtenliste* ist eine Aufzählung der Sequenznummern anderer Nachrichten, die bereits gesendet sein müssen, bevor diese Nachricht gesendet werden darf. Die Sequenznummern werden durch Kommata getrennt und mit einem „/" beendet. Hiermit wird die Synchronisation mit Nachrichten von anderen Interaktionskontexten dargestellt.

- Der *Sequenzausdruck* zeigt die Reihenfolge an, in der Nachrichten gesendet werden. Nachrichten können in anderen Nachrichten verschachtelt sein, d.h. sie werden während der Bearbeitung der empfangenen Nachricht gesendet. Sie erhalten dieselbe Nachrichtennummer plus einem Punkt und einer Untersequenznummer (z.B. 3.1). Zur Darstellung von wiederholtem Senden einer Nachricht, d.h. Iterationen, verwendet man ein Sternchen „*". In eckigen Klammern kann man diese Iteration noch genauer beschreiben (siehe Beispiele zu Nachrichtenbeschriftungen).
- Wenn eine *Bedingung* in der Nachrichtenbezeichnung enthalten ist, muss diese Bedingung erfüllt sein, bevor die Nachricht gesendet wird.
- Die *Antwort* auf eine Nachricht kann mit einem Namen versehen werden. Dies ist der Name einer lokalen Variable oder eines Objektattributes.
- Der *Nachrichtenname* soll dem Namen der Operation gleichen, die diese Nachricht interpretiert. Der Name besteht aus einem Verb oder wird aus Verb und Substantiv zusammengestellt.

Beispiele zur Nachrichtenbezeichnung:

2: anzeigen (preis)	*einfache Nachricht*
1: endpreis := rechne(preis, rabatt)	*Nachricht mit Antwortsvariable*
A2,B3/ C1: aktualisiere ()	*Synchronisation mit anderen Nachrichten*
3.1*: anzeigen (bestellposten)	*Iteration*
[menge<0] 3: meldeFehler ()	*Nachricht mit Bedingung*

Objekte, die innerhalb des Kontexts erzeugt werden, sind mit {new} gekennzeichnet; Objekte, die zerstört werden, sind mit {destroyed} gekennzeichnet und diejenigen, die im gegeben Kontext sowohl erzeugt als auch zerstört werden, werden mit {transient} gekennzeichnet.

9.2.7 Erstellung eines Kollaborationsdiagramms

Bei der Erstellung eines Kollaborationsdiagramms werden die Ergebnisse der vorhergehenden Arbeitsschritte verwendet.

Das Kollaborationsdiagramm wird als erstes mit einem Namen versehen, der innerhalb der Modellierung des gesamten Systems eindeutig ist. Im vorliegendem Beispiel trägt das Kollaborationsdiagramm den Namen „Preisberechnung einer Bestellung".

Das Ergebnis des siebten Arbeitsschrittes ist die graphische Darstellung der identifizierten Objekte und Nachrichten sowie die Reihenfolge der Nachrichten. Abb. 9-8 zeigt das Kollaborationsdiagramm zur Preisberechnung einer Bestellung.

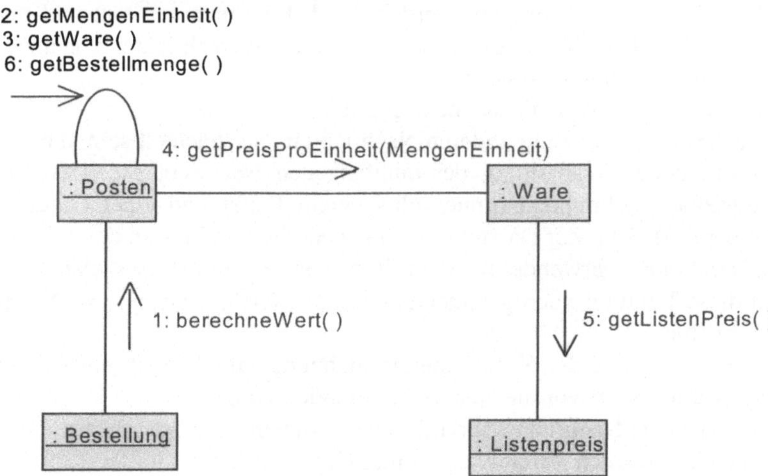

Abb. 9-8. Kollaborationsdiagramm zur Preisberechnung einer Bestellung

Qualitätskriterien

Qualitätskriterien für die Interaktionsmodellierung mit Kollaborationsdiagrammen sind:

- Alle wesentlichen Objekte sind identifiziert und im Kollaborationsdiagramm repräsentiert.
- Alle wesentlichen Nachrichten, die von diesen Objekten gegenseitig gesendet werden, sind im Kollaborationsdiagramm enthalten.
- Die Nachrichten sind bezeichnet, soweit nötig.
- Die Nachrichten sind zeitlich geordnet.
- Ein Kollaborationsdiagramm ist erstellt und mit einem Namen versehen.
- Die Länge der Nachrichtenassoziationslinien soll minimiert werden.
- Im Kollaborationsdiagramm werden Verzweigungen und kreuzende Nachrichtenlinien vermieden.

Vorausgesetztes Wissen

- Interview und Moderationstechniken
- Konzepte zur Beschreibung dynamischen Verhaltens

Literatur

[Booch1999] Booch, G., Rumbaugh, J. und Jacobson, I.: The Unified Modeling Language, Addison-Wesley, 1999

[Oestereich1998] Oestereich, B.: Objektorientierte Softwareentwicklung: Analyse und Design mit der Unified Modeling Language, Oldenburg, 1998

[Rumbaugh1999] Rumbaugh J., Jacobson, I., Booch, G.: The Unified Modeling Language: Reference Manual, Addison-Wesley, 1999

10 Komponenten- und Verteilungsmodellierung

10.1 Komponentenmodellierung

Beschreibung

Das Ziel dieser Technik ist die Definition von Komponenten und Schnittstellen, das Finden von Beziehungen zwischen Komponenten und die Erstellung eines Komponentenmodells. Eine Komponente ist eine Einheit, die zum Zusammenbauen von Softwaresystemen genutzt werden kann und auf deren Funktionalität über die offengelegten Schnittstellen zugegriffen werden kann.

Der Nutzen der Komponentenmodellierung besteht darin,

- wiederverwendbare und austauschbare Einheiten zu identifizieren,
- aus der Implementierungssicht ein Anwendungssystem mit unabhängigen Einheiten zu konstruieren.

Die Voraussetzung für die Anwendung dieser Technik ist das Vorliegen von statischen und dynamischen Modellen (Klassenmodell, Aktivitäts- und Interaktionsmodelle) der zu entwickelnden Anwendung. Zur Verwendung von existierenden Komponenten werden klare Beschreibungen dieser vorhandenen Komponenten benötigt.

Das Ergebnis der Anwendung dieser Technik ist ein Komponentenmodell.

Die einzelnen Arbeitsschritte bei der Anwendung dieser Technik sind:

- Fokussierung auf ein Modell
- Identifizierung von Komponenten
- Finden von existierenden Komponenten
- Definition von Schnittstellen
- Festlegung der Beziehungen
- Erstellung eines Komponentendiagramms.

Arbeitsschritte

10.1.1 Fokussierung auf ein Modell

Zur Erläuterung der Arbeitsschritte wird ein Geldautomat betrachtet. Abb. 10-1 zeigt ein stark vereinfachtes Klassenmodell für diese Anwendung.

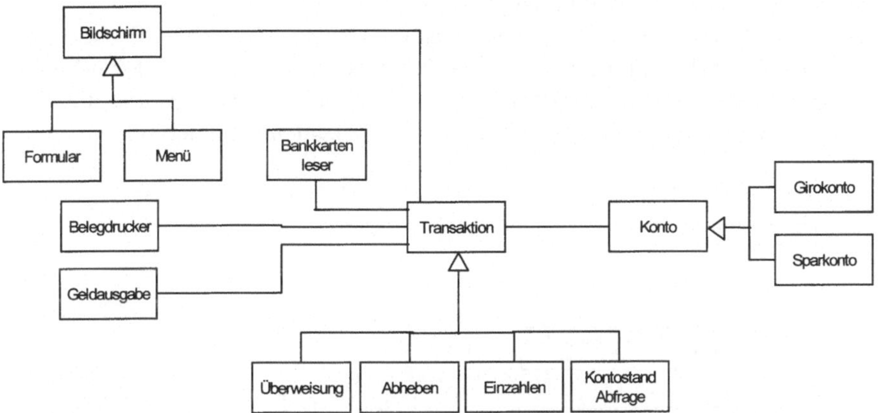

Abb. 10-1. Klassenmodell eines Geldautomaten

10.1.2 Identifizierung von Komponenten

Bei diesem Arbeitsschritt geht es darum, Komponenten zu identifizieren, um aus der Implementierungssicht eine Gliederung vorzunehmen. Komponenten werden einerseits zur Beschreibung einer Menge fachlich zusammenhängender Elemente verwendet. Anderseits kann auch die Zusammenfassung von Elementen stattfinden, die eine gemeinsame Bereitstellung von einer oder mehreren Schnittstellen bieten.

Für die Identifizierung von Komponenten als Softwarebausteinen eines Systems können folgende Kriterien angewandt werden:

- *Lose Kopplung und Unabhängigkeit*

Die Aufgabe, die von einer Komponente erledigt wird, sollte möglichst unabhängig sein von den Aufgaben der umgebenden Komponenten, d.h. sowohl von den Komponenten, die ihre Dienste nutzen als auch von den Komponenten, die die Dienste dieser Komponente zur Verfügung stellen. Die lose Kopplung zeigt sich in kompakten und schmalen Schnittstellen zwischen Komponenten.

- *Kohäsion*

Die Funktionalität innerhalb einer Komponente ist eng gekoppelt.

- *Verständlichkeit und Einfachheit*

  Eine Komponente soll einfach zu beschreiben sein. Ihre Funktionalität stellt eine klare fachliche und technische Abstraktion dar, die anhand von einfachen Schnittstellen bedienbar ist.

- *Sicherheit*

  Eine klare Trennung zwischen „normalen" Komponenten und sicherheitstechnischen Komponenten ist vorzusehen.

Die Identifizierung von Komponenten ist ein iteratives Vorgehen. Es ist schwer auf Anhieb das richtige Modell zu finden. In der Regel wird ein Top-down-Verfahren angewandt, das mit einer groben Einteilung des Systems beginnt und sich dann ins Detail weiterarbeitet, bis überschaubare Komponenten gefunden sind.

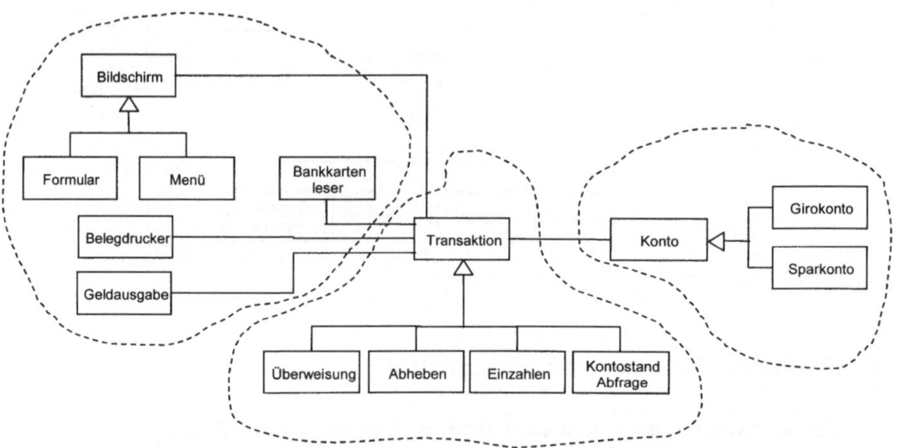

Abb. 10-2. Klassengruppierung im Klassenmodell eines Geldautomaten

Im Klassenmodell des Geldautomaten können drei Gruppen von Klassen identifiziert werden: Klassen der Benutzungsschnittelle (User Interface), Klassen der Geldautomatendienste und Klassen der Kontendatenbank (siehe Abb. 10-2).

UML definiert folgenden fünf Typen von Standardkomponenten: ausführbare Komponenten, Bibliothekskomponenten, Dateien, Dokumente und Tabellen. Abb. 10-3 zeigt die Stereotypen, die UML für jeden Typ definiert.

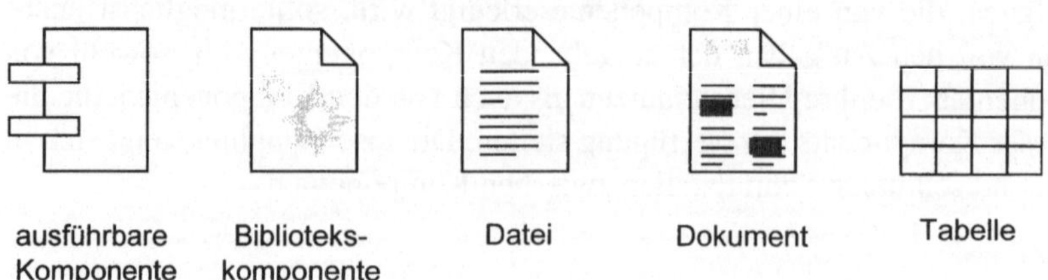

Abb. 10-3. Standardkomponenten

Jede Komponente wird mit einem Namen versehen, der innerhalb der Komponente platziert wird. Zusätzlich zum Namen kann ein Typ für die Komponente spezifiziert werden. In einer Komponente können auch die enthaltenen Elemente, wie Klassen und andere Komponenten dargestellt werden.

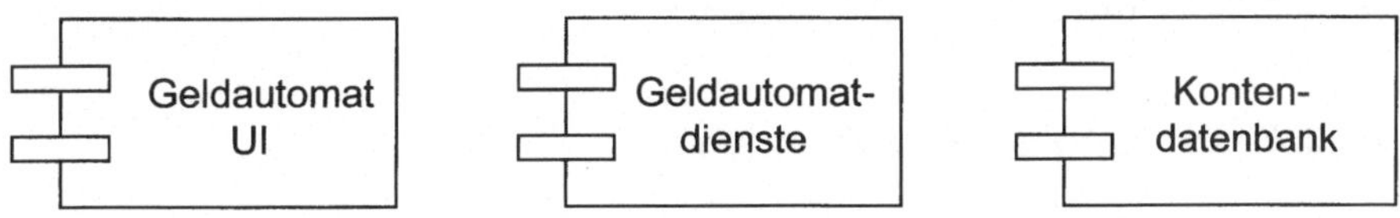

Abb. 10-4. Komponenten für den Geldautomaten

Im Beispiel werden die drei identifizierten Komponenten folgendermaßen benannt: „Benutzungsschnittstelle des Geldautomaten", die mit Geldautomat UI (User Interface) abgekürzt ist, „Geldautomatdienste" und „Kontendatenbank". Abb. 10-4 zeigt die graphische Darstellung dieser Komponenten.

10.1.3 Finden von existierenden Komponenten

In diesem Arbeitsschritt sollen, soweit es möglich ist, existierende Komponenten gefunden werden, die für die zu entwickelnde Anwendung nützlich sind. Hierfür muss die Funktionalität der vorhandenen Komponenten mit den Anforderungen der Anwendungskomponenten übereinstimmen. Die Schnittstellen, die diese Komponenten bereitstellen, müssen genau betrachtet und mit dem Design der zur entwickelnde Anwendung verglichen werden. Die Wiederverwendung von Komponenten hat u.a. den Vorteil, den Entwicklungsaufwand zu verringern. Beispiele für Pakete von existierende Komponenten sind JavaBeans und ActiveX Control.

Beim Geldautomatenbeispiel könnten z.B. einige Standardkomponenten, die die Corporate Identity des Bankinstituts abbilden, für das Geldautomaten-User Interface verwendet werden.

10.1.4 Definition von Schnittstellen

Eine Schnittstelle ist eine Menge von Operationen, die verwendet werden, um einen Dienst von der Komponente zu spezifizieren. Ein System kann als eine Menge von Komponenten und Schnittstellen beschrieben werden. Jede Komponente realisiert einige Schnittstellen und andere Komponenten nutzen die Dienste, die diese Schnittstellen zur Verfügung stellen.

Eine Schnittstelle wird in UML mit einem Kreis graphisch repräsentiert.

Abb. 10-5 zeigt die Schnittstellen, die für das Beispiel des Geldautomaten definiert werden. Es sind die Schnittstellen *Status* und *Aktualisierung*, die von der *Kontendatenbank* realisiert sind und *Transaktion*, die von der Komponente *Geldautomatdienste* gestellt wird.

Abb. 10-5. Schnittstellen für den Geldautomaten

10.1.5 Festlegung der Beziehungen

Schnittstellen werden von einer Komponente realisiert. Zu dieser Komponente steht die Schnittstelle in einer Realisationsbeziehung. Die Komponente, die Dienste nutzt steht in einer Abhängigkeitsbeziehung zur Schnittstelle. *Realisationsbeziehungen* werden durch eine durchgezogene Linie und *Abhängigkeitsbeziehungen* durch einem gestrichelten Pfeil dargestellt.

Abb. 10-6 zeigt die Komponenten *Geldautomatdienste* und *Kontendatenbank*, die Schnittstellen *Status* und *Aktualisierung*, und die Beziehungen zwischen diesen Komponenten und Schnittstellen.

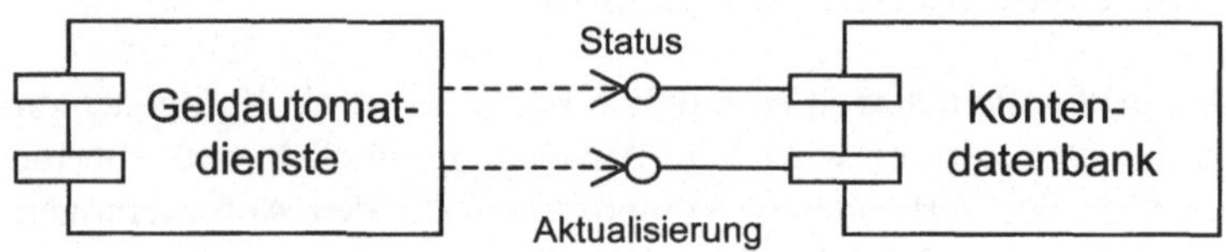

Abb. 10-6. Realisations- und Abhängigkeitsbeziehungen

10.1.6 Erstellung eines Komponentendiagramms

Bei der Erstellung von einem Komponentenmodell werden die Ergebnisse der vorherigen Arbeitsschritte verwendet. Komponenten, Schnittstellen und Beziehungen werden in einem UML-Komponentendiagramm dargestellt. Das Komponentenmodell wird mit einem eindeutigen Namen versehen. Abb. 10-7 zeigt das Komponentendiagramm „Geldautomat".

Qualitätskriterien

Qualitätskriterien für die Erstellung eines Komponentenmodells sind:

- Die für die Anwendung notwendigen Komponenten sind identifiziert.
- Alle Schnittstellen sind bestimmt.
- Alle Beziehungen und Abhängigkeiten sind bestimmt.
- Ein Komponentenmodell ist erstellt und mit einem Namen versehen.
- Die Länge der Beziehungslinien ist minimiert.

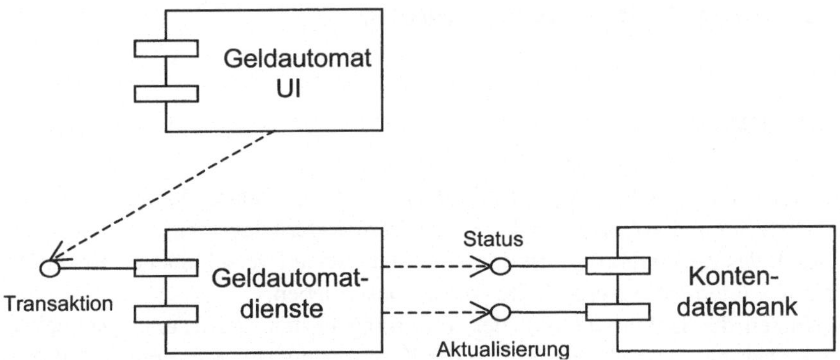

Abb. 10-7. Komponentendiagramm für Geldautomaten

- Im Komponentendiagramm werden kreuzende Beziehungslinien vermieden.
- Semantisch nahestehende Komponenten werden auch graphisch nah zueinander dargestellt.

Vorausgesetztes Wissen

Konzepte der statischen und dynamischen Modellierung, insbesondere Techniken *Erstellung eines groben bzw. detaillierten Klassenmodells.*

Literatur

[Booch1999] Booch, G., Rumbaugh, J. und Jacobson, I.: The Unified Modeling Language, Addison-Wesley, 1999

[Fowler1999] Fowler, M., Scott, K.: UML Distilled, Second Edition, A Brief Guide to the Standard Object Modeling Language, Addison-Wesley, 1999

[Henderson-Sellers1998] Henderson-Sellers, B., Simons, A., Younessi, H.: The OPEN Toolbox of Techniques, Addison-Wesley, 1998

[Oestereich1998] Oestereich, B.: Objektorientierte Softwareentwicklung: Analyse und Design mit der Unified Modeling Language, Oldenburg, 1998

[Rumbaugh1999] Rumbaugh J., Jacobson, I., Booch, G.: The Unified Modeling Language: Reference Manual, Addison-Wesley, 1999

10.2 Dokumentation der Verteilung

Beschreibung

Das Ziel der Dokumentation der Verteilung ist es, die Abbildung der Verteileinheiten auf Hardware und Topologie in Form standardisierter Diagramme zu dokumentieren. Auch das Zusammenwirken der Komponenten auf verschiedenen Rechnern sowie die Kommunikationsprotokolle werden beschrieben.

Der Nutzen der Dokumentation der Verteilung besteht darin, einen schnellen Überblick über die physische Verteilung der Komponenten zu bekommen. Auf dieser Basis werden z.B. Produktentscheidungen über die Entwicklungsplattformen und über die Basissoftware (Middleware, Datenbanksysteme) getroffen.

Die Voraussetzungen für die Dokumentation der Verteilung ist die Verteilungsvorschrift der Einsatzkomponenten, wie sie als Ergebnis der Technik *Abbildung der Verteileinheiten* entsteht.

Das Ergebnis der Dokumentation der Verteilung ist eine Menge von UML-Diagrammen und gegebenenfalls zusätzlicher Textdokumente, welche die Hardware-Topologie und die Verteilung der Einsatzkomponenten auf die Hardwareknoten beschreiben.

Die Arbeitsschritte bei der Dokumentation der Verteilung sind:

- Dokumentation der Hardware-Topologie.
- Dokumentation der Zuordnung der Einsatzkomponenten zu den Hardwareknoten.

Arbeitsschritte

10.2.1 Dokumentation der Hardware-Topologie

Diese Aktivität ist für den Fall notwendig, dass noch keine entsprechenden Dokumente existieren. Zu dokumentieren sind die verarbeitenden Elemente eines Systems, auf denen die Komponenten ausgeführt werden können, zusammen mit deren physischen Verknüpfungen.

In der UML eignet sich hierfür ein Einsatzdiagramm (deployment diagram). Die Knoten stellen Hardwareeinheiten dar, die Links zwischen den Knoten die physischen Verbindungen zwischen den Hardwareeinheiten. Es ist günstig, für verschiedene Hardwareeinheiten Stereotypen einzuführen, um einen schnelleren Überblick zu gewähren. Als Beispiele sind hier die Hardwaretypen Client- und Serverstation, Mainserver oder Webserver zu nennen. Für jeden Knoten sind Leistungs- und Ausstattungsmerkmale zu dokumentieren wie Prozessortyp, Speicherkapazität oder Betriebssystemversion. Auch die Links sollten stereotypisiert werden.

Die Modellierung eines zweistufigen Client/Server-Systems könnte wie folgt aussehen:

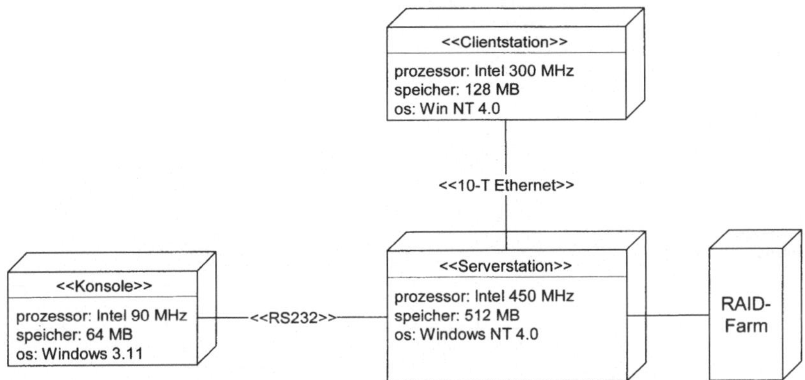

Abb. 10-8. Die Hardware-Topologie eines Systems

Die Clients sind über ein 10-T Ethernet mit einer NT-Serverstation verbunden, an der zusätzlich eine Konsole für Administrationszwecke angeschlossen ist. Die Serverstation bedient sich eines RAID-Systems zur Datenhaltung. Man beachte die unterschiedlichen Stereotypen.

In der Verteilungsmodellierung muss die RAID-Farm nicht unbedingt erwähnt werden. Der Grund liegt darin, dass auf ihr keine Einsatzkomponenten des Systems laufen. Auf der RAID-Farm laufen allgemeine Basiskomponenten der Herstellers (Betriebssystem, Treiber etc.), die dem Client/Server-System vollständig transparent sind. Es schadet aber im Sinne einer ausführlichen Dokumentation nicht, diesen technischen Aspekt zu erwähnen.

10.2.2 Dokumentation der Zuordnung der Einsatzkomponenten zu den Hardwareknoten

Dies kann visuell auf zwei Arten geschehen: Einerseits kann die Abhängigkeitsbeziehung (dependency) genutzt werden, um die Beziehung herzustellen. Andererseits können Objektdiagramme benutzt werden, um die Komponenten innerhalb der Hardware-Symbole textuell festzuhalten. Die zweite Möglichkeit erlaubt keine eigenen Symbole für die Stereotypen.

Im Beispiel stellen sich die Alternativen wie folgt dar:

- Mit Abhängigkeitsbeziehungen. Die Komponenten, die auf der Hardwareeinheit ablaufen, werden als abhängige Objekte dargestellt (Abb. 10-8).
- Mit einem Objektdiagramm. Hier werden die Hardware-Knoten als Instanzen modelliert. Es ergibt sich die Möglichkeit, die unterstützten Komponenten textuell in die Symbole aufzunehmen. Eigene Symbole für die Stereotypen sind in diesem Fall nicht möglich (siehe Abb. 10-9).

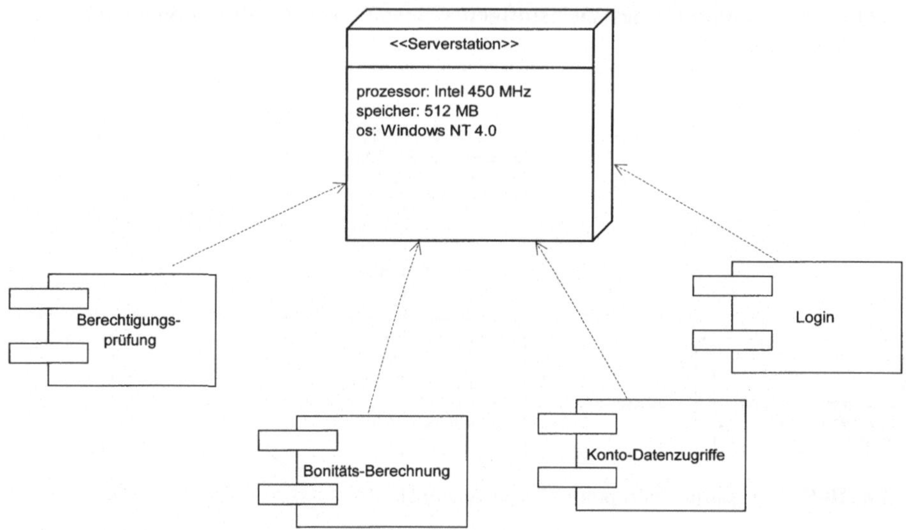

Abb. 10-9. Verteilungsmodellierung über Abhängigkeiten

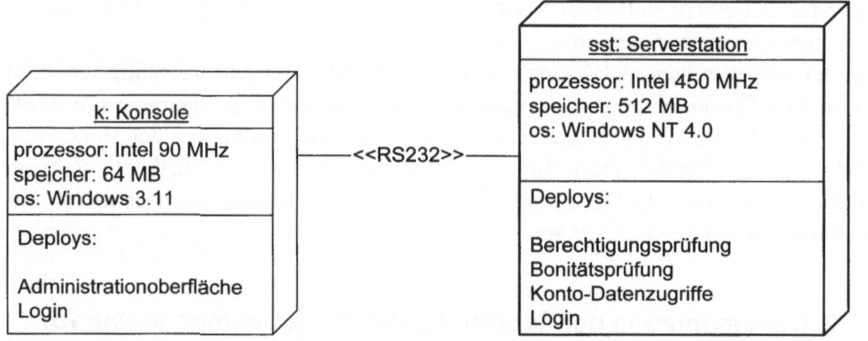

Abb. 10-10. Verteilungsmodellierung über Objektdiagramme

Qualitätskriterien

Qualitätskriterien für die Verteilungsmodellierung sind:

- *Angemessener Detaillierungsgrad bei den Hardwareknoten.* Es ist darauf zu achten, dass nur diejenigen Attribute von Knoten modelliert werden, die für das Verständnis der Verteilung notwendig sind.
- *Klare Begriffsbildung der Knoten.* Die Benennung der Knoten stellt eine klar definierte Abstraktion aus der Begriffswelt der Hardware dar (z.B. Serverstation, Mainserver). Die Knoten setzen direkt die von ihnen abhängigen Komponenten ein.

- *Verbindungen zwischen den Knoten.* Die Kommunikationsverbindungen zwischen den Knoten bzw. Komponenten sind klar spezifiziert.
- *Eindeutige Komponentenzuordnung.* Die Allokation der Komponenten ist eindeutig. Es ist zwar möglich, dass eine Komponente auf mehreren Knoten zum Einsatz kommt. Sie muss dann aber auf jedem dieser Knoten als physische Einheit vollständig instanziiert (allokiert) werden.

Vorausgesetztes Wissen

- Um die Hardware-Topologie zu beschreiben, sind Kenntnisse über die Rechnerlandschaft erforderlich.
- Kenntnis der physischen Partitionierung des Systems in Hardwareknoten.
- Kenntnis der UML-Objektdiagramme (object diagram) und -Einsatzdiagramme (deployment diagram)
- Erfahrung in der Verteilung von Komponenten (siehe Technik *Abbildung der Verteileinheiten*)

Literatur

[Booch1999] Booch, G., Rumbaugh, J., Jacobson, I.. The Unified Modeling Language, Addison-Wesley, 1999

10.3 Bildung von Verteileinheiten

Beschreibung

Die Bildung von Verteileinheiten steht am Anfang der Designphase im objektorientierten Entwicklungsprozess. Unter einer Verteileinheit versteht man einen physischen (d.h. aus Bits bestehenden) und austauschbaren Teil eines Softwaresystems, der einer Menge von Schnittstellenspezifikationen genügt und diese realisiert. Als UML-Begriff entspricht dies einer *Einsatzkomponente (deployment component)*. Beispiele für solche Komponenten sind ausführbare Dateien, Bibliotheken oder verteilte Objekte.

Das Ziel der Bildung von Verteileinheiten ist die Identifikation und Spezifikation von Einsatzkomponenten des System sowie die Festlegung von deren Zusammenspiel.

Der Nutzen der Bildung von Verteileinheiten ist ein erster Hinweis auf die technische Grobarchitektur des Systems. Auch kann Potential für Wiederverwendung aufgezeigt werden. Da die Verteileinheiten in sich abgeschlossene Entwicklungspakete darstellen, bilden Sie eine Grundlage für die zeitliche Planung und für die Zusammenstellung der Realisierungsteams.

Die Voraussetzungen für die Bildung von Verteileinheiten sind das Anwendungsfallmodell, das logische Schichtenmodell, das fachliche Klassenmodell und die gewählte physische Partitionierung (Hardware-Topologie) des Systems.

Das Ergebnis der Bildung von Verteileinheiten ist eine Menge von Einsatzkomponenten, eine Beschreibung ihrer Schnittstellen und Abhängigkeiten sowie ihres Zusammenspiels.

Die Arbeitsschritte der Bildung von Verteileinheiten sind:

- Fokussierung auf die Ausgangssituation
- Herauslösen eng gekoppelter Teile aus dem Anwendungsfall- und Klassenmodell
- Festlegung der Schnittstellen und Abhängigkeiten der Komponenten
- Festlegung des Zusammenspiels der Komponenten.

Arbeitsschritte

10.3.1 Fokussierung auf die Ausgangssituation

Hier wird das Material gesammelt, welches als Voraussetzung für die Bildung von Verteileinheiten dient. Dies sind das Anwendungsfallmodell, das logische Schichtenmodell, das fachliche Klassenmodell und die gewählte physische Partitionierung (Hardware-Topologie) des Systems.

Als Beispiel wird für eine Bank ein Kontenverwaltungssystem (KVS) entwickelt. Mit externen SB-Terminals können Kunden über eine Authentifizierung ihren Kontostand abfragen und Überweisungen tätigen. Mitarbeiter der Bank können an bankinternen PCs die Bonitäten von Kunden und die Tagesbilanz der Bank berechnen.

Die Zugriffe sollen alle authentifiziert und autorisiert erfolgen. Es gibt unterschiedliche Berechtigungen für Kunden und Mitarbeiter. Kunden dürfen nur die eigenen Konten pflegen. Mitarbeiter dürfen die Bonität eines Kunden berechnen und die Tagesbilanz erstellen.
Der Ausgangspunkt lässt sich wie folgt beschreiben:

a) Das Anwendungsfallmodell

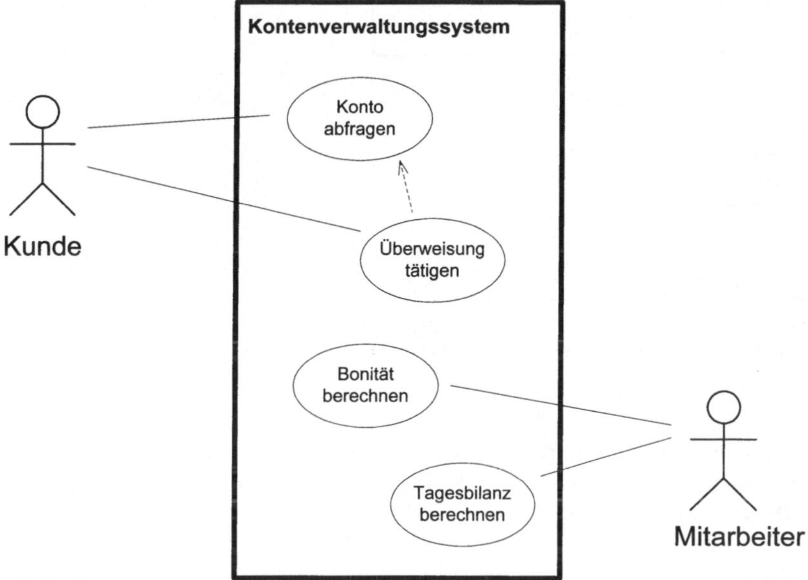

Abb. 10-11. KVS-Anwendungsfallmodell

Zusätzliche liegen Informationen zu ausgewählten Anwendungsfällen vor:

Tab. 10-1. Anwendungsfälle

Anwendungsfall	Beschreibung
Kontostand abfragen und Überweisungen tätigen	... Geschieht etwa 1000 mal pro Tag. Wenig rechenintensiv, da nur Einzelüberweisungen möglich sind.
Bonität berechnen	... Geschieht etwa 10 mal am Tag pro Mitarbeiter. Ist sehr rechenintensiv.
Tagesbilanz berechnen	... Geschieht durch einen ausgewählten autorisierten Mitarbeiter. Ist sehr rechenintensiv. Findet jeden Tag einmal nach Geschäftsschluss statt.

b) Das Klassenmodell:

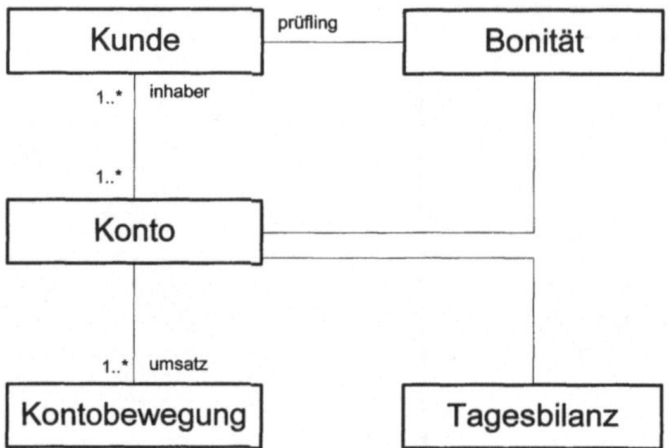

Abb. 10-12. KVS-Klassenmodell

c) Die physische Hardware-Architektur sei bereits als UML-Einsatzdiagramm (deployment diagram) mit der Technik *Dokumentation der Verteilung* modelliert und stellt sich wie folgt dar:

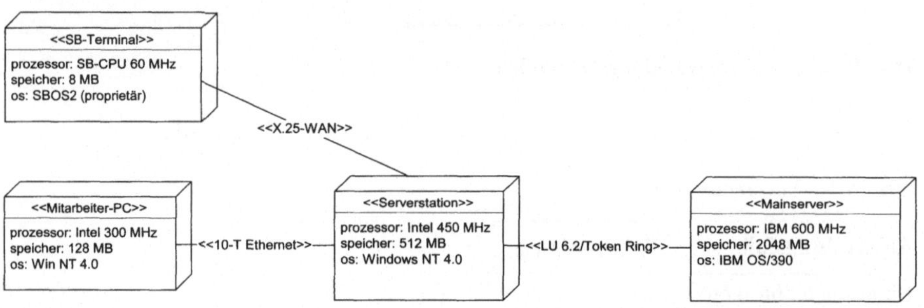

Abb. 10-13. Physische Partitionierung

Die SB-Terminals sind über Fernleitungen (WAN) mit dem Zentralrechner der Bank verbunden. Innerhalb der Bank sind die Mitarbeiter mit ihren PC's über eine Workstation des Rechenzentrums, die etwa 10-20 Clients bedient, mit dem Zentralrechner verbunden.

d) Folgende Designentscheidungen für die Komponentenbildung können auf Basis einer Mehrschichtenarchitektur [SIZ1999a] getroffen werden:

- *Oberflächenkomponenten.* Die vorgegebene Partitionierung stellt eine gemischt zwei- und dreistufige Client/Server-Architektur dar. In jedem Fall wird es getrennte Präsentationskomponenten für das SB-Terminal und die Mitarbeiter-PC's geben.
- *Sicherheitskomponenten.* Der direkte Zugriff von den SB-Terminals auf den Mainserver verlangt nach einer Authentifizierungs- und einer Autorisierungs-

komponente auf dem Mainserver und dem SB-Terminal. Für die Mitarbeiter genügt eine Login-Komponente auf den PC's. Weitere Sicherheitskomponenten für die Mitarbeiter gibt es nur auf den Workstations, da jeder Zugriff auf den Mainserver über die Workstation geht.

- *Anwendungskomponenten.* Es wird separate Anwendungskomponenten für die Anwendungsfälle geben, um möglichst flexibel auf die Knoten verteilen zu können.

10.3.2 Herauslösen eng gekoppelter Teile aus dem Anwendungsfall- und Klassenmodell

Eng gekoppelte Teile ergeben sich in Form horizontaler Bereiche durch das Studium der Hardware-Topologie und des Schichtenmodells, z.B. Oberflächenkomponenten oder Datenzugriffskomponenten. Aus dem Anwendungsfallmodell kann man Hinweise auf vertikale Bereiche finden, z.B. Steuerungskomponenten für bestimmte Anwendungsfälle oder Querschnittskomponenten wie eine Berechtigungsprüfung.

In dem Beispiel ergeben sich mit den Informationen des ersten Arbeitsschritts sofort die zwei (horizontalen) Oberflächenkomponenten:

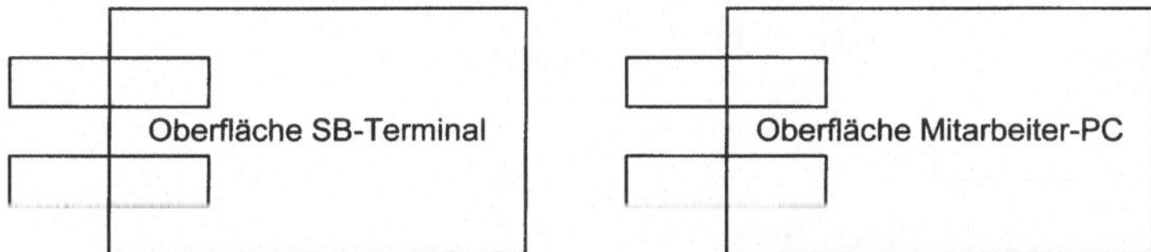

Abb. 10-14. Oberflächenkomponenten

Ratsam ist auch eine eigene Komponente für die Datenzugriffe auf Konten, da sie von allen Anwendungsfällen benötigt wird und so ein gewisser Wiederverwendungseffekt entsteht:

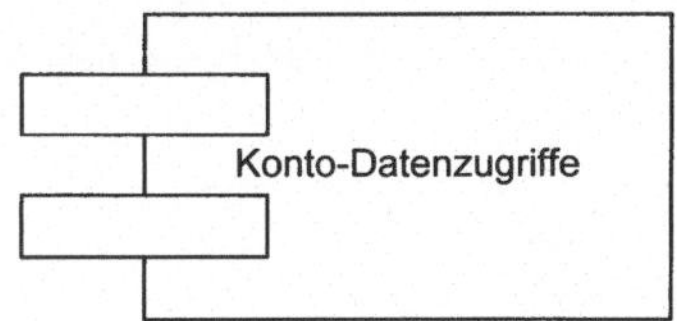

Abb. 10-15. Zentrale Datenzugriffskomponente

Es wird eine Thin-Client-Architektur angestrebt. Die Berechnung von Bonität und Tagesbilanz sollte nicht auf den Client-PCs stattfinden, da sonst zu viele Daten zu den PCs übertragen werden müssten. Um die Komponenten nicht zu groß werden zu lassen und zudem eine getrennte Verteilung von Tagesbilanz und Bonitätsprüfung zu ermöglichen, werden für diese zwei fachlichen Anforderungen getrennte Komponenten gebildet:

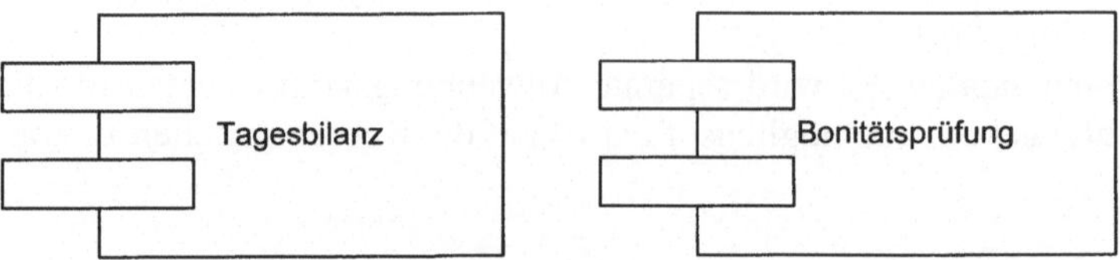

Abb. 10-16. Fachliche Komponenten

Soweit die fachlichen Komponenten, die unmittelbar aus dem Klassen- und Anwendungsfallmodell ersichtlich sind.

Aus den Zusatzanforderungen sind Sicherheitsaspekte ersichtlich, die noch nicht im Klassenmodell erfasst waren. Hier werden eine Login-Komponente sowie Komponenten zur Autorisierung benötigt, die bei jedem Zugriff die Berechtigung prüfen. Es sei hier angenommen, dass es diese Komponenten bereits aus einem Wiederverwendungspool gibt und diese nur für die Aufrufe des neuen Systems konfiguriert werden müssen:

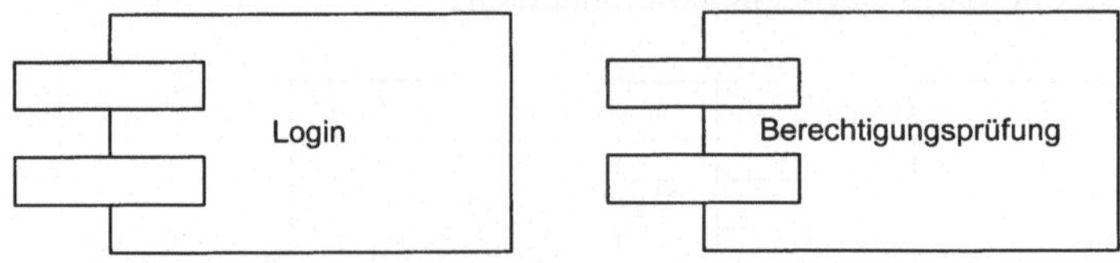

Abb. 10-17. Wiederverwendete Sicherheitskomponenten

Für die Überweisungen ist ferner eine Schnittstellen-Komponente (Wrapper) für ein Altsystem zu entwickeln. Sie wird direkt vom SB-Terminal aus angesprochen:

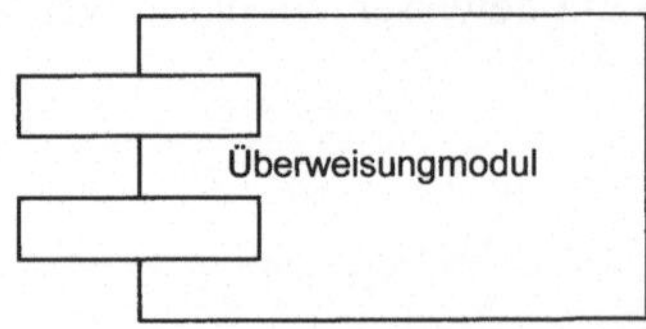

Abb. 10-18. Kapselungskomponente für ein Altsystem

Damit ist der zweite Schritt abgeschlossen.

10.3.3 Festlegung der Schnittstellen und Abhängigkeiten der Komponenten

Nachdem die Verteileinheiten identifiziert wurden, werden nun ihre Schnittstellen definiert, ihre Abhängigkeiten zu Klassen des Klassenmodells und das Zusammenspiel dokumentiert. Man beachte, dass die Schnittstellen noch auf einer logischen Ebene liegen und eher informell spezifiziert werden. Details wie Signaturen und Typisierungen werden erst während der Realisierung festgelgt.

Die Schnittstellenbeschreibung geschieht halbformal in Tabellenform. Die in einer Komponente enthaltenen Klassen werden durch die Abhängigkeitsbeziehungen (dependency) modelliert und für das Zusammenspiel der Komponenten gibt es die UML-Komponentendiagramme (vgl. Technik *Komponentenmodellierung*).

Die Schnittstellenbeschreibung in tabellarischer Form wird am Beispiel der Bonitätsprüfung erläutert:

Tab. 10-2. Schnittstelle der Bonitätsprüfung

Operation	**Beschreibung**
prüfeBonität(kunde) returns Integer	Diese Operation ermittelt in Abhängigkeit der Kontenbewegungen und der Kreditsituation des Kunden eine Ganzzahl zwischen 1 und 5, wobei 1 die höchste Bonität (=Kreditwürdigkeit) bedeutet.

In UML gibt es fur die Schnittstellen auch die grafische „Lolli"-Notation:

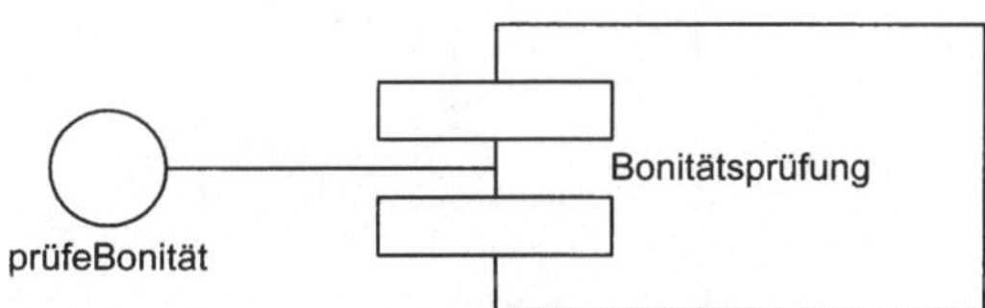

Abb. 10-19. Lolli-Notation für die Schnittstellen einer Komponente

Die UML bietet auch die Möglichkeit, Abhängigkeiten zwischen verschiedenen Modellentitäten zu beschreiben. Im Zusammenhang mit Komponenten kann man hier die Entitäten des Klassenmodells aufzählen, von denen die Komponente abhängt. Dies ist später u.a. für das Konfigurations- und Versionsmanagement von Bedeutung:

10.3.4 Festlegung des Zusammenspiels der Komponenten

Nachdem jede Komponente in solch einer Form beschrieben ist, wird das Zusammenspiel festgelegt. Man beachte, dass hier noch keine Verteilung der Komponenten auf Hardware-Knoten stattfindet, das Zusammenspiel also *logisch* zu verstehen

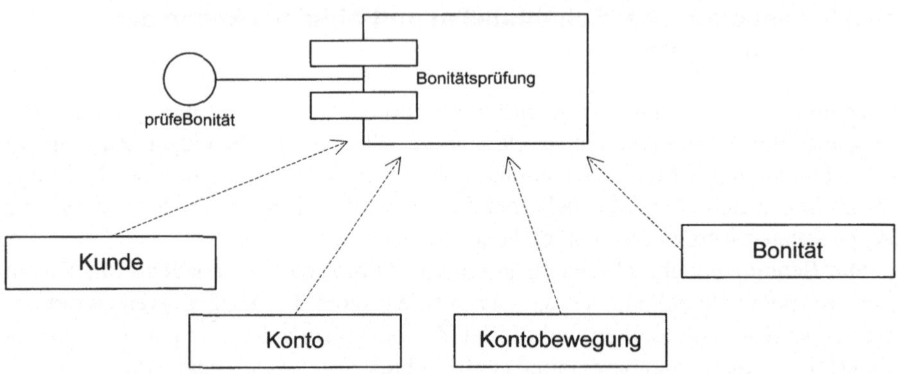

Abb. 10-20. Abhängigkeiten der Bonitätsprüfung

ist. Es ist z.B. später nicht auszuschließen, dass einige Komponenten als DLLs in einem gemeinsamen Prozess oder Thread laufen.

Das Zusammenspiel der Komponenten im Beispiel zeigt das Komponentendiagramm in Abb. 10-21:

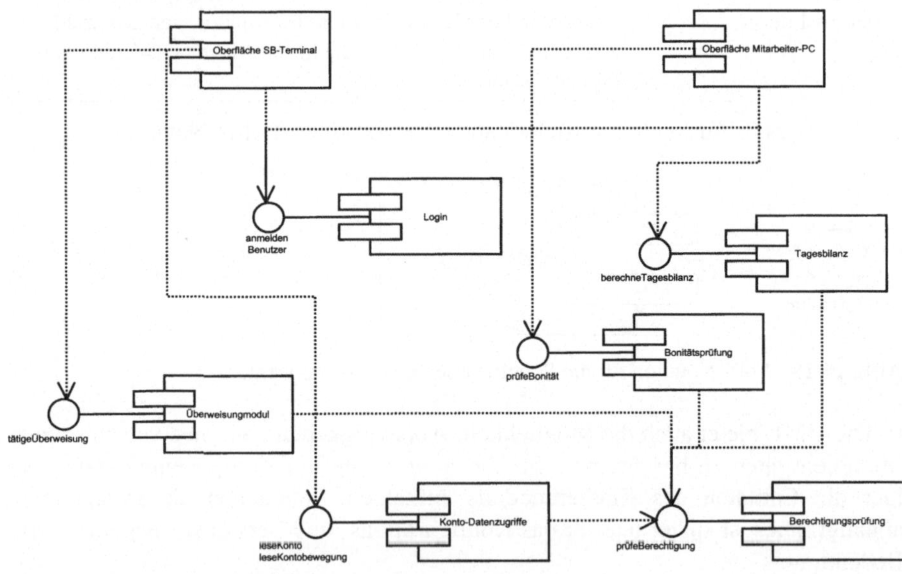

Abb. 10-21. Zusammenspiel der Komponenten im Beispiel

Selbstverständlich können Komponenten auch in Paketen gruppiert werden, falls der Platz für ein globales Diagramm nicht ausreicht. In der Regel erhält man so mehrere Ausschnitte aus dem Gesamtmodell.

Qualitätskriterien

Qualitätskriterien für die Bildung von Verteileinheiten bzw. Einsatzkomponenten sind:

- Die Komponenten stellen eine klare Abstraktion eines physischen Aspekts des Systems dar.
- Die Komponenten decken die gesamte Funktionalität des Systems ab. Auch technische Querschnittskomponenten, die nicht direkt im fachlichen Klassenmodell erscheinen, sind erfasst.
- Die Komponenten sind untereinander lose gekoppelt und interagieren über klar definierte Schnittstellen.
- Die Schnittstellendefinition ist knapp und übersichtlich gehalten. Es sind nur diejenigen Aspekte festgelegt, die für das Verständnis des logischen Zusammenspiels der Komponenten wichtig sind.
- Innerhalb der Komponente besteht ein enger fachlicher oder technischer Zusammenhang (hohe Kohäsion).
- Die Abhängigkeiten, insbesondere zu den Klassen des Klassenmodells, sind klar beschrieben.

Vorausgesetztes Wissen

- Kenntnisse des Anwendungsfall- und Klassenmodells, ggf. auch des dynamischen und des Objektnavigationsmodells, vgl. Techniken *Anwendungsfallmodellierung, Erstellung eines groben bzw. detaillierten Klassenmodells.*
- Kenntnisse über die technische Architektur von verteilten Softwaresystemen, vgl. Technik *Dokumentation der Verteilung*. Insbesondere die technischen Querschnittskomponenten (Sicherheitskomponenten, Meldungsverwaltung, Systemfehler-Module, Datenzugriffs- und Kommunikationsmodule) sorgen für einen hohen Grad an Wiederverwendung, da sie i.d.R. von allen übrigen Teilen des Systems gebraucht werden. Leider sind sie meist nicht direkt aus dem Klassenmodell oder Anwendungsfallmodell ersichtlich.
- Erfahrungswissen, wo und in welchen Situationen Engpässe eines Software-Systems entstehen können, z.B. bei Hardware-Aspekten wie Netzkapazität oder Festplatten-Zugriffszeiten
- Erfahrung im Projekt-Management: Welche Pakete sollten von welchen Teams übernommen werden?
- Wissen über bereits bestehende Komponenten, die wiederverwendet werden können. Insbesondere bei der Arbeit mit Java Beans oder Enterprise Beans, Smalltalk, C++ oder auch Visual Basic kann ein virtuoser Umgang mit bereits bestehenden Komponenten viel Zeit sparen.

Literatur

[Booch1999] Booch, G., Rumbaugh, J., Jacobson, I.: The Unified Modeling Language, Addison-Wesley, 1999

[SIZ1999a] Informatikzentrum der Sparkassenorganisation GmbH (SIZ): AE-Modell Objektorientierte Entwicklung, Bonn, 1999

10.4 Abbildung der Verteileinheiten

Beschreibung

Ziel der Abbildung von Verteileinheiten ist es, zu einer Vorschrift für die Verteilung der Einsatzkomponenten auf den Hardwareknoten des Systems zu kommen. Leitlinien sind gute Performance, Zuverlässigkeit und Ausfallsicherheit des Systems. Die Technik stellt das funktionale Analogon zur Technik der *Datenverteilung* dar und findet häufig zeitgleich statt. Die Abbildung der Verteileinheiten ist die Technik nach der *Bildung der Verteileinheiten.* Eine mögliche Notation zur Dokumentation findet sich in der Technik *Dokumentation der Verteilung.*

Der Nutzen der Abbildung von Verteileinheiten besteht darin, einen Überblick über die physische Verteilung der Komponenten zu bekommen. Sie ist Grundlage für die Systemarchitektur und Leitlinie für alle an der Komponentenentwicklung beteiligten Entwickler. Ausserdem ist sie eine Qualitätssicherung für die *Bildung der Verteileinheiten.*

Die Voraussetzungen für die Abbildung von Verteileinheiten ist das Anwendungsfallmodell, die physische Partitionierung des Systems (Hardware-Topologie) und die Menge der zu verteilenden Komponenten (siehe Technik *Bildung von Verteileinheiten*).

Das Ergebnis der Abbildung von Verteileinheiten ist der Architekturtyp der Anwendung sowie eine Zuordnung der Einsatzkomponenten auf die Hardwareknoten gemäß diesem Architekturtyp. Eine Dokumentation der Ergebnisse erfolgt mit der Technik *Dokumentation der Verteilung.*

Die Arbeitsschritte bei der Abbildung der Verteileinheiten sind:

- Fokussierung auf die Ausgangssituation
- Entscheidung für einen Architekturtyp
- Verteilung der Einsatzkomponenten auf die Hardware-Einheiten.

Arbeitsschritte

10.4.1 Fokussierung auf die Ausgangssituation

Hier wird das Material gesammelt, welches als Voraussetzung für die Abbildung der Verteileinheiten dient. Dies sind das Anwendungsfallmodell, die physische Partitionierung (Hardware-Topologie) des Systems und die Menge der zu verteilenden Komponenten. Die folgenden Ausführungen basieren auf dem Beispiel der Kontoverwaltung. Es wurden 8 Komponenten mit Hilfe der Technik *Bildung von Verteileinheiten* gefunden:

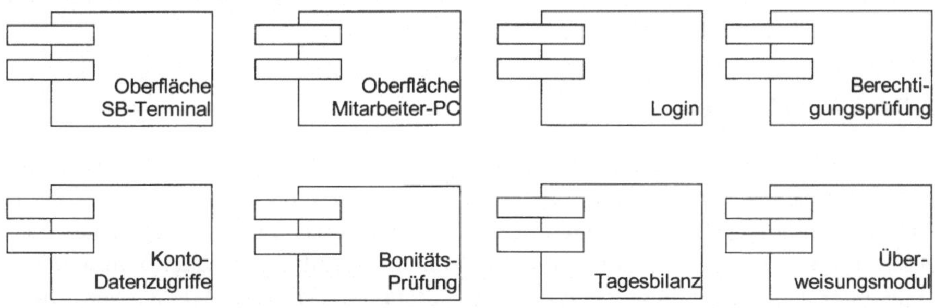

Abb. 10-22. Identifizierte Einsatzkomponenten

In den folgenden Schritten werden diese Komponenten exemplarisch auf verschiedene physische Partitionierungen und Architekturtypen abgebildet. Da die Zahl der zu berücksichtigenden Möglichkeiten mit zunehmender Komplexität exponentiell steigt, beschränken sich die Ausführungen auf einige praktisch sinnvolle und bewährte Architekturtypen [Austin1995][Linthicum1997].

10.4.2 Entscheidung für einen Architekturtyp

In diesem Schritt wird die grundlegende Philosophie der Verteilung festgelegt. Ausführlichere Leitlinien für Client/Server-Architekturen findet man in [Linthicum1997][SIZ1999a].

2-tier-Client/Server

Die erste Möglichkeit besteht in einer klassischen 2-tier-Architektur. Sie gehört zu den frühen Client/Server-Architekturen und ist wegen ihrer Einfachheit für kleinere Anwendungen adäquat. Es existieren zwei Varianten:

Die Variante *2-tier fat client* sieht die gesamte Anwendungsfunktionalität auf den Clients vor. Über entfernte Datenbankbibliotheken diverser Hersteller wird transparent auf Datenbanken anderer Hardwareknoten (Datenserver) zugegriffen. Diese Variante eignet sich für kleine Anwendungen. Sie ist sehr einfach zu realisieren, belastet aber das Netzwerk und den Datenbank-Server erheblich, da sämtliche Daten zur Verarbeitung zum Client gelangen müssen. Dies kann durch gespeicherte Prozeduren (stored procedures) in der Datenbank behoben werden, erhöht aber wiederum die Komplexität, da man mit zwei verschiedenen Programmiersprachen hantieren muss. Außerdem wird die Austauschbarkeit der Datenbanksysteme erschwert.

Die Variante *2-tier thin client* ist eine weit verbreitete Architektur für mittlere Anwendungen mit einfachen Datenzugriffen. Auf dem Client befindet sich nur die Präsentationsschicht mit der Dialogsteuerung. Der Server enthält die Datenzugriffsmodule und die Verarbeitung. So müssen nur diejenigen Daten auf den Client übertragen werden, die auch tatsächlich angezeigt werden. Ein möglicher Engpass besteht aber in dem zentralen Server, der die Anfragen und die Verarbeitung aller Clients verkraften muss.

3-tier-Client/Server

Um die Probleme bei den 2-tier-Architekturen zu beheben, wurden Anfang der 90er-Jahre die 3-tier-Architekturen eingeführt. Basierend auf dem Thin-Client-Ansatz kommen die Komponenten der Geschäftsprozess-Steuerung auf einer oder mehreren Serverstationen zum Einsatz. Die Datenzugriffe geschehen von dort aus lokal über Datenverteilung oder entfernt auf einen zentralen Mainserver. Diese Variante eignet sich für sehr große Anwendungen und skaliert auch für sehr viele Benutzer. Sie ist aber entsprechend schwieriger zu realisieren.

3/4-tier-Client/Server im Inter-/Intranet

Moderne Systeme arbeiten auch innerhalb des Unternehmens mit Internet-Technologie. Auf den Clients befindet sich ein extrem dünner, browserbasierter Client (über HTTP) oder maximal ein thin-client (z.B. über ActiveX-Controls oder Java-Applets). Dieser greift auf einen Webserver und dessen CGI-Skripte oder Servlets zu. Dahinter liegen die Serverstationen mit den sicherheitskritischeren Anwendungen, die wie bei der 3-tier-Variante auf einen zentralen Daten-Backbone zugreifen. Diese Architektur bietet insgesamt eine breite Palette von sehr flexiblen und skalierbaren Alternativen, die als 3-tier oder 4-tier zu klassifizieren sind und ausführlich in [Linthicum1997] diskutiert werden.

Im folgenden Abschnitt werden die Einsatzkomponenten auf die Hardware-Einheiten verteilt, wobei Beispiele für alle besprochenen Architekturtypen gegeben werden:

- Klassische 2-tier Client/Server-Architektur (fat clients, remote data management)
- Klassische 2-tier Client/Server-Architektur (thin client, remote presentation)
- Klassische 3-tier Client/Server-Architektur (thin client, application server, remote presentation)
- 3/4-tier Client/Server-Architektur im Inter-/Intranet (Network Computing)

10.4.3 Verteilung der Einsatzkomponenten auf die Hardware-Einheiten

Klassische 2-tier Client/Server-Architektur (fat clients, remote data management)

2-tier Architekturen werden gerade bei kleineren Systemen wegen ihrer Einfachheit immer wieder gern angewendet. Die einfachste Variante ist die des Fat Client oder nach [Austin1995] die *entfernte Datenhaltung* (remote database).

In einem UML-Einsatzdiagramm stellt sich das Beispiel dar wie in Abb. 10-23:

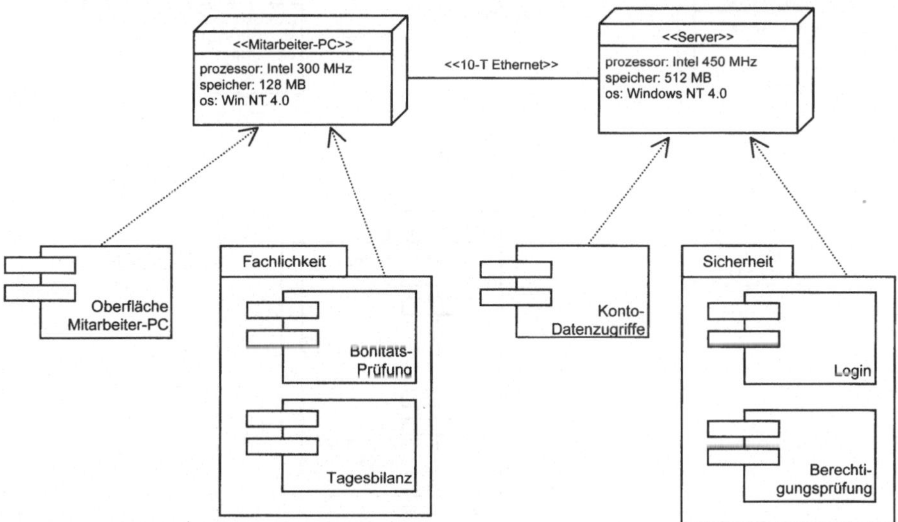

Abb. 10-23. UML-Einsatzdiagramm 2-tier Fat Client

Die Serverstation enthält alle zu behandelnden Daten, der Client auf dem Mitarbeiter-PC ist z.B. in Smalltalk entwickelt.

Der Vorteil dieser Architektur ist ihre Einfachheit. Man entwickelt den Client quasi als Standalone-Anwendung. In dieser Anwendung werden dann Datenbankzugriffe programmiert, die auf eine entfernte Datenbank gehen – ohne das dies der Entwickler merkt. Viele namhafte Hersteller bieten inzwischen solche Datenbankbibliotheken für verschiedene Programmiersprachen.

Als Nachteil ist zu nennen, dass sämtliche Daten zur Verarbeitung immer auf die Clients transportiert werden müssen, was eine hohe Netzlast verursacht. Auch ist die Administration der Clients bei Software-Release-Wechseln komplizierter. Diese Architektur skaliert nur bis zu einer Zahl von ca. 50 Benutzern.

Klassische 2-tier Client/Server-Architektur (thin clients, remote presentation)

Eine Verbesserung der zuvor genannten Nachteile bringt die Thin-Client-Variante der klassischen 2-tier Architektur, die *entfernte Präsentation* (remote presentation nach [Austin1995]). Durch moderne Middleware wie z.B. CORBA ist sie verhältnismäßig leicht zu realisieren. Hier laufen alle fachlichen Vorgänge auf dem Server und nur diejenigen Daten werden übertragen, die tatsächlich zur Anzeige kommen.

Abb. 10-24 zeigt die Verteilung des vorigen Beispiels in dieser neuen Variante.

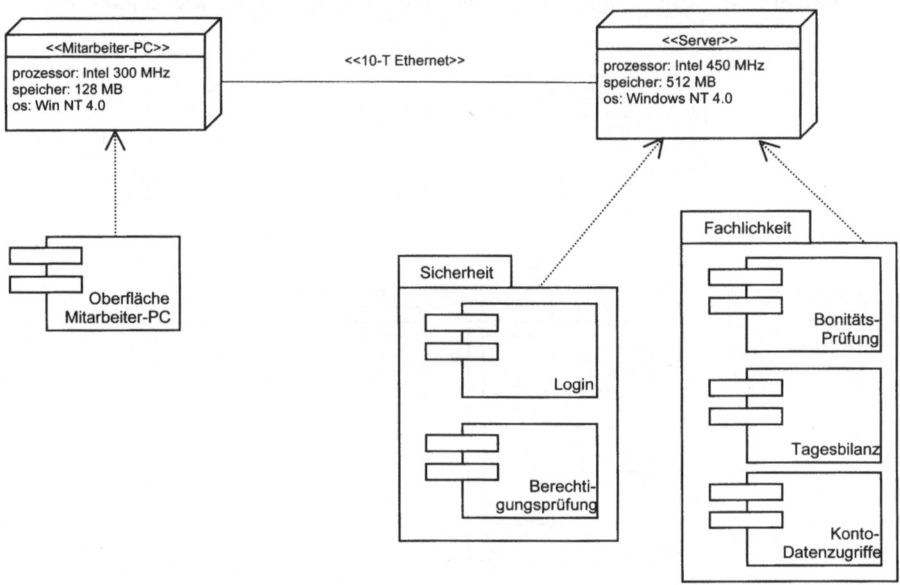

Abb. 10-24. UML-Einsatzdiagramm 2-tier Thin Client

Einzig verbleibender Nachteil ist noch die möglich Überlastung des Servers, wenn zu viele Clients gleichzeitig zugreifen und rechenintensive fachliche Abläufe anstoßen. Im nächsten Abschnitt wird dies durch Einführung einer 3-stufigen Architektur verbessert.

Ein Paradebeispiel für die 2-stufige Thin-Client-Variante sind die SB-Terminals: Die fachlichen Abläufe sind sehr einfach und nicht CPU-intensiv. Daher ist eine dritte Stufe auch bei vielen Benutzern nicht nötig. Auf die Hardware der Terminals passt nicht viel Software, weswegen der Client dünn sein muss. Die Ideallösung ist in Abb. 10-25 wiedergegeben.

Man beachte, dass in allen Fällen bisher die Login- und Berechtigungskomponenten auf dem Server allokiert sind. Es ist allgemein sinnvoll und sicherer, die Berechtigungsprüfung dort zum Ablauf zu bringen, wo die zugehörigen Datenzugriffe erfolgen.

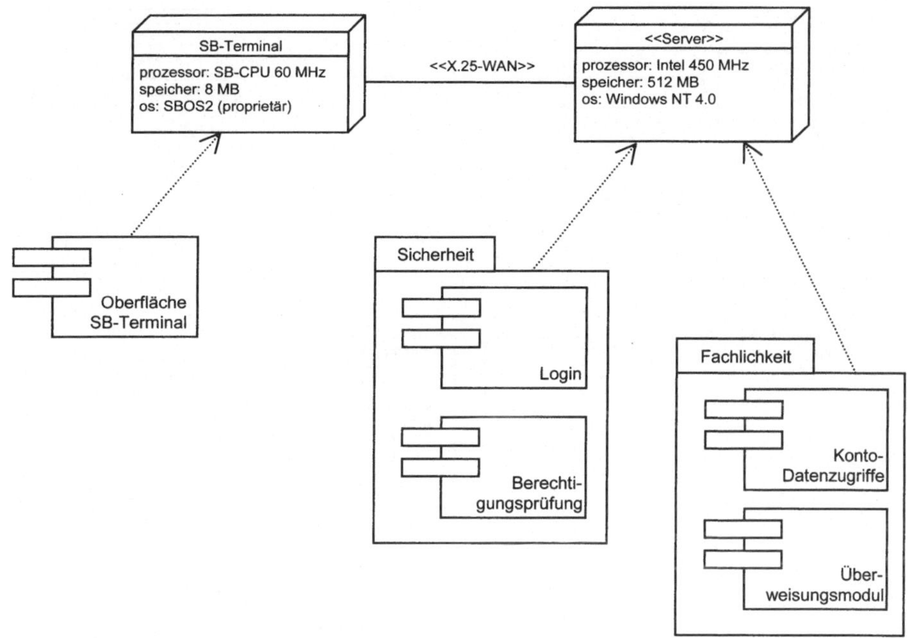

Abb. 10-25. 2-tier Thin Client als Ideallösung für die SB-Terminals

Klassische 3-tier Client/Server-Architektur (thin client, application server, remote presentation)

Eine Behebung der zuvor genannten Nachteile bringt die Thin Client-Variante der klassischen 3-tier Architektur, die entfernte Präsentation in der Variante *verteilte Anwendung* (nach [SIZ1999a]).

Da die Clients nur die Oberfläche und Dialogsteuerung ausführen, hat man verhältnismäßig geringen Aufwand in der Administration. In neueren Varianten des Network Computing [Noack2000a] kann dies auch durch Java-Applets quasi ohne Verteilungsaufwand geschehen. Der Mainserver ist von allzu rechenintensiven Aufgaben für viele Clients befreit (im Beispiel die Bonitätsprüfung), da diese auf der Serverstation abgehandelt wird. Der Mainserver fungiert im Tagesgeschäft nur noch als reiner Datenserver (Data Backbone).

In diesem Beispiel sieht man, wie die Anwendungsfunktionalität verteilt werden kann. Dies geschieht meist auch in Kombination mit verteilter Datenhaltung, z.B. wenn auf den Serverstationen lokale Datenbanken liegen, die relevante Ausschnitte des zentralen Datenbestandes replizieren [SIZ1999a].

Man beachte auch die Lage der Querschnittskomponenten. Die Benutzeranmeldung über die Login-Komponente liegt zentral. Danach werden alle Berechtigungen dort geprüft, wo die entsprechende Aktion zum Ablauf kommt. Die Berechtigungsprüfung für die Bonität findet also auf der Serverstation statt. Ein Durchgriff auf den zentralen Server wäre hier unnötiger Overhead. Die Berechtigungsprüfung

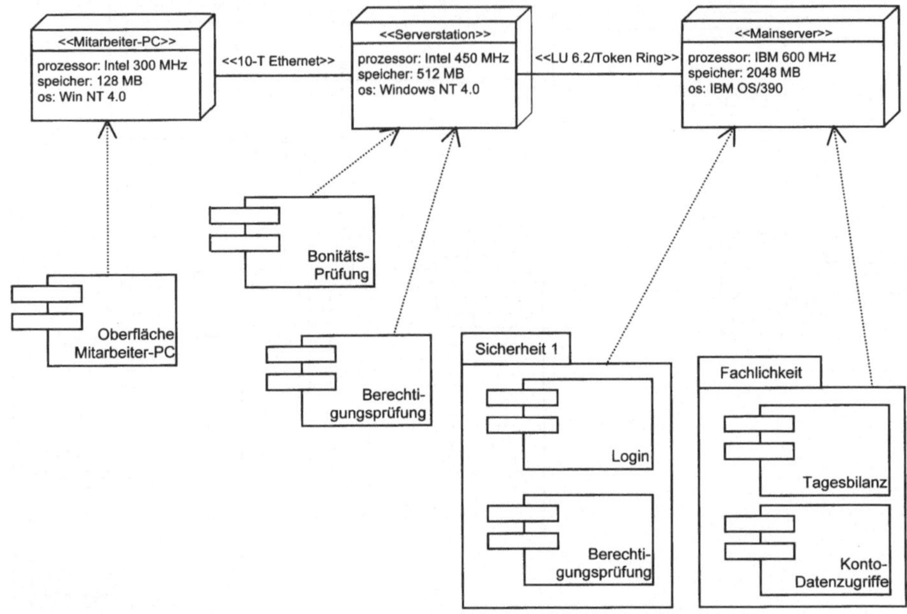

Abb. 10-26. 3-tier Entfernte Präsentation, Variante verteilte Anwendung

für alle Kontendatenzugriffe finden nach wie vor auf dem Mainserver statt (verteilte Berechtigungsprüfung).

3/4-tier Client/Server-Architektur im Inter-/Intranet (Network Computing)

Immer mehr Unternehmen favorisieren die Internet-Technologien als Front-End für ihre internen Anwendungen. Die Clients laufen z.B. als HTML-Anwendungen oder Java Applets in einem Browser und kommunizieren über http, RMI oder CORBA mit den fachlichen Anwendungen. Die Vorteile dieses Vorgehens sind in [Noack2000a] ausführlich beschrieben. Diese Architekturen tendieren deutlich zum Architekturtypus der entfernten Präsentation.

Die physische Partitionierung des Systems wird für das Network Computing noch durch zusätzliche Knoten erweitert: In jedem Fall kommt der Webserver hinzu. Er stellt den Zugang zum Netzwerk dar und gleichzeitig das Tor zu den internen Anwendungen. Wird ein Frontend auch über das Internet angeboten, ist vor dem Web Server eine Firewall positioniert.

Ein denkbares Beispiel für die Internetanbindung ist die Funktionalität, die vorher nur über die SB-Terminals angeboten wurde. Man beachte, dass die Firewall nicht im Diagramm erscheint, da sie keine Einsatzkomponenten des Systems enthält. In der Terminologie von [Noack2000a] ist dies ein Beispiel für die *Web-Integration von Unternehmensanwendungen.*

Man beachte, dass hier zwei neue Einsatzkomponenten erscheinen: Die HTML-Seiten, die im Browser des Clients „zum Ablauf kommen" und ein Servlet, das auf dem Webserver eingesetzt wird.

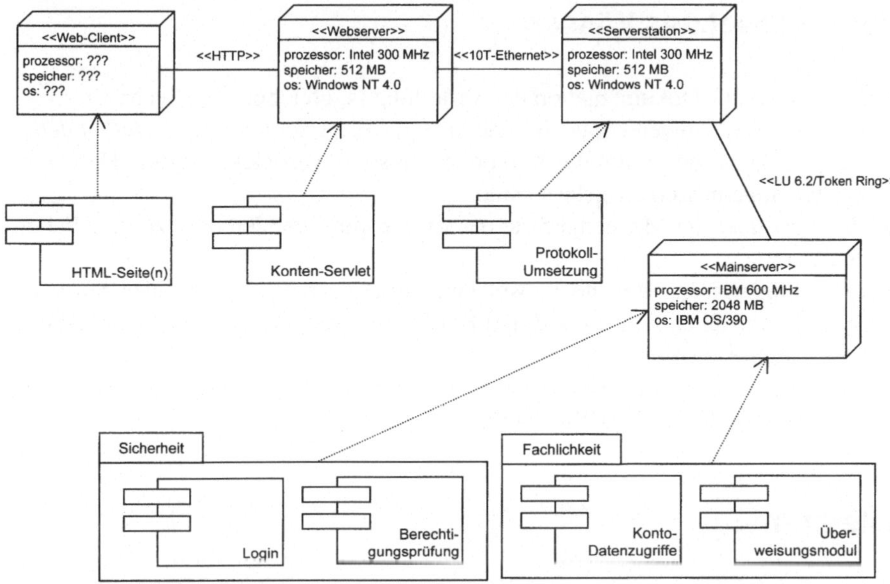

Abb. 10-27. Internet-Anbindung der Kontoansicht- und Überweisungsfunktionalität

Um zu dokumentieren, dass die Serverstation in diesem Fall nur als Protokollumsetzer dient (z.B. mit dem Transaktionsmonitor CICS6000 [SIZ1999a]) wurde hierfür eine eigene Komponente *Protokoll-Umsetzung* in das Diagramm aufgenommen.

Qualitätskriterien

Qualitätskriterien für die Abbildung der Verteileinheiten sind:

- *Modellierung der für das System wesentlichen Aspekte.* In den Diagrammen sollten nur die Hardware-Knoten und Komponenten erwähnt sein, die für das Verständnis der Anwendung nötig sind. In Abb. 10-27 konnte z.B. die Firewall entfallen.
- *Angemessene CPU-Auslastung der Hardware-Knoten.* Die Komponenten müssen so verteilt sein, dass alle Hardware-Knoten im Normalbetrieb deren Ausführung bewältigen können.
- *Mehrfache Instanziierungen vermeiden.* Die Komponenten sollen möglichst nur einmal allokiert sein. Das vereinfacht die Administration und das Konfigurations- und Versionsmanagement.

- *Zentralität.* Heutzutage sind die Nachteile dezentraler Architekturen bekannt. Man verteile daher möglichst wenig Funktionalität auf die Clients.

Vorausgesetztes Wissen

- Kenntnisse zur Dokumentation der Verteilung (s. gleichnamige Technik).
- Kenntnis des Anwendungsfallmodells (vgl. Technik *Anwendungsfallmodellierung*). Dies ist nötig, um die Komponenten so zu verteilen, dass die Hardware-Knoten angemessen ausgelastet sind.
- Kenntnis über die Mengengerüste der zu transportierenden oder zu verarbeitenden Daten.
- Erfahrungswissen, wo und in welchen Situationen Engpässe eines Software-Systems entstehen können, z.B. bei Hardware-Aspekten wie Netzkapazität oder Festplatten-Zugriffen.
- Kenntnis über das Laufzeitverhalten unterschiedlicher Client/Server-Protokolle wie z.B. http, RMI , CORBA, COM+ etc.

Literatur

[Austin1995] Austin, T., Miller, C.: The Third Generation of Client/Server Computing, Part 1 and 2, Gartner Group, 1995

[Booch1999] Booch, G., Rumbaugh, J. und Jacobson, I.: The Unified Modeling Language, Addison-Wesley, 1999

[Linthicum1997] Linthicum, D.: Client/Server and Intranet Development, Wiley, 1997

[Noack2000a] Noack, J., Mehmanesh, H., Mehmaneche, H., Zendler, A.: Architekturen für Network Computing, Wirtschaftsinformatik 1/2000, 5-14

[SIZ1999a] Informatikzentrum der Sparkassenorganisation GmbH (SIZ): AE-Modell Objektorientierte Entwicklung, Bonn, 1999

11 Modellübergreifende Techniken

11.1 Paketbildung von Modellelementen

Beschreibung

Das Ziel dieser Technik ist es, Pakete bestehend aus Modellelementen beliebigen Typs zu bilden. Ein Paket ist eine Ansammlung von Modellelementen, die zur einer besseren Übersicht oder Manipulation, gruppiert sind.

Der Nutzen einer Paketbildung von Modellelementen besteht darin,

- komplexe Gesamtmodelle in kleinere überschaubare Einheiten zu gliedern,
- das System auf einer höheren Abstraktionsebene zu beschreiben.

Die Voraussetzung für die Anwendung dieser Technik ist das Vorliegen eines Modells, bestehend aus UML-Modellelementen, wie z.B. Anwendungsfälle, Klassen, Zuständen oder Aktivitäten.

Das Ergebnis der Anwendung dieser Technik ist ein Modell, das aus Paketen besteht.

Die einzelnen Arbeitsschritte bei der Paketbildung von Modellelementen sind:

- Fokussierung auf ein Modell
- Gruppierung der Modellelemente in Pakete
- Bestimmung der Sichtbarkeit der Modellelementen
- Verbindung von Paketen
- Generalisierung von Paketen
- Erstellung des Gesamtmodells anhand von Paketen.

Arbeitsschritte

11.1.1 Fokussierung auf ein Modell

Zum Erläutern der Arbeitsschritte wird ein Klassenmodell für ein einfaches Bestellwesen verwendet: „Eine Bestellung besteht aus mehreren Posten. Ein einzelner Bestellposten besteht aus einer Bestellmenge, einer Mengeneinheit und einer Ware. Der Lieferpreis ist abhängig von der Ware und der Bestellmenge. Von der Bestellung ausgehend werden alle Posten der Bestellung berechnet. Für jeden Posten wird der Listenpreis aufgrund der Ware und der Mengeneinheit ermittelt und anschließend mit der Bestellmenge multipliziert. Reicht die Ware zur Abwicklung der Bestellung nicht aus, so muss diese Bestellung einer Warteliste hinzugefügt werden. Jeder Bestellung in der Warteliste ist eine Priorität zugeteilt. Die Bestellung wird von der Warteliste entfernt, sobald die Ware wieder vorrätig ist."

Abb. 11-1 zeigt das zugehörige Klassenmodell.

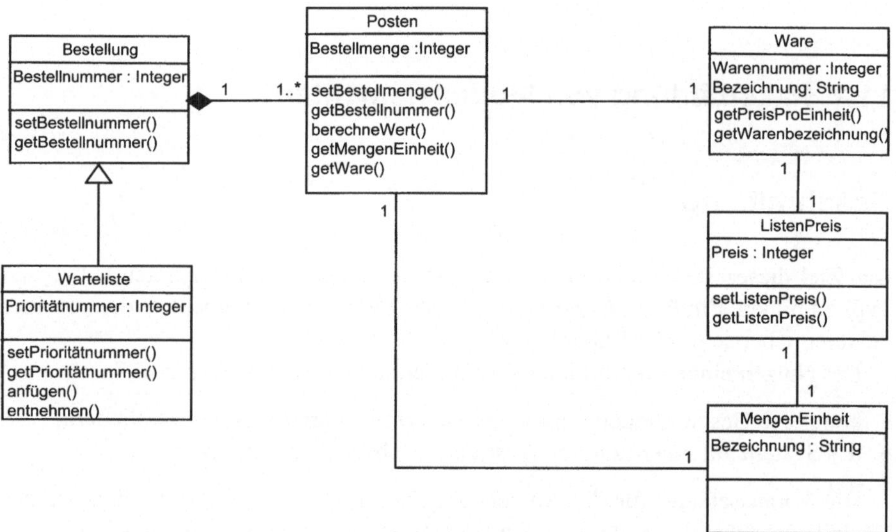

Abb. 11-1. Klassenmodell eines einfachen Bestellwesen

11.1.2 Gruppierung der Modellelemente in Pakete

Das Ziel dieses Arbeitsschrittes ist es, die Modellelemente in Paketen zu gruppieren. Die Paketbildung wird aufgrund logischer und physischer Zusammenhänge der Modellelemente vorgenommen. So können Bibliotheken, Untersysteme und Schnittstellen als eigene Pakete modelliert werden. Pakete können andere Pakete enthalten. Insofern ist das gesamte Modell ebenfalls ein Paket.

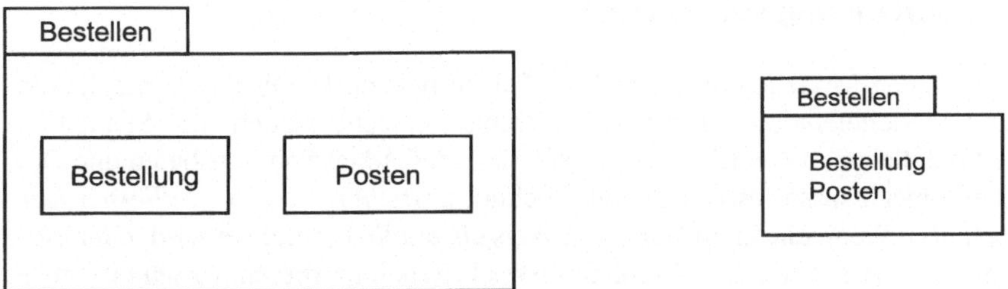

Abb. 11-2. UML-Notation für Paket „Bestellen"

Pakete bilden einen eigenen Namensraum. Klassen mit demselben Namen können anhand des Pakets, zu dem sie gehören, unterschieden werden.

Folgende Pakete sind für das Bestellwesen gebildet worden: *Bestellen, Produkt* und *Warten*. Die Klassen *Bestellung* und *Posten* sind im Paket *Bestellen* gruppiert. Die Klassen *Ware, Listenpreis* und *Mengeneinheit* sind Teil des Pakets *Produkt*. Die Klasse *Warteliste* ist im Paket *Warten* enthalten.

In Abb. 11-2 wird das Paket Bestellen mit zwei verschiedenen UML-Notationen dargestellt. In der linken Abbildung sind die Klassen des Pakets graphisch dargestellt, in der rechten hingegen sind sie textuell dargestellt.

11.1.3 Bestimmung der Sichtbarkeit der Modellelementen

Bei diesem Arbeitsschritt geht es darum, die Abhängigkeiten zwischen Paketen festzulegen. Eine Abhängigkeit wird durch einen gestrichelten Pfeil notiert, der in Richtung des unabhängigen Pakets dargestellt wird.

Die Stereotypen «imports» und «access» sind geeignet, um die Abhängigkeitsbeziehung zu beschreiben. Meistens wird «imports» verwendet. In beiden Fällen hat das Quellenpaket den Zugriff auf den Inhalt des Zielpakets. Der Unterschied besteht darin, dass bei «imports» der Inhalt des Zieles zu dem Namenraum der Quelle hinzugefügt wird.

In Abb. 11-3 wird die Abhängigkeitsbeziehung «imports» zwischen den Paketen *Bestellen* und *Produkt* dargestellt.

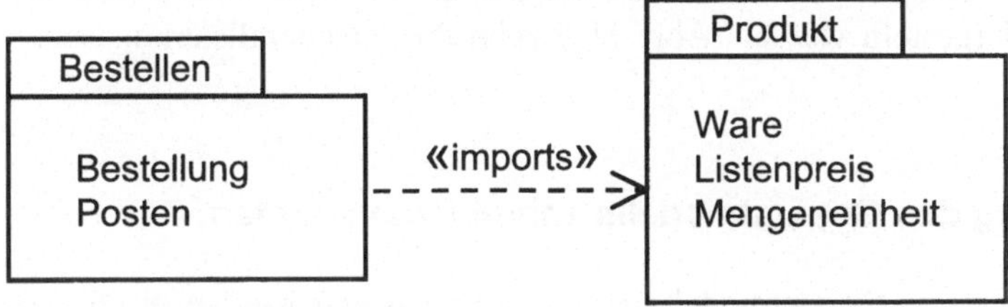

Abb. 11-3. Abhängigkeitsbeziehung der Pakete

11.1.4 Verbindung von Paketen

Pakete können Modellelemente anderer Pakete nutzen. Damit dieses möglich ist, müssen Modellelemente eines Pakets sichtbar gemacht werden. Die Sichtbarkeit eines Modellelements wird genau so wie die Sichtbarkeit von Attributen und Operationen einer Klasse festgelegt (vgl. Technik *Erstellung eines detaillierten Klassenmodells)*. Wenn ein Element eines Pakets als *public* bezeichnet wird, dann ist es sichtbar für alle Pakete, die den Inhalt dieses Pakets importieren. *Private* Elemente sind außerhalb des Pakets, zu dem sie gehören, nicht sichtbar. *Protected*-Modellelemente können dagegen nur von Unterpaketen gesehen werden.

Die Sichtbarkeit wird mit einem Sichtbarkeitssymbol vor dem Namen des Modellelementes gekennzeichnet. Es werden die Symbole „+“ für *public*, „-“ für *private* und „#“ für *protected* verwendet.

Abb. 11-4 zeigt die Sichtbarkeit der Klassen *Ware*, *Listenpreis* und *Mengeneinheit* im Paket *Produkt* und die Sichtbarkeit der Klassen *Bestellung* und *Posten* im Paket *Bestellen*.

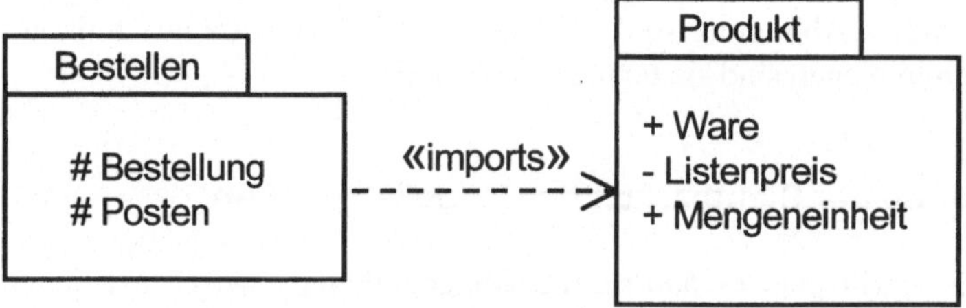

Abb. 11-4. Sichtbarkeit von Klassen in den Paketen „Bestellen“ und „Produkt“

11.1.5 Generalisierung von Paketen

Pakete stehen zueinander in einer Generalisierungsbeziehungen, wenn die in den Paketen enthaltenen Modellelemente eine Generalisierung bzw. Spezialisierung der Elemente des anderen Pakets sind. Die Generalisierung definiert Paketfamilien.

Im Beispiel Bestellungswesen ist die Klasse *Warteliste* eine Spezialisierung der Klasse *Bestellung*. Daher kann das Paket *Warten* als eine Spezialisierung des Pakets *Bestellen* dargestellt werden. Abb. 11-5 zeigt diese Generalisierungsbeziehung.

11.1.6 Erstellung des Gesamtmodells anhand von Paketen

Bei der Erstellung eines Gesamtmodells anhand von Paketen werden die Ergebnisse der vorhergehenden Arbeitsschritte verwendet. Das Ergebnis dieses Arbeits-

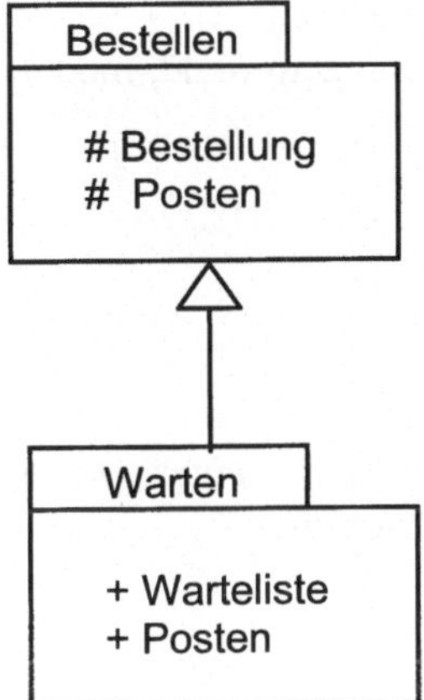

Abb. 11-5. Generalisierungsbeziehung

schrittes ist die graphische Darstellung der identifizierten Pakete und der Beziehungen zwischen diesen Paketen.

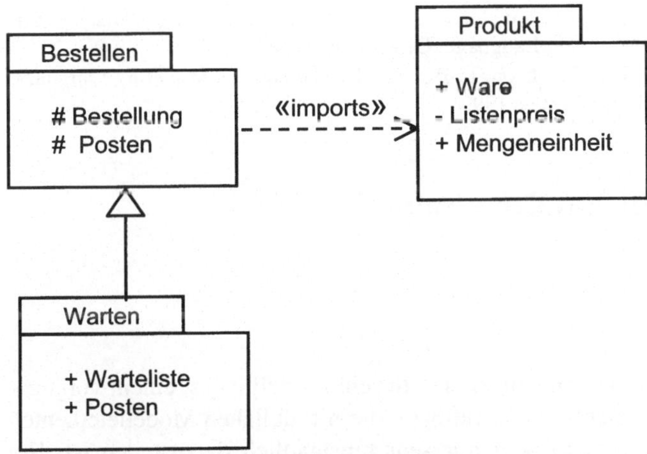

Abb. 11-6. Gesamtmodell für das Bestellwesen

Abb. 11-6 zeigt das Gesamtmodell für das Bestellwesen.

Qualitätskriterien

Qualitätskriterien für eine Paketbildung von Modellelementen sind:

- Modellelemente sind in Paketen gruppiert.
- Die Sichtbarkeit aller Modellelemente eines Pakets ist festgelegt.

- Alle Abhängigkeitsbeziehungen zwischen Paketen sind dargestellt.
- Generalisierung bzw. Spezialisierung von Paketen ist, wenn zutreffend, modelliert.
- Ein Modell mit Paketen ist erstellt.

Vorausgesetztes Wissen

Objektorientierte Modellierungstechniken, insbesondere *Erstellung eines groben bzw. detaillierten Klassenmodells* und *Anwendungsfallmodellierung*.

Literatur

[Booch1999] Booch, G., Rumbaugh, J. und Jacobson, I.: The Unified Modeling Language, Addison-Wesley, 1999

[Fowler1997] Fowler, M.,Scott, K.: UML Distilled, Applying the Standard Object Modeling Language. Addison-Wesley, 1997

[Oestereich1998] Oestereich, B.: Objektorientierte Softwareentwicklung: Analyse und Design mit der Unified Modeling Language, Oldenburg, 1998

[Rumbaugh1999] Rumbaugh J., Jacobson, I., Booch, G.: The Unified Modeling Language: Reference Manual, Addison-Wesley, 1999

11.2 Spezifikation von Constraints

Beschreibung

Das Ziel einer Spezifikation von Constraints für ein Modell ist es, einem vorgegebenen Modell weitere Semantik hinzuzufügen, die mit üblichen Modellelementen nicht ausgedrückt werden kann oder nur sehr umständlich darzustellen ist. Ein Constraint ist eine Einschränkung für ein oder mehrere Elemente eines objektorientierten Modells. Es beschreibt eine Bedingung oder Integritätsregel für Werte von Attributen, gibt Vor- und Nachbedingungen für Operationen an, definiert eine bestimmte Ordnung oder stellt eine zeitliche Bedingung.

Der Nutzen dieser Technik besteht darin,

- eine kompletter Dokumentation des Modells zur Verfügung zu stellen,
- die Implementierbarkeit des Modells zu erleichtern,
- Missverständnisse bei der Kommunikation zwischen Beteiligten eines Projekts auszuschließen.

Die Voraussetzung für die Anwendung dieser Technik ist das Vorliegen eines UML-Modells und einer ausführlichen Beschreibung der gewünschten Systemfunktionalität. Diese Funktionalität kann textuell beschrieben sein oder als Anwendungsfallmodell vorliegen. Ein Glossar und ein Geschäftsprozessmodell bieten zusätzlich nützliche Information, die eventuell dem Modell in Form von Constraints hinzugefügt werden kann. Beide sind jedoch für die Anwendung der Technik optional.

Das Ergebnis der Anwendung dieser Technik ist ein mit Constraints angereichertes Modell.

Die einzelnen Arbeitsschritte bei der Spezifikation von Constraints sind nachfolgend aufgelistet:

- Fokussierung auf ein Modell
- Textuelle Beschreibung eines Constraints
- Identifizierung des Kontexts
- Benutzung von zeitlichen Schlüsselwörtern
- Verwenden von Navigationspfaden
- Definition von Ausdrücken
- Definition von Constraints für Mengen
- Darstellen von Constraints im Modell.

Zu bemerken ist, dass nicht alle Arbeitsschritte bei jeder Spezifikation benötigt werden.

Arbeitsschritte

11.2.1 Fokussierung auf ein Modell

Zur Erläuterung der Arbeitsschritte bei der Spezifikation von Constraints wird ein Klassenmodell für eine einfache Kontoführung verwendet (Abb. 11-7):

„Die Kunden einer Bankfiliale besitzen ein oder mehrere Konten, bei denen es sich um Girokonten und/oder Sparkonten handelt. Ein Kunde kann Konten in mehreren Filialen gleichzeitig führen. Sowohl für Kunden als auch für Filialen werden Adressen verwaltet. Ein Konto wird durch eine achtstellige Kontonummer identifiziert. Kunden können Geld einzahlen, abheben oder überweisen. Der Saldo eines Kontos kann abgefragt werden. Für Sparkonten zahlt die Bank ihren Kunden Zinsen aus. Für jeden Besitzer eines Girokontos ist ein Dispokredit festgelegt. Filialen haben zwei Kundentypen: Firmen- und Privatkunden. Zu jedem Firmenkunden ist der Filiale mindestens ein Ansprechpartner bekannt. Jeder Firmenkunde besitzt mindestens ein Girokonto. Für Privatkunden unter 18 Jahren beträgt der Auszahlungsbetrag von einem Konto maximal DM 400. Konten werden von Mitarbeitern einer Filiale eröffnet.“

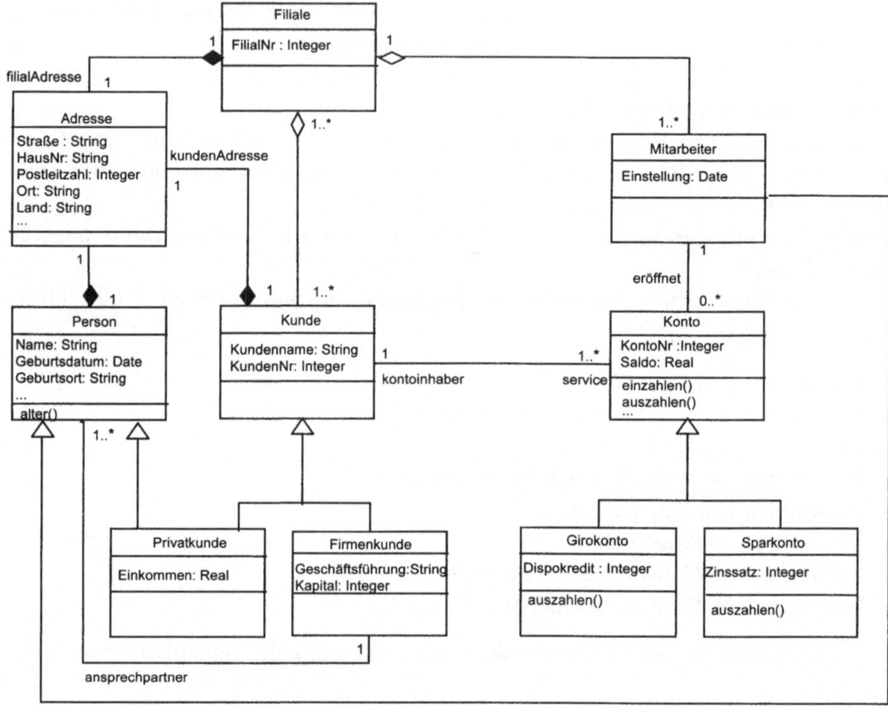

Abb. 11-7. Klassenmodell für eine einfache Kontoführung

Das in Abb. 11-7 dargestellte Klassendiagramm ist das Ergebnis der Anwendung der Technik *Erstellung eines groben Klassenmodells* für die oben angegebene Anforderungsbeschreibung.

11.2.2 Textuelle Beschreibung eines Constraints

Constraints können textuell frei formuliert oder mit Hilfe einer speziellen Sprache für Constraints spezifiziert werden. Die *Object Constraint Language* (kurz: *OCL*) ist eine dieser Sprachen. OCL wird in Verbindung mit UML-Diagrammen verwendet. Constraints können erst textuell beschrieben und dann in OCL übersetzt werden.

Es können zwei Typen von Constraints unterschieden werden: Invarianten und Vor- und Nachbedingungen.

Eine *Invariante* ist eine Eigenschaft oder ein Ausdruck, der über den gesamten Lebenszeitraum eines Elementes gegeben sein muß.

Eine *Vor-* oder *Nachbedingung* beschreibt einen Zustand, der vor Beginn bzw. nach Abschluß einer Operation gegeben sein muß.

Ergänzend zum Klassenmodell der Kontoführung werden folgende Constraints exemplarisch definiert. Diese Constraints basieren auf der oben gegebene textuellen Beschreibung.

Invarianten

- Die Kontonummer ist eine achtstellige Zahl.
- Ein Dispokredit hat einen positiven Wert.
- Ein negativer Saldo darf den Betrag des Dispokredits nicht überschreiten.
- Jeder Firmenkunde besitzt mindestens ein Girokonto.

Vor- und Nachbedingungen

- Der Saldo eines Kontos wird beim Einzahlen um den Betrag der Einzahlung erhöht.
- Ein Privatkunde unter 18 Jahren kann von seinem Sparkonto maximal DM 400 abheben.

11.2.3 Identifizierung des Kontexts

Das Ziel dieses Arbeitsschritts ist es, solche Modellelemente zu identifizieren, die eine ergänzende Beschreibung anhand von Constraints benötigen. Modellelemente können eine Klasse, ein Interface oder ein Typ bei Invarianten oder eine Methode bei Vor- und Nachbedingungen sein.

Die OCL-Notation für einen Kontext ist wie folgt:

Für *Invarianten* wird das Schlüsselwort „context" gefolgt vom Namen der Klasse, des Interfaces oder Typs und die Abkürzung „inv" benutzt.

Im folgenden Beispiel wird der Kontext für die Klasse *Kunde* definiert.

```
context Kunde
inv:
```

Für *Vor- und Nachbedingungen* werden zusätzlich zum Typ, der Operationsaufruf und eventuell der Ergebnistyp spezifiziert. Die Schlüsselwörter „pre" und „post" werden jeweils vor den Ausdrücken für die Vor- und die Nachbedingung gestellt.

Im folgenden Beispiel wird der Kontext für die Methode „auszahlen" definiert.

```
context Konto:: auszahlen(): Real
pre:
post:
```

11.2.4 Benutzung von zeitlichen Schlüsselwörtern

OCL stellt zwei Schlüsselwörter für zeitliche Beschreibungen zur Verfügung: „@pre“ und „result“.

Das Schlüsselwort „@pre“ wird in Nachbedingungen verwendet, um den Wert eines Attributes oder einer Assoziation zu Beginn einer Operation zu spezifizieren.

Das Schlüsselwort „result“ bezeichnet den Ergebniswert einer Operation.

Das folgende Beispiel stellt die Nachbedingung „der Saldo eines Kontos wird beim Einzahlen um den Betrag der Einzahlung erhöht“ für die Operation „einzahlen“ dar.

```
context Konto :: einzahlen(x : Real): Real
post: result = saldo@pre + x
```

11.2.5 Verwenden von Navigationspfaden

Zusätzlich zu Attributen und Operationen einer Kontextklasse können Assoziationsenden in Definitionen von Constraints verwenden werden. Rollennamen werden verwendet, um diese Assoziationsenden zu bezeichnen. Die Konstruktion von Navigationspfaden erfolgt durch Anreihen von Attributen, Operationen und Rollennamen mit Hilfe der Punkt-Notation.

Zur expliziten Referenzierung einer Instanz des Kontexts wird „self“ verwendet. In vielen Fällen kann aber „self“ unterdrückt werden.

Als Beispiel wird im folgenden Constraint ermittelt, ob ein Kunde seinen Wohnsitz im Ausland hat.

```
context Kunde:: ausland(): Boolean
post: result = not self.adresse.land = 'D'
```

11.2.6 Definition von Ausdrücken

Ein Constraint wird in OCL durch einem booleschen Ausdruck beschrieben. Dieser Ausdruck kann aus Attributen oder Ergebnissen von Operationen, Werten und Operatoren bestehen.

Die folgende Tabelle listet alle Standard-Operationen für elementare Datentypen (Boolean, Integer, Real und String) auf.

Tab. 11-1. Standardoperationen

	Operation	OCL-Notation	Ergebnistyp
Boolean	oder	a or b	Boolean
	und	a and b	Boolean
	exklusives oder	a xor b	Boolean
	verneint	not a	Boolean
	gleich	a = b	Boolean
	nicht gleich	a <> b	Boolean
	ergibt	a implies b	Boolean
	wenn - dann	If a then b else b‘ endif	Typ von b und b‘
Integer und Real	gleich	a = b	Boolean
	ungleich	a <> b	Boolean
	kleiner als	a < b	Boolean
	größer als	a > b	Boolean
	kleiner/gleich als	a <= b	Boolean
	größer/gleich als	a >= b	Boolean
	plus	b + b	Integer oder Real
	minus	a - b	Integer oder Real
	mal	a * b	Integer oder Real
	geteilt durch	a/b	Real
	modulus	a.mod(b)	Integer
	Quotient	a.div(b)	Integer oder Real
	Betrag	a.abs	Integer oder Real
	Maximum	a.max(b)	Integer oder Real
	Minimum	a.min(b)	Integer oder Real
	aufgerundet	a.round	Integer oder Real
	abgerundet	a.floor	Integer oder Real
String	Zeichenketteverknüpfung	s.concat(r)	String
	Anzahl von Zeichen	s.size	Integer
	groß geschrieben	s.toLower	String
	klein geschrieben	s.toUpper	String
	Unterzeichenkette	s.substring(i,j)	String
	gleich	s = r	Boolean
	ungleich	s <> r	Boolean

In den Ausdrücken können auch die Werte von einem Attribut vom Typ Aufzählung verwendet werden. Ein Zeichen „#“ steht zur Kennzeichnung von Aufzählungswerten vor dem Wert.

Folgende Beispiele für OCL-Constraints zeigen die Syntax für einige der im ersten Abschnitt textuell beschriebenen Einschränkungen. Der dritte Ausdruck illustriert die Verwendung von „implies“. Der vierte ist ein Beispiel für einen „if then else“-Ausdruck.

1. Die Kontonummer ist eine achtstellige Zahl:

```
context Konto
inv: kontonummer > 9999999 and kontonummer < 10000000
```

2. Der Dispokredit hat einen positiven Wert:

```
context Girokonto
inv: self.dispokredit >= 0
```

3. Ein negativer Saldo darf den Betrag des Dispokredits nicht überschreiten:

```
context Konto
inv: saldo < 0 implies dispokredit >= - saldo
```

4. Ein Privatkunde unter 18 Jahre kann von seinem Sparkonto maximal DM 400 abheben:

```
context Sparkonto :: auszahlen(x : Real) : Real
post: result = if x > 400 and kunde.alter() < 18
  then 400 else x endif
```

11.2.7 Definition von Constraints für Mengen

Die Bearbeitung von Beziehungen vom Typ „1:viele“ macht es erforderlich, dass OCL spezielle Operatoren für das Manipulieren von Mengen zur Verfügung stellt. In OCL sind eine abstrakte Klasse „Collection“ und drei Unterklassen: „Set“, „Bag“ und „Sequence“ vorhanden.

„Set“ ist eine Menge, in der kein Element doppelt vorkommt, in einem „Bag“ können Elemente beliebig häufig vorkommen. „Sequence“ ist ein „Bag“, jedoch sind die Elemente geordnet.

Die Menge aller Objekte einer Klasse erhält man in OCL mit der Anwendung der Operation „allInstances“ auf eine Klasse.

Beispiel: `Kunde.allInstances`

Die folgenden Tabellen listen alle Operationen für Mengen auf.

Tab. 11-2. Mengenoperationen

	Operation	**OCL-Notation**	**Ergebnistyp**
Collection	Enthält die Elemente, für die der Ausdruck a wahr ist	c -> select(a)	Collection
	Enthält die Elemente, für die der Ausdruck a falsch ist	c -> reject(a)	Collection
	Enthält alle Elemente vom Typ t, für die der Ausdruck a wahr ist	c -> collect(t | a)	Collection
	Enthält ein Wert des Typs von b, der bei der Iteration durch alle Elemente t der Menge unter Anwenden des Ausdrucks a errechnet wird. Der Ausdruck i dient zur Initialisierung von b.	c ->iterate (t ; b: Typ = i | a)	Typ von b
	Enthält die Menge c ein Element für das der Ausdruck a wahr ist?	c -> exists(a)	Boolean
	Ist der Ausdruck a für alle Elemente der Menge c wahr?	c -> forAll(a)	Boolean
	Enthalten c1 und c2 die gleichen Elemente?	c1 = c2	Boolean
	Anzahl von Elementen	c -> size	Integer
	Summe der Elemente von c (insofern sie numerisch sind)	c -> sum	Integer oder Real
	Wie oft kommt das Objekt e als Element von c vor?	c -> count(e)	Integer
	Ist e ein Element von c?	c -> includes(e)	Boolean
	Ist e nicht ein Element von c?	c -> excludes(e)	Boolean
	Enthält c1 alle Elemente von c2?	c1 -> includesAll(c2)	Boolean
	Enthält c1 keines der Elemente von c2?	c1 -> excludesAll(c2)	Boolean
	Ist die Menge c leer? (size = 0)	c->isEmpty	Boolean
	Ist die Menge c nicht leer? (size > 0)	c ->notEmpty	Boolean
	Ist für jedes Element von c das Ergebnis des Ausdruckes a unterschiedlich?	c->isUnique(a)	Boolean
	Elemente von c werden in steigender Reihenfolge nach dem Ergebnis des Ausdruckes a geordnet	c->sortedBy(a)	Boolean

Tab. 11-2. Mengenoperationen

	Operation	OCL-Notation	Ergebnistyp
Set	Ist wahr, wenn s1 und s2 die gleichen Elemente besitzen	s1 = s2	Boolean
	Enthält alle Elemente von s1 und s2 ohne Wiederholungen	s1 -> union (s2)	Typ von s2 (Set oder Bag)
	Enthält alle Elemente, die s1 und s2 besitzen	s1 -> intersection (s2)	Typ von s2 (Set oder Bag)
	Enthält alle Elemente von s1, die nicht s2 besitzt	s1 – s2	Set
	Enthält alle Elemente von s1 und s2, die nicht beide besitzen	s1 ->symmetricDifference (s2)	Set
	Enthält alle Elemente von s und zusätzlich das Element e	s -> including (e)	Set
	Enthält alle Elemente von s außer das Element e	s -> excluding (e)	Set
	Ist eine Sequenz, die aus allen Elementen von s in einer unbekannten Reihenfolge besteht	s -> asSequence	Sequence
	Ist ein Bag, der aus allen Elementen von s besteht	s -> asBag	Bag
Bag	Ist wahr, wenn b1 und b2 die gleichen Elemente und die gleiche Anzahl dieser Elemente besitzen	s1 = s2	Boolean
	Enthält alle Elemente von b1 und b2	b1 -> union (b2)	Typ von b2 (Set oder Bag)
	Enthält alle Elemente, die b1 und b2 besitzen	b1-> intersection (b2)	Typ von b2 (Set oder Bag)
	Enthält alle Elemente von b und zusätzlich das Element e	b -> including (e)	Bag
	Enthält alle Elemente von b außer das Element e, so oft es vorkommt	b -> excluding (e)	Bag
	Ist eine Sequenz, die aus allen Elementen von b in einer unbekannten Reihenfolge besteht	b -> asSequence	Sequence
	Ist eine Menge, die aus allen Elementen von b ohne Wiederholungen besteht	b -> asSet	Set

Tab. 11-2. Mengenoperationen

	Operation	OCL-Notation	Ergebnistyp
Sequence	Ist wahr, wenn s1 und s2 die gleichen Elemente in der selben Reihenfolge besitzen	s1 = s2	Boolean
	Enthält alle Elemente von s1 gefolgt von allen Elementen von s2	s1 -> union (s2)	Sequence
	Enthält alle Elemente von s beginnend in der Position i bis zur Position j inklusive	s-> subSequence (i, j)	Sequence
	Das Element in der Position i	s -> at (i)	Elementtyp
	Das erste Element	s -> first	Elementtyp
	Das letzte Element	s -> last	Elementtyp
	Enthält alle Elemente von s gefolgt vom Element e	s-> append(e)	Sequence
	Enthält das Element e gefolgt von allen Elementen von s	s -> prepend (e)	Sequence
	Enthält alle Elemente von s und zusätzlich das Element e in der letzten Position	s -> including (e)	Sequence
	Enthält alle Elemente von s außer das Element e, so oft es vorkommt	s -> excluding (e)	Sequence
	Ist ein Bag, der aus allen Elementen von s besteht (inklusiv Wiederholungen)	s -> asBag	Bag
	Ist eine Menge, die aus allen Elementen von s besteht (ohne Wiederholungen)	s -> asSet	Set

In den folgenden Beispielen werden einige der Mengenoperationen exemplarisch dargestellt. Jedes Beispiel wird mit einem kurzen Text und dem entsprechenden OCL-Constraint beschrieben:

5. Jeder Firmenkunde besitzt mindestens ein Girokonto:

```
context Firmenkunde
inv: Girokonto.allInstances ->
exists (gk : Girokonto | gk.kunde = self)
```

6. Menge aller minderjährigen Kunden:

```
context Privatkunde :: minderjährig() : Set
post: result = self.allInstances ->
select ( p: Privatkunde | p.alter() < 18)
```

7. Anzahl von Kunden, die im selben Ort der Filiale wohnen:

```
context Filiale :: nachbarn() : Integer
post: result = self.kunde ->
select (k : Kunde | k = self.kunde and
k.adresse.ort = self.filialadresse.ort ) -> size
```

11.2.8 Darstellen von Constraints im Modell

Constraints können dem Diagramm eines Modells hinzugefügt werden. Sie werden in geschweiften Klammern gefasst und als Kommentar (Notiz) dargestellt. Der Kontext wird durch eine Abhängigkeitsbeziehung zum Modellelement, zum Attribut oder zur Operation ersetzt.

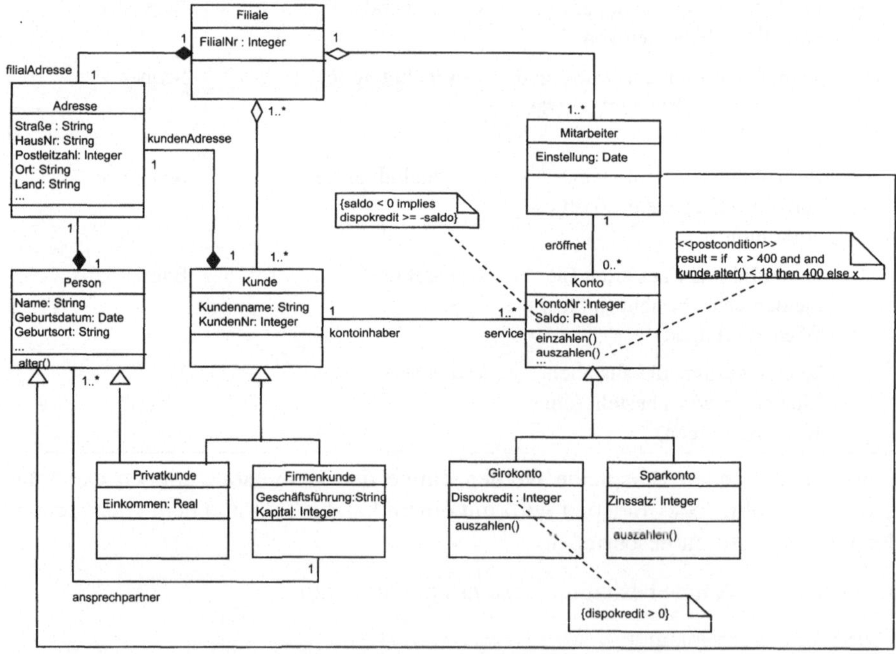

Abb. 11-8. Klassenmodell „Einfache Kontoführung" mit OCL-Constraints

In der Abb. 11-8 wird das Klassendiagramm der Kontoführung nochmals dargestellt. Es wurden exemplarisch einige der definierten Constraints hinzugefügt.

Qualitätskriterien

Qualitätskriterien für die Spezifikation von Constraints sind:

- Das Modell ist präzise genug beschrieben.
- Die Invarianten für die Modellelemente sind bestimmt.
- Die Vor- und Nachbedingungen für Operationen sind spezifiziert.

Vorausgesetztes Wissen

- Objektorientierte Modellierungstechniken, insbesondere Techniken *Erstellung eines detaillierten Klassenmodells*
- Grundkenntnisse in Logik.

Literatur

[Booch1999] Booch, G., Rumbaugh, J. und Jacobson, I.: The Unified Modeling Language, Addison-Wesley, 1999

[Oestereich1998] Oestereich, B.: Objektorientierte Softwareentwicklung: Analyse und Design mit der Unified Modeling Language, Oldenburg, 1998

[OMG1999] OMG: OMG Unified Modeling Language Specification 1.3, 1999, http://www.omg.com/uml

[Warmer1999] Warmer, J., Kleppe A.: The Object Constraint Language: Precise Modeling with UML. Addison-Wesley, 1999

12 Einsatz von Mustern

12.1 Einsatz von Analysemustern

Beschreibung

Das Ziel dieser Technik ist es, häufig auftretende Probleme in der Analyse zu identifizieren und hierfür vorgegebene Muster zu verwenden oder neue Analysemuster (Analyse-Pattern) zu definieren. Ein Analysemuster ist eine Gruppe von Modellelementen, die zueinander in einer bestimmten Beziehung stehen, z.B. Klassen mit feststehenden Verantwortlichkeiten und Interaktionen, um ein Analyseproblem in einem bestimmten Kontext zu lösen. Es kann eine Gruppe von Klassen sein, die durch Beziehungen verknüpft ist, oder eine Gruppe von kommunizierenden Objekten.

Der Nutzen des Einsatzes von Analysemustern besteht darin:

- eine standardisierte Lösung für ein bestimmtes Problem zu bieten,
- anerkannte Lösungen von Analyseproblemen wiederzuverwenden,
- die Komplexität einer Anwendung zu reduzieren,
- mit anderen Softwareentwicklern effektiv zu kommunizieren.

Die Voraussetzung für die Anwendung dieser Technik ist das Vorliegen einer Anforderungsbeschreibung, eventuell in Form eines Anwendungsfallmodells und ein erster Ansatz für ein Analysemodell, d.h. Klassenmodell, Objektmodell und/oder Interaktionsmodell. Ein Geschäftsprozessmodell bietet zusätzliche nützliche Informationen, es wird aber als optional betrachtet.

Das Ergebnis der Anwendung dieser Technik ist ein Klassenmodell oder ein Objektmodell mit integrierten Analysemustern.

Die einzelnen Arbeitsschritte bei der Anwendung dieser Technik sind:

- Fokussierung auf einen ersten Ansatz eines Analysemodells
- Identifizierung von allgemeingültigen Analysemustern
- Identifizierung von anwendungsspezifischen Mustern
- Aufnahme der neuen Analysemuster in den Musterkatalog
- Integration der Analysemuster im Modell.

Arbeitsschritte

12.1.1 Fokussierung auf einen ersten Ansatz eines Analysemodells

Zur Erläuterung der Arbeitsschritte bei dem Einsatz von Analysemustern wird folgende Anforderungsbeschreibung einer vereinfachten Kontoführung verwendet:

„Die Kunden einer Bankfiliale besitzen ein oder mehrere Konten, bei denen es sich um Girokonten und/oder Sparkonten handelt. Ein Kunde kann Konten in mehreren Filialen gleichzeitig führen. Sowohl für Kunden als auch für Filialen werden Adressen verwaltet. Ein Konto wird durch eine achtstellige Kontonummer identifiziert. Kunden können Geld einzahlen, abheben oder überweisen. Der Saldo eines Kontos kann abgefragt werden. Für Sparkonten zahlt die Bank ihren Kunden Zinsen aus. Für jeden Besitzer eines Girokontos ist ein Dispokredit festgelegt. Filialen haben zwei Kundentypen: Firmen- und Privatkunden. Zu jedem Firmenkunden ist der Filiale mindestens ein Ansprechpartner bekannt. Konten werden von Mitarbeitern einer Filiale eröffnet.“

Das in Abb. 12-1 dargestellte Klassendiagramm ist das Ergebnis der Anwendung der Technik *Erstellung eines groben Klassenmodells* für die oben angegebene Anforderungsbeschreibung.

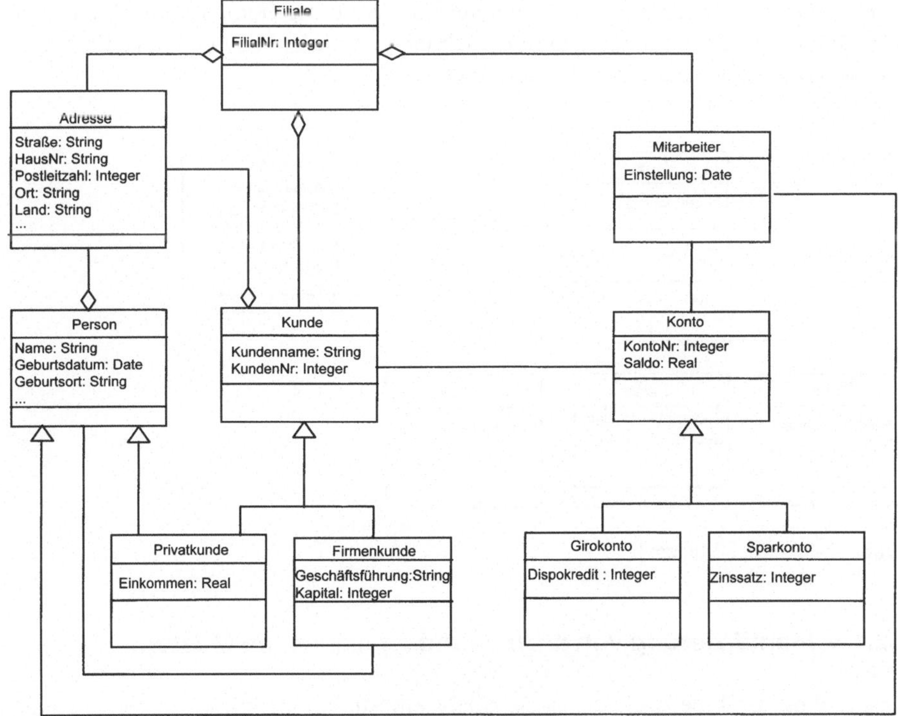

Abb. 12-1. Grobes Klassenmodell für die Kontoführung

12.1.2 Identifizierung von allgemeingültigen Analysemustern

Das Ziel dieses Arbeitsschritts ist es allgemeingültige Analysemuster zu finden, die für die Anwendung geeignet sind.

Hierfür sind sowohl die Kenntnis der existierenden Muster als auch des zu modellierenden Problems nötig. Bei der Verwendung von Musterkatalogen ist zunächst die Beschreibung der Ziele der Analysemuster wichtig. Sobald ein potentiell verwendbares Muster gefunden worden ist, wird das Muster bis ins Detail analysiert, wenn bisher keine Erfahrungen mit diesem Muster vorliegen. Das Anwendungsproblem wird ebenfalls genauer betrachtet und der Einsatz des Analysemusters für die Anwendung geprüft. Auf der Basis der Prüfung wird entschieden, ob das Analysemuster nützlich ist oder ob ein anderes oder kein Muster eingesetzt wird.

Analysemuster können auch bei Bedarf angepasst werden. Anpassungen oder Abweichungen vom Musterkatalog sollten dokumentiert werden.

Als Beispiel wird das allgemeingültige Muster *Partei* präsentiert:

Das *Partei*-Muster wird verwendet, wenn mehrere Klassen zu einer Klasse in Beziehung stehen. Im Klassendiagramm der Abb. 12-1 sind drei Aggregationen definiert, welche die Klassen *Filiale, Kund*e und *Person* mit der Klasse *Adresse* verbinden. Auf ersten Blick ist eine Generalisierung für *Filiale, Person* und *Kunde* nicht ersichtlich, aber wünschenswert. Das *Partei*-Muster besteht darin, eine Oberklasse *Partei* zu definieren, auch wenn die Klassen wenig Gemeinsamkeiten haben. Die Oberklasse *Partei* steht dann in Beziehung zur Klasse *Adresse*. Abb. 12-2 zeigt das Analysemuster Partei für das beschriebene Beispiel.

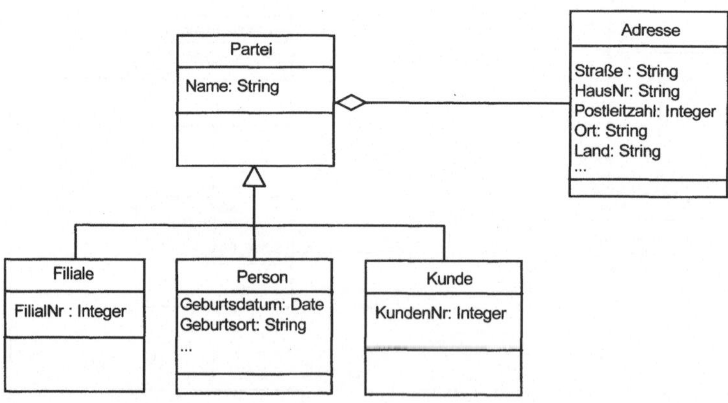

Abb. 12-2. Partei-Muster

12.1.3 Identifizierung von anwendungsspezifischen Mustern

Das Ziel dieses Arbeitsschritts ist es, Analysemuster zu identifizieren, die in einem bestimmten Anwendungsbereich oder bei einem bestimmten Typ von Anwendungen häufig auftreten. Solche Muster können branchen- oder unternehmensspezifisch und z.B. auf Bank-Anwendungen generell anwendbar sein. Der Prozess zum Finden der geeigneten Analysemuster ist identisch mit dem in vorigen Abschnitt beschriebenen Vorgehen. Es basiert nur auf einen anderen Musterkatalog.

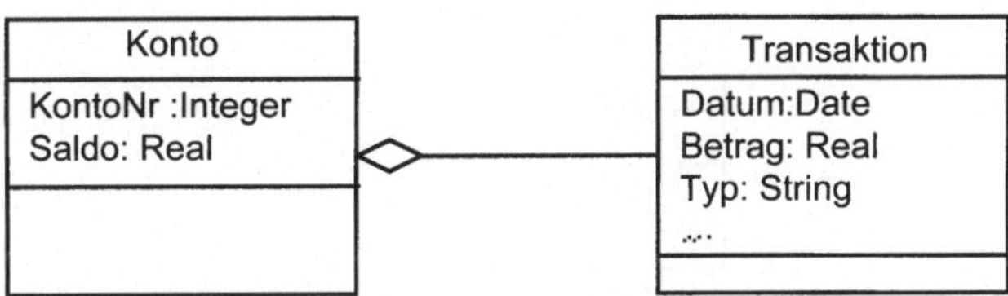

Abb. 12-3. Transaktions-Muster

In Abb. 12-3 wird das Transaktions-Muster für ein Konto gezeigt. Dieses ist ein vielverwendbares Muster bei Bank-Anwendungen, die Posten enthalten, die nicht gelöscht werden können. In diesen Anwendungen sind sowohl die Zwischenschritte (Transaktionen) als auch das Endergebnis (Saldo) wichtig.

12.1.4 Aufnahme der neuen Analysemuster in den Musterkatalog

In diesem Arbeitsschritt geht es darum, Analysemuster in den Musterkatalog aufzunehmen, die im Arbeitsschritt 12.1.3 identifiziert worden sind, wenn sie dort noch nicht enthalten sind. Die Beschreibung erfolgt anhand eines vorgegebenen Rasters, so dass alle Muster nach einen einzigen Schema beschrieben werden. Ein Beispiel für ein solches Beschreibungsraster wird in Tab. 12-1 skizziert.

Tab. 12-1. Beschreibungsraster für ein Analysemuster

Name des Analysemusters
Ziel
Motivation
Anwendbarkeit
Struktur
Interaktionen
Konsequenzen

12.1.5 Integration der Analysemuster im Modell

Bei der Integration der Analysemuster im Modell werden die Ergebnisse der vorhergehenden Arbeitsschritte verwendet. Das Modell wird mit einem eindeutigen Namen versehen.

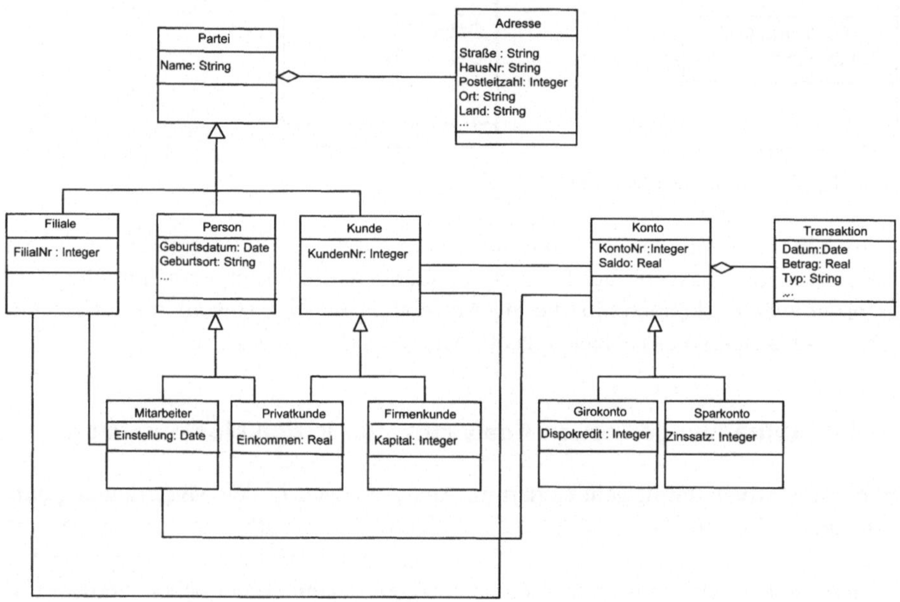

Abb. 12-4. Klassendiagramm mit integrierten Analysemustern

Abb. 12-4 zeigt das Klassendiagramm für die einfache Kontoführung, nachdem das oben exemplarisch beschriebene Analysemuster integriert worden ist.

Qualitätskriterien

Qualitätskriterien für den Einsatz von Analysemustern sind:

- Allgemein gültige Analysemuster sind identifiziert.
- Anwendungsspezifische Analysemuster sind identifiziert.
- Neue Muster sind im Musterkatalog aufgenommen.
- Analysemuster sind in die Analysenergebnisse integriert.

Vorausgesetztes Wissen

- Musterkataloge
- Basiskonzepte der objektorientierten Modellierung, insbesondere Technik *Erstellung eines groben Klassenmodells.*

Literatur

[Balzert1999] Balzert, H.: Lehrbuch der Objektmodellierung: Analyse und Entwurf, Spektrum Akademischer Verlag, 1999

[Booch1999] Booch, G., Rumbaugh, J. und Jacobson, I.: The Unified Modeling Language, Addison-Wesley, 1999

[Coad1997] Coad, P.: Object Models: Strategies, Patterns, and Applications, Prentice Hal, 1997

[Fowler1999b] Fowler, M.: Analysemuster, Wiederverwendbare Objektmodelle, Addison-Wesley, 1999

[Gamma1996] Gamma, E., Helm R., Johnson R., Vlissides J.: Entwurfsmuster, Addison-Wesley, 1996

[Oestereich1998] Oestereich, B.: Objektorientierte Softwareentwicklung: Analyse und Design mit der Unified Modeling Language, Oldenburg, 1998

[Pree1995] Pree, W.: Design Patterns for Object-Oriented Software Development. Addison-Wesley, 1995

[Rising2000] Rising, L.: The Pattern Almanac 2000, Addison-Wesley, 2000

12.2 Einsatz von Designmustern

Beschreibung

Das Ziel dieser Technik ist es, häufig auftretende Probleme im Design zu identifizieren und hierfür vorgegebene Muster zu verwenden oder neue Designmuster (Design-Pattern) zu definieren. Ein Designmuster ist eine Gruppe von Modellelementen, die zueinander in einer bestimmten Beziehung stehen, z.B. Klassen mit feststehenden Verantwortlichkeiten und Interaktionen, um ein Entwurfsproblem in einem bestimmten Kontext zu lösen.

Der Nutzen des Einsatzes von Designmustern besteht darin:

- eine standardisierte Lösung für ein bestimmtes Problem zu bieten,
- anerkannte Lösungen von Designproblemen wiederzuverwenden,
- die Komplexität einer Anwendung zu reduzieren,
- mit anderen Softwareentwicklern effektiv zu kommunizieren.

Die Voraussetzung für die Anwendung dieser Technik ist das Vorliegen eines Analysemodells, d.h. Klassenmodell, Objektmodell und/oder Interaktionsmodell.

Das Ergebnis der Anwendung dieser Technik ist ein Klassenmodell oder ein Objektmodell mit integrierten Designmustern.

Die einzelnen Arbeitsschritte bei der Anwendung dieser Technik sind:

- Fokussierung auf ein Klassenmodell
- Identifizierung von Designmustern
- Anpassung an die Klassen und Objekte der Anwendung

- Aufnahme von neuen Designmustern im Musterkatalog
- Verwendung der Designmuster im Modell.

Arbeitsschritte

12.2.1 Fokussierung auf ein Klassenmodell

Zur Erläuterung der Arbeitsschritte beim Einsatz von Designmustern wird folgendes Beispiel einer vereinfachten Kontoführung verwendet.

„Die Kunden einer Bankfiliale besitzen ein oder mehrere Konten, bei denen es sich um Girokonten und/oder Sparkonten handelt. Ein Kunde kann Konten in mehreren Filialen gleichzeitig führen. Sowohl für Kunden als auch für Filialen werden Adressen verwaltet. Ein Konto wird durch eine achtstellige Kontonummer identifiziert. Kunden können Geld einzahlen, abheben oder überweisen. Der Saldo eines Kontos kann abgefragt werden. Für Sparkonten zahlt die Bank ihren Kunden Zinsen aus. Für jeden Besitzer eines Girokontos ist ein Dispokredit festgelegt. Filialen haben zwei Kundentypen: Firmen- und Privatkunden. Zu jedem Firmenkunden ist der Filiale mindestens ein Ansprechpartner bekannt. Konten werden von Mitarbeitern einer Filiale eröffnet."

Das in Abb. 12-5 dargestellte Klassendiagramm ist das Ergebnis der Anwendung der Technik *Erstellung eines detailliertes Klassenmodells* für einen Ausschnitt der oben angegebenen Anforderungsbeschreibung.

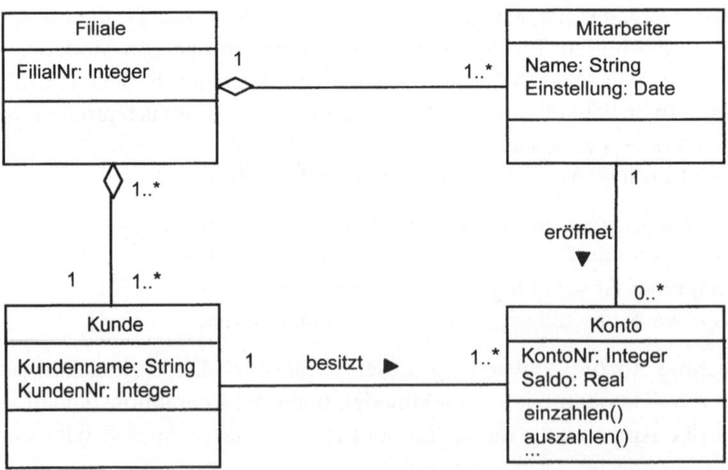

Abb. 12-5. Ausschnitt aus dem Klassenmodell für die Kontoführung

12.2.2 Identifizierung von Designmustern

Das Ziel dieses Arbeitsschritts ist es, allgemeingültige Designmuster zu finden, die für das Design und die Implementierung der Anwendung geeignet sind.

Hierfür sind sowohl die Kenntnis der existierenden Muster als auch des zu modellierenden Problems nötig. Die Kenntnisse der Musterkataloge können sich zunächst auf die Beschreibung der Ziele der Designmuster beschränken. Sobald ein potentiell verwendbares Muster gefunden worden ist, wird das Muster anhand der generellen Beschreibung, der Struktur und der beschriebenen Beispiele detaillierter analysiert, sofern noch keine Erfahrungen mit diesem Muster vorliegen.

Als Beispiel wird das Designmuster *Zustand* betrachtet. Das *Zustands*-Muster wird verwendet, wenn das Verhalten eines Objekts von seinem Zustand abhängig ist. Dieser Zustand kann sich während der Laufzeit der Anwendung ändern. In Abb. 12-6 wird die Struktur dieses Designmusters gezeigt.

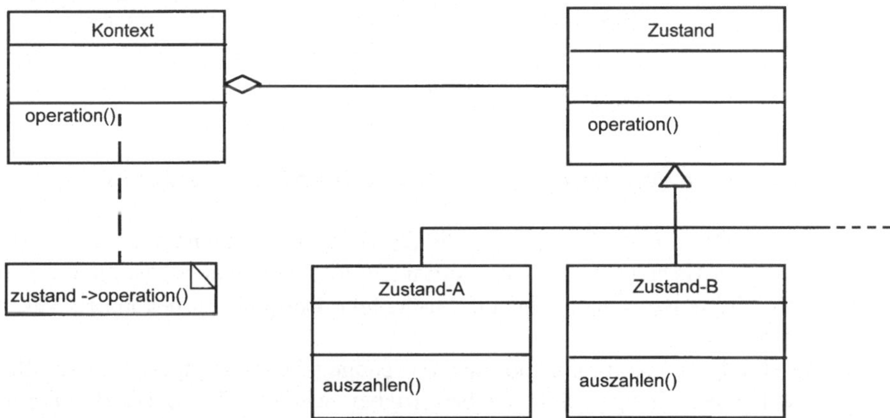

Abb. 12-6. Struktur des Designmusters „Zustand"

12.2.3 Anpassung an die Klassen und Objekte der Anwendung

Ziel ist es zu prüfen, ob das im vorigen Schritt identifizierte Designmuster zur Modellierung im Kontext der Anwendung verwendet werden kann. Das Anwendungsproblem wird ebenfalls genauer betrachtet und der Einsatz des Designmusters für die Anwendung getestet. Auf der Basis des Tests wird entschieden, ob das Designmuster nützlich ist oder ob ein anderes oder auch kein Muster eingesetzt wird.

Im Beispiel der Kontoführung kann sich das Konto in drei Zuständen befinden: *normal, überzogen* oder *gesperrt*. Je nach Zustand werden Operationen, wie *auszahlen* und *drucken* unterschiedliche Ausführungen haben, d.h. je nach Zustand wird sich ein *Konto*-Objekt anders verhalten.

In Abb. 12-7 wird das Zustandsmuster gezeigt, das für ein Konto und seine Zustände benutzt wird. Designmuster können bei Bedarf auch angepasst werden, die Anpassungen oder Abweichungen vom Muster eines Musterkataloges muss dokumentiert werden (siehe Arbeitsschritt 12.2.4).

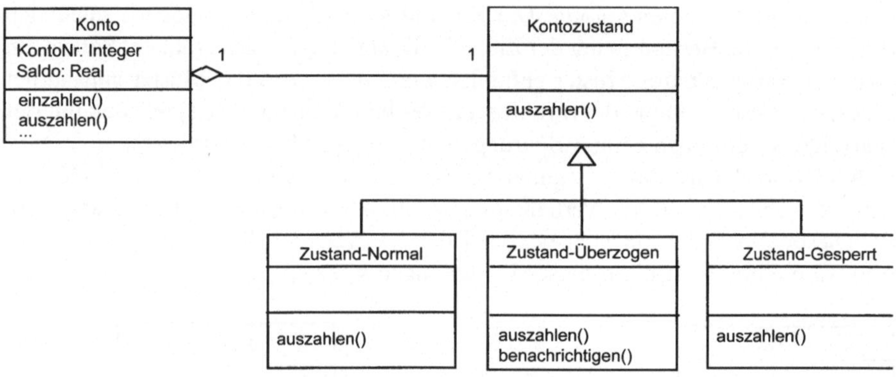

Abb. 12-7. Zustands-Designmuster für das Konto

12.2.4 Aufnahme von neuen Designmustern im Musterkatalog

In diesem Arbeitsschritt geht es darum, die Designmuster aufzunehmen, die noch nicht im Katalog vorhanden sind oder Varianten zu existierenden Designmustern darzustellen. Öfters ist es auch sinnvoll, zusätzliche Beispiele zu bekannten Mustern hinzuzufügen.

Die Beschreibung erfolgt anhand eines vorgebgegebenen Rasters, so dass alle Muster nach einen einzigen Schema beschrieben werden. Ein Beispiel für ein Beschreibungsraster wird in Tab. 12-2 skizziert.

Tab. 12-2. Beschreibungsraster für ein Designmuster

Name des Designmusters
Ziel
Andere Namen
Motivation
Anwendbarkeit
Struktur
Interaktionen
Konsequenzen
Implementierung
Bekannte Anwendungen
Ähnliche Muster

12.2.5 Verwendung der Designmuster im Modell

Bei der Verwendung der Designmuster im Modell werden die Ergebnisse der vorhergehenden Arbeitsschritte verwendet. Das Modell wird mit einem eindeutigen Namen versehen.

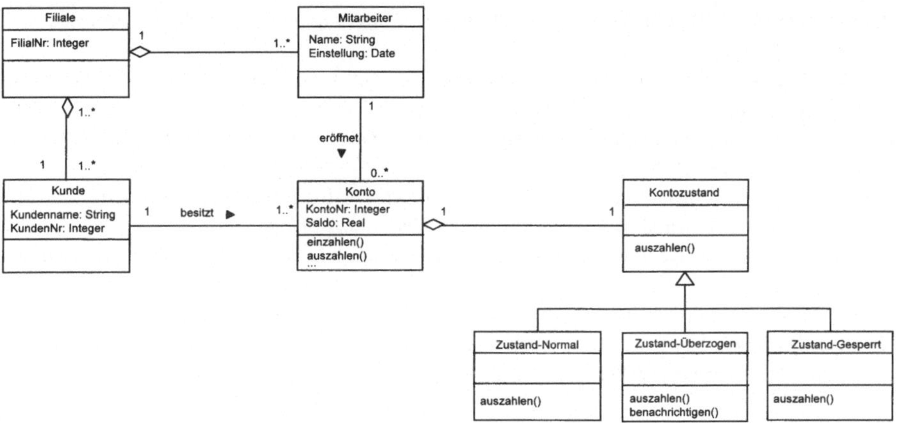

Abb. 12-8. Klassendiagramm mit integriertem Zustandsmuster

Abb. 12 8 zeigt das Klassendiagramm für die vereinfachte Kontoführung, nachdem das oben exemplarisch beschriebene Designmuster integriert worden ist.

Qualitätskriterien

Qualitätskriterien für den Einsatz von Designmustern sind:

- Allgemeingültige Designmuster sind identifiziert.
- Anwendungsspezifische Designmuster sind identifiziert.
- Neue Muster sind im Musterkatalog aufgenommen.
- Designmuster sind in die Designergebnisse integriert.

Vorausgesetztes Wissen

- Musterkataloge,
- Basiskonzepte der objektorientierten Modellierung, insbesondere Technik *Erstellung eines detaillierten Klassenmodells.*

Literatur

[Balzert1999] Balzert, H.: Lehrbuch der Objektmodellierung: Analyse und Entwurf, Spektrum Akademischer Verlag, 1999

[Booch1999] Booch, G., Rumbaugh, J. und Jacobson, I.: The Unified Modeling Language, Addison-Wesley, 1999

[Coad1997] Coad, P.: Object Models: Strategies, Patterns, and Applications, Prentice Hal, 1997

[Gamma1996] Gamma, E., Helm R., Johnson R., Vlissides J.: Entwurfsmuster, Addison-Wesley, 1996

[Jézéquel1999] Jézéquel J-M., Train M. und Mingins C.: Design Patterns and Contracts, Addison-Wesley, 1999

[Oestereich1998] Oestereich, B.: Objektorientierte Softwareentwicklung: Analyse und Design mit der Unified Modeling Language, Oldenburg, 1998

[Pree1995] Pree, W.: Design Patterns for Object-Oriented Software Development. Addison-Wesley, 1995

[Rising2000] Rising, L.: The Pattern Almanac 2000, Addison-Wesley 2000

[Shaw1996] Shaw, M., Garlan, D.: Software Architecture, Perspectives on an Emerging Discipline, Prentice Hall, 1996

13 Analyse von Benutzungsoberflächen

13.1 Objekt/Aktionsanalyse

Beschreibung

Das Ziel der Objekt/Aktionsanalyse ist die Identifizierung der Aktionen, die Benutzer mit den Benutzungsobjekten der Anwendung durchführen. Unter *Benutzungsobjekten* werden die konzeptionellen Objekte verstanden, mit denen der Benutzer zu interagieren glauben soll.

Der Nutzen der Objekt/Aktionsanalyse besteht darin:

- ein konsistentes Verhalten der Benutzungsobjekte zu gewährleisten,
- das Verhalten und die Präsentation der aktionsauslösenden Oberflächenelemente (aktivieren, deaktivieren, unsichtbar machen) zentral zu verwalten,
- eine flexiblere, mächtigere Oberfläche mit fortgeschrittenen Eigenschaften zu ermöglichen. Typische Konzepte dieser Art sind Undo/Redofähigkeit, Protokollierung (logging) und Scripting (siehe Befehlsmuster in [Gamma 1996]).

Die Voraussetzung für die Objekt/Aktionsanalyse ist ein Modell der Anwendungsfälle und identifizierte Benutzungsobjekte.

Das Ergebnis der Objekt/Aktionsanalyse ist eine Liste von Aktionen. Jede Aktion hat

- einen Namen,
- eine Liste der anwendbaren Benutzungsobjekte,
- Anwendbarkeitsregeln (zum (De)Aktivieren),
- optional Dialoge zur Abfrage von Parametern,
- optional Präsentationsstrings (für Menüs, Toolbars, etc.),
- optional Hilfe- oder Tipptexte,
- optional bildhafte Darstellungen.

Die Arbeitsschritte der Objekt/Aktionsanalyse sind:

- Fokussierung auf ein Anwendungsfallmodell
- Identifizieren der Aktionen
- Zusammenfassen, Vereinheitlichen und Benennen der Aktionen
- Beschreiben der Eigenschaften der Aktionen.

Arbeitsschritte

13.1.1 Fokussierung auf ein Anwendungsfallmodell

In diesem Arbeitsschritt geht es darum, die Anwendungsfälle eines Anwendungsfallmodells als Ausgangspunkt zu verwenden.

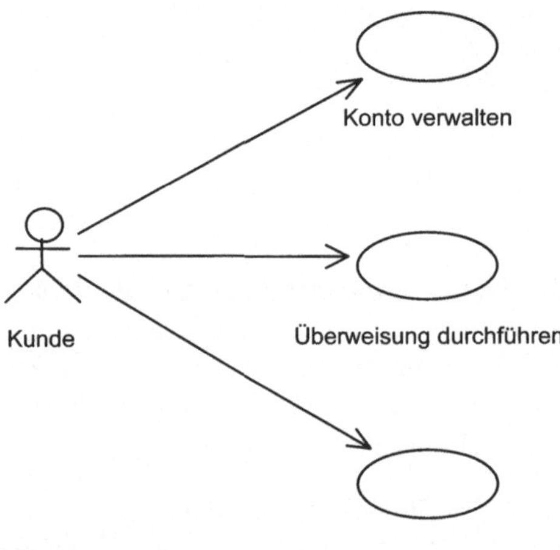

Abb. 13-1. Anwendungsfallmodell

Abb. 13-1 zeigt zwei Anwendungsfälle, „Konto verwalten" und „Überweisung durchführen". Sie dienen zusammen mit den vorher identifizierten Benutzungsobjekten als Grundlage für die weiteren Arbeitsschritte.

13.1.2 Identifizieren der Aktionen

Bei der Identifikation der Aktionen geht es darum alle Aktionen zu finden, die ein Benutzer mit den konzeptionellen Objekten der Anwendung ausführt. Die Objekte bezeichnen wir hier mit dem Begriff *Benutzungsobjekten*, da sie der Begriffswelt der Benutzer entstammen und nicht unbedingt mit den Objekten des Systems gleichzusetzen sind. Beispiele sind *Kunde, Konto, Schreibtisch (desktop)* und ähnliches.

Aktionen sollten mit der Maus oder Tastatur über ein Menü, einen Aktionsknopf oder eine Tastenkombination auslösbar sein. Als Beispiel nehmen wir die im ersten Arbeitsschritt fokussierten Anwendungsfälle „Überweisung durchführen" und „Konto verwalten" eines Online-Banking-Systems. Die beteiligten Benutzungsobjekte sind: *Kunde, Konto, Überweisung* und ggf. *Bank*.

Als erstes sollten nun die offensichtlichen Aktionen notiert werden. Dabei ist darauf zu achten, dass nur solche Aktionen berücksichtigt werden, die auch tatsächlich im Anwendungsfall eine Rolle spielen.

Gelegentlich gibt es Aktionen, die zwar im Anwendungsfall definiert wurden, sich aber nicht eindeutig einem Benutzungsobjekt zuordnen lassen. In einem solchen Fall ist es ratsam, den Nutzer zu befragen, um ein besseres Verständnis zu erhalten.

Ebenso können auch Änderungen im Objektmodell sinnvoll erscheinen. Beispielsweise können die Aktionen „Schecksperre einrichten“ und „Schecksperre aufheben“ des Objekts *Kunde* besser in einem eigenen Objekt *Schecksperre* mit den Aktionen „einrichten“ und „aufheben“ modelliert werden.

Tab. 13-1. Identifizierte Aktionen

Anwendungsfall	**Objekt**	**Aktion**
Konto verwalten	Kunde	Adresse ändern
		...
	Schecksperre	Einrichten
		Aufheben
		...
	Konto	Auflösen
		Auszug drucken
		...
Überweisung durchführen	Überweisung	Ausfüllen
		Entfernen
		Speichern
		...
	Konto	BLZ suchen
		...

13.1.3 Zusammenfassen, Vereinheitlichen und Benennen der Aktionen

Ähnliche Aktionen bei verschiedenen Objekten sollten zusammengefasst werden. Hier ist besonders auf die Verträglichkeit mit der Metapher zu achten. In unserem Beispiel sollten die Aktionen „Aufheben“ des Objekts *Schecksperre* und „Entfernen“ des Objekts *Überweisung* zur Aktion „Löschen“ vereint werden. Andererseits erscheint es nicht sinnvoll, die Aktion „Auflösen“ des Objekts *Konto* in diese neue Aktion mit aufzunehmen, da sich die Bedeutung und die Konsequenzen deutlich unterscheiden.

Beim Löschen einer Schecksperre soll eine Rückfrage stattfinden, ob die Aktion tatsächlich durchgeführt werden soll. Andererseits ist dies beim Löschen einer Überweisung nicht zwingend notwendig, da dieser Schritt einfach durch das erneute Ausfüllen rückgängig gemacht werden kann. Zur Vereinheitlichung ist es nun aber notwendig, beide Aktionen gleich zu behandeln.

Sind die Unterschiede allerdings so groß, dass zwingend notwendige Abfragen einer Aktion zur Verkomplizierung der anderen führen würde, sollte auf eine Zusammenfassung verzichtet werden.

13.1.4 Beschreiben der Eigenschaften der Aktionen

Aktionen lassen sich mit folgenden Eigenschaften beschreiben:

Tab. 13-2. Eigenschaften der Aktion „Löschen"

Eigenschaften	**Werte**
Name	Löschen
Benutzungsobjekte	Schecksperre und Überweisung
Anwendbarkeitsregeln	„Objekt ist selektiert" „Überweisung ist gespeichert" „eine Schecksperre ist aktiviert" „Benutzer hat notwendige Berechtigung"
Parameterdialoge (optional)	Nicht Vorhanden
Präsentationsstrings (optional)	Menueintrag: „Löschen..." Druckknopf: „Löschen"
Hilfe- oder Tipptexte (optional)	„Das Objekt wird gelöscht"
Bildhafte Darstellungen (optional)	Löschen

Qualitätskriterien

Qualitätskriterien für die Objekt/Aktionsanalyse sind:

- Für alle Interaktionen der Benutzer mit dem System sind die entsprechenden Aktionen beschrieben (Vollständig in Bezug auf die Anwendungsfälle).
- Alle aktionsauslösenden Elemente der Benutzungsoberfläche lösen eine der beschriebenen Aktionen aus (Vollständig in Bezug auf die Benutzungsoberfläche).
- Es gibt keine Aktion, die nicht ausgelöst werden kann (Minimal).
- Die Auslösbarkeit der Aktionen entspricht den Anwendungsfällen (Korrektheit).
- Die verwendeten Benutzungsobjekte haben eine Entsprechung im Klassenmodell.

Vorausgesetztes Wissen

Objektorientierte Analyse, insbesondere Technik *Anwendungsfallmodellierung*

Literatur

[Gamma1996] Gamma, E., Helm R., Johnson R., Vlissides J.: Entwurfsmuster, Addison-Wesley, 1996

[Preece1994] Preece, J., Rogers, Y. Benyon, D., Holland, S., Carey, T.: Human-Computer Interaction, Addison-Wesley, 1994

[Rosenfeld1998] Rosenfeld L., Morville P.: Information Architecture for the World Wide Web, O'Reilly, 1998

[Schneiderman 1998] Schneiderman, B.: Designing the User Interface, Addison-Wesley, 1998

[Weinshenk1997] Weinschenk, S., Jamar, P., Yeo, S.: GUI Design Essentials, John Wiley & Sons, 1997

13.2 Identifizierung von Benutzerprofilen

Beschreibung

Das Ziel dieser Technik ist es Benutzergruppen zu identifizieren und deren unterschiedliche Erfahrungen im Umgang mit Hardware, Software, ähnlichen Anwendungen oder Anwendungsinhalt zu beschreiben. Die voraussichtliche Häufigkeit, mit der Benutzer die Anwendung verwenden werden, spielen ebenso wie deren Fähigkeiten eine wichtige Rolle im Entwurf der Benutzungsschnittstelle.

Der Nutzen der Identifizierung von Benutzerprofilen besteht darin,

- im Design der Benutzungsschnittstelle die festgestellten Eigenschaften der Benutzergruppen zu berücksichtigen,
- die Brauchbarkeit („usability") der zur entwerfende Benutzungsschnittstelle zu erhöhen.

Die Voraussetzung für die Anwendung dieser Technik ist die Kenntnis über geeignete Ansprechpartner und zuverlässige Informationsquellen. Eine wichtige Informationsquelle kann eine Anforderungsanalyse sein, deren Ergebnis in Form eines Anwendungsfallmodells vorliegt.

Das Ergebnis der Anwendung dieser Technik ist eine Beschreibung des Profils aller wichtigen Benutzergruppen einer Anwendung.

Die einzelnen Arbeitsschritte bei der Identifizierung von Benutzerprofilen sind:

- Identifizierung der Ansprechpartner und/oder Informationsquellen
- Beschreibung der Ziele und Aufgaben der Benutzer
- Ermittlung der Fähigkeiten und Kenntnisse der Benutzer
- Auswahl der Benutzergruppen
- Beschreibung des Benutzerprofils jeder Gruppe
- Bündeln von Benutzergruppen.

Arbeitsschritte

13.2.1 Identifizierung der Ansprechpartner und/oder Informationsquellen

In diesem Arbeitsschritt geht es darum, die Verantwortlichen und die Quellen zu identifizieren, die Informationen über die Benutzer liefern können. Es ist wichtig, dass die Designer nicht für sich selbst entwerfen, sondern sich bemühen, die Benutzer kennen zu lernen, über deren Eigenschaften in Kenntnis gebracht werden und eine detaillierte Beschreibung der Benutzerprofile erstellen können. Hierzu brauchen die Designer von Benutzungsschnittstellen Auskünfte über:

- die Beschreibung der Benutzerprofile im Anforderungskatalog
- Benutzer oder Personen, die Benutzer gut kennen, und interviewt werden können,
- die Benutzer von Legacy-Anwendungen im gleichen Anwendungsbereich,
- Benutzer, die bei der Benutzung ähnlicher Anwendungen beobachtet werden können.

Für die Durchführung eines Interviews wird vorab eine Fragenkatalog erstellt. Dieser Fragenkatalog wiederum wird auf der Basis einer Checkliste ausgearbeitet. Es wird die Technik des strukturierten Interviews angewandt.

Als Beispiel wird hier der Entwurf der Benutzungsschnittstelle für ein vereinfachtes Online-Banking-System verwendet. Für dieses Beispiel können Benutzer von Online-Banking-Anwendungen anderer Bankinstitute und Bankangestellte, die direkten Kontakt mit Bankkunden haben, interviewt werden. Bankautomaten zur Durchführung von Banktransaktionen und die Anwendung, die Bankangestellte benutzen, sind Legacy-Anwendungen, die eine vergleichbare Funktionalität wie das Online-Banking-System bieten.

13.2.2 Beschreibung der Ziele und Aufgaben der Benutzer

Eine Beschreibung der Ziele und Aufgaben der Benutzer ermöglicht ein noch detaillierteres Verständnis dieser Benutzer und führt zu besseren Definition der Benutzerprofile. Die Aufgaben sind eventuell schon vorhanden, wenn ein Anwendungsfallmodell vorliegt. Jedes Ziel und jede Aufgabe des Benutzers kann anhand von Eingabeanforderungen, Ausgabeanforderungen und Häufigkeit der Verwendung beschrieben werden. Voraussichtliche Fehler und Probleme der Benutzer sind aufzulisten, um die Anwendung mit der nötigen Unterstützung auszustatten.

Die Häufigkeit mit der eine Anwendung verwendet wird, lässt im Bankgeschäft zwei Benutzertypen deutlich erkennen: die Mitarbeiter im Backoffice und die Kunden, die unterschiedliche Anforderungen an eine Anwendung haben.

Im oben beschriebenen Online-Banking-Beispiel geht es darum, verschiedene Benutzerprofile von Kunden zu identifizieren. Die Ziele der Benutzer eines Online-Banking-System sind:

- Überweisungen und Daueraufträge zu erteilen (täglich bis monatlich),
- den Kontostand abzufragen (wöchentlich),
- Information über Geldanlagen zu ermitteln (monatlich).

Die Aufgaben der Benutzer sind, sich bei der Bank für das Online-Banking anzumelden (einmaliges Vorgehen), die erteilten Geheimcodes zu verwenden und den Anweisungen für das An- und Abmelden für eine Online-Banking-Verbindung zu folgen (bei jeder Verbindung).

Ein Fehler, der z.B. beim Online-Banking auftreten kann, ist ein Kommunikationsabbruch. Probleme, die Benutzer beim Verwenden der Anwendung haben können, sind eine Transaktion rückgängig machen oder ändern zu müssen.

13.2.3 Ermittlung der Fähigkeiten und Kenntnisse der Benutzer

Das Ziel dieses Arbeitsschrittes ist es, auf physische, intellektuelle, kulturelle, persönlichkeits- und erfahrungsbedingte Unterschiede der Benutzer aufmerksam zu machen. Bei genauer Beobachtung kann eine Menge von Eigenschaften der Benutzer identifiziert werden, die für den Entwurf der Benutzungsschnittstelle relevant sind.

Folgende Faktoren werden analysiert, um zu entscheiden, welche Faktoren zur Benutzergruppenbildung berücksichtigt werden:

- physische Fähigkeiten, wie z.B. Seh- und Hörvermögen, Rechts-/Linkshändigkeit, Farbblindheit,
- motorische Einschränkungen, z.B. Rollstuhlfahrer, einhändige Bedienung,
- Alter,
- kognitive Fähigkeiten, wie z.B. Kurz- und Langzeitgedächtnis, Treffen von Entscheidungen, Lernfähigkeit, Aufmerksamkeit, Initiative zum Suchen,

- Persönlichkeitsaspekte, wie Risikobereitschaft, Stresstoleranz, impulsives vs. reflexives Verhalten, Aktivität vs. Passivität,
- kultureller Hintergrund hat Einfluss auf Sprache, Datumsformatierung, Maß- und Gewichtseinheiten, Adressen u.a.,
- Erfahrungen im Umgang mit Hardware und Software,
- Erfahrungen mit ähnlichen Anwendungen,
- Erfahrung mit der von der Anwendung unterstützen Aufgabe.

Anschließend werden für die relevanten Faktoren und die Benutzergruppen Häufigkeitswerte ermittelt. Beim Online-Banking-System sind folgende Faktoren und Häufigkeitswerte zu berücksichtigen:

- Vom Alter betrifft es Jugendliche (10%), Erwachsene (85%) und Rentner (5%).
- Alle Benutzer sind Kontoinhaber und von denen verwenden um die 90% Bankautomaten für Kontostandabfrage und Überweisungen.
- Benutzer sollen die Anwendung leicht bedienen können, auch in Stresssituationen, ohne Einsatz von Langzeitgedächtnis.
- 50% der Benutzer sind vom Typ *aktiv*, die nach Information regelmäßig und aus Eigeninitiative suchen und aufgeschlossen für neue Anwendungen und Änderungen sind.
- 50% der Benutzer brauchen Führung durch die Anwendung und das Informationsangebot.
- Die meisten Benutzer haben Erfahrungen mit dem Umgang mit PCs.
- Mindestens 60% der Benutzer besitzen Erfahrung mit Informationssuche im Internet.
- Weniger als 30% haben Erfahrungen mit Anwendungen im E-Commerce Bereich.
- Über Sicherheitsaspekte im Internet sind maximal 5% gut informiert.

13.2.4 Auswahl der Benutzergruppen

Es ist nicht möglich, einen Entwurf für unbestimmte Benutzer oder für alle Benutzer zu realisieren. In diesem Schritt sollen eine oder mehrere Benutzergruppen festgelegt werden, für die die Benutzungsschnittstelle gezielt entworfen wird.

Anhand der beschriebenen Eigenschaften werden eine oder mehrere Gruppen identifiziert. Für jede Gruppe wird ein Name vergeben.

Für das Online-Banking-System werden Benutzer in folgende Gruppen eingeteilt:

- nach Alter in Jugendliche, Erwachsene und Rentner so wie
- nach explorativen Arbeitsstil, d.h. nach Eigeninitiative, in aktive und passive Benutzer.

Sowohl aktive als auch passive Benutzer können irgendeiner Altersgruppe angehören.

13.2.5 Beschreibung des Benutzerprofils jeder Gruppe

Bei der Beschreibung des Benutzerprofils jeder Gruppe werden die Ergebnisse der vorhergehenden Arbeitsschritte verwendet. Öfters ist zusätzliche Information zur Detaillierung der Benutzerprofile gefragt. Es wird eine Tabelle erstellt, in der anhand von Eigenschaften und deren Bewertung ein Überblick über die Benutzerprofile geschaffen wird. Zusätzlich kann eine textuelle Beschreibung auf diese Eigenschaften eingehen und die Tabelle ergänzen.

Tab. 13-3 zeigt die Benutzerprofile für Jugendliche, Erwachsene, Rentner, aktive und passive Benutzer. Die Berücksichtigung der drei ersten Gruppen wirken sich hauptsächlich auf das Layout und den Inhalt der Benutzungsschnittstelle aus; dagegen wird das User Interface Unterschiede in der gebotenen Funktionalität für die zwei letzten Gruppen aufzeigen. Die Werte stammen nicht aus einer Umfrage, sondern sind lediglich als Beispielwerte zu betrachten. Es wurden verschiedene Arten von Bewertungen zur Illustration gewählt, d.h. numerische Angaben (wie bei Alter), Prozentangaben, boolesche Werte (ja/nein) oder eine weniger präzise textuelle Beschreibung.

Tab. 13-3. Benutzerprofile

Benutzergruppen	**Jugendliche**	**Erwachsene**	**Rentner**	**Aktive Benutzer**	**Passive Benutzer**
Alter	< 18 10%	18 – 60 85%	> 60 5%		
Stressfaktor		relevant			relevant
PC Erfahrung	100%	95%	80%	95%	80%
Internet-Suche Erfahrungen	90%	60%	30%	70%	45%
E-Commerce Erfahrung	60%	25%	5%	50%	10%
Aufgabenerfahrung: Kontoinhaber	ja	ja	ja	ja	ja
Aufgabenerfahrung: Bankautomatenbedienung	ja	ja	70%	ja	70%
Home-Banking Erfahrung	< 2%	< 8%	< 1%	< 5%	< 2%
Kenntnis über Sicherheit im Netz	sehr wenig	wenig	nein	wenig	kaum
Häufigkeit der Anwendung	wöchentlich bis monatlich	täglich bis monatlich	wöchentlich bis monatlich	täglich bis wöchentlich	wöchentlich bis monatlich

13.2.6 Bündeln von Benutzergruppen

Dieser Arbeitschritt ist optional und wird durchgeführt, wenn der Bedarf besteht, eine vereinfachte Gruppierung der Benutzer zu verwenden. Er führt zur einer stereotypenartigen Klassifizierung der Benutzer, wobei nur die am häufigsten auftretenden Benutzergruppen berücksichtigt werden.

Die im vorigen Arbeitsschritt identifizierten Benutzergruppen könnten folgendermaßen gebündelt werden: Privatkunden, Geschäftskunden und junge Kunden.

- Privatkunden sind passive Erwachsene und Rentner.
- Geschäftskunden sind aktive Erwachsene.
- Junge Kunden sind aktive Jugendliche.

Mit dieser Gruppierung werden keine aktiven Rentner und passive Jugendlichen berücksichtigt.

Qualitätskriterien

Qualitätskriterien für eine Identifizierung von Benutzerprofilen sind:

- Alle wichtigen Benutzergruppen sind gefunden.
- Benutzergruppen sind mit Akteuren des Anwendungsfallmodels abgeglichen.
- Eigenschaften dieser Gruppen sind aufgelistet.
- Eine Bewertung der Eigenschaften ist erfolgt.
- Benutzerprofile sind beschrieben.

Vorausgesetztes Wissen

Technik *Anforderungsinterview*

Literatur

[Preece1994] Preece, J., Rogers, Y. Benyon, D., Holland, S., Carey, T.: Human-Computer Interaction, Addison-Wesley, 1994

[Rosenfeld1998] Rosenfeld L., Morville P.: Information Architecture for the World Wide Web, O'Reilly, 1998

[Schneiderman 1998] Schneiderman, B.: Designing the User Interface, Addison-Wesley, 1998

[Weinshenk1997] Weinschenk, S., Jamar, P., Yeo, S.: GUI Design Essentials, John Wiley & Sons, 1997

13.3 Sketching

Beschreibung

Das Ziel dieser Technik ist es, die wichtigsten Elemente der Benutzungsoberflächen und deren Funktionalität anhand von Stichwörtern oder Icons zu skizzieren. Sketching kann als visuelles Brainstorming bezeichnet werden.
Der Nutzen des Sketching besteht darin,

- einen ersten Entwurf für den Inhalt und die Funktionalität der Benutzungsoberflächen zu schaffen,
- die Brauchbarkeit („usability") der zur entwerfenden Benutzungsschnittstelle zu erhöhen.

Die Voraussetzung für die Anwendung dieser Technik ist das Vorliegen der Ergebnisse der Objekt/Aktionsanalyse. Sketching kann eventuell auch auf der Basis eines Anwendungsfallmodells, eines groben oder detaillierten Klassenmodells realisiert werden.

Das Ergebnis der Anwendung dieser Technik ist eine textuelle oder graphische Darstellung der Benutzungsoberflächenelemente mit Angaben zum Inhalt und zu Interaktionselementen für die Aktionen, die zu implementieren sind.
Die einzelnen Arbeitsschritte beim Sketching sind:

- Fokussierung auf ein Objekt/Aktionsmodell
- Identifizierung der Benutzungskontexte
- Festlegung des zu präsentierenden Inhalts
- Identifizierung der Interaktionselemente
- Erstellen eines Sketches.

Arbeitsschritte

13.3.1 Fokussierung auf ein Objekt/Aktionsmodell

In diesem Arbeitsschritt werden die Objekte und Aktionen von einem Objekt/Aktionsmodell als Ausgangspunkt verwendet. Sollte kein Objekt/Aktionsmodell zur Verfügung stehen, so müssen die Oberflächenobjekte und Aktionen aus einem Anwendungsfall- und/oder Klassenmodell der Anwendung entnommen werden.

Als Beispiel wird hier die Benutzungsschnittstelle für ein Online-Banking-System betrachtet. Für dieses Beispiel sind im Rahmen der Anwendung der Technik

Objekt/Aktionsmodellierung Oberflächenobjekte und Aktionen für diese Objekte identifiziert worden. Diese Ergebnisse sind in Tab. 13-4 dargestellt.

Tab. 13-4. Objekte/Aktionen Online-Banking

Objekte	Attribute	Aktionen
Konto	Kontonummer ...	Neues Konto anlegen Löschen ...
Überweisung	Betrag Zielkontonummer ...	Ausfüllen Ausführen Löschen ...
Kontostand	Wert	Abfragen
Kontoauszug	Umsatz Datum	Abfragen

13.3.2 Identifizierung der Benutzungskontexte

In diesem Arbeitsschritt wird festgelegt, in welchem Kontext die Oberflächenobjekte des Objekt/Aktionsmodells dem Benutzer präsentiert werden. Kontexte sind auch als Szenen bekannt. Ein Oberflächenobjekt kann Teil eines oder mehrerer Benutzungskontexte sein. Für ein Objekt kann ein eigener Kontext existieren. Der Name des Kontexts wird in diesem Fall öfters gleich dem Namen des Oberflächenobjekts sein.

Im Online-Banking-Beispiel kann sich der Benutzer in folgenden Kontexten befinden: *Kontoführung* oder *Investitionen*. Wir fokussieren nur auf die Kontoführung, die in weitere Kontexte aufgeschlüsselt wird: *Anmeldung, Kontoeröffnung, Kontoauszug, Überweisung* und *Dauerauftrag*.

Die oben dargestellte Tabelle wird mit den Benutzungskontexten für jedes Oberflächenobjekt erweitert. Zu bemerken ist, dass es für Konto und Kontostand keinen eigenen Kontext gibt und dass beide Objekte teil mehrere Kontexte sind, bei denen die Attribute *Kontonummer* und *Saldo* angezeigt werden.

Tab. 13-5. Ergänzung der Bezugskontexte

Objekte	Attribute	Aktionen	Kontexte
Konto	Kontonummer ...	Neues Konto anlegen Löschen ...	Anmeldung Kontoauszug Überweisung Kontoeröffnung
Überweisung	Betrag Zielkontonummer ...	Ausfüllen Ausführen Löschen ...	Überweisung
Kontostand	Wert	Abfragen	Überweisung Kontoauszug
Kontoauszug	Umsatz Datum	Abfragen	Kontoauszug

13.3.3 Festlegung des zu präsentierenden Inhalts

Das Ziel dieses Arbeitsschrittes ist es, für jeden Kontext den Inhalt von den Objekten jeder Benutzungsoberfläche festzulegen. Die wichtigste Informationsquellen für diesen Inhalt sind:

- die Attribute der für den Kontext relevanten Oberflächenelemente
- zusätzliche Information zur Unterstützung der Benutzeraktionen und
- kontextübergreifende Information, wie z.B. aktuelles Datum.

Im Beispiel der Kontoführung sind folgende Information für die Durchführung einer Überweisung notwendig: Daten des Empfängers, Daten des Auftraggebers und Daten zum Übertragungsobjekt.

Dem Benutzer müssen die Attribute des Empfängers einer Überweisung eindeutig bekannt sein, d.h. Kontonummer und Bankleitzahl (BLZ). Das Übertragungsobjekt wird anhand des Betrags und der Währung aufzeigt. Die Daten, die den Auftraggeber definieren, sind Kontonummer und BLZ. Beim Online-Banking ist der Auftragsgeber dem System schon bekannt. Es fehlt noch die Auswahl von einem der mehreren Konten, die ein Kunde bei einer Bankfiliale führen kann.

Dem Kunden kann noch zusätzliche Unterstützung bei der Eingabe der BLZ und der Währung zur Verfügung gestellt werden. Gibt der Kunde den Namen des Kreditinstituts ein, so wird die BLZ automatisch im Feld präsentiert. Zur Auswahl der Währung wird dem Kunden mit einer Liste geholfen (eine der Währungen kann als Default-Wert definiert sein). Die verschiedenen Konten, über die der Kunde verfügt, sind zur Auswahl aufgelistet.

Der Inhalt der Benutzungsoberfläche wird somit mit einem Eingabefeld für den Namen eines Kreditinstituts, einer Währungsliste und der Anzeige der gültigen Konten angereichert.

Zusätzlich wird der Benutzungsoberfläche des Online-Banking-Systems als Inhalt kontextübergreifende Information, wie das aktuelle Datum, Kontonummer, BLZ und Filiale hinzugefügt. Kontonummer und Filiale sind dem System vom Anmeldungsprozess bekannt.

Zusammenfassend besteht die Liste der Attribute bei einer Online-Überweisung aus:

- den Eingabefeldern: Name, Kontonummer, Name des Kreditinstituts und BLZ des Empfängers, Betrag, Währung und Kontotyp des Auftragsgeber,
- Listen der Währungen und Konten, die der Benutzer führt, und
- Kontonummer, BLZ, Filiale des Benutzers und aktuelles Datum.

13.3.4 Identifizierung der Interaktionselemente

Um der Benutzungsoberfläche die von der Anforderungsanalyse geforderte Funktionalität zu verleihen, müssen dem Inhalt Interaktionselemente hinzugefügt werden. Diese Interaktionselemente können aus den Aktionen des Objekt/Aktionsmodell oder eventuell aus dem Anwendungsfallmodell oder den Operationen der Klassen aus dem Klassenmodell abgeleitet werden.

Im Überweisungsbeispiel sind dies die Operationen: „Überweisungsformular ausfüllen" und „Überweisung absenden" (auch als „ausführen" bekannt). Das Ausfüllen ist implizit mit der Präsentation des Formulars gegeben, aber das Löschen der Felder muss explizit, z.B. mit einem „Zurücksetzen" erfolgen. Allgemein gültige Aktionen, wie „Abbrechen", „Speichern" und „Drucken" werden hinzugefügt.

13.3.5 Erstellen eines Sketches

Das Ziel dieses Arbeitsschrittes ist es, die in den vorherigen Schritten identifizierten Inhalte und Interaktionselemente in einer groben graphischen Darstellung zu präsentieren. Sketches sind nur als erster Ansatz zu betrachten, der mit den Techniken *Erstellung von Mock-Ups* und *Storyboarding* verfeinert wird.

Es gibt zwei Alternativen zum Entwurf der Sketches: eine stichwortartige Darstellung oder eine auf graphischen Elementen basierenden Präsentation. In der Abb. 13-2 werden beide Sketch-Alternativen für das Überweisungsbeispiel nebeneinander gezeigt. Eingabefelder werden zur Unterscheidung mit Boxen umrandet und interaktive Elemente werden zusätzlich unterstrichen.

Datum
Kontonummer
BLZ
Filiale

Name des Empfänger
Kontonummer des Empfängers
Name des Kreditinstituts
BLZ des Empfängers
Betrag
Währung
Konto des Auftragsgeber

Liste der Währungen
Liste der Konten

Zurücksetzen
Absenden
Abbrechen
Speichern
Drucken

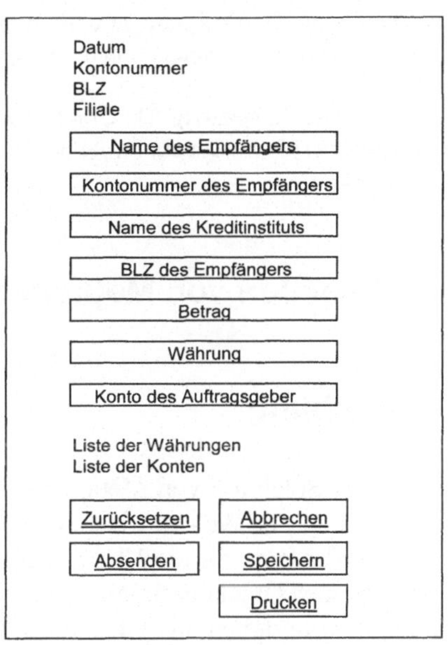

Abb. 13-2. Sketches für eine Überweisung im Online-Banking-System

Qualitätskriterien

Qualitätskriterien für das Sketching sind:

- Alle für die Benutzungsschnittelle relevanten Inhalte sind aufgelistet.
- Nötige und nützliche Interaktionselemente für Oberflächenobjekte sind identifiziert.
- Sketches sind erstellt.

Vorausgesetztes Wissen

- Technik *Objekt/Aktionsanalyse*
- Domänenwissen.

Literatur

[Mandel1997] Mandel T.: The Elements of User Interface Design, Wiley, 1997

[Preece1994] Preece, J., Rogers, Y. Benyon, D., Holland, S., Carey, T.: Human-Computer Interaction, Addison-Wesley, 1994

[Rosenfeld1998] Rosenfeld L., Morville P.: Information Architecture for the World Wide Web, O'Reilly, 1998

[Sano1996] Sano, D.: Designing large-scale Web Sites, John Wiley & Sons, 1996

[Schneiderman 1998] Schneiderman, B.: Designing the User Interface, Addison-Wesley, 1998

[Voss1998] Voss, J., Nentwig, D.: Graphische Benutzungsschnittstellen, Hanser, 1998

[Weinshenk1997] Weinschenk, S., Jamar, P., Yeo, S.: GUI Design Essentials, John Wiley & Sons, 1997

13.4 Selektion von Metaphern

Beschreibung

Das Ziel der Selektion von Metaphern ist es „Bilder“ zu finden, die eine Verbindung zwischen der Welt des Benutzers und der Anwendungssoftware herstellen. Eine *Metapher* kann als die Übertragung der Bedeutung von einem bekannten auf ein unbekanntes Objekt definiert werden.

Metaphern bestehen aus einer visuellen und/oder konzeptionellen Repräsentation von Objekten, die dem Benutzer bekannt sind. Zwei Typen von Metaphern können beim Entwurf von Benutzungsschnittstellen verwendet werden: funktionale und visuelle Metaphern. Bekannte Beispiele sind die Schreibtischmetapher (desktop) und das Brief-Symbol für Email.

Der Nutzen der Selektion von Metaphern besteht darin,

- eine intuitive Verwendung der Benutzungsschnittstelle zu ermöglichen,
- die Erlernbarkeit der Benutzungsschnittstelle zu verbessern,
- die Brauchbarkeit der ausgewählten Metaphern sicherzustellen.

Die Voraussetzung für die Anwendung dieser Technik ist das Vorliegen der Anforderungsbeschreibung, der Benutzerprofile und eines ersten groben Entwurfs der Benutzungsschnittstelle, der anhand von Sketches realisiert sein kann.

Das Ergebnis der Anwendung dieser Technik ist eine Liste von Metaphern mit einer Begründung für die Verwendung dieser Metaphern.

Die einzelnen Arbeitsschritte bei der Selektion der Metaphern sind:

- Fokussierung auf die beim Sketching identifizierten Domain-Elemente
- Identifizierung von Analogien aus der realen Welt
- Identifizierung von Ähnlichkeiten zu bisherigen Anwendungen oder Plattformen
- Auswahl und Beschreibung der Metaphern.

Arbeitsschritte

13.4.1 Fokussierung auf die beim Sketching identifizierten Domain-Elemente

Das Sketching bringt die wesentlichen Domain-Elementen hervor, die für die Kommunikation mit dem Anwender wichtig sind. Diese Domain-Elemente sind also diejenigen, die in der Benutzungsschnittstelle angemessen repräsentiert werden müssen und zu deren Repräsentation Metaphern verwendet werden können.

Im ersten Arbeitsschritt geht es darum, die bei der Technik des Sketching identifizierten Domain-Elemente heranzuziehen. Wichtig dabei sind:

- die Domain-Elemente,
- deren Attribute und
- die Aktionen, die auf den Elementen ausgeführt werden.

Tab. 13-6 zeigt einen Ausschnitt der mittels Sketching gefundenen Domain-Elemente für ein Online-Banking-System.

Tab. 13-6. Teilergebnis Sketching

Element/Sub-Element	Attribut(e)	Aktion(en)
Konto	Kontonummer ...	Neues Konto anlegen Löschen ...
Überweisung	Betrag Zielkontonummer ...	Ausfüllen Ausführen Löschen ...
Kontostand	Wert	Abfragen

Die nächsten beiden Schritte geben Anregungen zur Auswahl möglicher Metaphern.

13.4.2 Identifizierung von Analogien aus der realen Welt

Es gibt grundsätzlich zwei Arten von Metaphern, die jedoch auch kombiniert auftreten können:

- *Funktionale Metaphern* schaffen eine Verbindung zwischen den Aktionen, die mit Objekten der realen Welt und denen die in einer Computeranwendung ausgeführt werden können. Die Verwendung der Schreibmaschinenmetapher für ein Textverarbeitungssystem impliziert für den Benutzer, dass er mit einem solchen System Texte schreiben und zu Papier bringen kann. Die meisten Textverarbeitungssysteme verwenden weitere funktionale Metaphern wie z.B. das Ausschneiden und Einfügen von Text.

- *Visuelle Metaphern* verbinden durch ihre Repräsentation Elemente der realen Welt mit denen der Computeranwendung. Ein Briefsymbol steht z.B. für eine Email-Anwendung, obwohl die Funktionalität nicht direkt übertragen werden kann.

In vielen Fällen kann es für Benutzer hilfreich sein, wenn Analogien aus der realen Welt direkt in die Anwendung übersetzt werden. Der Vorteil von solchen realen Metaphern liegt darin, dass der Benutzer sofort intuitiv weiß, was er mit den realen Objekten anfangen kann.

Ein weit verbreitetes Problem hingegen besteht darin, dass Unterschiede in der Handhabung zwischen dem realen Objekt und dem Bildschirmobjekt die Benutzung oft unnötig kompliziert gestalten. Die Vor- und Nachteile einer realen Metapher müssen daher von Fall zu Fall abgewogen werden.

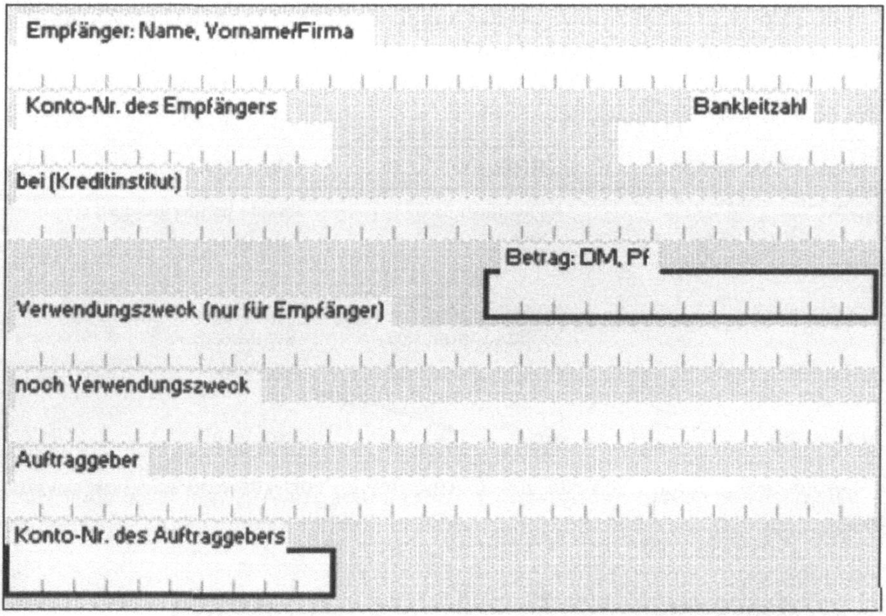

Abb. 13-3. Überweisungsformular

Abb. 13-3 zeigt als Beispiel die direkte Übersetzung des Vorganges „Überweisung ausfüllen" auf den Computer-Bildschirm. Nahezu jeder Bankkunde weiß, wofür ein Überweisungsformular dient und wie es auszufüllen ist.

Die Verwendung dieser Metapher kann daher die Berührungsängste von Benutzern, die wenig Erfahrung im Umgang mit Computern haben, verringern, da sie bekannte Elemente auf dem Bildschirm sehen. Die Übertragung des Formulars kann für manche Benutzer verwirrend sein, weil nicht klar ist, wie ein solches Formular auf dem Bildschirm zu behandeln ist. Textfelder in einer Anwendung haben in Betriebssystemen wie Windows ein einheitliches Aussehen, das sich deutlich von dem des Überweisungsformulars unterscheidet.

Eine mögliche Lösung ist die deutliche Markierung des Eingebefeldes durch einen blinkenden Cursor. Zusätzliche Hilfen, die in Computersystemen angeboten werden können, wie z.B. das Suchen nach Bankleitzahlen, können ebenfalls nicht problemlos in diese Metapher integriert werden. Mit einem Druckknopf „Suchen" neben dem Feld „Bankleitzahl" kann jedoch Abhilfe geschaffen werden. Der zusätzliche Nutzen dieser Funktion ist stärker zu gewichten als der dadurch verursachte Bruch mit der Metapher.

13.4.3 Identifizierung von Ähnlichkeiten zu bisherigen Anwendungen oder Plattformen

Bei der Neuentwicklung von Anwendungen kann meist auf Erfahrung mit schon bestehenden, ähnlichen Anwendungen zurückgegriffen werden. Die Effizienz der Metaphern in solchen Anwendungen kann beurteilt und als Erfahrung in die Neugestaltung eingebracht werden.

Eine mittlerweile kaum noch als solche wahrgenommene Metapher stellt die des einfachen Druckknopfes (push button) dar, wie er in allen gängigen Betriebssystemen häufig zu finden ist. Solche Knöpfe sind eine visuelle und funktionale Metapher, sie transportieren die Erfahrung aus der realen Welt in die Computerumgebung. Ein Druckknopf kann eingedrückt werden, wodurch eine Aktion initiiert wird.

Abb. 13-4 zeigt den Knopf „Ausführen" aus einem Online-Banking-System. Durch Betätigen dieses Knopfs mit der Maus wird eine Überweisung zur Ausführung gebracht.

Abb. 13-4. Druckknopf „Ausführen"

Ebenso kann eine kombinierte Metapher verwendet werden, bei der der Druckknopf zusätzlich mit einem Symbol, also einer visuellen Metapher, verknüpft wird. Symbole, auch Sinnbilder genannt, werden in der realen Welt häufig verwendet, um Sachverhalte einfach graphisch darzustellen. Die Kombination von Symbolen mit Druckknöpfen ist ebenfalls aus der realen Welt bekannt und kann daher leicht auf den Computer übertragen werden.

Abb. 13-5 zeigt einen Druckknopf für die „Hilfe"-Funktion aus dem SIZ-Styleguide [SIZ1999c]. Der Knopf enthält neben dem Symbol „?" auch den entsprechenden Text.

Abb. 13-5. Druckknopf „Hilfe“

13.4.4 Auswahl und Beschreibung der Metaphern

Nach der Identifizierung möglicher Metaphern aus der realen Welt und aus bekannten Systemen in den Schritten 13.4.2 und 13.4.3 folgt in diesem Arbeitsschritt die Auswahl und Beschreibung der für Anwendung geeigneten Metaphern. Hierzu sollten die gewählten Metaphern benannt werden und die Gründe für die Anwendbarkeit unter Berücksichtigung der Ergebnisse des Sketching und der Identifizierung von Benutzerprofilen angeführt werden.

Die folgende Tabelle zeigt einen Ausschnitt der Metaphern für die Online-Banking-Anwendung.

Tab. 13-7. Metaphern für Online-Banking

Name	**Art**	**Begründung**
Überweisungsformular	visuell	Die Darstellung eines real existierenden Formulars stellt eine sofortige Vertrautheit mit der Aufgabe her.
Hilfeknopf mit „?“-Symbol	funktional visuell	Bekannt aus den meisten Anwendungen.

Qualitätskriterien

Qualitätskriterien für die Selektion von Metaphern sind:

- Alle nützlichen Metaphern sind selektiert.
- Der Einsatz der Metaphern in der Anwendung ist beschrieben.

Vorausgesetztes Wissen

- Domänenwissen
- Technik *Sketching*.

Literatur

[Preece1994] Preece, J., Rogers, Y. Benyon, D., Holland, S., Carey, T.: Human-Computer Interaction, Addison-Wesley, 1994

[Schneiderman 1998] Schneiderman, B.: Designing the User Interface, Addison-Wesley, 1998

[SIZ1999c] Informatikzentrum der Sparkassenorganisation GmbH (SIZ): SIZ-Style-Guide, Release 5.1, Deutscher Sparkassen Verlag GmbH, Stuttgart, Mai 1999.

[Weinshenk1997] Weinschenk, S., Jamar, P., Yeo, S.: GUI Design Essentials, John Wiley & Sons, 1997

13.5 Erstellung von Mock-Ups

Beschreibung

Das Ziel dieser Technik ist es, bisherige Entscheidungen beim Benutzungsschnittstellenentwurf graphisch zu dokumentieren und zu testen, wie diese auf dem Bildschirm umzusetzen sind.

Der Nutzen der Erstellung von Mock-Ups besteht darin,

- beim Sketching entworfene Ideen weiter auszuarbeiten,
- einen visuellen Prototypen zum Testen mit Endbenutzern zur Verfügung zu haben.

Die Voraussetzung für die Anwendung dieser Technik ist das Vorhandensein von Sketches für die zu erzeugenden Objekte, weiterhin sollten ausgewählte Metaphern vorliegen.

Mock-Ups können entweder per Hand oder rechnergestützt mit Hilfe eines Prototyping-Werkzeugs erstellt werden.

Das Ergebnis der Anwendung dieser Technik sind Benutzungsschnittstellenobjekte (Fenster, Menüs, Dialoge), die der endgültigen Anwendung optisch sehr nahe kommen, ohne jedoch genaue Vorgaben, wie z.B. Benutzungsschnittstellen-Richtlinien, in den Mittelpunkt zu stellen.

Die einzelnen Arbeitsschritte bei der Erstellung von Mock-Ups sind:

- Fokussierung auf vorhandene Sketches und ausgewählte Metaphern
- Einschränkung auf die wesentlichen Elemente der Schnittstelle
- Auswahl von GUI-Elementen
- Festlegung der räumlichen Anordnung
- Erstellung eines Mock-Ups.

Arbeitsschritte

13.5.1 Fokussierung auf vorhandene Sketches und ausgewählte Metaphern

In diesem Arbeitsschritt werden die Ergebnisse aus den Techniken Sketching und Auswahl von Metaphern herangezogen. Wurden bei den Techniken mehrere alternative Resultate gefunden, sollte hier eine Auswahl getroffen werden.

Als Beispiel wird hier der Entwurf der Benutzungsschnittstelle für ein Online-Banking-System verwendet, im speziellen das Ausfüllen und Ausführen einer Überweisung. Folgende Tabelle stellt ein mögliches Ergebnis der Auswahl von Metaphern dar:

Tab. 13-8. Ausgewählte Metaphern

Name	Art	Begründung
Überweisungsformular	visuell	Die Darstellung eines real existierenden Formulars stellt eine sofortige Vertrautheit mit der Aufgabe her.
Hilfeknopf mit „?"-Symbol	funktional visuell	Bekannt aus den meisten Anwendungen.

Im folgenden wird die Metapher „Überweisungsformular" umgesetzt. Ein mögliches Ergebnis des Sketching wird in Abb. 13-6 gezeigt.

13.5.2 Einschränkung auf die wesentlichen Elemente der Schnittstelle

Das Ziel dieses Arbeitsschrittes ist es, alle Elemente, die zuvor mit anderen Techniken identifiziert wurden, nochmals auf Ihre Relevanz zu überprüfen.

Beim Entwurf von Benutzungsschnittstellen besteht ständig die Gefahr, den Benutzer durch eine zu hohe Anzahl an Bedienelementen auf dem Bildschirm kognitiv zu überlasten. Daher sollte für alle Elemente eines geplanten Objekts überprüft werden, ob sie innerhalb der aktuellen Aufgabe des Benutzers relevant sind.

Im Beispiel des Online-Banking-Systems kann man argumentieren, dass ein Löschen aller Felder durch die Aktion „Zurücksetzen" nicht unbedingt nötig ist, da es vermutlich selten vorkommt, dass ein Benutzer alle Felder löschen möchte, ohne dabei den Vorgang der Überweisung komplett abzubrechen.

Weiterhin ist die Aktion „Drucken" nicht notwendig, solange das Formular nicht fertig ausgefüllt ist bzw. solange die Überweisung nicht ausgeführt wird. In den meisten Systemen wird die Überweisung noch einmal komplett am Bildschirm angezeigt, nachdem sie ausgeführt wurde. Es genügt, die Aktion „Drucken" erst an dieser Stelle zur Verfügung zu stellen.

Datum
Kontonummer
BLZ
Filiale

Name des Empfänger
Kontonummer des Empfängers
Name des Kreditinstituts
BLZ des Empfängers
Betrag
Währung
Kontotyp des Auftragsgeber

Liste der Währungen
Liste der Kontotypen

Zurücksetzen
Absenden
Abbrechen
Speichern
Drucken

Abb. 13-6. Sketch für eine Überweisung im Online-Banking-System

13.5.3 Auswahl von GUI-Elementen

In diesem Schritt wird für alle Elemente des Sketches festgelegt, wie sie in der Benutzungsoberfläche repräsentiert werden sollen. Alle GUIs (Graphical User Interfaces) verfügen über ein Standard-Repertoire an Elementen, die bevorzugt zu verwenden sind.

Im Beispiel des Überweisungsformulars für das Online-Banking-Systems finden sich prinzipiell vier verschiedene Arten von Elementen:

- Anzeigefelder wie z.B. „Datum“ und „BLZ“ des Instituts, die nicht vom Benutzer verändert werden. Da Anzeigefelder keine interaktiven Benutzerelemente darstellen, ist deren Repräsentation in der Oberfläche weniger kritisch.
- Eingabefelder, z.B. Name der „Empfängers“, „Kontonummer“ usw. In diese Felder müssen Informationen durch den Benutzer eingegeben werden. Die meisten graphischen Benutzungsschnittstellen wie z.B. Windows 95 bieten Standardelemente für Eingabefelder an. Die Verwendung dieser Elemente ist generell anzuraten, da der Benutzer aus vielen Anwendungen mit ihnen vertraut ist. In

manchen Fällen, wie z.B. durch die Entscheidung für eine bestimmte Metapher, kann jedoch ein Abweichen von diesem Standard sinnvoll sein.

- Auswahllisten, aus denen eine Option durch den Benutzer ausgewählt werden muss, z.B. Liste der Währungen. Für dieses Beispiel gibt es prinzipiell mehrere mögliche Repräsentationen:

- Optionsschalter (Radio-Buttons, siehe Abb. 13-7, links oben) eignen sich bei einer geringen Zahl von Auswahlmöglichkeiten (zwei bis fünf), wenn diese Möglichkeiten von Anfang an feststehen, sich gegenseitig ausschließen und sich nicht verändern. Der Vorteil von Radio-Buttons ist, dass alle Möglichkeiten gleichzeitig am Bildschirm sichtbar sind. Sie eignen sich im Beispiel für die Auswahl der Währung, wenn nur „DM“ und „Euro“ angeboten werden.
- Einblendmenüs (Popup-Menüs, siehe Abb. 13-7, links unten) bieten ebenso wie Radio-Buttons einen gegenseitigen Ausschluss der Auswahlmöglichkeiten. Hier ist allerdings immer nur eine, nämlich die gerade ausgewählte Option sichtbar. Einblendmenüs sollten verwendet werden, wenn Anzahl und Repräsentation der Möglichkeiten vorab nicht bekannt ist, z.B. für die Auswahl aus einer Menge von Kontonummern eines Kunden.
- Listenfelder (siehe Abb. 13-7, rechts) stellen eine Mischung und Erweiterung aus den beiden oberen Möglichkeiten dar. Je nach Größe ist eine gewisse Anzahl von Möglichkeiten gleichzeitig am Bildschirm sichtbar. Ein Scrollbalken bietet jedoch die Möglichkeit, sehr viele Möglichkeiten anzubieten. Listenfelder sollten gegenüber Einblendmenüs bevorzugt werden, wenn die Anzahl von Einträge im Menü auf einem durchschnittliche Bildschirm nicht mehr Platz hätte.

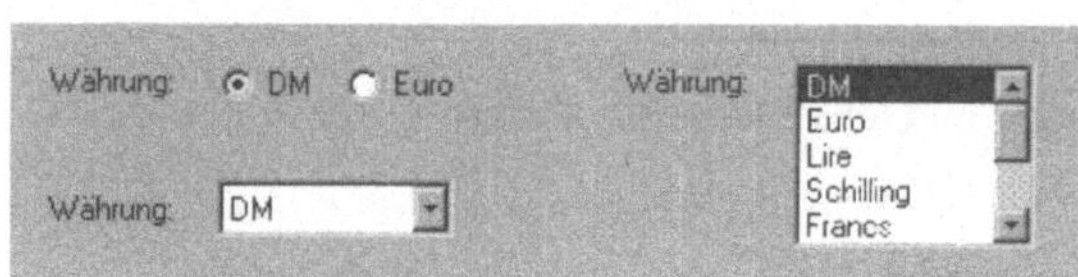

Abb. 13-7. GUI-Elemente für Auswahloptionen

- Ausführbare Aktionen werden in graphischen Benutzungsschnittstellen entweder durch Auswählen eines Menüeintrages oder durch Betätigen einer Schaltfläche (Aktionsknopf, Button) ausgeführt. Aktionen, die unmittelbar relevant für die Aufgabe sind, werden am besten durch Aktionsknöpfe repräsentiert, z.B. „Absenden“ bei der Überweisung.

13.5.4 Festlegung der räumlichen Anordnung

In diesem Arbeitsschritt werden die identifizierten Elemente der Benutzungsschnittstelle sinnfällig auf dem Bildschirm angeordnet. Bei dieser Anordnung ist neben der Berücksichtigung der Leserichtung die Gruppierung von Teilaufgaben entscheidend.

In verschiedenen Schriftsystemen gibt es verschiedene Leserichtungen, die arabische Schrift wird z.B. von rechts nach links gelesen. Die übliche Leserichtung, bei uns also auf einer Seite von oben nach unten und innerhalb der Zeile von links nach rechts, beeinflusst wesentlich die Informationsaufnahme. Die Anordnung von Elementen auf einem Bildschirm sollte sich in ihrer Abfolge an dieser Leserichtung orientieren. Dementsprechend sollten wichtige Elemente zuerst in der Leserichtung erscheinen, unwichtigere Elemente folgen später.

Im Beispiel der Überweisungsformulars bedeutet die räumlich Annordung, dass der Aktionsknopf zum Ausführen der Überweisung in Leserichtung nach den Eingabefeldern des Formulars angebracht sein soll, also darunter. Dies impliziert, dass eine Überweisung erst ausgeführt werden kann, wenn sie vollständig ausgefüllt ist. Umgekehrt macht die Betätigung des Aktionsknopf vor dem Ausfüllen der Formulars keinen Sinn. (Dieser Fall muss in der Anwendung behandelt werden, z.B. mit einem Hinweis auf die noch fehlende Information.)

Zweiter wichtiger Aspekt der räumlichen Anordnung ist die Gruppierung von Elementen. Logisch bzw. inhaltlich verwandte Objekte sollten räumlich benachbart plaziert werden.

Wird bei einem Überweisungsformular eine Suchmöglichkeit nach einer Bankleitzahl angeboten, sollte sich diese Suchfunktion in der Nähe des Eingabefeldes für die Bankleitzahl befinden, andernfalls wird sie vom Benutzer evtl. nicht wahrgenommen.

13.5.5 Erstellung eines Mock-Ups

Unter Berücksichtigung der Schritte 13.5.1 bis 13.5.4 können jetzt ein oder mehrere alternative Mock-Ups für ein Benutzungsschnittstellenobjekt erstellt werden. Die folgende Abb. 13-8 zeigt einen möglichen Mock-Up für das Beispiel des Überweisungsformulars in einer Online-Banking-Anwendung.

Qualitätskriterien

Qualitätskriterien für die Erstellung von Mock-Ups sind:

- Alle beim Sketching identifizierten Elemente wurden berücksichtigt.
- Die Anordnung und Auswahl von GUI-Elementen unterstützt den natürlichen Ablauf der Aufgabe.

Vorausgesetztes Wissen

Techniken *Sketching* und *Selektion von Metaphern*

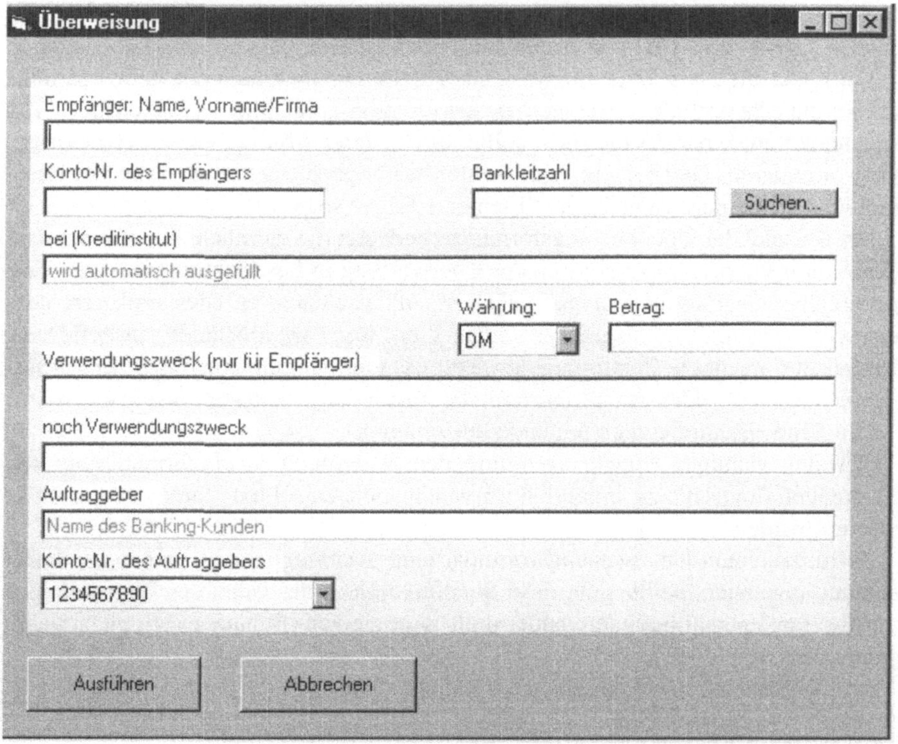

Abb. 13-8. Mock-Up einer Überweisung

Literatur

[Apple1995] Apple Computer, Inc.: Macintosh Human Interface Guidelines, Addison-Wesley Publishing Company, 1995

[Microsoft1995] Microsoft: The Windows Interface Guidelines for Software Design, Microsoft Press, 1995

[Rosenfeld1998] Rosenfeld L., Morville P.: Information Architecture for the World Wide Web, O'Reilly, 1998

[Sano1996] Sano, D.: Designing large-scale Web Sites, John Wiley & Sons, 1996

[Schneiderman 1998] Schneiderman, B.: Designing the User Interface, Addison-Wesley, 1998

[Weinshenk1997] Weinschenk, S., Jamar, P., Yeo, S.: GUI Design Essentials, John Wiley & Sons, 1997

14 Entwurf von Benutzungsoberflächen

14.1 Storyboarding

Beschreibung

Das Ziel dieser Technik ist es, die Zusammenhänge der verschiedenen Benutzungsoberflächenelemente und damit die Darstellung der Anwendungsfunktionalität zu modellieren.

Der Nutzen des Storyboarding besteht darin,

- den Entwurf aufgabenorientierter Benutzungsoberflächen zu unterstützen,
- die Konstruktion einer gut strukturierten Benutzungsschnittstelle zu ermöglichen.

Die Voraussetzung für die Anwendung dieser Technik ist das Vorliegen der Ergebnisse des Sketching und der Anforderungsanalyse. Es werden Sketches und ein Anwendungsfallmodell oder einer Anforderungsbeschreibung verwendet.

Das Ergebnis der Anwendung dieser Technik ist eine tabellenartige Beschreibung der Verbindungen zwischen Benutzungsoberflächenelementen und/oder sogenannte *Storyboards*, d.h. eine Graphik bestehend aus Oberflächenelementen und deren Verbindungen.

Die einzelnen Arbeitsschritte beim Storyboarding sind:

- Fokussierung auf die Ergebnisse des Sketching und der Anforderungsanalyse
- Definition des Einstiegspunkts
- Festlegung der aufgaben-orientierten Abläufe
- Hinzufügen der Kontrollelemente
- Erstellung eines Storyboard.

Arbeitsschritte

14.1.1 Fokussierung auf die Ergebnisse des Sketching und der Anforderungsanalyse

Als Ausgangspunkt werden die Sketches der Oberflächenelemente und das Anwendungsfallmodell verwendet. Die Sketches beschreiben den Inhalt und die Interaktionsmöglichkeiten mit diesem Inhalt. Die Ergebnisse der Anforderungsanalyse beschreiben grob die Funktionalität, die vom System gefordert wird.

Als Beispiel wird hier der Entwurf der Benutzungsschnittstelle für ein Online-Banking-System verwendet. Es liegen u.a. folgende Sketches vor: *Anmeldung, Überweisung, Kontoauszug, Dauerauftrag, Investitionen, Abmeldung*. Abb. 14-1 zeigt eine grobe Darstellung der Sketches zu dieser Anwendung.

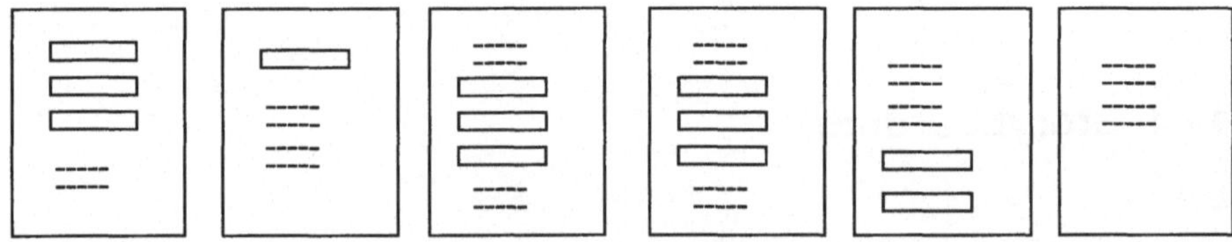

Abb. 14-1. Sketches für Online-Banking

Abb. 14-2 zeigt einen Ausschnitt aus dem Anwendungsfallmodell für das Online-Banking-System.

14.1.2 Definition des Einstiegspunkts

Das Ziel dieses Arbeitsschrittes ist es anhand der vorliegenden Sketches zu entscheiden, welcher sich für den Einstieg in die Anwendung eignet, d.h. als erste Oberfläche der Anwendung, die dem Benutzer präsentiert wird, verwendet werden kann.

Sollte keiner der vorhandenen Sketches geeignet sein, wird zu diesem Zeitpunkt eine Einstiegsoberfläche entworfen, die den Zugang zu den anderen Hauptoberflächen gewährleistet.

Beim Online-Banking-Beispiel bietet sich die Anmeldung als Einstiegspunkt an. Dieser Benutzungskontext fordert den Benutzer auf, seine Kontonummer, Filiale und Bankkennung einzugeben, um dann eine sichere Verbindung herzustellen.

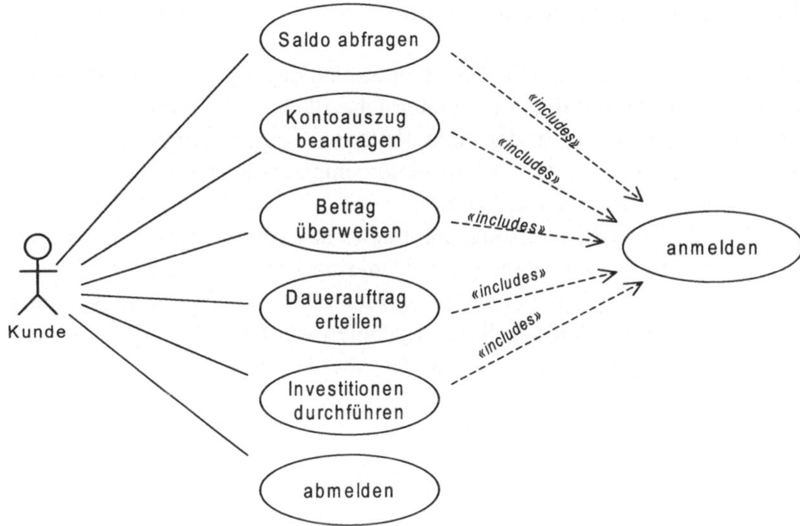

Abb. 14-2. Anwendungsfallmodell Online-Banking-System

14.1.3 Festlegung der aufgaben-orientierten Abläufe

In diesem Arbeitsschritt werden die Verbindungen zwischen den Sketches festgelegt. Diese Verbindungen sollen den Benutzer beim Ausführen von zusammenhängenden Aufgaben unterstützen. Die einzelnen Aufgaben und einige Zusammenhänge sind im Anwendungsfallmodell modelliert. Alle sinnvollen Abläufe, die durch Anreihen von Aufgaben entstehen, werden in einer Liste erfasst.

Im Online-Banking-Beispiel sieht diese Liste folgendermaßen aus:

Tab. 14-1. Ausschnitt Ablaufliste

Anmeldung, Kontoauszug beantragen, Abmeldung
Anmeldung, Kontoauszug beantragen, Überweisung, Abmeldung
Anmeldung, Überweisung, Kontoauszug beantragen, Abmeldung
Anmeldung, Überweisung, Abmeldung
Anmeldung, Überweisung, Dauerauftrag, Abmeldung
Anmeldung, Überweisung, Investitionen, Abmeldung
...

14.1.4 Hinzufügen der Kontrollelemente

Ausgehend von einer Benutzungsoberfläche muss der Zugang zu den Oberflächen gewährleistet werden, die mit der betrachteten Oberflächen in Verbindung stehen. Diese Zielelemente findet man in der Ablaufliste des vorigen Arbeitsschrittes als Folgeaufgabe. Hierfür werden dann Kontrollelemente auf der Benutzungsoberfläche hinzugefügt, z.B. Links, Menüs, Knöpfe.

Im Beispiel sind auf der Benutzungsoberfläche der Überweisung Kontrollelemente für folgende Aufgabenwechsel nötig: *Dauerauftrag, Kontoauszug, Investitionen* und *Abmeldung*. Die Anmeldung muss einen Wechsel zu allen Aufgaben ermöglich, die vom Online-Banking-System geboten werden. Abb. 14-3 zeigt den mit Kontrollelemente angereicherten Sketch der Überweisung.

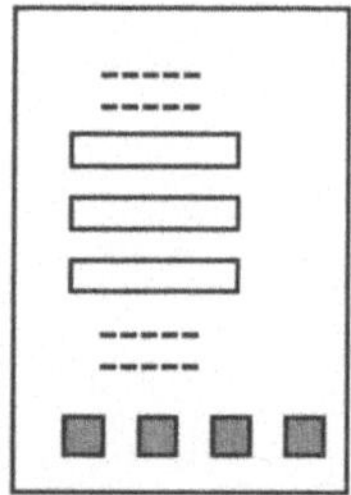

Abb. 14-3. Kontrollelemente zum Aufgabenwechsel

14.1.5 Erstellung eines Storyboard

In diesem Arbeitsschritt werden die Ergebnisse der vorigen Arbeitsschritte tabellarisch zusammengefasst und graphisch dargestellt. Im Falle von verbindungsreichen Anwendungen ist es sinnvoll, Storyboards für verschiedene partielle Sichten zu erstellen.

Tab. 14-2. Aufgabenübergänge

Anmeldung	zu Kontoauszug zu Überweisung zu Dauerauftrag zu Investitionen zu Abmeldung
Überweisung	zu Kontoauszug zu Dauerauftrag zu Investitionen zu Abmeldung

Tab. 14-2 zeigt die möglichen Aufgabenübergänge für *Anmeldung* und *Überweisung*.

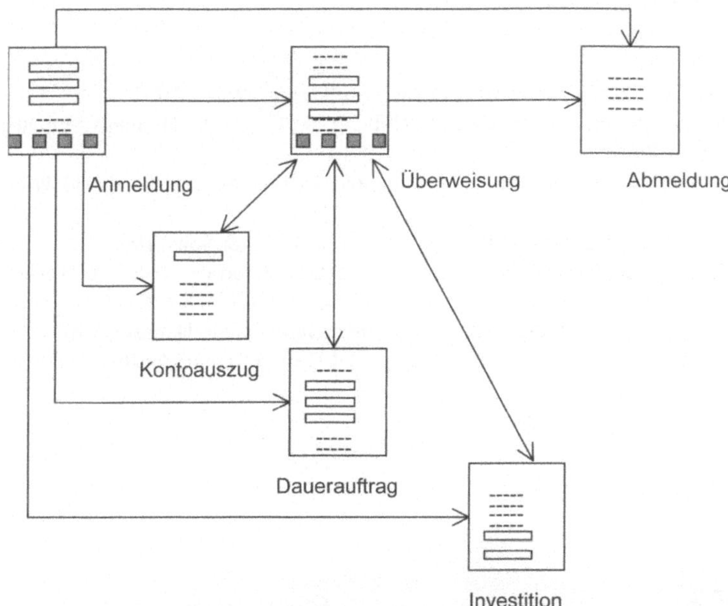

Abb. 14-4. Storyboard für die Überweisungssicht

Abb. 14-4 zeigt das zugehörige Klassendiagramm der Benutzeroberflächenelemente. Die Verbindungen sind als Assoziationen mit Navigationspfeilen dargestellt. Dieses Diagramm stellt nur eine Sicht der Verbindungen dar (nämlich für *Anmeldung* und *Überweisung*).

Qualitätskriterien

Qualitätskriterien für das Storyboarding sind:

- Der Einstiegspunkt in die Anwendung ist identifiziert.
- Abläufe sind festgelegt.
- Kontrollelemente, die Abläufe gewährleisten, sind definiert.
- Eine Tabelle mit den möglichen Aufgabenwechseln ist erstellt.
- Ein Storyboard der Anwendung ist erstellt.

Vorausgesetztes Wissen

- Kenntnisse zum objektorientierten Modellierung insbesondere Technik *Anwendungsfallmodellierung*
- Technik *Sketching*.

Literatur

[Mandel1997] Mandel T.: The Elements of User Interface Design, Wiley, 1997

[Preece1994] Preece, J., Rogers, Y. Benyon, D., Holland, S., Carey, T.: Human-Computer Interaction, Addison-Wesley, 1994

[Rosenfeld1998] Rosenfeld L., Morville P.: Information Architecture for the World Wide Web, O'Reilly, 1998

[Sano1996] Sano, D.: Designing large-scale Web Sites, John Wiley & Sons, 1996

[Schneiderman 1998] Schneiderman, B.: Designing the User Interface, Addison-Wesley, 1998

[Voss1998] Voss, J., Nentwig, D.: Graphische Benutzungsschnittstellen, Hanser, 1998

[Weinshenk1997] Weinschenk, S., Jamar, P., Yeo, S.: GUI Design Essentials, John Wiley & Sons, 1997

14.2 Dialogentwurf

Beschreibung

Das Ziel des Dialogentwurfs ist es die Art der Dialoge und deren Verknüpfung untereinander festzulegen.

Der Nutzen des Dialogentwurfs besteht darin:

- eine konsistente Benutzerführung zu erreichen,
- die gleichen Arbeitsschritte mit gleichen Dialogen auszuführen,
- einem Dialog-Paradigma zu folgen,
- einen Überblick über alle Dialoge des Systems zu erhalten.

Die Voraussetzung für den Dialogentwurf ist ein Modell der Anwendungsfälle und Mock-Ups.

Das Ergebnis des Dialogentwurfs ist eine Festlegung auf ein Dialog-Paradigma sowie ein Zustandsdiagramm mit den Aktionen, die von einem zu einem anderen Dialog führen.

Die Arbeitsschritte des Dialogentwurfs sind:

- Auswahl eines Dialog-Paradigmas
- Identifizierung einer Dialogsequenz pro Anwendungsfall
- Zusammenfassung ähnlicher Dialoge
- Gruppierung der beteiligten Elemente eines Arbeitschrittes.

Arbeitsschritte

14.2.1 Auswahl eines Dialog-Paradigmas

Fensterbasierte Benutzungsoberflächen bieten verschiedene Möglichkeiten der Dialogstrukturierung. Je nach Anforderungen können unterschiedliche Muster verwendet werden:

- Single Document Interface (SDI) z.B. bei Standardberatung
- Multiple Document Interface (MDI) z.B. bei einem Kundeninformationssystem
- Workplace Environment (WE) z.B. bei Systemen aus der OS/2-Entwicklung
- Dialogfeldbasierend (Assistenten) z.B. bei Installationsprozeduren (siehe auch [SIZ 1999c] und [Microsoft 1995]).

Es ist zu berücksichtigen, dass die Entscheidung für ein Paradigma weitreichende Folgen sowohl für die Anwendungsentwicklung, als auch für Akzeptanz und Brauchbarkeit des Systems hat. Eine einmal getroffene Auswahl des Dialogparadigmas sollte aus Konsistenzgründen in der gesamten Anwendung beibehalten werden. In bestimmten Situationen kann jedoch davon abgewichen werden, um vertraute Interaktionsmuster zu verwenden. Der Anwender kann beispielsweise durch komplexe Aufgaben mit Hilfe von Assistenten dialogfeldbasierend geführt werden, obwohl die Anwendung einem anderen Paradigma folgt.

14.2.2 Identifizierung einer Dialogsequenz pro Anwendungsfall

Jeder Schritt eines Anwendungsfalls wird zunächst als eigener elementarer Dialog in einem Zustandsdiagramm modelliert. Am Beispiel des Anwendungsfalls „Überweisung“ eines Online-Banking-Systems ergeben sich folgende Dialoge:

- Konto auswählen
- Überweisung aufrufen
- Überweisung ausfüllen
- Überweisung speichern
- Überweisungen ausführen.

Das entsprechende als Ausgangspunkt für die weiteren Arbeitsschritte dienende Zustandsdiagramm kann wie folgt aussehen:

14.2.3 Zusammenfassung ähnlicher Dialoge

Elementare Dialoge, die verwandte Funktionalität bereitstellen, werden in einem allgemeineren Dialog zusammengefasst. Im Online-Banking-System gibt es mehrere Funktionen, die einem ausgewählten Konto zugeordnet werden können, wie z.B. Überweisung aufrufen, Kontostand abfragen und ähnliches. Diese aus unter-

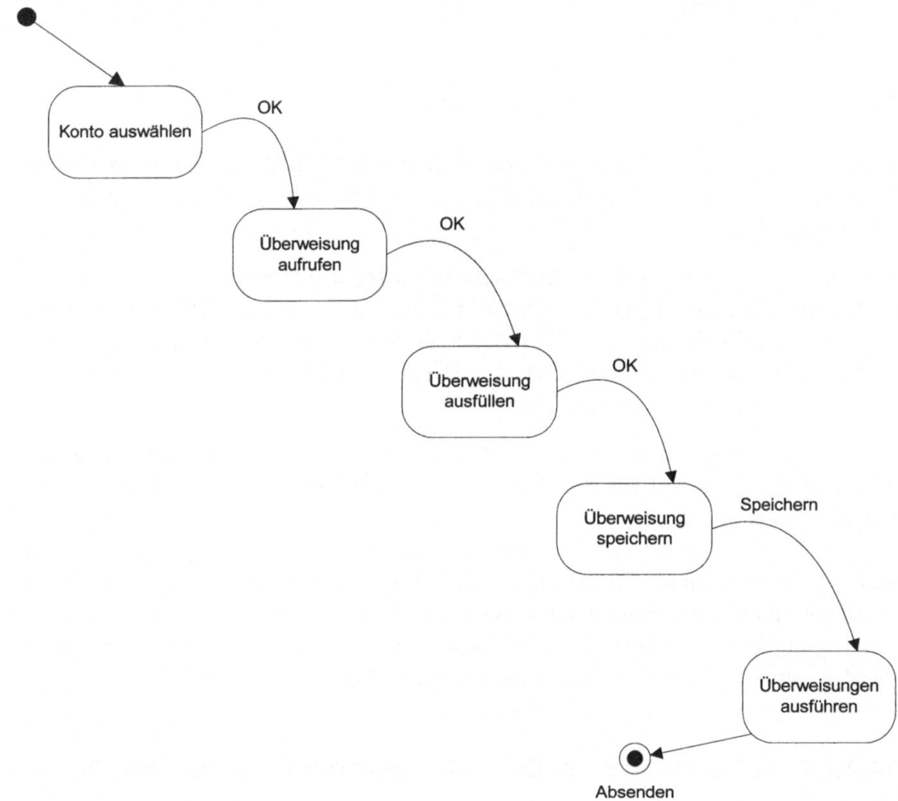

Abb. 14-5. Zustandsdiagramm der Elementardialoge einer Überweisung

schiedlichen Anwendungsfällen ermittelten Dialoge sollten zu einem Dialog zusammengefasst werden. Das resultierende Zustandsdiagramm ist in Abb. 14-6 und Abb. 14-7 dargestellt. In Abb. 14-6 wird vom SDI-Dialog-Paradigma ausgegangen, wo entweder „Kontostand anzeigen“ oder „Überweisung ausfüllen“ in einem einzelnen Dialog dargestellt werden.

In Abb. 14-7 wird vom MDI-Dialog-Paradigma ausgegangen, wo „Kontostand anzeigen“ und „Überweisung ausfüllen“ in separaten Dialogen dargestellt werden können.

14.2.4 Gruppierung der beteiligten Elemente eines Arbeitschrittes

Häufig verwendete Aktionen und Zustandsinformationen werden in einem Dialog zusammengefasst. Weniger häufig verwendete Aktionen werden in eigene Dialoge ausgelagert. Häufig verwendete Aktionen in einem Online-Banking-System sind beispielsweise „Überweisung aufrufen“ und „Kontostand abfragen“, wohingegen

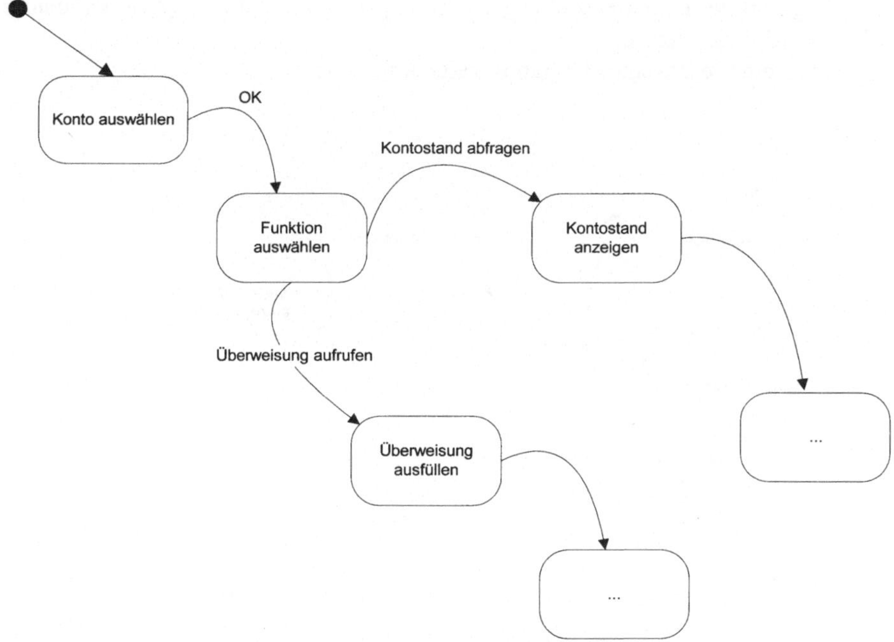

Abb. 14-6. Zustandsdiagramm zusammengefasster Dialoge bei SDI

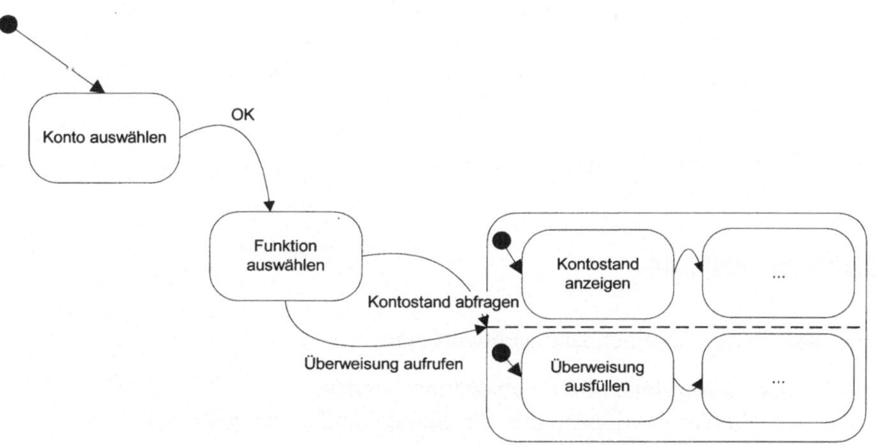

Abb. 14-7. Zustandsdiagramm zusammengefasster Dialoge bei MDI

„Freistellungsauftrag ändern" oder „Adresse ändern" eher seltenere Aktionen darstellen und daher in einen eigenen Dialog ausgelagert werden sollten.

Der Arbeitsschritt „Gruppierung der beteiligten Elemente eines Arbeitschrittes" stellt eine Verfeinerung von Arbeitschritt „Zusammenfassung ähnlicher Dialoge" dar. Aufgrund der engen Beziehung ist zu empfehlen, mehrere Iterationen beider Arbeitsschritte durchzuführen.

Das verfeinerte Zustandsdiagramm zeigt Abb. 14-8.

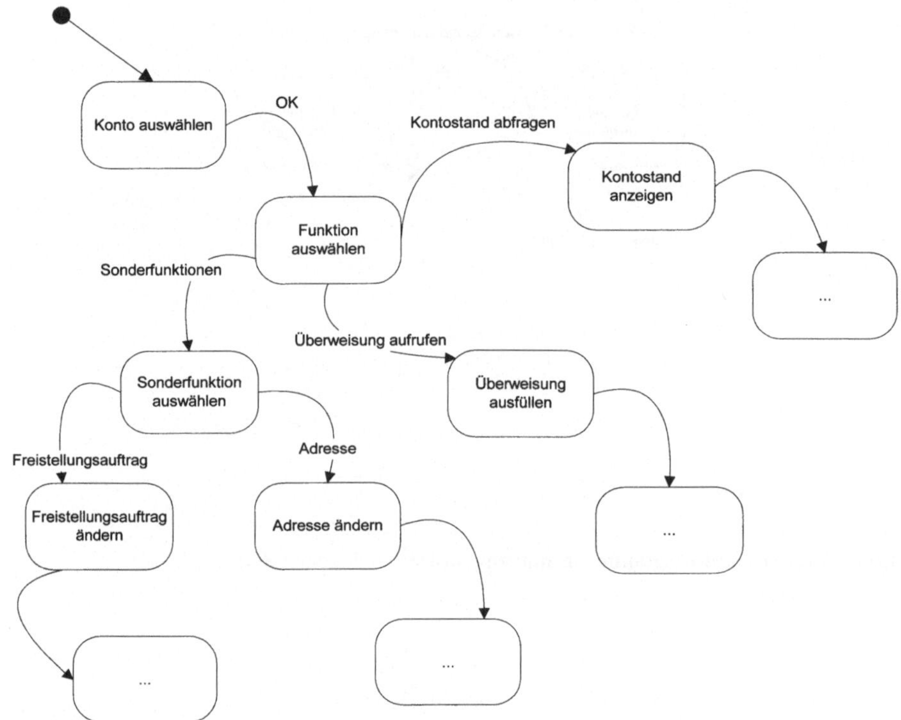

Abb. 14-8. Verfeinertes Zustandsdiagramm

Qualitätskriterien

Qualitätskriterien für einen Dialogentwurf sind:

- Alle Anwendungsfälle können ausgeführt werden.
- Die Anzahl der Aktionen, die für Standardaufgaben gebraucht werden, ist gering.
- Alle Dialoge verhalten sich (bis auf begründete Ausnahmen) gemäß dem gewählten Paradigma.

Vorausgesetztes Wissen

- Kenntnis der verschiedenen Dialogparadigmen
- Technik *Detaillierte Zustandsmodellierung*

Literatur

[Microsoft1995] Microsoft: The Windows Interface Guidelines for Software Design, Microsoft Press, 1995

[SIZ1999c] Informatikzentrum der Sparkassenorganisation GmbH (SIZ): SIZ-Style-Guide, Release 5.1, Deutscher Sparkassen Verlag GmbH, Stuttgart, Mai 1999.

14.3 Festlegung der Menüstruktur

Beschreibung

Das Ziel der Festlegung der Menüstruktur ist eine logische und verständliche Gruppierung der Menüeinträge.

Der Nutzen der Festlegung der Menüstruktur besteht darin:

- durch eine intuitive Navigation die Einarbeitungszeit neuer Benutzer zu verringern (Aufgabenangemessenheit),
- eine effektive Nutzung der Anwendung so sicherzustellen, dass die wichtigen Kommandos für eine Aufgabe schnell erreicht werden.

Dic Voraussetzung für die Festlegung der Menüstruktur sind eine Liste von Aktionen aus der Objekt/Aktionsanalyse und der Dialogentwurf oder Storyboards.

Das Ergebnis der Festlegung der Menüstruktur ist eine Beschreibung der Menüs für alle Dialoge und Teildialoge (Fenster, Webseiten, Sprachsteuerung) der Anwendung. Das Ergebnis liegt in dem Format der verwendeten Entwicklungsumgebung vor, z.B. als Ressourcen-Datei für Windows.

Die Arbeitsschritte bei der Festlegung der Menüstruktur sind:

- Fokussierung auf die Objekt/Aktionsanalyse und Dialoge
- Grundaufbau unter Berücksichtigung von vorgegebenen Konventionen
- Gruppierung der Aktionen nach anwendungsspezifischen Gesichtspunkten
- Strukturierung der Menüs nach Häufigkeitskriterien.

Arbeitsschritte

14.3.1 Fokussierung auf die Objekt/Aktionsanalyse und Dialoge

Als Ausgangspunkt werden die Aktionen der Benutzungsobjekte aus der Objekt/Aktionsanalyse sowie die Dialoge aus dem Dialogentwurf oder des Storyboardings verwendet. Die abgeleiteten Aktionen bilden die Grundlage für die zu erstellende Menüstruktur. Das Ergebnis des Storyboardings ist eine Beschreibung der Verbindung zwischen den einzelnen Dialogen bzw. Storyboards, die sich ebenso in der Menüstruktur widerspiegeln sollte.

14.3.2 Grundaufbau unter Berücksichtigung von vorgegebenen Konventionen

Style-Guides schlagen für eine Menüsteuerung bestimmte Standardmenüs und deren Menüeinträge vor (siehe z.B. [SIZ1999c] Kapitel 3.6.1). Die Menüleiste eines Fensters beinhaltet beispielsweise die Klappmenüs „Datei“, „Bearbeiten“, anwendungsspezifische Menüs, „Optionen“, „Fenster“ und „Hilfe“. Die Menüeinträge der Standardmenüs folgen ebenfalls dem vorgegebenen Muster.

14.3.3 Gruppierung der Aktionen nach anwendungsspezifischen Gesichtspunkten

Die Objekt/Aktionsanalyse liefert alle Objekte und ihre Aktionen in den verschiedenen Anwendungsfällen. Für jedes Benutzungsobjekt wird ein anwendungsspezifisches Klappmenü angelegt, in dem die dem Anwendungsfall entsprechenden Aktionen als Menüeinträge erscheinen. Die anwendungsspezifischen Klappmenüs erscheinen in der Menüleiste zwischen den Menüs für „Bearbeiten“ und „Optionen“. Als Menütitel wird der Name des Benutzungsobjekts verwendet. Dient das Fenster im wesentlichen der Bearbeitung eines Benutzungsobjekts, ist zu überlegen, ob das Klappmenü „Datei“ durch die Aktionen des Benutzungsobjekts erweitert und dessen Name als Menütitel verwendet wird, wie in Abb. 14-9 dargestellt ist.

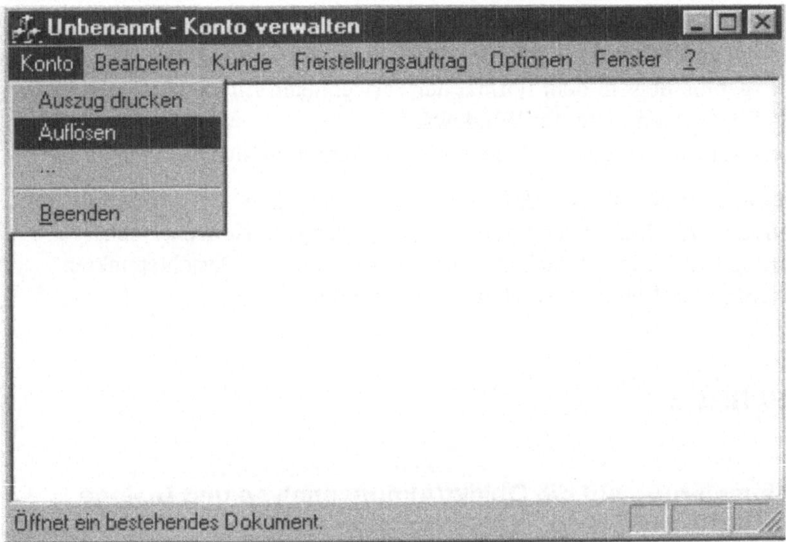

Abb. 14-9. Kontomenü im Dialog „Konto verwalten“

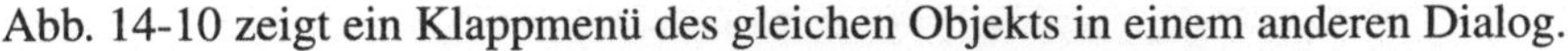

Abb. 14-10 zeigt ein Klappmenü des gleichen Objekts in einem anderen Dialog.

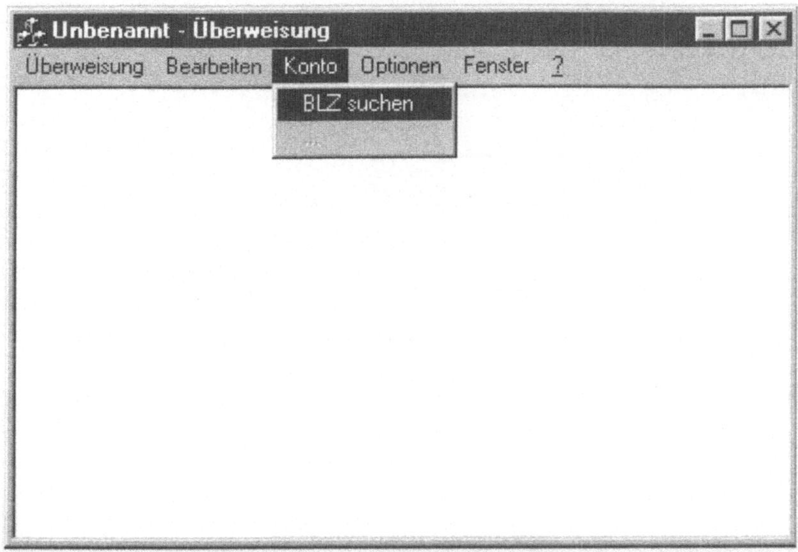

Abb. 14-10. Kontomenü im Dialog „Überweisung“

Für alle Benutzungsobjekte, die bei der Bearbeitung selektiert werden können, sollte das entsprechende Klappmenü auch als Kontextmenü vorgesehen werden. Zusätzlich gibt es Elemente der Oberfläche, wie z.B. das Eingabefeld (edit box), die vordefinierte Kontextmenüs mit Standardeinträgen besitzen (Abb. 14-11).

14.3.4 Strukturierung der Menüs nach Häufigkeitskriterien

Damit Aktionen schnell erreicht werden können, ist es notwendig, mit den späteren Anwendern die typischen Arbeitsabläufe zu besprechen. So werden die Menüs effizient strukturiert. Selten benötigte Aktionen eines Benutzungsobjekts sollten dabei in Kaskadenmenüs innerhalb des zugehörigen Menüs ausgelagert werden, so dass häufig verwendete Aktionen schneller erkennbar sind.

Um diese Eigenschaft noch zu verstärken, ist zu überlegen neuartige Techniken einzusetzen. Sich selbst anpassende Menüs gewährleisten beispielsweise eine kontinuierliche Verbesserung der Erreichbarkeit von Aktionen, die die Gewohnheiten der einzelnen Anwender berücksichtigt (vgl. z.B. Office 2000). Aus dieser Technik können aber auch Nachteile resultieren: Schlechtere Erlernbarkeit und Einschränkung gewohnter Automatismen.

Anhand der Analyse der typischen Arbeitsabläufe werden oft benötigte Klappmenüs in der Menüleiste weiter nach links und oft benutzte Menüeinträge innerhalb der Menüs weiter oben platziert.

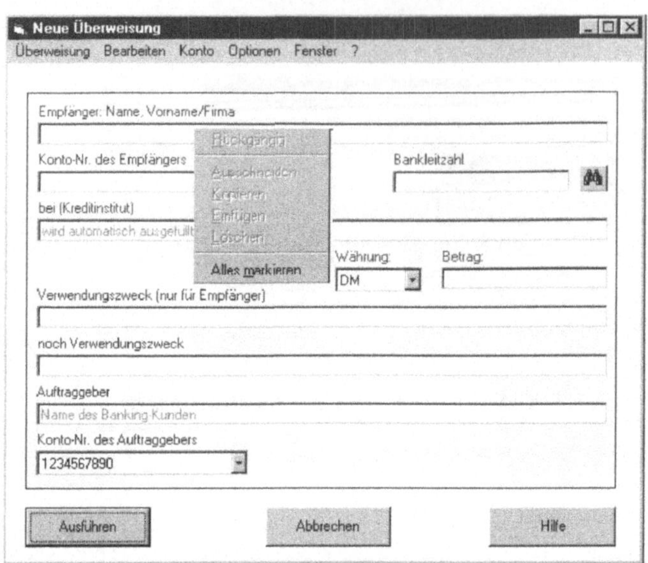

Abb. 14-11. Kontextmenü eines Eingabefelds

Weitere Hilfestellung zur Menüstrukturierung bieten verschiedene Techniken wie „Karten sortieren" und „Ähnlichkeitsmatrix erstellen" (siehe [Wandmacher1993], Kapitel 3.4). Eine einfache Technik, die keine repräsentative Menge von Benutzern erfordert, besteht darin, den Aufwand zu bestimmen, den ein Anwender zum Erreichen einer Aktion benötigt.

Außerdem sollte die Reihenfolge der Arbeitschritte eines Anwendungsfalls der Reihenfolge der Menüeinträge entsprechen, was ggf. im Widerspruch zur Erreichbarkeit steht.

Qualitätskriterien

Qualitätskriterien für die Festlegung der Menüstruktur sind:

- Alle Aktionen sind über Menüs erreichbar.
- Die Struktur ist intuitiv. Der Anwender findet eine benötigte Aktion auf Anhieb.
- Die Bedienung ist effektiv. Häufig benutzte Aktionen sind schnell erreichbar.
- Die Reihenfolge der Arbeitsschritte eines Anwendungsfalls entspricht der Reihenfolge der Menüeinträge.

Vorausgesetztes Wissen

- Kenntnisse von Standard-Menues
- Techniken *Objekt/Aktionsanalyse, Storyboarding, Dialogentwurf*

Literatur

[ISO1997] ISO 9241-14: Ergonomic requirements for office work with visual display terminals (VDTs) – Part 14: Menu dialogues, Switzerland,1997

[SIZ1999c] Informatikzentrum der Sparkassenorganisation GmbH (SIZ): SIZ-Style-Guide, Release 5.1, Deutscher Sparkassen Verlag GmbH, Stuttgart, Mai 1999.

[Wandmacher1993] Wandmacher, J.: Software-Ergonomie, de Gruyter, Berlin, New York, 1993

14.4 Fenstergestaltung

Beschreibung

Das Ziel dieser Technik ist es, die Fenster einer Anwendung endgültig zu gestalten und auf die Zielplattform abzustimmen.

Der Nutzen der Fenstergestaltung besteht darin, dass

- Rahmenvorgaben, wie z.B. Oberflächen-Styleguides, Berücksichtigung finden,
- die Gestaltung auf bestehenden Mock-Ups aufbaut.

Die Voraussetzung für die Anwendung dieser Technik ist das Vorhandensein von Design Mock-Ups sowie evtl. bereits gestaltete Menüs und Dialoge.

Das Ergebnis der Anwendung dieser Technik ist eine graphische Implementierung der Anwendungsfenster.

Die einzelnen Arbeitsschritte bei der Fenstergestaltung sind:

- Fokussierung auf vorhandene Mock-Ups
- Berücksichtigung von plattformspezifischen Richtlinien
- Einbeziehung eines Style-Guide
- Gestaltung eines Fensters.

Arbeitsschritte

14.4.1 Fokussierung auf vorhandene Mock-Ups

In diesem Arbeitsschritt geht es darum, vorhandene Mock-Ups als Vorlage heranzuziehen und eine Alternative aus evtl. mehreren Möglichkeiten auszuwählen. Als Beispiel wird hier der Entwurf der Benutzungsschnittstelle für ein Online-Banking-System verwendet. Die folgende Abb. 14-12 zeigt einen Mock-Up für das Überweisungsformular-Fenster. Dieser Mock-Up wird in den folgenden Arbeitsschritten in ein Fenster umgesetzt.

Überweisung

Empfänger: Name, Vorname/Firma

Konto-Nr. des Empfängers

Bankleitzahl

Suchen...

bei (Kreditinstitut)

wird automatisch ausgefüllt

Währung:

Betrag:

DM

Verwendungszweck (nur für Empfänger)

noch Verwendungszweck

Auftraggeber

Name des Banking-Kunden

Konto-Nr. des Auftraggebers

1234567890

Ausführen

Abbrechen

Abb. 14-12. Mock-Up einer Überweisung

14.4.2 Berücksichtigung von plattformspezifischen Richtlinien

Das Ziel dieses Arbeitsschrittes ist es, Besonderheiten der Implementierungsplattform bzw. Richtlinien der Oberfläche dieser Plattform in den Entwurf einzuarbeiten.

Die graphischen Benutzungsoberflächen auf verschiedenen Plattformen unterscheiden sich nicht nur im Aussehen der Elemente, sondern auch in der Auswahl, Verwendung und Anordnung dieser Elemente. Die Plattform-Hersteller geben in Form von Style-Guides sowohl allgemeine Empfehlungen als auch konkrete Richtlinien für die Erstellung plattformgerechter Benutzungsoberflächen heraus.

Die „Windows Interface Guidelines for Software Design" (s. [Microsoft1995]) geben z.B. eine Empfehlung für die Verwendung von bestimmten Symbolen (Icons) für oft benutzte Funktionen in Anwendungen. Für die Aktion „Suchen" wird ein Fernglas-Symbol (siehe Abb. 14-13) empfohlen. Dieses Symbol könnte z.B. für die Suche nach der Bankleitzahl bei einer Überweisung Verwendung finden.

Abb. 14-13. Fernglas-Symbol

14.4.3 Einbeziehung eines Style-Guide

In Ergänzung zu den Richtlinien der Zielplattform stellen auch Unternehmen Gestaltungsleitlinien für die Erstellung von Anwendungen bereit. So fordert der vom Informatikzentrum der Sparkassenorganisation herausgegebene Style-Guide [SIZ1999c], dass in allen Anwendungsfenstern, die Aktionsknöpfe (Buttons) anbieten, ein „Hilfe"-Aktionsknopf vorhanden sein muss, der in das Hilfesystem der Anwendung verzweigt.

Am Beispiel des Überweisungsfensters für die Online-Banking-Anwendung bedeutet das, dass neben den Buttons „Ausführen" und „Abbrechen" ein zusätzlicher Button „Hilfe" angebracht werden muss. Die Anordnung der Aktionsknöpfe in der eben genannten Reihenfolge (siehe Abb. 14-14) wird ebenfalls im Style-Guide empfohlen.

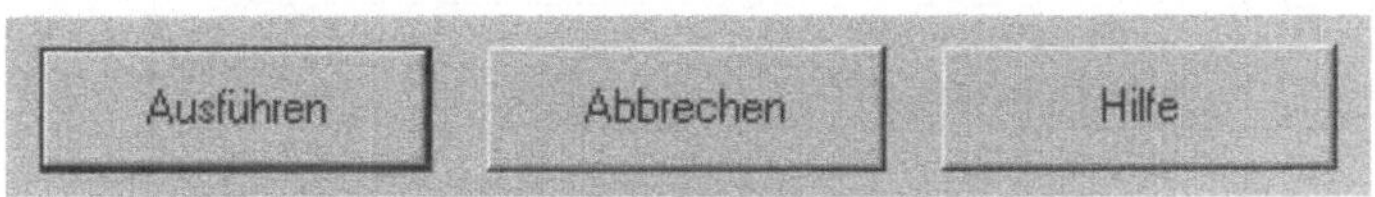

Abb. 14-14. Aktionsknöpfe im Fenster „Überweisung"

14.4.4 Gestaltung eines Fensters

Sind entsprechende Mock-Ups ausgewählt und wurden alle wichtigen Richtlinien beachtet, können in diesem Schritt die Fenster einer Anwendung endgültig gestaltet und erstellt werden.

Abb. 14-15 zeigt die Umsetzung des Überweisungsfensters für eine Online-Banking-Anwendung.

Qualitätskriterien

Qualitätskriterien für die Fenstergestaltung sind:

- Die Fenster sind für erfahrene Benutzer der Plattform logisch aufgebaut.
- Die Gestaltung folgt den Richtlinien der Plattform und dem Styleguide des Unternehmens.

Vorausgesetztes Wissen

- Technik *Erstellung von Mock-Ups*
- Kenntnisse von plattform- und unternehmensspezifischen Style-Guides.

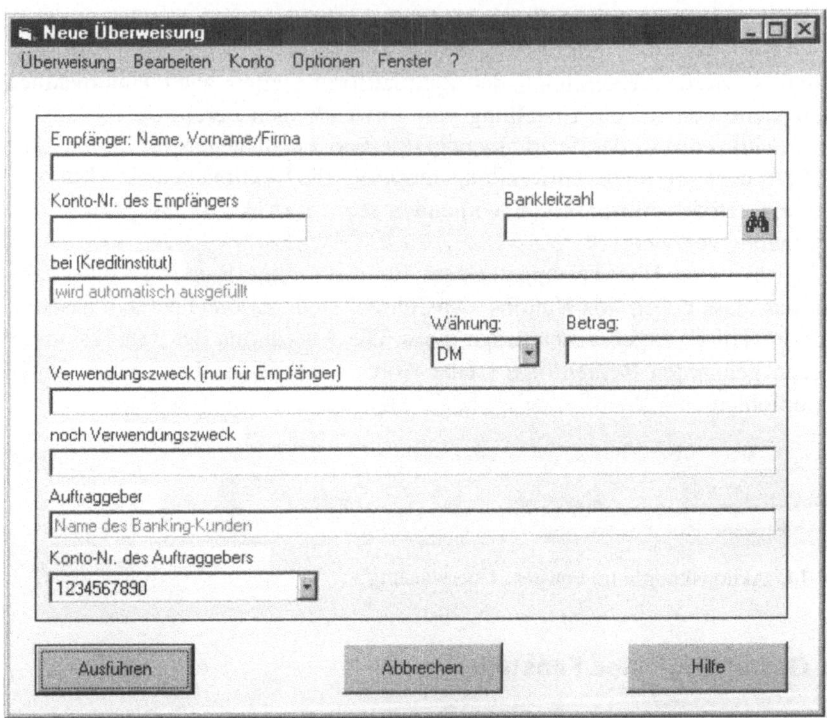

Abb. 14-15. ÜberweisungsfensterQualitätskriterien

Literatur

[Microsoft1995] Microsoft: The Windows Interface Guidelines for Software Design, Microsoft Press, 1995

[Preece1994] Preece, J., Rogers, Y. Benyon, D., Holland, S., Carey, T.: Human-Computer Interaction, Addison-Wesley, 1994

[Rosenfeld1998] Rosenfeld L., Morville P.: Information Architecture for the World Wide Web, O'Reilly, 1998

[Schneiderman 1998] Schneiderman, B.: Designing the User Interface, Addison-Wesley, 1998

[SIZ1999c] Informatikzentrum der Sparkassenorganisation GmbH (SIZ): SIZ-Style-Guide, Release 5.1, Deutscher Sparkassen Verlag GmbH, Stuttgart, Mai 1999.

[Weinshenk1997] Weinschenk, S., Jamar, P., Yeo, S.: GUI Design Essentials, John Wiley & Sons, 1997

14.5 Vorbereitung der GUI-Entwicklungsumgebung

Beschreibung

Das Ziel der Vorbereitung der GUI-Entwicklungsumgebung ist eine Erleichterung der erstmaligen Anpassung der Arbeitsumgebung. Als Beispiel wird hier VisualAge for Java 3.0 Professional betrachtet [IBM1999].

Der Nutzen der Vorbereitung der GUI-Entwicklungsumgebung besteht darin:

- eine schnellere Erstellung der Arbeitsumgebung zu erreichen,
- die Entscheidungsfindung für individuelle Einstellungen zu vereinfachen,
- eine Richtschnur für projektspezifische Vorgaben zu erhalten.

Die Voraussetzung für die Vorbereitung der GUI-Entwicklungsumgebung ist, dass VisualAge for Java 3.0 Professional installiert ist.

Das Ergebnis der Vorbereitung der GUI-Entwicklungsumgebung ist eine für den jeweiligen Entwickler angepasste Arbeitsumgebung, die vorgegebenen Standards folgt, und trotzdem genügend Flexibilität erlaubt.

Die Arbeitsschritte bei der Vorbereitung der GUI-Entwicklungsumgebung sind:

- Lesen von Teilen der Dokumentation
- Laden der benötigten Funktionalitäten
- Importieren von zusätzlichen Ressourcen
- Erzeugen neuer Oberflächenelemente
- Modifizieren der Palette im Visual Composition Editor.

Arbeitsschritte

14.5.1 Lesen von Teilen der Dokumentation

Der Entwickler sollte sich zunächst mit den Konzepten der Entwicklungsumgebung vertraut machen. Um zu gewährleisten, dass die speziellen Konzepte der Arbeitsumgebung verstanden werden, wird empfohlen, bestimmte Kapitel der Online-Hilfe zu lesen. Insbesondere das Arbeiten ohne Dateien (Repository) und der Umgang mit der integrierten Entwicklungsumgebung sind wichtige Grundlagen für die weiteren Schritte.
Die empfohlenen Abschnitte sind:

- Integrated Development Environment
- Visual Composition

Sie sind, wie in Abb. 14-16 dargestellt, über den Menüeintrag „Concepts“ im Menü „Help“ zu erreichen.

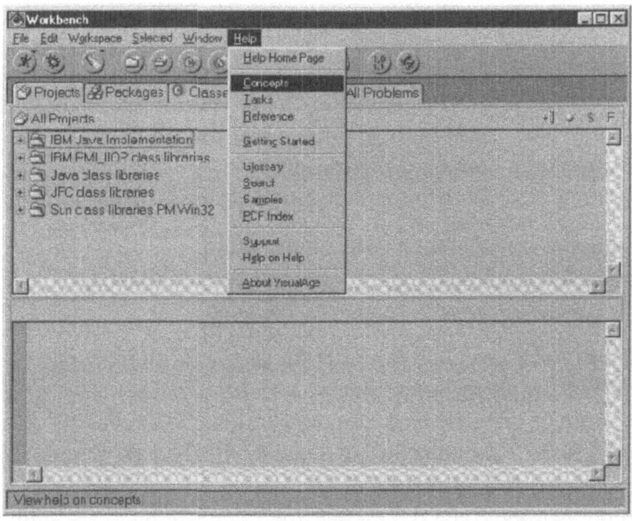

Abb. 14-16. Zugang zur Online-Hilfe

Weiterhin wird empfohlen, den Abschnitt „Getting started“ durchzuarbeiten. In diesem Tutorial wird an einem kleinen Beispiel der Umgang mit den wesentlichen Elementen der Arbeitsumgebung vermittelt.

14.5.2 Laden der benötigten Funktionalitäten

Das Java-Basissystem steht automatisch zu Beginn im Arbeitsbereich (workspace) zur Verfügung. Zusätzlich können Funktionalitäten (features) aus dem Repository in den Arbeitsbereich geladen werden. Da jedes Projekt spezifische Anforderungen hat, muss zu Beginn festgelegt werden, welche Funktionalitäten benötigt und diese von jedem Entwickler in seinen Arbeitsbereich geladen werden.

Über den Menüeintrag „Quick Start“ im Menü „File“ der Workbench oder die Taste „F2“ wird der „Quick Start“ Dialog geöffnet. Durch Selektion von „Features“ und „Add Features“ wird das Auswahlfenster „Selection Required“ aus Abb. 14-17 angezeigt. Dort können durch Mehrfachselektion die gewünschten Funktionalitäten in den Arbeitsbereich geladen werden. Funktionalitäten, die andere, nicht ausgewählte Funktionalitäten benötigen, werden dabei vom System automatisch geladen.

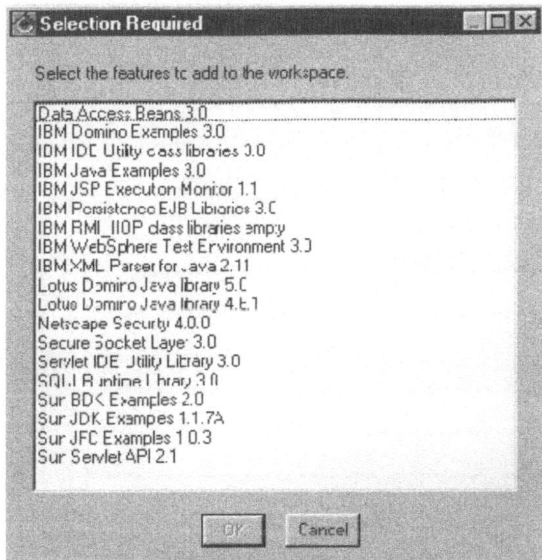

Abb. 14-17. Ladbare Funktionalitäten

14.5.3 Importieren von zusätzlichen Ressourcen

Oft werden von Projekten zusätzliche Dateien, Verzeichnisbäume, Klassen und andere Ressourcen als wiederverwendbare Entitäten aus anderen Projekten benötigt. Diese sollten zu Beginn analog zu den Funktionalitäten in den Arbeitsbereich importiert werden. Hierzu wird im Menü „File“ der Menüeintrag „Import...“ und die entsprechende Quelle im erscheinenden „SmartGuide“ ausgewählt.

14.5.4 Erzeugen neuer Oberflächenelemente

Benutzungsoberflächen werden im Visual Composition Editor graphisch aus einzelnen Elementen, sogenannten JavaBeans (oder einfach Beans), zu einem Dialog (Applet oder Applikation) zusammengesetzt. Beans sind reguläre Java Objekte, die bestimmten Konventionen folgen. Sie können wiederum aus anderen Beans zusammengesetzt und visueller oder nicht visueller Natur sein. So ist ein im Visual Composition Editor zusammengesetzter Dialog selbst auch wieder ein Bean. Im folgenden konzentrieren wir uns auf die visuellen Beans, die als Oberflächenelemente dienen. Die einzelnen Beans befinden sich in Kategorien der sogenannten Palette. In Abb. 14-18 ist auf der linken Seite die Palette mit der Kategorie „Swing“ zu sehen.

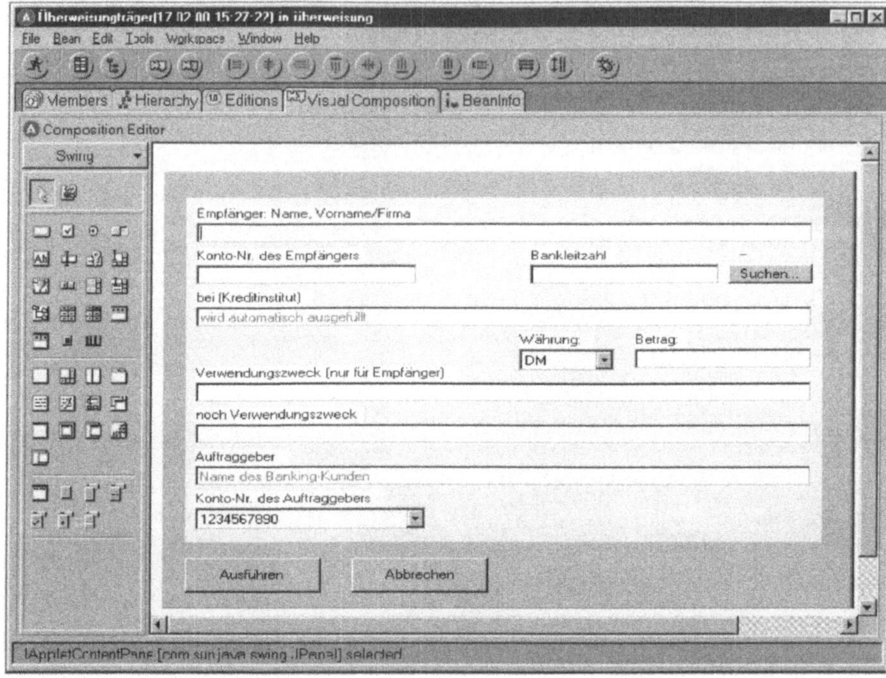

Abb. 14-18. „Swing“ Palette

Beans sind austauschbare Java-Komponenten, die zu einem gewissen Grad selbstbeschreibend sind. Die Eigenschaften der Beans werden in gesonderten BeanInfo Klassen beschrieben. Es ist beispielsweise möglich für ein neu erstellten Bean, ein eigenes Sinnbild („S1.gif“) zu vergeben. Alle dem Bean zugehörigen Eigenschaften sind im Abb. 14-19 dargestellt.

14.5.5 Modifizieren der Palette im Visual Composition Editor

Die typische Arbeitsweise bei der Anwendungsentwicklung besteht darin, Beans zu erstellen, die den Bestand der mitgelieferten oder zugekauften Beans erweitert. Beans, die zu einer thematischen Gruppe, beispielsweise „Swing“, gehören, sind in Kategorien innerhalb der Palette organisiert. Es besteht die Möglichkeit, eigene projektspezifische Kategorien zu erstellen. So könnten eine Kategorie für die Beans des Online-Banking-Systems und für allgemeine SIZ-spezifische Elemente angeboten werden.

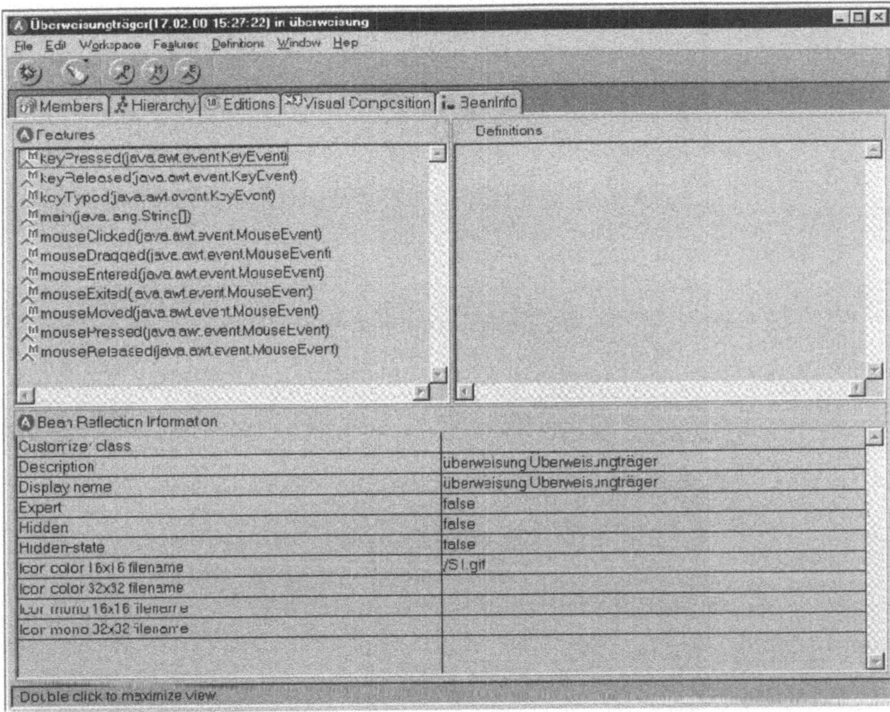

Abb. 14-19. BeanInfo

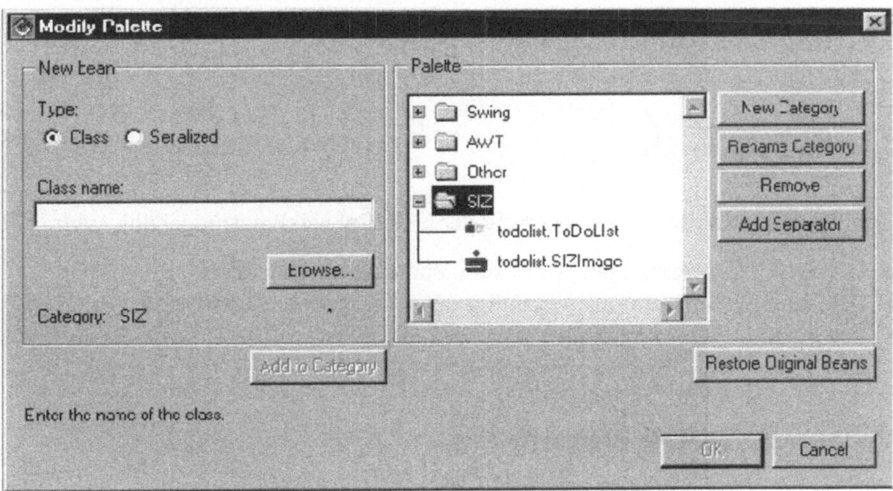

Abb. 14-20. Anpassen der Palette

Zum Modifizieren der Kategorien der Palette wird der Dialog „Modify Palette" aus Abb. 14-20 über den Menüeintrag „Modify Palette..." im Menü „Bean" des

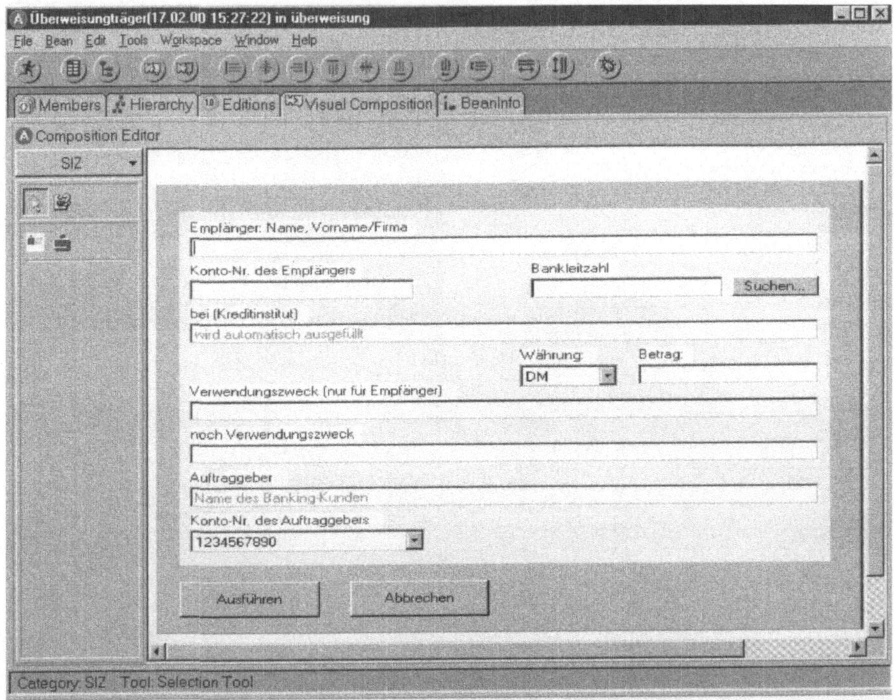

Abb. 14-21. Kategorie SIZ der modifizierten Palette

Visual Composition Editors aufgerufen. Die neuerstellte Kategorie „SIZ“ ist in Abb. 14-21 dargestellt.

Qualitätskriterien

Qualitätskriterien für die Vorbereitung der GUI-Entwicklungsumgebung sind:

- Die Schlüsselkonzepte der Arbeitsumgebung sind verstanden.
- Alle benötigten Funktionalitäten und Ressourcen sind eingebunden.
- Die Palette ist den Projekterfordernissen angepasst.

Vorausgesetztes Wissen

Kenntnisse der Programmiersprache Java und der Entwicklungsumgebung Visual Age for Java

Literatur

[IBM1999] IBM: Online Dokumentation Visual Age for Java 3.0 Professional, 1999

15 Software-Architektur

15.1 Schichtenbildung

Beschreibung

Das Ziel der Schichtenbildung ist eine erste grobe Zerlegung des Systems. Auf diese Weise kann das System in einer frühen Phase des Entwurfs vorstrukturiert und in mehrere Bündel von Teilaufgaben zerlegt werden, die sogenannten *Schichten* (Layers, [Buschmann1998]). Die Schichten liegen auf unterschiedlichen technischen Abstraktionsebenen und sind hierarchisch übereinander angeordnet. Die Schichtenbildung führt direkt in die Technik der *Bildung von Verteileinheiten*.

Der Nutzen der Schichtenbildung besteht darin, sich zu einem frühen Zeitpunkt Klarheit über die grobe Realisierungsstruktur zu verschaffen. Die vielfältigen Aufgaben eines neuen Systems werden in den Schichten klassifiziert und gegeneinander abgegrenzt. Hier werden z.B. die Aspekte der Benutzerführung eines Anwendungsfalles von denen der Verarbeitung oder der Datenhaltung getrennt. Darüber hinaus gibt die Schichtenbildung erste Hinweise auf die Teambildung.

Die Voraussetzungen für die Schichtenbildung ist die Anwendungsfallmodellierung und rudimentäre Kenntnisse über die angestrebte Systemplattform.

Das Ergebnis der Schichtenbildung ist das *Schichtenmodell*. Es enthält eine Beschreibung der Schichten, ihrer Aufgaben und Dienste sowie der Kommunikation zwischen den Schichten.

Die Arbeitsschritte bei der Schichtenbildung sind:

- Fokussierung auf die Ausgangssituation
- Bestimmen der Schichten
- Zuordnung von Aufgaben und Diensten
- Strukturierung der Schichten
- Beschreibung der Kommunikation zwischen den Schichten.

Arbeitsschritte

15.1.1 Fokussierung auf die Ausgangssituation

Hier wird das Material gesammelt, welches als Voraussetzung für die Schichtenbildung dient. Dies sind grobe Vorstellungen über die Systemplattform sowie das Anwendungsfallmodell.

Als Beispiel wird für eine Bank ein System entwickelt, mit dem Bank-Mitarbeiter die Bonität eines Kunden und die Tagesbilanz der Bank ermitteln können. Abb. 15-1 zeigt ein einfaches Anwendungsfalldiagramm zum Beispiel.

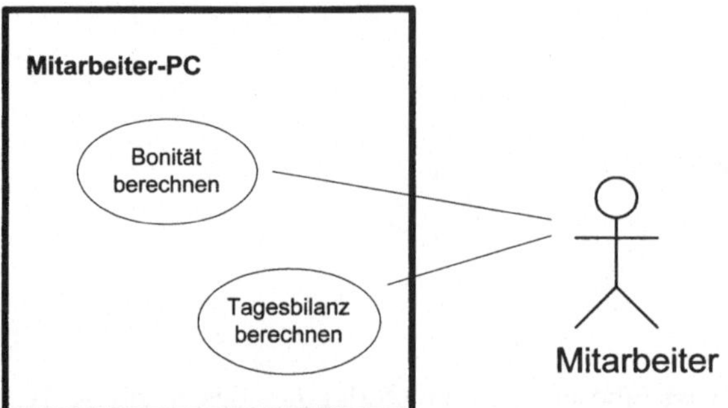

Abb. 15-1. Anwendungsfall-Diagramm

15.1.2 Bestimmen der Schichten

Hier wird zunächst festgelegt, nach welchen Kriterien die Klassifikation der Aufgaben in Schichten vorgenommen wird. Für betriebliche Informationssysteme ist bereits ein Standardkriterium vorgegeben, der *konzeptionelle Abstand zur Plattform*. Das bedeutet, eine Schicht liegt um so tiefer, je näher ihre Aufgaben am Betriebssystem bzw. an Basissoftware wie Middleware oder Datenbanksystemen liegen. Beispielsweise ist eine Datenbank-Zugriffsschicht eine sehr tiefliegende Schicht, ebenso eine Client/Server-Kommunikationsschicht. Der Anwendungskern liegt höher und an oberster Stelle findet man die Schnittstelle zum Benutzer. Sie sollte idealerweise alle technischen Details der Plattform verbergen und damit einen hohen konzeptionellen Abstand zu ihr haben.

Für die Bestimmung der Schichten nach diesem Abstraktionskriterium gibt es bewährte Standards. Die Aufgabe besteht nur darin, diese auf ihre Tragfähigkeit in dem zu erstellenden System zu prüfen und gegebenenfalls Abweichungen oder Varianten zu finden.

Seit mehreren Jahren hat sich als erste grobe Näherung die 3-Schichten-Architektur betrieblicher Softwaresysteme durchgesetzt:

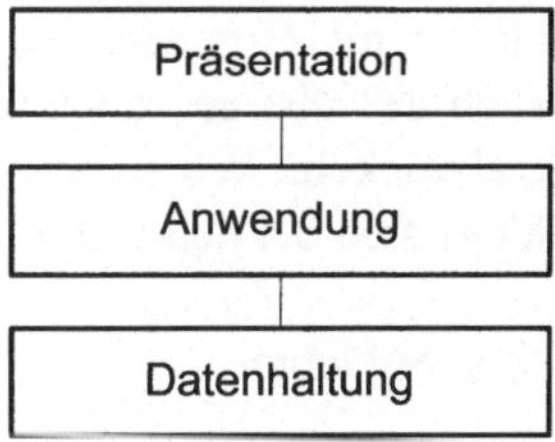

Abb. 15-2. Die klassische 3-Schichtenarchitektur

Man beachte, dass eine Schichtenarchitektur logischer Natur ist. Es werden noch keine technischen Aspekte wie etwa die Verteilung der Schichten auf Hardwareknoten berücksichtigt. Das Schichtenmodell entspricht einer logischen Partitionierung und Modularisierung der Software.

Im Beispiel der Mitarbeiter-PCs einer Bank ist dieses Modell zwar korrekt, aber noch zu grob. In [SIZ1999a] wird eine Verfeinerung vorgeschlagen. Jede der drei Schichten ist konzeptionell in zwei weitere Schichten unterteilt. Das Ergebnis ist das 6-Schichten-Modell einer Anwendung:

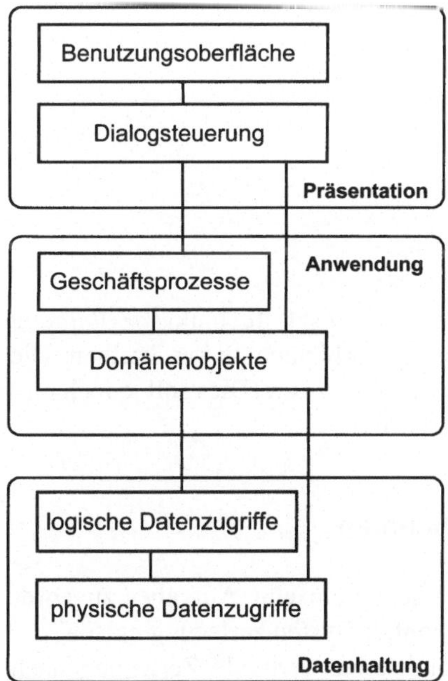

Abb. 15-3. Die Verfeinerung zur 6-Schichten-Architektur

Man überlege sich für das obige Beispiel nun, welche der obigen drei Schichten einer solchen Verfeinerung bedarf. Die Bonitätsberechnung und die Berechnung einer Tagesbilanz erscheinen als Anwendungsfälle für die Oberfläche sehr einfach, weswegen hier auf die zweischichtige Präsentation verzichtet wird. Hingegen die Anwendungsschicht sowohl aus einzelnen Objekten als auch aus übergeordneten „Kontrollinstanzen" besteht, welche die Anwendungsfälle abwickeln. Wir benötigen daher die Aufteilung in zwei Schichten. Ähnlich verhält es sich bei den Datenzugriffen.

Für das Beispielsystem ergeben sich folgende fünf logische Schichten:

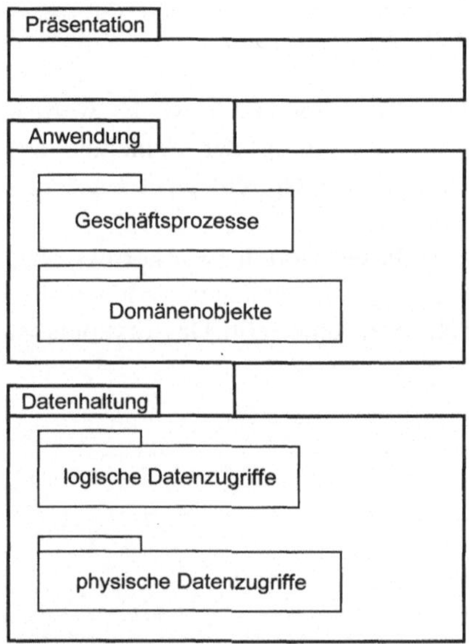

Abb. 15-4. Die fünf logischen Schichten des Beispiels

Wie dem Beispiel zu entnehmen ist, ist das *Paket* (vgl. Technik *Paketbildung von Modellelementen*) die geeignete Metapher, um Schichten zu beschreiben. Die UML sieht derzeit keinen eigene Stereotyp für Schichten vor. (Dies soll jedoch niemanden daran hindern, einen solchen einzuführen.)

15.1.3 Zuordnung von Aufgaben und Diensten

Aus dem Anwendungsfallmodell werden den Ebenen einzelne Aufgaben zugeordnet. Man beachte, dass die Schichten eine horizontale Systemzerlegung nach Kriterien der technischen Abstraktion bewirken und keine vertikale Zerlegung nach Anwendungsfällen. Als Folge davon findet sich i.d.R. ein bestimmter Aspekt aller Anwendungsfälle in einer Schicht wieder (z.B. die Dialogsteuerung oder die Datenzugriffe). Es wird außerdem festgelegt, welche Dienste eine Schicht für die darüber liegenden Schichten anbietet. Obwohl auch hier das Anwendungsfallmodell zugrunde liegt, wird die Dienstebeschreibung eher auf technische Aspekte eingehen, die alle Anwendungsfälle betreffen (horizontale Zerlegung).

Im Beispiel werden die Schichten jetzt näher beschrieben (Tab. 15-1).

Tab. 15-1. Schichtenbeschreibung

Schicht	Aufgaben	Dienst
Präsentation	Darstellung der Ergebnisse auf dem Bildschirm. Führung des Benutzers durch die Anwendungsfälle. Verarbeitung von Eingaben des Benutzers	-
Geschäftsprozess-Steuerung	Koordination komplexer Anwendungsfälle, die mehrere Anwendungsbereichsobjekte umfassen, z.B. Sammeln der Kontodaten eines Kunden und Anwendung des Bonitätsalgorithmus	Ausführung, Kontrolle und Steuerung der komplexen Anwendungsfälle.
Anwendungsbereichsobjekte	Container für die Anwendungsdaten und elementare Gültigkeitsprüfungen	Einfügen und Lesen von Daten Gültigkeitsprüfungen
logische Datenzugriffsschicht	Lesen und Schreiben mehrerer Objekte	Durchführung und Steuerung komplexer Datenzugriffe, die über mehrere Objekte gehen.
physische Datenzugriffsschicht	Abbildung der Objekte auf das konkrete DB-Layout (siehe Technik *Schema-Mapping*)	Lesen und Schreiben einzelner Objekte

Mit dieser Aktivität sind die Schichten in ihrer Grobstruktur definiert. Man beachte, dass die oberste Schicht keine Dienste anbietet.

15.1.4 Strukturierung der Schichten

Um den horizontalen Schichten mehr innere Struktur zu geben, können sie in diesem optionalen Arbeitsschritt intern strukturiert werden. Dies gibt i.d.R. erste Hinweise auf spätere Komponenten (vgl. Techniken *Komponentenmodellierung* und *Bildung von Verteileinheiten*). Es ist jedoch darauf zu achten, dass die Unterteilung nicht zu fein und damit schon die Komponentenbildung vorweg genommen wird. Das Anwendungsfallmodell gibt zusätzliche Hinweise für die Strukturierung.

Im Beispiel lassen sich die beiden Anwendungsfälle direkt als Sub-Pakete der Geschäftsprozess-Schicht modellieren:

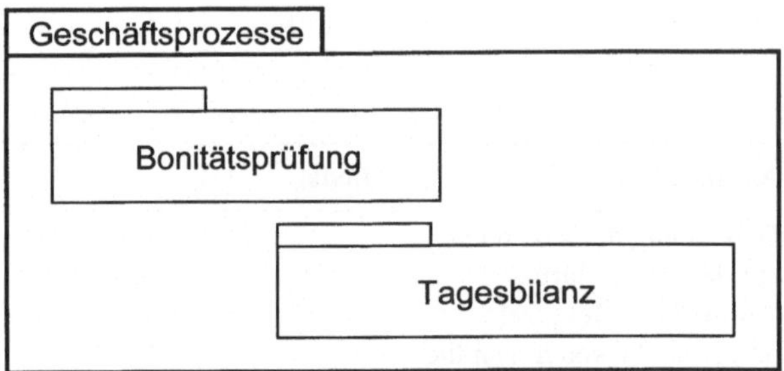

Abb. 15-5. Strukturierung der Geschäftsprozess-Steuerung

Damit ist die Beschreibung der fachlichen Schichten vollständig. Sie hat die nötige Feinheit, um jetzt die Kommunikationsbeziehungen zwischen den Schichten festzulegen.

15.1.5 Beschreibung der Kommunikation zwischen den Schichten

Hier werden die möglichen Kommunikationswege zwischen den Schichten beschrieben. Um die Vorteile einer Schichtenarchitektur zu erhalten [Buschmann1998], müssen die Schichten dahingehend entkoppelt werden, dass eine Schicht nur Dienste der darunter liegenden Schichten in Anspruch nehmen kann. Diese gezielte Kommunikation heißt *Dienstanforderung* (request). Daneben gibt es auch eine Möglichkeit, dass tieferliegende Schichten gewisse Ereignisse nach oben „melden" können. Dies nennt man eine *Nachricht* (notification), die z.B. mit dem Publisher-Subscriber-Muster [Buschmann1998] oder dem Observer-Muster [Gamma1995] realisiert werden kann.

Die Dienstanforderungen und Nachrichten können in UML mit unterschiedlich stereotypisierten Abhängigkeitsbeziehungen modelliert werden, wie Abb. 15-6 zeigt. Die Dienstaufrufe werden durch normale Methodenaufrufe realisiert. Die Nachrichtenbeziehung könnte aus der Forderung entstehen, den Mitarbeiter sofort zu informieren, falls bei der Bearbeitung eines Anwendungsfalls Kundendaten gefunden werden, die älter als drei Jahre sind.

Qualitätskriterien

Qualitätskriterien für die Schichtenmodellierung sind:

- Jede Schicht stellt einen klar definierten technischen Aspekt des Systems dar, der sich eindeutig einer Abstraktionsebene zuordnen lässt.
- Die Schichten decken die gesamte Funktionalität des Systems ab.

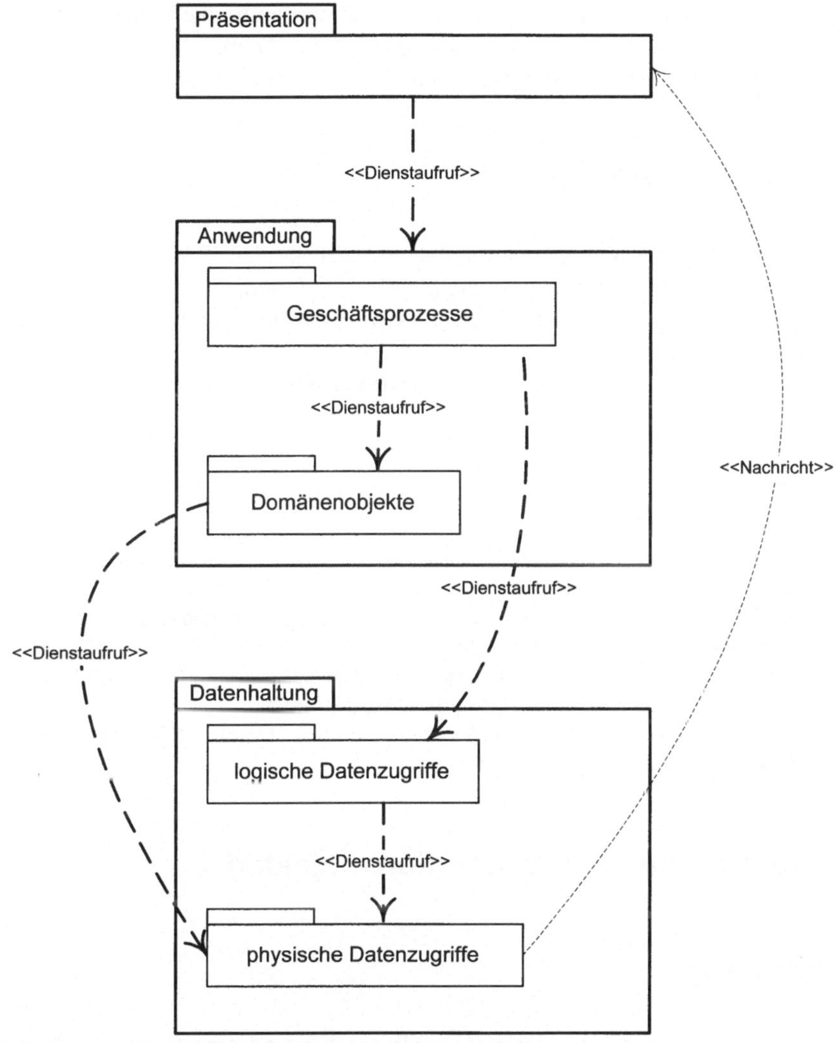

Abb. 15-6. Kommunikation zwischen den Schichten

- Die Schichten sind untereinander lose gekoppelt und interagieren über klar definierte Dienstanforderungen und Nachrichten.
- Es ist für jede Schicht klar definiert, welche Aufgaben sie erfüllt.
- Die Schichten sind knapp und übersichtlich beschrieben. Es sind nur diejenigen Aspekte festgelegt, die für das Verständnis einer logischen Partitionierung des Systems notwendig sind. Insbesondere ist eine zu schnelle Bildung von Komponenten zu vermeiden.
- Tiefer gelegene Schichten sollten einfacher und mit relativ kleinen Schnittstellen gestaltet werden als höhere Schichten. Denn je tiefer eine Schicht liegt, desto

höher ist die Wahrscheinlichkeit ihrer Verwendung durch eine höhere Schicht, was durch einfaches Design gefördert wird. Dieses Prinzip ist in [Buschmann1998] auch als *inverted pyramid of reuse* bezeichnet.

Vorausgesetztes Wissen

- Kenntnisse des Anwendungsfallmodells und der groben Partitionierung der Ziel-Hardware, vgl. Technik *Anwendungsfallmodellierung*.
- Kenntnisse über das 3- und 6-Schichtenmodell sowie über das *Layers*-Architekturmuster.
- Erfahrungen bei der Modularisierung und Strukturierung von Software.

Literatur

[Booch1999] Booch, G., Rumbaugh, J. und Jacobson, I.: The Unified Modeling Language, Addison-Wesley, 1999

[Buschmann1998] Buschmann, F., Meunier, R., Rohnert, H., Sommerlad, P., Stal, M.: Pattern-orientierte Software-Architektur, Addison-Wesley, 1998

[Gamma1995] Gamma, E., Helm, R., Johnson, R., Vlissides, J.: Design-Patterns, Elements of Reusable Object-Oriented Software, Addison-Wesley, 1995

[SIZ1999a] Informatikzentrum der Sparkassenorganisation GmbH (SIZ): AE-Modell Objektorientierte Entwicklung, Bonn, 1999

15.2 Modellierung von Interaktionsobjekten

Beschreibung

Das Ziel der Modellierung von Interaktionsobjekten ist es, eine flexible, robuste und wartbare Struktur zu entwickeln, indem übergreifendes Oberflächenverhalten zusammengefasst wird. Unter Interaktionsobjekten verstehen wir die technischen Objekte, mit denen der Anwender interagiert.

Der Nutzen der Modellierung von Interaktionsobjekten besteht darin:

- ein konsistentes Verhalten der Benutzungsobjekte zu erzeugen,
- übergreifendes Verhalten in der Präsentationsschicht implementieren zu können,
- Oberflächenelemente einfach austauschen zu können.

Die Voraussetzungen für die Modellierung von Interaktionsobjekten sind:

- identifizierte Benutzungsobjekte aus dem Anwendungsfallmodell,
- die Dialoge mit ihren Oberflächenelementen,
- ein grobes Modell der Anwendungsobjekte.

Das Ergebnis der Modellierung von Interaktionsobjekten ist ein Klassendiagramm des Objektmodells der Interaktionsobjekte.

Die Arbeitsschritte bei der Modellierung von Interaktionsobjekten sind:

- Zuordnung der Oberflächenelemente eines Dialogs zu Benutzungsobjekten
- Gruppierung der Aspekte der einzelnen Benutzungsobjekte
- Definition der Interaktionsobjekte.

Arbeitsschritte

15.2.1 Zuordnung der Oberflächenelemente eines Dialogs zu Benutzungsobjekten

Alle Oberflächenelemente eines Dialogs (Listenelemente, Eingabefelder usw.) dienen der Arbeit mit den Benutzungsobjekten, mit denen der Anwender zu interagieren glauben soll (siehe Technik *Objekt/Aktionsanalyse*). Dabei bezieht sich jedes Oberflächenelement auf einen bestimmten Aspekt (Methode oder Attribut) des Benutzungsobjekts, wie z.B. den Namen. Benutzungsobjekte wie Kunde sind nicht direkt mit Anwendungsobjekten gleichzusetzen, da die Realisierung eines Benutzungsobjekts mit mehreren Anwendungsobjekten erfolgen kann.

In diesem Arbeitsschritt sollen nun alle Oberflächenelemente den Benutzungsobjekten und ihren Aspekten zugeordnet werden. Bisweilen lässt sich keine natürliche Zuordnung finden, was darauf hindeutet, dass das Modell der Benutzungsobjekte nicht vollständig ist und weiter verfeinert werden sollte.

Am Beispiel des Dialogs „Überweisung ausfüllen" in einem Online-Banking-System ergeben sich die Zuordnungen in Tab. 15-2:

Tab. 15-2. Oberflächenelemente mit ihren Benutzungsobjekten

Oberflächenelement	Benutzungsobjekt	Aspekt
Eingabefeld „Name des Empfängers"	Konto des Empfängers	Name
Eingabefeld „Kontonummer des Empfängers"	Konto des Empfängers	Nummer
Eingabefeld „Bankleitzahl"	Bank des Empfängers	Bankleitzahl
Ausgabefeld „Name des Kreditinstituts"	Bank des Empfängers	Name
Eingabefeld „Betrag"	Überweisung	Betrag

Tab. 15-2 (Fortsetzung). Oberflächenelemente mit ihren Benutzungsobjekten

Oberflächenelement	Benutzungsobjekt	Aspekt
Auswahlliste „Währung“	?	?
Selektion in Auswahlliste „Währung“	Überweisung	Währung
Eingabefeld „Verwendungszweck“	Überweisung	Verwendungs-zweck
Ausgabefeld „Name des Auftraggebers“	Konto des Benutzers	Name
Ausgabefeld „Kontonummer des Auftraggebers“	Konto des Benutzers	Nummer
Aktionsknopf „speichern“	Überweisung	speichern

In diesem Beispiel lässt sich die Liste der Währungen keinem Benutzungsobjekt zuordnen. Daher ist zu überlegen, ob ein neues Benutzungsobjekt „Währungen“ mit dem Aspekt „alle Währungen“ eingeführt werden sollte.

15.2.2 Gruppierung der Aspekte der einzelnen Benutzungsobjekte

Aus den im ersten Schritt gewonnenen Zuordnungen aller Dialoge werden nun die Aspekte der Benutzungsobjekte zusammengetragen. Für jedes Benutzungsobjekt ergibt sich eine vollständige Liste aller Aspekte, die für die Benutzungsoberfläche benötigt werden.

Dieser Schritt hilft vor allem bei der Konzentration auf das Wesentliche. Einem Anwendungsobjekt kann zwar viel Funktionalität zugeschrieben werden, aber wenn der Benutzer in der Anwendung diese Funktionen nie benötigt, sind sie überflüssig und brauchen daher auch nicht programmiert zu werden.

Für das Beispiel erhalten wir Tab. 15-3:

Tab. 15-3. Zusammengefasste Benutzungsobjekte und ihre Aspekte

Benutzungsobjekt	Aspekt
Konto des Benutzers	Name
	Nummer
	Saldo
	...
Überweisung	Betrag
	Währung
	Speichern
	...

15.2.3 Definition der Interaktionsobjekte

Bisher wurde von Benutzungsobjekten als rein konzeptuelle Konstrukte gesprochen, die dem Anwender mit der Software vorgetäuscht werden. In diesem Schritt werden diese Objekte jetzt als technische Klassen der Präsentationsschicht modelliert, wobei für jede in Arbeitsschritt 15.2.2 gefundene Klasse von Benutzungsobjekten eine Klasse von Interaktionsobjekten definiert wird.

Aus dem Beispiel ergibt sich das Klassendiagramm Abb. 15-7 (siehe Technik *Erstellen eines detaillierten Klassenmodells*):

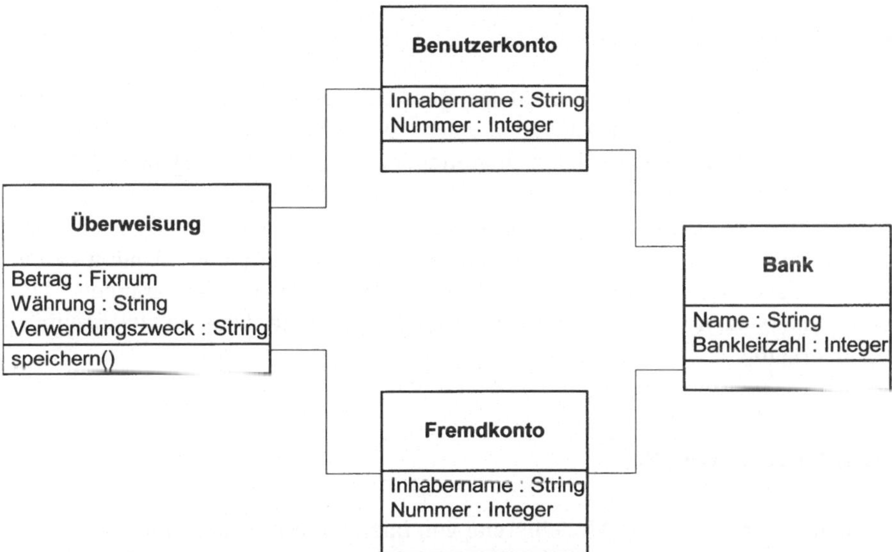

Abb. 15-7. Klassendiagramm der Interaktionsobjekte

Das Modell dient als Ausgangspunkt für weitere Designüberlegungen. Unter objektorientierten Gesichtspunkten sollte beispielsweise eine Oberklasse Konto eingeführt werden, die die Gemeinsamkeiten der Klassen Benutzerkonto und Fremdkonto vereinigt.

Die Präsentationsschicht erhält damit eine zusätzliche Unterschicht. Ausgehend von der Drei-Schichtenarchitektur fügt sich die Interaktionsschicht in die Präsentationsschicht ein, wie in Abb. 15-8 dargestellt wird (vgl. Technik *Schichtenbildung*).

Die Aufgabe der Interaktionsobjekte besteht in der Versorgung der Präsentationsschicht mit den benötigten Daten und der Bündelung der Zugriffe auf die Anwendungsschicht. Daten, die von verschiedenen Dialogen der Anwendung benutzt werden und die sich nicht unabhängig verändern können, sollten in Interaktionsobjekten gehalten werden. Auch spezielle Formatierungen der Daten und einfache Plausibilitätsprüfungen gehören zu den Aufgaben der Interaktionsobjekte.

Abb. 15-8. Lage der Interaktionsschicht

Zum Beispiel sollten die Kontodaten eines Kunden in einem Interaktionsobjekt gehalten werden, um beim Ausfüllen einer Überweisung nicht jedes Mal neu auf Objekte der Anwendungsschicht zugreifen zu müssen, die gegebenenfalls auf einem entfernten Server liegen. Des weiteren erzwingen Interaktionsobjekte ein konsistentes Verhalten der Benutzungsoberfläche, weil Daten eines Benutzungsobjekts jeweils nur in einem Objekt vorhanden sind, egal in welchem Dialog sie eingegeben oder angezeigt werden. Mehrfacheingaben werden damit vermieden. Dies ist besonders dann wichtig, wenn die Anwendung mehrere Dialoge gleichzeitig zu öffnen erlaubt.

Qualitätskriterien

Qualitätskriterien für eine Modellierung von Interaktionsobjekten sind:

- Jedes Oberflächenelement greift auf ein Interaktionsobjekt zu.
- Kein Oberflächenelement greift direkt auf ein Anwendungsobjekt zu.
- Übergreifende statische Informationen werden in Interaktionsobjekten gehalten.
- Ähnliches Verhalten bei ähnlicher Struktur ist zu einem Interaktionsobjekt zusammengefasst.

Vorausgesetztes Wissen

Objektorientiertes Design, insbesondere Technik *Schichtenbildung*.

Literatur

[Gamma1995] Gamma, E., Helm, R., Johnson, R., Vlissides, J.: Design-Patterns, Elements of Reusable Object-Oriented Software, Addison-Wesley, 1995

15.3 Modellierung von Kommunikationsobjekten

Beschreibung

Das Ziel der Modellierung von Kommunikationsobjekten ist ein reaktionsschneller Client, der Wartezeiten so weit wie möglich vermeidet. Unter Kommunikationsobjekten werden einfache Objekte verstanden, die Daten zusammenfassen, die zwischen Client und Server ausgetauscht werden.

Der Nutzen der Modellierung von Kommunikationsobjekten besteht darin:

- die Antwortzeiten vom Server werden minimiert,
- der Benutzer wird weniger durch Unterbrechungen gestört und kann damit stressfreier arbeiten,
- eine definierte Schnittstelle zwischen Client und Server zu erhalten,
- dass Client und Server weitgehend unabhängig voneinander entwickelt und getestet werden können.

Die Voraussetzung für die Modellierung von Kommunikationsobjekten ist eine Mehrschichtenarchitektur, bei der die Präsentationsschicht auf einem Client und die Anwendungsschicht auf einem Server liegt. Weiter wird vorausgesetzt, dass ein Modell der Anwendungsobjekte auf dem Server und ein Modell der Objekte der Präsentationsschicht, vorzugsweise Interaktionsobjekte, auf dem Client vorliegt.

Das Ergebnis der Modellierung von Kommunikationsobjekten ist ein Modell der Kommunikationsschicht.

Die Arbeitsschritte der Modellierung von Kommunikationsobjekten sind:

- Identifikation der Serveraufrufe
- Identifikation der zugehörigen Benutzeraktionen
- Zusammenfassen der Serveraufrufe
- Definition und Verallgemeinern von Kommunikationsobjekten.

Arbeitsschritte

15.3.1 Identifikation der Serveraufrufe

Die Objekte der Präsentationsschicht kommunizieren mit den Anwendungsobjekten auf dem Server zu unterschiedlichen Zwecken: zum Einen werden Daten vom Server erfragt, die auf dem Client dargestellt oder für andere Funktionen wie Plausibilitätsprüfungen gebraucht werden. Zum Anderen werden Eingabedaten vom Client auf den Server übertragen und Befehle auf dem Server aufgerufen.

In einfachen Anwendungen ist es üblich, dass einzelne Oberflächenelemente direkt Serveraufrufe durchführen, um Daten zu lesen oder zu schreiben. Dadurch werden gleiche Daten von verschiedenen Oberflächenelementen unter Umständen mehrfach vom Server erfragt. Die Einführung von Interaktionsobjekten erlaubt eine erste Verbesserung, da Daten in der Präsentationsschicht gemeinsam gehalten werden.

Um alle Aufrufe zum Server zu finden, werden zunächst die technischen Komponenten identifiziert, die als Schnittstelle die Kommunikation mit dem Server bereitstellen (bei CORBA sind dies Schnittstellen der Stubs, bei DCOM spezielle, durch IIDs identifizierte Schnittstellen, bei direkter Kommunikation über TCP/IP Socketaufrufe und bei relationalen Datenbanken SQL-Aufrufe). Nun werden alle Objekte der Präsentationsschicht darauf hin überprüft, ob sie die zuvor identifizierten Schnittstellen nutzen. Alle gefundenen Aufrufe dieser Art werden in einer Liste notiert.

Am Beispiel eines Online-Banking-Systems finden wir im Anwendungsfall „Überweisung ausfüllen" mehrere Oberflächenelemente, die folgende Serveraufrufe durchführen:

Tab. 15-4. Serveraufrufe (Auszug)

Anwendungsfall	**Oberflächenelement**	**Serveraufruf**
Überweisung ausfüllen	Eingabefeld „Bankleitzahl"	holeBankname(BLZ)
	Ausgabefeld „Auftraggeber"	holeName(Benutzernummer)
	Ausgabefeld „Kontonummer des Auftraggebers"	holeKontonummer(Benutzernummer)
	Aktionsknopf „speichern"	speichereEmpfaengername(Empfaengername)
		speichereKontonummerEmpfaenger(EmpfaengerKontonummer)
		...

15.3.2 Identifikation der zugehörigen Benutzeraktionen

Unter Benutzeraktionen werden alle Ereignisse verstanden, die der Anwender an der Benutzungsoberfläche auslösen kann. Beispielsweise kann dies der Aufruf eines Menüs, das Öffnen eines Fensters, das Abbrechen eines Suchvorgangs oder auch nur eine einfache Mauszeigerbewegung sein. Für die Modellierung von Kommunikationsobjekten sind nur die Benutzeraktionen von Interesse, die einen Serveraufruf hervorrufen. So erzeugt das Bewegen des Mauszeigers über passiven Elementen keine Serveraufrufe, wohingegen das Anzeigen eines Tipptextes für ein aktives Oberflächenelement einen Serveraufruf zur Folge haben kann.

Anhand der Serveraufrufe aus der in Arbeitsschritt 15.3.1 erstellten Tabelle werden zu jedem Serveraufruf alle auslösenden Benutzeraktionen notiert. Der gleiche Serveraufruf kann dabei durch verschiedene Benutzeraktionen erfolgen.

Tab. 15-5. Benutzeraktionen, die Serveraufrufe auslösen

Serveraufruf	Benutzeraktion
holeBankname(BLZ)	Eingabefeld „Bankleitzahl" verlassen
holeName(Benutzernummer)	Dialog „Überweisung ausfüllen" aufrufen
	Aktionsknopf „Scheck drucken" auslösen
holeKontonummer(Benutzernummer)	Dialog „Überweisung ausfüllen" aufrufen
	Aktionsknopf „Scheck drucken" auslösen
speichereEmpfaengername(Empfaengername)	Aktionsknopf „speichern" auslösen
speichereKontonummerEmpfaenger(EmpfaengerKontonummer)	Aktionsknopf „speichern" auslösen
...	...

15.3.3 Zusammenfassen der Serveraufrufe

Für jede Benutzeraktion, die mehrere Serveraufrufe auslöst, wird ein neuer Serveraufruf definiert. Der neue Serveraufruf fasst alle Daten in seiner Parameterliste zusammen, die vorher von den einzelnen Serveraufrufen separat geschickt wurden.

Am Beispiel der Benutzeraktion <Aktionsknopf „speichern" auslösen> im Dialog „Überweisung ausfüllen" ergibt sich folgender Serveraufruf:

```
speichereUeberweisungsdaten(Empfaengername, EmpfaengerKontonummer,
Bankleitzahl, Betrag, Verwendungszweck, nochVerwendungszweck)
```

15.3.4 Definition und Verallgemeinern von Kommunikationsobjekten

Kommunikationsobjekte stellen einfache Objekte ohne anwendungsspezifisches Verhalten dar. Sie dienen lediglich der Kapselung der zu transportierenden Daten. Kommunikationsobjekte werden sowohl in der Präsentationsschicht, als auch in der Anwendungsschicht als Paar von sich komplementierenden Klassen implementiert. Ein solches Paar von Kommunikationsobjektklassen besteht immer aus einem Sender und einem Empfänger.

Die Aufgabe des Sender ist ein Objekt zu erzeugen das die Daten ermittelt, gegebenenfalls aufbereitet (marshalling) und versendet. Die Aufgabe des Empfän-

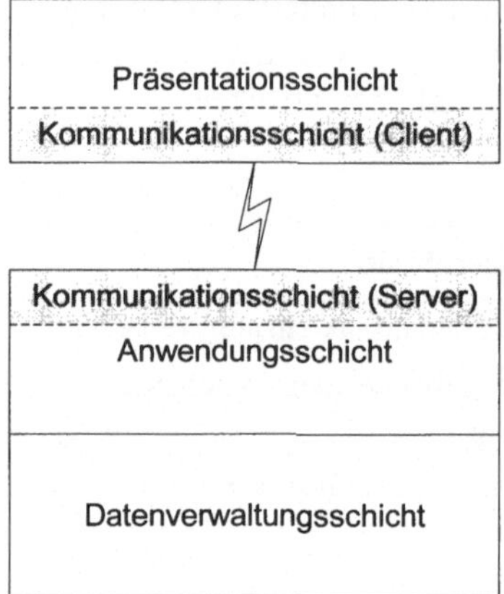

Abb. 15-9. Lage der Kommunikationsschicht

gers ist die gesendeten Objekte entgegenzunehmen, diese aufzubereiten (de-marshalling), interessierte Objekte zu benachrichtigen und die Daten zur Verfügung zu stellen. Das Beispiel in Abb. 15-10 zeigt die einzelnen Schritte:

1. Objekt erzeugen, Daten ermitteln und aufbereiten
2. Objekt übertragen
3. Objekt entgegennehmen, Daten aufbereiten, Empfänger benachrichtigen, Daten bereitstellen

Nach Arbeitschritt 15.3.3 ist für jede Benutzeraktion maximal ein Serveraufruf vorhanden. Für jeden Serveraufruf wird nun eine Klasse definiert, die als Attribute die Parameter des Aufrufs enthält und deren Klassenname aus dem Namen des Serveraufrufs abgeleitet wird (siehe Abb. 15-11).

Zusätzlich sollten Serveraufrufe verallgemeinert werden, die von verschiedenen Benutzeraktionen aufgerufen werden. Am Beispiel der Benutzeraktionen <Dialog „Überweisung ausfüllen“ aufrufen> und <Aktionsknopf „Scheck drucken“ auslösen> ergeben sich die Klassen „KontodatenHolen“ und „Kontodaten“ in Abb. 15-12. Dabei werden Objekte der Klasse „KontodatenHolen“ vom Client zum Server geschickt und Objekte der Klasse „Kontodaten“ vom Server zurückgegeben.

Serveraufrufe sind so zu verallgemeinern, dass sie dem Bedarf der Objekte der einzelnen Benutzeraktionen entsprechen. So sollten beispielweise Kommunikationsklassen mit vielen Attributen nicht für Benutzeraktionen verwendet werden, die nur wenige dieser Daten benötigen.

Eine zusätzliche Aufgabe von Kommunikationsobjekten kann das Zwischenspeichern von mehrfach angeforderten Daten sein. Wenn Interaktionsobjekte eingesetzt werden, sollte diese Funktionalität allerdings dort implementiert werden.

Durch die Einführung einer expliziten Schnittstelle zwischen Client und Server, ist es möglich beide Komponenten unabhängig voneinander zu entwickeln und zu testen. Dazu werden die jeweiligen Gegenstücke als einfache Testdatengeneratoren implementiert.

Überweisung
Benutzerkonto
Fremdkonto
Fremdbank
1
Kommunikationsobjekt
Klasse Sender
Präsentationsschicht
2
Kommunikationsobjekt
Klasse Empfänger
3
Überweisung
Anwendungsschicht

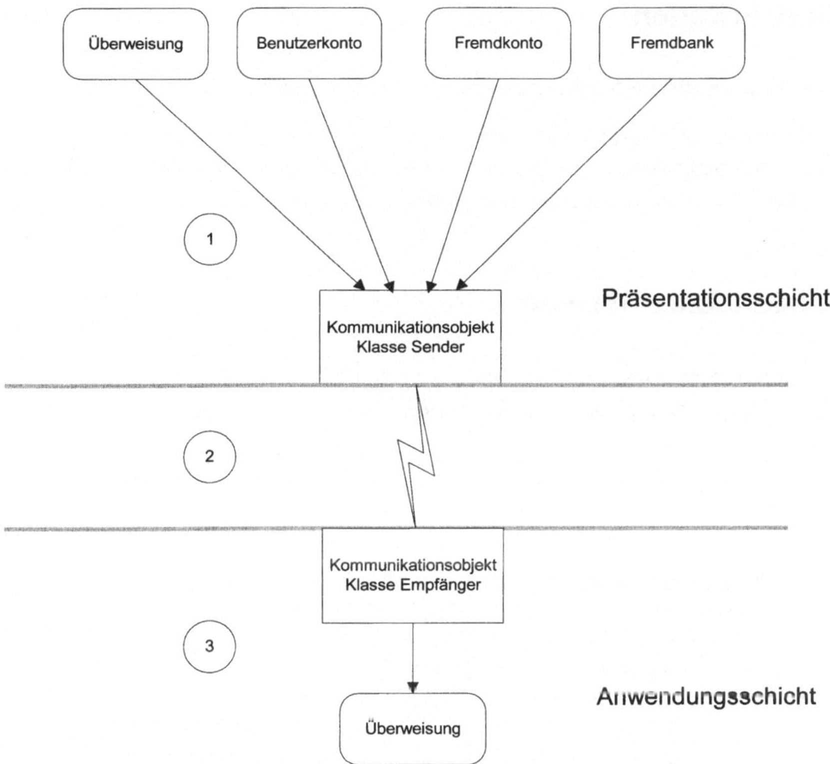

Abb. 15-10. Senden der Überweisungsdaten als Kommunikationsobjekt

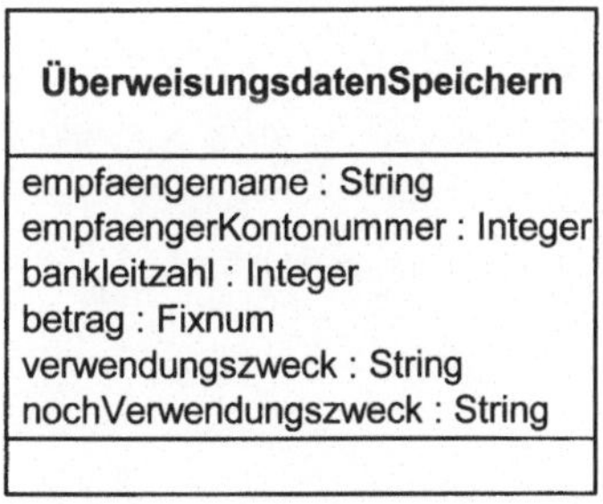

ÜberweisungsdatenSpeichern
empfaengername : String
empfaengerKontonummer : Integer
bankleitzahl : Integer
betrag : Fixnum
verwendungszweck : String
nochVerwendungszweck : String

Abb. 15-11. Kommunikationsklasse

KontodatenHolen
benutzerNummer : Integer
Kontodaten
inhabername : String
nummer : Integer

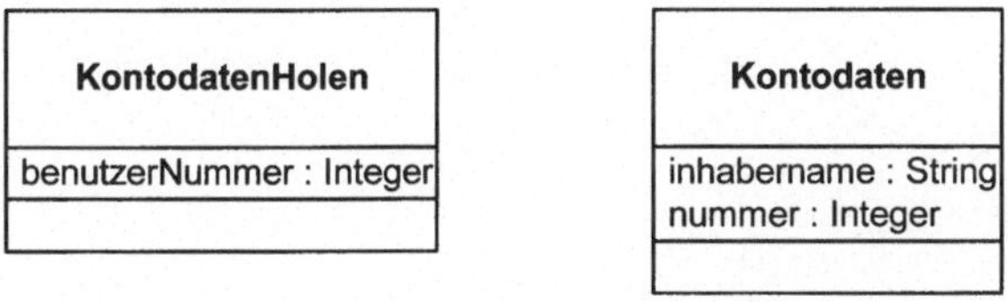

Abb. 15-12. Verallgemeinerte Kommunikationsklassen

Qualitätskriterien

Qualitätskriterien für die Modellierung von Kommunikationsobjekten sind:

- Alle Serveraufrufe sind identifiziert.
- Für eine Benutzeraktion wird höchstens ein Aufruf an den Server geschickt.
- Statische Informationen werden nur einmal vom Server erfragt.

Vorausgesetztes Wissen

- Objektorientiertes Design, insbesondere Technik *Schichtenbildung.*
- Technik *Modellierung von Interaktionsobjekten*

Literatur

[Gamma1995] Gamma, E., Helm, R., Johnson, R., Vlissides, J.: Design-Patterns, Elements of Reusable Object-Oriented Software, Addison-Wesley, 1995

16 Übergang in die Programmierung

16.1 Übergang vom Klassenmodell zum Programm

Beschreibung

Das Ziel dieser Technik ist eine Anleitung für die Überführung eines Klassenmodells in einen Programmrahmen. Für die zentralen UML-Konzepte der Klassenmodellierung werden Übergangshinweise vorgestellt. Die konkreten Abbildungsregeln hängen direkt vom Sprachumfang der Zielsprache ab und sind beschrieben in [SIZ1999a] und [SIZ1999b].

Der Nutzen der Technik besteht darin, zentrale UML-Konzepte der Klassenmodellierung in Sprachkonstrukte zu überführen.

Die Voraussetzung für die Anwendung dieser Technik ist das Vorliegen eines detaillierten Klassenmodells mit identifizierten Klassen, Schnittstellen, Assoziationen, Vererbungsbeziehungen und Abhängigkeiten.

Das Ergebnis der Anwendung dieser Technik ist ein Programmrahmen, repräsentiert durch ein oder mehrere Quelldateien.

Die einzelnen Arbeitsschritte bei dem Übergang von Klassenmodell zum Programm sind:

- Fokussierung auf ein Klassendiagramm
- Abbildung von Klassen auf Programmdateien
- Abbildung von Schnittstellen auf Programmdateien
- Abbildung von Vererbungsbeziehungen
- Abbildung von Assoziationen und Aggregationen auf Attribute
- Abbildung von Abhängigkeiten auf Attribute.

Arbeitsschritte

16.1.1 Fokussierung auf ein Klassendiagramm

Das UML-Klassenmodell aus Abb. 16-1 zeigt ein einfaches Bestellwesen, das aus den fünf Klassen *Kunde, Bestellung, Kontaktinfo, Firmenkunde* und *Posten* sowie dem Interface *IAdresse* besteht. Das Interface IAdresse und die Klasse *Kunde* stehen mit einer *realization*-Beziehung in Verbindung, *Kunde* und *Kontaktinfo* über eine *dependency*-Beziehung, *Kunde* und *Firmenkunde* über *eine generalization*-Beziehung, *Kunde* und *Bestellung* über eine *association*. Die Klassen *Bestellung* und *Posten* stehen in einer *aggregation*-Beziehung zueinander.

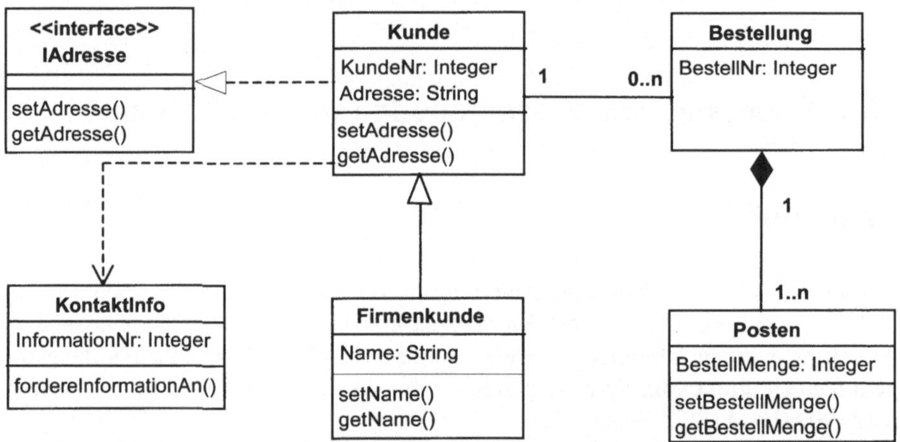

Abb. 16-1. Klassenmodell einfaches Bestellwesen

16.1.2 Abbildung von Klassen auf Programmdateien

In UML werden Informationen zu einer Klasse in drei getrennten Bereichen dargestellt, die jeweils für den Klassenkopf, ihre Attribute und Operationen vorbehalten sind:

- Der Klassenkopf wird in die Klassendefinition abgebildet. Üblicherweise wird einer Datei genau eine Klasse zugeordnet. Sinnvollerweise entspricht der Dateiname dem Klassennamen, mit dem für die Programmiersprache üblichen Suffix.
- Die Attribute werden als Klassen- bzw. Instanzvariablen der Klasse abgebildet.
- Die Operationen werden als Methoden abgebildet.

Anmerkung: Das mit UML 1.3 [OMG1999] eingeführte Konzept des (instanzierbaren) Subsystems ist in keiner der üblichen Programmiersprachen abgedeckt und wird deshalb an dieser Stelle auch nicht abgebildet.

Abb. 16-2 veranschaulicht die Abbildung von Klassen auf Java-Dateien: Jede Klasse wird auf eine entsprechende Datei abgebildet.

16.1.3 Abbildung von Schnittstellen auf Programmdateien

Schnittstellen bestehen aus zwei getrennten Bereichen, der Beschreibung des Schnittstellenkopfes und der Operationen. Im Unterschied zu Klassen sind bei

Abb. 16-2. Java-Dateien

Schnittstellen alle Operationen abstrakt, d.h. sie müssen von der Klasse, die die Schnittstelle implementiert, realisiert werden.

Die Abbildung von Schnittstellen ist vom Sprachumfang der jeweiligen Zielsprache abhängig:

Sind Schnittstellen Bestandteil der Sprachdefinition – bei Java ist dies z.B. der Fall, bei C++ nicht – so wird analog zur Abbildung von Klassen der Schnittstellenkopf in die Schnittstellendefinition überführt. Sinnvollerweise wird auch hier für jede Schnittstelle eine eigene Datei erstellt. Die Operationen werden als abstrakte Operationen abgebildet, d.h. sie werden an dieser Stelle nicht mit Programmlogik gefüllt.

Unterstützt der Sprachumfang der Zielsprache keine Schnittstellen, dann können diese als abstrakte Klassen abgebildet werden. Klassen, die das Interface implementieren, müssen von dieser abstrakten Interfaceklasse abgeleitet sein.

Abb. 16-3 veranschaulicht die Abbildung des Interface *IAdresse* auf eine Java-Datei.

```
// Datei IAdresse.java
public interface IAdresse ...
```

Abb. 16-3. Java-Datei für das Interface IAdresse

16.1.4 Abbildung von Vererbungsbeziehungen

Einfache Vererbungsbeziehungen werden auf die Vererbungsbeziehungen der Zielsprache abgebildet. Jede objektorientierte Sprache unterstützt einfache Vererbungsbeziehungen.

Mehrfachvererbung – d.h. eine Klasse erbt von mehren Vaterklassen – ist nicht im Sprachumfang aller objektorientierten Sprachen enthalten. Java und Smalltalk zum Beispiel kennen keine Mehrfachvererbung, C++ dagegen schon. Mehrfachvererbung kann in diesem Fall durch Delegation [Gamma1995] direkt oder unter Zuhilfenahme von Schnittstellen abgebildet werden.

Abb. 16-4 veranschaulicht die Herstellung der Vererbungsbeziehung in Java zwischen den Klassen *Firmenkunde* und *Kunde* über das Schlüsselwort extends.

```
public class Firmenkunde extends Kunde {

private string Name;
public void setName () {}
public string getName () {}
}
```

Abb. 16-4. Herstellung der Vererbungsbeziehung in Java

16.1.5 Abbildung von Assoziationen und Aggregationen auf Attribute

Assoziationen und Aggregationen können bei der Abbildung von Objektbeziehungen gleich behandelt werden.

Die Abbildung von Objektbeziehungen in Programmcode wird über die Rolle der jeweiligen Klasse in der anderen Klasse abgebildet. Dabei wird für die Rolle der assoziierten Klasse eine Instanzvariable von deren Typ angelegt. Für den Zugriff auf die Instanzvariable werden Lese- und Schreibzugriffsmethoden definiert. Die Instanzvariable muss vor deren Verwendung initialisiert werden. Wenn die Kardinalität der Beziehung Werte größer eins annehmen kann, dann muss für deren Abbildung eine Kontainerklasse verwendet werden. Abb. 16-5 veranschaulicht die Abbildung der *association*-Beziehung zwischen den Klassen *Kunde* und *Bestellung* in Java.

16.1.6 Abbildung von Abhängigkeiten auf Attribute

Eine Abhängigkeit ist eine einseitige Assoziation. Die Klasse (Abhängigkeitsstart), von der die Abhängigkeit ausgeht, benötigt die assoziierte Klasse (Abhängigkeitsende), um ihre Funktionalität erfüllen zu können, wogegen die Abhängigkeitsende – Klasse bezüglich dieser unabhängig ist.

```
public class Kunde implements IAdresse {

private int KundeNr;
private string Adresse;
private Bestellung bestellung;

public void setAdresse () {}
public string getAdresse () {}
public void addBestellung (Bestellung aBestellung) {}

}
```

Abb. 16-5. Herstellung der association-Beziehung

Die Abbildung einer Abhängigkeit ist auf Abhängigkeitsstart-Seite die gleiche wie bei einer Assoziation bzw. Aggregation. Auf Abhängigkeitsende-Seite muß nichts getan werden, da diese Klasse funktional nicht auf die Abhängigkeitsstart-Klasse angewiesen ist.

Qualitätskriterien

Qualitätskriterien für den Übergang vom Klassenmodell zum Programm sind:

- Alle Klassen aus dem Klassenmodell sind in Programmcode abgebildet.
- Jede Klasse ist in eine eigene Datei abgebildet.
- Jede realisierte Klasse ist im Klassenmodell enthalten.
- Alle Schnittstellen aus dem Klassenmodell sind in Programmcode abgebildet.
- Jede Schnittstelle ist in eine eigenen Datei abgebildet.
- Jede realisierte Schnittstelle ist in dem Klassenmodell enthalten.
- Sämtliche Attribute und Methoden der Klassen sind in Programmcode abgebildet.
- Alle in Programmcode vorhandenen Attribute und Methoden sind im Klassenmodell enthalten.
- Die Vererbungshierarchie des Programmcodes entspricht der des Klassenmodells.
- Alle Assoziationen und Abhängigkeiten des Klassenmodells sind im Programmcode abgebildet.
- Alle im Programmcode enthaltenen Assoziationen und Abhängigkeiten sind im Klassenmodell enthalten.

Vorausgesetztes Wissen

- Technik *Erstellung eines detaillierten Klassenmodells*
- Kenntnisse objektorientierter Programmiersprachen.

Literatur

[Booch1999] Booch, G., Rumbaugh, J. und Jacobson, I.: The Unified Modeling Language, Addison-Wesley, 1999

[Gamma1995] Gamma, E., Helm, R., Johnson, R., Vlissides, J.: Design-Patterns, Elements of Reusable Object-Oriented Software, Addison-Wesley, 1995

[OMG1999] OMG: OMG Unified Modeling Language Specification 1.3, 1999, http://www.omg.com/uml

[SIZ1999a] Informatikzentrum der Sparkassenorganisation GmbH (SIZ): AE-Modell Objektorientierte Entwicklung, Bonn, 1999

[SIZ1999b] Informatikzentrum der Sparkassenorganisation GmbH (SIZ): AE-Modell Internet/Intranet- Entwicklung, Bonn, 1999

16.2 Übergang vom Aktivitätsmodell zum Programm

Beschreibung

Das Ziel dieser Technik ist eine Anleitung für die Überführung eines Aktivitätsmodells in ein Programm. Für die zentralen UML-Konzepte der Aktivitätsmodellierung werden Übergangshinweise vorgestellt.

Der Nutzen der Technik besteht darin, zentrale UML-Konzepte der Aktivitätsmodellierung in Sprachkonstrukte zu überführen.

Die Voraussetzung für die Anwendung dieser Technik ist das Vorliegen eines detaillierten (gruppierten) Aktivitätsdiagramms.

Das Ergebnis der Anwendung dieser Technik ist ein um dynamische Elemente (Aktivitäten) erweiterter Programmrahmen, repräsentiert durch ein oder mehrere Quelldateien.

Die einzelnen Arbeitsschritte bei dem Übergang vom Aktivitätsmodell zum Programm sind:

- Fokussierung auf ein Aktivitätsdiagramm
- Abbildung von Entitäten (Swimlanes) auf Programmdateien
- Abbildung von Aktionszuständen auf Methoden
- Abbildung von Aktionen auf Methodenaufrufe
- Abbildung von Transitionen auf die Aufrufreihenfolge
- Abbildung von Verzweigungen auf Programmcode

- Abbildung von Unteraktivitätszuständen auf Programmcode
- Abbildung von Nebenläufigkeit auf Programmcode.

Arbeitsschritte

16.2.1 Fokussierung auf ein Aktivitätsdiagramm

Abb. 16-6 zeigt ein Aktivitätsdiagramm für den Betrieb eines Getränkeautomaten; die Aktivitätszustände sind den zwei Entitäten *GetränkeAutomat* und *Benutzer* zugeordnet.

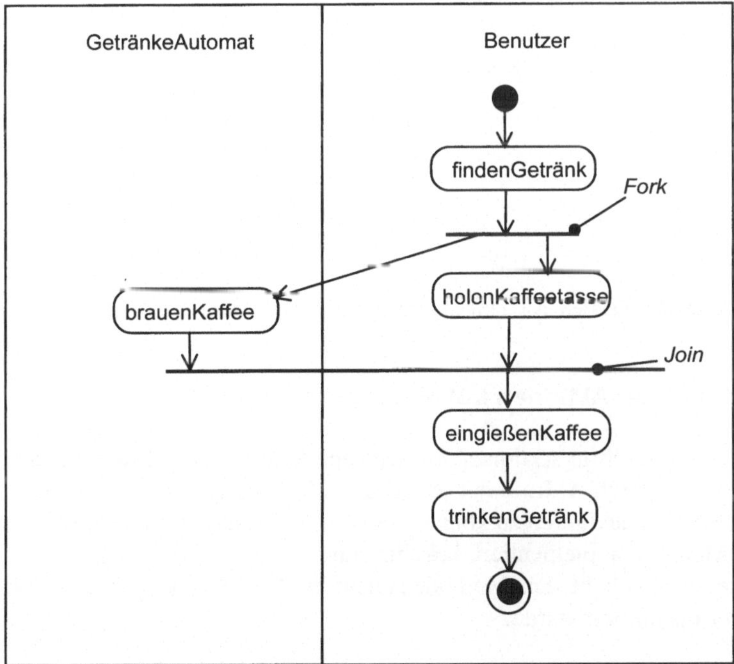

Abb. 16-6. Aktivitätendiagramm für einen Getränkeautomat

16.2.2 Abbildung von Entitäten (Swimlanes) auf Programmdateien

Zunächst werden für alle im Aktivitätsdiagramm beteiligten Entitäten Programmdateien angelegt.

Abb. 16-7 zeigt den Java-Quellcode für die Klassendefinition der im Aktivitätsdiagramm beteiligten Entitäten *GetränkeAutomat* und *Benutzer*.

```
// Datei GetränkeAutomat.java
public class GetränkeAutomat ...
```

```
// Datei Benutzer.java
public class Benutzer ...
```

Abb. 16-7. Klassendefinition für „GetränkeAutomat" und „Benutzer"

16.2.3 Abbildung von Aktionszuständen auf Methoden

Aktionszustände werden entsprechend ihrer Logik auf Methoden abgebildet. Es empfiehlt sich für jeden Zustand angegebene Vorbedingungen zu überprüfen und Seiteneffekte zu vermeiden. Dies ist eine elementare Voraussetzung für die Wiederverwendung der Programmlogik einzelner Zustände. Abb. 16-8 zeigt die Methoden in den Klassen *GetränkeAutomat* und *Benutzer.*

```
public class GetränkeAutomat {

public void brauenKaffee ()
{
// Code
}

}
```

```
public class Benutzer {

public void findenGetränk ()
{
// Code
}

public void holenKaffeetasse () {}
public void eingießenKaffee () {}
public void trinkenGetränk () {}

}
```

Abb. 16-8. Methoden der Klassen „GetränkeAutomat" und „Benutzer"

16.2.4 Abbildung von Aktionen auf Methodenaufrufe

In den Zuständen aufgeführte Aktionen werden innerhalb der für diesen Zustand zuständigen Methode durch Aufrufe der jeweiligen Methode für die Aktion abgebildet. Um die Methode ausführen zu können, muss dem gerade aktiven Objekt das Objekt, das die Methode implementiert, bekannt sein.

Abb. 16-9 veranschaulicht den Methodenaufruf *findenGetränk*, nachdem das Objekt *aBenutzer* instantiiert wurde.

16.2.5 Abbildung von Transitionen auf die Aufrufreihenfolge

Transitionen regeln den Kontrollfluss und beinhalten keine eigene Programmierlogik. Die Transitionen spiegeln die logische Verknüpfung zwischen den einzelnen Zuständen wieder. Transitionen werden auf die Verknüpfung der Aktionszustände – z.B. Methodenaufrufe – abgebildet und bestimmen somit die Aufrufreihenfolge der einzelnen Zustände. Sie dienen ausschließlich der Ablaufsteuerung.

Aus Abb. 16-9 kann die Aufrufreihenfolge hinsichtlich des Aktivitätsdiagramms entnommen werden.

```
public class Main {

public static void main (String argv[]) {

Benutzer aBenutzer = new Benutzer ();
aBenutzer.findenGetränk();
...
}
}
```

Abb. 16-9. Methodenaufruf von „findenGetränk"

16.2.6 Abbildung von Verzweigungen auf Programmcode

Verzweigungen mit höchstens zwei Alternativen werden in allen Programmiersprachen direkt mit einer Bedingungsabfrage mit Alternativauswahl (typischerweise IF ... THEN ... ELSE) abgebildet.

Verzweigungen mit mehreren möglichen Alternativen können entweder auf geschachtelte einfache Verzweigungen abgebildet werden oder es werden – falls vorhanden – spezielle Sprachkonstrukte der Zielsprache verwendet (typischerweise SWITCH (...) CASE ..).

16.2.7 Abbildung von Unteraktivitätszuständen auf Programmcode

Unteraktivitätsdiagramme werden wie separate Aktivitätsdiagramme behandelt und werden entsprechend der Beschreibung in diesem Dokument auf Programmcode abgebildet.

16.2.8 Abbildung von Nebenläufigkeit auf Programmcode

Wenn die einzelnen Zweige der Nebenläufigkeit serialisierbar sind und auf Nebenläufigkeit verzichtet werden kann, dann sollten die Abläufe serialisiert werden und nicht nebenläufig abgebildet werden. Serialisierte Abläufe können mit den bereits beschriebenen Mitteln auf Programmcode abgebildet werden.

Sollten die einzelnen Zweige der Nebenläufigkeit nicht serialisierbar sein, dann muss auf die Möglichkeiten der speziellen Programmiersprache bzw. des Betriebsystems zurückgegriffen werden. Die Abbildung der Nebenläufigkeit ist somit stark abhängig von der verwendeten Zielplattform und der Zielsprache. In Java sind grundlegende Voraussetzungen für Nebenläufigkeit (*threads*) im Sprachumfang und somit auch in der *Java Virtual Machine* enthalten. Die konkrete Abbildung der Nebenläufigkeit ist unabhängig von der konkreten Zielplattform. Bei C++ und Smalltalk ist die Abbildung der Nebenläufigkeit nicht im Sprachumfang enthalten und somit stark von der Zielplattform abhängig.

Im Allgemeinen wird bei einer Verzweigung („*fork*") ein neuer Prozess oder Thread gestartet. Bei einer Vereinigung („*join*") werden alle Prozesse / Threads bis auf einen beendet. Der Kontrollfluß geht zu dem einzig verbliebenen Prozess / Thread über.

Abb. 16-10 veranschaulicht, wie die Klasse Getränkeautomat vorbereitet sein muss, damit deren Code nebenläufig abgearbeitet werden kann.

```
public class GetränkeAutomat implements Runnable {

pulic void run () {}
brauenKaffe();


public void brauenKaffee ()
{
// Code
}

}
```

Abb. 16-10. Vorbereitung auf Nebenläufgkeit

Abb. 16-11 veranschaulicht die Verzweigung („*fork*") und Vereinigung („*join*") in Java entsprechend dem Aktivitätsdiagramm aus Abb. 16-6.

Qualitätskriterien

Qualitätskriterien für die Abbildung von Aktivitätsmodellen zum Programm sind:

- Alle Aktionszustände, Aktionen, Transitionen, Verzweigungen und Unteraktivitätszustände sind im Programmcode abgebildet.
- Die Nebenläufigkeit ist – soweit vorhanden – im Programmcode abgebildet.
- Die Programmlogik für jeden Aktionszustand existiert genau einmal im gesamten Programmcode.
- Zwischen den einzelnen Aktionszuständen existieren keine anderen Vor- bzw. Nachbedingungen als die im Modell angegebenen.
- Keiner der Aktionszustände beinhaltet Seiteneffekte, die sich direkt auf die Logik anderer Zustände auswirken.

```
public class Main {
public static void main (String argv[]) {

Benutzer aBenutzer = new Benutzer ();
Thread thread = new GetränkeAutomat ();
aBenutzer.findenGetränk();
thread.start();     // Fork
aBenutzer.holenKaffeetasse ();
thread.join();      // Join
aBenutzer.eingießenKaffee ();
aBenutzer.trinkenGetränk ();

...

}
}
```

Abb. 16-11. Verzweigung („fork") und Vereinigung („join") in Java

Vorausgesetztes Wissen

- Technik *Aktivitätsmodellierung*
- Kenntnisse objektorientierter Programmiersprachen.

Literatur

[Booch1999] Booch, G., Rumbaugh, J. und Jacobson, I.: The Unified Modeling Language, Addison-Wesley, 1999

16.3 Übergang vom Sequenzmodell zum Programm

Beschreibung

Das Ziel dieser Technik ist eine Anleitung für die Überführung eines Sequenzmodells in ein Programm. Für die zentralen UML-Konzepte der Sequenzmodellierung werden Übergangshinweise vorgestellt.

Der Nutzen der Technik besteht darin, zentrale UML-Konzepte der Sequenzmodellierung in Sprachkonstrukte zu überführen.

Die Voraussetzung für die Anwendung dieser Technik ist das Vorliegen eines detaillierten Sequenzmodells. Alle am Sequenzmodell beteiligten Klassen müssen als Quellcode zur Verfügung stehen.

Das Ergebnis der Anwendung dieser Technik ist ein um dynamische Elemente erweiterter Programmrahmen, repräsentiert durch ein oder mehrere Quelldateien.

Die einzelnen Arbeitsschritte bei dem Übergang vom Sequenzmodell zum Programm sind:

- Fokussierung auf ein Sequenzdiagramm
- Abbildung von Aufrufen in Programmcode
- Abbildung von Rücksprüngen in Programmcode
- Abbildung von Objekterzeugung und -freigabe in Programmcode.

Arbeitsschritte

16.3.1 Fokussierung auf ein Sequenzdiagramm

Abb. 16-12 zeigt das Sequenzdiagramm für die Berechnung eines Bestellpreises.

Jede Bestellung besteht aus mehreren Posten. Ein einzelner Bestellposten besteht aus einer Bestellmenge, einer Mengeneinheit und einer Ware. Der Lieferpreis ist abhängig von der Ware und der Bestellmenge.

Von der Bestellung ausgehend werden alle Posten der Bestellung berechnet. Für jeden Posten wird der Listenpreis aufgrund der Ware und der Mengeneinheit berechnet und anschließend mit der Bestellmenge multipliziert.

Abb. 16-13 zeigt den Programmrahmen für die Klasse *Posten*. Anhand dieser Klasse wird der Übergang von einem Sequenzdiagramm in Programmcode exemplarisch dargestellt. Für alle anderen, an dem Diagramm beteiligten Klassen verläuft der Übergang analog.

16.3.2 Abbildung von Aufrufen in Programmcode

Aufrufe von lokalen Methoden, d.h. Methoden, die von dem Objekt selbst zur Verfügung gestellt werden, können direkt aufgerufen werden. Um Methoden an fremden Objekten aufrufen zu können, wird eine gültige Referenz auf dieses Objekt benötigt. Methoden, die von anderen Objekten aufgerufen werden, müssen als öffentlich zugänglich deklariert sein.

Die zeitliche Reihenfolge der Methodenaufrufe im Programm muss wie im Diagramm dargestellt eingehalten werden. Der Kontrollfluss und die Programmlogik wird wesentlich von genau dieser Reihenfolge geprägt.

Abb. 16-14 veranschaulicht den Aufruf von lokalen Methoden in Java.

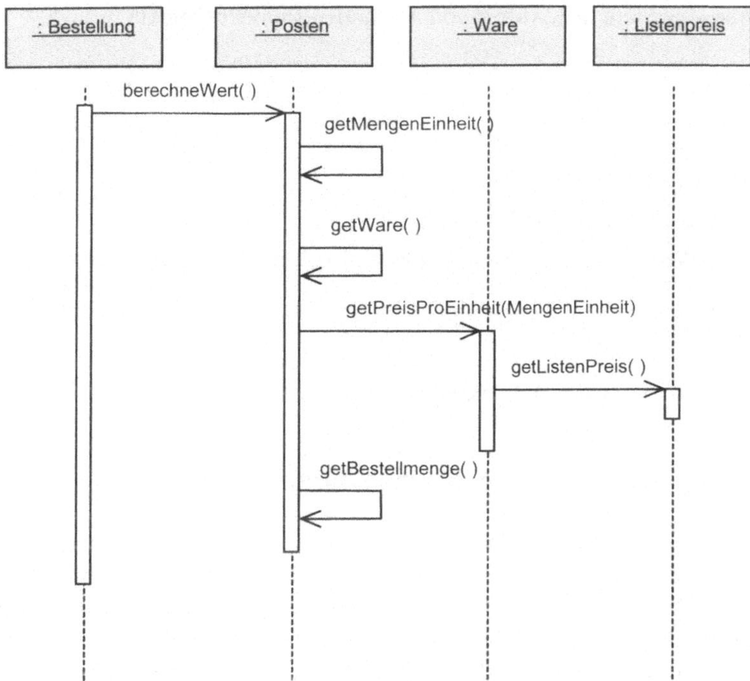

Abb. 16-12. Sequenzdiagramm zur Preisberechnung einer Bestellung

```
// Datei Posten.*
public class Posten ...
```

Abb. 16-13. Quellcode der Klasse „Posten"

```
public class Posten {
...
  public double berechneWert() {
          MengenEinheit mengenEinheit;
          mengenEinheit = this.getMengenEinheit();
          ...
  }
}
```

Abb. 16-14. Aufruf von lokalen Methoden

Abb. 16-15 veranschaulicht den Aufruf von Methoden fremder Objekte in Java.

```
public class Posten {
...
   public double berechneWert() {
         Ware ware;
         preisProMengenEinheit = ware.getPreisProEinheit ( MengenEinheit );
         ...
   }
}
```

Abb. 16-15. Aufruf von Methoden an fremden Objekten

16.3.3 Abbildung von Rücksprüngen in Programmcode

Rücksprünge bringen den Kontrollfluss zurück an die aufrufende Stelle. Spätestens am Ende einer Methode muss ein Rücksprung an die aufrufende Methode erfolgen. Das Ergebnis einer Methode wird der aufrufenden Methode über einen Rückgabewert – der beim Rücksprung angegeben wird – mitgeteilt. Üblicherweise wird der Typ des Rückgabewertes einer Methode bei deren Definition mit angegeben. Wenn eine Methode keinen Rückgabewert hat, so wird dies ebenfalls bei deren Definition vermerkt.

Für Rücksprünge gibt es ein entsprechendes programmiersprachliches Konstrukt – in Java und C++ ist dies der *return* Befehl.

Abb. 16-16 veranschaulicht den Rücksprung in Java-Programmcode.

```
public class Posten {
...
  public double berechneWert() {
         double endPreis;
         ...
         return endPreis;
  }
}
```

Abb. 16-16. Rücksprung im Java-Programmcode

16.3.4 Abbildung von Objekterzeugung und -freigabe in Programmcode

Transiente Objekte können innerhalb eines Sequenzdiagramms angelegt und wieder freigegeben werden. Objekterzeugungen werden abhängig von der Programmiersprache durch spezielle Konstruktoren abgebildet. Konstruktoren können parametrisiert werden und dienen der Erzeugung und Initialisierung des Objektes. Die Objektfreigabe ist auch abhängig von der Programmiersprache. In C++ steht dieser Automatismus nicht zur Verfügung und die Objektfreigabe muss manuell programmiert werden. Eine einfache Faustregel besagt, dass ein Objekt auch dort freigegeben werden sollte, wo es angelegt wird. Java und Smalltalk haben sogenannte Garbage-Kollektoren, die nicht mehr benötigte Objekte selbständig freigeben.

Abb. 16-17 fasst die Arbeitsschritte 16.3.1 bis 16.3.4 zusammen.

```
public class Posten {
...

  public double berechneWert() {
          MengenEinheit mengenEinheit;
          Ware ware;
          double preisProMengenEinheit;
          double endPreis;

          mengenEinheit = this.getMengenEinheit();
          ware = this.getWare();

          preisProMengenEinheit = ware.getPreisProEinheit ( MengenEinheit );
          endPreis = this.getBestellMenge() * preisProMengenEinheit;
          return endPreis;

  }
}
```

Abb. 16-17. Zusammenfassung der vorherigen Arbeitsschritte

Qualitätskriterien

Qualitätskriterien für die Abbildung eines Sequenzmodell zum Programm sind:

- Alle Aufrufe sind entsprechend des Sequenzdiagramms abgebildet.
- Der chronologische Ablauf der Methodenaufrufe entspricht dem des Sequenzdiagramms.
- Jedes erzeugte transiente Objekt wird auch wieder freigegeben.
- Alle Rücksprünge sind entsprechend des Sequenzdiagramms abgebildet.

Vorausgesetztes Wissen

- Technik *Interaktionsmodellierung mit Sequenzdiagrammen*
- Kenntnisse objektorientierter Programmiersprachen.

Literatur

[Booch1999] Booch, G., Rumbaugh, J., Jacobson, I.: The Unified Modeling Language, Addison-Wesley, 1999

16.4 Übergang vom Kollaborationsmodell zum Programm

Beschreibung

Das Ziel dieser Technik ist eine Anleitung für die Überführung eines Kollaborationsmodells in ein Programm. Für die zentralen UML-Konzepte der Kollaborationsmodellierung werden Abbildungsregeln vorgestellt.

Der Nutzen der Technik besteht darin, zentrale UML-Konzepte der Kollaborationsmodellierung in Sprachkonstrukte zu überführen.

Die Voraussetzung für die Anwendung dieser Technik ist das Vorliegen eines detaillierten Kollaborationsdiagramms und eines aus einem Klassendiagramm abgeleiteten Programmrahmens. Alle am Kollaborationsmodell beteiligten Klassen müssen als Quellcode zur Verfügung stehen.

Das Ergebnis der Anwendung dieser Technik ist ein um dynamische Elemente erweiterter Programmrahmen, repräsentiert durch ein oder mehrere Quelldateien.

Die einzelnen Arbeitsschritte bei dem Übergang vom Kollaborationsmodell zum Programm sind:

- Fokussierung auf ein Kollaborationsdiagramm
- Abbildung von Aufrufen in Programmcode
- Abbildung von Rücksprüngen in Programmcode
- Abbildung von Objekterzeugung und -freigabe in Programmcode.

Arbeitsschritte

16.4.1 Fokussierung auf ein Kollaborationsdiagramm

Abb. 16-18 zeigt das Kollaborationsdiagramm für die Berechnung eines Bestellpreises.

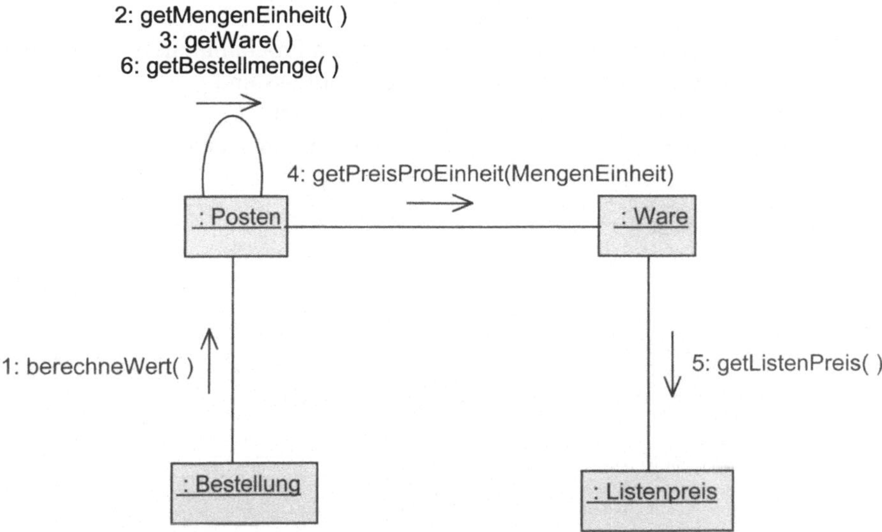

Abb. 16-18. Kollaborationsdiagramm zur Preisberechnung einer Bestellung

Jede Bestellung besteht aus mehreren Posten. Ein einzelner Bestellposten besteht aus einer Bestellmenge, einer Mengeneinheit und einer Ware. Der Lieferpreis ist abhängig von der Ware und der Bestellmenge.

Von der Bestellung ausgehend werden alle Posten der Bestellung berechnet. Für jeden Posten wird der Listenpreis aufgrund der Ware und der Mengeneinheit berechnet und anschließend mit der Bestellmenge multipliziert.

Abb. 16-19 zeigt den Programmrahmen für die Klasse *Posten*. Anhand dieser Klasse wird der Übergang von einem Kollaborationsdiagramm in Programmcode exemplarisch dargestellt. Für alle anderen, an dem Diagramm beteiligten Klassen verläuft der Übergang analog.

```
// Datei Posten.*
public class Posten ...
```

Abb. 16-19. Quellcode der Klasse „Posten“

16.4.2 Abbildung von Aufrufen in Programmcode

Aufrufe von lokalen Methoden, d.h. Methoden, die von dem Objekt selbst zur Verfügung gestellt werden, können direkt aufgerufen werden. Um Methoden an fremden Objekten aufrufen zu können, wird eine gültige Referenz auf dieses Objekt benötigt. Die Referenz kann entweder als Instanzvariable der Klasse, oder als Argument oder alternativ dazu über ein globales Objektverzeichnis zur Verfügung gestellt werden. Methoden, die von anderen Objekten aufgerufen werden, müssen als öffentlich zugänglich deklariert sein.

Die zeitliche Reihenfolge der Methodenaufrufe im Programm muss wie im Diagramm dargestellt eingehalten werden. Der Kontrollfluss und die Programmlogik werden wesentlich von genau dieser Reihenfolge geprägt.

Abb. 16-20 veranschaulicht den Aufruf von lokalen Methoden in Java.

```
public class Posten {
...

  public double berechneWert() {
          MengenEinheit mengenEinheit;
          mengenEinheit = this.getMengenEinheit();
          ...
  }
}
```

Abb. 16-20. Aufruf von lokalen Methoden

Abb. 16-21 veranschaulicht den Aufruf von Methoden fremder Objekte in Java.

```
public class Posten {
...
  public double berechneWert() {

          Ware ware;
          preisProMengenEinheit = ware.getPreisProEinheit ( MengenEinheit );
          ...
  }
}
```

Abb. 16-21. Aufruf von Methoden an fremden Objekten

16.4.3 Abbildung von Rücksprüngen in Programmcode

Rücksprünge bringen den Kontrollfluss zurück an die aufrufende Stelle. Spätestens am Ende einer Methode muss ein Rücksprung an die aufrufende Methode erfolgen. Das Ergebnis einer Methode wird der aufrufenden Methode über einen Rückgabewert – der beim Rücksprung angegeben wird – mitgeteilt. Üblicherweise wird der Typ des Rückgabewertes einer Methode bei deren Definition mit angegeben. Wenn eine Methode keinen Rückgabewert hat, so wird dies ebenfalls bei deren Definition vermerkt.

Für Rücksprünge gibt es ein entsprechendes programmiersprachliches Konstrukt – in Java und C++ ist dies der *return* Befehl.

Abb. 16-22 veranschaulicht den Rücksprung in Java-Programmcode.

```
public class Posten {
...
  public double berechneWert() {
          double endPreis;
          ...
          return endPreis;
  }
}
```

Abb. 16-22. Rücksprung im Java-Programmcode

16.4.4 Abbildung von Objekterzeugung und -freigabe in Programmcode

Transiente Objekte können innerhalb eines Kollaborationsdiagramms angelegt und wieder freigegeben werden. Objekterzeugungen werden abhängig von der Programmiersprache durch spezielle Konstruktoren abgebildet. Konstruktoren können parametrisiert werden und dienen der Erzeugung und Initialisierung des Objektes. Die Objektfreigabe ist auch abhängig von der Programmiersprache. In C++ steht dieser Automatismus nicht zur Verfügung und die Objektfreigabe muss manuell programmiert werden. Eine einfache Faustregel besagt, dass ein Objekt auch dort freigegeben werden sollte, wo es angelegt wird.

Java und Smalltalk haben sogenannte Garbage-Kollektoren, die nicht mehr benötigte Objekte selbständig freigeben.

Abb. 16-23 fasst die Arbeitsschritte 16.4.1 bis 16.4.4 zusammen.

```
public class Posten {
...
  public double berechneWert() {
          MengenEinheit mengenEinheit;
          Ware ware;
          double preisProMengenEinheit;
          double endPreis;

          mengenEinheit = this.getMengenEinheit();
          ware = this.getWare();
          preisProMengenEinheit = Ware.getListenPreis ( MengenEinheit );

          endPreis = this.getBestellMenge() * preisProMengenEinheit;
          return endPreis;
  }
}
```

Abb. 16-23. Zusammenfassung der vorherigen Arbeitsschritte

Qualitätskriterien

Qualitätskriterien für die Abbildung von Kollaborationsmodell zum Programm sind:

- Alle Aufrufe sind entsprechend dem Kollaborationsdiagramm abgebildet.
- Der chronologische Ablauf der Methodenaufrufe entspricht dem des Kollaborationsdiagramms.
- Jedes erzeugte transiente Objekt wird auch wieder freigegeben.
- Alle Rücksprünge sind entsprechend des Kollaborationsdiagramms abgebildet.

Vorausgesetztes Wissen

- Technik *Interaktionsmodellierung mit Kollaborationsdiagrammen*
- Kenntnisse objektorientierter Programmiersprachen.

Literatur

[Booch1999] Booch, G., Rumbaugh, J., Jacobson, I.: The Unified Modeling Language, Addison-Wesley, 1999

16.5 Übergang vom Objektlebenszyklusmodell zum Programm

Beschreibung

Das Ziel dieser Technik ist eine Anleitung für die Überführung eines Objektlebenszyklusmodells in ein Programm. Für die zentralen UML-Konzepte der Objektlebenszyklusmodellierung werden Überführungshinweise vorgestellt.

Der Nutzen der Technik besteht darin, die zentralen UML-Konzepte der Objektlebenszyklusmodellierung in Sprachkonstrukte überführen zu können.

Die Voraussetzung für die Anwendung dieser Technik ist das Vorliegen eines detaillierten Objektlebenszyklusmodells. Alle am Objektlebenszyklusmodell beteiligten Klassen müssen als Quellcode zur Verfügung stehen.

Das Ergebnis der Anwendung dieser Technik ist ein um Zustände, Zustandsübergänge, Ereignisse und Aktionen erweiterte Klassendefinition, repräsentiert durch eine Quelldatei.

Die einzelnen Arbeitsschritte bei dem Übergang vom Objektlebenszyklusmodell zum Programm sind:

- Fokussierung auf ein Objektlebenszyklusdiagramm
- Repräsentation der Zustände durch ein Array
- Repräsentation der Zustandsübergänge durch eine Matrix
- Behandlung von kompositen Zuständen
- Abbildung von Aktionen auf Methoden.

Arbeitsschritte

16.5.1 Fokussierung auf ein Objektlebenszyklusdiagramm

Abb. 16-24 zeigt in einem Objektlebenszyklusdiagramm beispielhaft den Lebenszyklus einer Bestellung. Eine neue Bestellung wird zuerst im System angenommen. Nach der Erfassung wird die Bestellung bearbeitet. Vollständig abgearbeitete Bestellungen werden kontrolliert. Ist die Bestellung fehlerhaft bearbeitet worden, dann muss sie erneut bearbeitet und verbessert werden. Bei positivem Ergebnis der Qualitätssicherung wird die bestellte Ware an den Versand übergeben. Dort wird sie versendet; sie befindet sich dann im Endzustand.

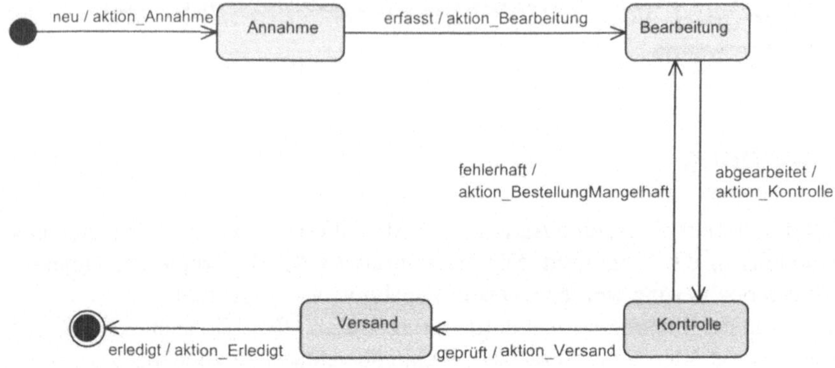

Abb. 16-24. Objektlebenszyklusdiagramm für eine Bestellung

Abb. 16-25 zeigt den Programmrahmen für die Klasse *Bestellung*. Anhand dieser Klasse wird der Übergang von einem Objektlebenszyklusdiagramm in Programmcode exemplarisch dargestellt.

```
// Datei Bestellung.*
public class Bestellung ...
```

Abb. 16-25. Quellcode der Klasse „Bestellung"

16.5.2 Repräsentation der Zustände durch ein Array

Ein Zustand des Objektlebenszyklusmodells wird durch eine eindeutige Zeichenkette repräsentiert. Inhalt der Zeichenkette ist idealerweise der Name des Zustandes. Sollten die Namen der Zustände eines Objektlebenszyklusmodells nicht eindeutig sein, dann muss die Zeichenkette eindeutig gemacht werden. Die Menge der Zustände eines Objektlebenszyklusmodells wird in einem Container (z.B.: *Array, Vector*) abgebildet, der alle einzelnen Zustände enthält. Der gerade aktuelle Zustand des Objektes wird in einer Instanzvariable gespeichert. Eine Abbildung der Zustände des Objektlebenszyklusmodells aus Abb. 16-24 könnte wie folgt aussehen:

Tab. 16-1. Zustandsabbildung

Zustand	Name
Start	„Start"
Annahme	„Annahme"
Bearbeitung	„Bearbeitung"

Tab. 16-1 (Fortsetzung). Zustandsabbildung

Zustand	Name
Kontrolle	„Kontrolle“
Versand	„Versand“
Ende	„Ende“

Abb. 16-26 zeigt die Repräsentation der Zustände als Array in Java.

```
// Datei Bestellung.java
public class Bestellung.java {

        String [] zustand = {"Start", ..., "Ende"};
        String aktuellerZustand;

        ...
        }

}
```

Abb. 16-26. Repräsentation der Zustände in Java

16.5.3 Repräsentation der Zustandsübergänge durch eine Matrix

Zustandsübergänge werden durch Ereignisse ausgelöst. Die Menge der Zustandsübergänge wird auf eine Ereignismatrix abgebildet. Ereignisse werden auf die Zeilen der Matrix abgebildet und die Zustände auf die Spalten. Jedem möglichen Zustandsübergang entspricht ein Feld in der Ereignismatrix. Die Abbildung eines Zustandsüberganges auf ein konkretes Feld in der Matrix funktioniert über den Ausgangszustand und das Ereignis, das den Zustandswechsel auslöst. Für jeden Zustandsübergang wird das entsprechende Feld in der Ereignismatrix mit dem Folgezustand gefüllt. Sind am Ende der Abbildung noch Felder der Matrix leer, d.h. es existiert kein Zustandsübergang für diese Kombination aus Zustand und Ereignis, dann werden diese Zustandsübergänge mit einem eindeutigen Identifikator als „nicht möglich“ markiert.

Die Ereignismatrix für das Objektlebenszyklusdiagramm aus Abb. 16-24 ist wie folgt definiert:

Tab. 16-2. Ereignismatrix

	Start	**Annahme**	**Bearbeitung**	**Kontrolle**	**Versand**
neu	Annahme	nicht möglich	nicht möglich	nicht möglich	nicht möglich
erfasst	nicht möglich	Bearbeitung	nicht möglich	nicht möglich	nicht möglich
abgearbeitet	nicht möglich	nicht möglich	Kontrolle	nicht möglich	nicht möglich
fehlerhaft	nicht möglich	nicht möglich	nicht möglich	Bearbeitung	nicht möglich
geprüft	nicht möglich	nicht möglich	nicht möglich	Versand	nicht möglich
versandt	nicht möglich	nicht möglich	nicht möglich	nicht möglich	Ende

Abb. 16-27 zeigt die prinzipielle Repräsentation der Zustandsübergänge als zweidimensionales Array in Java.

```
// Datei Bestellung.java
public class Bestellung ... {

        String [] zustand = {"Start", ..., "Ende"};
        String aktuellerZustand;

        String [] [] zustandsübergang
          = { {"Annahme", ..., "nicht möglich"},
              ...
              {"nicht möglich", ..., "Ende"} };

        ...
        }
}
```

Abb. 16-27. Repräsentation der Zustandsübergänge in Java

16.5.4 Behandlung von kompositen Zuständen

Die in kompositen Zuständen enthaltenen Zustände werden – wie in 16.5.2 und 16.5.3 beschrieben – abgebildet.

16.5.5 Abbildung von Aktionen auf Methoden

Aktionen innerhalb eines Objektlebenszyklusmodells werden bei einem Zustandsübergang ausgeführt. Jede Aktion wird durch eine eigene Methode repräsentiert.

Abb. 16-28 fasst die Arbeitsschritte 16.5.1 bis 16.5.4 zusammen und zeigt zudem die Abbildung von Aktionen auf Methoden in Java.

```
// Datei Bestellung.java
public class Bestellung ... {

        String [] zustand = {"Start", ..., "Ende"};
        String aktuellerZustand;

        String [] [] zustandsübergang
          = { {"Annahme", ..., "nicht möglich"},
              ...
              {"nicht möglich", ..., "Ende"} };
....
        public void aktion_Annahme(){
        ....
        };
        public void aktion_Bearbeitung(){
        ....
        };
        public void aktion_Kontrolle(){
        ....
        };
        public void aktion_Versand(){
        ....
        };

        public void empfangeEreignis(Ereignis e){

        // Wenn für den aktuellen Zustand und
        // das Ereignis e ein Nachfolgezustand
        // definiert ist, dann setze den aktuellen Zustand
        // gleich dem Nachfolgezustand und führe die
        // Aktion zum Zustandsübergang aus.

        ...
        }
}
```

Abb. 16-28. Abbildung von Aktionen auf Java

Qualitätskriterien

Qualitätskriterien für die Abbildung von Objektlebenszyklusmodellen in Programmcode sind:

- Alle Zustände sind eindeutig abgebildet.
- Alle Aktionen sind den Zuständen zugeordnet.
- Alle Zustandsübergänge sind eindeutig definiert.
- Alle Ereignisse sind den Zustandsübergängen zugeordnet.

Vorausgesetztes Wissen

- Technik *Objektlebenszyklusmodellierung*
- Kenntnisse objektorientierter Programmiersprachen.

Literatur

[Booch1999] Booch, G., Rumbaugh, J., Jacobson, I.: The Unified Modeling Language, Addison-Wesley, 1999

17 Anbindung von Datenbanken

17.1 Objektnavigation

Beschreibung

Die Objektnavigation ist eine deklarative Beschreibungstechnik. Sie eignet sich zu einem späten Zeitpunkt der Analysephase für das Funktionsmodell von objektorientierten Anwendungen, die einen Fokus auf Datenbankzugriffen haben. Sie ist damit relevant insbesondere für objektorientierte betriebliche Informationssysteme, da in solchen die Datenbanken eine wichtige Rolle spielen.

Das Ziel der Objektnavigation ist die Erstellung des Funktionsmodells für die datenbankzentrierten Operationen der Klassen. Diese Modellierung der Funktionen konzentriert sich weniger auf die Interaktion von Objekten (dynamisches Modell, UML-Interaktionsdiagramm) als auf die Spezifikation der Algorithmen und der Semantik einzelner Operationen. Modelliert werden im besonderen die Anwendungsbereichsobjekte und die logische Datenzugriffsschicht:

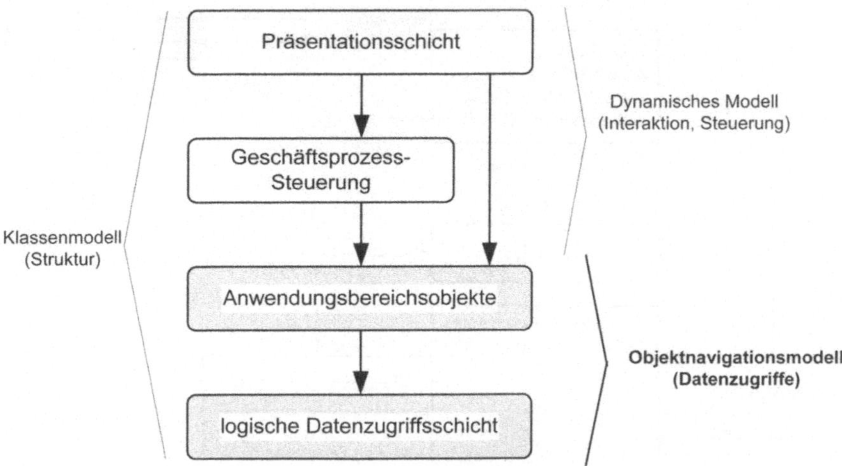

Abb. 17-1. Einsatzgebiete der Objektnavigation innerhalb einer Mehr-Schichtenarchitektur

Der Nutzen der Objektnavigation besteht in einer knappen und präzisen Spezifikation der Semantik von Datenbank-Zugriffen im System, ohne (unzulässige) Annahmen über die spätere Realisierung zu machen. Dies wird durch den deklarativen Charakter der Sprache garantiert.

Die Voraussetzungen für die Objektnavigation sind das UML-Klassenmodell der Analysephase.

Das Ergebnis der Objektnavigation ist ein Satz von spezifizierten Datenbank-Zugriffsmethoden einzelner Klassen im Klassenmodell. Wo immer im Modellierungswerkzeug Platz für (Pseudo-) Code von Methoden ist, können diese Spezifikationen untergebracht werden. Alternativ kann auch ein separates Textdokument erstellt werden.

Die Arbeitsschritte bestehen aus:

- Fokussierung auf ein Klassenmodell
- Beschreibung der Objektnavigation mit ONN
- Kombination von ONN mit Standard-SQL-Funktionen
- Kombination von ONN mit Pseudocode.

Arbeitsschritte

17.1.1 Fokussierung auf ein Klassenmodell

Als durchgehendes Beispiel für die Objektnavigation dient das folgende persistente Klassenmodell:

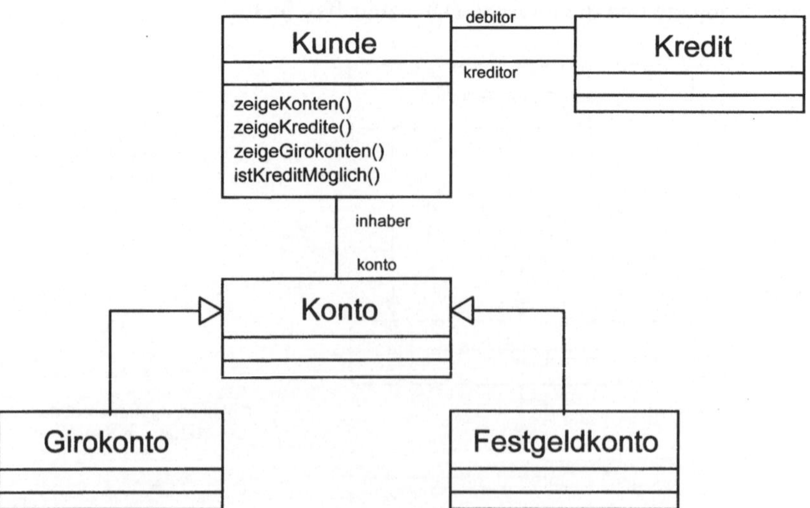

Abb. 17-2. Beispiel-Klassenmodell mit Datenbankoperationen

Ein Kunde habe eine binäre m:n-Beziehung zu seinen Konten. Als Konten werden Giro- und Festgeldkonten modelliert. Kunden haben zwei Beziehungen zu Krediten: eine in der Rolle des Debitors, eine als Kreditor.

17.1.2 Beschreibung der Objektnavigation mit ONN

Um diesen Vorgang exemplarisch zu erläutern, wird zunächst eine mögliche Notation für die Objektnavigation vorgestellt.

Für die Beschreibung der Operationen von Klassen wird in der Analyse häufig Pseudocode verwendet. Dies hat den Nachteil, dass zu frühzeitig bereits gedanklich „programmiert“ wird und zuviel über das „Wie?“ nachgedacht wird, anstatt über das „Was?“.

Gesucht ist also eine *deklarative Beschreibungssprache*, welche die Wirkung von Operationen in datenbankzentrierten Anwendungsobjekten beschreibt, ohne zuviel über die spätere Realisierung zu sagen. Zu modellieren sind in erster Linie Operationen, die später als Abfrage- oder Änderungs-Aktionen in Datenbanken realisiert werden. Zentrale Aufgabe ist das Aufzeigen der Navigationspfade zu den einzelnen Objekten. Für besonders komplexe Operationen sollte die Sprache mit Pseudocode kombinierbar sein.

Im folgenden werden die notwendigen Syntaxkonstrukte einer *Object Navigation Notation (ONN)* vorgestellt. Dabei werden die Ansätze aus [Blaha1998] um nützliche SQL-Standardkonstrukte erweitert und an die UML angepasst [Booch1999].

Navigation entlang von Assoziationsbeziehungen

Die allgemeine Syntax lautet:

```
objectOrSet.zielRolle     bzw.     objectOrSet.~quellRolle
```

Der einfache Punkt bedeutet Navigation *zu* einer Rolle. Der Ausdruck expandiert zu einem Objekt oder einer Menge von Objekten, abhängig von der Multiplizität der Beziehung. Der Punkt mit einer Tilde bedeutet Navigation *von* einer Rolle und liefert ebenfalls ein Objekt oder eine Menge von Objekten:

Die Menge aller Konten, die ein Kunde bei der Bank hat, ergibt sich aus

```
einKunde.konto;
```

Die Menge aller Kredite, die ein Kunde bei der Bank genommen hat, ergibt sich aus

```
einKunde.~debitor;
```

Der einfacheren Notation wegen kann das Konstrukt auf der linken Seite des Punktes sowohl ein Objekt als auch eine Menge von Objekten sein. Falls es eine Menge von Objekten ist, wird die Navigation für jedes Objekt der Menge ausgeführt und der Ausdruck expandiert zur Vereinigungsmenge der Treffer aller Navigationen.

Damit erhält man z.B. die Menge aller Kunden, die irgendein gemeinsames Konto mit einem Kunden `einKunde` führen, über die zweistufige Navigation

```
einKunde.konto.inhaber;
```

Es soll jetzt eine Operation spezifiziert werden, die ausgehend von einem Kunden dessen Konten anzeigt. Dies geschieht mit der Operation `zeigeKonten`. In ONN lautet die Spezifikation der zugehörigen Abfrage-Operation einfach

```
Kunde::zeigeKonten returns Set of Konto
return self.konto;
```

Qualifizierte Navigation entlang von Assoziationsbeziehungen

Um die Auswahl der Treffer einer Navigation einzuschränken, kann mit sogenannten *Filtern* gearbeitet werden. Diese werden in eckigen Klammern nach dem Navigationsausdruck angegeben und ergeben für jedes Objekt der Menge entweder *true* oder *false*. Die allgemeine Syntax lautet

```
objectOrSet[filter]
```

Beispielsweise beschreibt

```
Kunde::zeigeKredite(schwellWert) returns Set of Kredit
return self.~debitor[kreditvolumen > schwellWert];
```

eine Datenbankoperation, die nur diejenigen Kredite zurückgibt, die der Kunde in Anspruch genommen hat und deren Volumen den Schwellwert übersteigt.

Filter können auch komplexer sein und aus mehreren mit AND- oder OR-Operationen verknüpften Bedingungen bestehen.

Navigation entlang Vererbungsbeziehungen

Die allgemeine Syntax lautet

```
objectOrSet:superclass     bzw.     objectOrSet:subclass
```

Man kann eine Vererbungsbeziehung nach oben verfolgen (engl. „upcast"), falls die weitere Navigation nur von der Superklasse aus möglich ist. Beispielsweise ergibt sich die Menge aller Inhaber eines Festgeldkontos mit

```
einFestgeldKonto:Konto.inhaber;
```

Auch die Navigation nach unten zu Subklassen ist möglich (engl. „downcast"). Eine Operation, die die Menge aller Girokonten eines Kunden aus der Datenbank liefert, würde man damit so spezifizieren:

```
Kunde::zeigeGirokonten returns Set of Girokonto
return self.konto:Girokonto;
```

Der „downcast" ist also geeignet, aus einer Menge von Objekten einer (abstrakten) Superklasse diejenigen einer bestimmten Subklasse zu selektieren. Dies ist natürlich kombinierbar mit Filterselektionen.

Navigation von Objekten zu Attributen

Die geschieht mit der gleichen Notation wie in den meisten objektorientierten Programmiersprachen:

```
objectOrSet.attribute
```

Die Menge der Salden der Girokonten eines Kunden ergibt sich also mittels

```
einKunde.konto:Girokonto.saldo;
```

17.1.3 Kombination von ONN mit Standard-SQL-Funktionen

Die in [Blaha1998] vorgestellte Notation, welche hier als Grundlage dient, ist bereits sehr kompakt und mächtig. Dennoch kann ihre Effizienz noch gesteigert werden, wenn die bewährten Standard-SQL-Funktionen COUNT, SUM, AVG, MAX und MIN ([Sauer1994]) in die Navigationsnotation übernommen werden.

Zum Beispiel erhält man auf diese Weise sehr einfach den höchsten Kredit, den ein Kunde genommen hat, über den Ausdruck

```
Max of einKunde.~debitor.kreditvolumen;
```

Ohne diese Konstrukte müsste man in diesem Fall auf Pseudocode zurückgreifen, der jedoch nur in den komplexesten Situationen eingesetzt werden sollte (siehe Qualitätskriterien).

17.1.4 Kombination von ONN mit Pseudocode

Besonders mächtig wird die ONN durch zusammengesetzte Konstrukte und die Kombination mit Pseudocode. Hier lassen sich auch komplexe, in der logischen Datenzugriffsschicht befindliche Operationen kompakt und präzise darstellen, ohne etwas über deren konkrete Realisierung zu sagen.

Als Beispiel soll eine Operation des Kunden modelliert werden, die feststellen soll, ob der Kunde einen Kredit vorgegebener Höhe erhalten darf oder nicht. Die Bank verfährt nach folgendem (stark vereinfachten) Schema: Es werden alle Salden der Konten des Kunden addiert und anschließend die bestehenden Kredite untersucht. Kredite, in denen der Kunde als Kreditor auftritt, werden positiv gezählt, Kredite, die er als Debitor genommen hat, werden negativ angesetzt. Sein „Gesamtsaldo" errechnet sich aus der Summe dieser drei Größen. Diese Summe darf die Hälfte des negativen Kreditvolumens nicht unterschreiten, wenn der Kredit gewährt werden soll.

Diese (etwas umständliche) textuelle Beschreibung stellt sich in ONN sehr kompakt und verständlich dar:

```
Kunde:istKreditMöglich(wert) returns boolean
kontensumme = Sum of self.konto;
kreditsumme = (Sum of self.kreditor) - (Sum of self.debitor);
if ( kontensumme + kreditsumme < -wert/2 )
return false;
return true;
```

Zusammenfassend kann man festhalten, dass eine ONN dieser Art in der Lage ist, die Semantik von Datenbank-Operationen präzise und knapp zu beschreiben. Die Sprache legt keine Implementierung zugrunde, da sie deklarativ ist. Daher eignet sie sich gut am Ende der Analysephase, in der häufig noch unklar ist, welche Datenbanktechnologie zum Einsatz kommt. In Kombination mit elementarem Pseudocode können auch komplexere Abfragen modelliert werden.

Qualitätskriterien

Qualitätskriterien für ein Funktionsmodell mit Objektnavigation sind:

- *Darstellung nur der Details, die in der Analysephase für das Verständnis notwendig sind.* Man sollte vermeiden, in der Analysephase zu viele Details zu spezifizieren, da sie den Gesamtüberblick erschweren und z.T. unzulässige Annahmen über die Realisierung machen.
- *Die ONN-Beschreibungen sollen so kurz wie möglich gehalten sein.* Eine Länge von 10 Zeilen sollte schon die Ausnahme sein. Die meisten Zugriffe sollten in 2-3 Zeilen spezifiziert sein.
- *Sparsame Verwendung von Pseudocode.* Da Pseudocode meist zu vorschneller Implementierung und funktionaler Zerlegung des Systems führt, sollte man ihn nur in Ausnahmefällen einsetzen. Der deklarative Charakter der reinen ONN ist vorzuziehen.
- *Nur wenige Operationen beschreiben, möglichst wenig Redundanz zum dynamischen Modell.* Das Klassenmodell und das dynamische Modell sind i.d.R. bereits erstellt, wenn die Modellierung einzelner Operationen erfolgt. Mit der ONN sollten nur die Aspekte dargestellt werden, die nicht in den anderen Modellen enthalten sind.

Vorausgesetztes Wissen

- Kenntnisse über die Modellierungskonstrukte eines UML-Klassenmodells (siehe Techniken *Erstellung eines groben bzw. detaillierten Klassenmodells*)
- Kenntnisse über deklarative Datenbank-Abfragesprachen (z.B. SQL, OQL)
- Genaue Kenntnisse über das Klassenmodell, das Anwendungsfallmodell und das dynamische Modell der Anwendung (siehe auch Techniken zur Anwendungsfallmodellierung und Interaktionsmodellierung)

Literatur

[Blaha1998] Blaha, M., Premerlani, W.: Object-Oriented Modeling and Design for Database Applications, Prentice Hall, 1998

[Sauer1994] Sauer, H.: Relationale Datenbanken, Addison-Wesley, 1994

[Booch1999] Booch, G., Rumbaugh, J., Jacobson, I.: The Unified Modeling Language, Addison-Wesley, 1999

17.2 Schema-Mapping

Beschreibung

Das Ziel des Schema-Mapping ist die logische Abbildung des persistenten Klassenmodells auf ein Datenbank-Schema nach den Regeln des eingesetzten Datenbanksystems. Für diese logische Abbildung gibt es in der Literatur auch den Begriff des Datenbankentwurfs (logical database design [Elmasri1994]).

Der Nutzen des Schema-Mapping besteht in der Erstellung eines Modells für die Realisierung der Datenbank, um die persistenten Objekte der Anwendung zu speichern.

Die Voraussetzungen für das Schema-Mapping sind das Klassenmodell und Kenntnis über die Art des einzusetzenden Datenbanksystems (relational, objektorientiert, objektrelational oder hierarchisch).

Das Ergebnis des Schema-Mapping ist ein logisches Datenbankschema in Form einer textuellen Beschreibung.

Die Arbeitsschritte für das Schema-Mapping hängen vom verwendeten Datenbanksystem ab.
Im häufigsten Fall, dem eines *relationalen* Datenbanksystems, bestehen sie aus:

- Fokussierung auf die Ausgangssituation
- Festlegung der persistenten Klassen
- Abbildung von Objektidentität

- Abbildung von Vererbung
- Abbildung von Beziehungen.

Im Fall eines *objektorientierten* oder *objektrelationalen* Datenbanksystems:

- Fokussierung auf die Ausgangssituation
- Festlegung der persistenten Klassen
- Erstellen der Schemadefinition.

Im Fall eines *hierarchischen* Datenbanksystems gibt es im wesentlichen zwei Modellierungskonstrukte: Die *Struktur* (record type) und die *Eltern-Kind-Beziehung* (parent child relationship). Darüber hinaus kann man über virtuelle Eltern-Kind-Beziehungen einfache Zeiger auf andere Strukturen realisieren. Die Arbeitsschritte entsprechen denen bei relationalen Datenbanksystemen:

- Fokussierung auf die Ausgangssituation
- Festlegung der persistenten Klassen
- Abbildung von Objektidentität
- Abbildung von Vererbung
- Abbildung von Beziehungen.

Arbeitsschritte

17.2.1 Fokussierung auf die Ausgangssituation

Im ersten Schritt werden die Informationen gesammelt, die für das Schema-Mapping nötig sind. Es sind dies der Typ des eingesetzten Datenbanksystems (relational, objektrelational, objektorientiert oder hierarchisch) sowie das Klassenmodell der Anwendung. Die Abbildung des Klassenmodells auf die verschiedenen Speicherstrategien wird an folgendem einfachen Beispiel illustriert:

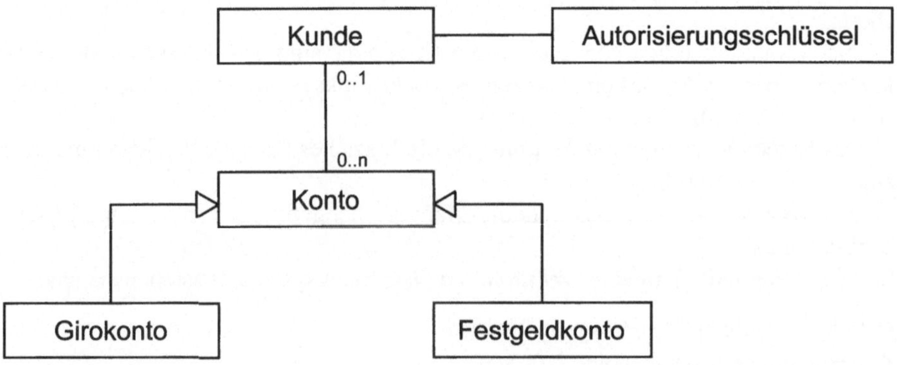

Abb. 17-3. Beispiel-Klassenmodell

Ein Kunde habe eine binäre 1:n-Beziehung zu seinen Konten. Als Konten werden Giro- und Festgeldkonten modelliert. Kunden haben außerdem einen bei jeder Sitzung automatisch generierten Schlüssel für die Autorisierung.

Arbeitsschritte bei relationalen Datenbanken

In diesem Abschnitt werden die wesentlichen Abbildungsschritte erläutert und am Beispiel durchgeführt.

17.2.2 Festlegung der persistenten Klassen

Es wird entschieden, welche Objekte dauerhaft gespeichert werden sollen. Dies wird i.d.R. auf Klassenebene gemacht, d.h. man legt die Klassen fest, deren Objekte persistent sein sollen.

Im obigen Beispiel sind Kunden und alle Kontenklassen persistent. Der Autorisierungsschlüssel einer Sitzung wird dynamisch generiert und soll natürlich nicht in der Datenbank gespeichert werden. Es ergibt sich der folgende (persistente) Auszug des Klassenmodells:

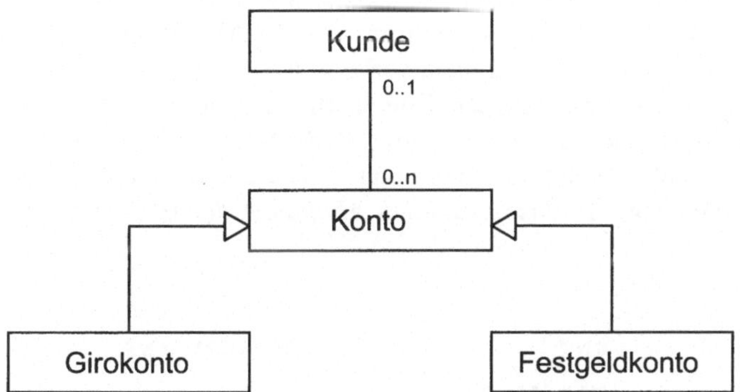

Abb. 17-4. Der Auszug der persistenten Klassen aus dem Modell

17.2.3 Abbildung von Objektidentität

Es wird festgelegt, wie die Objekte in der Datenbank eindeutig identifiziert werden. Es gibt zwei Möglichkeiten, um Objekte des Anwendungsbereichs in Datenbanktabellen zu identifizieren, die existenzbasierte (existence based) oder die wertbasierte (value based) Identität ([Blaha1998]).

Bei der existenzbasierten Identität wird den Objekten ein Identifikations-Attribut hinzugefügt. Dieses ist i.d.R. ein technischer Systemschlüssel, welcher in der Tabelle als Primärschlüssel zu deklarieren ist.

Die Klasse *Kunde* im obigen Beispiel bekäme damit folgendes Layout:

```
TABELLE KUNDE
     syskey          BIGINT          PRIMARY_KEY
     name            CHAR(30)
     adresse         CHAR(50)
     bonitaet        INT
```

Bei der wertbasierten Identität entfällt der Systemschlüssel. Der Primärschlüssel besteht aus fachlichen, die Objekte eindeutig identifizierenden Attributen. Meist reicht ein Attribut nicht aus:

```
TABELLE KUNDE
     name            CHAR(30)        PRIMARY_KEY
     adresse         CHAR(50)        PRIMARY_KEY
     bonitaet        INT
```

17.2.4 Abbildung von Vererbung

Es wird festgelegt, wie die Vererbungsbeziehung zwischen Klassen auf die Tabellenstruktur abgebildet wird. Hier muss man sich mit einigen Alternativen begnügen, da die Vererbung im Relationenkalkül nicht vorkommt.

Dies wird am Beispiel der verschiedenen Kontenarten erläutert. Es gibt verschiedene Varianten. Eine Möglichkeit besteht darin, für die Super- und Subklassen verschiedene Tabellen anzulegen. Ist die Vererbungshierarchie dabei nicht allzu tief, empfiehlt sich die Variante der *inkrementellen Abbildung der Instanzvariablen*:

```
TABELLE KONTO
     nummer          INT             PRIMARY_KEY
     saldo           FIX(12,2)
     eroeffnet       DATE

TABELLE FESTGELDKONTO
     nummer_fkey     INT             FOREIGN_KEY
     laufzeit        INT
     zinssatz        FIX(2,2)

TABELLE GIROKONTO
     nummer_fkey     INT             FOREIGN_KEY
     dispokredit     INT
```

Man beachte, dass der Primärschlüssel der Superklasse als Fremdschlüssel in den „Zusatztabellen“ der Subklassen erscheint.

Bei tief geschachtelten Vererbungshierarchien erfordert dieser Ansatz den Zugriff auf viele Tabellen, um die Daten einer Instanz zu lesen. In einem solchen Fall kann man die Variante der *vollen Abbildung der Instanzvariablen* wählen:

```
TABELLE FESTGELDKONTO
    nummer          INT            PRIMARY_KEY
    saldo           FIX(12,2)
    eroeffnet       DATE
    laufzeit        INT
    zinssatz        FIX(2,2)
TABELLE GIROKONTO
    nummer          INT            PRIMARY_KEY
    saldo           FIX(12,2)
    eroeffnet       DATE
    dispokredit     INT
```

Dieser Ansatz hat wiederum den Nachteil, dass bestimmte Felder redundant definiert werden. Somit entsteht bei der Änderung von Superklassen ein erheblicher Änderungsaufwand im Datenbank-Schema. Ein weiterer Nachteil ist die Notwendigkeit, dafür zu sorgen, dass die Instanzen beider Subklassen nicht zufällig den gleichen Schlüssel bekommen.

Zuletzt gibt es auch die Variante, alle Instanzen einer Superklasse in einer Tabelle zu vereinen. Dies empfiehlt sich, wenn die Subklassen nur wenige zusätzliche Attribute haben. Zur Markierung der Instanzen ist ein eigenes Attribut für die Klasse der Instanz nötig:

```
TABELLE KONTO
    nummer          INT            PRIMARY_KEY
    subklasse       CHAR(20)
    saldo           FIX(12,2)
    eroeffnet       DATE
    laufzeit        INT            OPTIONAL
    zinssatz        FIX(2,2)       OPTIONAL
    dispokredit     INT            OPTIONAL
```

Auch hier ist Zusatzaufwand zu betreiben. Es ist sicherzustellen, dass bei jeder Instanz nur diejenigen Spalten gefüllt sind, die zu ihrer Subklasse gehören.

Die obigen Überlegungen beziehen sich auf einfache Vererbung. Bei der mehrfachen Vererbung empfiehlt sich die inkrementelle Abbildung der Instanzvariablen, wobei dann in den Tabellen der Subklassen entsprechend mehrere Fremdschlüssel auf die Tabellen der Superklassen verweisen.

17.2.5 Abbildung von Beziehungen

Hier wird das Design der Tabellenstruktur für die persistenten Klassen unter Berücksichtigung der Objektbeziehungen durchgeführt. Ähnlich der Abbildung eines ER-Diagramms werden Objektbeziehungen über Fremdschlüssel abgebildet.

Im obigen Beispiel ergibt sich die (1:n)-Beziehung zwischen Kunden und Konten über den entsprechenden Fremdschlüssel in der Tabelle der Konten. Es ist für die Abbildung von Objektbeziehungen vorteilhaft, nur ein Schlüsselattribut zu haben, z.B. durch existenzbasierte Objektidentität:

```
TABELLE KUNDE
        syskey          BIGINT          PRIMARY_KEY
        name            CHAR(30)
        adresse         CHAR(50)
        bonitaet        INT
TABELLE KONTO
        nummer          INT             PRIMARY_KEY
        syskey_kunde    BIGINT          FOREIGN_KEY
        saldo           FIX(12,2)
        eroeffnet       DATE
```

Abschließend ist zu bemerken, dass man Vererbung sparsam einsetzen sollte, um den relationalen Datenbankentwurf übersichtlich und wartbar zu machen. Generell sollten die persistenten Klassen so modelliert sein, dass sie sich relativ einfach auf eine relationale Datenbank abbilden lassen. Falls dies nicht der Fall ist, sollte man in der Software eine Zwischenschicht bilden, die die Abbildung des persistenten Klassenmodells auf das „relationale" persistente Klassenmodell übernimmt. Dies ist eine typische Aufgabe der *logischen Datenzugriffsschicht* (siehe Technik *Schichtenbildung*).

Arbeitsschritte bei objektorientierten und objektrelationalen Datenbanken

Objektorientierte Datenbanksysteme existieren seit Ende der 80er-Jahre und bilden das objektorientierte Modell direkt auf die Datenbank ab. Als Schemadefinition genügt i.d.R. die Klassendefinition der Zielsprache (z.B. C++, Java, Smalltalk). Objektrelationale Systeme sind die jüngste Entwicklung der Datenbanktechnologie im kommerziellen Sektor. Es gibt sie seit Mitte der 90er-Jahre. Hier wird die objektorientierte Semantik durch SQL-Erweiterungen erreicht. Zum Entwickler präsentieren sich diese Systeme ähnlich den objektorientierten Datenbanksystemen, der physikalische Entwurf stützt sich hingegen auf relationale Tabellen. Das Vorgehen für den Entwickler ist analog dem von objektorientierten Datenbanken.

17.2.6 Festlegung der persistenten Klassen

Dies geschieht analog dem Schritt 17.2.2 bei den relationalen Datenbanksystemen.

17.2.7 Erstellen der Schemadefinition

Bei objektorientierten Datenbanken geschieht dies in Form der Zielsprache, z.B. Java oder C++. Bei objektrelationalen Systemen gibt es hierfür SQL-Erweiterungen.

Da in objektorientierten Datenbanksystemen die Speicherstruktur im Hauptspeicher auf das persistente Speichermedium übertragen wird, sind die semantischen Umwandlungen wie bei den relationalen Datenbanken nicht nötig: Objektidentität, Vererbung und Objekt-Beziehungen (wie übrigens auch komplexe Mengentypen, z.B. *Dictionaries*), sind automatisch abgebildet.

Damit ist im Beispiel das logische Datenbank-Schema allein durch die Klassenspezifikation in der objektorientierten Zielsprache – im Beispiel *Java* – vorgegeben:

```
class Kunde {
      String            name;
      String            adresse;
      int               bonitaet;
      Konto[]           konten;
}

class Konto {
      int               nummer;
      float             saldo;
      Date              eroeffnet;
}

class Girokonto         extends Konto {
      float             dispoKredit;
```

```
}

class Festgeldkonto         extends Konto {
      int                   laufzeit;
      float                 zinssatz;
}
```

Die eigentliche Aufgabe bei objektorientierten Datenbanken liegt weniger im logischen Datenbankentwurf als eher im geeigneten physischen Layout. Dieses kann, abhängig vom Hersteller, durch verschiedenes Clustering und/oder eine sinnvolle Segmentierung erreicht werden ([Cattell1994]).

Bei objektrelationalen Datenbanken ist die semantische Umwandlung vom Klassenmodell ebenfalls sehr vereinfacht. Hier gibt es SQL-Erweiterungen, mit denen Objekttypen, Vererbung und Objektbeziehungen abgebildet werden können. Die Schema-Beschreibung des obigen persistenten Klassenmodells (ohne Vererbung) sieht sinngemäß aus wie folgt:

```
CREATE TYPE KontoT AS OBJECT (
     nummer         INT,
     saldo          FIX(12,2),
     eroeffnet      DATE
);

CREATE TYPE KontoListe AS VARRAY(10) OF KontoT;

CREATE TYPE KundeT AS OBJECT (
     name           CHAR(20),
     adresse        CHAR(50),
     bonitaet       INT,
     konten         REF KontoListe
);

CREATE TABLE Kunde OF KundeT (
     PRIMARY KEY    (name, adresse)
);

CREATE TABLE Konto OF KontoT (
     PRIMARY KEY    (nummer)
);
```

Arbeitsschritte bei hierarchischen Datenbanken

Es gibt im hierarchischen Modell zwei zentrale Modellierungskonstrukte: Die *Struktur* (record type) und die *Eltern-Kind-Beziehung* (parent child relationship). Darüber hinaus kann man über virtuelle Eltern-Kind-Beziehungen einfache Zeiger auf andere Strukturen realisieren. Die Arbeitsschritte entsprechen daher denen bei relationalen Datenbanksystemen.

17.2.8 Festlegung der persistenten Klassen

Dies geschieht analog dem Schritt 17.2.2 bei den relationalen Datenbanksystemen.

17.2.9 Abbildung der Objektidentität

Es wird festgelegt, wie die Objekte in der Datenbank eindeutig identifiziert werden. Man kann auch bei hierarchischen Datenbanken zwischen existenz- und wertbasierter Identität unterscheiden. Im Falle der existenzbasierten Identität benötigt man den technischen Systemschlüssel als zusätzliche Strukturkomponente (die Schema-Notation folgt [Elmasri1994]):

```
RECORD
    NAME = Kunde_Root
    TYPE = ROOT OF Kunde_Hierarchy

RECORD
    NAME = Kunde
    PARENT = Kunde_Root
    DATA ITEMS =
        syskey      BIGINTER
        name        CHAR(30)
        adresse     CHAR(50)
        bonitaet    INT
    KEY = syskey
```

Man beachte, dass bei hierarchischen Datenbanken eine Menge von Strukturen einer Wurzel (parent) zugeordnet sein muss (im Beispiel Kunde_Hierarchy). Sie hat in diesem Fall keine Attribute.

Im Falle der wertbasierten Identität wird wiederum der zusammengesetzte Schlüssel benötigt:

```
RECORD
    NAME = Kunde
    PARENT = Kunde_Root
    DATA ITEMS =
        name        CHAR(30)
        adresse     CHAR(50)
        bonitaet    INT
    KEY = name
    KEY = adresse
```

17.2.10 Abbildung von Vererbung

Es wird festgelegt, wie die Vererbungsbeziehung zwischen Klassen auf die hierarchische Speicherstruktur abgebildet wird. Ähnlich dem relationalen Modell ist die Abbildung der Vererbung beim hierarchischen Modell die schwierigste Aufgabe, da dieses Konzept dort überhaupt nicht vorkommt. Man muss sich mit mehreren Alternativen begnügen.

1. Variante (jeder Klasse eine eigene Struktur, volle Abbildung der Instanzvariablen):

```
RECORD
    NAME = Girokonto
    PARENT = Kunde
    DATA ITEMS =
        nummer      BIGINTER
        saldo       FIX(12,2)
        eroeffnet   DATE
        dispokredit INT
    KEY = nummer
```

Man beachte, dass **PARENT** hier nichts mit dem objektorientierten Vererbungskonzept zu tun hat. Vererbung kann nicht mit parent-child-Beziehungen realisiert werden.

2. Variante (jeder Klasse eine eigene Struktur, inkrementelle Abbildung der Instanzvariablen):

Der Entwurf entspricht dem beim relationalen Modell, wobei man sich hier zunutze macht, dass einfache Verzeigerungen zwischen Strukturen über die virtuelle parent-child-Beziehung möglich sind:

```
RECORD
    NAME = Konto
    PARENT = Kunde
    DATA ITEMS =
        nummer      BIGINTER
        saldo       FIX(12,2)
        eroeffnet   DATE
    KEY = nummer

RECORD
    NAME = Girokonto
    PARENT = Girokonto_Root
    DATA ITEMS =
        dispokredit INT
        konto_ptr   POINTER WITH VIRTUAL PARENT = KONTO
```

Man beachte, dass der `konto_ptr` die gleiche Rolle spielt wie der Fremdschlüssel im relationalen Fall. `Girokonto_Root` ist eine leere Struktur, die als „Behälter" (Wurzel) aller Girokonto-Erweiterungen dient.

3. Variante (eine Struktur für alle Subklassen):

Dies entspricht genau dem Entwurf bei den relationalen Datenbanken (bei analogen Vor- und Nachteilen):

```
RECORD
    NAME = Konto
    PARENT = Kunde
    DATA ITEMS =
        nummer      BIGINTER
        klasse      CHAR(20)
        saldo       FIX(12,2)
        eroeffnet   DATE
```

```
        laufzeit     INT
        zinssatz     FIX(2,2)
        dispokredit  INT
    KEY = nummer
```

17.2.11 Abbildung von Beziehungen

Hier wird das Design der hierarchischen Datenstruktur für die persistenten Klassen unter Berücksichtigung der Objektbeziehungen durchgeführt. Objektbeziehungen können in hierarchischen Datenbanken durch die parent-child-Beziehung (1:n) oder durch einfache Zeiger über virtuelle parent-child-Beziehungen (1:1) realisiert werden. Im vereinfachten Kunde-Konto-Beispiel (ohne Vererbung) sieht das folgendermaßen aus:

```
RECORD
    NAME = Kunde
    PARENT = Kunde_Root
    DATA ITEMS =
        name        CHAR(30)
        adresse     CHAR(50)
        bonitaet    INT
    KEY = name
    KEY = adresse

RECORD
    NAME = Konto
    PARENT = Kunde
    DATA ITEMS =
        nummer      BIGINTEGER
        saldo       FIX(12,2)
        eroeffnet   DATE
    KEY = nummer
```

Abschließend ist zu bemerken, dass man Vererbung sparsam einsetzen sollte, um den hierarchischen Datenbankentwurf übersichtlich und wartbar zu machen. Generell sollten die persistenten Klassen so modelliert sein, dass sie sich (wie im Beispiel) relativ einfach auf eine hierarchische Datenbank abbilden lassen. Falls dies gar nicht der Fall ist, sollte man in der Software eine Zwischenschicht bilden, die die Abbildung des Klassenmodells auf das „hierarchische" Klassenmodell übernimmt. Dies ist eine typische Aufgabe der *logischen Datenzugriffsschicht* (siehe Technik *Schichtenbildung*).

Qualitätskriterien

Qualitätskriterien für ein Schema-Mapping sind:

- *Vollständigkeit.* Alle persistenten Klassen finden sich im Datenbankentwurf wieder.
- *Einfachheit des Datenbankentwurfs.* Das persistente Klassenmodell sollte eine einfache Abbildung auf das Speichermodell des Datenbanksystems ermöglichen. Falls dies nicht geht, sollte die logische Datenzugriffsschicht die Vereinfachung vornehmen. Es ist besser, eine komplexe Softwareschicht zu haben als einen unüberschaubaren Datenbankentwurf.
- *Klare und durchgängige Abbildungsvorschriften.* Es muss klar dokumentiert sein, welche Abbildungsvorschriften gelten, z.B. bei der Abbildung von Vererbung oder der Objektidentität, bei denen es mehrere Varianten gibt. Man sollte die Vorschriften der Einfachheit halber durchgängig verwenden.

Vorausgesetztes Wissen

- Kenntnisse über das persistente Klassenmodell und das Anwendungsfallmodell, vgl. Techniken *Erstellung eines groben bzw. detaillierten Klassenmodells, Anwendungsfallmodellierung*.
- Genaue Kenntnisse über die verwendete Datenbank-Technologie.

Literatur

[Blaha1998] Blaha, M., Premerlani, W.: Object-Oriented Modeling and Design for Database Applications, Prentice Hall, 1998

[Cattell1994] Cattell, R.G.G.: Object Data Management, Addison-Wesley, 1994

[Elmasri1994] Elmasri, R., Navathe, S.B.: Fundamentals of Database Systems, Benjamin-Cummings, 1994

[SIZ1999a] Informatikzentrum der Sparkassenorganisation GmbH (SIZ): AE-Modell Objektorientierte Entwicklung, Bonn, 1999

17.3 Datenverteilung

Beschreibung

Das Ziel der Datenverteilung ist eine Vorschrift für die Verteilung der Daten einer Anwendung zum Zweck schnellerer Datenzugriffe, höherer Verfügbarkeit und Ausfallsicherheit eines Systems. Die Datenverteilung kommt in einem späten Zeitpunkt der Designphase zum Einsatz, typischerweise nach oder während der Technik *Abbildung der Verteileinheiten.*

Der Nutzen der Datenverteilung liegt in erster Linie in einer Verbesserung der Zugriffszeiten, da die Daten schon am Ort des Verbrauchers liegen. Darüber hinaus können Offline-Systeme eingebunden werden (Laptops) oder die Daten aus Altsystemen integriert werden. Weitere Gesichtspunkte sind die Zuverlässigkeit und die Verfügbarkeit der Daten.

Die Voraussetzung der Datenverteilung ist das Anwendungsfallmodell mit genauen Angaben über die Häufigkeit und das Volumen bestimmter Datenzugriffe. Weiter wird das persistente Klassenmodell benutzt sowie die physische Partitionierung des Systems in Hardwareknoten.

Das Ergebnis der Datenverteilung ist eine in Wort und Bild gefasste Dokumentation über die Verteilung des Datenbestandes. Es empfiehlt sich eine Kombination aus UML-Diagrammen mit geeigneten Stereotypen zusammen mit begleitendem Text.

Die Arbeitsschritte bei der Datenverteilung sind:

- Fokussierung auf die Ausgangssituation
- Identifikation zusammenhängender Datenbestände
- Klassifikation der Datenbestände
- Verteilung der Datenbestände.

Arbeitsschritte

17.3.1 Fokussierung auf die Ausgangssituation

In diesem ersten Schritt werden die notwendigen Voraussetzungen für die Datenverteilung im Kontext des Projektes gesammelt. In diesem Fall benötigt man das Anwendungsfallmodell, die physische Partitionierung (Hardware-Topologie) des Systems sowie das persistente Klassenmodell.

Für eine Bank wird beispielsweise ein Kontenverwaltungssystem entwickelt. Mit externen SB-Terminals können Kunden über eine Authentifizierung ihren Kontostand abfragen und Überweisungen tätigen. Mitarbeiter der Bank können an bankinternen PC's die Bonitäten von Kunden und die Tagesbilanz der Bank berechnen.

Ausgangspunkt ist die physische Partitionierung des Systems in Hardwareknoten, ein Anwendungsfallmodell und das persistente Klassenmodell:

a) Die physische Partitionierung des Systems

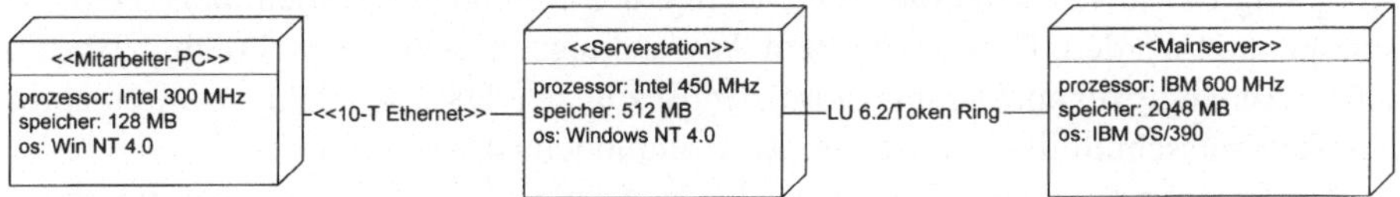

Abb. 17-5. Hardwareknoten des Systems

b) Das Anwendungsfallmodell:

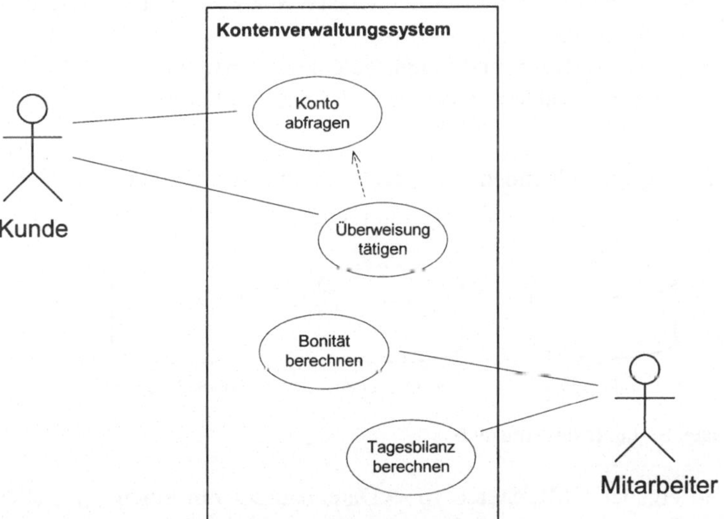

Abb. 17-6. Anwendungsfall-Diagramm des Beispiels

c) Das persistente Klassenmodell

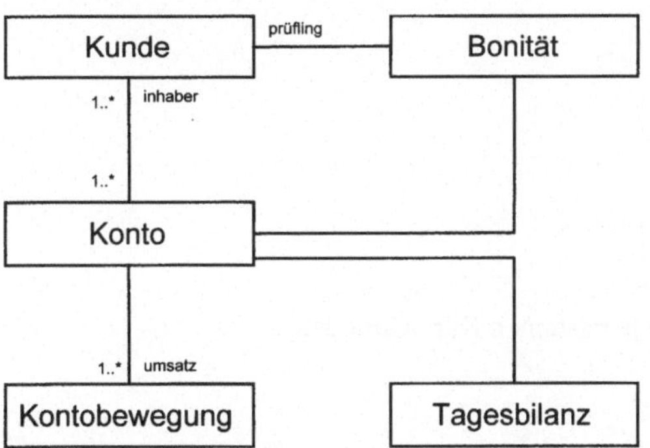

Abb. 17-7. Klassendiagramm des Beispiels

17.3.2 Identifikation zusammenhängender Datenbestände

Es werden aus dem persistenten Klassenmodell diejenigen Datenbestände zu Gruppen zusammengefasst, die fachlich eng gekoppelt sind. Ein Hinweis für diese enge Kopplung ist die Tatsache, dass die Daten in den Anwendungsfällen meist gemeinsam genutzt werden. Dies ist aus dem Anwendungsfallmodell ersichtlich. Über die UML-Abhängigkeitsbeziehung wird der Bezug der Datenbestände zum entsprechenden Ausschnitt des persistenten Klassenmodells dokumentiert.

Als Datenbestände des Beispiels, die eine hohe Kohäsion besitzen und somit fachlich eng zusammengehören, werden identifiziert:

- Die *Bankstatistik*. Hier liegen Instanzen der Klasse *Tagesbilanz*.
- Die *Kontendaten* enthalten Instanzen der Klassen *Konto* und *Kontobewegung*.
- Die *Kundendaten* enthalten Instanzen der Klasse *Kunde*, also deren Namen, Adressen und Bonitätsdaten.
- Die *Stammdaten* wie z.B. Kurz- und Langbezeichnung verschiedener Geldinstitute oder deren Bankleitzahlen. (Sie sind in obigem Klassenmodell nicht erfasst.)

Damit ergeben sich die folgenden Datenbestände, die zur Verteilung geeignet sind:

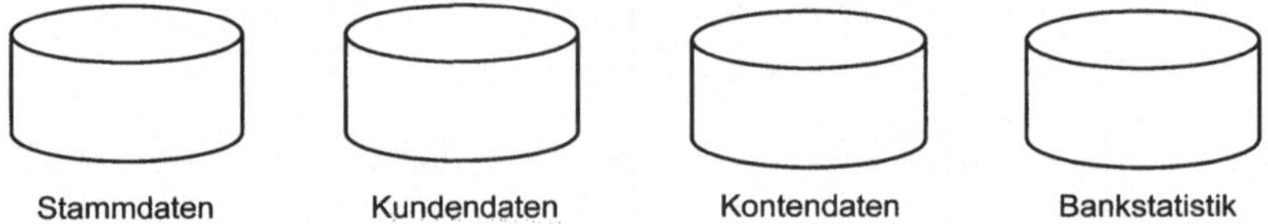

Abb. 17-8. Die Datenbestände des Beispiels

Hier wurde ein eigener UML-Stereotyp <<Datenbank>> mit einem speziellen Symbol entworfen.Die grafische Darstellung der Kundendaten mit dem Bezug zum persistenten Klassenmodell sieht wie folgt aus:

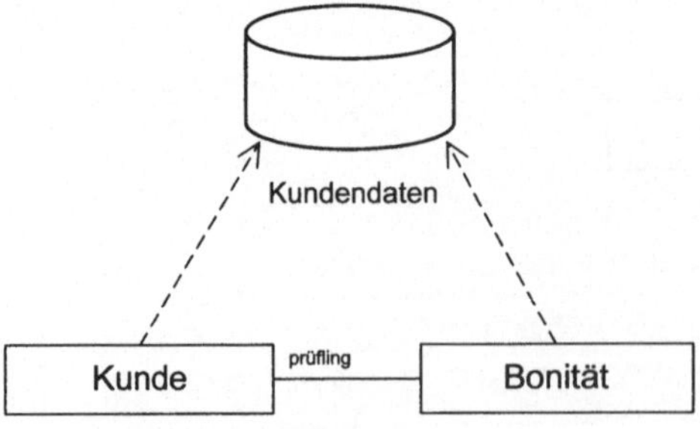

Abb. 17-9. Bezug der Kundendaten zum persistenten Klassenmodell

17.3.3 Klassifikation der Datenbestände

Die in Schritt 2 identifizierten Datenbestände werden nach verschiedenen Kriterien klassifiziert, z.B. Datenvolumen, Änderungsrate oder Sicherheitsanforderungen. Eventuell benötigte Altsystem-Daten werden mit berücksichtigt. Für die Verbesserung der Zugriffszeiten werden auch die Zugriffshäufigkeit und die geforderte (maximale) Zugriffszeit festgehalten.

Für die Dokumentation eignet sich eine tabellarische Form, um verschiedene Charakteristika der Datenbestände festzuhalten. Diese Charakteristika sind später entscheidend für die Verteilung.

Die Skalierung mancher Charakteristika ist rein qualitativ zu verstehen und variiert natürlich mit der Leistungsfähigkeit der zugrundeliegenden Hardware. In einem durchschnittlichen Hardware-Umfeld können Datenmengen bis zu 100 Kbyte als „klein" gelten, ab 50 Mbyte als „groß". Sehr große Volumina beginnen ab 10 Gbyte. Bei den Änderungshäufigkeiten unterscheidet man zwischen klein (bis zu einmal im Jahr), mittel (bis zu einmal täglich) und hoch (mehrmals täglich). Daten mit hoher Änderungshäufigkeit sollten nicht repliziert werden, da man i.d.R. nur einmal täglich eine Datensynchronisation durchführen und damit lokal inkonsistente Daten erhalten kann. Die Änderungshäufigkeit ergibt sich aus der Häufigkeit der entsprechenden Anwendungsfälle des Anwendungsfallmodells. Ähnlich verhält es sich mit der (lesenden) Zugriffshäufigkeit. Bei den Zugriffszeiten unterscheidet man zwischen extrem kurzen Zeiten (im Millisekundenbereich), kurzen Zeiten für normale Online-Transaktionen (bis zu 2 Sekunden), mittlere Zeiten bis zu einer Minute und ausgesprochenen Langläufern, die für komplexe Datenbankauswertungen bis zu mehreren Stunden dauern können.

Für das Beispiel werden die folgenden Charakteristika festgehalten:

Tab. 17-1. Charakterisierung Datenbestände

Datenbestand	**Charakteristika**	
Stammdaten	Datenvolumen:	Klein
	Änderungshäufigkeit:	Sehr klein
	Sicherheitsanforderungen:	Keine
	Zugriffshäufigkeit:	Sehr hoch
	Erforderliche Zugriffszeit:	Sehr kurz
Kundendaten	Datenvolumen:	Groß
	Änderungshäufigkeit:	Klein
	Sicherheitsanforderungen:	Hoch
	Zugriffshäufigkeit:	Hoch
	Erforderliche Zugriffszeit:	Kurz

Tab. 17-1 (Fortsetzung). Charakterisierung Datenbestände

Datenbestand	Charakteristika	
Kontendaten	Datenvolumen:	Groß
	Änderungshäufigkeit:	Hoch
	Sicherheitsanforderungen:	Sehr hoch
	Zugriffshäufigkeit:	Mittel
	Erforderliche Zugriffszeit:	Mittel
Bankstatistik	Datenvolumen:	Groß
	Änderungshäufigkeit:	Mittel
	Sicherheitsanforderungen:	Sehr hoch
	Zugriffshäufigkeit:	Mittel
	Erforderliche Zugriffszeit:	Mittel

17.3.4 Verteilung der Datenbestände

Die Datenbestände werden auf die Hardwareknoten verteilt. Dabei wird angegeben, ob die Daten repliziert oder echt verteilt sind und welche horizontalen oder vertikalen Ausschnitte (Selektionen oder Projektionen, [Date1995]) auf die dezentralen Rechner ausgelagert werden. Die Dokumentation geschieht mittels UML-Diagrammen sowie begleitendem Text.

Replizierte vs. echte Datenverteilung:

Replizierte Datenverteilung bedeutet, dass ein persistentes Objekt – im Gesamtsystem durch die Objektidentität eindeutig bestimmt – physikalisch in Form von Kopien auf mehreren Hardwareknoten des Systems gespeichert ist. Die Kopien sind regelmäßig abzugleichen (Synchronisation).

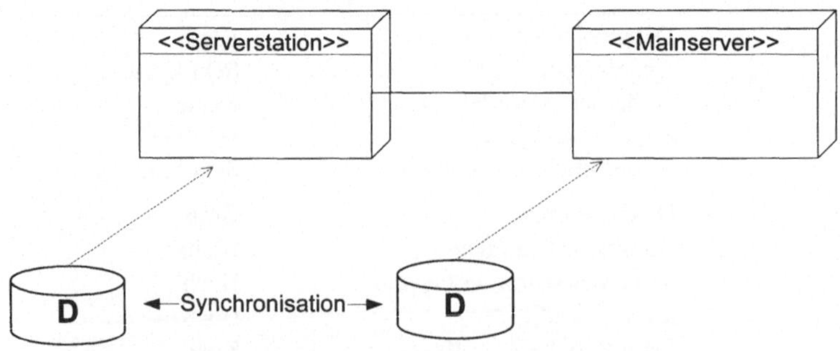

Abb. 17-10. Beispiel für replizierte Datenverteilung

Echte Datenverteilung bedeutet, dass jedes persistente Objekt auch physikalisch nur einmal im System gespeichert ist. In der Regel gibt es dann Querverweise (Referenzen) zwischen verschiedenen Datenbanken.

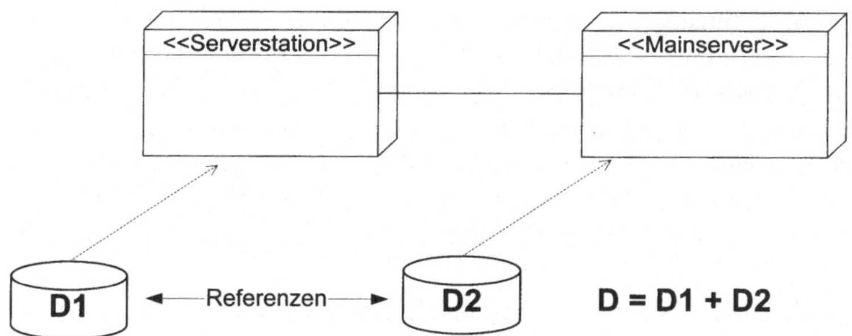

Abb. 17-11. Beispiel für echte Datenverteilung

Man beachte, dass in der Praxis selten nur eine Form der Datenverteilung vorliegt. Häufig gibt es Mischformen, in denen bestimmte Teile des Datenbestandes repliziert, andere echt verteilt sind (siehe auch das nachfolgende Beispiel).

Horizontale vs. vertikale Objektfragmentierung:

Diese beiden Alternativen wurden schon Mitte der 80er-Jahre von Ceri et al. im relationalen Kontext diskutiert [Ceri1984].

Horizontale Objektfragmentierung ist eine spezielle Form der echten Datenverteilung, deren relationale Analogie die Selektion (selection) ist [Date1995]. Die Verteilung zieht sich durch die Objekte einer Klasse, wobei die Objekte stets als ganzes über die Hardwareknoten verteilt werden. Dies geschieht i.d.R. in Abhängigkeit von den Werten bestimmter Instanzvariablen, die im Folgenden als *separierende Instanzvariablen* bezeichnet sind. Beispielsweise könnten alle Kunden mit einem Kontensaldo über EUR 200.000 auf Hardwareknoten 1 liegen, alle übrigen auf Hardwareknoten 2.

Vertikale Objektfragmentierung ist eine spezielle Form der replizierten Datenhaltung, deren relationale Analogie die Projektion ist [Date1995]. Hier werden bestimmte Sichten auf die Objekte in Form von Teilmengen ihrer Instanzvariablen verteilt. Beispielsweise interessieren auf einem bestimmten Hardwareknoten nur die Adressdaten eines Kunden, während seine Bonität auf einem anderen Rechner benötigt wird.

Im oben erwähnten Beispiel können die Datenbestände nun auf Basis der Charakteristika aus Schritt 17.3.2 verteilt werden.

Die *Stammdaten* sind ein idealer Kandidat für einen hohen Verteilungs- und Replikationsgrad: Sie haben keine Sicherheitsanforderungen, sind vom Volumen her klein und ändern sich extrem selten. Zudem werden sie bei jeder Banktransaktion benötigt und erfordern daher sehr kurze Zugriffszeiten.

Die *Kundendaten* nehmen eine Mittelstellung ein. Die hohen Sicherheitsanforderungen verbieten eine Auslagerung auf die Mitarbeiter-PCs. Eine hohe Zugriffshäufigkeit und kurze Zugriffszeiten legen aber eine Verteilung zumindest auf die Serverstationen nahe. Wegen des hohen Datenvolumens ist eine *horizontale*

Objektfragmentierung günstig: Bei mehreren regionalen Serverstationen liegen nur diejenigen Kunden auf einer Serverstation, die in deren Region beheimatet sind. Hier ist also die Adresse die zugehörige separierende Instanzvariable. Insgesamt wird diese Objektfragmentierung aber in Kombination mit Replikation eingesetzt, d.h. der gesamte Kundenbestand wird als Master-Kopie zentral gehalten.

Die *Kontendaten* und die *Bankstatistik* sind Hochsicherheitsdaten, die auch etwas längere Zugriffszeiten erlauben. Sie liegen daher zentral und sind nicht verteilt.

Es ergibt sich als UML-Modell die folgende Datenverteilung:

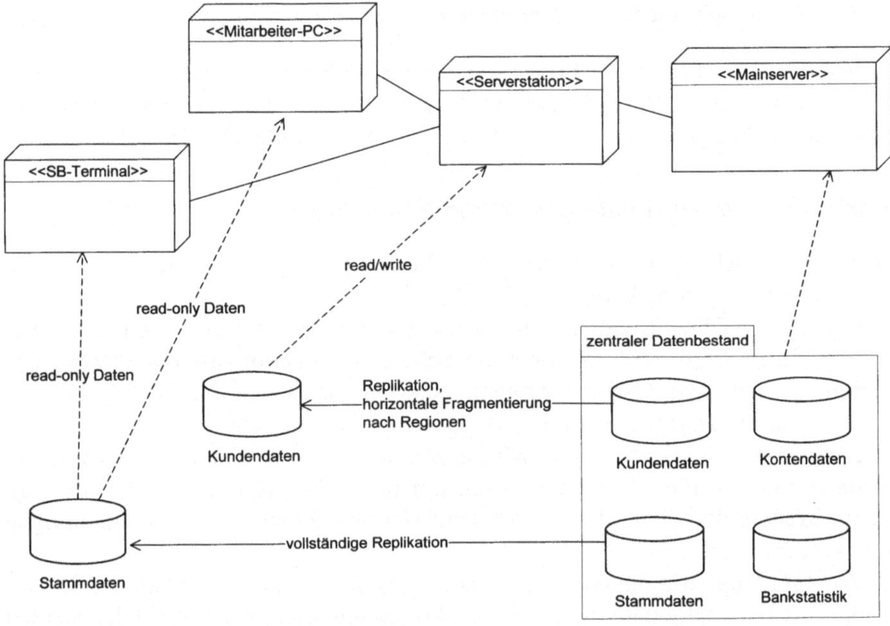

Abb. 17-12. Die Datenverteilung des Beispiels als UML-Diagramm

Qualitätskriterien

Qualitätskriterien für die Datenverteilung sind:

- *Vollständigkeit.* Sämtliche persistenten Daten sind im Datenverteilungsmodell erfasst. Dies betrifft auch in das System eingebundene Altdaten-Bestände.
- *Nachvollziehbarkeit.* Die Verteilung jedes Teil-Datenbestands ist anhand der Klassifikation und entsprechender Charakteristika ausreichend begründet.
- *Sparsame Datenverteilung.* Es sollte generell wenig verteilt werden und nur, wenn unbedingt nötig. In den frühen Zeiten der Client/Server-Verarbeitung wurde die Datenverteilung häufig als Allheilmittel für Performance-Probleme

dargestellt. Datenverteilung schafft jedoch hohe Komplexität (Datenabgleich bei Replikation, Sicherheitsprobleme etc.) und ist vorsichtig einzusetzen. Im Idealfall verteile man nur read-only-Daten, die sich selten ändern und keine besonderen Sicherheitsvorkehrungen verlangen. Jede dezentrale Datenhaltung ist gesondert zu begründen.

Vorausgesetztes Wissen

- Genaue Kenntnisse über das Anwendungsfallmodell und das persistente Klassenmodell, vgl. Techniken *Erstellung eines groben bzw. detaillierten Klassenmodells, Anwendungsfallmodellierung.*
- Kenntnisse über die Mengengerüste der Daten, die Transaktionsvolumina und Häufigkeit der Datenzugriffe.
- Kenntnisse über die Sicherheits-, Verfügbarkeits- und Performance-Anforderungen.
- Kenntnisse über die Hardwareplattform.
- Erfahrung im Design von Client/Server-Anwendungen und Kenntnisse über die Performance-Engpässe bei der gegebenen Hardwareplattform.

Literatur

[Ceri1984] Ceri, S., Pelagatti, G.: Distributed Databases, McGraw-Hill 1984

[Date1995] Date, C. J.: An Introduction to Database Systems, Addison-Wesley 1995

[SIZ1999a] Informatikzentrum der Sparkassenorganisation GmbH (SIZ): AE-Modell Objektorientierte Entwicklung, Bonn, 1999

18 Konfigurationsmanagement

18.1 Planung von Änderungsanträgen

Beschreibung

Das Ziel der Planung von Änderungsanträgen ist die interpretationsfreie Vergabe von Prioritäten für die weitere Bearbeitung von Änderungsanträgen, die Festlegung der Wirksamkeit des umgesetzten Änderungsantrags und die Gruppierung von Änderungsanträgen zur gemeinsamen Bearbeitung.

Der Nutzen der Planung von Änderungsanträgen besteht darin:

- die grobe Richtung für die zeitliche Planung von Änderungsanträgen vorzugeben,
- in Abhängigkeit von der gewählten Priorität die Bearbeitungswege ggf. zu splitten,
- in Abhängig von der gewählten Priorität die Ressourcenplanung einfacher vornehmen zu können,
- die Reihenfolge der Bearbeitung vorzugeben,
- Mehrfachänderungen an demselben Konfigurationselement durch Gruppierung von Änderungsanträgen zu vermeiden,
- die Wirksamkeit von Änderungsanträgen zu definieren.

Die Voraussetzungen für die Planung von Änderungsanträgen sind:

- schriftlich formulierte Änderungsanträge,
- eine Liste mit den von der Änderung betroffenen Konfigurationselementen,
- ein stets aktueller Release-Kalender.

Das Ergebnis der Planung von Änderungsanträgen ist ein Änderungsantrag mit zugewiesener Priorität und definierter Wirksamkeit, der eventuell mit anderen Änderungsanträgen mit ebenfalls zugewiesener Priorität und derselben Wirksamkeit gruppiert und in einen Änderungsauftrag überführt wird.

Die Arbeitsschritte bei der Planung von Änderungsanträgen sind:

- Analyse von Änderungsanträgen
- Priorisierung von Änderungsanträgen
- Festlegung der Wirksamkeit von Änderungsanträgen
- Gruppierung von Änderungsanträgen.

Arbeitsschritte

18.1.1 Analyse von Änderungsanträgen

Bei der Analyse von Änderungsanträgen geht es darum, den Änderungsantrag so zu analysieren, dass eine eindeutige Priorisierung im darauffolgenden Arbeitsschritt möglich ist.
Hilfreiche Fragen bei der Analyse von Änderungsanträgen sind:

- Gibt es einen Priorisierungswunsch vom Verfasser des Änderungsantrags?
- Gibt es einen Wunschtermin vom Verfasser des Änderungsantrags, an dem die Änderung umgesetzt sein muss?
- Um was für eine Art von Änderungsantrag handelt es sich (z.B. Fehlerbeseitigung, Erweiterung oder Änderung einer bestehenden Anforderung)?
- Was ist die Ursache für die Änderung (z.B. Kunde oder gesetzliche Anforderung)?
- Wie aufwendig wird die Lösung sein?
- Handelt es sich um einen Notfall?

Können die obigen Fragen nicht eindeutig beantwortet werden, sind die fehlenden Informationen vom Verfasser des Änderungsantrags einzuholen.

Das Ergebnis des ersten Arbeitsschritts ist ein hinsichtlich der Priorisierung analysierter Änderungsantrag. Beispiele sind im nächsten Arbeitsschritt enthalten.

18.1.2 Priorisierung von Änderungsanträgen

Bei der Priorisierung von Änderungsanträgen geht es darum, dem Änderungsantrag anhand interpretationsfreier Kriterien eine Priorität zuzuweisen. Welche Priorität gewählt wird, hängt von den Ergebnissen des ersten Arbeitsschritts ab. Zur Auswahl stehen die Prioritäten 1 bis 4. Die Priorisierung einer Änderung erfolgt anhand folgender Kriterien:

Tab. 18-1. Prioritätsstufen

Priorität 1:	Höchste Priorität. Muss bis zur Fertigstellung im Extremfall Tag und Nacht in mehreren Schichten bearbeitet werden. Andere Aufgaben sind ggf. zu unterbrechen (Ausnahme: andere Änderungsanträge mit Priorität 1), um die Fertigstellung so schnell wie möglich zu erreichen.
Priorität 2:	Zweithöchste Priorität. Muss vor allen anderen Aufgaben bearbeitet werden, die nicht der Priorität 1 oder 2 entsprechen. Es sollten die besten Ressourcen verwendet werden. Zur Not sollten Aufgaben der Priorität 3 und 4 unterbrochen werden, insbesondere dann, wenn die Fertigstellung dadurch deutlich beschleunigt wird.
Priorität 3:	Normale Vorbereitungs- und Arbeitszeiten sind einzuhalten. Die meisten Änderungsanträge sollten der Priorität 3 angehören.

Tab. 18-1 (Fortsetzung). Prioritätsstufen

Priorität 4:	Änderungsanträge, denen die Priorität 4 zugeordnet wird, sollten vornehmlich mit Änderungsanträgen höherer Priorität zusammengefasst werden, sofern diese die gleichen Konfigurationselemente betreffen. Änderungsanträge der Priorität 4 werden somit zurückgehalten, bis dieselben Konfigurationselemente durch einen Änderungsantrag höherer Priorität ohnehin bearbeitet werden müssen. Änderungsanträge der Priorität 4 können auf Priorität 3 gesetzt werden, wenn sie nicht innerhalb eines bestimmten Zeitraums umgesetzt wurden. Dadurch wird gewährleistet, dass diese nicht beliebig lange zurückgestellt sind.

Durch die Priorisierung sollten sich ungefähr folgende Verteilungen für die Änderungen ergeben:

Tab. 18-2. Durchschnittliche Verteilung der Änderungen

Priorität	**Verteilung**
1	0 bis 2 % aller Änderungen
2	10 bis 20% aller Änderungen
3	50 bis 70% aller Änderungen
4	20 bis 30% aller Änderungen

Die nachfolgende Tabelle enthält einige Beispiele und die zugewiesenen Prioritäten:

Tab. 18-3. Beispielhafte Priorisierung von Änderungsanträgen

Eckdaten des Änderungsantrags	**Zugewiesene Priorität**
Aufgrund des Jahrtausendwechsels werden falsche Werte berechnet. Das betroffene Teilsystem ist eine zentraler Berechnungskern, auf den eine Vielzahl von anderen Teilsystemen zurückgreifen, d.h. nahezu die gesamte Anwendung ist von dem Fehlverhalten betroffen. Der Fehler kostet das Unternehmen pro Tag mehrere 100.000 DM.	1
Der Gesetzgeber wird zum 1.6.2000 die Mehrwertsteuer erhöhen.	3
Die Dialoge und sämtliche Reports des Anwendungssystems erfüllen noch nicht die Konventionen der neuen deutschen Rechtschreibung.	4
In einem bestimmten Teilsystem kommt es bei bestimmten Eingabekombinationen zu reproduzierbaren Abstürzen. Eine Umgehungslösung existiert nicht.	2

Das Ergebnis des zweiten Arbeitsschritts ist die einem Änderungsantrag zugewiesene Priorität.

18.1.3 Festlegung der Wirksamkeit von Änderungsanträgen

Bei der Festlegung der Wirksamkeit von Änderungsanträgen geht es darum, den Zeitpunkt festzulegen, an dem die durchgeführten Änderungen Bestandteil eines Releases werden.

Die Festlegung der Wirksamkeit von Änderungsanträgen erfolgt in Abstimmung mit der Release-Planung, d.h. geplante Änderungen sollten geplanten Releases zugeordnet werden. Änderungsanträge der Priorität 4 erhalten keine Wirksamkeit, da sie zunächst ruhen und entweder nach einer bestimmten Zeit auf Priorität 3 gesetzt oder mit Änderungsanträgen höherer Priorität gruppiert werden.
Hilfreiche Fragen zur Festlegung der Wirksamkeit von Änderungsanträgen sind:

- Gibt es einen Fertigstellungswunsch seitens des Antragstellers?
- Gibt es negative Folgen, wenn die Änderung nicht bis zu einem bestimmten Zeitpunkt umgesetzt wurde?
- Welche Priorität hat der Änderungsantrag?
- Handelt es sich um einen Notfall?
- Um welchen Antragstyp handelt es sich?
- Wie lange wird die Umsetzung dauern?
- Gibt es Vorlaufaktivitäten und wie lange dauern diese?
- Wann stehen die notwendigen Ressourcen bereit?
- Hat der Änderungsantrag die Priorität 4 und kann dieser mit anderen Änderungsanträgen gruppiert werden?
- Passt die geplante Änderung funktional mit anderen Änderungen zusammen, deren Implementierung für einen bestimmten Zeitpunkt geplant ist?

Die Festlegung der Wirksamkeit erfolgt nach Konventionen. Beispiele für Wirksamkeiten sind:

- Datum der Veröffentlichung (z.B. 01.01.2000)
- Releasebezeichnung (z.B. Release 2.1)
- Seriennummer (z.B. ab S/N 2128)

Das Ergebnis des dritten Arbeitsschritts ist ein Änderungsantrag mit zugewiesener Wirksamkeit.

18.1.4 Gruppierung von Änderungsanträgen

Bei der Gruppierung von Änderungsanträgen geht es darum, mehrere Änderungsanträge anhand interpretationsfreier Kriterien zu einem Änderungsauftrag zusammenzufassen.
Hilfreiche Fragen zur Gruppierung von Änderungsanträgen sind:

- Sind die in den zu gruppierenden Änderungsanträgen enthaltenen Listen von betroffenen Konfigurationselementen weitestgehend identisch, d.h. müssen dieselben Konfigurationselemente bearbeitet werden?

- Sind die den Änderungsanträgen zugewiesenen Wirksamkeiten identisch oder können diese gleichgezogen werden?
- Sind die Behandlungsarten der zu gruppierenden Änderungsanträge identisch?

Können alle obigen Fragen mit „Ja" beantwortet werden, so sollten die Änderungsanträge gruppiert, d.h. in nur einen Änderungsauftrag überführt werden. Zur Nachvollziehbarkeit sollte der Änderungsauftrag dann Verweise auf die Nummern aller in ihm gruppierten Änderungsanträge enthalten.

Nachfolgend sind einige Beispiele aufgeführt, wobei heute der 01.02.2000 sein soll (die Gruppierung wird anhand der Nr. des Änderungsauftrags gezeigt):

Tab. 18-4. Gruppierung der Änderungsanträge

Nr. ÄAn	Wirksamkeit	Eckdaten des Änderungsantrags	Betroffene Konfigurationselemente	Behandlungsart	Nr. ÄAu
123	02.02.2000	Aufgrund des Jahrtausendwechsels werden falsche Werte berechnet. Das betroffene Teilsystem ist eine zentraler Berechnungskern, auf den eine Vielzahl von anderen Teilsystemen zurückgreifen, d.h. nahezu die gesamte Anwendung ist von dem Fehlverhalten betroffen. Der Fehler kostet das Unternehmen pro Tag mehrere 100.000 DM.	BerKern, CPP, 1.5	Notfall	75
144	01.06.2000	Der Gesetzgeber wird zum 1.6.2000 die Mehrwertsteuer erhöhen.	BerKern, CPP, 1.9	Normalfall	82
146	*<noch nicht definiert>*	Die Dialoge und sämtliche Reports des Anwendungssystems erfüllen noch nicht die Konventionen der neuen deutschen Rechtschreibung.	Dlg*xxx*, DLG, 2.4 Dlg*yyy*, DLG, 2.1 ...	Normalfall Prio. 4	
162	05.02.2000	In einem bestimmten Teilsystem kommt es bei bestimmten Eingabekombinationen zu reproduzierbaren Abstürzen. Eine Umgehungslösung existiert nicht.	Bonus, CBL, 2.3	Normalfall	77

Tab. 18-4 (Fortsetzung). Gruppierung der Änderungsanträge

Nr. ÄAn	Wirksamkeit	Eckdaten des Änderungsantrags	Betroffene Konfigurationselemente	Behandlungsart	Nr. ÄAu
168	01.06.2000	Die zentralen Berechnungsroutinen sind nicht besonders performant und müssen daher optimiert werden	BerKern, CPP, 1.9	Normalfall	82

Die Änderungsanträge mit den Nummern 144 und 168 können gruppiert werden. Bei allen anderen Änderungsanträgen sind die Kriterien für eine Gruppierung nicht erfüllt.

Das Ergebnis des vierten Arbeitsschritts ist ein teilweise ausgefüllter Änderungsauftrag, der aus mehreren gruppierten Änderungsanträgen entstanden ist.

Qualitätskriterien

Qualitätskriterien für die Planung von Änderungsanträgen sind:

- Die prozentuale Verteilung der zugewiesenen Prioritäten aller Änderungen entspricht annähernd der angegebenen Tab. 18-2.
- Konfigurationselemente müssen nur einmal bearbeitet werden, um mehrere Änderungsanträge mit derselben Wirksamkeit umzusetzen.
- Änderungsanträge der Priorität 4 werden durch Gruppierung mit höher priorisierten Änderungsanträgen bearbeitet, ohne dass sie nach Ablauf eines definierten Zeitraums „manuell" hochgestuft werden müssen.
- Die zugewiesenen Wirksamkeiten sind mit der Release-Planung abgestimmt und werden eingehalten.

Vorausgesetztes Wissen

Projektmanagementtechniken (Ressourcen- und Zeitplanung).

Literatur

[ICM-HOME] Institute of Configuration Management (ICM): Home page, http://www.icmhq.com

18.2 Festlegung der Behandlungsart

Beschreibung

Das Ziel der Festlegung der Behandlungsart ist die interpretationsfreie Entscheidung, ob die durchzuführenden Änderungen in der Behandlungsart „Notfall“ oder „Normalfall“ umgesetzt werden sollen.

Das wesentliche Konzept der Festlegung der Behandlungsart ist die Verwendung eines Entscheidungsbaums. Dieser wird in den einzelnen Arbeitsschritten der Technik immer mehr verfeinert und im letzten Arbeitsschritt dann komplett durchlaufen[1]. Der Entscheidungsbaum enthält Fragen, die nur mit „Ja“ oder „Nein“ eindeutig beantwortet werden können. Der hier vorgestellte Entscheidungsbaum dient als Ausgangsbasis und Muster zur Erläuterung der Technik und muss ggf. um organisationsspezifische Fragen ergänzt werden.

Der Nutzen der Festlegung der Behandlungsart besteht darin:

- jede Änderung optimal zu behandeln,
- die Behandlungsart „Notfall“ nur für „echte“ Notfälle zu verwenden,
- Entscheidungen eindeutig treffen zu können,
- Entscheidungen nachvollziehbar treffen zu können.

Die Voraussetzung für die Festlegung der Behandlungsart ist das Vorliegen eines schriftlich formulierten Änderungsantrags.

Das Ergebnis der Festlegung der Behandlungsart ist eine gewählte Behandlungsart, mit der die durchzuführenden Änderungen des Änderungsantrags umgesetzt werden.
Die Arbeitsschritte bei der Festlegung der Behandlungsart sind:

- Identifizierung der Antragsart
- Identifizierung des Schadensumfangs
- Identifizierung des Nutzungsgrads
- Identifizierung der Lösungsvarianten
- Identifizierung des Lösungsaufwands
- Wahl der Behandlungsart.

---

1 Die Fragen enthalten zum Teil Variablen als Platzhalter für Schwellwerte, gekennzeichnet durch <>-Zeichen. Diese werden je nach Unternehmen variieren und sind daher vor Anwendung der Fragen mit den geltenden Werten zu füllen. Die Brauchbarkeit der gewählten Schwellwerte ist regelmäßig zu prüfen.

Arbeitsschritte

18.2.1 Identifizierung der Antragsart

Bei der Identifizierung der Antragsart geht es darum, anhand der Art des Änderungsantrags zu erkennen, ob grundlegende Voraussetzungen für einen Notfall vorliegen oder nicht. Hierzu wird der Änderungsantrag entsprechend analysiert. Hilfreiche Fragen bei der Identifizierung der Antragsart sind:

- Handelt es sich bei der Antragsart um eine Erweiterung der Funktionalität (neue Anforderung)?
- Handelt es sich bei der Antragsart um eine Änderung bestehender Funktionalität (Anforderungsänderung)?
- Handelt es sich bei der Antragsart um die Beseitigung eines Konformitätsmangels, d.h. die bestehende Funktionalität erfüllt nicht die Anforderungen?

Nur wenn die letzte Frage mit „Ja" beantwortet wird, können die grundlegenden Voraussetzungen für das Vorliegen eines Notfalls vorhanden sein, d.h. nur bei vorliegenden Konformitätsmängeln kann eine Notfallbehandlung erforderlich sein. In den nächsten Arbeitsschritten werden weitere Voraussetzungen untersucht.

Das Ergebnis des ersten Arbeitsschritts ist die grundlegende Entscheidung für weitere Kriterien oder gegen die Behandlungsart „Notfall" anhand der Art des Änderungsantrags.

Abb. 18-1. Identifizierung der Antragsart

18.2.2 Identifizierung des Schadensumfangs

Bei der Identifizierung des Schadensumfangs geht es darum zu erkennen, ob der Umfang des Schadens eine Notfallbehandlung grundsätzlich erlaubt oder nicht. Hierzu wird der Änderungsantrag entsprechend analysiert.

Hilfreiche Fragen bei der Identifizierung des Schadensumfangs sind:

- Sind die laufenden Kosten und die Kosten durch Folgeschäden, die aufgrund des Konformitätsmangels entstehen, identifizierbar?
- Wenn ja, sind diese größer als Betrag <*SchadensKosten*>?
- Lässt sich die Anwendung aufgrund des Konformitätsmangels überhaupt nicht mehr verwenden und muss dadurch sofort gesperrt werden, d.h. kommt es zu einem Betriebsstillstand?
- Ist die Nutzung anderer Bereiche der Anwendung durch den Konformitätsmangel ohne Einschränkungen nicht mehr möglich?

Wird die erste Frage mit „Ja" und die zweite mit „Nein" beantwortet, sind die grundlegenden Voraussetzungen für eine Notfallbehandlung nicht gegeben.

Da die Kosten für eine Notfallbehandlung häufig höher sind als die der Normalbehandlung, sollte der Kostenfaktor immer tragende Bedeutung haben, d.h. generell Kostenschätzungen verlangt werden. Der Entscheidungsbaum im Arbeitsschritt berücksichtigt dies (Abb. 18-2).

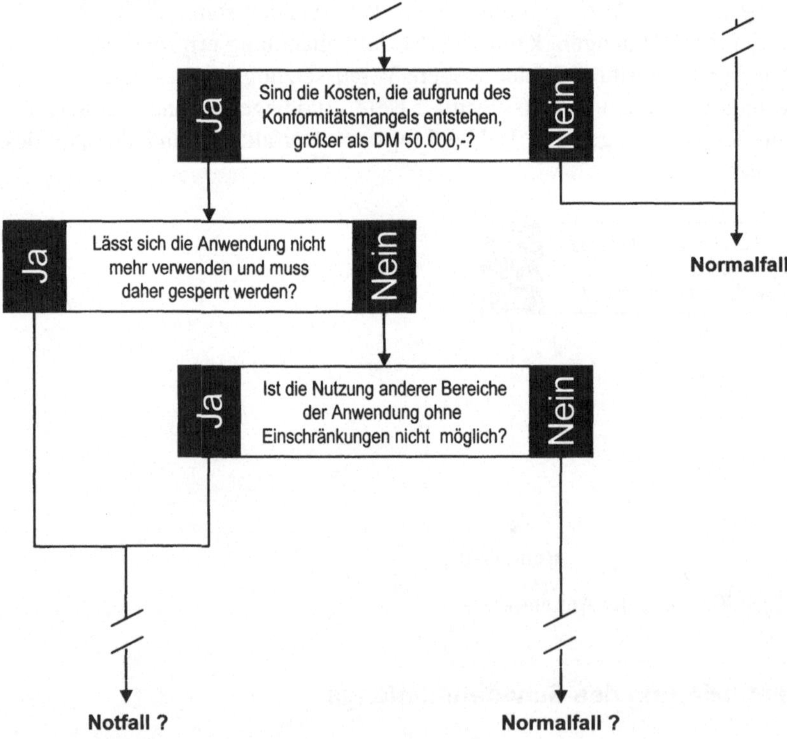

Abb. 18-2. Identifizierung des Schadensumfangs

Werden die letzten beiden Fragen mit „Ja" beantwortet, ist der identifizierte Schadensumfang hoch und eine Notfallbehandlung sollte angestrebt werden, sofern nicht Kriterien der folgenden Arbeitsschritte dagegen sprechen.

Das Ergebnis des zweiten Arbeitsschritts ist die getroffene Wahl abhängig vom identifizierten Schadensumfang. Eine sinnvolle Größenordnung für die Variable lautet: <*Schadenskosten*> = DM 50.000.

18.2.3 Identifizierung des Nutzungsgrads

Bei der Identifizierung des Nutzungsgrads geht es darum, festzustellen, ob der Prozentsatz der betroffenen Anwender einen gewissen Schwellwert übersteigt und damit die Voraussetzungen für eine Notfallbehandlung erfüllt sind. Hierzu wird der Änderungsantrag entsprechend analysiert.

Hilfreiche Fragen bei der Identifizierung des Nutzungsgrads sind:

- Kann die Nutzung der fehlerhaften Funktionalität auf einen späteren Zeitpunkt verschoben werden (z.B. indem die Benutzer informiert und auf ein Update verwiesen wird)?
- Wird die fehlerhafte Funktionalität von mehr als <*ProzentsatzBetroffenerBenutzer*> Prozent der Anwender genutzt?
- Wird die fehlerhafte Funktionalität von weniger als <*ProzentsatzBetroffenerBenutzer*> Prozent der Anwender genutzt und handelt es sich dabei aber um einen äußerst kritischen Bereich (z.B. Vorstand)?

Wird die erste Frage mit „Ja" beantwortet, gibt es keinen Grund mehr für eine Notfallbehandlung.

Mit den ersten beiden Fragen wird abhängig vom Nutzungsbereich bestimmt, ob überhaupt „genügend" Benutzer mit der fehlerhaften Funktionalität arbeiten oder falls dies nicht der Fall ist, ob der Kreis der Benutzer besonders kritisch ist.

Das Ergebnis des dritten Arbeitsschritts ist die getroffene Wahl abhängig vom identifizierten Nutzungsgrad der fehlerhaften Funktionalität. Eine sinnvolle Größenordnung für die Variable lautet: <*ProzentsatzBetroffenerBenutzer*> = 20%.

18.2.4 Identifizierung der Lösungsvarianten

Bei der Identifizierung der Lösungsvarianten geht es darum, festzustellen, welche Lösungsmöglichkeiten existieren und ob anhand dieser unter Umständen von einer Notfallbehandlung abgesehen werden kann. Hierzu wird der Änderungsantrag entsprechend analysiert.

- Hilfreiche Fragen bei der Identifizierung der Lösungsvarianten sind:
- Gibt es eine kurzfristig einsetzbare Umgehungslösung zur Vermeidung des Konformitätsmangels?
- Kann ein älterer Stand wieder aktiviert werden, in dem der Konformitätsmangel nachweislich nicht enthalten ist?
- Ist der Aufwand zur Wiederherstellung eines älteren Stands geringer als die sofortige Beseitigung des Konformitätsmangels?

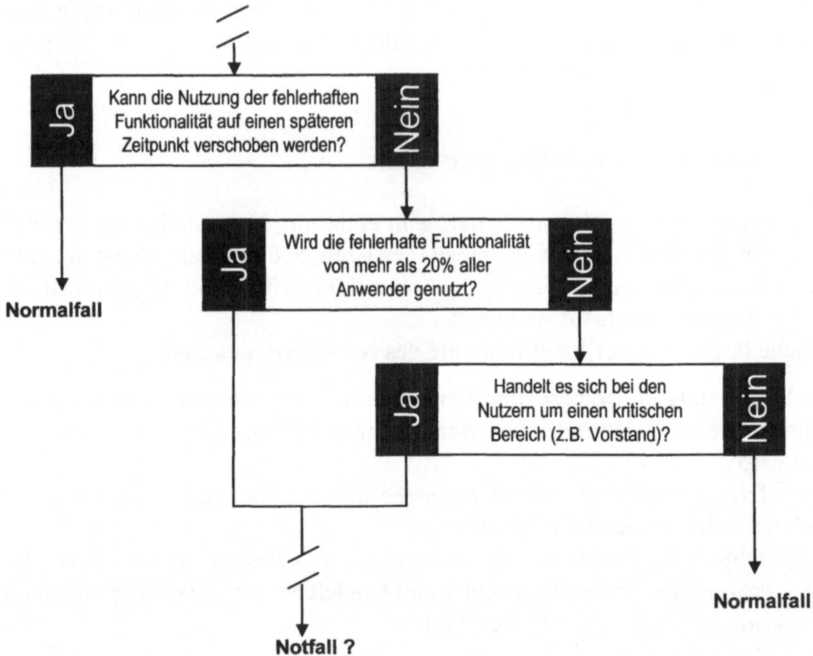

Abb. 18-3. Identifizierung des Nutzungsgrads

Werden alle 3 Fragen mit „Ja" beantwortet, muss die Beseitigung des Konformitätsmangels nicht mehr als Notfall durchgeführt werden. Die notwendige Umgehungslösung oder der ältere Stand sollten unabhängig davon schnellstmöglich aktiviert werden.

Das Ergebnis des vierten Arbeitsschritts ist eine gewählte Lösungsvariante, die für oder gegen eine Notfallbehandlung spricht.

18.2.5 Identifizierung des Lösungsaufwands

Bei der Identifizierung des Lösungsaufwands geht es darum festzustellen, wie hoch der Aufwand zur Beseitigung des Konformitätsmangels sein wird und ob es aufgrund dessen Sinn macht, die Behandlungsart „Notfall" zu wählen. Hierzu wird der Änderungsantrag entsprechend analysiert.
Hilfreiche Fragen bei der Identifizierung des Lösungsaufwands sind:

- Ist eine Behebung des Konformitätsmangels innerhalb von <*Behebungsdauer*> möglich?
- Ist die Verteilung der fehlerbereinigten Konfiguration innerhalb von <*Verteilungsdauer*>, z.B. durch einen Patch, möglich?

Ist die Behebung innerhalb eines bestimmten Zeitraums trotz Einsatz aller Kräfte nicht möglich, nimmt der zeitliche Vorteil durch die Notfallbehandlung

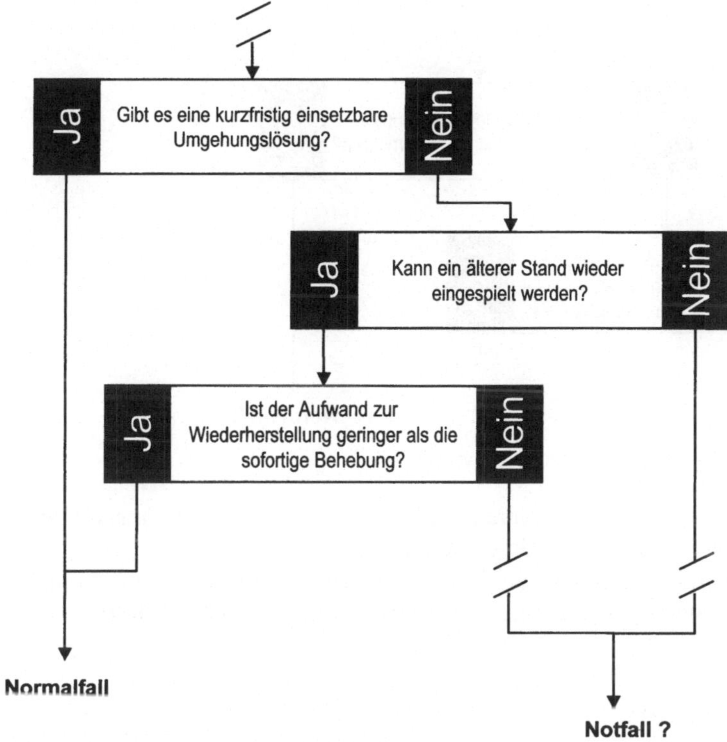

Abb. 18-4. Identifizierung der Lösungsvarianten

immer mehr ab, d.h. die Behebung kann „Normal" erfolgen, natürlich mit der höchsten Priorität.

Ist die Verteilung nicht innerhalb eines kurzen Zeitraums möglich, nimmt auch hier der zeitliche Vorteil durch Notfallbehandlung im Verhältnis ab.

Das Ergebnis des fünften Arbeitsschritts ist der identifizierte Lösungsaufwand als Basis für die letztendliche Entscheidung für oder gegen eine Notfallbehandlung.

Eins sinnvolle Größenordnung für die Variablen ist:
<Behebungsdauer> = 2 Tage
<Verteilungsdauer> = 2 Tage.

18.2.6 Wahl der Behandlungsart

Bei der Wahl der Behandlungsart geht es darum, zu entscheiden, ob die Änderung als Notfall oder als Normalfall behandelt wird. Bei Konformitätsmängeln ist dabei die Behandlungsart für die Beseitigung des Mangels und nicht die für eventuell vorhandene Umgehungslösungen gemeint. Zur Wahl der Behandlungsart wird der

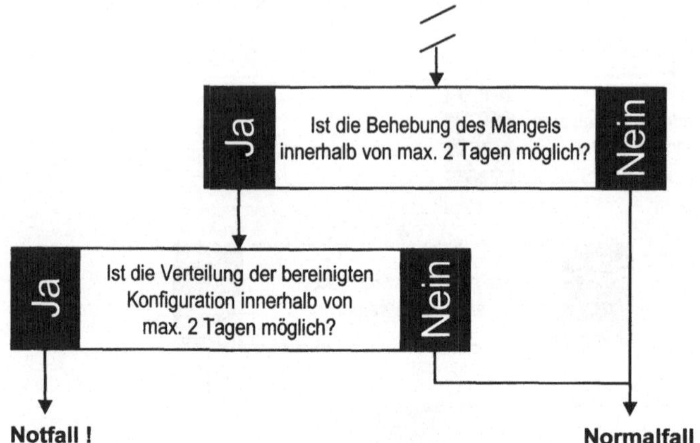

Abb. 18-5. Identifizierung des Lösungsaufwands

folgende Entscheidungsbaum basierend auf den Ergebnissen der vorausgegangenen Arbeitsschritte entsprechend durchlaufen:

Das Ergebnis des letzten Arbeitsschritts ist die gewählte Behandlungsart für die umzusetzende Änderung des Änderungsantrags (Normalfall oder Notfall).

Qualitätskriterien

Qualitätskriterien für die Festlegung der Behandlungsart sind:

- 0 ... 2% aller Änderungen werden als Notfälle behandelt (andernfalls sind die Kriterien des Entscheidungsbaums zu optimieren).
- Der Entscheidungsbaum konnte interpretationsfrei durchlaufen werden.
- Die getroffenen Entscheidungen hinsichtlich der gewählten Behandlungsart sind nachvollziehbar.

Vorausgesetztes Wissen

Bedeutung der Anwendung für den operativen Betrieb des Unternehmens.

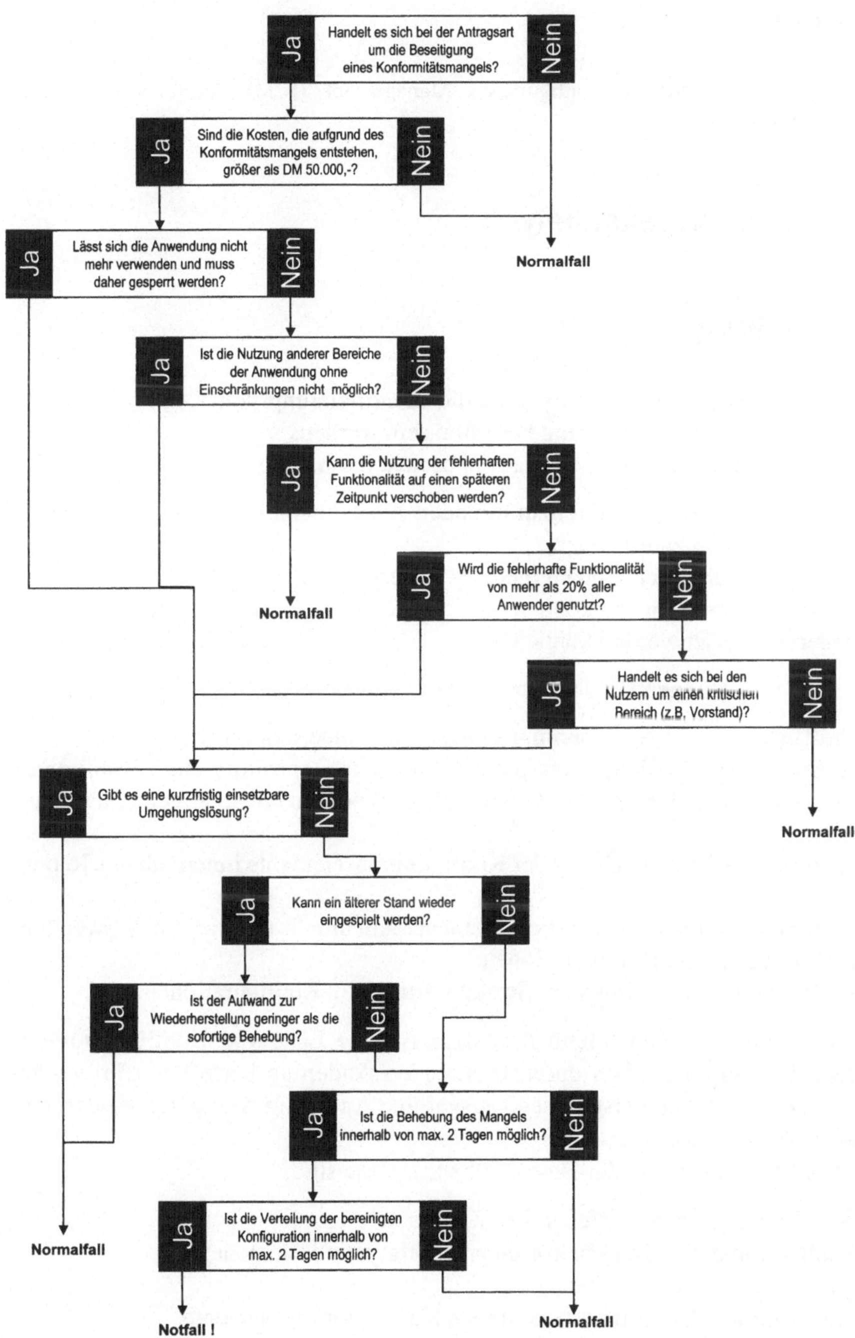

Abb. 18-6. Wahl der Behandlungsart

Literatur

[ICM-HOME] Institute of Configuration Management (ICM): Home page, http://www.icmhq.com

18.3 Betroffenheitsanalyse

Beschreibung

Das Ziel der Betroffenheitsanalyse ist die Identifizierung von Konfigurationselementen, die durch eine Änderung betroffen sein werden.

Der Nutzen der Betroffenheitsanalyse besteht darin:

- die Auswirkungen von durchzuführenden Änderungen bereits vor der eigentlichen Umsetzung zu erkennen,
- negative Folgen durch Abhängigkeiten zu vermeiden,
- frühzeitig feststellen zu können, welche Konfigurationselemente unverändert wiederverwendet werden können.

Die Voraussetzungen für die Betroffenheitsanalyse sind:

- schriftlich formulierte Änderungsanträge oder Änderungsaufträge,
- die Ablage der Konfigurationselemente in einem Repository eines Konfigurationsmanagement-Werkzeugs (KM-Repository) oder in einem allgemeinen Repository,
- die eindeutige Identifizierung der Konfigurationselemente innerhalb des Repositories,
- die Trennung von Konfigurationselement samt Inhalt und dessen Verwendung als Bestandteil von Konfigurationen,
- die Verwendung von Links zur Strukturierung von Konfigurationen.

Das Ergebnis der Betroffenheitsanalyse ist eine Liste von Konfigurationselementen, die von einer noch durchzuführenden Änderung betroffen sein werden, repräsentiert durch dementsprechend ausgefüllte Änderungsformulare (Änderungsantrag und/oder Änderungsauftrag).

Die Arbeitsschritte bei der Betroffenheitsanalyse sind:

- Identifizierung der betroffenen Konfiguration
- Identifizierung der direkt betroffenen Konfigurationselemente
- Analyse der Abhängigkeiten
- Identifizierung der indirekt betroffenen Konfigurationselemente
- Eintragung in Änderungsformulare.

Arbeitsschritte

18.3.1 Identifizierung der betroffenen Konfiguration

Bei der Identifizierung der betroffenen Konfiguration geht es darum, das betroffene Release und die mit ihm verknüpfte „interne" Konfiguration zu identifizieren. Bezogen auf die Gesamtstruktur der Konfigurationen betrifft dies die Konfiguration auf oberster Ebene innerhalb der hierarchischen Struktur (siehe z.B. Abb. 18-7).

Bevor die betroffene „interne" Konfiguration identifiziert werden kann, muss zuerst die betroffene „externe" Konfiguration, also das Release, identifiziert werden. Dies erfolgt durch Auswertung der bereits ausgefüllten Felder der Änderungsformulare, ggf. durch Rückfragen.

Hilfreiche Fragen zur Identifizierung des betroffenen Releases sind:

- Welches Anwendungssystem oder welcher Teil eines Anwendungssystems ist betroffen?
- Wie lautet die Releasebezeichnung des betroffenen Anwendungs(teil)systems?

Wurde das Release identifiziert, kann die mit diesem verknüpfte „interne" Konfiguration durch Auswertung des entsprechenden Eintrags im Release-Kalender oder unter zu Hilfenahme des KM-Werkzeugs gefunden werden.

Das Ergebnis des ersten Arbeitsschritts ist die betroffene Konfiguration, eindeutig identifiziert nach Name und Version, z.B. „Anwendungssystem S-Anwendung, 2.1" (entspricht Release „S-Anwendung, 2.0").

18.3.2 Identifizierung der direkt betroffenen Konfigurationselemente

Bei der Identifizierung der direkt betroffenen Konfigurationselemente geht es darum, diejenigen Konfigurationselemente zu identifizieren, die aufgrund einer anstehenden Änderung direkt modifiziert werden müssen.

Hierzu gehören alle Konfigurationselemente, die mit Hilfe eines geeigneten Werkzeugs manuell bearbeitet werden müssen, wie z.B. Quellcode, Modelle, Spezifikationen, etc. Dazu gehören auch Konfigurationselemente, die noch gar nicht existieren, also neu erstellt werden müssen. Nicht dazu gehören Konfigurationselemente, die im Rahmen von Build-Läufen automatisch erzeugt oder aktualisiert werden, wie z.B. Objektcode, lauffähige Programme, etc.

Welche Konfigurationselemente direkt betroffen sind, hängt stark vom Typ der Änderung ab:

- Bei Fehlerbeseitigungen sind meistens Quellprogramme auf unteren Ebenen der baumartigen Struktur direkt betroffen.
- Bei Erweiterungen und Änderungen sind oft Dokumente auf oberen Ebenen betroffen.

- Die Identifizierung der direkt betroffenen Konfigurationselemente erfolgt durch Auswertung der Felder „Ist- und Soll-Zustand" der Änderungsformulare und durch Analyse der Struktur der betroffenen Konfiguration.

Hilfreiche Fragen zur Identifizierung der betroffenen Konfigurationselemente sind:

- Welche Konfigurationselemente beschreiben den gewünschten Soll-Zustand?
- Welche Konfigurationselemente haben den gewünschten Soll-Zustand zu erfüllen?

Das Ergebnis des zweiten Arbeitsschritts ist eine Liste mit Konfigurationselementen, die von der geplanten Änderung direkt betroffen sind. Die Konfigurationselemente sind nach Typ, Name und Version identifiziert.

Im nachfolgenden Beispiel ist die im Modul 1 verwendete Copystrecke einer Legacy-Anwendung direkt von der Änderung betroffen:

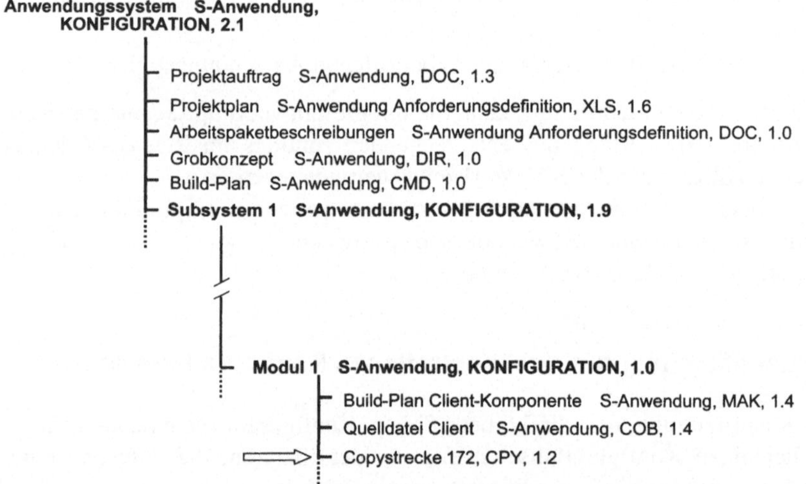

Abb. 18-7. Identifizierung eines direkt betroffenen Konfigurationselements

18.3.3 Analyse der Abhängigkeiten

Bei der Analyse der Anhängigkeiten geht es darum festzustellen, welche Abhängigkeiten für die direkt betroffenen Konfigurationselemente existieren, d.h. die für Arbeitsschritt 18.3.4 notwendigen Vorbereitungen zu treffen.

Hierbei ist für jedes in Arbeitsschritt 18.3.2 identifizierte Konfigurationselement zu prüfen, welche Abhängigkeiten existieren.
Hilfreiche Fragen zur Analyse der Abhängigkeiten sind:

- Zu welcher Konfiguration „gehört" die identifizierte Konfigurationselement-Version (owned-by)?
- In welchen anderen Konfigurationen wird die identifizierte Konfigurationselement-Version verwendet (used-by), z.B. Copystrecke (Include-Datei) die von anderen Quellprogrammen verwendet wird?
- Ist das identifizierte Konfigurationselement selbst eine Konfiguration und wenn ja, welche Konfigurationselemente sind Bestandteile davon?
- Welche Werkzeuge sind zur weiteren Verarbeitung notwendig (z.B. Compiler, Linker, etc.)?
- Welche Ergebnisse entstehen nach der weiteren Verarbeitung (z.B. Objectfile)?
- Welche Anforderungen hat das identifizierte Konfigurationselement zu erfüllen (z.B. verknüpfte Spezifikationen)?
- Gibt es innerhalb des identifizierten Konfigurationselements Hyperlinks oder Aufrufe hin zu anderen Konfigurationselementen, bzw. zu deren Inhalten (z.B. Funktionsaufruf)?
- Sind andere Versionen des Konfigurationselements gerade in Bearbeitung (z.B. im Rahmen der Notfallwartung)?
- Ist die zu ändernde Konfigurationselement-Version noch mit weiteren Änderungsaufträgen verknüpft?
- Wo ist die identifizierte Konfiguration noch im Einsatz (z.B. wohin wurde das Release verteilt)?

Die Feststellung der vorhandenen Abhängigkeiten pro identifiziertem Konfigurationselement erfolgt am einfachsten mit Hilfe eines Repositories, welches Metainformationen zu allen Konfigurationselementen einschließlich der Abhängigkeiten untereinander enthält.

Ergebnis des dritten Arbeitsschritts ist eine Liste mit Abhängigkeiten pro identifiziertem Konfigurationselement, z.B. in Form eines Reports.

Wie im Beispiel aus Arbeitsschritt 18.3.2 ersichtlich, gehört das direkt betroffene Konfigurationselement „Copystrecke 172, CPY, 1.2" zur Konfiguration „Modul 1 S-Anwendung, KONFIGURATION, 1.0", d.h. bei einer Änderung des direkt betroffenen Konfigurationselements kann auch diese Konfiguration betroffen sein. Wird die Copystrecke noch von anderen Quellprogrammen verwendet, ergeben sich zusätzliche Abhängigkeiten, wie z.B. die Abhängigkeit zu „Modul 4 Sxx-Anwendung, KONFIGURATION, 2.1" (vgl. Abb. 18-8).

18.3.4 Identifizierung der indirekt betroffenen Konfigurationselemente

Bei der Identifizierung der indirekt betroffenen Konfigurationselemente geht es darum, die Konfigurationselemente zu identifizieren, die aufgrund von Abhängigkeiten indirekt von einer anstehenden Änderung betroffen sind.

Hierbei sind für jedes direkt betroffene Konfigurationselement die in Arbeitsschritt 18.3.3 festgestellten Abhängigkeiten eingehend zu prüfen. Geprüft werden muss, ob sich aufgrund der durchzuführenden Änderung des direkt betroffenen

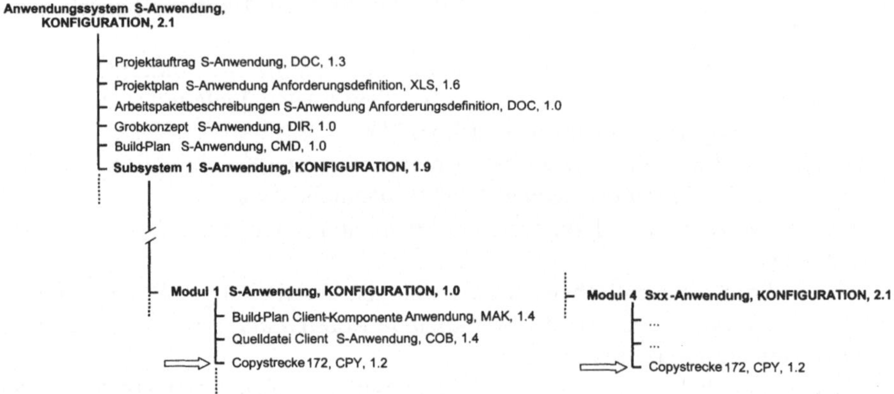

Abb. 18-8. Betroffene Konfigurationselemente

Konfigurationselements auch indirekt Änderungen an den abhängigen Konfigurationselementen ergeben.

Hilfreiche Fragen zur Identifizierung der indirekt betroffenen Konfigurationselemente sind:

- Müssen alle Abhängigkeiten dieselbe Konfigurationselement-Version verwenden?
- Falls „Nein“: Muss das indirekt betroffene Konfigurationselement die anstehende Änderung nutzen (alternativ könnte weiterhin die bestehende Version verwendet werden)?
- Muss das indirekt betroffene Konfigurationselement auch geändert werden (z.B. bei geänderten Schnittstellen)?
- Unterscheidet sich das indirekt betroffene Konfigurationselement von älteren Versionen und müssen diese Unterscheidungen äußerlich sichtbar sein (z.B. bei geänderter Includedatei ergibt sich ein geändertes Objectfile)?

Alle indirekt betroffenen Konfigurationselemente, bei denen die obigen Fragen mit „Ja“ beantwortet werden konnten, sind in die Liste der indirekt betroffenen Konfigurationselemente einzutragen.

Für jedes indirekt betroffene Konfigurationselement sind dann erneut die Abhängigkeiten durch Arbeitsschritt 18.3.3 zu analysieren und danach wieder die davon indirekt betroffenen Konfigurationselemente gemäß Arbeitsschritt 18.3.4 zu identifizieren. Diese Schleife wird so lange durchlaufen, bis eine Abhängigkeit keine weitere Auswirkung mehr hat, d.h. keine der obigen Fragen mit „Ja“ beantwortet wird.

Das Ergebnis des vierten Arbeitsschritts ist eine Liste mit Konfigurationselementen, die von der geplanten Änderung indirekt betroffen sind. Diese Konfigurationselemente sind nach Typ, Name und Version identifiziert.

Zum Beispiel kann sich ergeben, dass die neue Version des direkt betroffenen Konfigurationselements in der Konfiguration „Modul 4 Sxx-Anwendung, KONFIGURATION, 2.1“ zunächst nicht verwendet wird, d.h. dort keine weiteren Auswirkungen hat. Auf der linken Seite des Beispiels wirken sich die Änderungen jedoch indirekt bis ganz nach oben auf die Konfiguration „Anwendungssystem S-Anwendung, KONFIGURATION, 2.1“ aus:

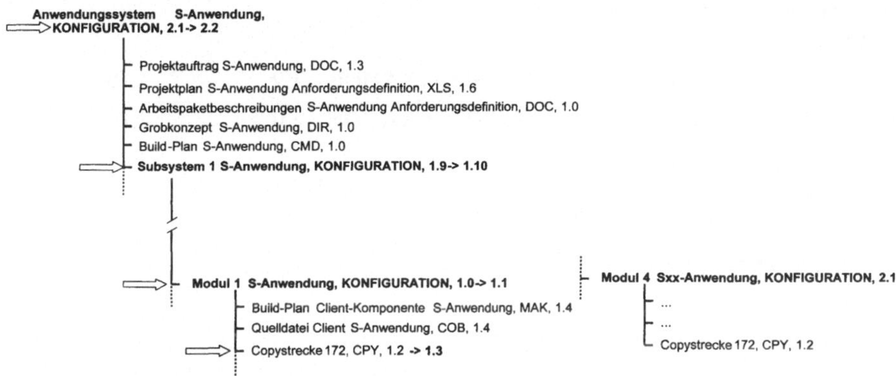

Abb. 18-9. Identifizierung indirekt betroffener Konfigurationselemente

18.3.5 Eintragung in Änderungsformulare

Bei der Eintragung in Änderungsformulare geht es darum, alle in den Arbeitsschritten 18.3.1 bis 18.3.4 identifizierten Konfigurationselemente in das Formular Änderungsantrag oder Änderungsauftrag zu übernehmen, abhängig davon, für welches Formular die Technik angewandt wurde.

Alle identifizierten Konfigurationselemente, sowohl die direkt als auch die indirekt betroffenen, werden in das Formular oder in ein Beiblatt eingetragen, gekennzeichnet nach Name, Typ und Version (alt/neu).

Das Ergebnis des fünften Arbeitsschritts ist eine Liste von Konfigurationselementen, die bei der Umsetzung der im Formular dokumentierten Änderung entweder

- direkt bearbeitet und dadurch neu gekennzeichnet oder
- indirekt von der Änderung betroffen sein werden und ebenfalls neu gekennzeichnet werden müssen.

Die Neukennzeichnung erfolgt durch Vergabe einer neuen Versionsnummer gemäß den Versionierungsregeln.

Beispiel

Tab. 18-5. Vergabe neuer Versionsnummern

Liste von betroffenen Konfigurationselementen			
Name	**Typ**	**Version alt**	**Version neu**
Anwendungssystem S-Anwendung	KONFIGURATION	2.1	2.2
Subsystem 1 S-Anwendung	KONFIGURATION	1.9	1.10
Modul 1S-Anwendung	KONFIGURATION	1.0	1.1
Copystrecke 172	CPY	1.2	1.3

Qualitätskriterien

Qualitätskriterien für die Betroffenheitsanalyse sind:

- Es sind genau die von der Änderung betroffenen Konfigurationselemente identifiziert.
- Abhängigkeiten zwischen Konfigurationselementen sind transparent und gültig.
- Nur die tatsächlich von der Änderung betroffenen Konfigurationselemente werden bearbeitet – nicht mehr und auch nicht weniger.

Vorausgesetztes Wissen

Kenntnisse zu Auswertungen von Repositories.

Literatur

[Arnold1996] Arnold, R., Bohner, S.: Software Change Impact Analysis, IEEE, 1996

18.4 Konfigurationseinrichtung

Beschreibung

Das Ziel der Konfigurationseinrichtung ist die Initialisierung von Konfigurationen und Build-Plänen zur späteren Bearbeitung unter Einhaltung von Konventionen und Richtlinien.

Der Nutzen der Konfigurationseinrichtung besteht darin:

- durch einheitliche Konventionen und Richtlinien Lesbarkeit und Verständlichkeit zu gewährleisten,
- bestehende Konfigurationen wiederzuverwenden,
- neu zu erstellende Konfigurationselemente vorher zu identifizieren,
- Ordnung in die Zustandsvielfalt von Entwicklungsergebnissen zu bringen,

Die Voraussetzungen für die Konfigurationseinrichtung sind:

- das Vorliegen von schriftlich formulierten Änderungsaufträgen,
- das Vorliegen von dokumentierten Konventionen zur Kennzeichnung von Konfigurationen und Konfigurationselementen,
- das Vorliegen von Richtlinien zur Bearbeitung von Konfigurationen und Konfigurationselementen,
- das Vorliegen einer definierten Konfigurationsstruktur,
- das Vorliegen eines Rollen- und Verantwortungskonzepts.

Das Ergebnis der Konfigurationseinrichtung ist die eingerichtete Konfiguration einschließlich Build-Plan und enthaltenen Konfigurationselementen.

Die Arbeitsschritte bei der Konfigurationseinrichtung sind:

- Identifizierung einzurichtender Konfigurationselemente
- Einrichten bestehender Konfigurationselemente
- Einrichten neuer Konfigurationselemente
- Einrichten Build-Plan.

Arbeitsschritte

18.4.1 Identifizierung einzurichtender Konfigurationselemente

Bei der Identifizierung einzurichtender Konfigurationselemente geht es darum, alle von dem Änderungsauftrag betroffenen Konfigurationen und Konfigurationselemente zu identifizieren. Hierzu gehören sowohl bereits existierende als auch neu zu erstellende Konfigurationen und Konfigurationselemente.

Der Änderungsauftrag enthält eine Liste von existierenden Konfigurationselementen, die von der Änderung betroffen sind. Jedes Konfigurationselement ist durch Name, Typ und betroffene Version eindeutig gekennzeichnet (siehe Technik *Betroffenheitsanalyse*).

Oft müssen zusätzlich neue Konfigurationselemente erstellt werden, zum Beispiel wenn

- neue Funktionalität aufgenommen oder
- bestehende Funktionalität anders strukturiert werden soll.

Indizien für neue Konfigurationselemente liefert die Auftragsart des Änderungsauftrags.

Die neu zu erstellenden Konfigurationselemente werden nach den geltenden Konventionen eindeutig gekennzeichnet und in die Liste der betroffenen Konfigurationselemente des Änderungsauftrags aufgenommen. Die Versionsbezeichnungen entsprechen dann den Initialversionen (z. B. „1.0", „0" oder „A").

Bei allen identifizierten Konfigurationselementen sind die Produktverantwortlichen zu definieren und ebenfalls in die Liste einzutragen.

Das Ergebnis des ersten Arbeitsschritts ist die vervollständigte Liste der betroffenen Konfigurationselemente des Änderungsauftrags, d.h. alle enthaltenen Elemente dürfen im Rahmen dieses Änderungsauftrags modifiziert bzw. neu angelegt werden.

Ein Beispiel für eine Liste von zu modifizierenden und zu erstellenden Konfigurationselementen sieht wie folgt aus:

Tab. 18-6. Liste der Konfigurationselemente

Name	**Typ**	**Version alt**	**Version neu**	**Produktverantwortlicher**
Anforderungskatalog S-Anwendung	DOC	1.1	1.2	PV123
Soll-Konzept S-Anwendung	KONF	1.0	1.1	PV456
Abläufe S-Anwendung	ARIS	-	1.0	PV123

18.4.2 Einrichten bestehender Konfigurationselemente

Beim Einrichten bestehender Konfigurationselemente geht es darum, alle im Rahmen des Änderungsauftrags bereits existierenden und vom Änderungsauftrag betroffenen Konfigurationen und Konfigurationselemente einzurichten.

Ausgangsbasis ist die Liste des ersten Arbeitsschritts. Alle enthaltenen Konfigurationen und Konfigurationselemente, die bereits existieren, werden für die spätere Bearbeitung vorbereitet. Hierzu gehören folgende Schritte:

- „Freischaltung" zur Bearbeitung (Reservierung)
- Festlegung der Zugriffsberechtigungen

Hilfreiche Fragen zur Festlegung der Zugriffsberechtigungen sind:

- Wer ist Produktverantwortlicher für das Konfigurationselement?
- Wer muss sonst noch bearbeitend zugreifen?
- Wer muss lesend zugreifen?

Neben den betroffenen Konfigurationen und Konfigurationselementen sind auch noch die zum Build zusätzlich benötigten Konfigurationen und Konfigurationselemente zu identifizieren und einzurichten. Klarheit verschafft eine Analyse des bestehenden Build-Plans. Jedes identifizierte Konfigurationselement ist so einzurichten, dass die Verantwortlichen des Builds lesend darauf zugreifen können.

Das Ergebnis des zweiten Arbeitsschritts sind Konfigurationselemente, die im KM-Repository für die Bearbeitung bzw. Nutzung im Rahmen des Änderungsauftrags eingerichtet wurden.

Ein Beispiel für eingerichtete, bestehende Konfigurationselemente sieht wie folgt aus:

Tab. 18-7. Liste vorhandener Konfigurationselemente

Name	Typ	Version reserviert	Produkt-verantwortlicher	Berechtigung
Anforderungskatalog S-Anwendung	DOC	1.2	PV123	PV(R/W), Team(R/O)
Soll-Konzept S-Anwendung	KONF	1.1	PV456	PV(R/W), Team (R/O)

18.4.3 Einrichten neuer Konfigurationselemente

Anhand der Liste des ersten Arbeitsschritts werden neu zu erstellende Konfigurationen und Konfigurationselemente im KM-Repository eingerichtet. Diese enthalten keinen Inhalt, sondern lediglich Metainformationen wie z.B. ID des Erstellers, Link auf Änderungsauftragsnummer etc.

Die neu einzurichtenden Konfigurationselemente sind gemäß der definierten Struktur untereinander oder mit bereits existierenden Konfigurationen zu verknüpfen.

Für jedes neu eingerichtete Konfigurationselement sind die entsprechenden Berechtigungen zu vergeben. Hilfreiche Fragen hierbei sind:

- Wer ist Produktverantwortlicher für das Konfigurationselement?
- Wer muss sonst noch bearbeitend zugreifen?
- Wer muss lesend zugreifen?

Das Ergebnis des dritten Arbeitsschritts sind neu eingerichtete, initiale Konfigurationen und Konfigurationselemente als Bestandteil des KM-Repositories.

Beispiel für ein neu zu erstellendes Konfigurationselement:

Tab. 18-8. Liste neuer Konfigurationselemente

Name	Typ	Version reserviert	Produkt-verantwortlicher	Berechtigung
Abläufe S-Anwendung	ARIS	1.0	PV123	PV (R/W), Team (R/O)

18.4.4 Einrichten Build-Plan

Beim Einrichten eines Build-Plans geht es darum, den Build-Plan zum Build der betroffenen Konfiguration für die spätere Bearbeitung entsprechend vorzubereiten Existiert bereits ein Build-Plan, ist dieser um die neu erstellten Konfigurationselemente zu ergänzen bzw. in Hinblick auf entfernte Konfigurationselemente entsprechend zu modifizieren.

Bei einer neu erstellten Konfiguration ist mindestens ein neuer Build-Plan zu erstellen. Dieser sollte aus Regeln und Abhängigkeiten bestehen, anhand derer die Konfiguration hergestellt werden kann. Alle zum Build notwendigen Bestandteile (Konfigurationselemente) müssen enthalten sein. Handelt es sich bei dem enthaltenen Konfigurationselement selbst um eine Konfiguration, ist ein Verweis auf deren Build-Plan einzubauen.

Der genaue Inhalt des Build-Plans und dessen Syntax hängt sehr stark von dem verwendeten Build-Utility ab, wobei die meisten Tools sich an die Syntax des UNIX-Makefiles angleichen.

Das Ergebnis des vierten Arbeitsschritts ist ein für den späteren Build vorbereiteter Build-Plan.

Ein Beispiel für einen Build-Plan „Serverkomponenten S-Anwendung, MAK, 1.9“ ist:

```
ServSAnw19.EXE: ServSAnw19.OBJ Std25.LIB
$(Link) ServSAnw19.OBJ Std25.LIB

ServSAnw19.OBJ: ServSAnw19.C ServSAnw15.H
$(Compile) ServSAnw19.C
```

In dem Beispiel wurden der Einfachheit halber Versionsinformationen als Bestandteil der Dateinamen angegeben. Andernfalls müssten die benötigten Versionen bei den Befehlen zum Bereitstellen der Konfigurationselemente (Check-Out) angegeben werden (z.B. „CHECKOUT (V1.9) ServSAnw.C“). Diese Befehle sind im Beispiel nicht enthalten.

Qualitätskriterien

Qualitätskriterien für die Konfigurationseinrichtung sind:

- Es wurden alle Konfigurationen und Konfigurationselemente eingerichtet, die im Rahmen des Änderungsauftrags bearbeitet werden.
- Es wurden alle Konfigurationen und Konfigurationselemente eingerichtet, die zum Build der Konfigurationen des Änderungsauftrags benötigt werden.
- Der oder die eingerichteten Build-Pläne enthalten alle Konfigurationselemente, die zum Build der Konfigurationen des Änderungsauftrags benötigt werden.

Vorausgesetztes Wissen

Kenntnisse des verwendeten KM-Werkzeugs, insbesondere hinsichtlich des Einrichtens neuer Konfigurationselemente und Konfigurationen sowie des Einrichtens von Build-Plänen.

Literatur

[McConnell1997] McConnell, S.: Software Project Survival Guide, Microsoft Press, 1997

18.5 Baselining

Beschreibung

Das Ziel des Baselining ist das Einfrieren einer Konfiguration oder eines Releases zu einem bestimmten Zeitpunkt. Verwendet wird das Konzept des Einfrierens durch Bezugskonfigurationen (Baselines).

Der Nutzen des Baselining besteht darin:

- Bezugskonfigurationen jederzeit wiederherstellen zu können,
- Änderungen an Bezugskonfigurationen nur durch Änderungsanträge einarbeiten zu können,
- Reifezustände markieren und wieder herstellen zu können,
- sofort erkennen zu können, ob und in welcher Bezugskonfiguration ein Konfigurationselement enthalten war,

- Zusammenhänge zwischen Konfigurationselementen einfrieren und wiederherstellen zu können.

Die Voraussetzung für das Baselining ist, dass alle beteiligten Konfigurationselemente in den einzufrierenden Versionen im Repository des Konfigurationsmanagementwerkzeugs (KM-Repository) vorhanden sind.

Das Ergebnis des Baselining ist eine eingefrorene Konfiguration oder ein eingefrorenes Release zu einem bestimmten Zeitpunkt.

Die Arbeitsschritte des Baselining sind:

- Identifizierung der zu einzufrierenden Konfiguration
- Identifizierung der Werkzeuge und Einstellungen
- Identifizierung der Umgebung
- Einfrieren der Bezugskonfiguration.

Arbeitsschritte

18.5.1 Identifizierung der zu einzufrierenden Konfiguration

Bei der Identifizierung der einzufrierenden Konfiguration geht es darum, innerhalb der hierarchischen Gesamtstruktur diejenige(n) Konfiguration(en) zu identifizieren, die eingefroren werden sollen. Soll zum Beispiel ein komplettes Anwendungssystem eingefroren werden, so wird es sich um die Konfiguration auf oberster Ebene handeln. Soll nur ein Teil eines Anwendungssystems eingefroren werden, wird die einzufrierende Konfiguration nicht auf oberster Ebene sein.

Alle Bestandteile der identifizierten Konfiguration werden ebenfalls mit eingefroren, d.h. die gesamte Hierarchie von Konfigurationen und Konfigurationselementen unterhalb der identifizierten Konfiguration wird Bestandteil der Bezugskonfiguration sein.

Hilfreiche Fragen zur Identifizierung der einzufrierenden Konfiguration sind:

- Welches Anwendungssystem oder welcher Teil eines Anwendungssystems soll eingefroren werden?
- Wie lautet die Bezeichnung der Konfiguration des einzufrierenden Anwendungs(teil)systems?

Das Ergebnis des ersten Arbeitsschritts ist die einzufrierende Konfiguration, eindeutig identifiziert durch Name, Typ und Version, z.B. „Anwendungssystem S-Anwendung, KONFIGURATION, 2.1“ oder „Host-Komponente S-Anwendung, KONFIGURATION, 2.0“.

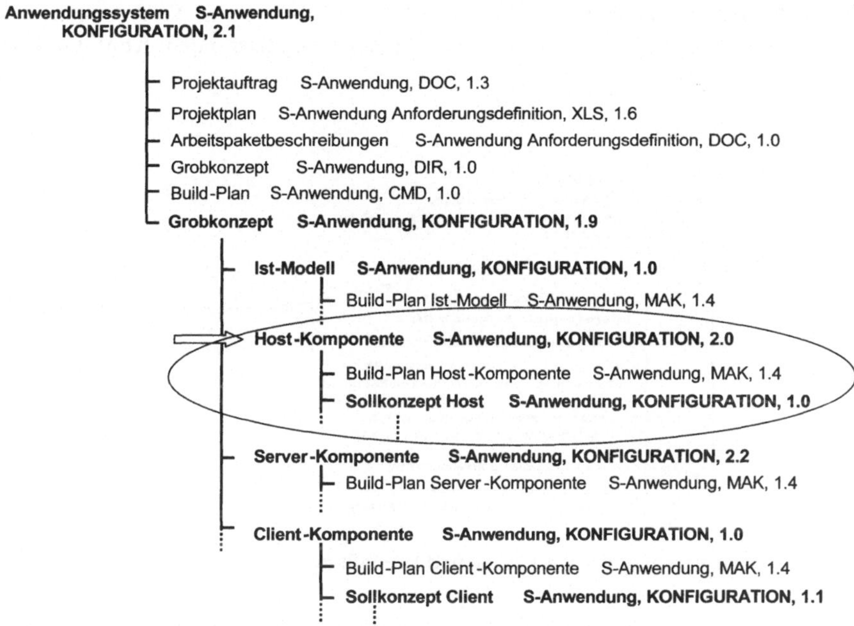

Abb. 18-10. Identifizierung der einzufrierenden Konfiguration

18.5.2 Identifizierung der Werkzeuge und Einstellungen

Bei der Identifizierung der Werkzeuge und Einstellungen geht es darum, alle Konfigurationselemente und deren Einstellungen zu identifizieren, die für die Erzeugung der einzufrierenden Konfiguration benötigt werden und nicht direkter Bestandteil dieser sind.

Hierzu gehören zum Beispiel Compiler und Linker, aber auch das Make-Utility, welches für die Abarbeitung der Build-Pläne benötigt wird.

Um sicherstellen zu können, dass alle Werkzeuge identifiziert wurden, empfiehlt es sich, einen erneuten Build-Lauf ausschließlich anhand der identifizierten Werkzeuge und Einstellungen auf einer neutralen Maschine durchzuführen.

Befinden sich die identifizierten Werkzeuge auch im KM-Repository, so sind diese mit den jeweiligen Build-Plänen zu verknüpfen. Die Verknüpfung erfolgt idealerweise innerhalb des verwendeten KM-Tools. Verfügt dieses nicht über Verknüpfungsmöglichkeiten, muss die Verknüpfung durch ein Dokument erfolgen. Es bietet sich an, die identifizierten Werkzeuge in den jeweiligen Konfigurations-Identifikationsdokumenten einzutragen und dadurch eine Art der Verknüpfung herzustellen.

Die benötigten Einstellungen sollten alle in den Build-Plänen selbst enthalten sein.

Das Ergebnis des zweiten Arbeitsschritts ist eine Liste mit Werkzeugen und deren Einstellungen, die für die Erzeugung der einzufrierenden Konfiguration benötigt werden.

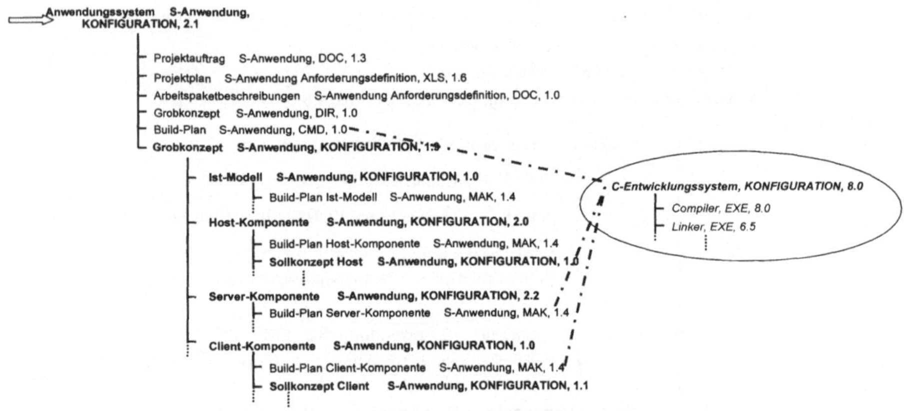

Abb. 18-11. Identifizierung der Werkzeuge und Einstellungen

18.5.3 Identifizierung der Umgebung

Bei der Identifizierung der Umgebung geht es darum, die Umgebung und deren Einstellungen reproduzierbar festzuhalten.

Die Umgebung ist derart zu beschreiben, dass diese ausgehend von einer neutralen Maschine ohne Betriebssystem und weitere Fremdprogramme jederzeit wieder hergestellt werden kann.

Hilfreiche Fragen zur Identifizierung der Umgebung sind:

- Welche Hardwarevoraussetzungen sind zu erfüllen?
- Welche Betriebssystemversion wird benötigt?
- Welche Service-Packs sind einzuspielen?
- Welche sonstigen Werkzeuge, die nicht Bestandteil des Betriebssystems sind, werden benötigt?
- Welche Einstellungen in Parameterdateien des Betriebssystems oder der sonstigen Werkzeuge werden benötigt (z.B. Registry)?
- Welche Zugriffsberechtigungen sind notwendig?

Wurde die Umgebung identifiziert, sind alle Einstellungen in einem Dokument einzutragen. Dieses wird Bestandteil der einzufrierenden Konfiguration. Kann die identifizierte Umgebung automatisiert wieder hergestellt werden, z.B. durch Verwendung von Tools zur Softwareverteilung, genügt es, die Informationen, die hierfür benötigt werden, abzulegen.

Ergebnis des dritten Arbeitsschritts ist die wiederherstellbare Umgebung als Bestandteil der einzufrierenden Bezugskonfiguration.

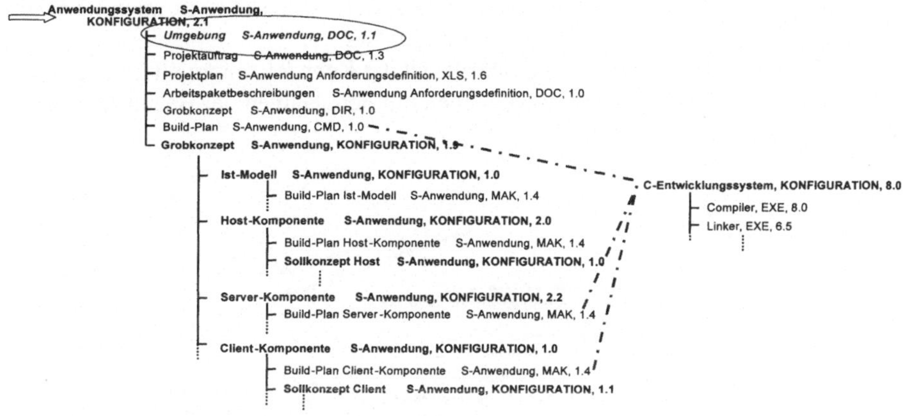

Abb. 18-12. Identifizierung der Umgebung

18.5.4 Einfrieren der Bezugskonfiguration

Beim Einfrieren der Bezugskonfiguration geht es darum, die aktuelle Konfiguration derart einzufrieren, dass diese zu einem späteren Zeitpunkt wiederhergestellt werden kann.

Meistens wird es sich bei der einzufrierenden Konfiguration um ein noch auszulieferndes Release handeln. Es kann jedoch auch notwendig sein, Zwischenstände in Form von Bezugskonfigurationen einzufrieren. Zum Beispiel sollten erreichte Meilensteine innerhalb des Lebenszyklus' eingefroren werden.

Beim Einfrieren der Bezugskonfiguration werden alle in den Arbeitsschritten 18.5.1 bis 18.5.3 identifizierten Konfigurationselemente einschließlich deren Bestandteile in ihren aktuellen Versionen mit der Bezugskonfiguration verknüpft. Die Art der Verknüpfung ist sehr stark abhängig von dem verwendeten KM-Werkzeug.

Die Bezeichnung der Bezugskonfiguration sollte nach festgelegten Namenskonventionen erfolgen. Bezeichnungen von Bezugskonfigurationen müssen eindeutig sein.

Werkzeuge, die keine Datenbank verwenden, versehen die jeweiligen Versionen von Konfigurationselementen physisch mit einem sogenannten „Versionslabel". Zur Wiederherstellung einer Bezugskonfiguration müssen dann alle Konfigurationselemente sequentiell im KM-Repository nach diesem Label durchforstet werden. Dies kann u.U. lange dauern.

Werkzeuge mit Datenbank verknüpfen die jeweiligen Versionen mit der Bezugskonfiguration. Zur Wiederherstellung genügt es dann, die indizierten Verknüpfungen zu analysieren.

Streng genommen entspricht eine Bezugskonfiguration einer Stückliste, in der alle Konfigurationen aller Ebenen, aufgelöst in Konfigurationselemente, eingetragen sind. Abb. 18-13 deutet die Gesamtmenge der Bezugskonfiguration „Anwendungssystem S-Anwendung V2.5 (01.01.2000)“ an.

Das Ergebnis des vierten Arbeitsschritts ist die Kennzeichnung aller zuvor identifizierten Konfigurationselement-Versionen mit dem Namen der Bezugskonfiguration.

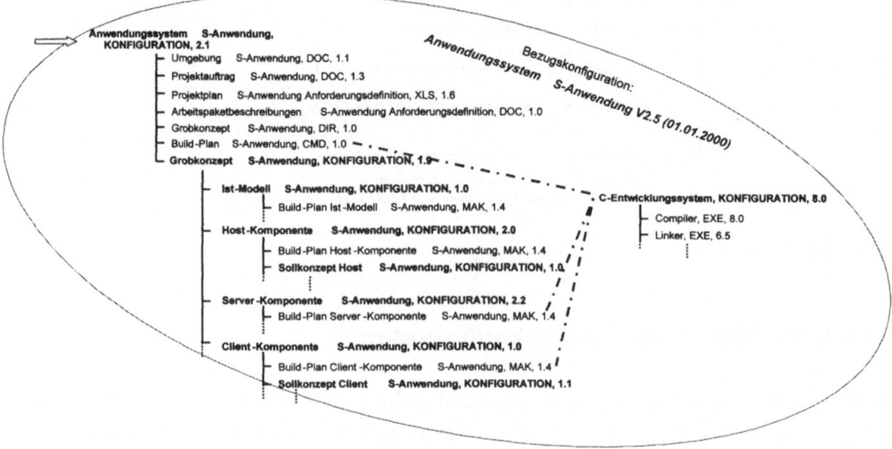

Abb. 18-13. Einfrieren der Bezugskonfiguration

Qualitätskriterien

Qualitätskriterien für das Baselining sind:

- Es wurden alle Konfigurationselemente identifiziert, die Bestandteil der Konfiguration sind.
- Es wurden alle Werkzeuge und deren Einstellungen identifiziert, die notwendig sind, um die Konfiguration jederzeit wiederherstellen zu können.
- Die notwendige Umgebung wurde identifiziert.
- Alle Parameter der Umgebung wurden dokumentiert.
- Es wurden die richtigen Konfigurationselement-Versionen mit der Bezugskonfiguration gekennzeichnet.
- Die Wiederherstellung wurde anhand der eingefrorenen Konfigurationselemente auf einer neutralen Maschine bestätigt.

Vorausgesetztes Wissen

Baselining-Funktionalität des verwendeten KM-Werkzeugs.

Literatur

[Ben-Menachem1994] Ben-Menachem, M.: Software Configuration Management Guidebook, McGraw-Hill, 1994
[McConnell1997] McConnell, S.: Software Project Survival Guide, Microsoft Press, 1997

18.6 Konfektionierung von Verteilpaketen

Beschreibung

Das Ziel der Konfektionierung von Verteilpaketen ist die effektive Verteilung von Software durch optimal konfektionierte Verteilpakete.

Der Nutzen der Konfektionierung von Verteilpaketen besteht darin, Releases zeit- und kostenoptimiert zu verteilen.

Die Voraussetzung für die Konfektionierung von Verteilpaketen ist das Vorliegen von Informationen über die Zielkonfigurationen, d.h. die Konfiguration der jeweiligen Maschine und welche Releases dort gerade in Betrieb sind.

Das Ergebnis der Konfektionierung von Verteilpaketen sind Auslieferereinheiten, die mit Hilfe von Verteilungswerkzeugen auf die Zielplattformen verteilt werden.

Die Arbeitsschritte bei der Konfektionierung von Verteilpaketen sind:

- Identifizierung der Zielkonfigurationen
- Identifizierung des Distributionsmediums
- Identifizierung der Lieferkonfigurationen
- Erstellung des Verteilpakets.

Arbeitsschritte

18.6.1 Identifizierung der Zielkonfigurationen

Bei der Identifizierung der Zielkonfigurationen geht es darum festzustellen, welche Konfigurationen derzeit in Betrieb sind und wo sich diese befinden. Als Zielkonfiguration wird die Software-Konfiguration der jeweiligen Maschine bezeichnet, auf der die zu verteilende Software eingesetzt werden soll.

Zur Zielkonfiguration gehören neben den zu verteilenden Anwendungssystemen auch das Betriebssystem und Fremdsoftware. Zur Minimierung der Konfigurationsvielfalt sollten identische Maschinentypen innerhalb einer Zielgruppe auch mit identischen Konfigurationen ausgestattet sein.

Hilfreiche Fragen bei der Identifizierung der Zielkonfigurationen sind:

- Welche unterschiedlichen, in Betrieb befindlichen Zielkonfigurationen existieren innerhalb der Organisation?
- Wie sehen die Zuordnungen von Maschine zu Zielkonfiguration aus?
- Aus welchen Bestandteilen besteht die jeweilige Zielkonfiguration?
- In welchen Zielkonfigurationen kommt die zu verteilende Konfiguration vor, d.h. welche Zielkonfigurationen sind von der geplanten Verteilung betroffen?

Jede Zielkonfiguration ist eindeutig durch Name, Typ und Version zu identifizieren.

Beispiel: „Notebook-Außendienst, KONFIGURATION, 1.7“

Um feststellen zu können, wo sich welche Zielkonfiguration befindet, sind diese mit den eindeutigen IDs der Hardware zu verknüpfen (z. B. Inventarnummern). Die Bestandteile der jeweiligen Zielkonfiguration werden im KM-Repository in Form eines Konfigurations-Identifikationsdokuments (KID) abgelegt.

Zum Beispiel besteht die Konfiguration „Notebook-Außendienst“ in der Version 1.7 aus folgenden Bestandteilen:

- Windows-NT, KONFIGURATION, 4.0
- NT-Servicepack, KONFIGURATION, 6
- MS-Office, KONFIGURATION, 8.0
- Client-Komponente S-Anwendung Windows, KONFIGURATION, 1.4

Nach jeder erfolgreichen Verteilungsaktivität sind die Zielkonfigurationen innerhalb des KM-Repositories zu erneuern, wobei die Rückmeldungen der Verteilung entscheidend sind, d.h. wo wurde das neue Release der Anwendung auch tatsächlich installiert.

Das Ergebnis des ersten Arbeitsschritts ist eine Liste mit den zu bedienenden Zielkonfigurationen und den zugeordneten Maschinen.

Tab. 18-9. Festlegung Zielkonfiguration

Zielkonfiguration	Maschine(n)
Notebook-Außendienst, KONFIGURATION, 1.7	NB10000 NB10001 NB10010
PC-Innendienst, KONFIGURATION, 1.8	WS10001 WS10009

18.6.2 Identifizierung des Distributionsmediums

Bei der Identifizierung des Distributionsmediums geht es darum, festzustellen, welche Anforderungen und Grenzwerte in Bezug auf die physische Verteilung existieren, und die daraus resultierenden Distributionsmedien abzuleiten.

Generell gibt es folgende Verteilungsmöglichkeiten:

- Versand Datenträger
- Verteilung im Netzwerk (Push Technik)
- Bereitstellung im Netzwerk (Pull Technik, Download)
- Vor-Ort Aktualisierung
- Zentrale Aktualisierung

Welche Möglichkeit im jeweiligen Fall gewählt wird, hängt von den äußeren Gegebenheiten ab.
Hilfreiche Fragen zur Identifizierung der Distributionsmedien sind:

- Ist die Zielmaschine ständiges Mitglied eines Netzwerks?
- Arbeitet die Zielmaschine vorwiegend autark (offline), hat jedoch gelegentlich Zugriff auf das Netzwerk?
- Arbeitet die Zielmaschine ausschließlich autark ohne Zugriffsmöglichkeiten auf das Netzwerk?
- Ist der zeitliche Verteilungsaufwand über das Netzwerk sehr hoch bzw. durch die Bandbreite des Netzwerks stark eingeschränkt?
- Müssen im Rahmen der Aktualisierung Maschinenparameter manuell angepasst werden?
- Sind genügend Ressourcen für eine Vor-Ort Aktualisierung vorhanden?
- Werden die Maschinen zu bestimmten Zeitpunkten in die „Werkstatt" geholt und kann die Aktualisierung bis dann warten?
- Welche Kosten entstehen durch die jeweilige Distributionsart?
- Handelt es sich um eine Erstauslieferung?

Sollte die „Verteilung im Netzwerk" gewählt werden, so kann diese nahezu automatisiert durch spezielle Verteilungssoftware erfolgen. Rückmeldungen über den erfolgreichen Empfang und den Einsatz der verteilten Konfiguration können einfach ausgewertet und archiviert werden.

Eine „Vor-Ort" oder „zentrale Aktualisierung" ist kosten- und ressourcenintensiv und nur für kleine „Stückzahlen" sinnvoll.

Der „Datenträgerversand" ist dann zweckmäßig, wenn die Bandbreite des Netzwerks gering und die zu verteilende Datenmenge groß ist. In diesem Fall müssen jedoch spezielle Vorkehrungen getroffen werden, um Rückmeldungen zu erhalten. Dies kann im einfachsten Fall von der auszufüllenden Registrierkarte bis hin zu einer automatischen Online-Registrierung beim ersten Start der Software gehen.

Die „Bereitstellung im Netzwerk" ist ideal, wenn die Zielmaschinen nicht ständig im Netz sind, zum Beispiel, wenn es sich um Außendienst-PCs handelt. Diese lässt sich auch sehr gut mit der Push-Technologie kombinieren, indem die Zielmaschinen über die Bereitstellung neuer Konfigurationen informiert und diese beim nächsten Login automatisch heruntergeladen werden.

Das Ergebnis des zweiten Arbeitsschritts ist ein gewähltes Distributionsmedium oder ggf. mehrere.

Beispiel

Ein Unternehmen hat folgende Umgebung:

- 2 Standorte
- pro Standort 1000 Arbeitsstationen im lokalen Netzwerk (100 Mbit/s)
- zusätzlich 200 Notebooks des Außendiensts
- der Außendienst ist weitestgehend autark, kann sich jedoch durch spezielle Einwahlknoten über Updates informieren und diese ggf. herunterladen

In diesem Fall würden folgende Distributionsmedien gewählt:

- Verteilung im Netzwerk für die jeweils 1000 Arbeitsstationen, wobei aus Performancegründen mit 2 „Verteilungsservern" gearbeitet wird.
- Für die Notebooks werden die Verteilpakete zum Download bereitgestellt.
- Vom Notebook kann mit älteren Konfigurationen nicht mehr auf die Serverprogramme zugegriffen werden, die Anwender werden zum Update aufgefordert.
- Beim erstmaligen Zugriff mit der heruntergeladenen neueren Konfiguration wird die Maschinen-ID erfasst und die Konfigurationsliste aus Arbeitsschritt eins entsprechend erweitert.

18.6.3 Identifizierung der Lieferkonfigurationen

Bei der Identifizierung der Liefereinheit geht es darum festzustellen, welche Konfigurationen wohin verteilt werden müssen.

Die Lieferkonfigurationen müssen hierbei den aus Arbeitsschritt 18.6.1 identifizierten Zielkonfigurationen zugeordnet werden. Wurden bereits ältere Konfigurationen verteilt, kann im Idealfall die Zuordnung eins zu eins erfolgen. Dies geht jedoch nur dann, wenn sich an der Konfigurationsstruktur nichts geändert hat. Andernfalls sind, wie bei einer „Erstverteilung", neue Zuordnungen vorzunehmen.

Die Zuordnung sieht im Beispiel folgendermaßen aus:

Tab. 18-10. Lieferkonfiguration

Zielkonfiguration	Lieferkonfiguration
Notebook-Außendienst, KONFIGURATION, 1.7	Client-Komponente S-Anwendung Windows, KONFIGURATION, 1.5
PC-Innendienst, KONFIGURATION, 1.8	Client-Komponente S-Anwendung Windows, KONFIGURATION, 1.5
OS/2-Workstation, KONFIGURATION, 1.2	Client-Komponente S-Anwendung OS/2, KONFIGURATION, 1.5
AIX-Server, KONFIGURATION, 1.4	Server-Komponente S-Anwendung, KONFIGURATION, 1.3

Das Ergebnis des dritten Arbeitsschritts ist die Liste mit identifizierten und zugeordneten Lieferkonfigurationen.

18.6.4 Erstellung des Verteilpakets (Zwischendateien oder direkt, komplett oder Teile)

Bei der Erstellung des Verteilpakets geht es darum, für die jeweilige Zielkonfiguration das passende Verteilpaket zu erstellen.

Die Verteilpakete werden abhängig von dem gewählten Distributionsmedium und den Zuordnungen zwischen Lieferkonfiguration und Zielkonfiguration erstellt.

Im einfachsten Fall enthält ein Verteilpaket die komplette Lieferkonfiguration für die entsprechende Zielkonfiguration. Dies entspricht einer Erstauslieferung, wobei diese aus Performancegründen durch ein anderes Distributionsmedium erfolgt als Nachlieferungen im Rahmen der Softwareverteilung.

Optimiert werden Verteilpakete, wenn bei Nachlieferungen nur die geänderten Teile verteilt und in den Zielkonfigurationen ausgetauscht werden.

Anhand der Zuordnung zwischen Zielkonfiguration und Lieferkonfiguration kann ermittelt werden, welche Teile der Zielkonfiguration erneuert werden müssen. Dazu müssen die Konfigurationen weiter analysiert und die jeweiligen Teilkonfigurationen zwischen Ziel- und Lieferkonfiguration verglichen werden.

Im nachfolgenden Beispiel genügt es, die DLLs „Benutzerschnittstelle“ und „Hilfe“ zu aktualisieren:

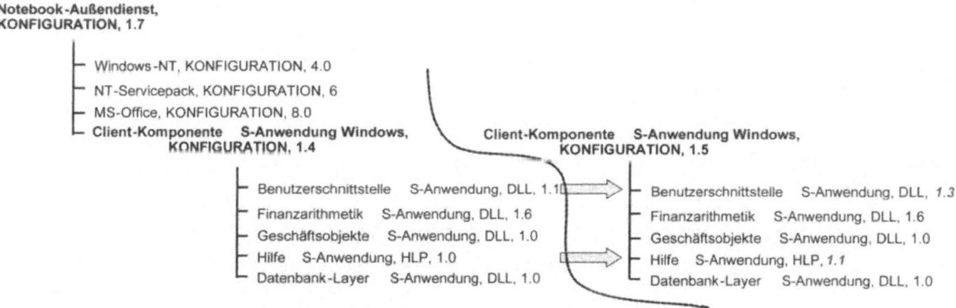

Abb. 18-14. Erstellung des Verteilpaketes (1)

Das Verteilpaket, welches selbst auch eine Konfiguration darstellt und im KM-Repository abgelegt wird, würde dann folgendermaßen aussehen:

Verteilpaket

Update Client-Komponente S-Anwendung Windows 1.4 -> 1.5,

KONFIGURATION, 1.0

- Installationsskript Update S-Anwendung von 1.4 nach 1.5, CMD, 1.0
- Benutzerschnittstelle S-Anwendung, DLL, ***1.3***
- Hilfe S-Anwendung, HLP, ***1.1***

Abb. 18-15. Erstellung des Verteilpaketes (2)

Das Ergebnis des vierten Arbeitsschritts ist das Verteilpaket in Form einer Konfiguration.

Qualitätskriterien

Qualitätskriterien für die Konfektionierung von Verteilpaketen sind:

- Alle Zielkonfigurationen sind eindeutig identifizierbar.
- Es ist identifizierbar, welche Maschine welche Zielkonfiguration enthält.
- Die Bestandteile der Zielkonfigurationen entsprechen stets den tatsächlich auf der jeweiligen Maschine installierten Teilen.
- Es lassen sich Verteilpakete bilden, die nur die geänderten Teile beinhalten. Dadurch werden die Verteilzeiten optimiert.

Vorausgesetztes Wissen

Kenntnisse zur Software-Verteilung.

Literatur

[Bays1999] Bays, M.: Software Release Methodology, Prentice-Hall, 1999

19 Sicherheit

19.1 Ermittlung sicherheitsrelevanter Rahmenbedingungen

Beschreibung

Das Ziel der Ermittlung sicherheitsrelevanter Rahmenbedingungen ist es aufzuzeigen, welche rechtlichen, organisatorischen und technischen Rahmenbedingungen für die Sicherheit des zu entwickelnden Anwendungssystems relevant sind.

Der Nutzen der Ermittlung sicherheitsrelevanter Rahmenbedingungen besteht darin, eine Basis bereitzustellen für:

- die Definition der anwendungsspezifischen Sicherheitsziele (vgl. Technik *Festlegung Sicherheitsziele*),
- die Formulierung der *allgemeinen Sicherheitsanforderungen* an das Anwendungssystem (siehe Technik *Ableitung Sicherheitsanforderungen*),
- die Ableitung der Höhe des Evaluationsziels (vgl. Technik *Definition Evaluationsziel*).

Die Voraussetzungen für die Ermittlung sicherheitsrelevanter Rahmenbedingungen sind die genaue Kenntnis sowohl des rechtlichen Umfeldes, als auch der organisatorischen Voraussetzungen und Vorgaben, in deren Rahmen die Anwendung entwickelt werden soll. Zu diesen *übergeordneten* Rahmenbedingungen gehört dabei auch eine unternehmensspezifische *Sicherheitspolitik* (z.B. SIZ Standard der IT-Sicherheit [SIZ1998]), die Vorgaben und Regelungen über die angestrebten Sicherheitsziele und die für ihre Erreichung einzusetzenden Verfahren festlegt.

Das Ergebnis der Ermittlung sicherheitsrelevanter Rahmenbedingungen ist ein *anwendungsspezifischer* Katalog von Rahmenbedingungen, der bei der weiteren Anwendungsentwicklung zu beachten ist und aus dem sich die anwendungsspezifischen Sicherheitsanforderungen ableiten lassen.

Für jede ermittelte Rahmenbedingung wird dabei jeweils die Relevanz für die formulierten Sicherheitsziele Vertraulichkeit, Verfügbarkeit, Integrität und Verbindlichkeit (definiert in der Technik *Festlegung Sicherheitsziele*) berücksichtigt.

Die Arbeitsschritte der Ermittlung sicherheitsrelevanter Rahmenbedingungen sind:

- Ermittlung rechtlicher und organisatorischer Rahmenbedingungen
- Ermittlung technischer Rahmenbedingungen.

Arbeitsschritte

19.1.1 Ermittlung rechtlicher und organisatorischer Rahmenbedingungen

In diesem Arbeitsschritt werden die rechtlichen und organisatorischen Rahmenbedingungen für das Anwendungssystem ermittelt.

Diese ergeben sich aus den gesetzlichen Regelungen und Vorschriften, die für die Aufgaben definiert sind, die das Anwendungssystem unterstützen bzw. ausführen soll. Hier sollte die Rechtsabteilung mit einbezogen werden, da diese über den aktuellen Stand der gesetzlichen Regelungen und deren jeweilige Relevanz für das Anwendungsgebiet informiert ist. Dies ist insbesondere für die Interpretation von Gesetzen wichtig, da diese oft erst im Rahmen der Rechtsprechung eine ausreichende Konkretisierung erfahren.

Aus dem organisatorischen Umfeld, in dem das Anwendungssystem eingesetzt werden soll, ergeben sich weitere Rahmenbedingungen. Dabei können einzelne Regelungen sowohl organisatorische als auch rechtliche Bedeutung haben. Im Umfeld der Sparkassen-Finanzgruppe können beispielsweise u.a. folgende Gesetze, Verordnungen und Regelungen, Rahmenbedingungen für die Sicherheit enthalten:

- Verbandsanforderungen, z.B. über einzusetzende Berechtigungssysteme,
- organisationsinterne Vorschriften (z.B. SIZ-Standard der IT-Sicherheit [SIZ1998]).
- vertragliche Vorschriften,
- Datenschutzgesetze für die Verarbeitung personenbezogener Daten,
- Online Recht (z.B. Telekommunikationsgesetze, Signaturgesetz),
- Vertragsrecht (HGB, BGB),
- Gesellschaftsrecht (z.B. KonTraG),
- Finanzrecht und weitere gesetzliche Regelungen (siehe OPDV [DSV2000a], FAMA [DSV2000b], GOBS [DSV2000c], HGB, AO)

Insbesondere sind auch zukünftige Gesetze und Regelungen frühzeitig zu berücksichtigen. Das Ergebnis dieses Arbeitsschrittes ist eine Liste der für die Sicherheit des Anwendungssystem relevanten rechtlichen und organisatorischen Rahmenbedingungen.

19.1.2 Ermittlung technischer Rahmenbedingungen.

In diesem Arbeitsschritt werden die technischen Rahmenbedingungen für das Anwendungssystem auf Sicherheitsrelevanz untersucht.

Dazu wird die geplante Einsatzumgebung des Anwendungssystems analysiert. Bereits übergreifend gefällte Produktentscheidungen werden mit berücksichtigt. Die vorhandenen technischen Komponenten und Systeme werden daraufhin untersucht, in welchem Zusammenhang sie mit dem Anwendungssystem stehen und welche Auswirkungen ihre Interaktion mit dem zu entwickelnden Anwendungssystem aus Sicht der Sicherheit hat.

Dabei dienen die für die bestehenden Systeme der Einsatzumgebung ermittelten Rahmenbedingungen als Grundlage. Es muss jeweils geprüft werden, ob diese für das zu entwickelnde Anwendungssystem einfach übernommen werden können oder ob sich durch die Integration neue Bedingungen ergeben.

Wird beispielsweise in der Einsatzumgebung davon ausgegangen, dass die zwischen zwei Objekten ausgetauschten Daten grundsätzlich verschlüsselt werden, so ergibt sich als eine technische Rahmenbedingung für das neu zu erstellende Anwendungssystem, dass die Daten bei der Kommunikation mit Objekten der Einsatzumgebung ebenfalls verschlüsselt werden müssen.

Zur Ermittlung der technischen Rahmenbedingungen werden u.a. die folgenden Komponenten, Systeme und übergeordneten Konzepte betrachtet:

- zu nutzende Berechtigungssysteme (technisch vorhanden),
- verwendete Datenbanksysteme,
- Zielsystemumgebung (Betriebssystem, Datenbanksystem, Netzwerk),
- Recovery-Verfahren,
- Fehlerkonzept,
- Transaktionskonzept,
- Verteilte Verarbeitung,
- Kommunikationssysteme,
- Zwischenschichten,
- Speicherbelegung,
- Migrationsmechanismen,
- Datenhaltung,
- Archivierung.

Die Liste sollte regelmäßig auf Vollständigkeit geprüft und bezüglich des Einsatzes neuer Technologien auf dem aktuellen Stand gehalten werden.

Jede identifizierte sicherheitsrelevante Rahmenbedingung wird festgehalten und mit einer Referenz auf die Fundstelle versehen. Zusätzlich wird ihre Relevanz für die definierten Sicherheitsziele festgehalten. Dies kann erste Anhaltspunkte zur späteren Verfeinerung der Anforderungen und der sich daraus ergebenden Auswahl konkreter Sicherheitsmechanismen (z.B. Verschlüsselung mit IDEA) ergeben.

Beispiel

Das entwickelte Anwendungssystem bezieht einen Teil seiner Eingabedaten aus einer zentralen Datenbank. Diese implementiert ein spezifisches Authentisierungsverfahren (z.B. TACACS) zur Zugriffskontrolle auf die einzelnen Datensätze. Die Anwendung muss dieses Verfahren nutzen, um den Zugriff auf die Daten zu erhalten. Als Rahmenbedingung ergibt sich daraus die Berücksichtigung des Authentisierungsverfahrens.

Das Ergebnis dieses Arbeitsschrittes ist eine Liste der für das Anwendungssystem sicherheitsrelevanten technischen Rahmenbedingungen.

Qualitätskriterien

Qualitätskriterien für die Ermittlung der sicherheitsrelevanten Rahmenbedingungen sind:

- Alle relevanten Quellen wurden identifiziert.
- Alle ermittelten Rahmenbedingungen sind mit einer Referenz versehen.
- Jede Rahmenbedingung ist auf ihre Relevanz für die Sicherheitsziele hin bewertet.

Vorausgesetztes Wissen

- Genaue Kenntnis des aktuellen rechtlichen Umfelds des zu entwickelnden Anwendungssystems.
- Kenntnisse über dessen Einsatzumgebung (technisch und organisatorisch),
- Systemkenntnisse (Betriebssystem, Datenbanken, Kommunikationssysteme), um die durch diese Systemumgebung vorgegebenen Bedingungen bewerten zu können.

Literatur

[DSV2000a] Deutscher Sparkassen Verlag GmbH (DSV): Handbuch Ordnungsmäßigkeit und Prüfung der Datenverarbeitung, Stellungnahmen/Verlautbarungen FA OPDV, Teil A, Stuttgart, 2000

[DSV2000b] Deutscher Sparkassen Verlag GmbH (DSV): Handbuch Ordnungsmäßigkeit und Prüfung der Datenverarbeitung, Stellungnahmen und Arbeitsergebnisse des Fachausschusses für moderne Abrechnungssysteme, Teil B, Stuttgart, 2000

[DSV2000c] Deutscher Sparkassen Verlag GmbH (DSV): Handbuch Ordnungsmäßigkeit und Prüfung der Datenverarbeitung, Grundsätze ordnungsmäßiger DV-gestützter Buchhaltung (GOBS), Teil E, Kap. 6, Stuttgart, 2000

[SIZ1998] Informatikzentrum der Sparkassenorganisation GmbH (SIZ): Standard der IT-Sicherheit, Version 2.0, Bonn,1998

19.2 Festlegung der Sicherheitsziele

Beschreibung

Das Ziel der Festlegung der Sicherheitsziele ist das Festhalten der allgemeinen Sicherheitsziele als Ausgangsbasis bei der Erstellung eines Sicherheitskonzepts für die betrachtete Anwendung.

Der Nutzen der Festlegung der Sicherheitsziele besteht darin, in Rückkopplung mit den sicherheitsrelevanten Rahmenbedingungen, anwendungsspezifische Sicherheitsziele vorzu-geben, aus denen sich dann mit Hilfe der Sicherheitsanalyse (siehe Techniken *Schutzbedarfsanalyse, Sicherheitsrisikoanalyse*) die konkreten Sicherheitsanforderungen an das Anwendungssystem bzw. Teilsystem entwickeln lassen. Zur Erreichung der definierten Sicherheitsziele werden diese dann durch entsprechende Sicherheitsfunktionalitätsklassen (z.B. Identifikation, Authentisierung, Zugriffskontrolle, Kommunikationssicherheit, Beweissicherung) untersetzt.

Die Voraussetzungen für die Festlegung der Sicherheitsziele sind die allgemeinen und die anwendungsspezifischen Rahmenbedingungen sowie die Beteiligung von Entscheidungs-trägern.

Das Ergebnis der Festlegung der Sicherheitsziele sind die festgelegten Sicherheitsziele und die Einordnung jedes einzelnen Sicherheitsziels in eine Sicherheitsklasse.

Der Begriff *IT-Sicherheit* ist im Rahmen dieser Technik im Sinne des englischen Begriffs *security* zu verstehen und umfasst nicht oder nur am Rande Themen wie Qualitätssicherung oder Programmiersicherheit (*safety*). Sicherheit wird in der Regel (vgl. [ISO/IEC1999a], [ISO/IEC1999b], [ISO/IEC1999c], [BSI1998], [EU1992], [SIZ1998]) durch die folgenden *Sicherheitsziele* charakterisiert:

- Vertraulichkeit:
  Schutz vor unbefugter Preisgabe von Informationen oder deren Existenz sowie Schutz vor unbefugter Preisgabe der Identität bei der Nutzung eines Dienstes (Anonymität).
- Integrität:
  Schutz vor unbefugter Veränderung oder Wiedereinspielung von Informationen (Validität) sowie Schutz vor unbefugter Manipulation von Diensten und Betriebsmitteln.
- Verfügbarkeit:
  Schutz vor unbefugter oder unbeabsichtigter Vorenthaltung von Informationen oder Betriebsmitteln.

- Verbindlichkeit:
  Schutz der Urheberschaft, Sicherung der Beweiskraft und Nicht-Abstreitbarkeit.
  Für jedes dieser Ziele wird die Höhe der Ansprüche festgelegt. Dabei ist eine Unterteilung in vier *Sicherheitsklassen* sinnvoll:

1. niedrig,
2. mittel,
3. hoch,
4. sehr hoch.

Prinzipiell kann eines der vier Sicherheitsziele auch in keine der vier Sicherheitsklassen eingeordnet werden. Dies bedeutet, dass das entsprechende Sicherheitsziel für die entwickelte Anwendung keine Relevanz hat.

Die einzelnen Sicherheitsziele müssen entsprechend ihrer Wertigkeit für die zu entwickelnde Anwendung gewichtet werden. So kann z.B. eine Anwendung, die im Rahmen einer Online- Kreditberatung eine Ratenberechnung durchführt, eine hohe Verfügbarkeit als ein Sicherheitsziel haben, da der Zugriff von Kunden 24 Stunden am Tag gewährleistet sein sollte. Gleichzeitig hat die Ratenberechung nur einen relativ geringen Bedarf an Vertraulichkeit, da die bearbeiteten Informationen öffentlich zugänglich sind (allgemeine Kreditbedingungen). Allerdings ist auch schon die Tatsache einer Kreditanfrage durch einen Kunden ein vertraulich zu behandelnder Vorgang, so dass insgesamt ein mittlere Vertraulichkeit als Sicherheitsziel festgelegt wird.

Um in der Praxis mit diesen abstrakten Sicherheitszielen besser umgehen zu können und letztendlich einfacher zu einer realistischen Bewertung dieser Sicherheitsziele in Bezug auf die betrachtete Anwendung zu kommen, werden den Sicherheitszielen jeweils disjunkte Sicherheitskriterien zugeordnet, die dann zunächst getrennt bewertet und gewichtet werden können:

- Verstoß gegen Gesetze / Vorschriften / Verträge:
  Hier sind z.B. Datenschutzgesetze, Telekommunikationsgesetze aber auch betriebsinterne Vorschriften, bilaterale Partner-Verträge oder AGBs gemeint.
- Beeinträchtigung der Geschäftsprozesse:
  Geschäftsprozesse können durch eine ganze Reihe von Einflussfaktoren (z.B. Sabotage von außen, Fehlbedienung eines Mitarbeiters) gefährdet werden. Ursache dafür kann beispielsweise die mangelnde Verfügbarkeit eines Dienstes oder dessen fehlerhafte Ausführung sein.
- Negative Innen- / Außenwirkung:
  Hierunter fallen vor allem durch Imageschäden hervorgerufene Probleme wie z.B. Auftragseinbußen oder fehlende Mitarbeitermotivation.
- Finanzielle Auswirkungen:
  Alle oben genannten Kriterien können auch finanzielle Auswirkungen mit sich bringen. In der Regel sind diese aber nicht exakt zu quantifizieren. Dies gilt besonders für Image- und Folgeschäden. Hinweise auf eine mögliche finanzielle Schadenshöhe lassen sich allerdings oftmals in Verträgen (z.B. AGBs, Versicherungen) finden oder durch Bewertung der schutzwürdigen Güter (z.B. Girokonto) oder Dienstleistungen (z.B. Online-Consulting) abschätzen.

Die Kriterien liefern also konkretere Anhaltspunkte für die Bewertung eines Sicherheitsziels.

In obigem Beispiel der Online-Kreditberatung bedeutet dies, dass für das Sicherheitsziel Verfügbarkeit keinerlei gesetzliche Vorgaben bestehen, da es sich um eine freiwillige Beratungsleistung handelt. Die Geschäftsprozesse werden durch die Verfügbarkeit dieser Anwendung nicht direkt tangiert. Durch mangelnde Verfügbarkeit kann es aber zu einer negativen Außenwirkung, und damit auch zu finanziellen Einbußen kommen. Daher wird man einer solche Anwendung am besten eine hohen Verfügbarkeit zuordnen.

Die Festlegung der Höhe der Ansprüche an jedes Sicherheitsziel wird von verschiedenen Faktoren beeinflusst:

- Unternehmensweite Sicherheitsstandards und Sicherheitspolitiken sollten berücksichtigt werden, soweit diese entweder eine Mindesthöhe für einzelne Sicherheitsziele vorgeben oder Hinweise auf die Höhe einzelner Sicherheitsziele enthalten.
- Besteht bereits ein Sicherheitskonzept mit definierten Sicherheitszielen für die Einsatzumgebung der Anwendung, so können diese, nach entsprechender Prüfung, übernommen bzw. für das zu entwickelnde (Teil-)System angepasst werden.
- Die Anforderungen der Anwender an die Sicherheit der entwickelten Anwendung sind zu berücksichtigen.
- Rahmenbedingungen (siehe Technik *Ermittlung der sicherheitsrelevanten Rahmenbedingungen*) können Anforderungen (z.B. gesetzlicher Art) an die Sicherheit implizieren, so dass die Sicherheitsziele eines Anwendungssystems modifiziert werden müssen.

Die Sicherheitsziele lassen sich bei der Planung eines Anwendungssystems häufig nicht vollständig ermitteln, so dass davon ausgegangen werden muss, dass die Sicherheitsziele einer Nachjustierung unterliegen.

Beispielsweise können durch rechtliche Anforderungen, die erst im Zuge der *Ermittlung der sicherheitsrelevanten Rahmenbedingungen* deutlich werden, höhere Ansprüche an das Sicherheitsziel *Vertraulichkeit* formuliert werden, als ursprünglich festgelegt waren.

Da die Sicherheitsziele den Rahmen für die weiteren sicherheitsspezifischen Aktivitäten vorgeben, sind bei ihrer Festlegung die zuständigen Entscheidungsträger (Management) mit einzubeziehen. Diese müssen im Rahmen des unternehmensweiten Risikomanagements die getroffenen Festlegungen verantworten.

Die Arbeitsschritte zur Festlegung der Sicherheitsziele sind:

- Festlegung der Höhe der Verfügbarkeit
- Festlegung der Höhe der Vertraulichkeit
- Festlegung der Höhe der Integrität
- Festlegung der Höhe der Verbindlichkeit
- Zusammenfassung der Ergebnisse.

Arbeitsschritte

19.2.1 Festlegung der Höhe der Verfügbarkeit

Für das Sicherheitsziel Verfügbarkeit wird mit Blick auf die Rahmenbedingungen eine angemessene Höhe festgelegt. Dazu wird das Ziel im Hinblick auf die vier zuvor angegebenen Bereiche festgelegt.

Zusätzlich wird eine Begründung für die festgelegten Höhe unter zur Hilfenahme der Sicherheitskriterien angegeben, damit die Festlegung nachvollziehbar wird.

19.2.2 Festlegung der Höhe der Vertraulichkeit

Für das Sicherheitsziel Vertraulichkeit wird mit Blick auf die Rahmenbedingungen eine angemessene Höhe festgelegt. Dazu wird das Ziel im Hinblick auf die vier zuvor angegebenen Bereiche festgelegt.

Zusätzlich wird eine Begründung für die festgelegten Höhe unter zur Hilfenahme der Sicherheitskriterien angegeben, damit die Festlegung nachvollziehbar wird.

19.2.3 Festlegung der Höhe der Integrität

Für das Sicherheitsziel Integrität wird mit Blick auf die Rahmenbedingungen eine angemessene Höhe festgelegt. Dazu wird das Ziel im Hinblick auf die vier zuvor angegebenen Bereiche festgelegt.

Zusätzlich wird eine Begründung für die festgelegten Höhe unter zur Hilfenahme der Sicherheitskriterien angegeben, damit die Festlegung nachvollziehbar wird.

19.2.4 Festlegung der Höhe der Verbindlichkeit

Für das Sicherheitsziel Verbindlichkeit wird mit Blick auf die Rahmenbedingungen eine angemessene Höhe festgelegt. Dazu wird das Ziel im Hinblick auf die vier oben angegebenen Bereiche festgelegt.

Zusätzlich wird eine Begründung für die festgelegten Höhe unter zur Hilfenahme der Sicherheitskriterien angegeben, damit die Festlegung nachvollziehbar wird.

19.2.5 Zusammenfassung der Ergebnisse

Tab. 19-1 zeigt das zusammengefasste Ergebnis der Ausführung der vorhergehenden Schritte für das Beispiel einer Anwendung, die einen Kontozugriff über das World Wide Web realisieren soll. Bei der Festlegung der Höhe der einzelnen Sicherheitsziele wurden die zuvor genannten Sicherheitskriterien berücksichtigt.

Tab. 19-1. Sicherheitsziele für Internet-Kontozugriff

Sicherheitsziele	Höhe der Anforderungen	Kriterien	Begründung
Verfügbarkeit	**hoch**	**Verstoß gegen Gesetze / Vorschriften / Verträge**	Vertragliche Regelungen (AGBs) sichern die Verfügbarkeit gegenüber Kunden nicht. ...
		Beeinträchtigung der Geschäftsprozesse	7 *24 Stunden Betrieb. Kunden wollen 24 Stunden am Tag Zugriff auf ihr Konto haben. Ausfälle werden nur sehr bedingt toleriert. Die bankinternen Geschäftsprozesse werden (derzeit) in ihrer Gesamtheit allerdings nicht wesentlich durch den Ausfall der Online-Zugangs beeinträchtigt.
		Negative Innen- / Außenwirkung	Mangelnde Verfügbarkeit bewirkt eine Diskreditierung der SKO in der breiten Öffentlichkeit und ggf. den Verlust von Kunden bzw. potentiellen Neukunden, Imageschäden, Verlust des Vertrauens von potentiellen Kunden.
		Finanzielle Auswirkungen	Indirekte Verluste über negative Außenwirkung (Kundenverlust).
Vertraulichkeit	**sehr hoch**	**Verstoß gegen Gesetze / Vorschriften / Verträge**	Es müssen die Vorschriften der Datenschutzgesetze zur Verarbeitung und Preisgabe von personenbezogenen Daten eingehalten werden.
		Beeinträchtigung der Geschäftsprozesse	
		Negative Innen- / Außenwirkung	Der Imageschaden bei Bekanntwerden von Sicherheitslücken in Bezug auf das Ausspähen von Passwörtern, PINs, TANs o.ä. ist beträchtlich und muss als ernste Bedrohung eingestuft werden.

Tab. 19-1 (Fortsetzung). Sicherheitsziele für Internet-Kontozugriff

Sicherheitsziele	Höhe der Anforderungen	Kriterien	Begründung
		Finanzielle Auswirkungen	Durch das Ausspähen von Passwörtern, PINs, TANs o.ä. kann dem Kunden und der Bank sehr hoher Schaden zugefügt werden.
Integrität / Verbindlichkeit	**sehr hoch**	**Verstoß gegen Gesetze / Vorschriften / Verträge**	Der Umgang mit Kundendaten ist durch AGBs und OPDV geregelt.
		Beeinträchtigung der Geschäftsprozesse	Keine direkte Auswirkung.
		Negative Innen- / Außenwirkung	Der Imageschaden bei Bekanntwerden von Sicherheitslücken in Bezug auf die Manipulation(smöglichkeit) von Konten- oder Auftragsdaten ist beträchtlich und muss als ernste Bedrohung eingestuft werden.
		Finanzielle Auswirkungen	Die angebotenen Dienste und übertragenen Daten sind sehr sensitiv und können bei Manipulation (z.B. Kontoumleitung, veränderte Beträge, manipulierte Kontonummern) der Bank und dem Kunden hohen finanziellen Schaden zufügen.

Qualitätskriterien

Qualitätskriterien für die Festlegung der Sicherheitsziele sind:

- Jedes der Sicherheitsziele ist eindeutig in eine der Sicherheitsklassen eingeordnet.
- Für die Einordnung ist eine nachvollziehbare Begründung angegeben.

Vorausgesetztes Wissen

- Kenntnis der organisatorischen und rechtlichen Rahmenbedingungen und der Sicherheitsanforderungen unter denen die Anwendung entwickelt werden soll, siehe Technik *Ermittlung sicherheitsrelevanter Rahmenbedingungen*.
- Kenntnis von unternehmensweiten Sicherheitsrichtlinien und Sicherheitspolitiken.

Literatur

[BSI1998] Bundesamt für Sicherheit in der Informationstechnik (BSI): IT-Grundschutzhandbuch, Bonn, 1998

[EU1992] Europäische Union: Kriterien für die Bewertung von Systemen der Informationstechnik (ITSEC), Europäische Union, 1992

[ISO/IEC1999a] ISO/IEC 15408_1: Information technology – Security techniques Evaluation Criteria for IT-Security – Part 1: Introduction and general model, Beuth, 1999

[ISO/IEC1999b] ISO/IEC 15408_2: Information technology – Security techniques Evaluation Criteria for IT-Security – Part 2: Security functional requirements, Beuth, 1999

[ISO/IEC1999c] ISO/IEC 15408_3: Information technology – Security techniques Evaluation Criteria for IT-Security – Part 3: Security assurance requirements, Beuth, 1999

[SIZ1998] Informatikzentrum der Sparkassenorganisation GmbH (SIZ): Standard der IT-Sicherheit, Version 2.0, Bonn,1998

19.3 Definition des Evaluationsziels

Beschreibung

Das Ziel der Definition des Evaluationsziels ist die Festlegung einer *Evaluationsstufe* für das Anwendungssystem (bzw. für einzelne Teilsysteme) nach dem SIZ-Standard der IT-Sicherheit [SIZ1998].

Der Nutzen der Definition des Evaluationsziels besteht darin, durch die Angabe einer konkreten Evaluationsstufe einen Rahmen für die Sicherheitsanforderungen innerhalb der Anwendungsentwicklung vorzugeben. Dadurch soll ein der Evaluationsstufe entsprechendes Sicherheitsniveau für das zu entwickelnde Anwendungssystem sichergestellt werden. Je nach der gewählten Evaluationsstufe sind dabei durch die Vorgaben des Sicherheitsstandards definierte Verfahren bei der Entwicklung zu beachten.

Die Voraussetzung für die Definition des Evaluationsziels ist die Ermittlung der sicherheitsrelevanten Rahmenbedingungen.

Das Ergebnis der Definition des Evaluationsziels ist die Angabe einer konkreten Evaluationsstufe.

Nach dem SIZ-Standard der IT-Sicherheit [SIZ1998] werden die minimalen Anforderungen an die Vertrauenswürdigkeit auf eine Stufe festgesetzt, die den Anforderungen der Evaluationsstufe E3 der ITSEC [EU1992], bzw. EAL4 der Common Criteria (CC) [ISO/IEC199a], [ISO/IEC199b], [ISO/IEC199c][1]. Die Definition eines Evaluationsziels hat nicht zwingend zur Folge, dass am Ende der Entwicklung eine konkrete (evtl. sogar externe) Evaluation durchgeführt wird. Ein Entwickler muss den Nachweis führen, dass er diese Stufe der Vertrauenswürdigkeit bei einer Evaluation erreichen würde (vgl. [SIZ1998] Anhang, Seite 124). Je nach Einsatzgebiet und Fachaufgabe kann es dabei auch erforderlich sein, für die zu entwickelnde Anwendung eine höhere Evaluationsstufe als EAL4 zu fordern.

Grundsätzlich ist bei der Wahl der Evaluationsstufe(n) auch immer eine Abwägung zwischen Nutzen eines erhöhten Aufwands für die Sicherheit und damit verbundenen Kosten durchzuführen.

Ein Anwendungssystem muss nicht als eine Einheit evaluiert werden. Einzelne Teilsysteme können dabei aus unterschiedlichsten Gründen (rechtlich, fachlich, organisatorisch) verschieden hoch evaluiert werden.

So fordern z.B. das Signaturgesetz und die zugehörige Signaturverordnung [BUND1997] für die einzelnen Dienste zur Erstellung von digitalen Signaturen unterschiedliche Evaluationsstufen. Der *Zeitdienst*, der eine eindeutige Zeitmarke generiert, muss nach ITSEC E4/Hoch (entspricht EAL5 der CC) evaluiert werden, während der *Zeitstempeldienst*, der diese Marke einem Dokument (z.B. Zertifikat, Signatur) zuordnet, lediglich E2/Hoch evaluiert werden muss. Damit wird zum Ausdruck gebracht, dass dem sicheren *Erstellen* dieser Zeitmarke eine wesentlich höhere Bedeutung zukommt, als ihrer ordnungsgemäßen *Speicherung*.

In der weiteren Beschreibung dieser Technik wird davon ausgegangen, dass das Evaluationsziel jeweils nur für ein Teilsystem definiert wird.

Die Arbeitsschritte der Definition des Evaluationsziels für ein (Teil-) System sind:

- Analyse der einzelnen Evaluationsstufe (optional)
- Vergleich der Sicherheitsanforderungen und der Evaluationsstufe
- Festlegen der Evaluationsstufe.

Arbeitsschritte

19.3.1 Analyse der einzelnen Evaluationsstufe (optional)

In diesem Arbeitsschritt werden die einzelnen Stufen des Evaluierungsverfahrens analysiert. Verfügt der Anwender dieser Technik über eine ausreichende Erfahrung und Wissen über die Anwendung des Verfahrens, so ist dieser Arbeitsschritt optio-

[1] Statt dem Begriff *Evaluationsstufe* wird bei CC und ITSEC in einer etwas holprigen Übersetzung der Ausdruck *Vertrauenswürdigkeitsstufe* verwendet.

nal. Er dient lediglich als eine Vorbereitung für die Auswahl einer angemessenen Evaluationsstufe.
Die Common Criteria ([CCP1998], [CCP2000]) gliedern sich in drei Teile:

- Teil1 (Einführung und allgemeines Modell),
- Teil2 (funktionale Anforderungen),
- Teil3 (Vertrauenswürdigkeitsanforderungen).

Für eine Evaluierung und die Beschreibung eines Evaluationsziels sind die Teile 2 und 3 relevant. Sie liefern konkrete Vorgaben für die Formulierung von *funktionalen* Anforderungen und *Sicherheitsanforderungen* (Anforderungen an die *Vertrauenswürdigkeit*) an den Evaluationsgegenstand (EVG).

Da in den Common Criteria nur eine begrenzte Menge von Anforderungen beschrieben ist, kann es eventuell notwendig sein, sowohl die funktionalen Anforderungen, als auch die *Sicherheitsanforderungen* für den konkreten EVG zu erweitern. Dazu müssen entsprechende, nachvollziehbare Aussagen zur Notwendigkeit und Art und Weise der Erweiterungen der Anforderungen gemacht werden.

Die sieben Evaluationsstufen EAL1-EAL7 sind hierarchisch geordnet. Mit jeder Stufe steigt die Vertrauenswürdigkeit. Dies wird erreicht entweder durch den Austausch durch eine hierarchisch höhere Vertrauenskomponente oder durch die Hinzunahme neuer Vertrauenskomponenten.

Die Stufen EAL4 (Mindesthöhe nach [SIZ1998]) bis EAL7 werden dabei wie folgt charakterisiert:

- EAL4 (methodisch entwickelt, getestet und durchgesehen):

EAL4 sieht eine funktionale und vollständige Schnittstellenspezifikation vor. Es wird ein informelles Modell der EVG-Sicherheitspolitik erstellt und eine Teilmenge der Implementierung analysiert. Neben einer Schwachstellenanalyse werden Kontrollen der Entwicklungsumgebung, zusätzliches Konfigurationsmanagement (einschließlich Automatisierung), sowie der Nachweis der Sicherheit des Auslieferungsprozesses vorgesehen. Durch das methodische Vorgehen bei der Entwicklung soll eine grundlegende Vertrauenswürdigkeit sichergestellt werden.

- EAL5 (semiformal entworfen und getestet):

Zusätzlich zu EAL4 wird die gesamte *Implementierung* analysiert, es wird ein formales Modell der EVG-Sicherheitspolitik erstellt und ein semiformaler Nachweis der Übereinstimmung von Entwurf und funktionaler Spezifikation geführt. Durch unabhängige Tests und eine erweiterte Schwachstellenanalyse und ein umfassenderes Konfigurationsmanagement wird die Vertrauenswürdigkeit gegenüber EAL4 erhöht.

- EAL6 (semiformal verifizierter Entwurf und getestet)

Der Entwurf des EVG wird zusätzlich modularisiert (z.B. in mehrere Schichten) und eine unabhängige, umfassende Schwachstellenanalyse, die die systematische Suche nach verdeckten Kanälen beinhaltet, wird für Angriffe mit einem hohen

Bedrohungspotential durchgeführt. Durch den Nachweis eines strukturierten Entwicklungsverfahrens, ein umfassendes Konfigurationsmanagement, sowie den Nachweis der Sicherheit der Auslieferungsprozeduren, wird ein Vertrauensgewinn gegenüber EAL5 realisiert.

- EAL7 (formal verifizierter Entwurf und getestet)

Diese Evaluationsstufe führt zusätzlich den *formalen* Nachweis der Übereinstimmung von formal spezifizierter Sicherheitspolitik und formalen Darstellung der funktionalen Spezifikation und des Entwurfs ein. Sie erfordert umfassende Tests der Implementierung.

Das Ergebnis dieses Arbeitsschrittes ist die Kenntnis der Vertrauenswürdigkeitsanforderungen der einzelnen Evaluationsstufen des Evaluationsverfahrens.

19.3.2 Vergleich der Sicherheitsanforderungen und der Evaluationsstufe

In diesem Arbeitsschritt werden die für die Anwendung ermittelten Sicherheitsanforderungen daraufhin untersucht, wie diese mit den durch die einzelnen Evaluationsstufen festgelegten Entwicklungs- und Spezifikationsmethoden umgesetzt werden können.

Dabei werden für die einzelnen Anforderungen jeweils die mindestens erforderlichen Stufen festgehalten. Das Ergebnis ist die höchste ermittelte Evaluationsstufe.

Beispiel

Aus den Sicherheitsanforderungen für einen mit Hilfe von Chipkarten autorisierten Kontozugriff über das Internet, ergibt sich für die Vertrauenswürdigkeit der verwendeten Chipkarten, dass diese mindestens nach EAL5 evaluiert sein müssen (z.B. weil diese zum signaturgesetzkonformen Signieren der einzelnen Transaktionen benutzt werden). Soll dieselbe Chipkarte auch zur Signierung von „informellen“ E-Mails genutzt werden, so würde dafür eine Evaluierung nach EAL3 ausreichen. Als Ergebnis dieses Arbeitsschritts wird jedoch für die betrachtete Chipkarte EAL5 festgehalten.

19.3.3 Festlegen der Evaluationsstufe

In diesem Arbeitsschritt wird das Evaluationsziel durch die Angabe einer der definierten Evaluationsstufen festgelegt. Die Auswahl einer hinreichenden Evaluationsstufe kann dabei durch die Kombination folgender Methoden erfolgen:

- Die im vorhergehenden Arbeitsschritt ermittelte Evaluationsstufe wird übernommen.

- Bestehen Schnittstellen zu anderen Anwendungen, dann gibt die Analyse der ausgetauschten Daten Hinweise auf die Höhe der Evaluationsstufe. Um die Sicherheit der anderen Komponenten nicht zu kompromittieren, sollte die gewählte Stufe mindestens genauso hoch wie diejenige der über die Schnittstellen verbundenen Komponenten gewählt werden.
- Handelt es sich um eine Neuentwicklung, müssen die Rahmenbedingungen betrachtet werden. Durch fachliche und/oder rechtliche Anforderungen kann dabei eine Mindeststufe gefordert werden (z.B. durch das Signaturgesetz für eine Anwendung, deren Transaktionen von den Nutzern durch eine digitale Signatur bestätigt werden).
- Durch eine organisationsweite Sicherheitspolitik oder Richtlinie kann eine Mindesthöhe vorgegeben werden. Für einzelne Anwendungsbereiche kann diese auch unterschiedliche Evaluationsstufen festlegen.
- Im Rahmen des Qualitätsmanagements kann durch die Wahl einer hohen Evaluationsstufe die Umsetzung der für die Anwendung ermittelten Sicherheitsfunktionen und Mechanismen besser nachvollzogen werden.

Beispiel

Die in Arbeitsschritt 19.3.2 ermittelte Evaluationsstufe EAL5 wird durch eine unternehmensweite Sicherheitspolitik für den Einsatz von Chipkarten auf EAL6 angehoben.

Das Ergebnis der Definition des Evaluationsziels ist die Angabe der Evaluationsstufe.

Qualitätskriterien

Qualitätskriterien für die Definition des Evaluationsziels sind:

- Die Evaluationsstufe ist festgelegt.
- Es wurde eine nachvollziehbare Begründung für die Wahl der Stufe angegeben.
- Im Falle, dass die Sicherheitsanforderungen sich nicht vollständig mit Hilfe der Common Criteria bzw. ITSEC ausdrücken lassen, sind entsprechende Zusätze bzw. Erweiterungen definiert worden.

Vorausgesetztes Wissen

- Genaue Kenntnis der Common Criteria / ITSEC und deren Anwendung.
- Wissen über das Einsatzgebiet der zu entwickelnden Anwendung und deren Rahmenbedingungen.
- Technik *Ermittlung sicherheitsrelevanter Rahmenbedingungen.*

Literatur

[Bund1997] Bundesregierung: Verordnung zur digitalen Signatur (Signaturverordnung – SigV); Bundesgesetzblatt, Teil 1 Nr.70, Bonn, 1997, 2498

[CCP1998] Common Criteria Project: Common Criteria Recognition Arrangement, http://www.common-criteria.org/registry/mr.html

[CCP2000] Common Criteria Project: Common Evaluation Methodology (CEM Version 1.0, Part 2), http://www.common-criteria.org/cem/cem.html

[EU1992] Europäische Union: Kriterien für die Bewertung von Systemen der Informationstechnik (ITSEC), Europäische Union, 1992

[ISO/IEC1999a] ISO/IEC 15408_1: Information technology – Security techniques Evaluation Criteria for IT-Security – Part 1: Introduction and general model, Beuth, 1999

[ISO/IEC1999b] ISO/IEC 15408_2: Information technology – Security techniques Evaluation Criteria for IT-Security – Part 2: Security functional requirements, Beuth, 1999

[ISO/IEC1999c] ISO/IEC 15408_3: Information technology – Security techniques Evaluation Criteria for IT-Security – Part 3: Security assurance requirements, Beuth, 1999

[SIZ1998] Informatikzentrum der Sparkassenorganisation GmbH (SIZ): Standard der IT-Sicherheit, Version 2.0, Bonn,1998

19.4 Schutzbedarfsanalyse

Beschreibung

Das Ziel der Schutzbedarfsanalyse ist die Ermittlung des Schutzbedarfs einer Anwendung oder eines Teilsystems einer Anwendung bzw. der von ihr verwalteten Daten.

Der Nutzen der Schutzbedarfsanalyse besteht darin, zusammen mit der Bedrohungs- und Schwachstellenanalyse eine Entscheidungsgrundlage für die Sicherheitsrisikoanalyse bereitzustellen.

Die Voraussetzungen für die Schutzbedarfsanalyse sind ein *unternehmensspezifischer* Katalog von definierten *Schutzbedarfsklassen*, eine *unternehmensspezifische* Bewertungstabelle für die Bewertung des Schutzbedarfs sowie die Verständigung auf grundsätzliche Sicherheitsziele (siehe Technik *Festlegung Sicherheitsziele*).

Das Ergebnis der Schutzbedarfsanalyse ist die Einordnung des Schutzbedarfs der betrachteten Anwendung (bzw. der einzelnen Teilsysteme) in den Katalog der Schutzbedarfsklassen.

Die Arbeitsschritte der Schutzbedarfsanalyse sind:

- Zerlegung eines Systems in Teilsysteme(optional)
- Zuordnung des Schutzbedarfs zu jedem Sicherheitsziel
- Begründung für die Höhe des Schutzbedarfs.

Arbeitsschritte

19.4.1 Zerlegung eines Systems in Teilsysteme (optional)

Zur Durchführung der Schutzbedarfsanalyse kann das Anwendungssystem auch in einzelne Teilsysteme zerlegt werden. Dann ist für jedes Teilsystem eine eigene Analyse durchzuführen. Die Entscheidung über die Aufteilung des Systems orientiert sich dabei an der Schutzbedürftigkeit der einzelnen Teilsysteme.

Beispiel

Eine Client-Server Anwendung wird in die beiden Teilsysteme Client und Server unterteilt. Anschließend wird für jedes Teilsystem eine eigene Schutzbedarfsanalyse durchgeführt. Dabei kann sich ein unterschiedlicher Schutzbedarf für jedes System ergeben. So hat etwa der Server einen wesentlich höheren Schutzbedarf, da er über unternehmensweit verfügbare Datensätze und der Client aber lediglich fachaufgabenbezogene Daten verarbeitet.

19.4.2 Zuordnung des Schutzbedarfs zu jedem Sicherheitsziel

Es werden folgende Sicherheitsziele betrachtet:

- Vertraulichkeit:
  Schutz vor unbefugter Preisgabe von Informationen oder deren Existenz sowie Schutz vor unbefugter Preisgabe der Identität bei der Nutzung eines Dienstes.
- Integrität:
  Schutz vor unbefugter Veränderung oder Wiedereinspielung von Informationen sowie Schutz vor unbefugter Manipulation von Diensten und Betriebsmitteln.
- Verfügbarkeit:
  Schutz vor unbefugter oder unbeabsichtigter Vorenthaltung von Informationen oder Betriebsmitteln.
- Verbindlichkeit:
  Schutz der Urheberschaft, Sicherung der Beweiskraft und Nicht-Abstreitbarkeit.

Diese werden jeweils in eine der folgenden *Schutzbedarfsstufen* eingeordnet:

- niedrig – mittel
- hoch
- sehr hoch.

Für die Bewertung des Schutzbedarfs wird die folgende *Bewertungstabelle* verwendet. Grundlegender Gedanke dabei ist, dass der Schutzbedarf von Anwendungen von der Höhe der potentiellen Schäden abhängig gemacht wird.

Tab. 19-2. Bewertungstabelle

	Schutzbedarfsstufen		
Kriterien	**niedrig bis mittel(1)**	**hoch(2)**	**sehr hoch(3)**
Verstoß gegen Gesetze / Vorschriften / Verträge	Verstöße gegen Vorschriften und Gesetze mit geringfügigen Knosequenzen	Verstöße gegen Vorschriften und Gesetze mit erheblichen Knosequenzen	Fundamentaler Verstoß gegen Vorschriften und Gesetze
	Datenschutzgesetze, geringfügige Vertragsverletzungen mit maximal geringen Konventionalstrafen	Datenschutzgesetze, geringfügige Vertragsverletzungen mit hohen Konventionalstrafen	Vertragsverletzungen, deren Haftungsschäden potentiell die Existenz des Unternehmens gefährden
Beeinträchtigung der Geschäftsprozesse	Beeinträchtigung ist erheblich, würde jedoch von Anwendern bzw. Kunden als tolerierbar eingeschätzt werden.	Beeinträchtigung ist gravierend und würde von einzelnen Anwendern bzw. Kunden als nicht tolerierbar eingeschätzt werden.	Beeinträchtigung ist katastrophal und würde von einzelnen Anwendern bzw. Kunden als nicht tolerierbar eingeschätzt werden.
	maximal tolerierbare Ausfallzeit des IT-Systems ist größer als 48 Stunden / Jahr	maximal tolerierbare Ausfallzeit des IT-Systems liegt zwischen 10 und 48 Stunden / Jahr	maximal tolerierbare Ausfallzeit des IT-Systems ist kleiner als 10 Stunden / Jahr
	Störungen für den Zeitraum von Stunden tolerierbar	Störungen für den Zeitraum von max. 1 Stunde tolerierbar	Störungen für den Zeitraum von wenigen Minuten bzw. Sekunden tolerierbar
Negative Innen- / Außenwirkung	geringe bzw. nur interne Ansehens- oder Vertrauensbeeinträchtigung zu erwarten.	breite Ansehens- und Vertrauensbeeinträchtigung zu erwarten.	Ansehens- und Vertrauensverlust beim Kunden, Vertragskündigungen, evtl. sogar existenzgefährdender Art
Finanzielle Auswirkungen	finanzieller Schaden kleiner als 100 TDM	finanzieller Schaden zwischen 100 TDM und 5 Mio. DM	finanzieller Schaden größer als 5 Mio. DM

Anmerkung: Die einzelnen Felder sind hier nur beispielhaft formuliert. Die konkrete Formulierung der einzelnen Kriterien muss in einer eigenen Aktivität erfolgen. So sind z.B. die Schadenshöhen und die maximal tolerierbaren Ausfallzeiten für die Einordnung in die Sicherheitsstufen mit unternehmensspezifischen Werten zu füllen.

19.4.3 Begründung für die Höhe des Schutzbedarfs

Da die Bestimmung des Schutzbedarfs einer Anwendung die Grundlage für das IT-Sicherheitsmanagement darstellt, sollte die Einordnung der einzelnen Sicherheitsziele in die Schutzbedarfsklassen nachvollziehbar begründet werden. Dazu wird (vgl. Technik *Festlegung der Sicherheitsziele*) ein Katalog von Sicherheitskriterien benutzt:

- Verstoß gegen Gesetze / Vorschriften / Verträge,
- Beeinträchtigung der Geschäftsprozesse,
- Negative Innen- / Außenwirkung,
- Finanzielle Auswirkungen.

Anhand dieser Kriterien kann jedes Sicherheitsziel einer Schutzbedarfsstufe zugeordnet werden.

Die allgemein akzeptierte Vorgehensweise zur Bestimmung des gesamten Schutzbedarfs einer Anwendung besteht in der Maximumbildung über die kriterienspezifischen Schutzbedarfe. Wird also z.B. für das Sicherheitsziel *Vertraulichkeit* die Schutzbedarfsklasse *hoch* ermittelt, für die anderen Sicherheitsziele aber nur *niedrig* oder *mittel*, so geht man davon aus, dass die Anwendung insgesamt einen Schutzbedarf hat, der *hoch* ist.

Das Maximalprinzip zur Ermittlung des Schutzbedarfs kann in bestimmten Fällen auch durch andere Funktionen ersetzt werden, da eventuell einzelne Sicherheitsziele erkennbar nicht gefährdet sind.

Es sollte einmalig ein verbindlicher Katalog von unternehmensspezifischen Schutzbedarfsstufen definiert werden, der eventuell für verschiedene Anwendungsklassen auch unterschiedliche Kriterien zur Einordnung in die Schutzbedarfsstufen enthält. So kann z.B. eine unterschiedliche Höhe der finanziellen Auswirkungen zur Einordnung einer Anwendung in die Schutzbedarfsklasse *sehr hoch* führen.

Tab. 19-3 zeigt exemplarisch das Ergebnis einer Schutzbedarfsanalyse für den Datenbank-Server eines Personalabrechnungssystems.

Tab. 19-3. Exemplarische Schutzbedarfsanalyse

Sicherheitsziele	SB gesamt	Kriterien	Anforderungen	SB
Verfügbarkeit	**hoch**	**Verstoß gegen Gesetze / Vorschriften / Verträge**	Interne Vorschriften bzgl. Verfügbarkeit bestehen nicht.	**niedrig**
		Beeinträchtigung der Geschäftsprozesse	Beeinträchtigung der Projektarbeit, Angebotserstellung, Vertragserstellung, Personalverwaltung, Reisekostenabrechnung etc. Störungen maximal 2 Stunden tolerierbar. Verlust von wertvollen Daten denkbar. Maximal tolerierbare Ausfallzeit (Katastrophenfall) ist 2-3 Tage.	**hoch**
		Negative Innen- / Außenwirkung	Innenwirkung: Mitarbeitermotivation sinkt bei ausbleibenden Gehaltszahlungen.	**hoch**
		Finanzielle Auswirkungen	Keine direkten Verluste, nur indirekt über den Arbeitsausfall von Mitarbeitern bzw. Mehraufwand zur Wiederherstellung von Ergebnissen, Einnahmeverlust bei Auftragsverlust oder Terminverzug denkbar, aber keine zwingende Folge: Schäden von 100 TDM - 3 Mio. DM denkbar.	**hoch**
Vertraulichkeit	**hoch**	**Verstoß gegen Gesetze / Vorschriften / Verträge**	BDSG für personenbezogene Daten, weitere interne Vorschriften oder Verträge bzgl. Vertraulichkeitsanforderungen bestehen nicht.	**hoch**
		Beeinträchtigung der Geschäftsprozesse		
		Negative Innen- / Außenwirkung	Die Preisgabe von Gehaltsdetails, Interna von Kunden oder internes Know-how kann sehr negative Folgen bewirken (Auftragsverlust, Kundenverlust, Stärkung von Mitbewerbern)	**hoch**
		Finanzielle Auswirkungen	Finanzielle Verluste bei Preisgabe von Interna denkbar (Auftragsverlust), Schaden kann mehrere Millionen DM betragen.	**hoch**

Tab. 19-3 (Fortsetzung). Exemplarische Schutzbedarfsanalyse

Sicher-heitsziele	SB gesamt	Kriterien	Anforderungen	SB
Integrität / Verbind-lichkeit	**sehr hoch**	**Verstoß gegen Gesetze / Vorschriften / Verträge**	BDSG für personenbezogene Daten, weitere interne Vorschriften oder Verträge bzgl. Integritätsanforderungen bestehen nicht.	**hoch**
		Beeinträchti-gung der Geschäftspro-zesse	Beeinträchtigung der Personalverwaltung, Reisekostenabrechnung etc. Interne Verbindlichkeit zum Teil gefordert (z.B. Reisekostenabrechnung), Gehaltsabrechnung.	**hoch**
		Negative Innen- / Außenwirkung	Innenwirkung: z.B. falsche Reisekostenabrechnungen, Gehaltszahlungen.	**hoch**
		Finanzielle Auswirkungen	Grundlage für umfangreiche Zahlungen an Mitarbeiter. Bei Manipulationen (Summen, Kontonummern) beliebig hoher Schaden möglich.	**sehr hoch**

Qualitätskriterien

Qualitätskriterien für die Schutzbedarfsanalyse sind:

- Der Schutzbedarf für die zu entwickelnde Anwendung ist für alle Sicherheitsziele festgelegt.
- Die Angabe des Schutzbedarfs für jedes Sicherheitsziel ist nachvollziehbar begründet.

Vorausgesetztes Wissen

- Wissen über das technische, organisatorische, fachliche und rechtliche Umfeld der analysierten Anwendung
- Wissen über die von der Anwendung verarbeiteten Daten und deren Schutzbedarf
- Technik *Festlegung der Sicherheitsziele.*

Literatur

[BSI1998] Bundesamt für Sicherheit in der Informationstechnik (BSI): IT-Grundschutzhandbuch, Bonn, 1998

[EU1992] Europäische Union: Kriterien für die Bewertung von Systemen der Informationstechnik (ITSEC), Europäische Union, 1992

[ISO/IEC1999a] ISO/IEC 15408_1: Information technology – Security techniques Evaluation Criteria for IT-Security – Part 1: Introduction and general model, Beuth, 1999

[ISO/IEC1999b] ISO/IEC 15408_2: Information technology – Security techniques Evaluation Criteria for IT-Security – Part 2: Security functional requirements, Beuth, 1999

[ISO/IEC1999c] ISO/IEC 15408_3: Information technology – Security techniques Evaluation Criteria for IT-Security – Part 3: Security assurance requirements, Beuth, 1999

[Oppliger1997] Oppliger, R.: IT-Sicherheit, Vieweg Verlag, 1997.

[SIZ1998] Informatikzentrum der Sparkassenorganisation GmbH (SIZ): Standard der IT-Sicherheit, Version 2.0, Bonn,1998

19.5 Schwachstellenanalyse

Beschreibung

Das Ziel der Schwachstellenanalyse ist die Ermittlung aller potentiellen Schwachstellen einer Anwendung bzw. ihrer Einsatzumgebung. Dazu wird die Anwendung in einzelne (Untersuchungs-)Objekte zerlegt.

Der Nutzen der Schwachstellenanalyse besteht darin, in den Schwachstellen die möglichen Angriffspunkte für Bedrohungen zu erkennen.

Die Voraussetzungen für die Schwachstellenanalyse sind umfassende Kenntnisse über die Anwendung und deren Einsatzumgebung. Außerdem sollte durch eine Schutzbedarfsanalyse die Höhe des Schutzbedarfs der zu entwickelnden Anwendung und der von ihr bearbeiteten Daten festgestellt sein.

Das Ergebnis der Schwachstellenanalyse ist eine Liste der identifizierten Objekte und eine Zuordnung aller als relevant für den Untersuchungsgegenstand identifizierten Schwachstellen. Diese Liste wird in die Risikotabelle eingetragen. Zusätzlich wird ein Schwachstellenkatalog angelegt, in dem zu den einzelnen Schwachstellen weitere Informationen (z.B. Ursachen) dokumentiert werden.

Die Schwachstellenanalyse sucht nach organisatorischen und IT-technischen Störungspotentialen für Anwendungssysteme und IT-Infrastrukturen im Hinblick auf Manipulationsanfälligkeit uund auf lückenlose Nachvollziehbarkeit. Sie dokumentiert deren Auswirkungen auf die Sicherheit des Gesamtsystems. Die Schwachstellen sollen dabei auf eine *strukturierte und nachvollziehbare Weise* identifiziert werden.

In den Common Criteria [ISO/IEC1999a], [ISO/IEC1999b], [ISO/IEC1999c] ist die Schwachstellenanalyse ein integraler Bestandteil bei der Bewertung der Vertrauenswürdigkeit eines Systems. Dies wird durch die Vertrauenswürdigkeitsklasse AVA (Schwachstellenbewertung) und die ihr zugehörige Vertrauenswürdigkeitsfamilie AVA_VLA (Schwachstellenanalyse) dokumentiert. Für alle Evaluierungen ab der Vertrauenswürdigkeitsstufe 2 (EAL2) und höher wird mindestens eine informelle Schwachstellenanalyse gefordert.

Die Common Criteria unterscheiden zwischen Schwachstellenanalyse des Entwicklers und einer unabhängigen Schwachstellenanalyse durch einen Evaluator, beide identifizieren Schwachstellen und testen Widerstandsfähigkeit mittels Penetration.

Generell sollte die Vorgehensweise dokumentiert werden. Dies ist auch wichtig im Falle einer Evaluierung. In den Common Criteria wird Nachvollziehbarkeit gefordert, so kann später festgestellt werden, ob mit ausreichender Sorgfalt vorgegangen wurde.

Die Schwachstellenanalyse dient auch der Erhaltung der Vertrauenswürdigkeit eines Systems und sollte deshalb nicht nur zum Zeitpunkt der Entwicklung durchgeführt werden. Sie ist damit Bestandteil einer umfassenden Sicherheitspolitik (z.B. als Reaktion auf Fehler, die im laufenden Betrieb auftreten). Deshalb sollte die Dokumentation über die gesamte Lebenszeit der Anwendung fortgeschrieben und bei gegebenen Anlässen aktualisiert werden.

Der betriebene Aufwand für die Schwachstellenanalyse hängt dabei von der angestrebten Sicherheitsstufe ab, diese richtet sich nach der Höhe des Schutzbedarfs der Anwendung und der von ihr benutzten Daten.

Die Arbeitsschritte der Schwachstellenanalyse sind:

- Identifizierung von Untersuchungsobjekten[2]
- Ermittlung von Schwachstellen
- Ursachenanalyse
- Dokumentation
- Penetrationstests.

Arbeitsschritte

19.5.1 Identifizierung von Untersuchungsobjekten

Bedrohungen brauchen einen konkreten Angriffspunkt. Bei der Schwachstellenanalyse geht man davon aus, dass Bedrohungen über Schwachstellen auf einzelne Objekte einwirken können. Diese Objekte müssen identifiziert werden.

Dazu wird das gesamte untersuchte System in einzelne Teilobjekte, die klar voneinander abgegrenzt werden können, unterteilt. Bei der Anwendungsentwicklung

[2] In diesem Abschnitt wird der Begriff „Objekt“ i.a. nicht als Instanz einer Klasse, sondern als „Untersuchungsgegenstand“ für Sicherheitsbetrachtungen gebraucht.

sind die einzelnen Objekte teilweise durch die Einsatzumgebung schon vorgegeben. Die zu entwickelnde Anwendung bildet dabei mindestens ein eigenes Objekt. Je nach dem Detaillierungsgrad können eventuell auch schon zu diesem Zeitpunkt der Entwicklung einzelne Teilobjekte identifiziert werden.
Folgende Kategorien existieren für die einzelnen Untersuchungsobjekte:

- Software (Programme, Komponenten, Objekte),
- Daten (Benutzerdaten, Systemdaten),
- Basissysteme (z.B. Betriebssystem, Hardware, Exchange-Server)

Die Partitionierung des Untersuchungsgegenstandes in einzelne Objekte kann sich dabei an folgenden Kriterien orientieren:

- Partitionierung (von Komponenten) nach Subsystemen / Subnetzen,
- Partitionierung nach Funktionalität der Komponenten,
- Partitionierung nach Protokollebenen (ISO/OSI Modell),
- Partitionierung analog zu den CC-Klassen (Sicherheitsfunktionen).

Ergebnis dieses Arbeitsschrittes ist eine Liste der Objekte, aus denen sich der Untersuchungsgegenstand zusammensetzt. Die gefundenen Objekte werden in die zentrale Risikotabelle eingetragen (Tab. 19-4).

Beispiel

Die Schwachstellen des zentralen Datenbank-Server für ein Personalabrechnungssystem sollen untersucht werden.

Tab. 19-4. Risikotabelle

Objekt	**Schwachstelle**		**Bedrohung**						**Risikoanalyse**		
					bedrohte Sicherheitsziele				**Schaden**		**Risikoklasse**
	ID	**Name**	**ID**	**Name**	**Verbindlichkeit**	**Vertraulichkeit**	**Verfügbarkeit**	**Integrität**	**Häufigkeit**	**Wert**	
DB-Server											

19.5.2 Ermittlung von Schwachstellen

In diesem Schritt werden zu jedem Objekt die relevanten Schwachstellen ermittelt. Dazu gibt es mehrere Vorgehensweisen:

- Bei der *Checklisten-gestützte* Schwachstellenanalyse werden bekannte Schwachstellen an Hand einer bereits bestehenden Checkliste systematisch überprüft werden. Hier kann entweder eine unternehmensweit gepflegte Liste benutzt werden oder die in [BSI1992] enthaltene. Die Checkliste kann sich dabei auch während der Entwicklungszeit der Anwendung dynamisch ändern.

- Die Identifizierung von nicht redundant ausgelegten Komponenten (*Single-Point-of-Failure*) gibt Hinweise auf mögliche Schwachstellen. An solchen singulären Punkten kann ein Angriff große Folgen haben. Außerdem ist ein solcher Punkt potentiell innerhalb eines Systems stark belastet und wird deshalb aus Gründen der Durchsatzsteigerung evtl. nicht ausreichend gesichert, da eine Sicherung in den meisten Fällen den Durchsatz herabsetzen würde (Beispiel: Verschlüsselung auf einem Kommunikationskanal).
- Die Analyse von Medienbrüchen liefert auch Hinweise auf mögliche Schwachstellen (z.B. im Falle des Übergangs von manueller zu DV-gestützter Bearbeitung von sensiblen Daten oder bei einem Systemübergang in heterogenen Systemen).
- Die Überprüfung von publizierten Schwachstellen (insbesondere auf der Systemebene) liefert hauptsächlich im Bereich der Einsatzumgebung einer Anwendung bzw. beim Einsatz von extern entwickelten Komponenten Hinweise auf Schwachstellen. Dazu sollten die einschlägigen Mailing-Listen, Newsgroups und CERT-Advisories im Internet verfolgt werden.

Einzelne Bereiche (Netzwerke, Betriebssysteme, Kommunikationsprotokolle) können auch *werkzeugunterstützt* analysiert werden. Hierzu existieren sowohl kommerzielle als auch frei erhältliche Audit-Tools zur Erkennung von Schwachstellen. Folgende Kategorien und zugehörige Werkzeuge sind u.a. hierfür relevant:

- Angriffssimulatoren:
  - ISS (Internet Security Scanner)
  - NetProbe
  - Pingware
  - SATAN (Security Administrator Tool for Analyzing Networks)
- Programme zur Prüfung der Systemsicherheit:
  - COPS (Computer Oracle and Password System)
  - Crack und CrackLib
  - TAMU-Tiger
- Überwachungsprogramme:
  - Argus
  - Gabriel
  - IP-Watcher
  - NID (Network Intrusion Detector)
  - Swatch
  - TCP-Wrapper
  - Tripwire
  - TTY-Watcher

Das Ergebnis der Ermittlung der Schwachstellen ist eine Liste von Objekten und der für die einzelnen Objekte relevanten Schwachstellen. Diese werden in die Risikotabelle eingetragen. Zur Vereinfachung der weiteren Bearbeitung der Tabelle werden die einzelnen Schwachstellen durch fortlaufende Nummern und eine Kurzbeschreibung identifiziert. In einem parallel zur Risikotabelle angelegten Schwachstellenkatalog wird eine ausführliche Beschreibung der Schwachstellen gepflegt.

Beispiel

Eine der identifizierten Schwachstellen des Datenbank-Servers ist die Übertragung von Passworten zur Anmeldung am Server im Klartext. Damit sind diese abhörbar.

Tab. 19-5. Risikotabelle mit Schwachstelle

Objekt	**Schwachstelle**		**Bedrohung**						**Risikoanalyse**		
					bedrohte Sicherheitsziele				**Schaden**		**Risikoklasse**
	ID	**Name**	**ID**	**Name**	**Verbindlichkeit**	**Vertraulichkeit**	**Verfügbarkeit**	**Integrität**	**Häufigkeit**	**Wert**	
DB-Server	S1	Fehlende Verschlüsselung von Passworten									

19.5.3 Ursachenanalyse

Für die identifizierten Schwachstellen sollten die jeweiligen Ursachen ermittelt werden. Dazu wird als erstes der Entstehungsort ermittelt. Von dort ausgehend wird der Pfad der Fehlerfortpflanzung analysiert.

Die häufigsten Ursachen für Schwachstellen finden sich an den folgenden Stellen:

- Fehler bei den Anforderungen,
- Fehler während der Konstruktion,
- fehlerhafter Betrieb (Missbrauch, Konfiguration).

In der Anwendungsentwicklung werden primär die ersten beiden Punkte betrachtet. Für den späteren Einsatz sollten aber auch mögliche Schwachstellen in den Bereichen Missbrauch und Konfiguration betrachtet werden.

Das Ergebnis der Ursachenanalyse wird im Schwachstellenkatalog festgehalten. Die Angabe der Ursache einer Schwachstelle kann Hinweise auf wirksame Gegenmaßnahmen liefern.

Beispiel

S1: Fehlende Verschlüsselung von Passworten. Die Ursache für diese Schwachstelle liegt darin, dass der zu entwickelnde Datenbank-Server zur Authentifikation der Benutzer ein gekauftes Produkt der Einsatzumgebung nutzt. Dieses kann nur unverschlüsselte Passworte verarbeiten.

19.5.4 Dokumentation

In diesem Arbeitsschritt wird dokumentiert, welches Wissen bzw. welche technischen oder organisatorischen Voraussetzungen ein Angreifer haben muss, um die Schwachstelle erfolgreich für einen Angriff ausnutzen zu können.

Weiterhin ist die Vorgehensweise, die zur Ermittlung einer Schwachstelle geführt hat, zu dokumentieren. Zusätzlich sind alle Annahmen, die bei der Analyse gemacht wurden, festzuhalten.

Durch diese Vorgehensweise bei der Dokumentation von Schwachstellen soll die spätere Nachvollziehbarkeit der gesamten Schwachstellenanalyse (auch im Hinblick auf eine eventuelle Evaluierung) ermöglicht werden.

Außerdem kann dadurch auch zu einem späteren Zeitpunkt, wenn etwa neue Schwachstellen bekannt werden, nachvollzogen werden, ob diese bereits hinreichend berücksichtigt wurden.

Das Ergebnis dieses Arbeitsschrittes wird ebenfalls im Schwachstellenkatalog festgehalten.

Beispiel

S1: Die beschriebene Übertragung der Passworte im Klartext wird in der Dokumentation des Authentifizierungsprodukts beschrieben.

19.5.5 Penetrationstests

Penetrationstests dienen der Überprüfung von bereits identifizierten Schwachstellen. Sie sind damit nicht direkter Bestandteil der Anwendungsentwicklung, sondern dienen der Überprüfung der Einsatzumgebung.

Penetrationstests unterscheiden sich von funktionalen Tests darin, dass sie gezielt einzelne Schwachstellen angreifen. Dadurch kann überprüft werden, ob diese Schwachstellen durch einen Angriff kompromittierbar sind. Hierbei können die unter Arbeitsschritt 19.5.2 aufgeführten Werkzeuge zum Einsatz kommen.

Das Ergebnis von Penetrationstests ist die Aussage, ob eine identifizierte Schwachstelle den gegen sie gerichteten Angriffen erfolgreich standhält.

Qualitätskriterien

Qualitätskriterien für die Schwachstellenanalyse sind:

- Die Anwendung ist in einer ausreichenden Granularität in einzelne Untersuchungsobjekte zerlegt.
- Diese sind in die Risikotabelle eingetragen.
- Die Vorgehensweise bei der Identifizierung der Schwachstellen ist nachvollziehbar dokumentiert.
- Die Annahmen, die bei der Analyse von Schwachstellen gemacht wurden, sind dokumentiert.
- Die Risikotabelle enthält eine Zuordnung aller identifizierten Schwachstellen zu den Objekten.
- Soweit bekannt, sind die Ursachen von Schwachstellen dokumentiert.

Vorausgesetztes Wissen

- Vielfältiges Wissen aus dem Bereich der Einsatzumgebung, vor allem Netzwerktechnik, Kommunikationstechnik, Betriebssysteme.
- Nutzung und Installation von Audit-Tools.
- Aktive Verfolgung relevanter Meldungen zur Publikation von Schwachstellen in den Medien.
- Technik *Schutzbedarfsanalyse.*

Literatur

[BSI1992] Bundesamt für Sicherheit in der Informationstechnik(BSI): IT-Sicherheitshandbuch, Handbuch für die sichere Anwendung der Informationstechnik, Bundesdruckerei, Bonn,1992

[BSI1998] Bundesamt für Sicherheit in der Informationstechnik (BSI): IT-Grundschutzhandbuch, Bonn, 1998

[ISO/IEC1999a] ISO/IEC 15408_1: Information technology – Security techniques Evaluation Criteria for IT-Security – Part 1: Introduction and general model, Beuth, 1999

[ISO/IEC1999b] ISO/IEC 15408_2: Information technology – Security techniques Evaluation Criteria for IT-Security – Part 2: Security functional requirements, Beuth, 1999

[ISO/IEC1999c] ISO/IEC 15408_3: Information technology – Security techniques Evaluation Criteria for IT-Security – Part 3: Security assurance requirements, Beuth, 1999

[Krause1999] Krause, M., Tipton, H.F. (Eds.): Handbook of Information Security Management, Auerbach Publications, 1999

[Mexis1994] Mexis, N.D., Hennig, J.: Handbuch Schwachstellenanalyse und Schwachstellenbeseitigung, 2. Auflage, TÜV-Verlag, 1994

19.6 Bedrohungsanalyse

Beschreibung

Das Ziel der Bedrohungsanalyse ist die Ermittlung aller *relevanten* Bedrohungen für die betrachtete Anwendung.

Der Nutzen der Bedrohungsanalyse besteht darin, durch die Liste der relevanten Bedrohungen eine Grundlage für die *Sicherheitsrisikoanalyse* bereitzustellen.

Die Voraussetzungen für die Bedrohungsanalyse sind die Aufteilung der Anwendung in einzelne (Untersuchungs-)Objekte und die für jedes Objekt relevanten Schwachstellen (siehe Technik *Schwachstellenanalyse)*, sowie ein Katalog bekannter Bedrohungen bzw. fachliches Wissen über die für die Anwendung relevanten Bedrohungen.

Das Ergebnis der Bedrohungsanalyse ist ein anwendungsspezifischer Bedrohungskatalog, für den die Zuordnung der einzelnen Bedrohungen zu den Schwachstellen und Objekten der Anwendung in der Risikotabelle dokumentiert wird.

Unter *Bedrohung* versteht man einen Umstand oder ein Ereignis, das die Einhaltung der Sicherheitspolitik und der Schutzziele für das IT-System gefährden kann.

Durch die Bedrohungsanalyse sind die für das System relevanten Bedrohungen unter Berücksichtigung der Einsatzumgebung und der dort bereits etablierten Schutzmaßnahmen zu ermitteln.

Dabei sollen aus allen möglichen Bedrohungen die für die Anwendung relevanten ermittelt werden. Im Rahmen einer Bedrohungsanalyse erfolgt noch keine *Bewertung* der einzelnen Bedrohungen. Dies ist die Aufgabe der Sicherheitsrisikoanalyse. Die Auswahl geeigneter Gegenmaßnahmen ist Bestandteil der Erstellung des Sicherheitskonzepts.

Die Bedrohungsanalyse untersucht die identifizierten Schwachstellen der einzelnen Objekte und bestimmt die für jede Schwachstelle relevanten Bedrohungen, jeweils bezogen auf die einzelnen Sicherheitsziele.

Die Analyse von Bedrohungen orientiert sich an der Kette: Ursache, Schwachstelle, Folgen. Für jede konkrete Bedrohung wird die Ursache ermittelt.

Die Arbeitsschritte der Bedrohungsanalyse sind:

- Bestimmung der Bedrohungen
- Zuordnung zu Sicherheitszielen
- Bestimmung der Ursachen und Voraussetzungen.

Arbeitsschritte

19.6.1 Bestimmung der Bedrohungen

Für jedes identifizierte schutzwürdige Objekt wird aufgeführt, welchen konkreten Bedrohungen es ausgesetzt ist. Hierzu gibt es zwei sich ergänzende Möglichkeiten:

- Verwendung von Checklisten und Katalogen
- Anwendungswissen.

Bei der Checklisten gestützten Vorgehensweise werden die einzelnen Objekte anhand einer bestehenden Liste von bekannten Bedrohungen untersucht. Dazu wird für jede aufgeführte Bedrohung ermittelt, ob sie für die untersuchten Objekte und Schwachstellen relevant ist.

Das Bundesamt für die Sicherheit in der Informationstechnik (BSI) definiert in seinem IT-Sicherheitshandbuch [BSI1992] 3 Kategorien und 8 verschiedene Klassen von Objekten und gibt für jede Klasse eine ausführliche Liste von potenziellen Bedrohungen an.

Die Abbildung der im Rahmen der Schwachstellenanalyse erfolgten Einordnung der Objekte in die drei Klassen:

- Software (Programme, Komponenten, Objekte),
- Daten (Benutzerdaten, Systemdaten),
- Basissysteme (z.B. Betriebssystem, Hardware, Exchange-Server)

auf die Objektgruppen des BSI wird durch Tab. 19-6 beschrieben:

Tab. 19-6. Zuordnung zu BSI-Objektklassen

BSI Kategorie	BSI Objektklasse	Objektklasse
Materielle Objekte	**Infrastruktur**	Basissysteme
	Hardware	Basissysteme
	Datenträger	Daten
	Paperware	nicht relevant
Logische Objekte	**Software**	Software
	Anwendungsdaten	Daten
	Kommunikation	Daten, Software
Personelle Objekte	**Personen**	nicht relevant

Damit können die von der Schwachstellenanalyse identifizierten Objekte mit Hilfe der Checklisten des BSI auf mögliche Bedrohungen hin untersucht werden.

Auch das IT-Grundschutzhandbuch des BSI [BSI1998] kann wertvolle Hilfestellung bei der Ermittlung von Bedrohungspotentialen leisten. Im Gegensatz zur Intention des BSI, das Handbuch zur Etablierung eines Grundschutzes als Alternative oder Vorraussetzung zur Sicherheitsrisikoanalyse heranzuziehen, wird das IT-Grundschutzhandbuch hier lediglich als (durchaus nützliches) Mittel zur Sammlung und Strukturierung von anwendungsspezifischen Bedrohungen genutzt.

Alternativ zu den Checklisten des BSI kann auch eine eigene Liste entwickelt werden. Dazu werden die Bedrohungen in folgende Bedrohungsarten unterteilt:

- aktive Angriffe (Hacker-Attacken von innen oder außen). Hierzu gehören: Wiedereinspielen von Informationen, Modifikation von Informationen, Diensteverweigerung (*Denial of Service*), Vortäuschen einer falschen Identität, Übernehmen einer bestehenden Verbindung (*Hijacking*), Abstreiten von Aktionen.
- unbefugter / unberechtigter Zugang / Zugriff (auf Daten und Dienste), z.B. das Abhören von Daten, Passworten, Benutzerkennungen, Verkehrsflussanalysen.
- Fehlbedienung (durch Kunden, Bedienstete, Administratoren),
- (unbeabsichtigter) Ausfall von IT-Systemen,
- (unbeabsichtigter) Verlust von Daten.

Für jede Bedrohungsart muss dann untersucht werden, ob spezifische Bedrohungen existieren, die über die Schwachstellen wirksam werden können.

Ergänzend (oder alternativ) zu dem Checklisten-gestützten Vorgehen kann die Benennung von Bedrohungen aus dem spezifischen Wissen über die zu analysierende Anwendung heraus erfolgen. Der Vorteil eines solchen Vorgehens ist, dass die *relevanten* Bedrohungen oftmals sehr viel schneller gefunden und herausgearbeitet werden können. Der Nachteil ist, dass hierfür unbedingt erfahrenes Fachpersonal sowohl aus der Anwendungsdomäne als auch aus dem Sicherheitsbereich verfügbar sein muss. Außerdem können ggf. wesentliche Bedrohungen übersehen oder nicht vollständig erfasst werden.

Daher ist es naheliegend, beide Techniken miteinander zu kombinieren.

Alle identifizierten Bedrohungen werden in einem *Bedrohungskatalog* gesammelt und durch eine fortlaufende Nummer gekennzeichnet. Jede Bedrohung wird dabei nur einmal aufgeführt, auch wenn sie für mehrere Objekte relevant ist. Damit muss in der Risikotabelle lediglich die Nummer (ID) und eine Kurzbezeichnung (Name) für die Bedrohungen angegeben werden. In dem Bedrohungskatalog können dann weitere Informationen zu den einzelnen Bedrohungen gesammelt werden.

Anschließend erfolgt die Zuordnung der Bedrohungen zu den Schwachstellen der jeweils betroffenen Objekte in der Risikotabelle.

Beispiel

Durch das Abhören von unverschlüsselten Passworten wird es einem Angreifer möglich, unbefugten Zugriff auf die Datenbank zu erhalten. Dadurch wird er in die Lage versetzt, Daten zu manipulieren (z.B. zu löschen).

Tab. 19-7. Risikotabelle mit Bedrohungen

Objekt	Schwachstelle		Bedrohung						Risikoanalyse		
					bedrohte Sicherheitsziele				Schaden		Risikoklasse
	ID	Name	ID	Name	Verbindlichkeit	Vertraulichkeit	Verfügbarkeit	Integrität	Häufigkeit	Wert	
DB-Server	S1	Fehlende Verschlüsselung von Passworten	B1	Unbefugtes Löschen von Daten							

19.6.2 Zuordnung zu Sicherheitszielen

Für jede erkannte Bedrohung wird festgehalten, welche Sicherheitsziele sie bedroht. Das Ergebnis wird in der Risikotabelle festgehalten.

Beispiel

Das unbefugte Löschen von Daten bedroht die Sicherheitsziele Verfügbarkeit und Integrität. Durch das Löschen wird die Vertraulichkeit nicht bedroht, dazu müssten die Daten gelesen werden. Die Verbindlichkeit von Transaktionen kann berührt sein, wenn es sich bei den gelöschten Daten um die Protokollierung der Transaktion handelt.

Tab. 19-8. Risikotabelle mit zugeordneten Sicherheitszielen

Objekt	Schwachstelle		Bedrohung						Risikoanalyse		
					bedrohte Sicherheitsziele				Schaden		Risikoklasse
	ID	Name	ID	Name	Verbindlichkeit	Vertraulichkeit	Verfügbarkeit	Integrität	Häufigkeit	Wert	
DB-Server	S1	Fehlende Verschlüsselung von Passworten	B1	Unbefugtes Löschen von Daten	x		x	x			

19.6.3 Bestimmung der Ursachen und Voraussetzungen

Zu jeder identifizierten Bedrohung werden Angaben über die möglichen Ursachen, den potenziellen Angreifer und dessen Motivation gesammelt.

Zu dem mutmaßlichen Täterbild gehören Aussagen über die Voraussetzungen, die ein Angreifer für einen erfolgreichen Angriff erfüllen muss. Dies können sein: die Ausbildung, die benötigte Ausrüstung, die benötigten Fachkenntnisse, die benötigten Betriebsmittel, das Motiv, eventuell Orts- und Systemkenntnisse. Potenzielle Angreifer können in verschiedene Typen eingeteilt werden:

- *Joyrider*: Angreifer, denen es nur um das unbefugte Eindringen in gesicherte Systeme geht und die in den meisten Fällen keinen Schaden anrichten.
- *Vandalen*: Angreifer, die darauf aus sind, einen möglichst großen Schaden anzurichten.
- *Spione*: Angreifer, die hauptsächlich an vertraulichen Informationen interessiert sind (Industrie, Geheimdienste).
- *Erpresser*: Angreifer, die durch die Zurückhaltung der beim Angriff gesammelten Informationen einen Vorteil erwirken wollen.
- *Unbeabsichtigte Angreifer*: Benutzer oder Externe, die durch einen System- oder Benutzungsfehler unberechtigten Zugriff auf Teile des Systems erhalten.

Die ersten vier Typen von Angreifern gehen absichtlich vor, der letzte Typ von Angreifern bedroht das System unabsichtlich (fahrlässig, Fehlbedienung).

Die in diesem Schritt gesammelten Informationen werden im Bedrohungskatalog unter der korrespondierenden ID dokumentiert.

Qualitätskriterien

Qualitätskriterien für die Bedrohungsanalyse sind:

- Wurden alle identifizieren Objekte und ihre Schwachstellen betrachtet?
- Wurde die Relevanz der Bedrohungen für die einzelnen Sicherheitsziele angegeben?
- Wurden für jedes Objekt alle Phasen des Lebenszyklus (Entstehung bis Entsorgung) betrachtet?

Vorausgesetztes Wissen

- Kenntnisse im Bereich der IT-Sicherheit, insbesondere IT-Sicherheitsmanagement
- Kenntnis von Bedrohungskatalogen
- Anwendungswissen
- Technik *Schwachstellenanalyse*.

Literatur

[BSI1992] Bundesamt für Sicherheit in der Informationstechnik (BSI): IT-Sicherheitshandbuch, Handbuch für die sichere Anwendung der Informationstechnik, Bundesdruckerei, Bonn,1992

[BSI1998] Bundesamt für Sicherheit in der Informationstechnik (BSI): IT-Grundschutzhandbuch, Bonn, 1998

[Kyas1996] Kyas, O.: Sicherheit im Internet: Risikoanalysen – Strategien – Firewalls, DATACOM Verlag, 1996

19.7 Sicherheitsrisikoanalyse

Beschreibung

Das Ziel der Sicherheitsrisikoanalyse ist die Ermittlung und Bewertung (Einordnung in eine definierte Risikoklasse) der für die Anwendung als relevant erkannten Bedrohungen und deren Auswirkungen. Als *Risiko* wird dabei die Möglichkeit verstanden, dass eine Bedrohung unter Ausnutzung einer Schwachstelle einen Schaden verursacht.

Der Nutzen der Sicherheitsrisikoanalyse besteht darin, nicht tolerierbare Risiken zu identifizieren und eine Entscheidungsgrundlage für die Auswahl von angemessenen Gegenmaßnahmen zu bekommen.

Die Voraussetzungen für die Sicherheitsrisikoanalyse sind der anwendungsspezifische Bedrohungskatalog, der Schwachstellenkatalog und der ermittelte Schutzbedarf der Anwendung.

Das Ergebnis der Sicherheitsrisikoanalyse ist die Einordnung aller erkannten Risiken in eine der Risikoklassen. Diese Einordnung wird in der Risikotabelle dokumentiert. Diese bildet die Basis zur Erstellung eines Sicherheitskonzepts, das den Bedrohungen angemessene Gegenmaßnahmen gegenüberstellt, die zu einer Senkung des Gesamtrisikos führen.

Die Sicherheitsrisikoanalyse ist häufig ein integraler Bestandteil eines unternehmensweiten Risikomanagements. Im Rahmen eines IT-Sicherheitsmanagements werden die IT-spezifischen Risiken ermittelt und durch die Auswahl geeigneter Gegenmaßnahmen im Rahmen einer Kosten/Nutzenrechnung reduziert.

Eine absolute Sicherheit kann nicht erreicht werden. Durch das Abwägen der Eintrittswahrscheinlichkeit von Bedrohungen über Schwachstellen und die damit verbundenen Schadenshöhen, kann durch die Auswahl geeigneter Gegenmaßnahmen sowohl die Eintrittswahrscheinlichkeit als auch die Schadenshöhe auf ein tragbares Maß reduziert werden.

Wichtig dabei ist die Ermittlung, Dokumentation und Klassifizierung des Risikos bzw. verbleibenden Restrisikos.

Oberstes Ziel ist es, einen Angriff für den Angreifer teurer bzw. aufwendiger zu machen, als den Vorteil, den er durch den erfolgreichen Angriff erhält. In diesem Sinne ist auch nicht jeder Angriff durch Gegenmaßnahmen abzuwehren, solange der Nutzen für einen Angreifer nicht ausreichend hoch ist.

Weiterhin muss das IT-Sicherheitsmanagement sicherstellen, dass die sich dynamisch ändernden Bedingungen beim Einsatz sicherheitskritischer Objekte berücksichtigt werden. So können z.B. neue Bedrohungen entstehen, bekannte Bedrohungen an Relevanz verlieren, die Schutzbedarfskriterien sich verändern oder neue Schwachstellen erkannt werden.

Im Rahmen der Anwendungsentwicklung muss darauf geachtet werden, dass durch einen definierten Prozess eventuelle Änderungen der Rahmenbedingungen auch in eine laufende Entwicklung noch einfließen.

Konzeptionell werden die IT-Sicherheitsrisiken in Bezug auf einzelne Objekte oder Objektgruppen auf der Basis der geschätzten relativen Eintrittswahrscheinlichkeit einer Bedrohung und der möglichen Schadenshöhe bei Eintritt dieser Bedrohung ermittelt. Dieses Verfahren ist in der Praxis jedoch sehr aufwendig und sollte daher flexibel je nach Sicherheitsbedarf, ggf. auch nur für Teilsysteme, angewendet werden.

Im einfachsten Fall können einzelne Bedrohungen in Abstimmung mit einem Entscheider (z.B. Projektleiter, Produktverantwortlicher, Revision, Qualitätssicherung) auch ohne die explizite Angabe von Häufigkeiten und Schadenshöhen direkt in eine Risikoklasse eingeordnet werden. So ist es z.B. denkbar, dass bestimmte Bedrohungen bereits im Rahmen eines organisationsweiten Sicherheitskonzepts eine Einordnung erfahren haben. Diese kann dann einfach übernommen werden. Oder das Management trifft eine Grundsatzentscheidung, dass bestimmte Bedrohungen, die z.B. einen hohen Imageverlust nach sich ziehen würden, prinzipiell nicht tolerierbar sind. Damit ist dann die Ermittlung ihrer relativen Eintrittswahrscheinlichkeit nicht mehr nötig.

Die Arbeitsschritte der Sicherheitsrisikoanalyse sind:

- Bestimmung der Eintrittswahrscheinlichkeit von Bedrohungen
- Bestimmung des Schadens beim Eintritt von Bedrohungen
- Bestimmung und Klassifizierung der aktuellen Risiken.

Arbeitsschritte

19.7.1 Bestimmung der Eintrittswahrscheinlichkeit von Bedrohungen

In diesem Schritt erfolgt die Bestimmung der Eintrittswahrscheinlichkeit von einzelnen Bedrohungen. Basis dafür ist eine Häufigkeitsskala mit disjunkten Werten, bei der sich jeder Wert qualitativ von den anderen unterscheidet. Da es allgemein nicht möglich sein wird, eine präzise Aussage zu der Eintrittswahrscheinlichkeit einer Bedrohung zu machen, reicht diese Skala aus, um eine qualitative Aussage zu den einzelnen Bedrohungen machen zu können.

Daher wird hier eine Skala mit sechs Werten und den folgenden Häufigkeiten vorgeschlagen:

Tab. 19-9. Bewertungsskala

ID	Bezeichnung	Häufigkeit
6	sehr häufig	Schaden tritt im Mittel mehr als einmal pro Tag auf.
5	häufig	Schaden tritt im Mittel weniger als einmal pro Tag aber mehr als einmal pro Woche auf.
4	mittel	Schaden tritt im Mittel weniger als einmal pro Woche aber mehr als einmal in zwei Monaten auf.
3	selten	Schaden tritt im Mittel weniger als einmal in zwei Monaten aber mehr als einmal pro Jahr auf.
2	sehr selten	Schaden tritt im Mittel weniger als einmal pro Jahr aber mehr als einmal in 10 Jahren auf.
1	nach menschlichem Ermessen ausgeschlossen	Schaden tritt im Mittel weniger als einmal in 10 Jahren auf.

Generell ist die Eintrittshäufigkeit von Bedrohungen schwierig zu ermitteln. Es existieren folgende Verfahren zur Ermittlung von Eintrittswahrscheinlichkeiten:

- die sogenannte *Delphi-Methode*: die Erfahrung von Experten wird in Fragebogen und Diskussionen gesammelt,
- Statistiken (z.B. von CERTs, Mailinglisten, Internet-Diskussionsgruppen),
- Auditdaten, die das Auftreten von Bedrohungen im laufenden Betrieb dokumentieren.

Beispiel

Aus den aktuellen betriebsinternen Audit-Daten ist ersichtlich, dass die Bedrohung B1 mit der Häufigkeit von weniger als einmal pro Woche auftritt. Dies wird durch den Wert „4" dokumentiert.

Tab. 19-10. Häufigkeit einer Bedrohung

Objekt	Schwachstelle		Bedrohung						Risikoanalyse		
					bedrohte Sicherheitsziele				Schaden		Risiko-klasse
	ID	Name	ID	Name	Verbind-lichkeit	Vertrau-lichkeit	Verfüg-barkeit	Inte-grität	Häufig-keit	Wert	
DB-Server	S1	Fehlende Verschlüs-selung von Passworten	B1	Unbefug-tes Löschen von Daten	x		x	x	4		

19.7.2 Bestimmung des Schadens beim Eintritt von Bedrohungen

Im Rahmen der Sicherheitsrisikoanalyse werden die einzelnen Objekte einer Bewertung unterzogen, die die Frage klären soll, wie der mögliche Schaden, der durch eine Bedrohung an einem Objekt bewirkt werden kann, zu bewerten ist.

Der Schadenswert beschreibt die denkbare Schadenshöhe eines eingetretenen Schadens (bei einmaligem Eintritt eines schädigenden Ereignisses) auf einer Skala von 1 bis 5 und berücksichtigt dabei die Sicherheitsziele sowie den Schutzbedarf der Anwendung. Dabei werden alle möglichen Schäden – auch Schäden durch Arbeitsausfall, Mehrarbeit, Imageverluste, Kundenverlust oder durch den Verstoß gegen gesetzliche Anforderungen – in Bezug auf diese Skala bewertet.

Die Einordnung des Wertes von monetären Schäden erfolgt gemäß der Zuordnung der Schadenshöhe in DM (< 10^4 bis >10^7) zur Schadensstufe in einer Schadenswertskala. Die konkreten Schadenshöhen zu den einzelnen Stufen der Skala sollten im Rahmen des Risikomanagements von den Entscheidungsträgern unternehmensweit festgelegt werden. Die hier angegebenen Werte sind nur als Beispiel zur Bewertung der einzelnen Schadensklassen zu sehen:

Tab. 19-11. Schadenswertskala

ID	Bezeichnung	Wert
1	geringer Schaden	< 10^4 DM
2	niedriger Schaden	10^4 - 10^5 DM
3	mittlerer Schaden	10^5 - 10^6 DM
4	hoher Schaden	10^6 - 10^7 DM
5	sehr hoher Schaden	> 10^7 DM

Die Zuordnung der einzelnen Schadenswerte zu den Bedrohungen erfolgt dabei auf der Basis der Schutzbedarfsanalyse. Die dort ermittelten Werte (*niedrig, mittel, hoch, sehr hoch*) werden analysiert in Bezug zu der möglichen Schadenshöhe in den einzelnen Bereichen.

Beispiel

Die Schutzbedarfsanalyse eines Datenbank-Servers im Bereich der Personalverwaltung hat einen hohen Schutzbedarf identifiziert.

Tab. 19-12. Ergebnisse Schutzbedarfsanalyse

Sicherheitsziele	SB gesamt	Kriterien	Anforderungen	SB
Verfügbarkeit	**hoch**	**Verstoß gegen Gesetze / Vorschriften / Verträge**	Interne Vorschriften bzgl. Verfügbarkeit bestehen nicht.	**niedrig**
		Beeinträchtigung der Geschäftsprozesse	Beeinträchtigung der Projektarbeit, Angebotserstellung, Vertragserstellung, Personalverwaltung, Reisekostenabrechnung etc. Störungen maximal 2 Stunden tolerierbar. Verlust von wertvollen Daten denkbar. Maximal tolerierbare Ausfallzeit (Katastrophenfall) ist 2-3 Tage.	**hoch**
		Negative Innen- / Außenwirkung	Innenwirkung: Mitarbeitermotivation sinkt bei ausbleibenden Gehaltszahlungen.	**hoch**
		Finanzielle Auswirkungen	Keine direkten Verluste, nur indirekt über den Arbeitsausfall von Mitarbeitern bzw. Mehraufwand zur Wiederherstellung von Ergebnissen, Einnahmeverlust bei Auftragsverlust oder Terminverzug denkbar, aber keine zwingende Folge: Schäden von 100 TDM - 3 Mio. DM denkbar.	**hoch**

Der Schaden, der durch unbefugtes Löschen von Daten angerichtet werden kann, wird in die Schadensstufe 3 (mittlerer Schaden) eingeordnet:

Tab. 19-13. Schadenseinordnung der Bedrohung

Objekt	**Schwachstelle**		**Bedrohung**						**Risikoanalyse**		
					bedrohte Sicherheitsziele				**Schaden**		**Risikoklasse**
	ID	**Name**	**ID**	**Name**	**Verbindlichkeit**	**Vertraulichkeit**	**Verfügbarkeit**	**Integrität**	**Häufigkeit**	**Wert**	
DB-Server	S1	Fehlende Verschlüsselung von Passworten	B1	Unbefugtes Löschen von Daten	x		x	x	4	3	

19.7.3 Bestimmung und Klassifizierung der aktuellen Risiken

Dieser Schritt fasst die Ergebnisse der vorangegangenen Schritte zusammen. Er identifiziert und klassifiziert die tolerierbaren Risiken und benennt die nicht tolerierbaren.

Dazu wird bewertet, wie schädlich sich die einzelnen Bedrohungen auf den IT-Einsatz auswirken können. Es wird ermittelt, welche Risiken aktuell bestehen. Anschließend wird festgelegt, welche dieser Risiken tolerierbar sind, und welche nicht. Die einzelnen Bedrohungen werden durch die Angabe von Wertepaaren, die aus der jeweiligen relativen Eintrittswahrscheinlichkeit (Häufigkeit) und der relativen Schadenshöhe gebildet werden, charakterisiert.

Im Rahmen eines Sicherheitsmanagements kann dann auf die einzelnen Risiken wie folgt reagiert werden:

- *Vermeidung*: durch Beseitigung der Bedrohung oder der Schwachstelle.
- *Verminderung*: Das Potenzial eines Risikos bildet das Produkt aus Eintrittshäufigkeit und Schadenshöhe. Kann man einen der beiden Faktoren verringern, wird das Risiko vermindert. Sind die Kosten der Verringerung kleiner als die Verringerung des Risikopotenzials, spricht man von einer *effizienten* Verringerung.
- *Übertragung*: Bleibt das Potenzial eines Risikos trotz Verminderung zu groß, kann es auf eine Versicherung übertragen werden.
- *Akzeptanz*: Das Risiko wird bewusst in Kauf genommen.

Die einzelnen Risikoklassen werden dabei wie folgt gebildet:

Tab. 19-14. Risikoklassen

ID	Bezeichnung	Erläuterung
+++	sehr hohes Risiko	Sollte unbedingt vermieden oder vermindert werden.
++	hohes Risiko	Sollte vermindert, vermieden oder übertragen werden.
+	niedriges bis mittleres Risiko	Kann bei zu hohem Gegenaufwand toleriert werden.

Basis für die Angabe der Tolerierbarkeit von Risiken ist eine *Risikomatrix*, die für alle möglichen Wertepaare von Häufigkeiten und Schadenshöhen die Festlegung der jeweiligen Risikoklasse enthält. Diese Matrix muss individuell für die Anwendung in Abstimmung mit den Sicherheitszielen und Rahmenbedingungen erstellt werden. Existiert eine solche Matrix bereits für die Einsatzumgebung der Anwendung, kann diese übernommen und nach Bedarf modifiziert werden.

Tab. 19-15. Beispiel einer Risikomatrix

		Häufigkeit					
		6	**5**	**4**	**3**	**2**	**1**
Schaens-	1 (gering)	+	+	+	+	+	+
höhe	2 (niedrig)	++	++	++	+	+	+
	3 (mittel)	+++	+++	+++	+++	++	++
	4 (hoch)	+++	+++	+++	+++	++	++
	5 (sehr hoch)	+++	+++	+++	+++	+++	+++

An Hand dieser Matrix werden dann die nicht tragbaren Risiken identifiziert. Diese können im Rahmen eines Sicherheitskonzepts durch geeignete Gegenmaßnahmen auf ein tolerierbares Maß reduziert werden.

Beispiel

Die Bedrohung B1 tritt mit der Häufigkeit 4 auf und verursacht einen mittleren Schaden. Damit ist nach der für die Anwendung auf der Basis der Schutzbedarfsanalyse entwickelten Risikomatrix dieses Risiko nicht tragbar und muss im Rahmen des Sicherheitskonzepts auf ein tragbares Maß gesenkt werden.

Tab. 19-16. Zuordnung Risikoklasse

Objekt	**Schwachstelle**		**Bedrohung**						**Risikoanalyse**		
					bedrohte Sicherheitsziele				**Schaden**		**Risikoklasse**
	ID	**Name**	**ID**	**Name**	**Verbindlichkeit**	**Vertraulichkeit**	**Verfügbarkeit**	**Integrität**	**Häufigkeit**	**Wert**	
DB-Server	S1	Fehlende Verschlüsselung von Passworten	B 1	Unbefugtes Löschen von Daten	x		x	x	4	3	+++

Das Ergebnis dieses Arbeitsschritts ist eine Liste der Bedrohungen mit der Angabe des Schadenswertes, der Eintrittswahrscheinlichkeit und der Angabe der Risikoklasse.

Qualitätskriterien

Qualitätskriterien für die Sicherheitsrisikoanalyse sind:

- Für die Anwendung ist eine individuelle Risikomatrix zur Bestimmung der Tolerierbarkeit von Risiken erstellt bzw. übernommen worden.

- Alle in der Bedrohungsanalyse identifizierten Bedrohungen sind mindestens mit einer Risikoklasse gekennzeichnet.
- Für einzelne Bedrohungen ist der mit ihrem Eintreten verbundene Schadenswert und die Häufigkeit ihres Eintretens angegeben.

Vorausgesetztes Wissen

- Kenntnisse im Bereich des IT-Risikomanagement.
- Grundlegende Statistikkenntnisse
- Anwendungswissen
- Techniken *Schutzbedarfsanalyse, Schwachstellenanalyse, Bedrohungsanalyse*

Literatur

[BSI1992] Bundesamt für Sicherheit in der Informationstechnik (BSI): IT-Sicherheitshandbuch, Handbuch für die sichere Anwendung der Informationstechnik, Bundesdruckerei, Bonn,1992

[Hummelt1997] Hummelt, R.: Wirtschaftsspionage auf dem Datenhighway, Hanser Verlag, 1997

[Kyas1996] Kyas, O.: Sicherheit im Internet: Risikoanalysen – Strategien – Firewalls, DATACOM Verlag, 1996

[Oppliger1997] Oppliger, R.: IT-Sicherheit, Vieweg Verlag, 1997.

19.8 Festlegung Sicherheitsfunktionen

Beschreibung

Das Ziel der Festlegung von Sicherheitsfunktionen ist die Auswahl geeigneter Sicherheitsfunktionen zur Realisierung der durch die Sicherheitsanforderungen vorgegebenen Sicherheitsfunktionalitäten.

Der Nutzen der Festlegung von Sicherheitsfunktionen besteht darin, dass diese den in der Sicherheitsanalyse identifizierten Risiken entgegenwirken können und somit die Risiken auf ein tragbares Maß absenken. Außerdem stellen sie die Voraussetzung zur Auswahl geeigneter Sicherheitsmechanismen da, die die Sicherheitsfunktionen implementieren.

Die Voraussetzungen für die Festlegung von Sicherheitsfunktionen sind die Identifizierung der vom Anwendungssystem benötigten Sicherheitsfunktionalitäten und die mit Hilfe der Anforderungsanalyse formulierten konkreten Anforderungen an die Sicherheitsfunktionen.

Das Ergebnis der Festlegung von Sicherheitsfunktionen ist die Liste der für die sichere Realisierung und den sicheren Betrieb des Anwendungssystems benötigten Sicherheitsfunktionen.

Die Sicherheitsfunktionalitäten unterstützen die mit Hilfe der Technik *Festlegung Sicherheitsziele* definierten Sicherheitsziele Verfügbarkeit, Vertraulichkeit, Integrität und Verbindlichkeit. Die Sicherheitsfunktionalitätsklassen sind:

- Identifizierung und Authentisierung
- Zugriffskontrolle
- Beweissicherung und Nachvollziehbarkeit
- Protokollauswertung und Gegenmaßnahmen
- Datensicherung
- Wiederaufbereitung
- Unverfälschtheit der Daten
- Zuverlässigkeit bzw. Verfügbarkeit der Dienstleistung
- Übertragungssicherung.

Diese Klassen geben nur den allgemeinen Rahmen zur Strukturierung und Einordnung von Sicherheitsfunktionen vor. Sie müssen auf einzelne Sicherheitsfunktionen weiter heruntergebrochen werden. Dazu werden die Anforderungen mit den Sicherheitsfunktionalitätsklassen in Bezug gebracht.

Die Arbeitsschritte der Festlegung von Sicherheitsfunktionen sind:

- Auswahl geeigneter Sicherheitsfunktionen
- Qualifizierung der Sicherheitsfunktionen.

Arbeitsschritte

19.8.1 Auswahl geeigneter Sicherheitsfunktionen

In diesem Arbeitsschritt werden die geeigneten Sicherheitsfunktionen zur Absicherung des Anwendungssystem ausgewählt.

Die Liste der sicherheitsrelevanten Anforderungen wird untersucht und zu den Sicherheitsfunktionalitätsklassen (s.o.) in Bezug gesetzt. Jede Klasse muss durch konkrete Sicherheitsfunktionen instanziiert werden. Die Auswahl der geeigneten Funktionen orientiert sich dabei an den konkreten Anforderungen.

Beispiele für Sicherheitsfunktionen der einzelnen Sicherheitsfunktionalitätsklassen:

- *Identifizierung und Authentisierung*: Verwendung von Sicherheitstoken, Single-Sign-On, Verwendung von Chipkarten, Hinterlegung von Passworten, 4-Augen Prinzip,
- *Zugriffskontrolle*: Rollen- und Zugriffrechtkonzepte, Zugriffskontrollmechanismen (ACLs), Firewall-Regeln, IP-Filter, Remote-Access-Server,

- Beweissicherung und Nachvollziehbarkeit: Protokollierung, Authentisierung,
- *Protokollauswertung und Gegenmaßnahmen*: Organisatorische Maßnahmen zur regelmäßigen Protokollauswertung, Werkzeugunterstützung, Intrusion Detection Systeme,
- *Datensicherung*: Backup-Konzepte,
- *Wiederaufbereitung*: Recovery-Konzept,
- *Unverfälschtheit der Daten*: Signaturen, Hashwerte, Message Digest, Fingerprint,
- *Zuverlässigkeit bzw. Verfügbarkeit der Dienstleistung*: Redundante Ausführung von Systemen, Firewalls, Filter,
- *Übertragungssicherung*: Verschlüsselung.

Weitere Hinweise zu Sicherheitsfunktionen finden sich in den Common Criteria [CCP1998], [CCP2000]. Ergebnis dieses Arbeitsschritts ist eine Liste von Sicherheitsfunktionen.

Beispiel

Eine Anforderung lautet: „Bei der Anmeldung an den Datenbank-Server müssen die übertragenen Passworte verschlüsselt werden. Die zugehörige Sicherheitsfunktionalitätsklasse ist die Übertragungssicherung."

Um die Übertragungssicherung für diese Anforderung zu realisieren, wird als Sicherheitsfunktion die Verschlüsselung festgelegt.

19.8.2 Qualifizierung der Sicherheitsfunktionen.

In diesem Arbeitsschritt werden die festgelegten Sicherheitsfunktionen entsprechend den Sicherheitsanforderungen qualifiziert.

Dazu werden die Anforderungen analysiert. Diese geben nicht nur Hinweise zur Festlegung geeigneter Sicherheitsfunktionen, sondern enthalten meist auch weitergehende Forderungen. Damit diese hinreichend erfüllt werden, müssen die Sicherheitsfunktionen eventuell entsprechend qualifiziert werden. Die Qualifizierung sollte nicht mit der Parametrisierung der konkreten technischen Verfahren (den Sicherheitsmechanismen) verwechselt werden.

Hier werden lediglich Anforderungen auf abstrakte Sicherheitsfunktionen abgebildet. Dazu wird festgelegt, welche Bedingungen die einzelnen Sicherheitsfunktionen erfüllen müssen, um die Sicherheitsanforderungen zu erfüllen. Ergebnis dieses Arbeitsschrittes ist eine qualifizierte Liste von Sicherheitsfunktionalitäten.

Beispiel

Als Sicherheitsfunktion zur Übertragungssicherung ist die Verschlüsselung festgelegt worden. In den Anforderungen wird als Ergebnis der Sicherheitsanalyse die Forderung aufgestellt, dass die Integrität der vom Anwendungssystem verarbeiteten Daten besonders stark geschützt werden muss (z.B. weil die Bedrohungsanalyse eine entsprechend hohe Bedrohung identifiziert hat). Dies hat zur Folge, dass die Verschlüsselung weiter qualifiziert wird. Es wird vermerkt, dass die Funktion eine starke Verschlüsselung realisieren muss.

Qualitätskriterien

Qualitätskriterien für die Festlegung von Sicherheitsfunktionen sind:

- Die festgelegten Sicherheitsfunktionen liefern erkennbare Gegenmaßnahmen zur Abwehr der durch die Sicherheitsrisikoanalyse identifizierten Risiken.
- Die Sicherheitsfunktionen sind entsprechend den Vorgaben aus den sicherheitsrelevanten Anforderungen qualifiziert.

Vorausgesetztes Wissen

- Kenntnisse der Sicherheitsanalyse, insbesondere Technik *Bedrohungsanalyse*
- Allgemeines Wissen im Bereich der IT-Sicherheit
- Kenntnisse von Sicherheitsstandards

Literatur

[CCP1998] Common Criteria Project: Common Criteria Recognition Arrangement, http://www.common-criteria.org/registry/mr.html

[CCP2000] Common Criteria Project: Common Evaluation Methodology (CEM Version 1.0, Part 2), http://www.common-criteria.org/cem/cem.html

[ISO/IEC1999a] ISO/IEC 15408_1: Information technology – Security techniques Evaluation Criteria for IT-Security – Part 1: Introduction and general model, Beuth, 1999

[ISO/IEC1999b] ISO/IEC 15408_2: Information technology – Security techniques Evaluation Criteria for IT-Security – Part 2: Security functional requirements, Beuth, 1999

[ISO/IEC1999c] ISO/IEC 15408_3: Information technology – Security techniques Evaluation Criteria for IT-Security – Part 3: Security assurance requirements, Beuth, 1999

[EU1992] Europäische Union: Kriterien für die Bewertung von Systemen der Informationstechnik (ITSEC), Europäische Union, 1992

[Oppliger1997] Oppliger, R.: IT-Sicherheit, Vieweg Verlag, 1997.

19.9 Erstellung Rollenkonzept

Beschreibung

Das Ziel der Erstellung eines Rollenkonzepts ist die Festlegung von Rollen zur Repräsentation von *Aufgaben* und *Rechten* von Benutzern bzw. Benutzergruppen eines Anwendungssystems.

Der Nutzen der Erstellung eines Rollenkonzepts besteht darin, Zuständigkeiten und Rechte in klar voneinander abgegrenzte Rollen einzuteilen, um damit möglichem Missbrauch bzw. Fehlbedienungen des Systems vorbeugen zu können.

Die Voraussetzungen für die Erstellung eines Rollenkonzepts sind die fachlichen und rechtlichen Anforderungen und die daraus resultierenden Rahmenbedingungen für das Anwendungssystem.

Das Ergebnis der Erstellung eines Rollenkonzepts ist ein Katalog von Rollen mit den zugeordneten Aufgaben und Berechtigungen und einer Abgrenzung der einzelnen Rollen.

Eine *Rolle* beschreibt die einem Subjekt zuweisbare Menge von Zuständigkeiten und damit verbundenen Rechte innerhalb eines Anwendungssystems. Als *Subjekt* bezeichnet man dabei den *aktiven* Stellvertreter einer realen Instanz (Person, Anwendungsprogramm).

Die mit einer Rolle verbundenen *Rechte* lassen sich unterscheiden in:

- *Zugriffsrechte*: objektbezogene Rechte, die beschreiben, welche Subjekte in bestimmter Weise auf ein Objekt (Datei, Programm) zugreifen können (Beispiel: *access control lists* (ACL) unter Windows NT),
- *Berechtigungen*: globale/übergeordnete Rechte, diese sind an Subjekte gebunden und erlauben diesen, bestimmte Aktionen durchzuführen (z.B. Datensicherung).

Die *Aufgaben* einer Rolle ergeben sich aus den mit der Anwendung bearbeiteten Geschäftsprozessen.

Einzelne Subjekte lassen sich zu *Subjektgruppen*, oder einfach *Gruppen*, zusammenfassen. Diese Gruppen bilden einen logischen Rahmen zur Strukturierung einer Menge von Subjekten. Dabei wird jeder Gruppe ein eigenes *Berechtigungsprofil* (globale *Berechtigungen*) zugeordnet (siehe Abb. 19-1). Gruppen können im Extremfall nur ein Subjekt beinhalten.

Durch die Gruppierung von Subjekten lassen sich auch Hierarchien, bzw. Untermengen von Gruppen (und damit Abbildungen von Aufgaben) modellieren. Damit können (und sollten) Gruppenstrukturen den Unternehmensstrukturen nachempfunden sein. So kann beispielsweise die Gruppe der Benutzer nach deren Zugehörigkeit zu einzelnen Abteilungen weiter unterteilt werden.

Ein Subjekt kann mehrere Rollen innehaben und eine Rolle kann von mehreren Subjekten wahrgenommen werden (siehe Abb. 19-1). Die Rechte einer Rolle lassen sich dann als die Aggregation ihrer Berechtigungen kombiniert mit den Zugriffsrechten auf die einzelnen Objekte auffassen. Wie die Berechtigungen und Zugriffsrechte zu den Gesamtrechten einer Rolle kombiniert werden (z.B. additiv, exklusiv), ist stark abhängig von der Realisierung in einem konkreten System.

Die Übergänge zwischen Rollenkonzept und Zugriffsrechtekonzept sind sowohl konzeptionell als auch in der praktischen Umsetzung, z.B. in Betriebssystemen, nicht klar zu definieren. Die im Rahmen einer Rolle definierten Berechtigungen werden bei der Zugriffskontrolle (aktive Überprüfung der Zugriffsrechte eines Subjekts auf ein Objekt) mit den für das Objekt definierten Zugriffsrechten kombiniert und ausgewertet. Die Festlegung, wie diese miteinander kombiniert werden (z.B. kann eine Berechtigung Vorrang vor einem abweichend festgelegten Zugriffsrecht haben) sollen, erfolgt im Zugriffsrechtekonzept. Daher erfolgt die Erstellung eines Rollenkonzepts in enger Abstimmung mit der Erstellung eines Zugriffsrechtekonzepts.

Abb. 19-1 zeigt eine mögliche technische Umsetzung eines Rollen- und Rechtekonzepts. Eine Rolle ist durch Berechtigungen und Rechte festgelegt. Der Fokus der Technik *Erstellung Rollenkonzept* liegt auf der Strukturierung von Gruppen und Berechtigungen, während die Technik *Erstellung Zugriffsrechtekonzept* Rollen aus Sicht der Objekte um Zugriffsrechte verfeinert.

Als ein Beispiel für die Realisierung einer Rollen- und Rechteverwaltung in einem realen Systems kann man Windows NT betrachten. Dort entsprechen die *Subjektgruppen* den *globalen Gruppen*. Die *Rechtemuster* werden durch *lokale Gruppen* repräsentiert. Die objektbezogenen Zugriffsrechtelisten werden in NT durch *ACLs* (access control lists) realisiert. Darüber hinaus ist es unter Windows NT möglich, auch einzelne Nutzer (Subjekte) den lokalen Gruppen direkt zuzuordnen oder gar in ACLs zu verwenden. Unter globalen Berechtigungen werden in NT beispielsweise Administratorrechte oder Backup-Rechte verstanden. Diese haben in der Regel Vorrang vor konkreten Zugriffsrechten (ACLs).

Auch moderne Firewall-Systeme und VPNs (virtual private networks) verwenden Gruppen zur Authentisierung und Rechtezuteilung. Selbst IP-Adressen-basierte Filterungen können mit Hilfe des Rollen- bzw. Gruppenkonzepts modelliert werden, indem die Nutzer z.B. je nach Adresse in Positiv- und Negativgruppen o.ä. eingeteilt werden.

Die Arbeitsschritte bei der Erstellung eines Rollenkonzepts sind:

- Identifizierung von Rollen
- Festlegung der Aufgaben und Rechte
- Abgrenzung der Rollen.

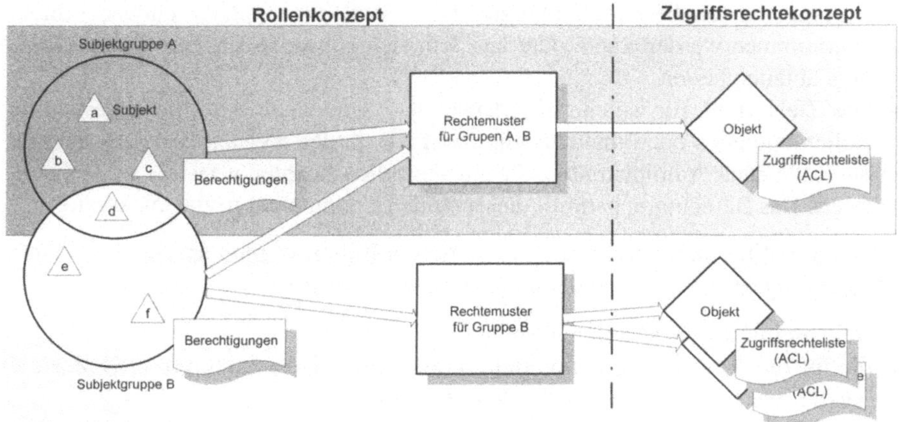

Abb. 19-1. Prinzip der Umsetzung eines Rollenkonzepts.

Arbeitsschritte

19.9.1 Identifizierung von Rollen

In diesem Arbeitsschritt werden die einzelnen Rollen der potenziellen Benutzer des Anwendungssystems definiert.

Jede Rolle wird mit einem möglichst sinnvollen Namen bezeichnet. Optional können auch die zuständige Organisationseinheit, in der die Rolle angesiedelt ist und, wenn bereits bekannt, die entsprechenden Personen angegeben werden.

Zur Identifizierung einzelner Rollen dient dabei die Frage, welche Kombination von Berechtigungen und Zugriffsrechten im Kontext des Anwendungssystems sinnvoll unterschieden werden können.
Hinweise darauf geben die folgenden Kriterien:

- Eine Unterteilung der Benutzer in verschiedene Rollen kann durch *rechtliche* Vorgaben gefordert werden, wie z.B. durch Grundsätze für die Funktionstrennung.
- Durch fachliche Vorgaben kann eine Aufgabentrennung vorgegeben werden.
- Aus den Rahmenbedingungen (fachlich/technisch) ergeben sich sicherheitsbezogene Forderungen nach einer Rolleneinteilung.
- Da die einzelnen Rollen nicht nur über übergeordnete Rechte verfügen, sondern auch die Basis zur Erteilung von Zugriffsrechten aus der Sicht der Objekte (z.B. über ACLs) sind, sollte bei der Identifizierung der einzelnen Rollen auch die Art der erwarteten Zugriffe auf die Objekte berücksichtigt werden.
- Aus dem Evaluationsziel (vgl. Technik *Definition des Evaluationsziels)* lassen sich Forderungen an das Rollenmodell ableiten.

- Eventuell besteht bereits ein übergeordnetes Rollenkonzept, das entweder direkt übernommen werden kann, oder aus dem sich Hinweise auf eine Rollenaufteilung ableiten lassen.
- Das Zielsystem, für welches die Anwendung entwickelt wird, kann bestimmte Rollen vorgeben oder unterstützen. So ist z.B. in den meisten Betriebssystemen die Rolle eines Administrators, die mit speziellen Rechten versehen ist, fest integriert. Das Berechtigungsprofil dieser Rolle ist dann nicht trivial änderbar.

Die mit Hilfe dieser Kriterien identifizierten Rollen werden anschließend einer Überprüfung unterzogen, bei der untersucht wird, ob diese

- frei von Interessenskonflikten sind und
- die für die Anwendung definierten Verantwortlichkeitsstrukturen in Bezug auf Ausführungs- und Zugriffsrechte korrekt abbilden.

Dabei kann es vorkommen, dass die zunächst gefundenen Rollen verfeinert oder um zusätzliche Rollen erweitert werden müssen.

Beispiel

Tab. 19-17. Rollenkatalog

Org. Einheit (optional)	Personen (optional)	Name	Aufgaben und Rechte
Fachabteilung		Benutzer	
IT-Revision		Revisor	
IT-Betrieb		Systemadministrator	

Das Ergebnis dieses Arbeitsschrittes ist eine Liste von Rollen, die jeweils durch einen Namen und optional durch die zuständige Organisationseinheit und die entsprechenden Personen beschrieben sind (siehe Tab. 19-17).

19.9.2 Festlegung der Aufgaben und Rechte

In diesem Arbeitsschritt wird festgelegt, welche Aufgaben und Rechte einer Rolle zugeordnet sind.

Jede Rolle wird näher spezifiziert durch die informelle Angabe der durch sie erfüllten Aufgaben. Die Beschreibung der einzelnen Aufgaben leitet sich dabei aus den einzelnen Vorgängen ab, die durch die Anwendung realisiert bzw. von ihr unterstützt werden.

Die Rechte erlauben dem Inhaber einer Rolle die Ausführung von Aktionen im System, z.B.:

- Lesen von Daten,
- Schreiben von Daten,
- Ausführen von Programmen,
- Löschen von Dateien oder Verzeichnissen,
- Erweitern von Verzeichnissen,
- Kopieren von Dateien oder Verzeichnissen,
- Überprüfen der Existenz von Dateien oder Verzeichnissen,
- Ändern von Zugriffsrechten,
- Übernehmen des Besitzes von Objekten.

Jeder Rolle werden die zur Erfüllung ihrer Aufgaben nötigen Rechte zugeteilt. Dabei wird der Grundsatz verfolgt, dass eine Rolle nur die unbedingt nötigen Rechte erhält.
Hier existieren zwei Ansätze zur Vergabe von Rechten:

- Negativliste: Einer Rolle werden zunächst alle Rechte zugeordnet. Es wird anschließend explizit angegeben, wie diese Rechte eingeschränkt werden.
- Positivliste: Es werden explizit die gültigen Rechte in einer Liste aufgeführt. Nur diese sind der Rolle zugeordnet.

Beispiel

Tab. 19-18. Zuordnung Aufgaben und Rechte

Org. Einheit (optional)	Personen (optional)	Name	Aufgaben und Rechte
Fachabteilung		Sachbearbeiter	Aufgabe: Durchführung von Fachaufgaben, Rechte: zur Ausführung unterstützender Programme, lesender Zugriff auf benötigte Informationen, schreibender Zugriff zum Festhalten der Ergebnisse.
IT-Revision		Revisor	Aufgabe: Überprüfung der Einhaltung von Vorgaben, Rechte: Lesender Zugriff auf alle Daten, Ausführungsrecht für relevante Anwendungen.
IT-Betrieb		Systemadministrator	Aufgabe. Verwaltung des Anwendungssystems, Rechte: alle Rechte.

Das Ergebnis dieses Arbeitsschrittes ist die Angabe der Aufgaben und Rechte für jede identifizierte Rolle.

19.9.3 Abgrenzung der Rollen

In diesem Arbeitsschritt wird festgelegt, welche Rollen grundsätzlich unverträglich sind, d.h. welche Rollen weder parallel (gleichzeitig) noch sequentiell (nacheinander) einem Subjekt zugeordnet werden dürfen.

Prinzipiell muss dazu jede mögliche Kombination von Rollen untersucht werden. In den meisten Fällen können aber die Abgrenzungen der einzelnen Rollen direkt aus dem Anwendungswissen bzw. dem Wissen über die zu Grunde liegenden Geschäftsprozesse abgeleitet werden.

Analog zum ersten Arbeitsschritt kann an Hand der dort angegebenen Kriterienliste die Abgrenzung der einzelnen Rollen untersucht werden. So wird in [DSV2000b] eine klare Funktionstrennung gefordert, die explizit im Rollenmodell festgeschrieben werden muss.

Beispiel

Die Rollen *Benutzer* (Funktion: „Nutzung") und *Revisor* (Funktion: „Prüfung") sind unvereinbar. Der Revisor überprüft die korrekte Erfüllung der Aufgaben des Benutzers. Dieser darf die Korrektheit seiner eigenen Aufgaben nicht bestätigen.

Ergebnis dieses Arbeitsschrittes ist eine Aufstellung, die festlegt, welche Rollen nicht gleichzeitig von einem Subjekt ausgefüllt werden dürfen.

Qualitätskriterien

Qualitätskriterien für die Erstellung eines Rollenkonzepts sind:

- Eine Liste von Rollen ist definiert.
- Jede Rolle ist durch einen Namen, eine informelle Beschreibung ihrer Aufgabe, den ihr zugeordneten Berechtigungen und ihren Einschränkungen in Bezug auf die Kombination mit anderen Rollen beschrieben.

Vorausgesetztes Wissen

- Wissen über das Einsatzgebiet und die Rahmenbedingungen der zu entwickelnden Anwendung. Dazu zählen die Kenntnis der durch die Anwendung unterstützen Geschäftsprozesse und der einzelnen Aufgaben der Anwender.
- Kenntnisse von Berechtigungssystemen

Literatur

[DSV2000a] Deutscher Sparkassen Verlag GmbH (DSV): Handbuch Ordnungsmäßigkeit und Prüfung der Datenverarbeitung, Stellungnahmen/Verlautbarungen FA OPDV, Teil A, Stuttgart, 2000

[DSV2000b] Deutscher Sparkassen Verlag GmbH (DSV): Handbuch Ordnungsmäßigkeit und Prüfung der Datenverarbeitung, Stellungnahmen und Arbeitsergebnisse des Fachausschusses für moderne Abrechnungssysteme, Teil B, Stuttgart, 2000

[Krause1999] Krause, M., Tipton, H.F. (Eds.): Handbook of Information Security Management, Auerbach Publications, 1999

[Oppliger1997] Oppliger, R.: IT-Sicherheit, Vieweg Verlag, 1997.

[SIZ1998] Informatikzentrum der Sparkassenorganisation GmbH (SIZ): Standard der IT-Sicherheit, Version 2.0, Bonn,1998

19.10 Erstellung eines Zugriffsrechtekonzepts

Beschreibung

Das Ziel der Erstellung eines Zugriffsrechtekonzepts ist die Festlegung der Zugriffsrechte für die einzelnen Objekte des Anwendungssystems.

Der Nutzen der Erstellung eines Zugriffsrechtekonzepts besteht darin, aus der Sicht der Objekte der Anwendung eine Kontrolle über die Art des Zugriffs der einzelnen Rollen auf jedes Objekt zu spezifizieren.

Die Voraussetzungen für die Erstellung eines Zugriffsrechtekonzepts sind eine Liste der von der Anwendung bearbeiteten Objekte (bzw. Objektklassen) und eine Liste von Rollen.

Das Ergebnis der Erstellung eines Zugriffsrechtekonzepts ist die Angabe der Zugriffsrechte für jedes Objekt der Anwendung. Das Zugriffsrecht wird dabei bezogen auf Rollen erteilt.

Das Zugriffsrechtekonzept wird in engem Zusammenhang mit dem Rollenkonzept entwickelt (vgl. Technik *Erstellung Rollenkonzept*). Hierbei liegt der Fokus auf der Strukturierung von Gruppen und globalen Berechtigungen, während die Technik *Erstellung eines Zugriffsrechtekonzept* hauptsächlich den Zugriff dieser Rollen auf die einzelnen Objekte des Systems definiert. Die Zugriffsrechtelisten verfeinern und konkretisieren somit die Rechte einer Rolle.

Unter dem *Zugriffsrecht* versteht man das Recht eines Subjekts (als Inhaber einer Rolle), auf ein Objekt in einer bestimmten Art und Weise zugreifen zu dürfen (z.B. Lesen, Schreiben).

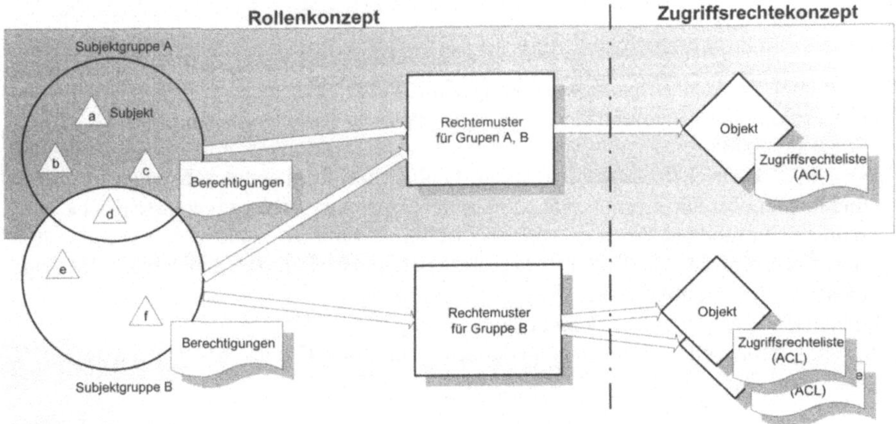

Abb. 19-2. Prinzip der Umsetzung eines Rechtekonzepts

Man unterscheidet im Zusammenhang mit Zugriffsrechten zwei Aspekte:

- *Autorisierung* (Zugriffsrechte erteilen): aktive Überprüfung der Zugriffsrechte zum Zeitpunkt der Zugriffsanforderung,
- *Administration* (Verwaltung der Zugriffsrechte): Festlegung, wer Zugriffsdaten lesen und verändern darf.

Die Arbeitsschritte der Erstellung eines Zugriffsrechtekonzepts sind:

- Rechtekatalog festlegen
- Zugriffsrechte festlegen
- Attribute bestimmen
- Administration regeln
- Vorrangbeziehungen festlegen.

Arbeitsschritte

19.10.1 Rechtekatalog festlegen

In diesem Arbeitsschritt werden die für die Zugriffe von Rollen auf Objekte des Anwendungssystems benötigten Rechte festgelegt.

Die Identifizierung der einzelnen Rechte orientiert sich dabei an den Geschäftsprozessen und den durch die Anwendung modellierten Abläufen. Durch die Kombination der einzelnen Rechte soll allen beteiligten Rollen der für die Erfüllung ihrer Aufgaben benötigte Zugriff gewährt werden. Gleichzeitig soll sichergestellt werden, dass keine Rolle Zugriffsrechte erhält, die nicht mit ihren Aufgaben vereinbar sind.

Die Grundrechte sind dabei:

- lesender Zugriff auf Objekte,
- schreibender Zugriff auf Objekte,
- die Erlaubnis zum Ausführen von Objekten.

Die dadurch möglichen Zugriffe auf Objekte können sein:

- Lesen,
- Schreiben,
- Ausführen,
- Löschen,
- Erweitern,
- Kopieren,
- Existenz überprüfen.

Zur Administration der Zugriffsrechte werden mindestens folgende Rechte benötigt:

- Zugriffsrechte ändern,
- Besitz übernehmen.

Einzelne Zugriffsrechte lassen sich auch zusammenfassen und dann mit einer eigenen Bezeichnung versehen (So kann z.B. das Recht "Vollzugriff" die Summe aller möglichen Zugriffsrechte identifizieren).

Bei der Abbildung der einzelnen Rechte auf ein konkretes System kann unter Umständen die Granularität der Objekte, die durch eine Zugriffskontrolle geschützt werden können, nicht der Granularität der von der Anwendung implizierten Objekte entsprechen. (Beispielsweise kann ein System eventuell nur den Zugriff auf die einzelnen Datensätze einer Datenbank kontrollieren, nicht aber den Zugriff auf einzelne Daten innerhalb eines Datensatzes). Dann ist die Realisierung des entwickelten Zugriffsrechtekonzepts über eine geeignete Zwischenschicht zu realisieren.

Als Beispiel sollen folgende Zugriffsrechte betrachtet werden:

Z_1: lesen

Z_2: schreiben

Z_3: ausführen

Z_4: Existenz prüfen

Abb. 19-3. Liste von Zugriffsrechten

Das Ergebnis dieses Arbeitsschrittes ist die Liste aller für die Kontrolle des Zugriffs auf die Objekte der Anwendung benötigten Zugriffsrechte.

19.10.2 Zugriffsrechte festlegen

In diesem Arbeitsschritt werden die Zugriffsrechte der einzelnen Rollen auf die Objekte festgelegt. Diese Zuordnung wird in einer Matrix festgehalten. Dabei entsprechen die Zeilen den Rollen und die Spalten den Objekten:

- Zeile: Fähigkeitsliste, (engl. *capability list*, CL) gibt zu jeder Rolle den erlaubten Zugriff auf Objekte an.
- Spalte: Zugriffskontrollliste (engl. *access control list*, ACL), gibt zu jedem Objekt die Zugriffsberechtigungen aller Rollen an.

Die Einträge in den einzelnen Zellen der Matrix bestehen dann aus der Angabe der jeweiligen Zugriffsrechte.

	O_1	O_2	O_3	O_Z
R_1		$ZL_{1,2}$		
R_2	$ZL_{2,1}$			
R_3			$ZL_{3,3}$	$ZL_{3,Z}$
R_X	$ZL_{X,1}$			

R: Rolle, **O**: Objekt, **Z**: Liste von Zugriffsrechten

Abb. 19-4. Beispiel einer Zugriffskontrollmatrix.

Eine solche Zugriffskontrollmatrix (engl. access control matrix, ACM) kann schnell sehr groß werden, da längst nicht alle möglichen Zugriffe von Rollen auf Objekte tatsächlich definiert sind. Außerdem hat sie die Eigenschaft, dass sie zentral verwaltet werden muss. Jeder, der dazu berechtigt ist, die Zugriffsrechte eines Objekts zu ändern, muss dazu auf diese Matrix zugreifen.

In der Praxis wird diese Matrix deshalb in einzelne Listen unterteilt. Dabei wird eine eigene Zugriffsrechtliste für jedes Objekt angelegt. Diese entspricht genau einer Spalte der Zugriffsrechtmatrix. Da die Spalte in den meisten Fällen nur dünn besetzt sein wird, wird sie durch eine Liste repräsentiert, die sich nur aus denjenigen Zellen der Spalte zusammensetzt, die über einen Eintrag verfügen. Dabei wird jedes Element der Liste durch die zugehörige Rolle identifiziert.

Die Zugriffsrechtliste für das Objekt O_1 aus Abb. 19-4 hat dann folgende Form:

Objekt O_1	R_2, $Z_{2,1}$	R_X, $Z_{X,1}$

Zugriffsrechte in Betriebssystemen werden wie folgt behandelt:

- unter Windows NT:
  Zugriffsrechte werden als *Permissions* bezeichnet. Dies sind ACL-Einträge der Form: Benutzer – Zugriffsrecht. Benutzer kann dabei ein einzelner Benutzer oder eine Gruppe sein (auch Netzwerk-User/Gruppe). Die erlaubten Zugriffsrechte sind: lesen, schreiben, ausführen, löschen, Zugriffsrecht ändern, Besitz übernehmen.
- unter Unix:
  Eine Zugriffsmaske gibt die Zugriffsrechte lesen, schreiben, ausführen für den Besitzer (*Owner*), die Gruppe (*Group*), der der Besitzer angehört, und den Rest aller anderen Benutzer (*World*) an.

Beispiel

Tab. 19-19. Zugriffsrechte Konto

Objekt:	Rolle: Sachbearbeiter	Rolle: Revisor	Rolle: Backup Administrator
Konto	Rechte: lesen, schreiben Existenz prüfen.	Rechte: lesen, Existenz prüfen.	Rechte: kopieren, schreiben, Existenz prüfen.

Das Ergebnis dieses Arbeitsschrittes sind die Zugriffsrechtelisten der einzelnen Objekte.

19.10.3 Attribute bestimmen

Einzelne Zugriffsrechte können weiter eingeschränkt werden, z.B.

- zeitlich, d.h. der Zugriff einer Rolle auf ein Objekt wird nur zu den spezifizierten Zeiten zugelassen,
- adressbasiert, d.h. der Zugriff auf ein Objekt ist nur von bestimmten Rechnern aus zugelassen.

Die Realisierung der Kontrolle dieser Attribute erfolgt dann z.B. über die Filterregeln von Firewalls (Überprüfung von Quell- und Zieladressen), Paketfiltern, oder Zugangskontrollrechnern für Remote Access (zeitliche Einschränkung der Einwahlmöglichkeit).

Beispiel:

Tab. 19-20. Erweiterte Zugriffsrechteliste

Objekt:	Rolle: Sachbearbeiter	Rolle: Revisor	Rolle: Backup Administrator
Konto	Rechte: lesen, schreiben Existenz prüfen.	Rechte: lesen, Existenz prüfen.	Rechte: kopieren (22:00 - 04:00 Uhr), schreiben(22:00 - 04:00 Uhr), Existenz prüfen.

Das Ergebnis dieses Arbeitsschrittes sind die um die ausgewählten Attribute erweiterten Zugriffsrechtlisten.

19.10.4 Administration regeln

In diesem Arbeitsschritt wird festgelegt, wer die Rechte zur Verwaltung der einem Objekt zugeordneten Zugriffsrechte besitzt.

Jedes Objekt hat einen *Besitzer*. Dieser verfügt über den Kontrollzugriff auf das Objekt. Darüber kann er die Vergabe, Änderung oder Weitergabe von Zugriffsrechten regeln.

Die beiden zu unterscheidenden Instanzen zur Administration der Zugriffsrechte sind:

- Der Eigentümer, nur dieser kann die Rechte ändern. Eventuell kann aber eine Rolle das Recht haben, den Besitzer eines Objektes zu ändern.
- Der Administrator, nur dieser kann die Rechte ändern.

In konkreten Systemen (z.B. Unix, Windows NT) kann unter Umständen sowohl der Besitzer, als auch der Administrator die Zugriffsrechte ändern.

Das Ergebnis des Arbeitsschrittes ist die Angabe, wer das Recht zur Verwaltung der einem Objekt zugeordneten Zugriffsrechte besitzt.

19.10.5 Vorrangbeziehungen festlegen

In diesem Arbeitsschritt wird festgelegt, wie das Zusammenwirken von rollenbezogenen Berechtigungen und objektbezogenen Zugriffsrechten erfolgt.
Dabei lassen sich grundsätzlich drei verschiedene Ansätze unterscheiden:

- Matrix aller Kombinationen: hier wird explizit zu jeder möglichen Kombination von Berechtigungen und Zugriffsrechten angegeben, welche jeweils den Vorrang hat.
- Explizite Präzedenzregeln: Festlegung, wie 2 Rechte miteinander verknüpft werden. Dazu werden die einzelnen Rechte verschieden gewichtet. Dann kann man festlegen, wie sich aus der Kombination zweier Rechte das Ergebnis berechnet. Beispiel: Die Rolle des Backup-Administrators verfügt über die

Berechtigung, alle Objekte zu schreiben (Restauration von einem Backup-Medium). In der Zugriffsrechtliste eines Objekts ist das Schreiben explizit nur einer bestimmten, anderen Rolle gestattet. Legt man nun fest, dass die Berechtigung "schreiben" eine höhere Wertigkeit als "kein Zugriff" (die Definition aus der Zugriffsrechtliste des Objekts bezogen auf die Rolle des Backup-Administrators) hat, so ist das Ergebnis der Kombination der Zugriffsrechtliste des Objekts und der Berechtigungen des Backup-Administrators, dass dieser schreibenden Zugriff auf das Objekt erhält.
- Generelle Festlegung: z.B. Berechtigungen haben immer Vorrang vor Zugriffsrechten.

Das Ergebnis dieses Arbeitsschrittes ist die Festlegung der Auswertung der Kombinationen von Berechtigungen und Zugriffsrechten.

Beispiel

Unter Windows NT haben gruppenbasierte (Rollen) Berechtigungen Vorrang vor den objektbezogenen Zugriffsrechten.

Qualitätskriterien

Qualitätskriterien für die Erstellung eines Zugriffsrechtekonzepts sind:

- Alle für die Zugriffe von Rollen auf Objekte im Anwendungssystem benötigten Zugriffsrechte sind identifiziert.
- Für jedes Objekt existiert eine Zugriffsrechtliste, die den einzelnen Rollen die jeweiligen Zugriffsrechte zuordnet.
- Aus dem Anwendungskontext heraus notwendige Einschränkungen der Rechte sind in entsprechenden Attributen spezifiziert.
- Das Administrationsrecht von Zugriffsrechten ist festgelegt.
- Das Zusammenwirken von rollenbezogenen Rechten und objektbezogenen Zugriffsrechten ist vollständig spezifiziert.

Vorausgesetztes Wissen

- Wissen über das Einsatzgebiet und die Rahmenbedingungen der entwickelten Anwendung. Dazu zählen die Kenntnis der durch die Anwendung unterstützen Geschäftsprozesse und der einzelnen Aufgaben der Anwender.
- Kenntnisse über Berechtigungssysteme
- Technik *Erstellung Rollenkonzept*.

Literatur

[Krause1999] Krause, M., Tipton, H.F. (Eds.): Handbook of Information Security Management, Auerbach Publications, 1999

[Oppliger1997] Oppliger, R.: IT-Sicherheit, Vieweg Verlag, 1997.

20 Qualitätsmanagement

20.1 Modellübergreifende Konsistenzsicherung

Beschreibung

Das Ziel dieser Technik ist es, eine konsistente Modellierung zu gewährleisten.

Für eine erfolgreiche Modellierung ist das Zusammenwirken von statischen und dynamischen Modellen unabdingbar. Statische Modelle werden anhand von dynamischen Modellen validiert und umgekehrt. Zur Validierung wenden Entwickler – meist intuitiv – viele Regeln situationsspezifisch an. Es gibt keine feste Reihenfolge für die Anwendung dieser Regeln.

Der Nutzen des Einsatzes von einer modellübergreifende Konsistenzsicherung besteht darin:

- ein konsistentes Modellierungsergebnis zu erlangen,
- den Modellierer durch Richtlinien zu unterstützen,
- eine bessere Kommunikationsbasis zwischen Entwicklern zu schaffen.

Die Voraussetzung für die Anwendung dieser Technik sind die verschiedenen Modelle, die auf Konsistenz geprüft und/oder angepasst werden sollen.

Das Ergebnis der Anwendung dieser Technik ist eine Menge von konsistenten Modellen für eine Anwendung.

Die Arbeitsschritte bei der Anwendung dieser Technik sind:

- Namensvergabe
- Validierung des Klassenmodells anhand der Anwendungsfälle
- Validierung des Klassenmodells anhand der Interaktionsdiagramme
- Konsistenz mit dem Objektlebenszyklus
- Überprüfung der Operationen.

Diese Arbeitsschritte legen keine feste Reihenfolge fest.

Arbeitsschritte

20.1.1 Namensvergabe

Die Namensvergabe für Klassen, Attribute und Operationen ist ein Problem, das nicht zu vernachlässigen ist. Von einer deutlichen und konsistenten Namensvergabe hängt die Verständlichkeit der Ergebnisse einer Modellierung ab.
Um einen nützlichen Namensraum zu schaffen, sollen:

- Vereinbarungen zu den zu verwendenden Begriffen getroffen werden.
- Namenskonventionen dokumentiert werden.
- Ein Glossar mit Begriffen erstellt werden.

Im Beispiel der Online-Kontoführung werden folgende Begriffe im Glossar eingetragen und kurz beschrieben: „Girokonto", „Sparkonto", „Saldo", „Kontozustand", „Kontoauszug", „Überweisungsauftrag" etc.

20.1.2 Validierung des Klassenmodells anhand der Anwendungsfälle

Ziel dieser Validierung ist es zu prüfen, ob das Klassendiagramm einer Anwendung konsistent mit den in den Anwendungsfällen beschriebenen Anforderungen ist.

Hierfür kann zu jedem Anwendungsfall ein Objektdiagramm erstellt werden, das den Informationshaushalt des Anwendungsfalls aus Sicht eines konkreten Akteurs beschreibt. Diese Diagramme werden mit dem Klassendiagramm verglichen. Folgende Angaben sollen erfüllt sein:

- Für jedes Objekt des Objektdiagramms ist eine entsprechende Klasse im Klassendiagramm vorhanden.
- Attribute und Operationen von Objekten sind in den Klassen enthalten.
- Für jede Assoziation gibt es mindestens eine Verbindung (Link) im Objektdiagramm.

Abb. 20-1 zeigt ein vereinfachtes Anwendungsfallmodell für die Online-Kontoführung. Abb. 20-2 zeigt das Objektdiagramm für einen dieser Anwendungsfälle („Überweisungsauftrag erteilen") und das Klassendiagramm, mit dem die Objektdiagramme verglichen werden. Der Vergleich bestätigt das Klassenmodell. Die Anwendungsfälle „Anmelden" und „Abmelden" werden erst im Beispiel des nächsten Arbeitsschritts verwendet.

20.1.3 Validierung des Klassenmodells anhand der Interaktionsdiagramme

Das Ziel dieses Arbeitsschritts ist es, die Klassenmodelle auf Vollständigkeit und Konsistenz mit den Interaktionsmodellen zu prüfen.

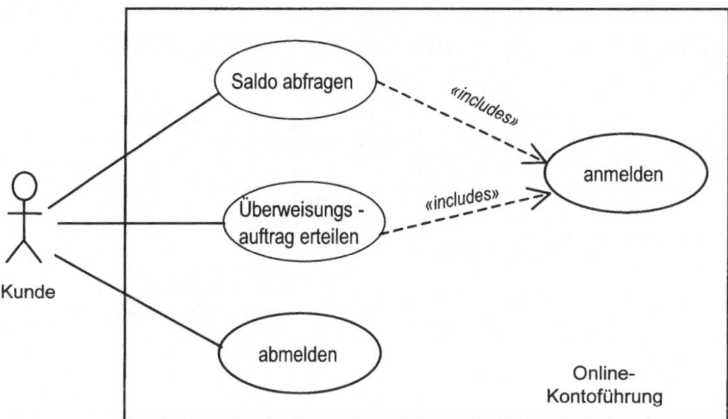

Abb. 20-1. Anwendungsfallmodell für die Online-Kontoführung

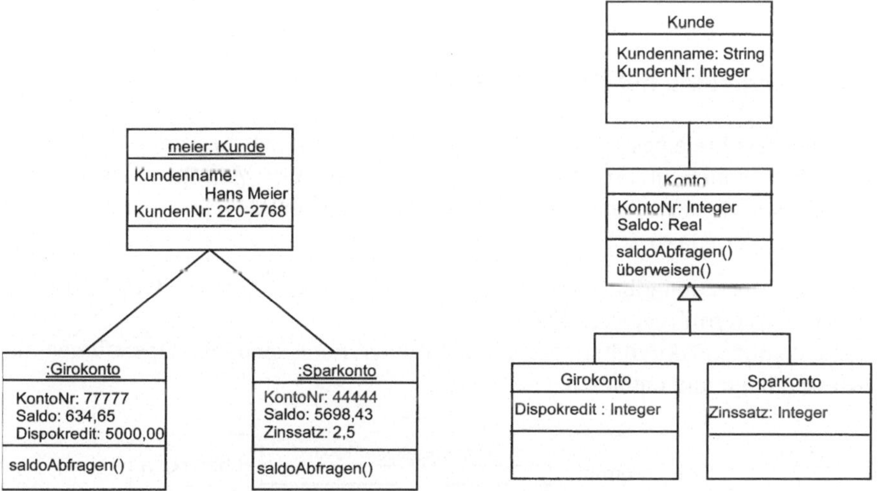

Abb. 20-2. Objekt- und Klassendiagramm

Hierfür wird für jedes relevante Szenario ein Sequenzdiagramm oder alternativ ein Kollaborationsdiagramm verwendet. Folgende Angaben sollen erfüllt sein:

- Für jedes Objekt des Sequenz- oder Kollaborationsdiagramms ist eine entsprechende Klasse im Klassendiagramm vorhanden.
- Alle Operationen sind auch im Klassendiagramm enthalten. Das bedeutet, dass es für jede Nachricht des Interaktionsmodells im Klassendiagramm bei der Empfängerklasse ein Pendant gibt.
- Objekte sind erreichbar, d.h. wenn ein Objekt im Sequenz- oder Kollaborationsdiagramm eine Nachricht zusendet, muss eine permanente Beziehung zwischen den Klassen oder eine temporäre Verbindung zwischen den Objekten bestehen.

Abb. 20-3 zeigt Kollaborations- und Klassendiagramm für die vereinfachte Kontoführung. Anhand dieser Diagramme werden die Operationen überprüft.

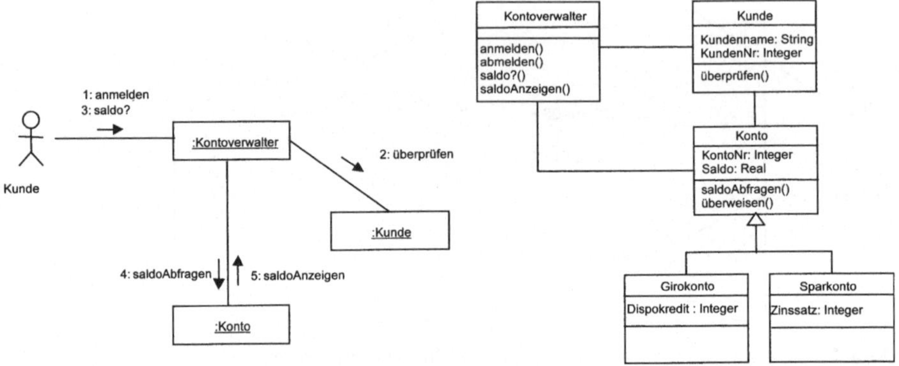

Abb. 20-3. Kollaborations- und Klassendiagramm

20.1.4 Konsistenz mit dem Objektlebenszyklus

Der Lebenszyklus eines Objekts wird mit einem Zustandsdiagramm modelliert. Objektlebenszyklen liefern detaillierte Information zum Verhalten der Objekte einer Klasse. Die Zustände und Zustandsübergänge müssen konsistent mit den Operationen der Klasse sein:

- Für jede Operation gibt es mindestens einen Zustand, in dem das Objekt auf den Operationsaufruf reagieren kann.
- Alle Aktionen/Aktivitäten des Zustandsdiagramms sind als Operationen im Klassendiagramm enthalten.

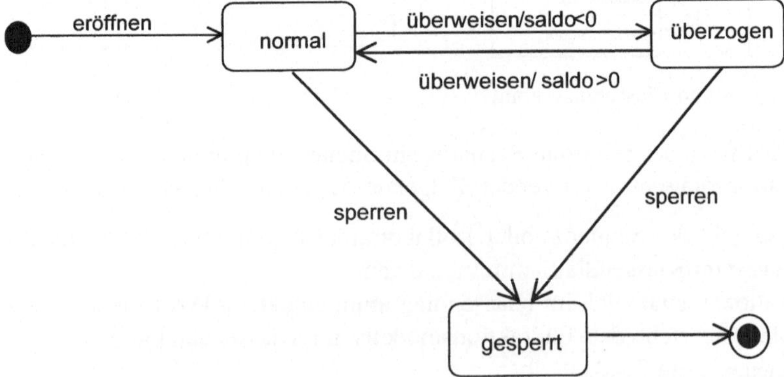

Abb. 20-4. Objektlebenszyklus für „Konto“

In Abb. 20-4 wird das Objektlebenszyklus für ein Konto gezeigt. Die Operation „saldoAbfragen“ ist in allen Zuständen möglich, „überweisen“ hingegen ist nur im normalen und überzogenen Zustand erlaubt. Beim Vergleich mit den Operationen der Klasse *Konto* im Klassendiagramm (Abb. 20-3, rechts) wird erkannt, dass Operationen zum „Eröffnen" und zum „Sperren" eines Kontos benötigt werden.

20.1.5 Überprüfung der Operationen

In diesem Arbeitsschritt geht es darum festzustellen, ob alle notwendigen Attribute definiert worden sind. Hierfür wird das Klassenmodell mit Objekt-, Zustands- und Interaktionsmodellen verglichen. Folgende Angaben sollen erfüllt sein:

- Alle Operationen sind im Klassenmodell enthalten.
- Operationen sind in Vererbungshierarchien so hoch wie möglich eingetragen.
- Alle Attribute, die von Operationen verwendet werden, sind definiert.
- Jedes Attribut wird von mindestens einer Operation benötigt.

Im Beispiel werden die Operationen „saldoAbfragen" und „überweisen" der Oberklasse *Konto* hinzugefügt (siehe Abb. 20-3).

Qualitätskriterien

Qualitätskriterien für die modellübergreifende Konsistenzsicherung sind:

- Alle erstellten Modelle sind berücksichtigt.
- Die verwendeten Begriffe für Modellelemente, Attribute und Operationen stimmen mit den Definitionen des Glossars überein.

Vorausgesetztes Wissen

Konzepte der objektorientierten Modellierung, insbesondere Techniken *Anwendungsfallmodellierung, Erstellung eines groben Klassenmodells, Interaktionsmodellierung mit Kollaborationsdiagrammen, Objektlebenszyklusmodellierung*

Literatur

[Balzert1999] Balzert, H.: Lehrbuch der Objektmodellierung: Analyse und Entwurf, Spektrum Akademischer Verlag, 1999

[Booch1999] Booch, G., Rumbaugh, J., Jacobson, I.: The Unified Modeling Language, Addison-Wesley, 1999

[Oestereich1998] Oestereich, B.: Objektorientierte Softwareentwicklung: Analyse und Design mit der Unified Modeling Language, Oldenburg, 1998

20.2 Review

Beschreibung

Das Ziel dieser Technik ist, durch eine inhaltliche Begutachtung und Prüfung die Qualität von Arbeitsergebnissen (Modelle, Spezifikationen, und andere Dokumentationen) aus Software-Projekten zu erhöhen und frühzeitig Abweichungen von Qualitätsvorgaben (Anforderungen, Standards, Rahmenbedingungen) festzustellen.

Der Nutzen der Durchführung von Reviews besteht darin, dass

- geprüfte Arbeitsergebnisse inhaltlich verbessert werden,
- darauf aufbauende Arbeiten und Ergebnisse qualitativ gesichert werden,
- der Entwicklungsprozess durch frühzeitige Kommunikation über Inhalte und Zielsetzungen eines Entwicklungsvorhabens transparent gemacht
- der Fortgang stabilisiert wird und
- eine bessere Kontrolle der Projektressourcen (Kosten, Zeit) ermöglicht wird.

Die Voraussetzung für die Anwendung dieser Technik ist, dass das Vorhaben (Neuentwicklung, Änderung), in dem Reviews durchgeführt werden sollen, einem festgelegten Entwicklungsprozess folgt. Dieser Entwicklungsprozess legt fest, zu voraussichtlich welchen Zeitpunkten (Meilensteinen) welche Ergebnisse in welcher Qualität vorliegen werden. Diese Planungsdaten sind Voraussetzung und Grundlage zur Festlegung und Organisation von Reviews. Der standardisierte Entwicklungsprozess mit einheitlicher Ergebnisbenennung und -gestaltung erleichtert zudem den Beteiligten die zielführende Mitarbeit im gesamten Review-Prozess.

Das Ergebnis der Anwendung dieser Technik ist eine Dokumentation der Mängel, die zu den überprüften Ergebnissen gefunden werden konnten. Deren Korrektur führt zu einer Verbesserung der Qualität der Ergebnisse und stabilisiert damit die darauf aufbauenden Arbeiten und Ergebnisse.

Die Arbeitsschritte bei der Durchführung von Reviews sind:

- Planen der Reviews
- Vorbereiten des Reviews
- Durchführen des Reviews
- Nachbearbeiten des Reviews.

Arbeitsschritte

20.2.1 Planen der Reviews

Mit Beginn des Vorhabens, für das ein Review-Prozess vorgesehen werden soll, wird der Qualitätsplan erarbeitet. In diesem Plan wird als Qualitätssicherungs(QS)-

Maßnahme der geplante Review-Prozess festgelegt. Der Reviewprozess begleitet das Vorhaben. Er sieht vor, dass zu bestimmten Zeitpunkten oder nach Fertigstellung bestimmter Abschnitte (z.B. Phasen, Iterationen) festgelegte und benannte Ergebnisse ein Review durchlaufen sollen.

Sollte zu Beginn des Vorhabens eine detaillierte Reviewplanung noch nicht möglich sein, kann der Qualitätsplan zu einem späteren Zeitpunkt fortgeschrieben werden, wenn der Ablauf des Vorhabens konkretisiert wird.

Die Planung der Reviews nimmt der Qualitätsbeauftragte (QS-Beauftragte) mit dem Projektleiter vor. Der QS-Beauftragte kann auch später die Rolle des Moderators in den einzelnen Reviewsübernehmen. Er kann aber auch jemand anders für diese Rolle auswählen.

Bei der Planung der Reviews (vgl. Abb. 20-5) wird im einzelnen festgelegt:

Prüfobjekt: Die Prüfobjekte sind die von den Gutachtern zu untersuchenden und im Review zu diskutierenden bzw. kommentierenden Ergebnisse.

Hilfsmittel: Zur Begutachtung der Ergebnisse, die nicht in Papierform dokumentiert sind, können Werkzeuge erforderlich sein, die hier zu nennen sind.

Durchführende: Moderator:
Die Rolle des Moderators ist mit einer Person zu besetzen, die Projekt und Gutachtern gegenüber neutral ist und über die geeignete Fachkompetenz zur Beurteilung der eingehenden Kommentare verfügt. Sie sollte in der Lage sein, die Reviewsitzungen zielführend und in sachlicher Atmosphäre zu leiten.
Gutachter:
Die Gutachter sind die Spezialisten zur Untersuchung und Bewertung der zum Review vorgelegten Ergebnisse. Sie sollten über analytische Fähigkeiten und das erforderliche Fachwissen verfügen. Bereits bei der Planung der Reviews ist darauf zu achten, dass die als Gutachter vorgesehenen Personen zur Wahrnehmung ihrer Aufgaben auch tatsächlich verfügbar sind, wenn sie benötigt werden.

Termin: Der geplante Termin für die Durchführung der Reviewsitzung ist einzutragen. Spätere Änderungen sind möglich.

Aufwand: Der geschätzte Aufwand setzt sich aus den Aufwänden des Moderators, der teilnehmenden Projektmitarbeiter und der Gutachter (für Begutachtung und Teilnahme an Reviewsitzung) zusammen.
Die geschätzte Summe der erforderlichen Personentage ist einzutragen. Nach Abschluss sämtlicher Reviewarbeiten ist der tatsächliche Aufwand nachzutragen.

Qualitätsplan		**Laufzeit des Projekts:** 01.02.2000 – 31.10.2001	
Projekt: S-Anwendung		**Projektleiter:** H. Mustermann	
Erstellt am: 10.02.2000		**Ersteller:** M. Testmann	
Geändert am: 30.03.2000		**durch:** M. Testmann	
Geändert am:		**durch:**	
Phase:	Analyse		
Prüfobjekt:	Soll-Konzept S-Anwendung – Inkrement 1		
QS-Maßnahme:	Review		
Hilfsmittel:			
Durchführende: <Moderator>, <Entwicklungseinheit F> <Reviewpartner 1>, <Entwicklungseinheit A> <Reviewpartner 2>, <Entwicklungseinheit B> <Reviewpartner 3>, <Entwicklungseinheit C> ...			
Termin: 15.05.2000	**Geändert:**	**Geändert:**	**Erledigt am:**
Geschätzter Aufwand: 25 PT		**Tatsächlicher Aufwand:**	
Phase:	Modellierung		
Prüfobjekt:	Fachkonzept S-Anwendung – Inkrement 1		
QS-Maßnahme:	Review		
Hilfsmittel:			
Durchführende: <Moderator>, <Entwicklungseinheit F> <Reviewpartner 1>, <Entwicklungseinheit A> <Reviewpartner 4>, <Entwicklungseinheit D> <Reviewpartner 5>, <Entwicklungseinheit E> ...			
Termin: 12.10.2000	**Geändert:**	**Geändert:**	**Erledigt am:**
Geschätzter Aufwand: 30 PT		**Tatsächlicher Aufwand:**	

Abb. 20-5. Qualitätsplan

20.2.2 Vorbereiten des Reviews

Die Vorbereitung eines Reviewtermins umfasst die folgenden Aufgaben:

- Festlegen von Termin und Ort für die Reviewsitzung (Reservierung von Raum und Ausstattung)
- Festlegen des Prüfobjekts bzw. der zu prüfenden Objekte

- Festlegen von Moderator und Gutachtern
- Erstellen eines Prüfplans (welcher Gutachter prüft welche Teile) mit der Einteilung der Gutachter (vgl. Abb. 20-6); ggf. Erstellung themenspezifischer Checklisten für die Gutachter
- Zusammenstellung der zu verwendenden Befundlisten
- Planung des Sitzungsablaufs (Agenda) des Reviews
- Aushändigung der Agenda, des Prüfplans, der vollständigen Prüfobjekte, der Checklisten und der vorbereiteten Befundlisten an die Gutachter; ggf. mit Hinweisen auf spezielle Prüfaspekte für die Gutachter (ca. 14 Tage vor der Reviewsitzung)

Qualitätssicherung: Prüfplan		
Projekt:	S-Anwendung	**Projektleiter:** H. Mustermann
Phase:	Analyse/Modellierung	
Prüfobjekt:	Soll-Konzept S-Anwendung – Inkrement 1	**Version des Ergebnisses:** 1.0
Review:	15.05.2000	
Prüfobjekt Nr.	**Prüfobjekt**	**Gutachter**
1	Anforderungskatalog – S-Anwendung (Liste der Anforderungen, die in Inkrement 1 umzusetzen sind)	<Reviewpartner 1> <Reviewpartner 3>
2	Anwendungsfallmodell – S-Anwendung – Inkrement 1	<Reviewpartner 1> <Reviewpartner 2>
3	Objektlebenszyklusmodell – S-Anwendung – Inkrement 1	<Reviewpartner 2> <Reviewpartner 3>
4	Klassenmodell – S-Anwendung – Inkrement 1	<Reviewpartner 2> <Reviewpartner 3>

Abb. 20-6. Prüfplan

20.2.3 Durchführen des Reviews

Das Review selbst besteht aus den Prüftätigkeiten der Gutachter und der Reviewsitzung.

Vor der Reviewsitzung wird jedes Prüfobjekt oder jeder Teil eines Prüfobjekts von mindestens zwei Gutachtern gemäß Prüfplan geprüft. Ein Gutachter ist entweder ein Projektbeteiligter oder ein sachverständiger Dritter. Ein Gutachter sollte nicht die selbst verfassten Teile prüfen, wenn er gleichzeitig Autor ist (Grundsatz der Funktionstrennung). Den Gutachtern können unter Umständen unterschiedliche Blickwinkel der Prüfung vorgegeben werden. Jeder Gutachter prüft das Prüfobjekt und trägt seine Prüfergebnisse in eine Befundliste ein (Abb. 20-7).

<table>
<tr><td colspan="6">Qualitätssicherung: Befundliste</td></tr>
<tr><td colspan="3">Projekt: S-Anwendung</td><td colspan="3">Projektleiter: H. Mustermann</td></tr>
<tr><td colspan="6">Phase: Modellierung</td></tr>
<tr><td colspan="4">geprüftes Ergebnis: Soll-Konzept S-Anwendung –
Inkrement 1
Klassenmodell</td><td colspan="2">Version des Ergebnisses: 1.0</td></tr>
<tr><td colspan="4">Gutachter:
<Reviewpartner 1>, <Entwicklungseinheit A></td><td colspan="2">Datum: 10.05.2000</td></tr>
<tr><th>Befund Nr.</th><th>Referenz</th><th>Befund</th><th>Gewichtung</th><th>Korrektur</th><th>Erledigt</th></tr>
<tr><td>1</td><td>„Auftrag“</td><td>Die textuelle Beschreibung entspricht nicht der Beschreibung von „Auftrag“ im Glossar.</td><td>B</td><td>J</td><td></td></tr>
<tr><td>2</td><td>„Auftrag“ Attribut „Laufende _Nummer“</td><td>Das Format ist nicht kompatibel zur Definition der „Schnittstelle Rechnungswesen“.</td><td>B</td><td>J</td><td></td></tr>
<tr><td>3</td><td>„Auftrag“ Attribut „Auftragsstatus“</td><td>Fehlende Beschreibung.</td><td>B</td><td>J</td><td></td></tr>
<tr><td>4</td><td>Graphische Darstellung Diagramm „KM-10“</td><td>Kreuzende Assoziationen führen zu schlechter Lesbarkeit des Modells.</td><td>C</td><td>E</td><td></td></tr>
</table>

Abb. 20-7. Beispiel einer Befundliste

Der Moderator, die Autoren und die Gutachter nehmen an der Reviewsitzung teil. Der Moderator der Reviewsitzung eröffnet die Reviewsitzung. Er sammelt die sogenannten Formalfehler ein (z.B. Rechtschreibfehler). Diese werden nicht weiter diskutiert.

Anschließend geben die jeweiligen Autoren/Ersteller/Entwickler einen Überblick über „ihre“ Prüfobjekte. Die Gutachter nennen und erläutern dazu ihre Befunde. Die festgestellten und akzeptierten Mängel und der entsprechende Korrekturbedarf werden protokolliert.

Neben dem Protokoll kann der Protokollführer eine Liste offener Fragen führen (Abb. 20-8). Eingetragen werden Fragen und zu klärende Punkte, die sich im Laufe der Reviewsitzung ergeben haben. Für die spätere Abarbeitung dieser Liste ist der Projektleiter bzw. der Leiter des Vorhabens verantwortlich, dessen Ergebnisse im Review diskutiert werden.

Die Liste kann ggf. auch dazu verwendet werden, spezifische Bemerkungen zu einzelnen Befunden festzuhalten.

Qualitätssicherung: Liste der offenen Fragen			
Projekt: S-Anwendung		**Projektleiter:** H. Mustermann	
Phase: Modellierung			
geprüftes Ergebnis: Soll-Konzept S-Anwendung – Inkrement1 Klassenmodell		**Version des Ergebnisses:** 1.0	
Review		**Datum:** 15.05.2000	
lfd. Nr.	**Referenz**	**Frage/Bemerkung**	**geklärt**
1	„Auftrag"	Wurde die Beschreibung mit dem Datenmodell der am Projekt beteiligten Entwicklungseinheit EE abgeklärt?	
2	Diagramm „KM-10"	Projekt P56 in Entwicklungseinheit EE entwickelt derzeit eine Anwendung, die Schnittstellen zu „Auftrag" hat. Kann das Klassenmodell für die Nachnutzung in diesem Projekt der Entwicklungseinheit EE ggf. in anderen Werkzeugformaten bereitgestellt werden?	

Abb. 20-8. Beispiel einer Liste offener Fragen

Der Moderator achtet während der gesamten Reviewsitzung darauf, dass die Kritik an den vorgelegten Ergebnissen konstruktiv und sachlich erfolgt. Persönliche Kritik fördert weder den Ablauf des Reviews noch die weitere Motivation der Projektmitarbeiter.

Am Ende der Reviewsitzung wird das Gesamtergebnis ermittelt. Dazu entscheiden die Teilnehmer:

- Die Ergebnisse werden akzeptiert. Wesentliche Mängel wurden nicht erkannt.
- Die Ergebnisse werden unter Auflagen akzeptiert. Mängel werden in einer Nachbearbeitungsphase korrigiert.
- Die Ergebnisse werden wegen schwerwiegender Mängel nicht akzeptiert. Das Review ist zu wiederholen, wenn die Prüfobjekte mit der erforderlichen Qualität erneut vorgelegt werden.

Der letzte Fall stellt einen erheblichen Einschnitt für den bisherigen und zukünftigen Projektverlauf dar. Die sich daraus ergebenden Konsequenzen sind bei der weiteren Planung für den Fortgang der Arbeiten zu berücksichtigen.

Das Reviewprotokoll wird vom Protokollführer (häufig in Personalunion mit dem Reviewleiter) erstellt. Protokollführer und Reviewleiter unterschreiben das Protokoll.

20.2.4 Nachbearbeiten des Reviews

In der Nachbearbeitung nehmen die jeweiligen Autoren die beschlossenen Nachbesserungen an den von ihnen vorgelegten Dokumenten vor.

Der Reviewleiter überwacht die Nacharbeiten. Die Erledigung der Korrekturen wird vermerkt. Ein zusammenfassender Mängelbericht wird erstellt. Dieser wird allen Beteiligten sowie dem Management zur Verfügung gestellt.

Der Reviewprozess ist damit abgeschlossen.

Qualitätskriterien

Qualitätskriterien für die erfolgreiche Durchführung von Reviews sind:

Planen der Reviews

- Liegt ein Qualitätsplan mit einer Reviewplanung vor?
- Sind die Reviews so angesetzt, dass zu diesen Terminen auch tatsächlich entscheidende Ergebnisse vorliegen werden? Sind für die Ergebnisse Qualitätsanforderungen definiert?
- Wurden die Ressourcen zur Durchführung der Reviews genehmigt?
- Konnten bereits geeignete Fachleute für die festgelegten Reviews verpflichtet werden?
- Werden die Fachleute (Autoren, Gutachter) an den geplanten Terminen zur Verfügung stehen?
- Erlaubt der Projektplan den rechtzeitigen Versand der Unterlagen?

Vorbereiten des Reviews

- Wurden die zum Review anstehenden Ergebnisse vollständig zusammengestellt?
- Sind die zum Review vorgelegten Ergebnisse lesbar und verständlich?
- Sind die geeigneten Fachleute zur Prüfung der Ergebnisse ausgewählt worden?
- Kennen die Reviewteilnehmer ihre Aufgaben? Sind spezifische Blickwinkel zur Prüfung erforderlich?
- Werden die Reviewteilnehmer in die Lage versetzt, ohne weitere Projektdetails oder Sekundärinformationen die Ergebnisse beurteilen zu können?
- Ist ein geeigneter Moderator für die Reviewsitzung gefunden worden?
- Wurde die Agenda für die Reviewsitzung erstellt?

Durchführen des Reviews

- Liegen die Dokumentationshilfen (Liste der offenen Fragen, Protokollformular etc.) bereit?
- Haben alle Gutachter ihre Befundlisten erstellt?
- Wurde in der Reviewsitzung eine Entscheidung getroffen (Ergebnisse akzeptiert, – akzeptiert mit Auflagen, – abgelehnt)?

Nachbearbeiten des Reviews

- Sind alle Korrekturen in der erforderlichen Qualität umgesetzt worden?
- Sind die offenen Fragen geklärt und die Fragesteller informiert worden?
- Wurde ein abschließender, zusammenfassender Mängelbericht erstellt und verteilt?

Vorausgesetztes Wissen

Die Planung, Vorbereitung, Durchführung und Nachbearbeitung von Reviews erfordert vom Reviewleiter Planungs- und Organisationstalent. Er sollte zudem gute Kenntnisse über Methoden und Techniken in der Qualitätssicherung von Anwendungssystemen und deren Entwicklung besitzen.

Als Moderator der Reviewsitzung sollte er über entsprechendes Durchsetzungsvermögen verfügen und in der Lage sein, die Sitzung sachlich zum Ziel zu führen.

In Abhängigkeit vom Gegenstand des Reviews sollten die Gutachter über die entsprechende Expertise verfügen, die eine qualitative Beurteilung der vorgelegten Ergebnisse garantiert.

Literatur

[Wallmüller1990] Wallmüller, E.: Software-Qualitätssicherung in der Praxis, Hanser, 1990

20.3 Inspektion

Beschreibung

Das Ziel der Inspektion ist die Identifikation von Fehlern und die Feststellung von Verstößen gegen Spezifikationen, Standards und Pläne. Prüfgegenstände für Inspektionen können alle Artefakte des Softwareentwicklungsprozesses sein – Anforderungsdokumente, Designdokumente, Quellcode, Testdokumente, Projektpläne, etc. Inspektionen nutzen die menschlichen Denk- und Analysefähigkeiten zur

Bewertung und Prüfung komplexer Sachverhalte. Inspektionen sind formale Prüfungen. Im Gegensatz zu Reviews, in denen Sachverhalte oder Konzepte anhand von Musterbeispielen oder im Überblick präsentiert und diskutiert werden, wird der Prüfgegenstand im Rahmen einer Inspektion detailliert untersucht. Dokumente können sogar Zeile für Zeile analysiert werden.

Der Nutzen der Inspektion besteht darin, dass Fehler entdeckt werden können, die möglicherweise bei Nichtentdeckung zu teuren Fehlentwicklungen führen können. Der Nutzen besteht zudem in der nachweislich hohen Effizienz – dem Verhältnis der gefundenen Fehler zu dem investierten Aufwand für die Inspektion.

Die Voraussetzungen für die Inspektion sind das Vorliegen des Prüfgegenstandes und der Auftrag zur Inspektion.

Das Ergebnis der Anwendung dieser Technik ist eine Dokumentation der Mängel, die zum Prüfgegenstand gefunden werden konnten. Deren Korrektur führt zu einer Verbesserung der Qualität des Prüfgegenstands und stabilisiert damit die darauf aufbauenden Arbeiten.

Die Arbeitsschritte bei Durchführung einer Inspektion sind:

- Planen der Inspektion
- Vorbereiten der Inspektion
- Durchführen der Inspektionssitzung.

Arbeitsschritte

20.3.1 Planen der Inspektion

Inspektionen können im Qualitätsplan eines Projektes vorgesehen werden. Sie können aber auch durch den Auftraggeber oder einer dazu legitimierten Prüf- oder Kontrollinstanz (z.B. Projektcontrolling, Revision, Projektleiter oder QS-Beauftragter) für und während eines laufenden Vorhabens aufgesetzt werden. Bei der Festlegung dieser Qualitätssicherungsmaßnahmen sind – soweit möglich – bereits Zielsetzung und Gegenstand der Inspektion zu formulieren.

Die Planung der Inspektion umfasst die Benennung des Inspektionsleiters, die Zusammenstellung des Inspektionsteams (Zuordnung der Gutachter), die Festlegung von Zeit und Ort der Inspektionssitzung sowie die Beschaffung und Bereitstellung der erforderlichen Unterlagen (Prüfgegenstand, Prüfkriterien, Referenzdokumente).

Die Voraussetzungen für die Bereitstellung des Prüfgegenstandes sind:

- Formale Korrektheit
- Korrektheit bzgl. Rechtschreibung und Grammatik
- Geeignete Referenzierungsmöglichkeiten (Nummerierung der Seiten, Zeilen etc.)
- Vorhandensein eines Glossars

- Explizite Benennung und Markierung aller bekannten offenen Punkte

Für die Inspektionsplanung ist in der Regel der Inspektionsleiter verantwortlich. Im Rahmen der Planung wird festgelegt, wie intensiv und mit welchem (Gesamt-) Aufwand der Prüfgegenstand inspiziert werden soll.

Bei Anforderungsdokumenten liegt der Durchschnittswert bei ca. 4 Seiten pro Stunde. Dieser Wert wird allerdings wesentlich beeinflusst durch:

- Textmenge pro Seite
- Komplexität der Spezifikation
- Qualitätsanforderungen an das spätere Produkt

Im Rahmen der Planung einer Inspektion wird festgelegt, wann die Inspektion als beendet gelten soll. Eine Inspektion kann z.B. als beendet angesehen werden, wenn alle Fehler, die entdeckt worden sind, auch behoben worden sind. Andererseits kann die Inspektion als beendet definiert werden, wenn lediglich alle Fehler eindeutig dokumentiert worden sind.

Beispiel

Es wird folgende Stufung verwendet (in Anlehnung an DIN 40 080):

A Kritischer Fehler (oder sehr wichtig)
B Fehler (oder wichtig)
C Nebenfehler (oder Korrektur empfehlenswert)
D kein Fehler, vernachlässigbar, doppelter Befund

Fehler der Kategorie A und B führen zu Korrekturen. Fehler der Kategorie C und D können korrigiert werden, wenn die konkrete Ressourcensituation dieses zulässt.

Die Planung schlägt auch vor, auf welche Weise und mit welchen Hilfsmitteln die Inspektion durchgeführt werden soll. Checklisten und Erfahrungswerte aus ähnlichen Prüfmaßnahmen (z.B. Prüfberichte) können hier eine wichtige Rolle spielen. Hilfreich ist es, wenn das Vorhaben (Neuentwicklung, Änderung), in dem die Inspektion durchgeführt werden soll, einem festgelegten Entwicklungsprozess folgt. Dieser Entwicklungsprozess legt fest, zu welchen Zeitpunkten (Meilensteinen) welche Ergebnisse in welcher Qualität vorliegen werden. Diese Planungsdaten können eine wichtige Voraussetzung und Grundlage zur Festlegung und Organisation von Inspektionen darstellen. Der standardisierte Entwicklungsprozess mit einheitlicher Ergebnisbenennung und -gestaltung erleichtert zudem den Beteiligten die zielführende Einarbeitung und Mitarbeit.

Qualitätsplan	**Laufzeit des Projekts:** 01.02.2000 – 31.10.2001
Projekt: S-Anwendung	**Projektleiter:** H. Mustermann
Erstellt am: 11.02.2000	**Ersteller:** M. Testmann
Geändert am: 31.03.2000	**durch:** M. Testmann
Geändert am:	**durch:**

Phase:	Modellierung		
Prüfobjekt:	Fachkonzept S-Anwendung Testfälle Funktionstest		
QS-Maßnahme:	Inspektion		
Hilfsmittel:	Checklisten		
Durchführende:	Externe Firma (Testspezialisten)		
Endekriterium:	Dokumentation und Typisierung aller gefundenen Mängel		
Termin: 12.10.2000	**Geändert:**	**Geändert:**	**Erledigt am:**
Geschätzter Aufwand: 12 PT		**Tatsächlicher Aufwand:**	

Abb. 20-9. Beispiel einer Inspektionsplanung

20.3.2 Vorbereiten der Inspektion

Die Vorbereitungsphase dient der individuellen Vorbereitung eines jeden Teammitglieds entsprechend seiner Rolle. Während der Vorbereitung untersucht jeder Inspekteur den Prüfgegenstand anhand der definierten Hilfsmittel mit dem Ziel, Fehler zu identifizieren.

Erfahrungswerte belegen, dass bis zu 75% der Fehler während der Vorbereitungsphase entdeckt werden.

Jeder Gutachter prüft das Prüfobjekt und trägt seine Prüfergebnisse in eine Befundliste (Abb. 20-10) ein.

Beispielhafter Aufbau der Befundliste:

- Befund-Nr.
  Laufende Nummer des Befunds; vom Gutachter auszufüllen. Jeder Befund erhält in der Reihenfolge seiner Feststellung eine Befundnummer.
- Referenz
  Mit Hilfe der Referenz wird der Befund lokalisiert, soweit er sich lokalisieren lässt. Die Referenz ist vom Gutachter auszufüllen.
- Befund
  Der Befund ist näher zu beschreiben. Die Ausführungen sollen verständlich, aber sehr kurz gehalten werden. Der Befund ist vom Gutachter auszufüllen.
- Klassifizierung der Fehler
  Jeder Befund wird klassifiziert. Die Klassifizierung wird vom Protokollführer hier eingetragen.

- Korrektur
  In der Inspektionssitzung wird für jeden entdeckten Mangel entschieden, ob eine Korrektur in Bezug auf den Befund zu erfolgen hat. Die Eintragung wird vom Protokollführer aufgenommen. Folgende Eintragungen sind möglich:
  J Korrektur
  N keine Korrektur
  E eventuelle Korrektur, sofern Zeit vorhanden
- Erledigung
  Durch die Projektmitglieder vorgenommene Korrekturen werden hier mit Datum und Kurzzeichen gekennzeichnet. Die Befundliste dient auch als Nachweis der Korrektur. Der Projektleiter ist verantwortlich für die ordnungsgemäße Durchführung aller erforderlichen Korrekturen.

<table>
<tr><td colspan="6">Qualitätssicherung: Befundliste</td></tr>
<tr><td colspan="3">Projekt: S-Anwendung</td><td colspan="3">Projektleiter: H. Mustermann</td></tr>
<tr><td colspan="6">Phase: Modellierung</td></tr>
<tr><td colspan="4">geprüftes Ergebnis: Soll-Konzept S-Anwendung – Inkrement 1 Klassenmodell</td><td colspan="2">Version des Ergebnisses: 1.0</td></tr>
<tr><td colspan="4">Gutachter:
<Inspektionspartner 1>, <Entwicklungseinheit A></td><td colspan="2">Datum: 10.05.2000</td></tr>
<tr><td>Befund Nr.</td><td>Referenz</td><td>Befund</td><td>Gewichtung</td><td>Korrektur</td><td>Erledigt</td></tr>
<tr><td>1</td><td>„Auftrag“</td><td>Die textuelle Beschreibung entspricht nicht der Beschreibung von „Auftrag“ im Referenzmodell.</td><td>B</td><td>J</td><td></td></tr>
<tr><td>2</td><td>„Auftrag“ Attribut „Laufende_ Nummer“</td><td>Das Format ist nicht kompatibel zur Definition der „Schnittstelle Rechnungswesen“.</td><td>B</td><td>J</td><td></td></tr>
<tr><td>3</td><td>„Auftrag“ Attribut „Auftragsstatus“</td><td>Fehlende Beschreibung.</td><td>B</td><td>J</td><td></td></tr>
<tr><td>4</td><td>Graphische Darstellung Diagramm „KM-10“</td><td>Kreuzende Assoziationen führen zu schlechter Lesbarkeit des Modells.</td><td>C</td><td>E</td><td></td></tr>
</table>

Abb. 20-10. Beispiel einer Befundliste

20.3.3 Durchführen der Inspektionssitzung

Die Sitzung wird vom Inspektionsleiter eröffnet und geleitet. Die in der Sitzung zusammengetragenen oder festgestellten Fehler, die vorgeschlagenen Maßnahmen und Empfehlungen sowie die getroffenen Entscheidungen werden dokumentiert.

Verantwortlich für die Erstellung der Ergebnisdokumentation ist der Inspektionsleiter. Die Sitzungsdauer sollte zeitlich begrenzt sein (z.B. auf zwei Stunden).

Die Inspektionssitzung beginnt mit einer Einweisung der Beteiligten. Hierbei werden die Beteiligten vom Moderator (Inspektionsleiter) auf die Ziele und die Vorgehensweise eingestimmt. Anschließend trägt ein Leser aus dem Inspektionsteam in straffer Weise die Inhalte des Prüfgegenstands vor.

Die einzelnen Inspektoren folgen diesem durch erforderliche Fragen, wobei sie durch die Prüfkriterien und ggf. durch historische Daten unterstützt werden. Der Autor spielt eine passive Rolle. Er steht nur zur Beantwortung von Fragen zur Verfügung. Diskussionen werden auf die Identifikation von Fehlern begrenzt. Der Moderator greift nur ein, wenn sich die Diskussion vom Thema bzw. Ziel der Software-Inspektion entfernt. Ein Protokollführer erfasst alle festgestellten Fehler. Nach Beendigung der Diskussion werden die aufgezeichneten Fehler in ihrer Gesamtheit vorgestellt und von allen Teilnehmern gemeinsam auf Vollständigkeit untersucht.

Das Ergebnis der Inspektion wird am Ende der Inspektionssitzung festgelegt. Folgende Ergebnisse sind möglich:

- Der Prüfgegenstand wird akzeptiert, gegebenenfalls mit Auflage zu geringer Nacharbeit, ohne dass jedoch eine weitere Prüfung erforderlich ist.
- Der Prüfgegenstand wird akzeptiert, nachdem sich der Sitzungsleiter von der ordnungsgemäßen Durchführung erforderlicher Nacharbeiten überzeugt hat.
- Nach einer Überarbeitung des Prüfgegenstandes ist eine erneute Inspektion erforderlich.

Qualitätskriterien

Planen der Inspektion

- Liegt ein Auftrag zur Inspektion vor?
- Ist die Inspektion so angesetzt, dass zu diesen Terminen auch tatsächlich die zu analysierenden Ergebnisse vorliegen werden? Sind für die Ergebnisse selbst Qualitätsanforderungen definiert?
- Sind die Ressourcen zur Durchführung der Inspektion genehmigt und der jeweilige Prüfaufwand festgelegt?
- Sind die Rollen bei der Inspektion Personen zugeordnet? Können geeignete Fachleute für die Inspektion verpflichtet werden?
- Ist eine klare Rollentrennung garantiert (Autor, Moderator, Leser, Protokollführer, Inspektoren)?

- Werden die Fachleute (Autoren, Gutachter) an den geplanten Terminen zur Verfügung stehen?
- Kann auch die Teilnahme derjenigen Personen sichergestellt werden, deren spätere Arbeit auf den inspizierten Ergebnissen basieren wird?
- Ist die formale Qualität des Prüfgegenstandes sichergestellt? Liegen geeignete Referenzdokumente vor (z.B. Glossar, Liste offener Punkte)?
- Ist eine Fehlerkategorisierung definiert?
- Sind Hilfsmittel bereitgestellt (Checklisten, Werkzeuge, Befundliste)?

Vorbereiten der Inspektionssitzung

- Hat jeder Gutachter das ihm zugewiesene Prüfobjekt vollständig geprüft?
- Wurde der Befund in der Befundliste festgehalten?

Durchführen der Inspektionssitzung

- Ist ein formaler Ablauf der Inspektionssitzung gewährleistet?
- Wird ein Protokoll erstellt?
- Wird ein zusammenfassendes Ergebnis erzielt?

Vorausgesetztes Wissen

Die Planung, Vorbereitung und Durchführung einer Inspektion erfordert vom Inspektionsleiter Planungs- und Organisationstalent. Er sollte zudem gute Kenntnisse über Methoden und Techniken in der Qualitätssicherung von Anwendungssystemen und deren Entwicklung besitzen.

Zudem sollte er in der Lage sein, die Ziele der Inspektion gegenüber Projektleiter und Projektteam positiv vermitteln zu können. Moderationsfähigkeiten sind für die Durchführung der Inspektionssitzung selbst erforderlich.

In Abhängigkeit vom Gegenstand der Inspektion sollten die Gutachter über die entsprechende Expertise verfügen, die eine qualitative Beurteilung der vorgelegten Ergebnisse garantiert.

Literatur

[Gilb1993] Gilb T., Graham D., Finzi S.: Software Inspection, Addison-Wesley, 1993

[Wallmüller1990] Wallmüller, E.: Software-Qualitätssicherung in der Praxis, Hanser, 1990

20.4 Audit

Beschreibung

Das Ziel des Audit ist es, die Einhaltung von Vorgaben (Anforderungen, Standards, Vorgehensweisen) und deren Zweckmäßigkeit innerhalb von Projekten formal zu überprüfen. Zielsetzung bei der Durchführung von Audits in Entwicklungsprojekten ist es, die Produktivität von Entwicklungsteams, die Konformität von Ergebnissen oder Abläufen mit festgelegten Konventionen und Eignung, Angemessenheit und Wirksamkeit der eingesetzten Verfahren und Werkzeuge zu ermitteln. Auf der Grundlage der gewonnenen Erkenntnisse werden Nachbesserungen und künftige Verbesserungen vorgeschlagen. Audits stellen eine formalere Prüfung dar als Reviews.

Der Nutzen bei der Durchführung von Audits besteht darin, dass in Bezug auf den zu untersuchenden Bereich Abweichungen des Ist-Zustandes vom geforderten Soll-Zustand frühzeitig erkannt werden. Risiken werden wahrgenommen. Korrekturvorschläge werden erarbeitet. Planungen können überarbeitet werden. Ressourcen werden besser kontrollierbar.

Die Voraussetzung für die Anwendung dieser Technik ist, dass seitens einer dazu legitimierten Prüf- oder Kontrollinstanz ein Auditing-Bedarf und dessen Zielsetzungen formuliert werden. Hilfreich für die Anwendung dieser Technik ist es, wenn das Vorhaben (Neuentwicklung, Änderung), in dem die Audits durchgeführt werden sollen, einem festgelegten Entwicklungsprozess folgen. Dieser Entwicklungsprozess legt fest, zu welchen Zeitpunkten (Meilensteinen) welche Ergebnisse in welcher Qualität vorliegen werden. Diese Planungsdaten können eine wichtige Voraussetzung und Grundlage zur Festlegung und Organisation von Audits darstellen. Der standardisierte Entwicklungsprozess mit einheitlicher Ergebnisbenennung und -gestaltung erleichtert zudem den Beteiligten die zielführende Mitarbeit im Audit-Prozess.

Das Ergebnis der Anwendung dieser Technik sind Erkenntnisse zur Qualität von Produkten (z.B. Entwicklungsergebnissen) oder Prozessen (z.B. Entwicklungs-, Qualitätssicherungs-, Testprozess). Diese Erkenntnisse geben Aufschluss über bestehende Qualitätsmängel und Risiken. Sie ermöglichen auch die Erarbeitung gezielter Gegen- und Korrekturmaßnahmen.

Die Arbeitsschritte bei der Durchführung von Audits sind:

- Planen von Audits
- Definieren der Audit-Ziele
- Initiieren des Audits
- Sammeln von Informationen
- Analysieren der Informationen
- Erarbeiten von Verbesserungsvorschlägen
- Präsentieren des Ergebnisses.

Arbeitsschritte

20.4.1 Planen von Audits

Audits können zu Beginn von Entwicklungsvorhaben im Qualitätsplan (Abb. 20-11) festgelegt oder bei Bedarf von dazu legitimierten Instanzen (z.B. Projektcontrolling, Revision, Projektleiter oder QS-Beauftragter) einberufen werden. Bei der Festlegung dieser Qualitätssicherungsmaßnahmen sind – soweit möglich – bereits Zielsetzung und Gegenstand des Audits zu formulieren.

Qualitätsplan		**Laufzeit des Projekts:** 01.02.2000 – 31.10.2001	
Projekt: S-Anwendung		**Projektleiter:** H. Mustermann	
Erstellt am: 10.02.2000		**Ersteller:** M. Testmann	
Geändert am: 30.03.2000		**durch:** M. Testmann	
Geändert am:		**durch:**	
Phase:	Modellierung		
Prüfobjekt:	Testfälle Anwendungsfallbasierter Systemtest		
QS-Maßnahme:	Audit		
Hilfsmittel:			
Durchführende:	Externe Auditing-Firma (Testspezialisten)		
Termin: 12.10.2000	**Geändert:**	**Geändert:**	**Erledigt am:**
Geschätzter Aufwand: 22 PT		**Tatsächlicher Aufwand:**	

Abb. 20-11. Exemplarischer Qualitätsplan

Prüfobjekt — Die Prüfobjekte sind Gegenstand des Audits.

Hilfsmittel — Zur Begutachtung der Ergebnisse, die nicht in Papierform dokumentiert sind, können Werkzeuge erforderlich sein, die hier zu nennen sind.

Durchführende — Die Durchführenden sind die Spezialisten zur Untersuchung und Bewertung der Prüfobjekte. Sie sollten über analytische Fähigkeiten und das erforderliche Fachwissen verfügen. Bereits bei der Planung der Audits ist darauf zu achten, dass die als Gutachter vorgesehenen Personen zur Wahrnehmung ihrer Aufgaben auch tatsächlich verfügbar sind, wenn sie benötigt werden.

Termin — Der geplante Termin für die Durchführung der Audits ist einzutragen. Spätere Änderungen sind möglich.

Aufwand	Der geschätzte Aufwand setzt sich aus den Aufwänden der teilnehmenden Projektmitarbeiter und der Gutachter zusammen. Die geschätzte Summe der erforderlichen Personentage ist einzutragen. Nach Abschluss sämtlicher Auditarbeiten ist der tatsächliche Aufwand nachzutragen.

20.4.2 Definieren der Audit-Ziele

Bei der Planung eines Audits muss dessen Ausrichtung im Detail festgelegt werden. Je klarer und konkreter die Ziele des geplanten Audits formuliert sind, desto höher ist der spezifische Nutzen, der insgesamt aus dem Audit gezogen werden kann.
Bei der Festlegung der Ziele sind die folgenden Fragen zu beantworten:

- Wer ist der Auftraggeber des Audits?
- Was soll Gegenstand des Audits sein?
- Zu welchen Fragestellungen werden Ergebnisse erwartet? Welche Informationen sollen gesammelt werden?
- Wozu sollen die Audit-Ergebnisse verwendet werden?

Beispiel

1. Auftraggeber
Im geplanten Audit zur Überprüfung der Testfälle für den Systemtest der S-Anwendung ist der Auftraggeber der Produktverantwortliche für die S-Anwendung. Er wird nach Fertigstellung für Weiterentwicklung, Pflege und Unterstützung verantwortlich sein.
2. Gegenstand des Audits
Gegenstand des Audits ist die Liste der Testfälle für den Systemtest und deren Spezifikationen.
3. Fragestellungen und Informationssammlung
Ergebnisse und Informationen werden zu den folgenden Fragestellungen erwartet:

- Testobjekt: Auf welches Testobjekt beziehen sich die Testfälle? Sind für alle Testobjekte ausreichend Testfälle definiert?
- Sind die Testfalldefinitionen rein fachlicher Natur?
- Sind die Voraussetzungen zur Durchführung der Testfälle ausreichend definiert: Muss z.B. ein bestimmter Buchungstag zur Verfügung stehen?
- Durchführungsschritte: Ist jeweils der exakte Testablauf spezifiziert?
- Testfallendekriterien: Wann kann der Testfall als abgearbeitet gelten?
- Kernfrage: Sind die Testfälle bei späteren Änderungen wiederverwendbar?

4. Verwendung der Ergebnisse
Die Ergebnisse sollen insbesondere dazu dienen, die Wiederverwendbarkeit der Testfälle zu erreichen und zu erhalten. Die hohe Qualität der Testfälle und deren Zuordnung zu den Testobjekten soll dazu führen, dass bei Änderungen an der Anwendung oder bei Migrationen auf anderen Zielplattformen die bestehenden Testfälle schnell und wirtschaftlich erneut angewendet werden können. Dazu ist es erforderlich, dass die Testfallbeschreibungen in verständlicher Fom verfasst, konserviert und schnell abgerufen werden können.

20.4.3 Initiieren des Audits

Die Initiierung des Audits hat die wichtige Aufgabe, eine geeignete Kommunikationsbasis zwischen dem Auditteam und den Mitarbeitern herzustellen, deren Ergebnisse dem Audit unterliegen sollen. Letztere werden nachfolgend als Projektteam bezeichnet.

Das Aufsetzen des Audits geschieht häufig im Rahmen einer Kick-off-Sitzung, an der die betroffenen Projektteams, das Auditteam und ein Vertreter des Audit-Auftraggebers teilnehmen. Die Teilnahme des Auftraggebers ist erforderlich, um die Legitimation zur Durchführung des Audits und die Unterstützung durch das Management darzustellen.

Der Leiter des Auditteams stellt das Auditteam, die Zielsetzung und den Plan zur Durchführung des Audits vor. Fragen – insbes. auch zur Rolle der Projektmitarbeiter – werden beantwortet.

In dieser Phase des Audits wird eine wesentliche Grundlage für den Erfolg gelegt. Die Durchführenden des Audits müssen ihre Rollen und Aufgaben deutlich machen und offen über Anlass und Inhalte des Audits Auskunft geben. Nur so kann vermieden werden, dass sich die Mitarbeiter, die für die zu untersuchenden Ergebnisse verantwortlich sind, persönlich kontrolliert und ggf. kritisiert fühlen. Tritt dieser Eindruck allerdings doch ein, besteht die Gefahr, dass die Mitarbeit des Projektteams beim Audit nachlässt. Die Mitarbeiter „mauern" und gefährden dadurch den Audit, dessen Zielsetzung und Erfolg.

20.4.4 Sammeln von Informationen

Zu Beginn des Auditprozesses hat das Auditteam die Aufgabe, Informationen zum Gegenstand des Audits zu sammeln. Dazu ist die Mitarbeit des Projektteams von entscheidender Bedeutung, da nicht nur die „offiziellen" und dokumentierten Fakten relevant sein können. Das Auditteam ist darauf angewiesen, dass das Projektteam auch Sachverhalte nennt und erläutert, die den Verantwortlichen bislang nicht bekannt sind. Nur wenn alle Fakten offenliegen, kann eine objektive Begutachtung stattfinden.

Beispiel

Gesammelt werden:

- Testfallbeschreibungen Systemtest
- Testdatenbestände Systemtest und deren Spezifikationen
- Spezifikation der Testumgebungen für den Systemtest

Zur Prüfung der Vollständigkeit und zur Abgrenzung der Teststufen voneinander werden zusätzlich vorgelegt:

- Testfallbeschreibungen Integrationstest
- Testdatenbestände Integrationstest und deren Spezifikationen
- Spezifikation der Testumgebungen für den Integrationstest
- Anforderungskatalog
- Dokumentation der bisher durchgeführten Reviews

20.4.5 Analysieren der Informationen

Das Auditteam legt eine Arbeitsteilung fest und prüft die vorgelegten Dokumente und Ergebnisse. Dabei ist sicherzustellen, dass jedes Ergebnis von mindestens zwei Prüfern analysiert wird. Die Ergebnisse der Prüfung werden zunächst von jedem Prüfer separat bewertet. Die Ergebnisse werden zusammengetragen und verglichen bzw. kumuliert.

Beispiel

Die bisher vom Projektteam erarbeiteten Testfallbeschreibungen sind verbal nachvollziehbar.

Allerdings ist deren Wiederverwendbarkeit aus zwei Gründen nicht optimal sichergestellt:

- Die Testfallbeschreibungen enthalten Testdatenspezifikationen technischer Art (DB-Namen und DBMS-Angaben). Damit sind die Testfallbeschreibungen nur in der originär definierten Zielumgebung anwendbar. Spätere Migrationsprojekte können die Testfalldefinitionen nicht ohne Anpassung übernehmen.
- Die fehlende Werkzeugunterstützung macht die spätere Wiederverwendung der Testfälle sehr aufwendig. Dieser Punkt wurde bereits in einem Review, dessen Dokumentation dem Auditteam vorliegt, kritisch angemerkt.

20.4.6 Erarbeiten von Verbesserungsvorschlägen

Das Auditteam erarbeitet Verbesserungsvorschläge zu den analysierten Ergebnissen. Diese Vorschläge können einerseits Nacharbeiten an den Ergebnissen beinhalten. Andererseits können sie zu Optimierungen im weiteren Vorgehen führen.

Beispiel

Das Auditteam schlägt die folgenden Maßnahmen vor:

- Die Testfalldefinitionen sind von den Testdatenspezifikationen zu trennen.
- Testfalldefinitionen sollen rein fachliche Beschreibungen enthalten – technische Angaben in den Testfalldefinitionen sind zu entfernen.
- Für die hier vorgeschlagene Überarbeitung der bestehenden und die Entwicklung weiterer Testfallbeschreibungen und der Testdatenspezifikationen ist umgehend eine geeignete Werkzeugunterstützung zu beschaffen und zu verwenden.

20.4.7 Präsentieren des Ergebnisses

Die Auditergebnisse werden gesammelt und in verständlicher Weise in Berichtsform zusammengestellt. Die Präsentation der Ergebnisse erfolgt durch das Auditteam in einer Audit-Abschluss-Sitzung, an der mindestens der Auftraggeber (bzw. dessen Vertreter), der Leiter des Auditteams und der Projektleiter teilnehmen.

Diese Präsentation schließt den Auditprozess ab.

Qualitätskriterien

Qualitätskriterien für die erfolgreiche Durchführung von Audits sind:
Planen von Audits

- Liegt ein Auditauftrag vor?
- Sind die Audits so angesetzt, dass zu diesen Terminen auch tatsächlich die zu analysierenden Ergebnisse vorliegen werden? Sind für die Ergebnisse Qualitätsanforderungen definiert?
- Wurden die Ressourcen zur Durchführung der Audits genehmigt?
- Konnten bereits geeignete Fachleute für die festgelegten Audits verpflichtet werden?
- Werden die Fachleute (Autoren, Gutachter) an den geplanten Terminen zur Verfügung stehen?

Definition der Auditziele

- Ist der Auftraggeber des Audits festgelegt?
- Wurde festgelegt, was Gegenstand des Audits sein soll?
- Wurde festgelegt, zu welchen Fragestellungen Ergebnisse erwartet werden? Wurde festgelegt, welche Informationen gesammelt werden sollen?
- Wurde festgelegt, wozu die Audit-Ergebnisse verwendet werden sollen?
- Initiieren des Audits
- Wurde eine Kick-off-Sitzung geplant?

- Ist sichergestellt, dass zu dieser Sitzung Auftraggeber des Audits, Auditteam und Projektteam anwesen sein können?
- Wurde eine Agenda erstellt und mit der Einladung verschickt?
- Wurde vorab diskutiert, zu welchen Punkten und Auditergebnissen besondere Motivationsmassnahmen seitens des Auftraggebers oder des Auditteams erforderlich sein können?
- Kann ein Zeitplan mit detaillierten Terminen vorgelegt werden, anhand dessen jeder Projektmitarbeiter seine zu erwartende Mitarbeit ersehen kann?

Sammeln von Informationen

- Wurden die zum Audit anstehenden Ergebnisse vollständig zusammengestellt?
- Sind die geeigneten Fachleute zur Prüfung der Ergebnisse ausgewählt worden?
- Stehen die Projektmitarbeiter ggf. für Rückfragen zur Verfügung?

Analysieren der Informationen

- Ist jedes Ergebnis für die Prüfung vorgelegt worden?
- Sind für jedes Ergebnis mindestens zwei Gutachter eingeteilt?
- Haben alle Gutachter ihre Analysebefunde erstellt?

Erarbeiten von Verbesserungsvorschlägen

- Wurde für alle gefundenen Befunde ein Verbesserungsvorschlag erarbeitet?
- Wurden sowohl Verbesserungen an vorliegenden Ergebnissen als auch Optimierungen für das zukünftige Vorgehen vorgeschlagen

Präsentieren des Ergebnisses

- Wurde ein abschliessender, zusammenfassender Auditbericht erstellt und verteilt?
- Wurde eine Präsentation der Auditergebnisses durchgeführt?

Vorausgesetztes Wissen

Die Planung, Vorbereitung, Durchführung und Nachbearbeitung eines Audits erfordert vom Auditleiter Planungs- und Organisationstalent. Er sollte zudem gute Kenntnisse über Methoden und Techniken in der Qualitätssicherung von Anwendungssystemen und deren Entwicklung besitzen. Zudem sollte er in der Lage sein, die Ziele des Audits gegenüber Projektleiter und Projektteam positiv vermitteln zu können.

In Abhängigkeit vom Gegenstand des Audits sollten die Gutachter über die entsprechende Expertise verfügen, die eine qualitative Beurteilung der vorgelegten Ergebnisse garantiert.

Literatur

[Wallmüller1990] Wallmüller, E.: Software-Qualitätssicherung in der Praxis, Hanser, 1990

20.5 Auswahl von Metriken

Beschreibung

Die Auswahl von Metriken zielt darauf ab, für die Entwicklung, Wartung und den Einsatz von Anwendungssystemen mögliche Metriken zu erhalten, die deren qualitative oder quantitative Beurteilung erlauben.

Der Nutzen der Auswahl von Metriken besteht darin:

- Aktivitäten der Anwendungsentwicklung und
- Entwicklungsergebnisse (Produkte) der Anwendungsentwicklung beurteilen zu können.

Die Voraussetzung für die Auswahl von Metriken ist ein definierter Entwicklungsprozess im Unternehmen mit benannten Aktivitäten (Klassenmodell erstellen, Codieren, Testen, etc.) und benannten Entwicklungsergebnissen (Klassenmodell, Sourcecode, Test, etc.).

Das Ergebnis der Auswahl von Metriken sind mit Bezug auf ein Projekt ein G/Q/M-Modell mit möglichen Metriken, die für Aktivitäten zur Anwendungsentwicklung bzw. für Ergebnisse der Anwendungsentwicklung qualitative oder quantitative Kennzahlen liefern.

Die Arbeitsschritte bei der Auswahl von Metriken sind:

- G/Q/M-getriebene Auswahl von Metriken
- Aufstellung einer Liste von Zielen
- Zuordnung von Fragen zu Zielen
- Zuordnung von möglichen Metriken zu Fragen
- Erstellung eines G/Q/M-Modells.

Arbeitsschritte

20.5.1 G/Q/M-getriebene Auswahl von Metriken

Die G/Q/M (Goal/Question/Metric)-getriebene Auswahl (vgl. [Basili1994]) adressiert die Gestaltung von Messprozessen bei der Entwicklung, Wartung und dem Einsatz von Anwendungssystemen. Sie bietet eine systematische Vorgehensweise zur Formulierung von Metriken. Abb. 20-12 zeigt die hierarchische Struktur des G/Q/M-Ansatzes mit den drei Ebenen *Goal, Question* und *Metric:* Auf der ersten Ebene wird das Ziel (Goal) definiert, das auf der nächsten Ebene in mehrere Fragen (Questions) verfeinert wird. Jede Frage wird auf der dritten Ebene operationalisiert, möglichen Metriken (Metrics) werden Fragen zugeordnet. Dieselbe Metrik kann verwendet werden, um verschiedene Fragen unter demselben Ziel zu beantworten.

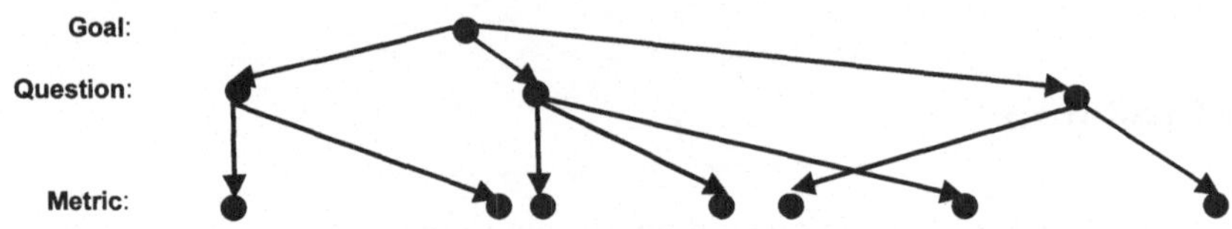

Abb. 20-12. Struktur des Goal/Question/Metric-Ansatzes

20.5.2 Aufstellung einer Liste von Zielen

Auf der *Goal*-Ebene wird das Ziel für messbare Objekte definiert. Ein Objekt kann dabei ein Ergebnis (Klassenmodell, Sourcecode, Test, u.a.) oder eine Aktivität (Klassenmodell erstellen, Codieren, Testen, u.a.) sein. Das Ziel wird aus verschiedenen Blickwinkeln und hinsichtlich einer speziellen Umgebung bestimmt. Angenommen, man möchte in einem Projekt die Effektivität des eingesetzten Modellierungsstandards evaluieren. Dann lässt sich das Ziel wie folgt formulieren:

Goal: Evaluierung der Effektivität des eingesetzten Modellierungsstandards

Abb. 20-13. Aufstellung eines Ziels

20.5.3 Zuordnung von Fragen zu Zielen

Auf der *Question*-Ebene werden Fragen zur Bewertung des spezifischen Ziels gestellt. Abb. 20-14 veranschaulicht die Zuordnung von Fragen zum Ziel.

Goal: Evaluierung der Effektivität des eingesetzten Modellierungsstandards

Questions: Wer verwendet den Standard? Was ist Modelliererproduktivität? Was ist Modellierungsqualität?

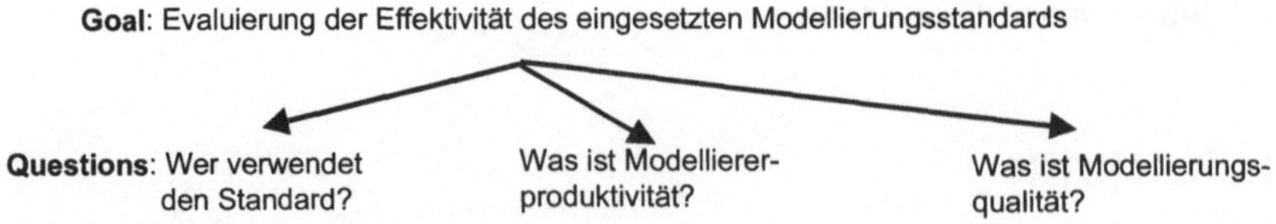

Abb. 20-14. Zuordnung von Fragen zum Ziel

20.5.4 Zuordnung von möglichen Metriken zu Fragen

Auf der *Metric*-Ebene werden die Fragen operationalisiert, d.h. mit möglichen Metriken konfrontiert, um Antworten auf die Fragen quantifizieren zu können.

Metriken können objektiv oder subjektiv sein. Objektive Daten sind nur abhängig vom zu messenden Objekt (z.B. Güte der Qualität). Subjektive Daten sind sowohl vom zu messenden Objekt als auch vom eingenommenen Blickwinkel abhängig (z.B. Lesbarkeit von Code). Abb. 20-15 veranschaulicht die Zuordnung von Metriken zu Fragen.

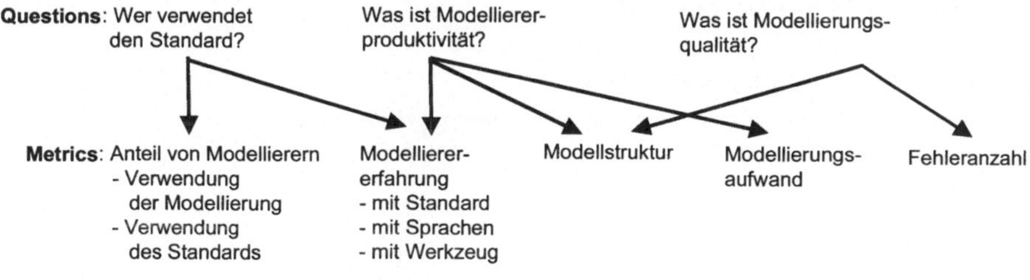

Abb. 20-15. Zuordnung von Metriken zu Fragen

20.5.5 Erstellung eines G/Q/M-Modells

Bei der Erstellung eines G/Q/M-Modells werden die Ergebnisse der vorhergehenden Arbeitsschritte zusammengefasst.

Ergebnis dieses Arbeitsschrittes ist die graphische Darstellung eines G/Q/M-Modells (vgl. Abb. 20-16).

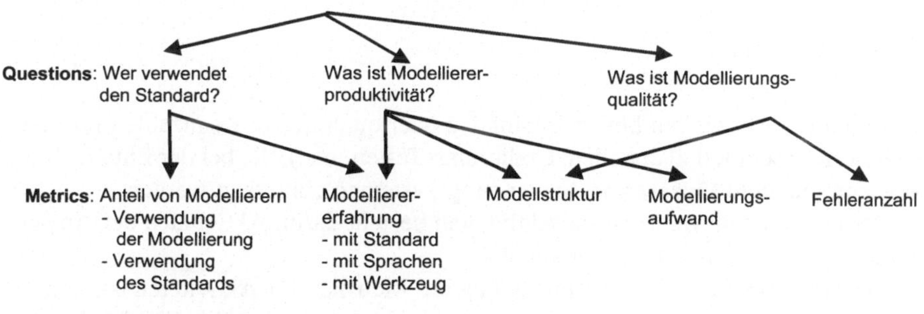

Abb. 20-16. G/Q/M-Modell

Qualitätskriterien

Qualitätskriterien für die Auswahl von Metriken sind:

- Ein Ziel für messbare Objekte ist definiert.

- Fragen sind Zielen zugeordnet.
- Mögliche Metriken sind Fragen zugeordnet.
- Es ist eine G/Q/M-Modell erstellt.

Vorausgesetztes Wissen

- Übersicht über vorhandene Metriken.
- Interviewtechniken, vgl. Technik *Anforderungsinterview.*

Literatur

[Basili1994] Basili, V.R., Caldiera, G. und Rombach, H.D.: Experience factory. In Encyclopedia of Software Engineering (Vol. I), Marciniak, J.J. (Ed), Wiley, New York, 1994, 469-476

[Fenton1996] Fenton, N. und Pfleeger, S.L.: Software Metrics: A Rigorous Approach, PWS Publishing, London, 1996

[Zuse1997] Zuse, H.: A Framework for Software Measurement. de Gruyter, Berlin, 1997

20.6 Metriken für Aktivitäten

Beschreibung

Metriken für Aktivitäten liefern qualitative oder quantitative Kennzahlen für Aktivitäten (Klassenmodell erstellen, Codierung, Testen, u.a.), die bei der Entwicklung, Wartung und dem Einsatz von Anwendungssystemen eingesetzt werden.

Der Nutzen von Metriken für Aktivitäten besteht darin, Aktivitäten der Anwendungsentwicklung beurteilen zu können.

Die Voraussetzung für die Anwendung der Metriken für Aktivitäten ist ein Entwicklungsprozess mit definierten Aktivitäten und der Einsatz des G/Q/M-Modells zur Auswahl von Metriken.

Das Ergebnis von Metriken für Aktivitäten mit Bezug auf ein Projekt sind geeignete Metriken zu einem fokussierten G/Q/M-Modell mit ihren zulässigen Aussagen.

Die Arbeitsschritte von Metriken für Aktivitäten sind:

- Fokussierung auf ein G/Q/M-Modell
- Überblick über Kategorien von Metriken für Aktivitäten
- Identifizierung von Metriken für Aktivitäten in einer Kategorie
- Bestimmung der zulässigen Aussagen von Metriken für Aktivitäten
- Erstellung der Liste mit geeigneten Metriken für ein fokussiertes G/Q/M-Modell.

Arbeitsschritte

20.6.1 Fokussierung auf ein G/Q/M-Modell

Das G/Q/M-Modell aus Abb. 20-17 zeigt, dass für das Ziel (Goal) Evaluierung der Effektivität des eingesetzten Modellierungsstandards verschiedene Fragen (Questions) („Wer verwendet den Standard?", „Was ist Modelliererproduktivität?", „Was ist Modellierungsqualität?") gestellt sind. Diese Fragen werden mit möglichen Metriken (Metrics) operationalisiert, um Antworten auf Fragen quantifizieren zu können. Manche Metriken beziehen sich auf Aktivitäten, wie die Metriken zum Modellierungsaufwand, die durch das Oval gekennzeichnet sind.

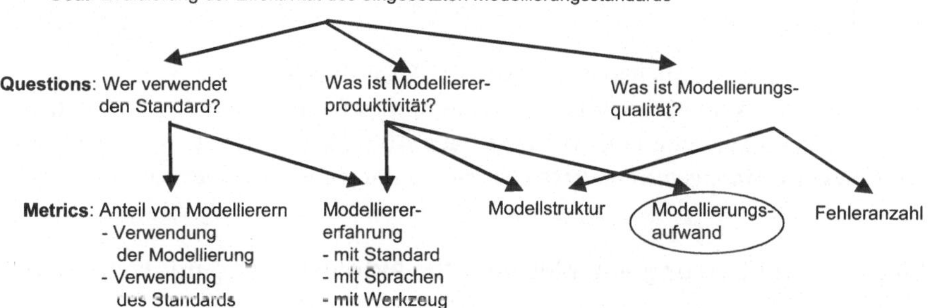

Abb. 20-17. Fokussierung auf ein G/Q/M-Modell

20.6.2 Überblick über Kategorien von Metriken für Aktivitäten

Ziel dieses Arbeitsschrittes ist es, aus einer Übersicht – z.B. [Dumke2000] – relevante Aktivitätsmetriken auszuwählen. Hierzu werden Kategorien und Subkategorien bestimmt, in denen konkrete Metriken enthalten sind und die sich für das fokussierte G/Q/M-Modell eignen. Kategorien für Aktivitätsmetriken sind Reifegradmetriken, Managementmetriken, Lebenszyklusmetriken, die sich wie folgt weiter unterteilen lassen:

Reifegradmetriken

- Organisationsmetriken
- Metriken für Ressourcen, Personal und Training
- Technologiemanagement-Metriken
- Metriken zum Dokumentationsstandard
- Datenmanagementmetriken
- Prozesskontrollmetriken

Managementmetriken

- Meilensteinmetriken
- Risikometriken
- Reviewmetriken
- Produktivitätsmetriken

Lebenszyklusmetriken

- Anforderungsmetriken
- Spezifikationsmetriken
- Designmetriken
- Realisierungsmetriken
- Testmetriken
- Wartungsmetriken

Ergebnis dieses Arbeitsschrittes ist die Auswahl einer oder mehrerer (Sub-) Kategorien für Aktivitätsmetriken, die sich für das fokussierte G/Q/M-Modell eignen. Für das fokussierte G/Q/M-Modell aus Abb. 20-17 ergibt sich beispielweise die Kategorie *Managementmetriken* zur Beurteilung des Modellierungsaufwands.

20.6.3 Identifizierung von Metriken für Aktivitäten in einer Kategorie

Ziel dieses Arbeitsschrittes ist die Identifizierung von möglichen Metriken für Aktivitäten in einer Kategorie. Dazu können Werkzeuge wie AMI Tool [AMI1993], CHECKPOINT [SPR1993], SOFT-ORG [SES1995b], ZD-MIS (Zuse/Drabe Measure-Information-System) [ZUSE1997] u.a. herangezogen werden. Ergebnis dieses Arbeitsschrittes ist eine Liste mit konkreten Metriken.

Konzentriert man sich etwa auf die Kategorie *Managementmetriken*, so liefert dieser Arbeitsschritt eine Liste mit möglichen Managementmetriken.

Tab. 20-1. Liste mit Managementmetriken

Managementmetriken
Anzahl von Iterationen
Anzahl von Modellierer/Klasse
Anzahl von Modellierer/Methode
Anzahl von Klassen/Modellierer
Anzahl von Subsystemen/Modellierer
...

20.6.4 Bestimmung der zulässigen Aussagen von Metriken für Aktivitäten

Ziel dieses Arbeitsschrittes ist es, zu bestimmen, ob die in Arbeitsschritt 20.6.3 identifizierten Metriken für Aktivitäten quantifizierbare oder nur qualitative Aussagen erlauben.

Nur Kennzahlen von Metriken für Aktivitäten, die quantifizierbare Aussagen erlauben, lassen sich zu Vorhersagen heranziehen. Zur Bestimmung der zulässigen Aussagen von Metriken für Aktivitäten kann das Informationssystem ZD-MIS (Zuse/Drabe Measure-Information-System) [Zuse 1997] mit mehr als 1500 Metriken herangezogen werden.

Ergebnis dieses Arbeitsschrittes ist eine Liste mit Managementmetriken, die um zulässige Aussagen für die einzelnen Metriken erweitert ist (vgl. Tab. 20-2).

Tab. 20-2. Liste mit Managementmetriken und zulässige Aussagen

Managementmetriken	Zulässige Aussagen
Anzahl von Iterationen	qualitativ
Anzahl von Modellierer/Klasse	qualitativ
Anzahl von Modellierer/Methode	qualitativ
Anzahl von Klassen/Modellierer	qualitativ
Anzahl von Subsystemen/Modellierer	qualitativ
...	

20.6.5 Erstellung der Liste mit geeigneten Metriken für ein fokussiertes G/Q/M-Modell

Bei der Erstellung der Liste mit geeigneten Metriken für das fokussierte G/Q/M-Modell werden die Ergebnisse der vorhergehenden Arbeitsschritte verwendet.

Ergebnis des fünften Arbeitsschrittes ist eine Liste mit geeigneten Metriken für das fokussierte G/Q/M-Modell (Tab. 20-3).

Tab. 20-3. Liste mit den geeigneten Metriken zum fokussierten G/Q/M-Modell

Managementmetriken für *Modellierungsaufwand*
Anzahl von Iterationen
Anzahl von Klassen/Modellierer
Anzahl von Subsystemen/Modellierer

Qualitätskriterien

Qualitätskriterien für ausgewählte Metriken für Aktivitäten sind:

- Die Auswahl ist auf der Grundlage eines G/Q/M-Modells getroffen.
- Die Metriken für Aktivitäten sind bezüglich des G/Q/M-Modells auf ihrer Eignung untersucht.
- Die Metriken für Aktivitäten sind hinsichtlich ihrer zulässigen Aussagen untersucht.
- Es ist eine Liste mit geeigneten Metriken mit Bezug zum fokussierten G/Q/M-Modell erstellt.

Vorausgesetztes Wissen

- G/Q/M-Ansatz, insbesondere Technik *Auswahl von Metriken*
- Übersicht über vorhandene Metriken für Aktivitäten.

Literatur

[AMI1993] AMI-Corporation: The AMI Tool – User Manual, P.G.C.C. Technologie, Bourg-la-Reine, 1993

[Basili1994] Basili, V.R., Caldiera, G., Rombach, H.D.: Experience factory. In Encyclopedia of Software Engineering (Vol. I), Marciniak, J.J. (Ed), Wiley, New York, 1994, 469-476

[Cosmos1993] COSMOS: Metrics Workbench 3 User Guide, Leiden, 1993

[Dumke2000] Dumke, R.: Software Metrics, http://ivs.cs.uni-magdeburg.de/sw-eng/us/bibliography/bib_main.shtml

[Fenton1996] Fenton, N., Pfleeger, S.L.: Software Metrics: A Rigorous Approach, PWS Publishing, London, 1996

[SES1995b] SES GmbH: SOFT-ORG: User Manual, Munich, 1995

[SPR1993] Software Productivity Research Inc (SPR): CHECKPOINT for Windows, Burlington, Maryland, 1993

[Zuse1997] Zuse, H.: A Framework for Software Measurement, de Gruyter, Berlin, 1997

20.7 Metriken für Produkte

Beschreibung

Metriken für Produkte (oder Entwicklungsergebnisse) liefern qualitative oder quantitative Kennzahlen für Produkte (Klassenmodell, Sourcecode, etc.), die bei der Entwicklung, Wartung und dem Einsatz von Anwendungssystemen entstehen.

Der Nutzen von Metriken für Produkte besteht darin, Ergebnisse der Anwendungssystementwicklung beurteilen zu können.

Die Voraussetzung für Metriken für Produkte sind, dass in einem Unternehmen ein Entwicklungsprozess mit wohldefinierten Ergebnissen existiert und dass das G/Q/M-Modells zur Auswahl von Metriken eingesetzt wird.

Das Ergebnis von Metriken für Produkte mit Bezug auf ein Projekt sind geeignete Metriken zu einem fokussierten G/Q/M-Modell mit ihren zulässigen Aussagen.

Die Arbeitsschritte von Metriken für Produkte sind:

- Fokussierung auf ein G/Q/M-Modell
- Überblick über Kategorien von Metriken für Produkte
- Identifizierung von Metriken für Produkte in einer Kategorie
- Bestimmung der zulässigen Aussagen von Metriken für Produkte
- Erstellung der Liste mit geeigneten Metriken für ein fokussiertes G/Q/M-Modell.

Arbeitsschritte

20.7.1 Fokussierung auf ein G/Q/M-Modell

Das G/Q/M-Modell aus Abb. 20-18 zeigt, dass für das Ziel (Goal) Evaluierung der Effektivität des eingesetzten Modellierungsstandards verschiedene Fragen (Questions) („Wer verwendet den Standard?“, „Was ist Modelliererproduktivität?“, „Was ist Modellierungsqualität?“) gestellt sind. Diese Fragen werden mit möglichen Metriken (Metrics) operationalisiert, um Antworten auf Fragen quantifizieren zu können. Manche Metriken beziehen sich auf Produkte, wie die Metriken zur Modellstruktur, die durch das Oval gekennzeichnet sind.

20.7.2 Überblick über Kategorien von Metriken für Produkte

Ziel dieses Arbeitsschrittes ist es, aus einer Übersicht – z.B. [DUMKE2000] – von Metriken eine Kategorie auszuwählen, in denen konkrete Metriken enthalten sind

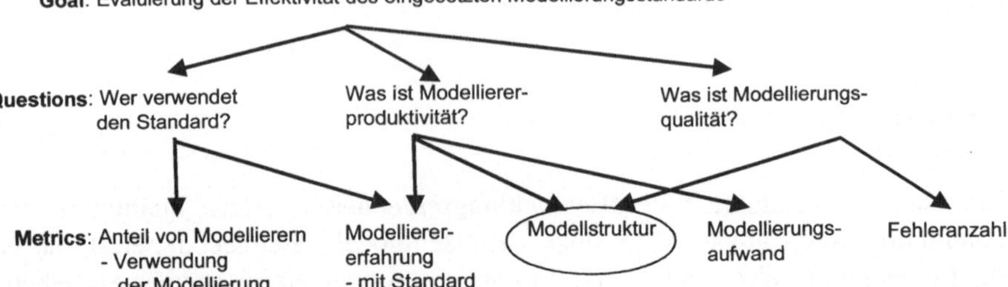

Abb. 20-18. Fokussierung auf ein G/Q/M-Modell

und die sich für das fokussierte G/Q/M-Modell eignen. Kategorien für Metriken zur Beurteilung von Entwicklungsergebnissen sind Größenmetriken, Architekturmetriken, Strukturmetriken, Qualitätsmetriken etc., die sich wie folgt weiter unterteilen lassen:

Größenmetriken

- Produktgrößen
- Entwicklungszeitmetriken
- Entwicklungskostenmetriken
- Ressourcenmetriken

Architekturmetriken

- Anzahl der Komponenten
- Anzahl von verschiedenen Konnektoren
- Levelmetriken

Strukturmetriken

- Tiefenmetriken
- Breitenmetriken
- Kopplungsmetriken

Qualitätsmetriken

- Funktionalitätsmetriken
- Zuverlässigkeitsmetriken
- Verwendbarkeitsmetriken
- Effizienzmetriken
- Wartbarkeitsmetriken
- Portabilitätsmetriken

Ergebnis dieses Arbeitsschritts ist die Auswahl einer oder mehrerer (Sub-)Kategorien für Produktmetriken, die sich für das fokussierte G/Q/M-Modell eignen. Für das fokussierte G/Q/M-Modell aus Abb. 20-18 ergibt sich beispielweise die Kategorie *Strukturmetriken* zur Beurteilung der Modellstruktur.

20.7.3 Identifizierung von Metriken für Produkte in einer Kategorie

Ziel dieses Arbeitsschrittes ist die Identifizierung von konkreten Metriken für Entwicklungsergebnisse in einer Kategorie. Dazu können Werkzeuge wie AMI Tool [AMI1993], CHECKPOINT [SPR1993], SOFT-ORG [SES1995b], ZD-MIS (Zuse/Drabe Measure-Information-System) [Zuse1997] u.a. herangezogen werden. Ergebnis dieses Arbeitsschrittes ist eine Liste mit konkreten Metriken.

Konzentriert man sich etwa auf die Kategorie *Strukturmetriken*, so liefert dieser Arbeitsschritt eine Liste mit möglichen Strukturmetriken (Tab. 20-4).

Tab. 20-4. Liste mit Strukturmetriken

Strukturmetriken
Gewichtete Menge von Methoden
Anzahl der Methoden
Tiefe der Vererbungshierarchie
Anzahl der abstrakten Klassen
Anzahl von Subsystemen
...

20.7.4 Bestimmung der zulässigen Aussagen von Metriken für Produkte

Ziel dieses Arbeitsschrittes ist es, zu bestimmen, ob die in Arbeitsschritt 20.7.3 identifizierten Metriken für Produkte quantifizierbare oder nur qualitative Aussagen erlauben.

Nur Kennzahlen von Metriken für Produkte, die quantifizierbare Aussagen erlauben, lassen sich zu Vorhersagen heranziehen. Zur Bestimmung der zulässigen Aussagen von Metriken für Produkte kann das Informationssystem ZD-MIS (Zuse/Drabe Measure-Information-System) [ZUSE1997] mit mehr als 1500 Metriken herangezogen werden.

Ergebnis dieses Arbeitsschrittes ist eine Liste mit Strukturmetriken, die um zulässige Aussagen für die einzelnen Metriken erweitert ist (vgl. Tab. 20-5).

Tab. 20-5. Liste mit Strukturmetriken und zulässige Aussagen

Strukturmetriken	**Zulässige Aussagen**
Gewichtete Menge von Methoden	qualitativ
Anzahl der Methoden	qualitativ
Tiefe der Vererbungshierarchie	qualitativ
Anzahl der abstrakten Klassen	qualitativ
Anzahl von Subsystemen	qualitativ
...	

20.7.5 Erstellung der Liste mit geeigneten Metriken für ein fokussiertes G/Q/M-Modell

Bei der Erstellung der Liste mit geeigneten Metriken mit Bezug zum fokussierten G/Q/M-Modell werden die Ergebnisse der vorhergehenden Arbeitsschritte zusammengefasst. Ergebnis des fünften Arbeitsschrittes ist eine Liste mit geeigneten Metriken für das fokussierte G/Q/M-Modell (Tab. 20-6).

Tab. 20-6. Liste mit den geeigneten Metriken zum fokussierten G/Q/M-Modell

Strukturmetriken für *Modellstruktur*
Tiefe der Vererbungshierarchie
Anzahl der abstrakten Klassen
Anzahl von Subsystemen

Qualitätskriterien

Qualitätskriterien für ausgewählte Metriken für Produkte sind:

- Die Auswahl ist auf der Grundlage eines G/Q/M-Modells getroffen.
- Die Metriken für Produkte sind bezüglich des G/Q/M-Modells auf ihre Eignung hin untersucht worden.
- Die Metriken für Produkte sind hinsichtlich ihrer zulässigen Aussagen untersucht.
- Es ist eine Liste mit geeigneten Metriken mit Bezug zum fokussierten G/Q/M-Modell erstellt.

Vorausgesetztes Wissen

- G/Q/M-Ansatz, insbesondere Technik *Auswahl von Metriken*
- Übersicht über vorhandene Metriken für Produkte.

Literatur

[AMI1993] AMI-Corporation: The AMI Tool – User Manual, P.G.C.C. Technologie, Bourg-la-Reine, 1993

[Basili1994] Basili, V.R., Caldiera, G., Rombach, H.D.: Experience factory. In Encyclopedia of Software Engineering (Vol. I), Marciniak, J.J. (Ed), Wiley, New York, 1994, 469-476

[Cosmos1993] COSMOS: Metrics Workbench 3 User Guide, Leiden, 1993

[Dumke2000] Dumke, R.: Software Metrics, http://ivs.cs.uni-magdeburg.de/sw-eng/us/bibliography/bib_main.shtml

[Fenton1996] Fenton, N., Pfleeger, S.L.: Software Metrics: A Rigorous Approach, PWS Publishing, London, 1996

[SES1995b] SES GmbH: SOFT-ORG: User Manual, Munich, 1995

[SPR1993] Software Productivity Research Inc (SPR): CHECKPOINT for Windows, Burlington, Maryland, 1993

[Zuse1997] Zuse, H.: A Framework for Software Measurement. de Gruyter, Berlin, 1997

21 Testen

21.1 Anwendungsfalltest

Beschreibung

Das Ziel beim Anwendungsfalltest ist es, die Vollständigkeit, Konsistenz und Korrektheit eines Anwendungsfalls sicherzustellen (vgl. auch Techniken *Anwendungsfallmodellierung* und *Detaillierung des Anwendungsfallmodells*). Hierzu ist der vollständige Ereignisfluss des Anwendungsfalls zu ermitteln und durchzuspielen. Zusätzlich wird die Prüfung des Anwendungssystems gegen die mit dem Anwendungsfall spezifizierten Anforderungen vorbereitet (vgl. Technik *Anwendungsfallbasierter Systemtest*). Die wesentlichen Konzepte beim Anwendungsfalltest sind Vor- und Nachbedingungen, Aktionen, Szenarien und Aktivitätsdiagramme.

Der Nutzen des Anwendungsfalltests liegt in

- der Präzisierung und Verfeinerung eines Anwendungsfalls,
- der rigorosen Qualitätssicherung des Anwendungsfalls während der Anforderungsermittlung und
- der Aufbereitung des Anwendungsfalls zur Testfall- und Testdatenermittlung für den Systemtest.

Die Voraussetzung für den Anwendungsfalltest ist das Vorliegen des detaillierten Anwendungsfallmodells, repräsentiert durch ein oder mehrere Anwendungsfalldiagramme mit Akteuren, Anwendungsfällen und Assoziationen zwischen Akteuren und Anwendungsfällen sowie Vererbungsbeziehungen bei Akteuren und Anwendungsfällen (vgl. Techniken *Anwendungsfallmodellierung* und *Detaillierung des Anwendungsfallmodells*). Zusätzlich ist es hilfreich, wenn die Quellen der Anforderungen in Form von Text, Interviews, formalen Beschreibungen etc. vorliegen.

Das Ergebnis des Anwendungsfalltests ist ein validierter Anwendungsfall. Hierbei wird der Test dokumentiert durch:

- Die Beschreibung der elementaren Aktionen und der ausführenden Akteure des Anwendungsfalls.

- Die vollständige Beschreibung aller möglichen Ausführungsreihenfolgen der Aktionen durch ein Aktivitätsdiagramm.
- Konkrete Szenarien als Grundlage der Tests.
- Protokolle der Inspektionen des Anwendungsfallmodells.

Die Arbeitsschritte des Anwendungsfalltest lauten:

- Fokussierung auf einen Anwendungsfall
- Identifikation von Aktionen
- Erstellung detaillierter Aktionsspezifikationen
- Erstellung des Aktivitätsdiagramms
- Vailidierung.

Arbeitsschritte

21.1.1 Fokussierung auf einen Anwendungsfall

Im ersten Schritt fokussiert man die textuelle Spezifikation eines bestimmten Anwendungsfalls. Erforderlich für das weitere Vorgehen ist die Angabe der Akteure, der Vor- und Nachbedingung sowie des Hauptablaufs und alternativer Abläufe des Anwendungsfalls. Die Vor- und Nachbedingung bezieht sich auf Dinge der Anwendungsdomäne bzw. den Zustand entsprechender Objekte im Anwendungssystem (vgl. Techniken *Anwendungsfallmodellierung* und *Detaillierung des Anwendungsfallmodells*).

Beispiel

Wir konzentrieren uns im weiteren auf den Anwendungsfall „Anmelden“ für einen Bankautomaten und betrachten die nachfolgende textuelle Spezifikation:

```
Anwendungsfall Anmelden In Modell Bankautomat
 Akteure Bankkunde, Zentralrechner
  Beschreibung Nach Eingabe der Karte durch den Bankkunden liest der
               Bankautomat den Code vom Magnetstreifen und prüft ihn auf
               Zulässigkeit. Bei zulässigem Code fordert der Bankautomat die
               Eingabe der Identifikationsnummer (PIN). Der Bankkunde gibt
               die PIN ein. Der Bankautomat überprüft die PIN. Wird eine
               falsche PIN eingegeben, so wird der Versuch gezählt; nach drei
               Fehlversuchen wird die Karte gesperrt. Nach der Eingabe der
               korrekten PIN fragt der Bankautomat nach der gewünschten
               Transaktion.
 Vorbedingung Der Kartenleser ist betriebsbereit, das Bedienpult gesperrt
 NachbedingungDie Karte ist im Kartenleser, der Kartenleser ist gesperrt,
              die Karte ist lesbar,der Code gültig, die PIN gelesen und OK,
              das Bedienpult auswahlbereit
              ODER
              ( Die Karte ist nicht lesbar und wurde eingezogen
```

```
                    ODER Der Code ist ungültig, die Karte wurde
                         ausgeworfen
                    ODER Die PIN wurde dreimal falsch eingegeben, die
                         Karte ist gesperrt und ausgeworfen
                    UND  Der Kartenleser ist betriebsbereit, das
                         Bedienpult ist gesperrt)
END Anmelden
```

Abb. 21-1. Textuelle Spezifikation des Anwendungsfalls „Geld Abheben“

21.1.2 Identifikation von Aktionen

Im zweiten Schritt betrachtet man die Szenarien eines Anwendungsfalls. Mit Bezug auf den Akteur wird gefragt, welche Eingaben das System in einem Szenario vom Akteur erwartet und welche Funktionen es für den Akteur erbringen soll. Für jeden Anwendungsfall müssen die Assoziationen zwischen Anwendungsfall und Akteur betrachtet werden, und zwar die Assoziation vom Akteur und die Assoziation zum Akteur. Hierbei versucht man, die Verantwortlichkeiten des Anwendungssystems und der Akteure klar voneinander abzugrenzen und in einzelne Aktionen zu zerlegen. Jede Aktion wird hierbei entweder von einem oder mehreren Akteuren oder dem Anwendungssystem alleine oder in einer Interaktion zwischen Akteur(en) und Anwendungssystem bearbeitet.
Hilfreiche Fragen zur Identifizierung von Aktionen sind:

- Welcher Akteur führt die Aktion aus?
- Welche Funktionen erwartet der Akteur vom Anwendungssystem?
- Welche Informationen erzeugt, liest, ändert, löscht ein Akteur?
- Teilt das Anwendungssystem einem Akteur Änderungen mit?

Ergebnis des zweiten Arbeitsschrittes sind die Aktionen eines Anwendungsfalls mit ihren informellen Beschreibungen sowie den zugehörigen Akteuren.

Beispiel

Im Anwendungsfall „Anmelden“ für den Bankautomaten erkennt man u.a. die Aktionen „Karte Einführen und „Karte Lesen“ (Abb. 21-2). Die zweite Aktion wird vom Anwendungssystem alleine ausgeführt.

```
Aktion Karte Einführen In Anwendungsfall Anmelden
 Akteure Bankkunde
 Beschreibung Der Bankkunde führt die Karte in den Kartenleser ein.
END Karte Einführen

Aktion Karte Lesen In Anwendungsfall Anmelden
 Akteure -
 Beschreibung Der Kartenleser liest den Magnetstreifen der Karte
END Karte Lesen
```

Abb. 21-2. Textuelle Spezifikation zweier Aktionen

21.1.3 Erstellung detaillierter Aktionsspezifikationen

In diesem Schritt werden die Aktionen entsprechend der Verantwortlichkeit klassifiziert und detailliert mit Vor- und Nachbedingungen beschrieben. Präzise gesagt wird eine *Aktion* durch die folgenden Angaben spezifiziert:

- einen (im Kontext des Anwendungsfalls) eindeutigen *Namen*;
- einen *Typ* T ∈ {Kontextaktion, Interaktion, Makroaktion};
- eine Menge von in die Aktion involvierten *Akteuren;*
- eine *textuelle Beschreibung* der zu bearbeitenden (Teil-) Aufgabe;
- eine *Vor-* und eine *Nachbedingung*, welche die Voraussetzungen und das Ergebnis der Aktion spezifizieren;

Die drei Typen von Aktionen haben folgende Bedeutung:

- Eine *Kontextaktion* beschreibt eine (Teil-) Aufgabe, die alleine von den Akteuren bearbeitet wird, also einem nicht von dem Anwendungssystem zu unterstützenden Teil des umgebenden Geschäftsprozesses entspricht.
- Eine *Interaktion* beschreibt eine (Teil-) Aufgabe, die interaktiv von den Akteuren unter Benutzung des Anwendungssystems oder vom Anwendungssystem alleine bearbeitet wird.
- Eine *Makroaktion* repräsentiert bzw. „ruft" einen anderen Anwendungsfall auf. Makroaktionen vermeiden das redundante Spezifizieren und Testen von Anwendungsfällen.

Ergebnis des dritten Arbeitsschrittes sind die präzisen Spezifikationen der Aktionen des Anwendungsfalls mit Vor- und Nachbedingungen sowie den zugehörigen ausführenden Akteuren.

Beispiel

Die nachfolgende Abb. 21-3 zeigt die detaillierten Spezifikationen der Aktionen „Karte Einführen" und „Karte Lesen" und „Anmelden".

```
Kontextaktion Karte Einführen In Anwendungsfall Anmelden
 Akteure        Bankkunde
 Beschreibung   Der Bankkunde führt die Karte in den Kartenleser ein.
 Vorbedingung   Kartenleser betriebsbereit
 Nachbedingung  Karte im Kartenleser, Kartenleser gesperrt
END Karte Einführen

Interaktion Karte Lesen In Anwendungsfall Anmelden
 Akteure        -
 Beschreibung   Der Kartenleser liest den Magnetstreifen der Karte
 Vorbedingung   Karte im Kartenleser, Kartenleser gesperrt
 Nachbedingung  Kartenleser gesperrt, Karte lesbar
                    ODER Kartenleser gesperrt, NICHT Karte lesbar
END Karte Lesen
```

```
Makroaktion Anmelden In Anwendungsfall Geld Abheben
 Akteure        Bankkunde, Zentralrechner
 Beschreibung   Der Bankkunde identifiziert sich gegenüber dem
                Bankautomaten. Nach der Identifikation zeigt der
                Bankautomat die möglichen Transaktionen.
 Vorbedingung   Kartenleser betriebsbereit
 Nachbedingung  Karte im Kartenleser, Kartenleser gesperrt,
                Karte lesbar,Code gültig, Bedienpult auswahlbereit
                ODER Karte ausgeworfen, Kartenleser betriebsbereit
                ODER Karte eingezogen, Kartenleser betriebsbereit
END Anmelden
```

Abb. 21-3. Textuelle Spezifikation einiger Aktionen

Zur Illustration einer Makroaktion betrachten wir den Anwendungsfall „Geld Abheben" des Bankautomaten. Vor diesem Anwendungsfall ist der Anwendungsfall „Anmelden" auszuführen, was sich im Anwendungsfallmodell beispielsweise durch eine include-Beziehung vom Anwendungsfall „Geld Abheben" zum Anwendungsfall „Anmelden" widerspiegeln könnte. Eine solche include-Beziehung wird durch eine Makroaktion modelliert.

21.1.4 Erstellung des Aktivitätsdiagramms

Für den anwendungsfallbasierten Systemtest ist der ablauforientierte Aspekt, d.h. der „Kontrollfluss" wichtig. Ziel diese Arbeitsschrittes ist die Modellierung des kompletten Ereignisflusses eines Anwendungsfalls. Hierzu sieht die UML-Interaktions- und Aktivitätsdiagramme vor. Ein Interaktionsdiagramm kann allerdings nicht einen gesamten Anwendungsfall beschreiben, sondern lediglich ein einzelnes spezifisches Szenario im Rahmen des Anwendungsfalls. Ansätze, einen Anwendungsfall durch eine Menge von Interaktionsdiagrammen vollständig zu beschreiben, haben nicht zum Ziel geführt. Daher benutzt man Aktivitätsdiagramme als Basis für den Test der Anwendungsfälle.

Im Hinblick auf den Anwendungsfalltest ist ein *Aktivitätsdiagramm* charakterisiert durch

- eine nicht-leere Menge S von *Aktionen* (Knoten);
- eine Menge $E \subseteq S \times S$ von gerichteten *Kanten* (Übergänge). Jede Kante e = (s, s´) wird mit einer Zusicherung oder *Übergangsbedingung* c(e) annotiert, die angibt, unter welcher Bedingung s´ als Folgeaktion ausgewählt wird;
- eine *Startaktion* $s_0 \in S$, von der aus Pfade zu allen anderen Aktionen des Aktivitätsdiagramms existieren;
- eine nicht-leere Menge $SE \subseteq S$ von *Endaktionen*.

Startaktion und Endaktionen spiegeln den Beginn bzw. die möglichen Abschlüsse der Ausführung eines Anwendungsfalls wider. Die Übergangsbedingungen bestimmen die „Auswahl" der nächsten Aktion.

Die Erstellung des Aktivitätsdiagramms eines Anwendungsfalls nimmt ihren Ausgangspunkt bei den Szenarien und den identifizierten Aktionen. Hilfreiche Fragen zur Erstellung des Aktivitätsdiagramms sind:

- Welche Aktionen können unter Beachtung der Vorbedingungen zu Beginn des Ablaufs eines Anwendungsfalls ausgeführt werden (Startaktionen)?
- Welche Aktionen kommen unter Beachtung ihrer Vorbedingungen und der Nachbedingung einer bestimmten Aktion als Folgeaktion dieser Aktion in Frage?
- Welche Aktionen kommen unter Beachtung ihrer Nachbedingungen als den Ablauf eines Anwendungsfalls abschließende Aktionen in Frage (Endaktionen).

Bei der Erstellung eines Aktivitätsdiagramms werden die Ergebnisse der vorhergehenden Arbeitsschritte verwendet. Ein Aktivitätsdiagramm erhält den Namen des Anwendungsfalls, zu dessen Test das Aktivitätsdiagramm erstellt wurde. Ein Szenario bzw. eine Instanz eines Anwendungsfalls korrespondiert mit einem Pfad durch das Aktivitätsdiagramm, der in der Startaktion beginnt, von den Nachbedingungen der Aktionen und den Kantenbedingungen gesteuert wird und in einer Endaktion endet. Ein Szenario, bzw. der entsprechende Pfad, wird als UML-Sequenzdiagramm visualisiert. Solche Pfade dienen als Grundlage von Testszenarien für den ablauforientierten Test des Anwendungssystems gegen den Anwendungsfall.

Ergebnis des dritten Arbeitsschrittes ist die graphische Darstellung der Akteure und der Aktionen sowie die Assoziationen zwischen den Akteuren und den Aktionen. Zudem ist die Anwendungssystemgrenze graphisch repräsentiert.

Beispiel

Abb. 21-4 zeigt beispielhaft die Symbole einiger Aktionen für den Anwendungsfall „Geld Abheben" des Anwendungssystems Bankautomat.

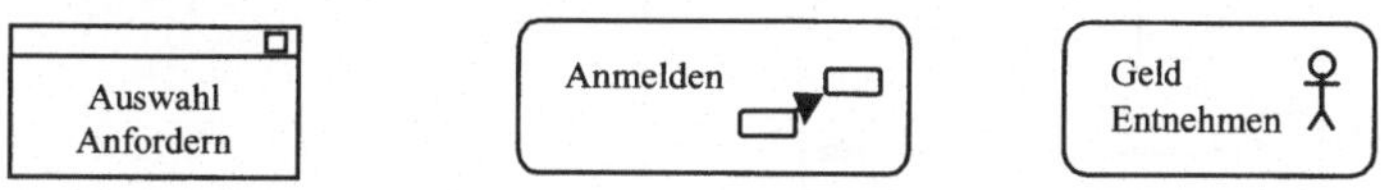

Abb. 21-4. Symbole klassifizierter Aktionen

Das den Anwendungsfall „Geld Abheben" verfeinernde Aktivitätsdiagramm zeigt Abb. 21-5, wobei die Übergangsbedingungen der Kanten zur besseren Übersichtlichkeit nicht dargestellt sind. Der Startknoten ist durch den Übergang vom Startzustand zu ihm, die Endknoten sind durch Übergänge zu Endzuständen ersichtlich. Der Startknoten stellt eine Makroaktion dar, die den Anwendungsfall bzw. das Aktivitätsdiagramm „Anmelden" aufruft. Der Knoten „Geld Entnehmen stellt" eine Kontextaktion dar. Die restlichen Aktionen sind Interaktionen.

Da bestimmte Szenarien des Anwendungsfalls „Geld Abheben" mit einer fehlgeschlagenen Anmeldung enden können, existiert eine Kante von der Makroaktion

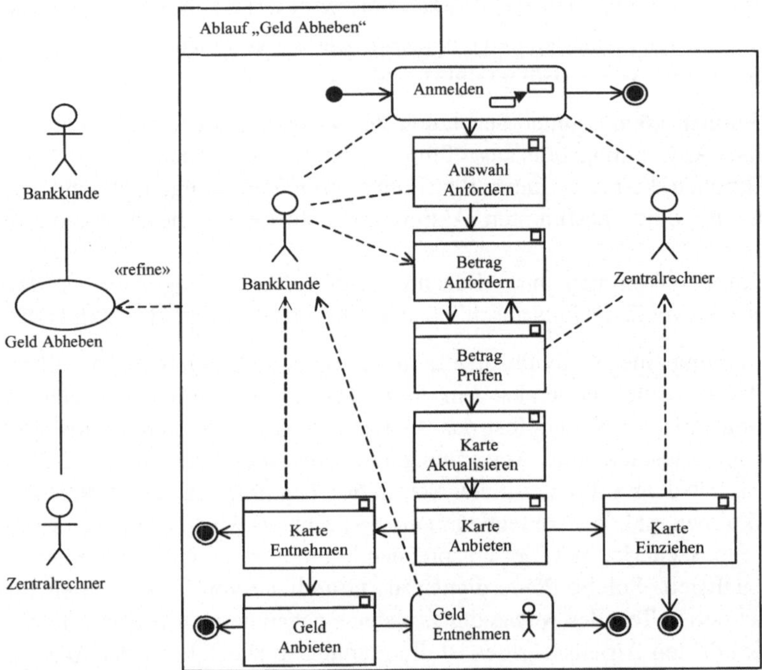

Abb. 21-5. Anwendungsfall „Geld Abheben" mit Aktivitätsdiagramm

„Anmelden" zu einem Endzustand. Abb. 21-6 zeigt beispielhaft ein Sequenzdiagramm zum Szenario „Abheben Erfolgreich".

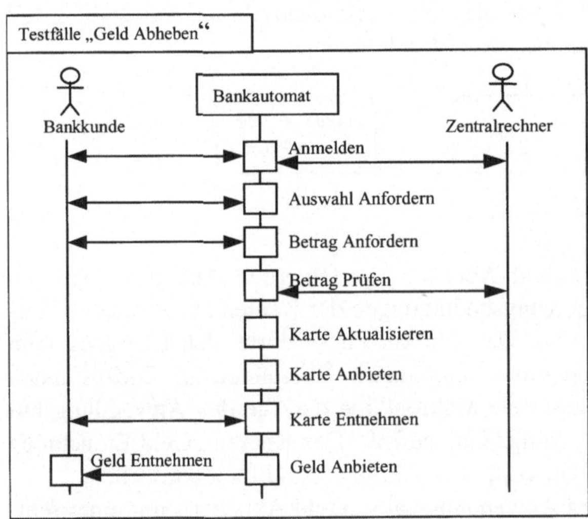

Abb. 21-6. Szenario zum Anwendungsfall Geld Abheben

Abb. 21-7 enthält die Übergangsbedingungen der beiden von der Aktion Betrag Prüfen ausgehenden Kanten.

```
Kante (Betrag Prüfen, Karte Aktualisieren) Aktivitätsdiagramm Geld Abheben
 Bedingung Betrag akzeptiert ODER Transaktion abgebrochen
Ende Kante

Kante (Betrag Prüfen, Betrag Anfordern) Aktivitätsdiagramm Geld Abheben
 Bedingung Nicht (Betrag akzeptiert ODER Transaktion abgebrochen)
Ende Kante
```

Abb. 21-7. Textuelle Beschreibungen zweier Übergangsbedingungen

21.1.5 Validierung

Ziel dieses Arbeitsschrittes ist es festzustellen, ob die Vorstellungen des Auftraggebers richtig erfasst sind („Entwickeln wir das richtige System?"). Daher sind an dem Test neben Analytikern auch Benutzer bzw. Vertreter des Auftraggebers beteiligt. Zu den auf Anforderungsspezifikationen anwendbaren Validierungstechniken gehören Inspektionen, Walkthrough und Prototyping.

Da UML-Modelle von Benutzern nicht oder höchstens partiell verstanden werden, betrachtet man im Prinzip ausschließlich Geschäftsvorfälle, die durch die Szenarien bzw. Pfade durch das Aktivitätsdiagramm beschrieben werden. Es geht darum, falsche oder fehlende Aktionen aufzudecken und die Richtigkeit der Aktionsbeschreibungen zu überprüfen. Damit die Benutzer die Aktionsbeschreibungen verstehen, müssen diese in für sie verständlicher Weise abgefasst bzw. dargestellt sein. Zur Erhöhung der Verständlichkeit empfehlen sich z.B. der Einsatz applikationsspezifischer Piktogramme (Abb. 21-8) oder durch Multimedia-Sequenzen animierte „Realweltszenen".

Abb. 21-8. Piktogramme für Domänenobjekte des Bankautomaten

Abb. 21-9 skizziert den prinzipiellen Ablauf der Validierung eines Anwendungsfalls mit den beteiligten Personengruppen und den resultierenden Dokumenten.

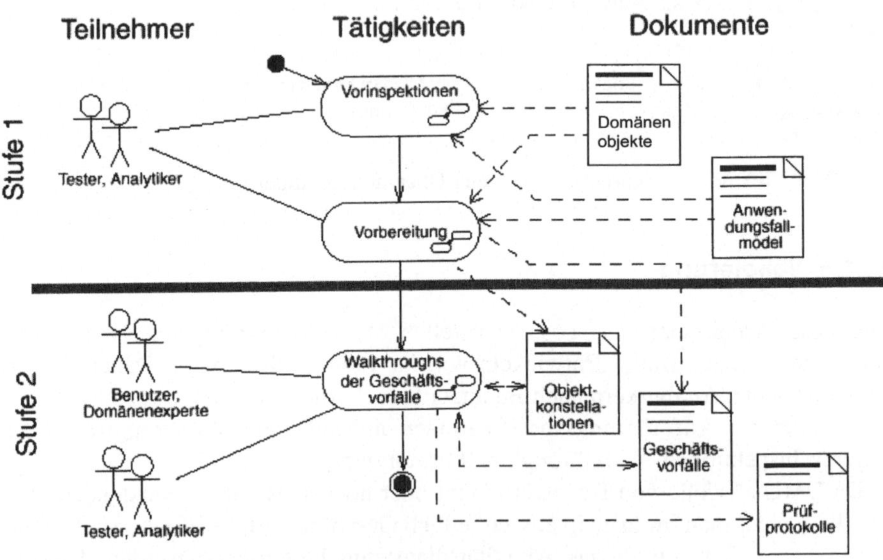

Abb. 21-9. Validierung des Anwendungsfallmodells mit Walkthroughs

Die zu einem Anwendungsfall gehörenden Geschäftsvorfälle bilden die Grundlage der Durchläufe durch das zugehörige Aktivitätsdiagramm. Zu Beginn führen die Analytiker eine Vorinspektion des Anwendungsfallmodells durch und leiten dabei für jeden zu prüfenden Geschäftsvorfall eine initiale Objektkonstellationen aus den in der Vorbedingung des Anwendungsfalls erwähnten Domänenobjekten ab. Diese wird geeignet dargestellt und zu Beginn des Walkthrough von den Benutzer kontrolliert. Im Verlauf des Walkthrough überprüfen die Benutzer die Aktionsbeschreibungen, die sich nach jeder Aktion ergebende Objektkonstellation sowie die Vollständigkeit des Anwendungsfalls. Analytiker kontrollieren die formalen Teile der Spezifikationen (z.B. Vor- und Nachbedingungen von Aktionen und Kantenbedingungen) und erstellen ein Protokoll. Besondere Aufmerksamkeit gilt den Makroaktionen, die einen komplexen Anwendungsfall aufrufen und somit die «include»- und «extend»-Beziehungen von den Anwendungsfällen in den Aktivitätsdiagrammen widerspiegeln (vgl. Technik *Detaillierung der Anwendungsfälle*). In diesem Fall sollten verschiedene Szenarien für den aufgerufenen Anwendungsfall durchgespielt werden.

Beispiel

In Abb. 21-10 sind drei benutzerfreundlich aufbereitete Szenarien für den Anwendungsfall „Geld Abheben" im Beispiel des Bankautomaten dargestellt, welche als Grundlage für Walkthroughs dienen können.

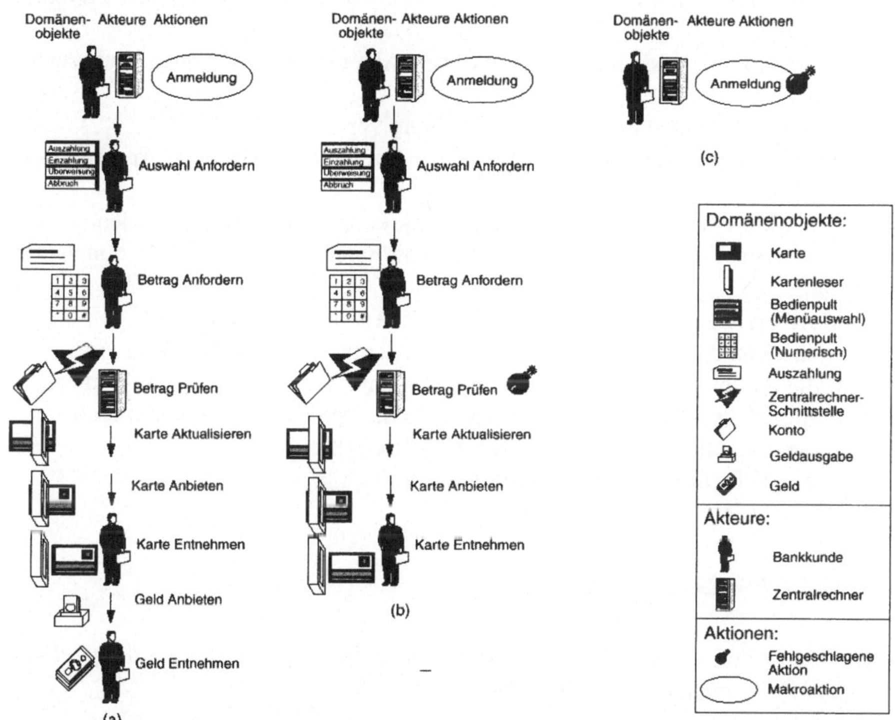

Abb. 21-10. Benutzerfreundlich aufbereitete Szenarien

Abb. 21-10(a) beschreibt eine erfolgreiche Auszahlung, Abb. 21-10(b) einen Misserfolg aufgrund der Eingabe eines unzulässigen Betrags. Das in Abb. 21-10(c) visualisierte Szenario beschreibt, dass die Anmeldung am Automaten fehlgeschlagen ist.

Ein Durchlauf des Geschäftsvorfalls in Abb. 21-10(a) überdeckt die Anwendungsfälle „Anmelden" und „Geld Abheben" und die Domänenklassen {*Karte, Kartenleser, Bedienpult, ZentralrechnerSchnittstelle, Konto, Auszahlung, Geldausgabe, Geld*} und ihre Assoziationen. Hierbei fällt einem Benutzer auf, dass die im Rahmen der Internationalisierung erforderliche Auswahl der zu verwendenden Sprache nicht erfolgt ist. Diese Unvollständigkeit wird von den Testern protokolliert und führt zu einer entsprechenden Überarbeitung des Anwendungsfalls „Anmelden" und seines Aktivitätsdiagramms.

Qualitätskriterien

Qualitätskriterien für den Anwendungsfalltest sind:

- Die wesentlichen Aktionen und ihre Akteure sind festgelegt.
- Jede Aktion ist aus Sicht von den Akteuren und aus Sicht zu den Akteuren untersucht.
- Alle wesentlichen Assoziationen zwischen Akteuren und Aktionen sind wiedergegeben.
- Für jede Aktion liegt eine Kurzbeschreibung vor.
- Aktivitätsdiagramme sind erstellt, die den Namen der jeweiligen Anwendungsfälle haben.
- In den Aktivitätsdiagrammen werden sich kreuzende Kanten vermieden.
- Es gibt keine Lücken in den Aktivitätsdiagrammen, also fehlende Aktionen oder Abläufe.
- Alle Referenzen verweisen auf existierende Anwendungsfälle.
- Für jede Kante der Aktivitätsdiagramme liegt eine Kurzbeschreibung vor.
- Für alle Aktionen und alle Kanten sind Vor- und Nachbedingungen definiert.
- Die Spezifikationen der Aktionen beachten die bekannten Geschäftsregeln.
- Jede Aktion ist in mindestens einem Walkthrough geprüft.
- Jede Kante ist in mindestens einem Walkthrough geprüft.

Vorausgesetztes Wissen

Techniken *Anwendungsfallmodellierung, Detaillierung der Anwendungsfallmodells, Aktivitätsmodellierung, Inspektion* und *Review*

Literatur

[Jacobson1999] Jacobson, I., Booch, G., Rumbaugh, J.: The Unified Software Development Process, Addison-Wesley, 1999

[Winter2000] Winter, M.: Qualitätssicherung für objektorientierte Software: Anforderungsermittlung und Test gegen die Anforderungsspezifikation, Verlag dissertation.de, Berlin, 2000

21.2 Klassentest

Beschreibung

Das Ziel des Klassentests ist es, möglichst viele Fehler auf der Grundlage der Spezifikation und Implementation einer zu testenden Klasse, welche im folgenden als *Klasse unter Test (KUT)* bezeichnet wird, aufzudecken. Hierzu gehören Fehler wie:

- unerlaubte Belegung von Instanzvariablen bei der Initialisierung oder während des Ablaufes,
- unvollständige oder ungeeignete Schnittstellen,
- fehlerhaft realisierte Operationen,
- unzureichende Ausnahmebehandlung, d.h. mangelhafte Robustheit der Operationen.

Man prüft das Zusammenspiel aller Operationen der KUT (neu definierte, redefinierte und geerbte Operationen) sowie die Erzeugung und gleichzeitige Nutzung mehrerer Instanzen der KUT. Hierbei ist es oft nicht sinnvoll, eine einzelne Klasse isoliert zu testen, sondern es werden wenigstens die Oberklassen und ggf. einige von den Instanzen der KUT benutzte, dienstanbietende Klassen mit betrachtet (vgl. auch Technik *Integrationstest*). Die Tests sind jedoch normalerweise auf die KUT fokussiert.

Der Nutzen des Klassentests besteht darin, dass nach dem Test jede Operation der KUT fehlerfrei funktionieren sollte, wenn

- sie in einem gültigen Zustand mit gültigen Parametern aufgerufen wird,
- von der Operation benutzte, in anderen Klassen definierte Operationen korrekt arbeiten und
- von der Operation benutzte, in der Klasse selbst definierte Operationen korrekt arbeiten.

Die Voraussetzung für den Klassentest ist das Vorliegen des Quellcodes und der Spezifikation aller angebotenen Operationen der KUT sowie ggf. der ausführbare Code bereits getesteter, von der KUT benutzter dienstanbietender Klassen.

Das Ergebnis des Klassentests ist die Menge getesteter Operationen der KUT. Der Klassentest ist dokumentiert durch eine Testsuite bestehend aus:

- Testskripten für die Basisklassen,
- „vererbten" Testskripten für abgeleitete Klassen,
- der Testumgebung und
- Test- und Überdeckungsprotokollen.

Die Arbeitsschritte des Klassentests sind:

- Fokussierung auf eine Klassenhierarchie
- Erstellung der Testskripte für die Basisklassen

- Vererbung der Testskripte
- Erstellung der Testumgebung aus Treiberklasse und ggf. Stellvertreterklassen
- Ausführung der Tests und Ermittlung der Testüberdeckung.

Arbeitsschritte

21.2.1 Fokussierung auf eine Klassenhierarchie

Im ersten Schritt konzentriert man sich auf die Generalisierungshierarchie der zu testenden Klassen. Hierbei achtet man besonders auf geerbte Eigenschaften sowie ggf. überschriebene Operationen.

Beispiel

Betrachten wir das in Abb. 21-11 gezeigte Klassenmodell des Entwurfsmusters „Schablonenmethode" (template method).

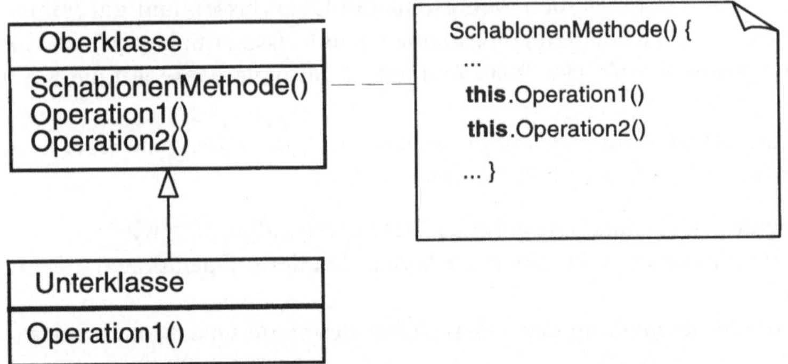

Abb. 21-11. Entwurfsmuster „Schablonenmethode"

Die in der Klasse `Oberklasse` definierte Methode `SchablonenMethode()` enthält Aufrufe der Methoden `Operation1()` und `Operation2()`. In der Unterklasse wird die Methode `Operation1()` überschrieben.

21.2.2 Erstellung der Testskripte für die Basisklassen

In diesem Schritt werden die Testskripte für die Basisklassen angelegt. Grundlage sind die mit den Techniken *Test dynamisch gebundener Operationsaufrufe*, *Vertragstest* und *Zustandstest* ermittelten Testfälle. In den Testskripten werden lediglich die von der Klasse angebotenen Operationen benutzt, d.h. ein Test besteht aus dem Senden von Botschaften und Überprüfen von Rückgabeobjekten und Objektzuständen.

Der Vorteil des Prüfens von Aufrufsequenzen besteht in dem geringeren Aufwand bei der Erstellung der Testumgebung sowie der Testfälle und Testdaten, da ein „Aufruf" eine ganze Reihe von Operationen prüfen kann. Zusätzlich werden dabei nicht nur einzelne Operationen, sondern direkt auch ihr Zusammenspiel geprüft. Hierbei verzichtet man wenn möglich auf die Erstellung von Teststellvertretern für benutzte Klassen, sondern bezieht direkt die entsprechenden Produktionsklassen mit ein – der Klassentest geht also fließend in den Integrationstest über (vgl. Technik *Integrationstest*). Nachteil ist der aufgrund der nicht immer im vorhinein vollständig bekannten Nutzungsbeziehungen höhere Kommunikationsaufwand der Entwickler verbunden mit dem geringeren Potential der „Parallel-Arbeit" bei den Entwicklungs- und Testtätigkeiten.

Bei der Ausführung der Tests kann das Fehlverhalten einer Methode durch die Ausführung weiterer (ggf. selbst fehlerhafter) Methoden verdeckt werden. Man spricht in solchen Fällen von *Fehlermaskierung*, durch welche die Testauswertung beeinflusst oder sogar ganz verfälscht werden kann. Die Benutzung nicht-öffentlicher oder sogar eigens für den Test eingeführter Operationen schafft nur bedingt Abhilfe, da in diesen Fällen nicht mehr der eigentliche Prüfling (die Produktionsklasse), sondern eine in ihrem Verhalten geänderte Klasse getestet wird. Zusätzlich zur KUT muss in diesem Fall auch noch die Testumgebung getestet werden, man darf also das im Verlauf des Testens gewonnene Vertrauen nicht ohne weitere Überlegungen auf die später tatsächlich verwendeten Operationen der KUT übertragen. Abhilfe können die zur Laufzeit geprüften Vor- und Nachbedingungen sowie Klasseninvarianten schaffen (vgl. auch Technik *Vertragstest*).
Das grundsätzliche Vorgehen beim Klassentest ist, zunächst

- alle Konstruktoren, dann
- alle primitiven Operationen zum Zugriff auf einzelne Instanzvariablen (set/get-Operationen), dann
- alle komplexeren zustandserhaltenden
- und zum Schluss alle komplexeren zustandsverändernden Operationen zu testen.

Hierbei beginnt man mit den am höchsten in der Generalisierungshierarchie stehenden Klassen (Basisklassen) und geht dann top-down zu den Unterklassen vor.

Während der (Weiter-)Entwicklung einer Klasse ist sicherzustellen, dass die bereits vorhandene Funktionalität trotz der Erweiterungen und Änderungen erhalten bleibt – der Klassentest geht fliessend in den Regressionstest über. Ändert man die Implementierung einer Klasse K, so muss man zunächst einen Klassentest für K ausführen und dann alle K benutzenden Klassen erneut testen. Letzteres deshalb, weil durch gegenseitige Aufrufe gemeinsam verwendeter Klassen und der geänderten Klasse Wechselwirkungen auftreten können, die beim Test der Klasse K allein nicht festgestellt werden.

Das bedeutet, dass Tests ständig erneut auszuführen sind, womit die automatische Testausführung zu einem absoluten Muss wird. Hierzu werden die Tests in (ggf. werkzeugspezifischen) Testskripten festgehalten.

Beispiel

```
TESTSUITE Oberklasse
// Testumgebung
      ...
// Testskripte
TESTSCRIPT SetUp Klasse Oberklasse ()
  // Test-Setup fuer Klasse Oberklasse.
  VORBEDINGUNG
True;
  BEGIN
  // Objekt unter Test (OUT) und Konstellation aufbauen
      OUT = new Oberklasse (...) ORACLE NOT OUT = null;
      ...
  END.
TESTSCRIPT SchablonenMethode_S1()
  // Spezifikationsbasierter Test der Operation SchablonenMethode() der
     Oberklasse.
  VORBEDINGUNG
True;
  BEGIN
       // OpUT aufrufen
       OUT.SchablonenMethode(...) ORACLE ...;
       ...
  END.
TESTSCRIPT SchablonenMethode_S2()
  // Spezifikationsbasierter Test der Operation
Oberklasse::SchablonenMethode().
  VORBEDINGUNG
True;
  BEGIN
       // OpUT aufrufen
       OUT.SchablonenMethode(...) ORACLE ...;
       ...
  END.
TESTSCRIPT SchablonenMethode_I1()
  // Implementationsbasierter Test der Operation
     Oberklasse::SchablonenMethode().
  VORBEDINGUNG
True;
  BEGIN
       // OpUT aufrufen
       OUT.SchablonenMethode(...) ORACLE ...;
       ...
  END.
```

```
...
TESTSCRIPT Operation1_S1 Klasse Oberklasse ()
  // Spezifikationsbasierter Test der Operation Oberklasse::Operation1().
  VORBEDINGUNG
True;
  BEGIN
       // Test durchführen
       OUT.Operation1 (...) ORACLE ...;
       ...
  END.
TESTSCRIPT Operation1_I1 Klasse Oberklasse ()
  // Implementationsbasierter Test der Operation Operation1() in Klasse
     Oberklasse.
  VORBEDINGUNG
True;
  BEGIN
       // Test durchführen
       OUT.Operation1 (...) ORACLE ...;
       ...
  END.
...
END Oberklasse.
```

Abb. 21-12. Skizziertes Testskript für den Klassentest

Für die in Abb. 21-11 dargestellte Klasse `Oberklasse` ergibt sich das in Abb. 21-12 skizzierte Testskript.

21.2.3 Vererbung der Testskripte

Innerhalb einer Generalisierungshierarchie ist das Geheimnisprinzip bzgl. der Oberklasse(n) in einen Unterklasse größtenteils aufgehoben, so dass sich die Frage stellt, welche der geerbten Operationen (mit welchen Testfällen) neu getestet werden müssen. Ging man ursprünglich davon aus, dass einmal getestete Klassen als Oberklassen in Generalisierungsbeziehungen ohne erneute Tests wiederverwendet werden können, so ist dies inzwischen widerlegt. Semantische Unterschiede zwischen geerbten und redefinierten Operationen sind keine Seltenheit und treten erst in bestimmten Kontexten zutage. Auch wenn die Vor- und Nachbedingungen textuell gleich sind, können sie unterschiedliche Bedeutung in der Ober- und der Unterklasse erhalten. Abstrakte Klassen können ohne Test-Implementierungen (Stubs) für die in der abstrakten Klasse nicht-implementierten Operationen auch nicht instanziiert und damit nicht dynamisch getestet werden.

Beispiel

Betrachtet man hierzu wieder das in Abb. 21-11 gezeigte Klassenmodell des Entwurfsmusters „Schablonenmethode“ (template method), so fällt auf, dass die in der Klasse `Oberklasse` definierte Methode `SchablonenMethode()` Aufrufe der (abstrakten oder konkreten) Methoden `Operation1()` und `Operation2()` enthält. In der Unterklasse `Unterklasse` wird die Methode `Operation1()` redefiniert. Führt man nun die (syntaktisch) unverändert geerbte Methode `SchablonenMethode()` in einer Instanz der Klasse `Unterklasse` aus, so wird die redefinierte Methode `Operation1()` aufgerufen – ein erneuter Test der unverändert geerbten Methode `SchablonenMethode()` im Kontext der Klasse `Unterklasse` ist notwendig.

Man kann die möglichen Abhängigkeiten innerhalb einer Generalisierungshierarchie und ihre Auswirkungen auf das Testen auf folgende Fälle zurückführen:

- Legt man eine Klasse *K'* als Unterklasse einer Klasse *K* an, so müssen zunächst alle neuen Methoden von *K'* getestet werden, danach alle redefinierten Methoden und letztendlich alle von *K* geerbten Methoden.
- Im Falle redefinierter Methoden muss man zusätzlich zu den vorhandenen funktionalen Testfällen der entsprechenden Methoden der Oberklasse neue strukturelle Testfälle erstellen und ausführen.

Auch für den Test der unverändert geerbten Methoden reicht es nicht aus, die für die entsprechenden Methoden der Oberklasse erstellten funktionalen und strukturellen Testfälle auszuführen. Man muss zusätzlich für unverändert geerbte Methoden, die von der Unterklasse redefinierte Methoden benutzen, neue funktionale Testfälle erstellen und ausführen.

Stellt die Unterklasse lediglich eine Spezialisierung der Oberklasse dar – definiert also lediglich neue Attribute und Methoden, die mit den geerbten nicht interferieren – erspart dies die Ausführung vorhandener sowie das Erstellen neuer Testfälle für die geerbten Attribute und Operationen.

Ohne weitere Analysen sind die in der nachfolgenden Tab. 21-1 zusammengefassten Testaktivitäten notwendig [Binder1999]:

Tab. 21-1. Testabhängigkeiten in Generalisierungsbeziehungen

Operation in der Unterklasse	**Spezifikationsorientierte Testfälle der Oberklasse**	**Implementationsorientierte Testfälle der Oberklasse**
Unverändert geerbt	Erneut ausführen	Erneut ausführen
Redefiniert	Erneut ausführen, ggf. ergänzen	Neu erstellen
Neu	Neu erstellen	Neu erstellen

Diese Testabhängigkeiten sind immer zum inkrementellen Klassentesten in Generalisierungshierarchien zu berücksichtigen. Allerdings werden mit Daten- und Kontrollflussanalysen noch Einsparungen möglich. Ist nämlich eine unverändert geerbte Operation nicht durch Änderungen in der Unterklasse beeinflusst (z.B. durch Aufruf von redefinierten Operationen oder nicht vorhergesehene Änderungen von Instanzvariablen durch redefinierte Operationen), brauchen die entsprechenden Testfälle der Oberklasse auch nicht erneut im Kontext der Unterklasse ausgeführt werden.

Damit die für eine Basisklasse erstellten Tests in den Unterklassen wiederverwendet werden können, legt man in der Testsuite der Basisklasse für jede Operation bzw. Methode eine sogenannte Testhistorie an, in welcher für die erstellten spezifikationsbasierten Testfälle `TSm` (vgl. Technik *Vertragstest* und *Zustandstest*) und implementationsbasierten Testfälle `Tim`, z.B. kontroll- oder datenflussbasierte Testfälle, (vgl. Technik *Test dynamisch gebundener Operationsaufrufe*) nachgehalten wird, ob bzw. in welchem Ausmaß der Test erneut auszuführen ist.

Angenommen, für eine Operation `m()` einer Basisklasse seien *i* spezifikationsbasierte und *k* implementationsbasierte Testfälle ermittelt worden. Der Eintrag der Testhistorie besteht in diesem aus einem Tripel mit dem folgenden prinzipiellen Aufbau:

```
(m(), ((TSm_1, A),..., (TSm_i, A)), ((TIm_1, A),..., (TIm_k, A)))
```

Hierbei kann `A` die Werte `J` und `N` annehmen, was bedeutet, dass die entsprechenden Testfälle

- `ausgeführt (J)` oder
- `nicht ausgeführt (N)`

werden müssen.

Beispiel

Die Testhistorie für das Testskript der Klasse *Oberklasse* zeigt Abb. 21-13:

```
TESTSUITE Oberklasse
// Testumgebung
    ...
// Testskripte
  ...
History
    (SchablonenMethode(),((SchablonenMethode_S1, J),( SchablonenMethode_S2,
        J)), (SchablonenMethode_I1, J))
    (Operation1(),(Operation1_S1, J), (Operation1_I1, J))
    ...
END Oberklasse.
```

Abb. 21-13. Skizziertes Testskript für den Klassentest

In einem Breiten- oder Tiefendurchlauf der Generalisierungshierarchien wendet man den in Abb. 21-14 in Pseudocode notierten Algorithmus TesteUnterklasse von Harrold und McGregor an, welcher für jede Unterklasse eine neue Testhistorie aus der Testhistorie der Oberklasse ableitet und gemäß den oben angeführten Regeln erweitert.

```
Algorithmus TesteUnterklasse
Eingaben    Testhistorie THO der Oberklasse
            Spezifikation und Code der Unterklasse
Ausgaben    Testhistorie THU der Unterklasse
BEGIN
       THU := THO
       FOR ALL Methoden m() der Unterklasse DO
              IF m ist neu THEN
                     erzeuge neue TSm und TIm
                     THU := THU ∪ (m(), (TSm, J), (TIm, J))
              ELSE IF m ist unverändert geerbt THEN
                     IF m interferiert mit neuen Methoden THEN
                            erzeuge neue TSm'
                            TSm := TSm ∪ TSm'
                            THU := THU ∪ (m(), (TSm, J), (TIm, N))
              ELSE IF m ist redefiniert THEN
                            erzeuge neue TIm'
                            TIm := TIm'
                            THU := THU ∪ (m(), (TSm, J), (TIm, J))
              END IF
       END FOR
END TesteUnterklasse
```

Abb. 21-14. Algorithmus `TesteUnterklasse`

Ergebnis des Algorithmus `TesteUnterklasse` sind die Testhistorien der geerbten Testsuiten der abgeleiteten Klassen, anhand derer dann ggf. Testfälle ausgeführt oder nicht ausgeführt werden.

Beispiel

Die Anwendung des Algorithmus `TesteUnterklasse` auf die Klasse Unterklasse in Abb. 21-11 und die Testhistorie im Testskript der Oberklasse (Abb. 21-13) ergibt das in Abb. 21-15 skizzierte Testskript. In diesem Skript sind „geerbte" Testfälle mit dem Namen der Oberklasse als Präfix gekennzeichnet. Man erkennt, dass der geerbte implementationsbasierte Test `Oberklasse.SchablonenMethode_I1` nicht erneut ausgeführt wird. Für die Operation `Operation1()` ist jeweils ein neuer spezifikationsbasierter und implementationsbasierter Test hinzugekommen (grau unterlegt).

```
TESTSUITE Unterklasse
// Testumgebung
      ...
// Testskripte
TESTSCRIPT SetUp Klasse Unterklasse ()
  // Test-Setup fuer Klasse Unterklasse.
  VORBEDINGUNG
       True;
  BEGIN
  // Objekt unter Test (OUT) und Konstellation aufbauen
       OUT = new Unterklasse (...) ORACLE NOT OUT = null;
       ...
  END.
```

```
TESTSCRIPT SchablonenMethode_I1()
  // Implementationsbasierter Test der Operation
Unterklasse::SchablonenMethode().
  VORBEDINGUNG
      True;
  BEGIN
      // OpUT aufrufen
      OUT.SchablonenMethode(...) ORACLE ...;
  END.
...
TESTSCRIPT Operation1_S1 Klasse Unterklasse ()
  // Spezifikationsbasierter Test der Operation Unterklasse::Operation1().
  VORBEDINGUNG
      True;
  BEGIN
      // Test durchführen
      OUT.Operation1 (...) ORACLE ...;
      ...
  END.
TESTSCRIPT Operation1_I1 Klasse Unterklasse ()
  // Implementationsbasierter Test der Operation Unterklasse::Operation1().
  VORBEDINGUNG
      True;
  BEGIN
      // Test durchführen
      OUT.Operation1 (...) ORACLE ...;
      ...
  END.
...
History
       (SchablonenMethode(),((Oberklasse.SchablonenMethode_S1, J),
        (Oberklasse.SchablonenMethode_S2, J)),
        (Oberklasse.SchablonenMethode_I1, N))
       (Operation1(),((Oberklasse.Operation1_S1, J), (Operation1_S1, J)),
         (Operation1_I1, J))
       ...
END Unterklasse.
```

Abb. 21-15. Vererbtes Testskript für Klasse `Unterklasse`

21.2.4 Erstellung der Testumgebung aus Treiberklasse und ggf. Stellvertreterklassen

Für den Klassentest ist eine Instanz oder eine Menge von Instanzen der KUT zu erzeugen und geeignet für die Ausführung des jeweiligen Tests zu initialisieren. Hilfreiche Fragen zur Erstellung der Testumgebung sind:

- Es müssen Eingangsnachrichten generiert werden – diese enthalten in der Regel Objekte als Parameter. Welche Kombinationen ergeben sich für die Klassen der Parameterobjekte und ihrer Unterklassen durch die Vererbung und den damit verbundenen Polymorphismus (vgl. Technik *Test dynamisch gebundener Operationsaufrufe*)?

- In welchen Zustand sind die Instanz der zu testenden Klasse (Prüfgegenstand) sowie alle Parameterobjekte zu versetzen (Test-Setup)?
- Oft sieht das Klassenmodell für den Prüfgegenstand bzw. die Parameterobjekte Assoziations- oder Aggregationsbeziehungen zu anderen Objekten vor. Wie sind diese geeignet zu initialisieren (Test-Setup)?
- Welche Parameterobjekte und Ergebnisse sowie welche (korrekte) Reihenfolge der bei dem Test ausgeführten Methoden sind bei der Testausführung neben dem Rückgabewert der aufgerufenen Methode bei der Erstellung des erwarteten Ergebnisses zu berücksichtigen (Test-Orakel)?
- Über welche (nicht-modifizierenden) Operationen werden die zur Überprüfung von Verträgen, also Vor- und Nachbedingungen von Operationen sowie Klasseninvarianten, notwendigen Zugriffe auf den Zustand des Prüfgegenstands als auch auf die (Zustände der) Botschaftsparameter ermöglicht?

Ergebnis des Arbeitsschrittes sind Skripteinträge zum Aufbau der für die Ausführung des Tests notwendigen Testumgebung (Objektkonstellation, ggf. Datenbank- und Middleware-Initialisierung). Die nachfolgende Abb. 21-16 zeigt schematisch die in der Testumgebung für den Klassentest zu berücksichtigenden Elemente.

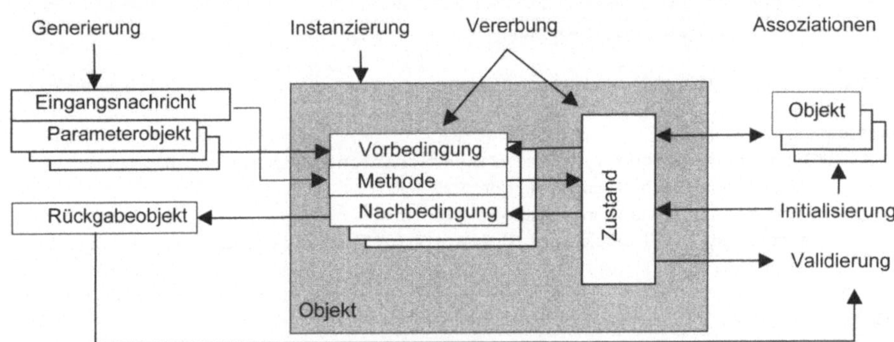

Abb. 21-16. Testumgebung für den Klassentest

Beispiel

Für den Test der Klasse Unterklasse nehmen wir an, dass die Schablonenmethode einen Parameter vom Typ integer hat, der größer gleich Null sein muss. Dies wird beim Test folgendermaßen berücksichtigt:

```
TESTSUITE Unterklasse
// Testumgebung
          ...
// Testskripte
```

```
...
TESTSCRIPT SchablonenMethode_I1()
  // Implementationsbasierter Test der Operation SchablonenMethode() in
     Klasse
..// Unterklasse.
  VORBEDINGUNG
True;
  BEGIN
  // Setup
       int i = 10;
  // OpUT aufrufen
       OUT.SchablonenMethode(i) ORACLE ...;
  END.
...
END Unterklasse.
```

Abb. 21-17. Setup im Testskript *SchablonenMethode_I1*

21.2.5 Ausführung der Tests und Ermittlung der Testüberdeckung

Nach dem Aufbau der Testumgebung (setup) wird das Testskript unter Benutzung der ausgewählten Testdaten ausgeführt. Hierbei wird ggf. durch eine vorherige Instrumentierung der KUT die erzielte Codeüberdeckung gemessen und protokolliert. Zu beachten sind dabei folgende Punkte:

- Im Unterschied zu prozedural implementierten Anwendungen muss bei der Überdeckungsmessung für dynamische Tests objektorientiert implementierter Anwendungen unterschieden werden, ob die Angaben sich auf Klassen oder Objekte beziehen. Beispiel: Eine Klasse *K* biete eine Operationen *m1()* an. Instanziert man nun zwei Objekte *O1* und *O2* von *K* und testet erst *O1.m1()* (Abdeckung von 50% des Codes) und dannn *O2.m1()* (Abdeckung der anderen 50% des Codes), dann ist die Abdeckung auf Klassenebene 100%, auf Objektebene aber nur 50%.
- Eine ähnliche Unterscheidung muss im Falle der Vererbung bezüglich der Klasse des die Operation ausführenden Objekts getroffen werden.

Nach dem Test wird die Testumgebung abgebaut bzw. für die Ausführung weiterer Tests bereinigt (cleanup).

Qualitätskriterien

Qualitätskriterien für den Klassentest sind:

- Für die KUT können Objekte erzeugt und zerstört werden.
- Alle Methoden der KUT wurden mindestens einmal ausgeführt.

- Alle Instanzvariablen der KUT wurden mindestens einmal gesetzt und eimal gelesen.
- Die vorgegebenen Testendekriterien (siehe auch Techniken *Test dynamisch gebundener Operationsaufrufe*, *Vertragsbasierter Test* und *Zustandsbasierter Test*) sind erreicht.

Vorausgesetztes Wissen

Klassenspezifikation mit Zusicherungen. Aus der Technik *Test dynamisch gebundener Operationsaufrufe* sollte die Ermittlung polymorph ersetzbarer Klassen bzgl. der Parameter und der Testumgebung bekannt sein. Die Testfallermittlung erfolgt aus Verträgen und Zustandsmaschinen.

Literatur

[Binder1999] Binder, R.V.: Testing Object-Oriented Systems – Models, Patterns, and Tools, Addison-Wesley, Reading, 1999

21.3 Test dynamisch gebundener Operationsaufrufe

Beschreibung

Das Ziel des Test dynamisch gebundener Operationsaufrufes ist die Prüfung eines Operationsaufrufes unter Berücksichtigung dynamischer Bindungen (Polymorphismus) und möglicher Zustände von beteiligten Objekten. Hierbei werden die aufgrund der Generalisierungsbeziehungen bzw. der implementierten Schnittstellen (Interfaces) möglichen Klassen des aufrufenden Objekts, der Parameterobjekte und des die Operation ausführenden Objekts betrachtet. Zusätzlich kann berücksichtigt werden, dass sich die beteiligten Objekte in verschiedenen Zuständen befinden können.

Der Nutzen des Tests dynamisch gebundener Operationsaufrufe besteht darin, Fehler bei der Verwendung überschriebener oder in einem neuen Kontext ausgeführter geerbter Operationen zu finden. Zusätzlich können auch aufgrund nicht korrekt berücksichtigter Zustände verursachte Fehler gefunden werden (vgl. auch Technik *Zustandstest*).

Die Voraussetzung für den Test dynamisch gebundener Operationsaufrufe ist das Vorliegen eines Klassenmodells, der vollständigen Signatur und Spezifikation der aufgerufenen Operation und dem Quellcode der aufrufenden Operation (*Ope-*

ration unter Test, OpUT). Sollen Zustände betrachtet werden, so werden auch Zustandsdiagramme der beteiligten Klassen benötigt.

Das Ergebnis des Tests dynamisch gebundener Operationsaufrufe ist eine unter dynamischen Bindungen getestete Operation, repräsentiert durch entsprechende Testdaten für Testfälle, welche die OpUT ausführen.

Die Arbeitsschritte des Tests dynamisch gebundener Operationsaufrufe sind:

- Ermittlung aller an einem Operationsaufruf beteiligten Objekte und ihrer Klassen sowie der relevanten Zustände
- Eingrenzung der zu testenden Kombinationen von Klassen und Zuständen
- Parametrisierung und Ausführung entsprechender Testfälle.

Arbeitsschritte

21.3.1 Ermittlung aller an einem Operationsaufruf beteiligten Objekte und ihrer Klassen sowie der relevanten Zustände

Zunächst fokussiert man einen bestimmten Operationsaufruf innerhalb der OpUT. Die Ermittlung der beteiligten Objekte bzw. deren Typen (Klassen/Interfaces) erfolgt anhand der Generalisierungsbeziehungen und der realisierten Schnittstellen (Interfaces). Hilfreiche Fragen hierzu sind:

- Von welchen Instanzen welcher Klassen kann die OpUT ausgeführt werden?
- Was sind die Typen der Parameter der OpUT bzw. der Instanzvariablen, an die der Operationsaufruf gerichtet ist?
- In welcher Klasse ist die aufgerufene Operation (re-)definiert?
- Welches sind die Typen der Parameter der aufgerufenen Operation?
- Welche Klassen bzw. Unterklassen realisieren diese Typen?
- In welchen Zuständen können das ausführende Objekt und die verwendeten Objekte sein?

Für jede Klasse werden die relevanten Zustände der betrachteten Instanzen innerhalb der Operationsausführung aus den Zustandsdiagrammen ermittelt. Dies sind alle Zustände, von denen ausgehende Kanten mit der entsprechenden Operationsausführung verknüpft sind (vgl. auch Technik *Zustandstest*).

Ergebnis des ersten Arbeitsschrittes ist eine Menge von Klassen und ihren Unterklassen, die in einem Operationsaufruf involviert sein können, sowie der für diesen Aufruf relevanten Zustände von Instanzen dieser Klassen.

Beispiel

Die nachfolgende Abb. 21-18 zeigt zwei Klassenhierarchien mit den beiden Oberklassen `A` und `B` und ihren Unterklassen `A1` und `A2` bzw. `B1` und `B2`. Die in der

Klasse `A1` definierte OpUT `m1()` rufe die Operation `m2(aB: B)` mit dem Parameter `aB` vom Typ `B` auf, die in der Klasse `B` definiert sei. Mögliche Klassen des die Operation `m1()` ausführenden Objekts sind also `A`, `A1` und `A2`. Die aufgerufene Operation `m2()` kann im Kontext eines Objekts der Klassen `B`, `B1` und `B2` ausgeführt werden. Hierbei seien nach den entsprechenden Zustandsdiagrammen für das ausführende Objekt zwei Zustände `ZA1` und `ZA2` und für die benutzten Objekte die drei Zustände `ZB1`, `ZB2` und `ZB3` erlaubt.

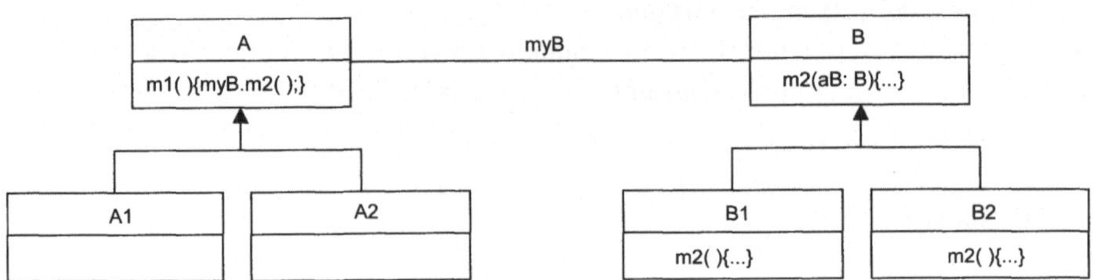

Abb. 21-18. Operationsaufruf mit dynamischer Bindung

Man erhält für das ausführende Objekt (als „Sender“), das Parameterobjekt und das Empfängerobjekt insgesamt (3 * 2) * (3 * 3) * (3 * 3) = 486 verschiedene Kombinationen von Klassen und Zuständen.

21.3.2 Eingrenzung der zu testenden Kombinationen von Klassen und Zuständen

Wie das obige Beispiel gezeigt hat, führt die Betrachtung aller Kombinationen der Klasse des die OpUT ausführenden Objekts und der Klassen der über Operationsaufrufe benutzten Objekte sowie der entsprechenden möglichen Zustände zu einer exponentiell anwachsenden Anzahl von zu testenden Fällen. Ziel dieses Arbeitsschrittes ist es, diese Anzahl systematisch zu reduzieren. Grundidee ist es, nicht alle möglichen Kombinationen zu testen, sondern lediglich alle paarweise verschiedenen Kombinationen für je zwei Objekte bzw. Zustände von Objekten. In anderen Worten wählt man die Testfälle so aus, dass nur alle möglichen Kombinationen von je zwei Objekten/Zuständen geprüft werden.

Man bezeichnet hierbei die betrachteten Objekte bzw. ihre Zustände als *Faktoren* des Tests und die Anzahl möglicher Klassen bzw. Zustände als deren *Wertigkeit*. Die (theoretisch) minimale Anzahl von Testfällen Z_{min} ergibt sich bei k Faktoren aus deren Wertigkeiten W_i (i=1,...,k) nach der Formel

$$Z_{min} = \Sigma_{i=1,\ldots,k} (W_i - 1) + 1$$

Beispiel

Bei der in Abb. 21-18 gezeigten Konstellation erkennt man 6 Faktoren (aufrufendes Objekt, aufgerufenes Objekt und Parameterobjekt sowie deren Zustände). Die Wertigkeiten der drei „Klassenfaktoren" sind 3 (Klassen `A`, `A1` und `A2` bzw. `B`, `B1` und `B2`), die der „Zustandsfaktoren" sind 2 (`ZA1` und `ZA2`) bzw. 3 (`ZB1`, `ZB2` und `ZB3`). Es sind mindestens $Z_{min} = 3*(3-1) +(2-1) + 2*(3-1) + 1 = 12$ Testfälle notwendig.

Die zu testenden Kombinationen werden tabellarisch in einem Feld aufgeführt, in dem jedem Faktor, also sowohl den beteiligten Objekten als auch deren Zustände, eine Spalte zugeordnet wird. Jede Zeile entspricht einem Testfall, also einer konkret zu prüfenden Kombination von Klassen und Zuständen. Zur abkürzenden Schreibweise werden für jeden Klassenfaktor die Klassen der entsprechenden Generalisierungs- bzw. Schnittstellen-Hierarchie durchnummeriert, und lediglich die Nummern in das Feld eingetragen. Genauso wird jeder für den Aufruf der Operation erlaubte Zustand durch eine Nummer kodiert. Die Einträge im Feld entsprechen somit der Nummer der für das jeweilige Objekt zu instanzierenden Klasse bzw. der Nummer des Zustands, in dem sich das Objekt vor dem Test befinden muss.

Um sicherzustellen, dass alle paarweise verschiedenen Kombinationen von Klassen- bzw. Zustands-Faktoren mit einer möglichst geringen, nicht-redundanten Zahl von Testfällen („orthogonale Testfälle") berücksichtigt werden, verwendet man die aus dem statistischen Entwurf von Experimenten bekannten orthogonalen Felder (OATS, Orthogonal Array Test Specification, [Phadke1989]) quasi als „generische Testschemas".

Ein orthogonales Feld OA(n, k, q) hat n Zeilen und k Spalten und gibt in jeder Zeile i (i=1,..., n, n >= Z_{min}) eine Kombination von Werten w(i, j) für die k Faktoren an (1<=j<=k). Hierbei haben alle Faktoren die (gleiche) Wertigkeit q. Für OA(n, k, q) schreibt man auch $OA_n(q^k)$. Vereinfacht gesagt gilt, dass jeder der möglichen Werte 1..q in jeder Spalte mindestens einmal vorkommt und mindestens alle paarweise verschiedenen Kombinationen von Werten berücksichtigt sind. Werden in einem orthogonalen Feld auch unterschiedliche Wertigkeiten der Faktoren berücksichtigt, so schreibt man z.B. im Falle von k Faktoren mit der Wertigkeit q und j Faktoren mit der Wertigkeit p auch $OA_n(q^k \times p^j)$.

Orthogonale Felder erfüllt die Anforderungen an die Minimalität und Orthogonalität der Testfälle sozusagen per Definitionem. Im Normalfall kann aus den z.B. in [Phadke1989] tabellierten Feldern ein passendes ausgewählt werden.

Beispiel

In der Literatur sind u.a. die in der folgenden Abb. 21-19 dargestellten orthogonalen Felder angegeben (vgl. [Phadke1989]):

Leider existiert nicht für alle Dimensionen (Anzahl der Zeilen und Spalten) sowie Wertigkeiten ein exakt passendes orthogonales Feld. Bei der Auswahl des am besten geeigneten orthogonalen Feldes für den konkret zu testenden Operationsaufruf sind folgende Punkte zu berücksichtigen:

- Die Anzahl n der Zeilen des Feldes muss mindestens gleich der minimalen Anzahl Z_{min} Testfälle für diesen Aufruf sein, es muss also n >= Z_{min} gelten.

$OA_4(2^3)$

	A	B	C
1	1	1	1
2	1	2	2
3	2	1	2
4	2	2	1

$OA_8(2^7)$

	A	B	C	D	E	F	G
1	1	1	1	1	1	1	1
2	1	1	1	2	2	2	2
3	1	2	2	1	1	2	2
4	1	2	2	2	2	1	1
5	2	1	2	1	2	1	2
6	2	1	2	2	1	2	1
7	2	2	1	1	2	2	1
8	2	2	1	2	1	1	2

$OA_9(3^4)$

	A	B	C	D
1	1	1	1	1
2	1	2	2	2
3	1	3	3	3
4	2	1	2	3
5	2	2	3	1
6	2	3	1	2
7	3	1	3	2
8	3	2	1	3
9	3	3	2	1

Abb. 21-19. Einige orthogonale Felder

- Die Anzahl der Spalten des gewählten orthogonalen Feldes muss mindestens so groß sein wie die Anzahl der an dem Aufruf beteiligten Klassen- und Zustandsfaktoren. Werden die Zustände aller beteiligten Objekte betrachtet, muss sie also mindestens doppelt so groß sein wie die Anzahl der in dem Aufruf beteiligten Objekte.
- Die Wertigkeit q ist mindestens gleich der größten Anzahl von Unterklassen bzw. von Zuständen zu wählen.

Ist hierbei die Wertigkeit eines bestimmten Faktors (Anzahl der Klassen/ Zustände) kleiner als die der diesem Faktor zugeordneten Spalte des Feldes, so sind die zu hohen Werte (zyklisch) umzunotieren (man rechnet modulo W_i). Sich dabei ergebende doppelte Zeilen werden dann gestrichen.

Ergebnis dieses Arbeitsschrittes ist ein passend gewähltes (bzw. konstruiertes) orthogonales Feld mit der Abbildung von Klassen bzw. Zuständen auf die Feldwerte.

Beispiel

Im obigen Beispiel betrachten wir für drei Objekte (das ausführende Objekt als „Sender“, das Parameterobjekt und das Empfängerobjekt) die Klassen und Zustände (vgl. Abb. 21-18). Die maximale Anzahl von Klassen ist in beiden Hierarchien drei; ebenso die maximale Anzahl von Zuständen pro Klasse. Dementsprechend ist ein orthogonalen Feld mit mindestens 12 Zeilen, 6 Spalten und der Wertigkeit drei zu wählen. Wir finden in [Phadke1989] sogar das Feld $OA_{18}(2^1x3^7)$ mit

18 Zeilen und 8 Spalten als optimales Schema für den Test dieses dynamisch gebundenen Operationsaufrufes. In diesem Feld ist die Wertigkeit des ersten Faktors (Spalte) zwei und die der fünf anderen Faktoren drei.
Nun nummerieren wir die Klassen und Zustände nach folgendem Schema:

`A` = 1, `A1` = 2, `A2` = 3, `ZA1` = 1, `ZA2` = 2 und
`B` = 1, `B1` = 2, `B2` = 3, `ZB1` = 1, `ZB2` = 2, `ZB3` = 3.

Wir ordnen den Senderzustand der ersten Spalte (Wertigkeit 2) und die weiteren Klassen bzw. Zustände den Spalten zwei bis 6 zu (Wertigkeit 3). Die letzten zwei Spalten rechts sind im Rahmen dieses Beispiels nicht relevant. Die nach OATS mit dem orthogonalen Feld $OA_{18}(2^1x3^7)$ ermittelten Kombinationen aus Klassen und Zuständen für den Test der Operation `m1()` in der Klasse `A1` sind in Abb. 21-20 dargestellt.

Nr	Sender-Zustand	Sender-Klasse	Parameter-Klasse	Parameter-Zustand	Empfän-ger	Empfänger-Zustand		
1	1	1	1	1	1	1	1	1
2	1	1	2	2	2	2	2	2
3	1	1	3	3	3	3	3	3
4	1	2	1	1	2	2	3	3
5	1	2	2	2	3	3	1	1
6	1	2	3	3	1	1	2	2
7	1	3	1	2	1	3	2	3
8	1	3	2	3	2	1	3	1
9	1	3	3	1	3	2	1	2
10	2	1	1	3	3	2	2	1
11	2	1	2	1	1	3	3	2
12	2	1	3	2	2	1	1	3
13	2	2	1	2	3	1	3	2
14	2	2	2	3	1	2	1	3
15	2	2	3	1	2	3	2	1
16	2	3	1	3	2	3	1	2
17	2	3	2	1	3	1	2	3
18	2	3	3	2	1	2	3	1

Abb. 21-20. Ermittlung zu testender Kombinationen mit $OA_{18}(2^1x3^7)$

Hierbei bedeutet z.B. die erste Zeile der Tabelle den folgenden Testfall: das sendende Objekt ist eine Instanz der Klasse `A` im Zustand `ZA1`, das die Botschaft m2() mit einem Parameterobjekt der Klasse B im Zustand ZB1 an ein Empfängerobjekt der Klasse B sendet, welches sich ebenfalls im Zustand ZB1 befindet.

21.3.3 Parametrisierung und Ausführung entsprechender Testfälle

Nach der Ermittlung der zu testenden Kombination von Klassen und Zuständen sind entsprechende Testskripte zu erstellen (vgl. Technik *Klassentest*) bzw. die aus dem Vertrags- und Zustandstest entspringenden Testskripte entsprechend zu parametrisieren und auszuführen.

Beispiel

Aus der ersten Zeile des Feldes in der obigen Abb. 21-20 ergibt sich die im Kollaborationsdiagramm in Abb. 21-21 dargestellte zu testende Kombination aus Zuständen und Klassen:

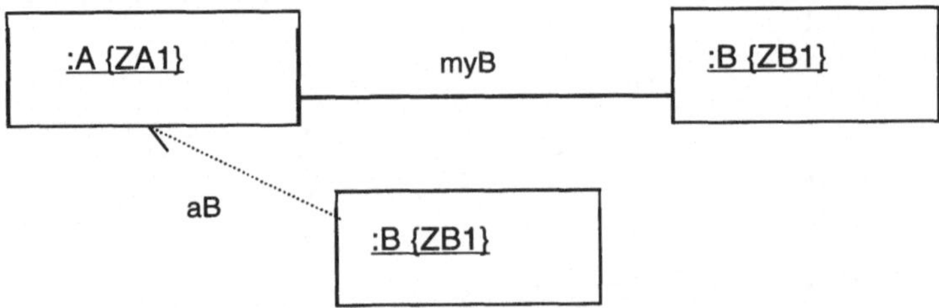

Abb. 21-21. Test-Kombination bei Aufruf der Operation A::m1(aB:B)

Dazu ergibt sich das in Abb. 21-22 skizzierte Testskript.

```
TESTSUITE ClassA
// Testumgebung
      ...
// Testskripte
TESTSCRIPT Opm1CallsClassBOpm2 (
      theB: B,
      anB: B)
  // Aufruf der Operation m2() in Klasse B.
  VORBEDINGUNG
      OUT.state() = theB.state();
  BEGIN
  // Assoziation setzen
      OUT.connectmyB (theB) ORACLE OUT.myB = theB;
  // Operation unter Test (OpUT) aufrufen
      OUT.m1(anB) ORACLE ...;
  END.
...
```

```
TESTSCRIPT Opm1CallsClassBOPm2 Klasse A1()
  // Aufruf der Operation m2() in Klasse B aus einem Objekt der Klasse A1.
  VORBEDINGUNG
      ;
  BEGIN
  // Objekt unter Test (OUT) erzeugen und in den Ausgangszustand setzen
      OUT = new A1 (...)
      ORACLE NOT OUT = null;
  // Objekte erzeugen bzw. Objektkonstellation zusammensetzen
      einB = new B() ORACLE ...;
      ...
      anderesB = new b() ORACLE ...;
      ...
  // Testfall aufrufen
      CALL Opm1CallsClassBOPm2 (einB, anderesB) ORACLE ...;
  END.
...

END ClassA.
```

Abb. 21-22. Testskript für den Test des dynamisch gebundenen Operationsaufrufs

Qualitätskriterien

Qualitätskriterien für den Test dynamisch gebundener Operationsaufrufe sind:

- Ist der Aufruf der OpUT an einen Parameter gerichtet, erfolgte der Aufruf aus Instanzen der in der Signatur angegeben Klasse und allen Unterklassen in allen möglichen Zuständen.
- Ist der Aufruf der OpUT an eine Instanzvariable gerichtet, erfolgte der Aufruf aus Instanzen der in der Variablendeklaration angegebenen Klasse und allen ihrer Unterklassen in allen möglichen Zuständen.
- Die aufgerufene Operation OpUT ist von Instanzen der definierenden Klasse und aller ihrer Unterklassen in allen möglichen Zuständen ausgeführt worden.
- Die Parameter der OpUT waren Instanzen der in der Signatur angegebenen Klasse und aller ihrer Unterklassen in allen möglichen Zuständen.

Vorausgesetztes Wissen

- Techniken *Erstellung eines detaillierten Klassenmodells, Zustandsmodellierung*.
- Kenntnis Orthogonaler Felder

Literatur

[Phadke1989] Phadke, M.S.: Quality Engineering using Robust Design, Prentice Hall, Englewood Cliffs, 1989

21.4 Vertragstest

Beschreibung

Das Ziel des Vertragstests ist die Prüfung der Schnittstelle einer Klasse, also der öffentlich sichtbaren Operationen (und Instanzvariablen). Einzelheiten der Schnittstelle werden mit *Verträgen* spezifiziert, welche aus Constraints bestehen, die als Vorbedingungen und Nachbedingungen für jede Operation sowie als Klasseninvarianten formuliert werden. Verträge regeln die Zuständigkeiten von dienstnutzenden und dienstanbietender Klasse. Den Test der Schnittstelle einer dienstanbietenden Klasse `A` bezeichnet man mit `Vertragstest(A)`, nach dessen Durchführung das zugehörige Prädikat `vertragsgetestet(A)` wahr ist.

Der Nutzen des Vertragstests besteht darin:

- die Konformanz der Operationen einer Klasse zu ihrer Spezifikation zu prüfen,
- das Zusammenspiel mehrerer Operationen zu prüfen und
- die für die Operationen möglichen Ausnahmen (*exceptions*) zu erzeugen.

Die Voraussetzung für den Vertragstest ist das Vorliegen von Constraints (*Assertions*) für jede Operation der zu testenden Klasse (Klasse Unter Test, KUT) sowie der Klasseninvariante der KUT (vgl. Technik *Spezifikation von Constraints*)

Das Ergebnis des Vertragstests ist eine Klasse, deren öffentlich sichtbare Operationen gegen die spezifizierenden Constraints (Verträge) getestet sind, wobei der Test repräsentiert wird durch eine Testsuite mit

- der Bedingungstabelle,
- Testfällen für den Vertrags-Konformanztest
- Testfällen für den Vertrags-Robustheitstest und
- Testergebnissen mit Überdeckungsprotokollen.

Die Arbeitsschritte des Vertragstests sind:

- Fokussieren auf die Schnittstelle der zu testenden Klasse
- Aufstellen der Bedingungstabelle
- Ableitung der Vertrags-Konformanztestfälle
- Ableitung der Vertrags-Robustheitstestfälle
- Ausführung der Tests und Überdeckungsmessung.

Arbeitsschritte

21.4.1 Fokussieren auf die Schnittstelle der zu testenden Klasse

Im ersten Arbeitsschritt konzentriert man sich auf die öffentlich sichtbaren Operationen der KUT. Diese Operationen (und die spezifizierten Zustände, vgl. Technik *Zustandstest*) definieren das Verhalten von Instanzen einer Klasse und können von Dienstnutzern aufgerufen werden. Was ein Dienstnutzer von einem Dienstleister genau erwarten darf und welche Vorbedingungen er zu erfüllen hat, muss (vertraglich) klar geregelt sein, damit bei jedem Fehler eindeutig feststellbar ist, ob eine fehlerhafte Benutzung oder eine nicht korrekt erbrachte Dienstleistung (oder beides) vorliegt.

Vor- und Nachbedingungen für die Operationen sowie Invarianten der Klassen sind wichtige Mittel zur Semantikbeschreibung (vgl. Technik *Spezifikation von Constraints*). Jeder Constraint besteht aus einem boole'schen Ausdruck, meistens in Form einer UND bzw. ODER-Verknüpfung oder einer Implikation, wobei zustandserhaltende Operationen (*Get-Operationen*) und Vergleiche als atomare Bedingungen (atomares Prädikat, Term) angesehen werden.

Die *Vorbedingung* definiert, welche Voraussetzungen vor dem Aufruf einer Operation gelten müssen, damit die (durch die Nachbedingung) definierte Leistung erbracht werden kann. Diese Voraussetzungen können sich auf die Zustände der aktuellen Parameter und den Zustand des dienstleistenden Objekts beziehen.

Die *Nachbedingung* definiert das durch das dienstleistende Objekt abgelieferte Ergebnis der Operation unter der Annahme, dass die Vorbedingung beim Aufruf erfüllt war. Die Nachbedingung bezieht sich auf den Zustand des dienstleistenden Objekts und ggf. assoziierter Objekte nach der Operationsausführung sowie auf etwaige Rückgabeparameter.

Die *Klasseninvariante* erlaubt es, gemeinsame Teile aus allen Vor- und Nachbedingungen der Operationen der Klasse herauszuziehen und nur einmal zu notieren. Das impliziert, dass die Klasseninvariante jeweils vor und nach der Ausführung von öffentlich sichtbaren Operationen gilt.

Die Vorbedingung muss bei der Benutzung einer Operation erfüllt sein – dies schränkt die Anzahl der benötigten Testfälle ein und gibt Hinweise auf notwendige Initialisierungen. Die Nachbedingung und die Klasseninvariante werden von dem dienstanbietenden Objekt zugesichert – die Nachbedingung kann einerseits als Näherung an das erwartete Ergebnis dienen, andererseits auch, genauso wie die Klasseninvariante, zur Testfallableitung herangezogen werden.

Beispiel

```
public class ExtendedStack {
	/** invariant@ this.size() >= 0 AND this.size() <= this.MAXSIZE */
	public ExtendedStack (Integer maxSize){
	/** pre@ true */
	/** post@ self.MAXSIZE = maxSize */
	}
	public void push (Object item) throws FullStackException {
	/** pre@ this.size() <= this.MAXSIZE */
	/** post@ this.size() = this.size()@pre + 1 */
	}
	public Object top () throws EmptyStackException {
	/** pre@ !this.size() > 0 */
	/** post@ return != null */
	}
	public void pop () throws EmptyStackException {
	/** pre@ this.size() > 0 */
	/** post@ this.size() = this.size()@pre - 1 */
	}
	public Collection all () {
	/** pre@ true */
	/** post@ (this.size() > 0 -> return.size() = this.size()) AND
		(this.size() = 0 -> return = null)*/
	}
}
```

Abb. 21-23. Schnittstelle der Klasse `ExtendedStack`

Wir betrachten die Klasse ExtendedStack, deren Spezifikation in Abb. 21-23 angegeben ist. Die Constrains sind als Kommentare in OCL angegeben. Hierbei ist die Klasseninvariante mit dem Schlüsselwort `invariant@,` die Vorbedingung mit `pre@` und die Nachbedingung mit `post@` gekennzeichnet.

21.4.2 Aufstellen der Bedingungstabelle

In diesem Arbeitsschritt werden die Constraints in ihre atomaren Prädikate zerlegt und zur weiteren Bearbeitung in einer Bedingungstabelle aufgelistet. Bei der Zerlegung verwendet man die Regeln der Aussagenlogik (Distributiv- und Kommutativgesetz, Absorptionsgesetz). Hierbei sollten die Constraints auch auf Redundanz untersucht werden, um den Testaufwand zu minimieren.

Hilfreiche Fragen zum Aufstellen und zur Vereinfachung der Bedingungstabelle sind:

- Welches sind die elementaren Bedingungen der Constraints?
- Gibt es Verträge der Oberklasse? Wenn ja, ist die Invariante der Oberklasse mit UND, die Vorbedingung der Operationen der Oberklasse mit ODER und die Nachbedingung der Operationen der Unterklasse mit UND mit den entsprechenden Elementen der Unterklasse zu verknüpfen.

- Können gemeinsame Prädikate aller Vor- und Nachbedingungen aller Operationen der Schnittstelle der KUT in die Klasseninvariante ausgelagert werden?

Ergebnis des ersten Arbeitsschrittes ist eine nach dem Schema der Tab. 21-2 aufgestellte *Bedingungstabelle*. Man erkennt in diesem Schema zunächst eine die Klasse angebende Kopfzeile, dann eine oder mehrere Zeilen mit den atomaren Bedingungen der Klasseninvariante und für jede Operation eine oder mehrere Zeilen mit den atomaren Prädikaten der Vor- und der Nachbedingung.

Die Spalten sind hier nur skizziert; in ihnen wird bei der Testfallableitung der erwartete Wahrheitswert der entsprechenden Bedingung nach der Ausführung eines Testfalls eingetragen. Die Anzahl der Spalten ergibt sich dann später aus der Anzahl auszuführender Testfälle.

Tab. 21-2. Schablone für die Bedingungstabelle

Kontext KUT		...	
invariant@1			
invariant@n			
Op1()pre@1			
Op1()pre@m			
Op1()post@1			
Op1()post@o			
...			
Opx()pre@1			
Opx()post@y			

Beispiel

Die Spezifikation der Klasse `ExtendedStack` enthält eine Klasseninvariante, vier Vorbedingungen und vier Nachbedingungen, von denen wir nun einige exemplarisch untersuchen.

Die Invariante besteht aus einer UND-Verknüpfung der beiden atomaren Prädikate `self.size() >= 0` und `self.size() <= self.MAXSIZE`, die in zwei Zeilen notiert werden. Interessanter ist die Nachbedingung der Operation `all()`, die aus zwei UND-verknüpften Implikationen besteht. Die Auflösung der Nachbedingung in ihre atomaren Prädikate ergibt

```
self.size() > 0 AND return.size() = self.size() OR
not self.size() > 0 AND return = null,
```

wobei wir die Tatsache verwendet haben, dass aufgrund der Invarianten immer gilt `self.size() >= 0`. Wir ordnen dieser Operation dementsprechend 4 Zeilen für ihre atomaren Prädikate zu.

In der Tab. 21-3 sind alle 10 atomaren Prädikate in der Reihenfolge ihres Auftretens aufgelistet.

Tab. 21-3. Bedingungstabelle zur Klasse `ExtendedStack`

Context ExtendedStack		...	
invariant@ self.size() >= 0 **AND**			
invariant@ self.size() <= self.MAXSIZE			
ExtendedStack() pre@ true			
ExtendedStack()post@ self.size() = 0 **AND**			
ExtendedStack()post@ self.MAXSIZE = maxSize			
push() pre@ self.size() < self.MAXSIZE			
push() post@ self.size()=self.size()@pre+1			
top() pre@ self.size() > 0			
top() post@ return != null			
pop() pre@ self.size() > 0			
pop() @post self.size() = self.size()@pre – 1			
all() pre@ true			
all() post@ self.size() > 0 **AND**			
all() post@ return.size() = self.size() **OR**			
all() post@ **not** self.size() > 0 **AND**			
all() post@ return = null			

21.4.3 Ableitung der Vertrags-Konformanztestfälle

Das Ziel des Vertrags-Konformanztests ist es, mit gezielten Botschaften bzw. Botschaftsfolgen Klasseninvarianten oder Nachbedingungen bei erfüllter Vorbedingung des Anwendungsfalls zu FALSE auszuwerten – in diesem Fall ist ein Fehler in der Operation gefunden. Hierzu müssen die Terme der Constraints systematisch mit Wahrheitswerten belegt werden.

Man unterscheidet zwischen der einfachen Bedingungsüberdeckung (C_2-Test), bei der Terme einmal den Wert *true* und einmal den Wert *false* erhalten müssen, und der Mehrfach-Bedingungsüberdeckung (C_3-Test), welche die Überprüfung aller Wertekombinationen fordert. Die einfache Bedingungsüberdeckung wird allgemein als ein zu schwaches Kriterium angesehen. Das Problem der Mehrfach-Bedingungsüberdeckung ist der exponentielle Anstieg der Testfälle in Abhängigkeit von der Anzahl der vorkommenden Terme.

Mit dem im Weiteren verwendeten Kriterium der *minimalen Mehrfach-Bedingungsüberdeckung* kann man diese Anzahl systematisch reduzieren, ohne die Fehleraufdeckungswahrscheinlichkeit zu sehr zu beeinträchtigen [Riedemann

1997]. Bei zusammengesetzten Constraints werden hierbei im Prinzip alle Belegungen geprüft, bei denen die Änderung des Wahrheitswerts eines Terms den Wahrheitswert des gesamten Constraints ändert. Hierbei betrachtet man Vorbedingungen, Invarianten und Nachbedingungen getrennt.

Man beginnt mit der Testfallerzeugung aus den *Vorbedingungen*. Da die Konformanz-Testfälle die Verträge einhalten müssen, wendet man die minimale Mehrfach-Bedingungsüberdeckung eingeschränkt auf insgesamt erfüllte Vorbedingungen an:

- Besteht die Vorbedingung aus einem einzigen Term *A*, erzeugt man einen Testfall mit *(A=true)*, liegt ein negierter Term NICHT *A* vor, erzeugt man einen Testfall mit *(A=false)*.
- Im Falle von ODER-verknüpften Termen *A* und *B* muss jeder Term einmal den Wert true und einmal den Wert false erhalten, man erzeugt also für eine Vorbedingung vom Typ *A ODER B* zwei Testfälle, welche die Belegungen *(A=true, B=false)* und *(A=false, B=true)* erzwingen.
- Bei UND-verknüpfter Terme braucht nur einen Testfall mit *(A=true, B=true)* erzeugt werden,
- Im Falle einer Implikation WENN A DANN B werden zwei Testfälle mit *(A=false, B=false)* und *(A=true, B=true)* erzeugt.

Invarianten schränken den Zustandsraum der Objekte einer Klasse ein und müssen vor und nach jeder Methodenausführung erfüllt sein, werden also im Falle zusammengesetzter Ausdrücke ebenso wie Vorbedingungen belegt. Das bedeutet, dass man jede Methode für jede so mögliche Art erfüllter Invarianten testen sollte.

Bei den *Nachbedingungen* will man auch mögliche Verletzungen der Nachbedingung erreichen – man befindet sich ja auf der Jagd nach Fehlern. Laut der minimalen Mehrfachbedingungsüberdeckung versucht man, Testfälle für folgende Wahrheitswert-Kombinationen der Terme in den Nachbedingungen zu finden:

- ODER-verknüpfte Terme versucht man zu *(false, false)* als negativer Testfall sowie zu *(true, false)* und *(false, true)* als positive Testfälle zu erzwingen.
- UND-verknüpfte Terme versucht man zu *(true, true)* als positiven Testfall und *(true, false)* sowie *(false, true)* als negative Testfälle zu erzwingen.
- Die beiden Terme einer Implikation werden dementsprechend zu *(false, false)* und *(true, true)* als positive Testfälle sowie *(true, false)* als negativen Testfall erzwungen. Da eine Implikation immer dann wahr ist, wenn die Prämisse nicht erfüllt ist, kann man den Fall *(false, false)* noch zu *(false, d.c.)* vereinfachen, wobei *d.c.* für *„don't care“* steht – die Konklusion braucht also im Fall einer nicht erfüllten Prämisse nicht beachtet zu werden.
- Bei geschachtelten Ausdrücken versucht man alle Belegungen zu erzwingen, bei denen die Änderung des Wahrheitswerts eines Terms den Wahrheitswert des zusammengesetzten Ausdrucks ändert.

In den Feldern der Tabelle bedeutet *true*, dass eine Bedingung bzw. ihre zustandsabhängigen Prädikate nach der Ausführung des Tests erfüllt sein müssen.

Gehört die Zeile zu einer Vorbedingung, so darf die betreffende Methode nach diesem Test aufgerufen werden. Im Falle eines *false* ist die Vorbedingung verletzt, die Methode darf also nach diesem Test im Rahmen eines Vertrags-Konformanztests nicht aufgerufen werden.

Gehört die Zeile zu einer Nachbedingung oder zur Klasseninvarianten, so bedeutet *true*, dass die Operation erfolgreich ausgeführt, also die entsprechende Bedingung für diesen Testfall erfüllt sein sollte. Im Falle eines *false* sollte dieser Teil der Nachbedingung nicht erfüllt sein. Ein Strich (-) deutet an, dass die Operation in dieser Spalte nicht relevant ist (also in diesem Testfall nicht aufgerufen wird). *d.c.* bedeutet *„don't care"* – der Wert des Terms spielt im konkreten Fall keine Rolle.

Bei der Festlegung der Testfälle geht man inkrementell vor, indem beginnend mit dem Konstruktor der Aufruf von Operationen der KUT simuliert wird, bis die geforderte Überdeckung der Terme erreicht ist – im Falle der minimalen Mehrfach-Bedingungsüberdeckung müssen alle atomaren Prädikate einer Bedingung der Liste nach den oben angegebenen Regeln ausgewertet worden sein. Jede Spalte der Bedingungstabelle entspricht also einem Testfall, d.h. dem Aufruf einer oder mehrerer Operationen der KUT bei der entsprechend erfüllten Vorbedingung.

Hierbei notiert man in jeder Spalte die erwartete Auswirkung der Operationsausführung auf die Vorbedingungen weiterer Operationen, wobei man bereits vollständig überdeckte Terme nicht mehr beachtet. Testfälle für diese Operationen können dementsprechend auf bereits ermittelte Testfälle aufbauen. Auf diese Weise fährt man fort, bis letztendlich alle Prädikate überdeckt sind.

Beispiel

Wir beginnen mit der Erzeugung eines Objekts der Klasse `ExtendedStack` durch Aufruf des Konstruktors, nach dem die Klasseninvariante ja erfüllt sein muss. Als Stimulus für den Testfall `A` (erste Spalte) wählen wir somit die Ausführung des Konstruktors mit einer ganzen Zahl größer als Null als Parameter, z.B.

```
A = ExtendedStack (10).
```

Dabei notieren wir als „erwartetes Ergebnis" in dieser Spalte, welche anderen Terme in den Vorbedingungen noch betroffen sind und welchen Wahrheitswert sie annehmen. Da z.B. die Vorbedingung der Operation `push()` nach Ausführung des Konstruktors erfüllt ist, fahren wir mit dem Test

```
B = A;push(Object aThing).
```

fort, das heißt wir rufen nach dem Konstruktor (Testfall A) die Operation `push()` auf. Die Nachbedingung der Operation `push()` impliziert nun (zusammen mit der Invarianten) die Vorbedingung der Operationen `top()` und `pop()`. Wir führen die Ableitung der Testfälle also mit diesen Operationen weiter, und wählen als weitere Teststimuli

```
C = B;top()
```

und

```
D = B;pop().
```

Für die übriggebliebene Operation `all()` führen wir mit Blick auf die Prädikate in der Nachbedingung (Implikationen!) noch die beiden Testfälle

```
E = A;all().
```

sowie

```
F = B;all().
```

aus. Auf diese Weise sind alle Prädikate überdeckt (grau schattierte Bereiche der Tab. 21-4).

Tab. 21-4. Bedingungstabelle mit Testfall-Einträgen

Context ExtendedStack	A	B	C	D	E	F
invariant@ self.size() >= 0 **AND**	TRUE	TRUE	TRUE	TRUE	TRUE	TRUE
invariant@ self.size() <= self.MAXSIZE	TRUE	TRUE	TRUE	TRUE	TRUE	TRUE
ExtendedStack() pre@ true	TRUE					
ExtendedStack()post@ self.size() = 0 **AND**	TRUE					
ExtendedStack()post@ self.MAXSIZE = maxSize	TRUE					
push() pre@ self.size() < self.MAXSIZE	TRUE	TRUE				
push() post@ self.size()=self.size()@pre+1	-	TRUE				
top() pre@ self.size() > 0	FALSE	TRUE	TRUE			
top() post@ return != null	-	-	TRUE			
pop() pre@ self.size() > 0	FALSE	TRUE	TRUE	TRUE		
pop() @post self.size() = self.size()@pre – 1	-	-	-	TRUE		
all() pre@ true	TRUE	TRUE	TRUE	TRUE	TRUE	TRUE
all() post@ self.size() > 0 **AND**	-	-	-	-	FALSE	TRUE
all() post@ return.size() = self.size() **OR**	-	-	-	-	dc	TRUE
all() post@ **not** self.size() > 0 **AND**	-	-	-	-	TRUE	FALSE
all() post@ return = null	-	-	-	-	TRUE	dc

21.4.4 Ableitung der Vertrags-Robustheitstestfälle

Ziel dieses Schrittes ist, mit gezielten Verletzungen der Vorbedingungen einer Operation oder durch Manipulation der Testumgebung die spezifizierten Ausnahmen zu erzwingen (vgl. auch Techniken *Klassentest* und *Zustandstest*).

Ausnahmen werden entweder aufgrund von Fehlern im Anwendungssystem (*interne Ausnahmen*) oder in der Umgebung (*externe Ausnahmen*) erzeugt. Zu den internen Ausnahmen zählen z.B.

- Berechnungsfehler (Arithmetische Ausnahmen, Überlauf, ...) und
- Vertragsfehler (verletzte Vorbedingung, Invariante oder Nachbedingung).

Externe Ausnahmen zeigen u.a. folgende Situationen an:

- Gerätefehler (Nicht bereit, Paritätsfehler, Platte voll...),
- Dateifehler (Datei nicht vorhanden, schreibgeschützt, ...),
- Betriebssystemfehler (Prozessunterbrechung, Swap, ...) und
- Hauptspeicherfehler (Speicher voll, Paritätsfehler, Zugriffsfehler, ...).

Bei dem gezielten Test der Ausnahmebehandlung können folgende Fehlerarten gefunden werden:

- Fehlende Ausnahmen.
- Falsche Ausnahmen.
- Fehlende Ausnahmebehandlung.
- Falsche Ausnahmebehandlung.
- Unvollständige Ausnahmebehandlung.
- Seiteneffekte durch die Ausnahmebehandlung.

Hilfreiche Fragen zur Ermittlung der Vertrags-Robustheitstestfälle sind:

- Welche Ausnahmen können von einer Operation erzeugt werden?
- Welche Situationen führen zu einer Ausnahme?
- Welche Ausnahmen werden von einem Ausnahmebehandlungsblock abgefangen?

Für die internen Ausnahmen wird die *Ausnahmeaktivierung*, bei Ausnahmen durch bestimmte Kombinationen des Zustands der Komponente und der Parameterwerte eines Operationsaufrufs erzwungen werden. Hierzu betrachtet man die im dritten Schritt ausgefüllten Spalten der Bedingungstabelle. Sei *z()* eine Operation, für die eine Ausnahme spezifiziert ist. Ist nach einem Testfall *Y* (grau schattierter Bereich einer Spalte) die Vorbedingung von *z()* verletzt *(false),* so ergibt sich ein Robustheits-Testfall, indem man zunächst *Y* „ausführt" und dann *z()* aufruft. Erwartetes Ergebnis ist, dass die entsprechende Ausnahme geworfen wird. Auf diese Weise versucht man, alle Ausnahmen zu überdecken.

Ergebnis dieses Arbeitsschrittes sind Testfälle, welche die notwendigen Maßnahmen zur Erzeugung interner Ausnahmen beschreiben.

Beispiel

In Tab. 21-4 erkennen wir, dass nach Ausführung des Testfalls *A* bzw. der Operation `ExtendedStack (10)` die Vorbedingung der Operation `top()` verletzt ist. Der Vertrags-Robustheitstestfall

```
RA = A;top().
```

sollte also die Ausnahme `EmptyStackException` werfen. Dasselbe gilt für die Operation `pop()`.

Externe Ausnahmen werden durch *Ausnahmeinjektion* erzeugt, bei der Ausnahmen durch direkte Manipulation der Anwendungssoftware oder der Umgebung des Operationsaufrufs erzwungen werden. Techniken hierzu sind

- Ablauf der Anwendung unter einem Debugger und absichtliche Änderung des Zustands oder des Codes (Fehlersimulation),
- Manipulation der Hardware z.B. durch Vollschreiben eines Speichermediums, Ausschalten eines Gerätes o.ä.,
- Veränderung von Datei- oder Datenbanknamen und -inhalten.
- Ausnahmesimulation, bei der durch Wrappen bestimmter Operationen die Erzeugung einer Ausnahme in der zugefügten (Test-)Software erfolgt.

21.4.5 Ausführung der Tests und Überdeckungsmessung

Die so erstellten Testfälle bzw. Botschaftsfolgen werden in ein Testskript und unter Benutzung eines Testtreibers ausgeführt. Dabei werden die überdeckten Bedingungen und die geworfenen Ausnahmen der KUT ermittelt und protokolliert.

Beispiel

Für den Vertragstest der Klasse `ExtendedStack` ergibt sich das in Abb. 21-24 skizzierte Testskript.

```
TESTSUITE ExtendedStack
// Testumgebung
      ...
// Testskripte
TESTSCRIPT createStack Klasse ExtendedStack (
        size: Integer)
  // Erzeugung eines Stapels der Kapazität size.
  VORBEDINGUNG
        True;
  BEGIN
// Konstellation aufbauen
        OUT = new ExtendedStack (size)
        ORACLE NOT OUT = null AND OUT.MAXSIZE() = size AND OUT.size() = 0;
  END.
...
TESTSCRIPT A Klasse ExtendedStack ()
  // Erzeugung eines leeren Stapels der Kapazität 10.
  VORBEDINGUNG
        True;
  BEGIN
```

```
        CALL createStack (10);
    END.
...
TESTSCRIPT RA Klasse ExtendedStack ()
    // Erzwingen der Ausnahme EmptyStackException.
    VORBEDINGUNG
        True;
    BEGIN
        CALL A();
        tmp = OUT.top() ORACLE EXCEPTION EmptyStackException;
    END.

//Überdeckungsprotokolle
        RUN 07-Aug-1999_12:34 OF RA
        Code Coverage: ...
        Action Coverage: ...
        Branch Coverage:...
        AssertionCoverage: invariant = True
                  ExtendedStack() post = true
                  top() pre = false
        Exceptions: EmptyStackException

END ExtendedStack.
```

Abb. 21-24. Teile des Testskripts für den Vertragstest der Klasse ExtendedStack

Qualitätskriterien

Qualitätskriterien für den Vertragstest sind:

- Jede Operation wurde mindestens einmal ausgeführt.
- Jeder Constraint ist entsprechend der minimalen Mehrfach-Bedingungsüberdeckung geprüft.
- Jede Ausnahme wurde mindestens einmal geworfen.

Vorausgesetztes Wissen

- Techniken *Erstellung eines detaillierten Klassenmodells, Spezifikation von Constraints*

Literatur

[Booch1999] Booch, G., Rumbaugh, J., Jacobson, I.: The Unified Modeling Language, Addison-Wesley, 1999

[Riedemann1997] Riedemann, E.: Testmethoden für sequentielle und nebenläufige Systeme, Teubner, Stuttgart, 1997

21.5 Zustandstest

Beschreibung

Das Ziel des in der Teststufe Klassentest durchzuführenden Zustandstests ist der Nachweis, dass die zu testende Klasse (*Klasse unter Test*, KUT) konform zu dem das zustandsabhängige Verhalten der KUT spezifizierenden Zustandsdiagramm ist (*Zustands-Konformanztest*). Zusätzlich wird noch das Verhalten der KUT unter nicht-konformanten Benutzungen getestet (*Zustands-Robustheitstest*). Als Testmodell kommt der aus dem Zustandsdiagramm abgeleitete „Übergangsbaum" zum Einsatz. Hierdurch werden insbesondere solche Zustandsdiagramme, die Schleifen enthalten, mit endlich vielen Testfällen systematisch geprüft.

Der Nutzen des Zustandstests besteht darin:

- Das spezifikationskonforme zustandsabhängige Verhalten der KUT nachzuweisen, d.h.
  - Botschaften werden in den Zuständen akzeptiert, von denen aus Übergänge für die entsprechende Botschaft existieren und
  - der Zustand nach Ausführung der entsprechenden Operation entspricht dem spezifizierten Folgezustand und
  - die bei der Ausführung der Operation gesendeten Botschaften entsprechen den im Zustandsdiagramm angegebenen.
- Die Robustheit der KUT unter spezifikationsverletzenden Benutzungen zu testen, d.h.
  - Botschaften werden in den Zuständen zurückgewiesen (Ausnahme geworfen), von denen aus keine Übergänge für die entsprechende Botschaft spezifiziert sind und
  - der Zustand nach Empfang einer spezifikationsverletzenden Botschaft ist unverändert.

Die Voraussetzung für den Zustandstest ist das Vorliegen von Zustandsdiagrammen für die zu testenden Klassen.

Das Ergebnis des Zustandstests ist eine getestete Klasse, deren Instanzen sich spezifikationskonform und robust verhalten, wobei der Zustandstest dokumentiert wird durch

- den Übergangsbaum als Testmodell für die Konformanztests,
- den erweiterten Übergangsbaum als Testmodell für die Robustheitstests,
- Testskripte mit entsprechenden Botschaftssequenzen,
- die Testausführungs- und Überdeckungsprotokolle.

Die Arbeitsschritte bei dem Zustandstest sind:

- Fokussieren auf das Zustandsdiagramm
- Ableiten des Übergangsbaumes für den Zustands-Konformanztest

- Erweitern des Übergangsbaumes für den Zustands-Robustheitstest
- Generieren der Botschaftssequenzen und Ergänzen der Botschaftsparameter
- Ausführen der Tests und Überdeckungsmessung.

Arbeitsschritte

21.5.1 Fokussieren auf das Zustandsdiagramm

Zunächst fokussiert man das Zustandsdiagramm, welches das zustandsabhängige Verhalten der KUT spezifiziert. Hierbei geht man davon aus, dass das Zustandsdiagramm den Regeln der UML entspricht (vgl. Technik *Zustandsmodellierung*). Wichtig ist insbesondere, dass die an den Übergängen notierten Aktionen durch entsprechende Operationen der KUT implementiert werden. Darüber hinaus sollte die KUT Operationen bereitstellen, mit denen man prüfen kann, in welchem Zustand sich eine Instanz der KUT befindet. Ggf. sind hierzu die Werte von Instanzvariablen auf Zustände abzubilden. Schon in diesem Schritt achtet man darauf, ob das Zustandsdiagramm Zyklen enthält.

Beispiel

Die nachfolgende Abbildung Abb. 21-25 zeigt das Zustandsdiagramm einer Klasse `Stapel`, welche die zustandserhaltenden Operationen
`size():integer` (Anzahl momentan gestapelter Objekte),
`MAX(): integer` (maximale Anzahl zu stapelnder Objekte) und
`top():Object` (liefert das oberste Objekt im Stapel)
sowie die zustandsverändernden Operationen
`Stapel(MaxSize: integer)` (Konstruktor, instanziiert einen Stapel der Größe `MaxSize`),
`~Stapel()` (Destruktor, zerstört den Stapel),
`push(element: Object)` (stapelt das übergebene Objekt) und
`pop()` (entfernt das oberste Objekt vom Stapel)
anbietet. Objekte der Klasse `Stapel` befinden sich in einem der drei Zustände
`empty` (Stapel leer),
`filled` (Stapel angefüllt) oder
`full` (Stapel voll).
Der Startzustand (`initial`) entspricht einem „noch" nicht instanziierten Objekt, der Endzustand (`final`) einem zerstörten bzw. zur Zerstörung durch den Garbage-Collector freigegebenen Objekt.

Man erkennt, dass z.B. die durch die beiden mit `push` und `pop[size=1]` bezeichneten Übergänge gebildete Schleife zwischen den Zuständen `empty` und `filled` unendlich viele Übergangsfolgen der Form `(push, pop)`, `(push, pop, push)` etc. ermöglicht.

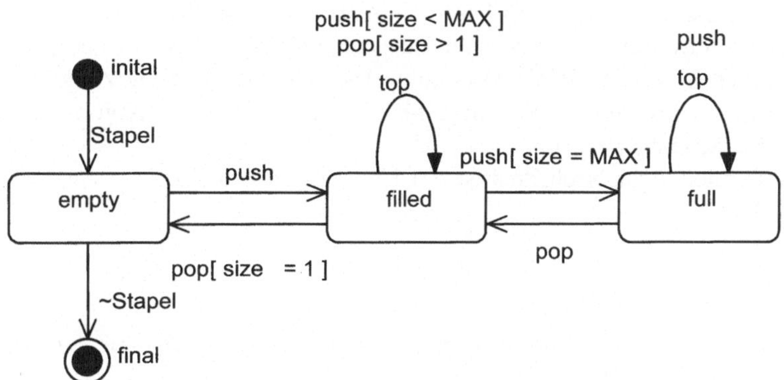

Abb. 21-25. Zustandsdiagramm der Klasse „Stapel"

21.5.2 Ableiten des Übergangsbaumes für den Zustands-Konformanztest

Ziel dieses Schrittes ist es, aus den (bei zyklischen Zustandsdiagrammen potentiell unendlich vielen) möglichen Folgen von Übergängen in einem Zustandsdiagramm eine repräsentative Menge auszuwählen. Insbesondere sollen alle Zustände mindestens einmal eingenommen und alle Zustandsübergänge mindestens einmal ausgeführt worden sein. Hierzu leitet man aus dem Zustandsdiagramm einen sogenannten *Übergangsbaum* ab, der bestimmte Folgen von Zustandswechseln repräsentiert.

```
Algorithmus BuildTransitionTree
// Erzeugt den Übergangsbaum zu einem Zustandsdiagramm mit dem
   Anfangszustand „Start"
// Benutzt eine Schlange als Hilfsdatenstruktur.
begin
      Schlange.fuegeAn(Start)          //füge Start ans Ende der Schlange an
      Übergangsbaum.setzeWurzel(Start) //Initialisiere Übergangsbaum mit
         Wurzel Start
      repeat
         AktuellerKnoten := Schlange.gibErstesElement()
         Schlange.entferneErstesElement()
         for all Übergänge ausgehend von AktuellerKnoten do
            if not (Übergangsbaum.enthaelt(Übergang.Zielknoten) or
                 Übergang.Zielknoten.istEndZustand()then
            Schlange.fuegeAn(transition.target)
            end if
            Übergangsbaum.fügeSohnEin(AktuellerKnoten, Übergang.Zielknoten)
         end do
      until Schlange.istLeer()
end BuildTransitionTree
```

Abb. 21-26. Algorithmus `BuildTransitionTree`

Bei der Ableitung des Übergangsbaumes werden gezielt Pfade durch das Zustandsdiagramm ermittelt, so dass jeder Zustand und jeder Zustandsübergang mindestens einmal in einem Pfad vorkommt. Der Übergangsbaum zu einem Zustandsdiagramm wird durch den in Abb. 21-26 skizzierten Algorithmus `BuildTransitionTree` erzeugt.

Ergebnis des ersten Arbeitsschrittes ist der Übergangsbaum zum Zustandsdiagramm der KUT.

Beispiel

Durch Anwenden des Algorithmus `BuildTransitionTree` erhalten wir den in Abb. 21-27 dargestellten Übergangsbaum.

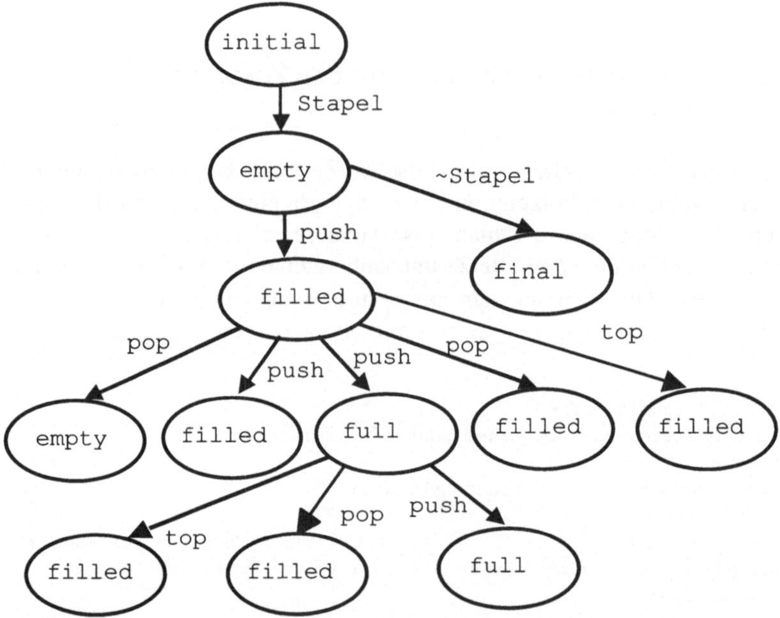

Abb. 21-27. Übergangsbaum zum Zustandsdiagramm der Klasse „Stapel"

21.5.3 Erweitern des Übergangsbaumes für den Zustands-Robustheitstest

Ziel des zweiten Arbeitsschrittes ist es, den Übergangsbaum so zu erweitern, dass auch Testfälle bzgl. der Robustheit der KUT unter spezifikationsverletzenden Benutzungen abgeleitet werden können. Für jeden Knoten und alle Botschaften, für die aus dem betrachteten Knoten kein Übergang spezifiziert ist, wird hierzu der Übergangsbaum um einen Zustandsübergang in einen hinzuzufügenden „Fehler"- oder „Ausnahme"-Zustand erweitert.

Hilfreiche Fragen zur Erweiterung des Übergangsbaumes sind:

- Welche Operationen sind nicht an mindestens einem Übergang aus einem Zustand heraus notiert?
- Gibt es Beschränkungen, die nicht explizit im Zustandsdiagramm angeführt sind?
- In welchen Zuständen darf eine Instanz zerstört bzw. freigegeben werden?

Ergebnis des dritten Arbeitsschrittes ist der erweiterte Übergangsbaum zum Zustandsdiagramm der KUT.

Beispiel

Im Beispiel des Stapels ergänzen wir zunächst den der Botschaft `top()` im Zustand `empty` entsprechenden Übergang zu einem Fehlerzustand fehler. Dann fügen wir noch Übergänge ein, die der Botschaft `kill()` in den Zuständen `filled` und `full` entsprechen. Wir erhalten den in Abb. 21-28 dargestellten verfeinerten Übergangsbaum der Klasse *Stapel*.

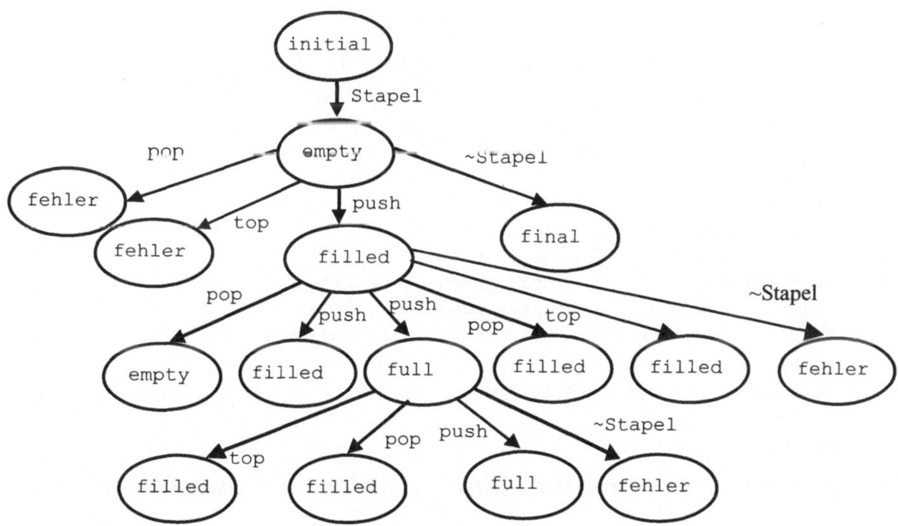

Abb. 21-28. Verfeinerter Übergangsbaum der Klasse „Stapel“

21.5.4 Generieren der Botschaftssequenzen und Ergänzen der Botschaftsparameter

Ziel des vierten Arbeitsschrittes ist es, die Pfade von der Wurzel zu einem Blatt in dem erweiterten Übergangsbaum als Botschaftssequenzen aufzufassen, so dass durch die Stimulierung der KUT mit den entsprechenden Botschaften alle Zustände und Zustandsübergänge im Zustandsdiagramm abgedeckt werden.

Zur Erstellung der Botschaftssequenzen für den Zustands-Konformanztest durchläuft man den Übergangsbaum in einem Breitendurchlauf von der Wurzel zu solchen Blättern, die reguläre Zuständen im Zustandsdiagramm entsprechen. Dabei notiert man die an den durchlaufenen Übergängen stehenden Botschaften bzw. Ereignisse und erhält so eine Menge von Botschaftssequenzen. Dasselbe erfolgt für den Robustheitstest unter Berücksichtigung der bei der Verfeinerung des Zustandsbaums zugefügten „Fehler"-Knoten.

Für die so ermittelten Botschaften werden unter Beachtung etwaiger Einschränkungen (Wächterbedingungen der Übergänge im Zustandsdiagramm) aus den Operationssignaturen passende Parameterwerte abgeleitet. Hierbei werden natürlich gleiche Teilsequenzen nur einmal parametrisiert. Sind im Zustandsdiagramm an den Übergängen die bei der Operationsausführung auszulösenden Ereignisse (Ausnahmen, weitere Operationsaufrufe) notiert, werden auch diese als Teil des erwarteten Ergebnisses mit in die Botschaftssequenzen aufgenommen.

Ergebnis des dritten Arbeitsschrittes sind die parametrisierten Botschaftsfolgen für die Konformanz- und Robustheitstests.

Beispiel

Für den verfeinerten Übergangsbaum aus Abb. 21-28 erhält man zunächst die folgenden Botschaftssequenzen zum Zustands-Konformanztest. Hierbei bedeuten `<x>` die von dem OUT anzunehmenden Zustände und `xy()` die stimulierenden Botschaften.

```
K1 = <initial> new Stapel() <empty>
K2 = <initial> new Stapel() <empty> ~Stapel() <final>
K3 = <initial> new Stapel() <empty> push() <filled>
K4 = <initial> new Stapel() <empty> push() <filled> pop() <empty>
K5 = <initial> new Stapel() <empty> push() <filled> push <filled>
K6 = <initial> new Stapel() <empty> push() <filled> push <full>
...
K11 = <initial> create() <empty> push() <filled> push <full> push <full>
        ~Stapel()
     <fehler>
```

Ebenso ergeben sich folgende Botschaftssequenzen für den Zustands-Robustheitstest:

```
R1 = <initial> new Stapel() <empty> pop() <fehler>
R2 = <initial> new Stapel() <empty> top() <fehler>
R3 = <initial> new Stapel() <empty> push() <filled> ~Stapel() <fehler>
R4 = <initial> new Stapel() <empty> push() <filled> push <full> ~Stapel()
       <fehler>
```

Bezüglich der Botschaftsparameter betrachten wir die Signaturen der Stapeloperationen. Für diese Botschaftssequenz `K1` ist der dem Konstruktor `Stapel()` übergebene Integerwert unerheblich, wir wählen z.B. `5`. Bezüglich der Überprüfung des korrekten Folgezustandes (hier `<empty>`) verwenden wir die zustandserhaltende Operation `size()` und erwarten, dass der neu erzeugte Stapel kein

Element enthält. Dies überprüfen wir mit der Operation size(). Wir erhalten die parametrisierte Botschaftsfolge.

```
K1' = //<initial>
        Stapel OUT = new Stapel(5);
      //<empty>
        if (OUT.size() != 0) then throw WrongStateException;
```

Für die Botschaftssequenz K3 erhalten wir

```
K3' = //<initial>
        Stapel OUT = new Stapel(5)
      //<empty>
        OUT.push(new Object())
      //<filled>
        if (OUT.size() != 1) then throw WrongStateException;
```

Ebenso verfahren wir mit den anderen Botschaftssequenzen. Als Beispiel eines Robustheitstests betrachten wir den Testfall R1. Es ergibt sich die parametrisierte Botschaftsfolge R1':

```
R1' = //<initial>
        Stapel OUT = new Stapel(5);
      //<empty>
... ....try OUT.pop() catch EmptyStackException {thrown = true};
        if (not thrown) then throw NotRobustException;
```

21.5.5 Ausführen der Tests und Überdeckungsmessung

Die so erstellten Testfälle bzw. Botschaftsfolgen werden in ein Testskript verkapselt (siehe z.B. Technik *Klassentest*) und unter Benutzung eines Testtreibers ausgeführt. Dabei werden die erreichten Zustände über die zustandserhaltenden Operationen der KUT ermittelt und protokolliert.

Beispiel

Die Ausführung der parametrisierten Botschaftssequenz K3‘ überdeckt die Zustände

<initial>, <empty> und <filled>

und die Übergänge

(<initial> - <empty>) sowie

(<empty> - <filled>).

Qualitätskriterien

Qualitätskriterien für den Zustandstest sind:

- Jeder Zustand wurde mindestens einmal eingenommen.
- Jeder Zustandsübergang wurde mindestens einmal ausgeführt.
- Alle nicht spezifizierten Zustandsübergänge wurden angeregt.

Vorausgesetztes Wissen

Techniken *Objektlebenszyklusmodellierung, Klassentest*

Literatur

[Booch1999] Booch, G., Rumbaugh, J., Jacobson, I.: The Unified Modeling Language, Addison-Wesley, 1999

[Binder1999] Binder, R.V.: Testing Object-Oriented Systems – Models, Patterns, and Tools, Addison-Wesley, Reading, 1999

21.6 Interaktionstest

Beschreibung

Das Ziel des Interaktionstests in der Teststufe „Paket- und Subsystemtest“ ist es, Fehler im Zusammenspiel einer Menge eng zusammenarbeitender Klassen aufzudecken. Hierbei spielen die möglichen Reihenfolgen von Operationsaufrufen bzw. Nachrichten eine Rolle. Die Fehler, die durch den Interaktionstest aufgefunden werden sollen, sind in erster Linie Inkompatibilitäten in den Schnittstellen zwischen den Klassen bzw. der Komponente und der Umgebung. Dazu gehören unverträgliche Typen, unterschiedlich gereihte Parameterlisten, Speicherverlust, falsches Zielobjekt eines Aufrufs, fehlende Funktionen und fehlende Ausnahmebehandlung.

Der Nutzen des Interaktionstests besteht darin, die Erfüllung der mit Interaktionsdiagrammen vorgegebenen Spezifikationen durch die Klassen eines Pakets zu prüfen.

Die Voraussetzung für den Interaktionstest ist das Vorliegen von detaillierten Sequenzdiagrammen für die Abläufe von Operationen (vgl. Technik *Interaktionsmodellierung mit Sequenzdiagrammen*).

Das Ergebnis des Interaktionstests ist die Menge getesteter Interaktionen zwischen Instanzen der Klassen eines Pakets, repräsentiert durch Testsuiten, die für jede Interaktion die folgenden Testelemente enthalten:

- Testskripte bzgl. der Sequenzdiagramme.
- Ein- oder mehrere Testbotschaften für jede Operation mit konkreten Testdaten für jeden Parameter und Überdeckungsprotokolle als tatsächliche Abläufe und Ausgaben der Operationsaufrufe.

Die Arbeitsschritte bei dem Interaktionstest sind:

- Fokussierung auf zusammengehörende Interaktionsdiagramme
- Ermittlung von Testfällen aus den Interaktionsdiagrammen
- Testdatenermittlung aus Bedingungen
- Ausführung der Tests und Überdeckungsmessung.

Arbeitsschritte

21.6.1 Fokussierung auf zusammengehörende Interaktionsdiagramme

In diesem Schritt konzentriert man sich auf alle Interaktionsdiagramme für eine bestimmte Operation. Hierzu gehören in erster Linie solche Interaktionsdiagramme, deren Ablauf mit der Operation startet sowie andere Interaktionsdiagramme, in denen die Operation innerhalb des Ablaufs aufgerufen wird. Jedes dieser Interaktionsdiagramme stellt einen konkreten (partiellen) Ablauf der Operation dar.

Interaktionsmodelle werden in der UML entweder als Sequenz- oder als Kollaborationsdiagramm dargestellt. Hier werden Sequenzdiagramme betrachtet (vgl. Technik *Interaktionsmodellierung mit Sequenzdiagrammen*).

Beispiel

Im Sequenzdiagramm in Abb. 21-29 wird der Ablauf der Operation `erzeugen()` der Klasse *Bestellung* im Rahmen eines Anwendungssystems für das Bestellwesen eines Warenhauses modelliert. Wir erkennen Instanzen der Klassen *Bestellung, Posten, Produkt* und *NachbestellPosten.*

Zusätzlich werden noch Abläufe der Operationen `zuProdukt()` der Klasse *Posten* und `bestellen()` der Klasse *Produkt* dargestellt.

Die Operation `erzeugen()` (der Klasse *Bestellung*) instanziert ein Bestellungs-Objekt. Eine über die Bedingung `[NOT allePostenErzeugt]` gesteuerte Iteration liegt bei den darauffolgenden Nachrichten `erzeugen()` und `zuProdukt()` vor: zunächst werden eine oder mehrere Instanzen der Klasse Pos-

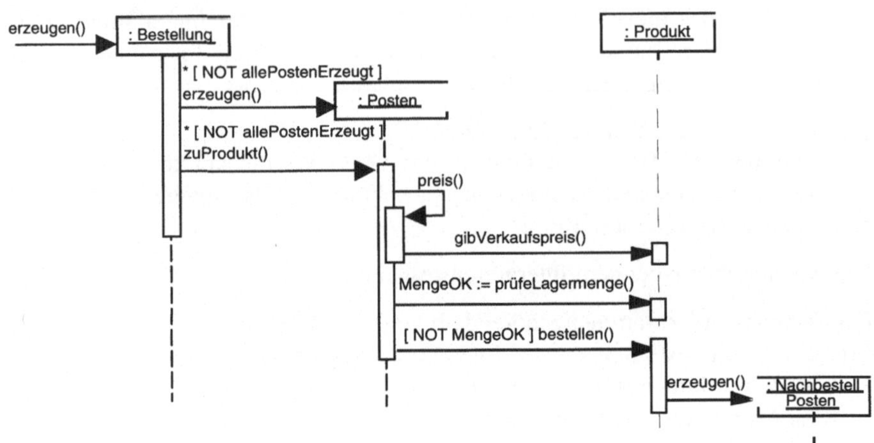

Abb. 21-29. Interaktionsdiagramm für die Operation *erzeugen()*

ten erzeugt und dann mit der Operationen `zuProdukt()` einem bestimmten Produkt zugeordnet.

Jede erzeugte Posteninstanz ermittelt ihren Preis durch Aufruf der Operation `preis()` (Selbstdelegation), welche den Verkaufspreis des Produkts erfragt (Operation `gibVerkaufspreis()`). Die Operation `bestellen()` wird nur dann von einer Instanz der Klasse *Posten* auf eine Instanz der Klasse *Produkt* angewendet, wenn die Bedingung `[not MengeOK]` erfüllt ist, also der vorherige Aufruf der Operation `prüfeLagermenge()` den Rückgabewert `false` geliefert hat.

Zwei Arten von Kontrollinformation, welche in Interaktionsdiagrammen dargestellt werden können, sind im Rahmen des Interaktionstests besonders erwähnenswert:

- *Bedingungen* zeigen in Form von booleschen Ausdrücken an, wann eine Operation aufgerufen wird (in Abb. 21-29 die Bedingungen `[NOT allePosten-Erzeugt]` und `[NOT MengeOK]`). Zur Formulierung der Bedingungen verwendet man die OCL [Warmer1999] und bezieht sich z.B. auf Attribute des dienstnutzenden Objekts oder „Variablen", denen Rückgabewerte von zuvor aufgerufenen Operationen zugewiesen worden sind.
- Das *Iterationssymbol* * zeigt an, dass eine Operation mehrmals (ggf. auf verschiedene Zielobjekte) angewendet werden kann. Das Iterationssymbol wird verwendet, wenn z.B. innerhalb einer Operationsausführung über Objekte iteriert wird, die mit dem ausführenden Objekt aufgrund einer mehrwertigen Assoziation zwischen den entsprechenden Klassen verbunden sind.

Darüber hinaus können in Sequenzdiagrammen noch die Erzeugung und die Zerstörung von Objekten kenntlich gemacht werden. Im ersten Fall zeigt der Pfeil auf das Objektsymbol, im zweiten Fall wird die Lebenslinie mit einem Kreuz abgeschlossen. Objekte können sich selbst zerstören, wenn sie ihre Aufgabe erfüllt haben, oder durch andere Objekte zerstört werden.

21.6.2 Ermittlung von Testfällen aus den Interaktionsdiagrammen

Ziel dieses Arbeitsschrittes ist die Ableitung von Testfällen zur Aufdeckung von Fehlern der folgenden Kategorien:

- Falsche oder fehlende Rückgabewerte von Operationen
- Fehlende Operationen
- Fehlende Operationsaufrufe
- Korrekte Nachricht an das falsche Objekt gesendet
- Fehlerhafte Nachricht an das richtige Objekt gesendet
- Fehlende oder fehlerhafte Schleifen
- Fehlerhafte Konstruktoren bzw. Destruktoren
- Ungültige Referenzen (z.B. auf zerstörte Objekte).

Ein Sequenzdiagramm ohne Kontrollinformationen stellt einen einzigen Ablauf dar und führt somit auch nur zu einem Testfall. Ein solcher Testfall wird durch die Angabe von Testdaten, d.h. konkreter (Unter-)Klassen für die beteiligten Objekte bei dynamisch gebundenen Aufrufen sowie konkreter Werte für die Parameter der „von außen" eingehenden Nachrichten (Stimuli), zu einem ausführbaren Test (vgl. auch Technik *Test dynamisch gebundener Operationsaufrufe*). Erwartetes Ergebnis dieses Tests sind der im Sequenzdiagramm vorgegebene Ablauf sowie die Ergebnisse des bzw. der Stimuli.

Enthält ein Sequenzdiagramm Kontrollinformation oder sind unterschiedliche Abläufe einer Operation mit mehreren Sequenzdiagrammen modelliert, so können mehrere Abläufe aus dem Diagramm abgeleitet werden, die jeweils einen Testfall ergeben. Hierzu wandelt man das Sequenzdiagramm bzw. die Menge zugehörender Sequenzdiagramme in einen äquivalenten Kontrollflussgraphen um [Binder1999]:

- Jede „von außen", also nicht von einem der im Sequenzdiagramm aufgeführten Objekte kommende Nachricht führt zu einem Start- und einem Endeknoten.
- Alle zwischen Bedingungen oder innerhalb einer Iteration gesendeten Nachrichten werden in einem inneren Knoten des Kontrollflussgraphen zusammengefasst. Innere Knoten des Kontrollflussgraphen entsprechen somit Operationsausführungen (Nachrichten), die, wenn die erste Operation ausgeführt (bzw. die Nachricht gesendet) wird, alle in genau dieser Reihenfolge ausgeführt (bzw. gesendet) werden.
- Bedingungen im Sequenzdiagramm oder unterschiedliche Abläufe in verschiedenen Sequenzdiagrammen werden als Verzweigungen des Kontrollflussgraphen modelliert.
- Iterationen im Sequenzdiagramm werden im Kontrollflussgraphen als Schleifen modelliert. Hierbei ist zu entscheiden, ob es sich um eine abweisende Schleife handelt (die Schleifenbedingung wird vor Eintritt in die Schleife geprüft, d.h. der Schleifenrumpf wird nicht unbedingt betreten, `while`-Schleife) oder um eine nicht-abweisende Schleife (die Schleifenbedingung wird nach jedem Durchlauf des Schleifenrumpfs geprüft, d.h. der Schleifenrumpf wird mindestens einmal betreten, `do`-Schleife).

Mit dem so erzeugten Kontrollflussgraphen können dann ablauforientierte („white box") Testfälle abgeleitet werden [Riedemann1997]. Ergebnis dieses Arbeitsschrittes ist eine möglichst minimale Menge von Testfällen, mit denen alle Knoten und Zweige der Kontrollflussgraphen zu den Sequenzdiagrammen überdeckt werden.

Über die mindestens zu erreichende Zweigüberdeckung hinaus ist es bei komplizierteren Operationen sinnvoll, mit weiteren Testfällen noch Schleifen genauer zu prüfen. Hierzu sind z.B. Testfälle abzuleiten, mit denen die Schleife

- gar nicht,
- genau einmal und
- mindestens zweimal

durchlaufen wird (Grenze-Inneres Test, vgl. [Riedemann1997]).

Beispiel

Abb. 21-30 zeigt den Kontrollflussgraphen, der die „von außen" eingehende Nachricht `erzeugen()` des Sequenzdiagramms in Abb. 21-29 repräsentiert. Die Operation `erzeugen()` muss eine Schleife implementieren, in der iterativ Instanzen der Klasse Produkt erzeugt werden. In jedem Durchlauf werden die Operationen `Posten::erzeugen()`, `Posten::zuProdukt()`, `Posten::preis()`, `Produkt::gibVerkaufspreis()` und `Produkt::prüfeLagermenge()` aufgerufen. Je nach Rückgabewert der Operation `Produkt::prüfeLagermenge()` erfolgt die Verzweigung zum Knoten mit den beiden Operationen `Produkt::bestellen()` und `Nachbestellposten::erzeugen()` oder zum Schleifenende, an dem die Abbruchbedingung `AllePostenErzeugt?` geprüft wird.

In Abb. 21-31 sind zwei Pfade durch den Kontrollflussgraphen gezeigt, mit denen die Zweigüberdeckung erzielt wird. Jeder Pfad entspricht einem konkreten, deterministischen Ablauf, d.h. einem Sequenzdiagramm ohne Bedingungen und Iterationen.

21.6.3 Testdatenermittlung aus Bedingungen

Zur Ermittlung entsprechender Testdaten werden die Bedingungen und Iterationen im Sequenzdiagramm herangezogen. Die Objektkonstellation zu Beginn eines Tests ergibt sich aus den Objekten am oberen Ende des Sequenzdiagramms (die also nicht innerhalb des bzw. der Szenarien erzeugt werden). Als Testendekriterien kommen die Knoten-, Zweig- oder Grenze-Inneres-Überdeckung für Kontrollflussgraphen (von Operationen) in Frage (siehe z.B. [Riedemann1997]).

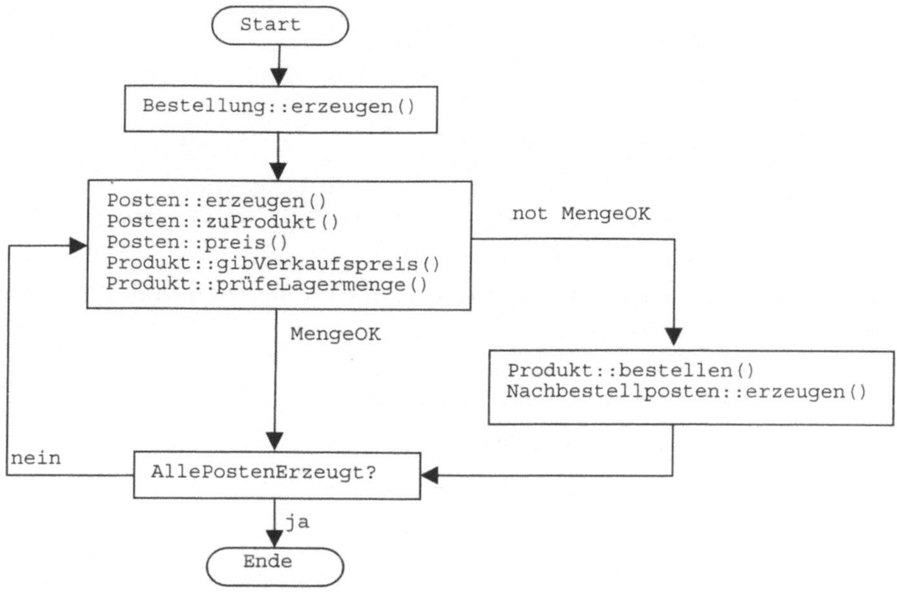

Abb. 21-30. Kontrollflussgraph im Bestellwesen

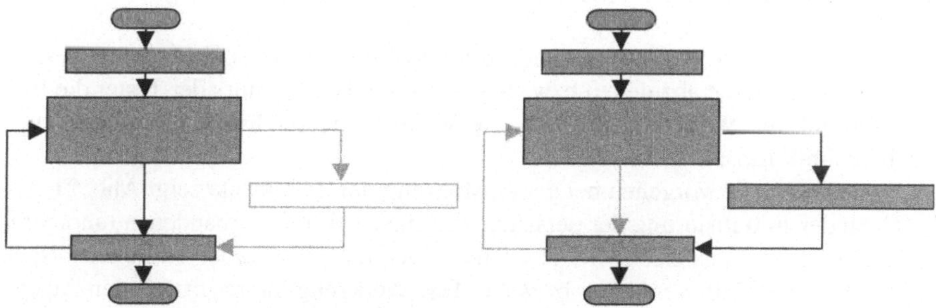

Abb. 21-31. Szenarien zur Zweigüberdeckung im Bestellwesen

Beispiel

Zur Ermittlung von Testdaten für die in Abb. 21-31 dargestellten Szenarien betrachten wir die Kontrollinformation: die Zweige vom Knoten mit den Operationen `Posten::erzeugen()...Produkt::prüfeLagermenge()` zum Ende der Schleife (Abbruchbedingung `allePostenErzeugt?`) sowie von dort zurück werden durchlaufen, wenn mindestens zwei Bestellposten erzeugt werden und die Lagermenge des Produkts zu mindestens einem der erzeugten Bestellposten ausreichend ist. Wir erhalten die folgenden Eingangsbedingungen für die Testdaten

```
(Bestellung.AnzahlPosten = 2) ∧
(Bestellung.Posten[2].Produkt.prüfeLagermenge())
```

und die erwartete Sequenz

```
Bestellung::erzeugen(), Posten::erzeugen(), Posten::zuProdukt(),
Posten::preis(), Produkt::gibVerkaufspreis(),
Produkt::prüfeLagermenge(),Posten::erzeugen(), Posten::zuProdukt(),
Posten::preis(), Produkt::gibVerkaufspreis(), Produkt::prüfeLagermenge().
```

Der alternative Zweig zum Knoten `Nachbestellposten::erzeugen()` wird durchlaufen, wenn die Lagermenge des Produkts zum erzeugten Bestellposten ausreichend ist. Wir erhalten

```
(Bestellung.AnzahlPosten = 1) ∧ (NOT
Bestellung.Posten[1].Produkt.prüfeLagermenge())
```

Die erwartete Operations-Sequenz ist

```
Bestellung::erzeugen(), Posten::erzeugen(), Posten::zuProdukt(),
Posten::preis(), Produkt::gibVerkaufspreis(),
Produkt::prüfeLagermenge(),Produkt::bestellen(),
Nachbestellposten::erzeugen().
```

21.6.4 Ausführung der Tests und Überdeckungsmessung

Hat man die Testfälle abgeleitet und Testskripte erstellt, so sind für jeden Testfall wiederum Testdaten abzuleiten bzw. zu generieren. Hierzu muss der Tester die Eingaben durch die Wertebereiche bzw. die Vorzustände der Eingabe ergänzen (vgl. auch Technik *Klassentest*).

Das prinzipielle Vorgehen bei der Ausführung der Testskripte zeigt Abb. 21-32.

Nach der Initialisierung der persistenten Daten z.B. mit vorhandenen (anonymisierten) Produktionsdaten wird das Paket über den Testtreiber stimuliert. Nach jedem Test überprüft der Tester bzw. das Test-Werkzeug die resultierenden Ausgaben und damit den Zustand der Anwendung mit den Möglichkeiten der zustandsabfragenden Operationen der Klassen im Paket.

Qualitätskriterien

Qualitätskriterien für den Interaktionstest sind:

- Alle Konstruktoren und Destruktoren wurden mindestens einmal ausgeführt, d.h. von jeder Klasse der Komponente wurde mindestens eine Instanz erzeugt und wieder zerstört.
- Testfälle für alle Sequenzdiagramme sind erstellt.

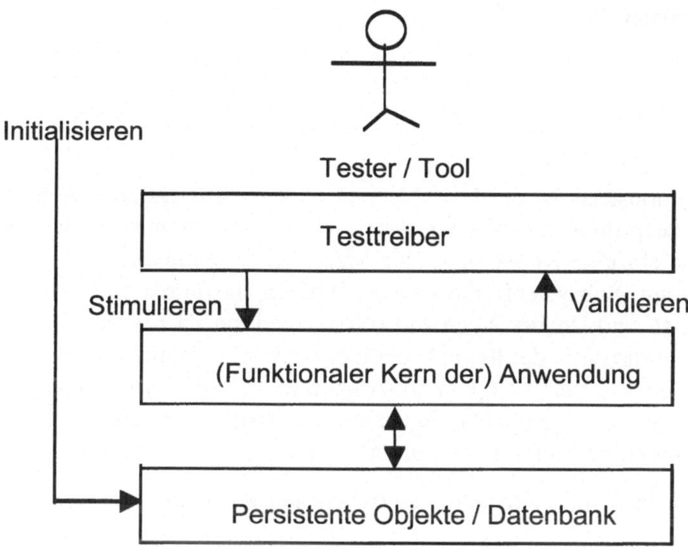

Abb. 21-32. Testausführung

- Für jedes Sequenzdiagramm mit Kontrollflussinformation sind Testfälle erstellt, die jede Kante und jeden Knoten des zugehörigen Kontrollflussgraphen überdecken.

Vorausgesetztes Wissen

- Technik *Interaktionsmodellierung* mit Sequenzdiagrammen
- Kontrollflussgraphen
- Knoten-, Zweig- und Grenze-Inneres Überdeckung von Kontrollflussgraphen.

Literatur

[Binder1999] Binder, R.V.: Testing Object-Oriented Systems – Models, Patterns, and Tools, Addison-Wesley, Reading, 1999

[Riedemann1997] Riedemann, E.: Testmethoden für sequentielle und nebenläufige Systeme, Teubner, Stuttgart, 1997

[Warmer1999] Warmer, J., Kleppe A.: The Object Constraint Language: Precise Modeling with UML. Addison-Wesley, 1999.

21.7 Integrationstest

Beschreibung

Das Ziel des Integrationstests ist es, das fehlerfreie Zusammenspiel einer Menge von Komponenten zu prüfen. Unter einer Komponente versteht man in diesem Zusammenhang eine einzelne Klasse oder eine Menge gegenseitig eng voneinander abhängiger Klassen (Subsystem), die zu einer binären, ausführbaren Codeeinheit zusammengefasst sind. In der Microsoftwelt können sie DLLs sein, in der Unix-Welt sind sie Libraries. In der Regel handelt es sich um compilierten Objektcode, aber in Sprachen wie Smalltalk und JAVA kann es sich um Byte-Code handeln. Komponenten sind die eigentlichen Bausteine zur Ausführungszeit.

Der Nutzen des Integrationstests besteht darin:

- Inkompatibilitäten in den Schnittstellen zwischen den Komponenten aufzufinden,
- falsche Ziel-Objekte einer Nachricht aufzufinden (bei dynamischer Bindung),
- Aufrufreihenfolge-Anomalien aufzufinden,
- Daten- bzw. Objektfluss-Anomalien aufzufinden.

Die Voraussetzung für den Integrationstest ist das Vorliegen von Klassen- bzw. Komponentendiagrammen und Interaktionsdiagrammen sowie die erfolgreiche Durchführung des Klassentests und des Vertragstests. Die zugrundeliegende Idee ist, bezüglich der Nutzungsbeziehungen bottom-up vorzugehen, d.h. von reinen Dienstanbietern hin zu reinen Dienstnutzern und bezüglich der Vererbungshierarchie top-down, d.h. beginnend mit Oberklassen hin zu Unterklassen.

Das Ergebnis des Integrationstests ist eine Menge integriert lauffähiger Komponenten, dokumentiert durch eine Testsuite mit folgenden Elementen:

- die Integrationsstrategie als (Halb-)Ordnung der Komponenten,
- die wiederzuverwendenden Testskripte.
- neu erstellte Testsskripte.
- Ausführungs- und Überdeckungsprotokolle.

Die Arbeitsschritte für den Integrationstest sind:

- Fokussierung auf die zu integrierenden Komponenten
- Ermittlung der Integrationsstrategie
- Ermittlung wiederzuverwendender Testfälle und Testdaten
- Ermittlung weiterer Testfälle und Testdaten
- Ausführung der Tests und Überdeckungsmessung.

Arbeitsschritte

21.7.1 Fokussierung auf die zu integrierenden Komponenten

Im ersten Arbeitsschritt grenzt man eine Menge zu integrierender Komponenten ein und ermittelt die Nutzungs- und ggf. die Generalisierungsbeziehungen zwischen ihnen. Hierfür betrachtet man das Klassendiagramm, Interaktionsdiagramme sowie Komponentendiagramme.

Hilfreiche Fragen zur Ermittlung dieser Beziehungen sind:

- Welche Assoziationen sind wie navigierbar?
- Welche Generalisierungsbeziehungen gibt es zwischen entsprechenden Klassen?
- Welche Operationen einer Komponente verwenden in den Interaktionsdiagrammen welche Operationen anderer Komponenten (Aufrufbeziehungen)?
- Welche Operationen einer Komponente verwenden welche Attribute anderer Komponenten (Datenbeziehungen)?
- Gibt es Beziehungen zwischen Komponenten, die nicht als Assoziationen zwischen entsprechenden Klassen modelliert sind?

Ergebnis des ersten Arbeitsschrittes ist ein Diagramm, welches die Nutzungs- und ggf. Generalisierungsbeziehungen enthält.

Beispiel

Abb. 21-33 zeigt fünf Komponenten A, B, B‘, C und D, zwischen denen zyklische (Komponenten B und C sowie B‘ und C) bzw. mehrfache Nutzungsbeziehungen (Komponenten B und C mit D) bestehen. Die Komponenten bzw. Klassen B und B‘ stehen in einer Generalisierungsbeziehung. Zu beachten ist, dass die Komponente B‘ die Nutzungsbeziehungen der Komponente B „erbt“ (gestrichelt dargestellt). Man erkennt schon an diesem kleinen Beispiel, dass die intuitive Ermittlung einer adäquaten Integrationsstrategie nicht trivial ist.

21.7.2 Ermittlung der Integrationsstrategie

Zur Ermittlung von Integrationsstrategien für den objektorientierten Integrationstest hat Overbeck [Overbeck1994] ein Verfahren entwickelt, dass sich an den Vererbungsbeziehungen top-down, d.h. von Basisklassen zu abgeleiteten Klassen hin, orientiert und dabei die Interaktionen bottom-up, d.h. von reinen dienstanbietenden Komponenten hin zu reinen dienstnutzenden Komponenten, bearbeitet.
Eine mit diesem Verfahren ermittelte Integrationsstrategie

- minimiert die Anzahl der für den Test benötigten Test-Stellvertreter,
- stellt sicher, dass <u>alle</u> Nutzungsbeziehungen getestet werden und

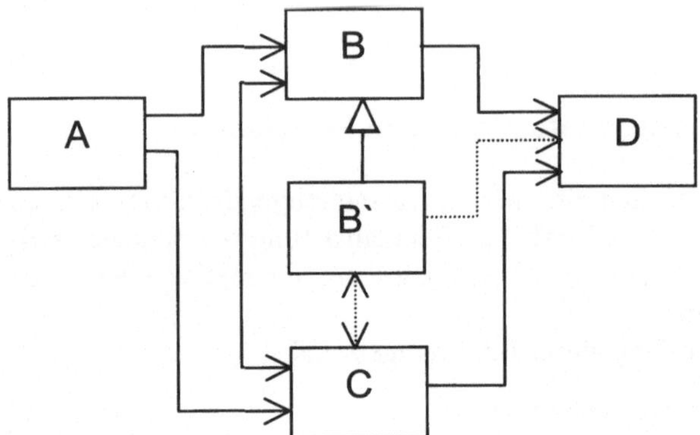

Abb. 21-33. Nutzungs- und Generalisierungsbeziehungen zwischen den Komponenten A, B, B', C und D

- behandelt gleichzeitig Probleme, die aus zyklischen und mehrfachen Dienstnutzungen sowie der Generalisierung resultieren.

Zunächst werden einige Begriffe und abkürzende Schreibweisen eingeführt:

- Für eine Komponente A bezeichnet man mit A' eine direkte Unterkomponente und mit As einen eigens für den Test implementierten, einfacheren Stellvertreter von A (Test-Stub).
- Für eine Klasse A sei nach der Durchführung des Klassentests das Prädikat `klassengetestet (A)` wahr (vgl. Technik *Klassentest*).
- Tritt eine Komponente A als Nutzer einer dienstanbietenden Komponente B auf, so schreibt man `A nutzt B`. Den Test dieser Nutzungsbeziehung bezeichnet man mit `Vertragstest (A, B)`, nach dessen Durchführung das zugehörige Prädikat `vertragsgetestet (A, B)` wahr ist. Im Gegensatz zum Klassentest (und zum Vertragstest für eine Klasse, vgl. Technik *Vertragstest*), der die vollständige Funktionalität einer Klasse prüft, betrachtet der `Vertragstest (A, B)` nur die Aspekte der Klasse A, welche eine Nutzung der Klasse B beinhalten.
- Wird eine dienstanbietende Komponente B von mehreren Dienstnutzern A, D1,..., Dn verwendet, so bezeichnet man den entsprechenden Test als `Vertragstest ({A, D1,..., Dn}, B)`.

Das Verfahren zur Ermittlung einer Integrationsstrategie wird im Folgenden in fünf aufeinander aufbauenden Stufen eingeführt, mit denen man Integrationsstrategien für Systeme jeweils wachsender Komplexität ermitteln kann.

21.7.2.1 Systeme ohne Vererbung und zyklische Nutzungsbeziehungen

Zunächst können Systeme ohne Vererbung und zyklische Nutzungsbeziehungen im Prinzip mit der aus der strukturierten (modularen) Softwareentwicklung bekannten

Integrationsstrategie *bottom-up* behandelt werden. Allerdings müssen für mehrfache Nutzungen eigene Testfälle entworfen werden. Hierzu das folgende Beispiel.

Beispiel

Wir ermitteln eine Integrationsstrategie für das in Abb. 21-34 gezeigte System mit den Komponenten A, B, C und D.

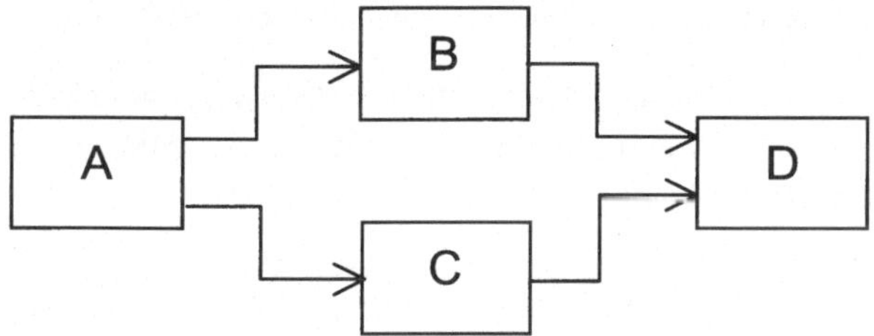

Abb. 21-34. Azyklische Nutzungsbeziehungen zwischen den Komponenten A , B, C und D

Komponente A nutzt Operationen der Komponenten B und C, die ihrerseits Nutzer der Komponente D sind (mehrfache Nutzung). Es ergibt sich folgende bottom-up Integrationsstrategie:

```
Klassentest (D); Vertragstest (B, D); Klassentest (B); Vertragstest (C, D);
Klassentest (C); Vertragstest ({B, C}, D); Vertragstest (A, B); Vertragstest
(A, C); Klassentest (A)
```

21.7.2.2 Systeme mit zyklischen Beziehungen, aber ohne Vererbung und Mehrfachnutzung

Integrationsstrategien für Systeme, innerhalb derer zwar keine Vererbung und mehrfache Nutzung, wohl aber zyklische Nutzungsbeziehungen auftreten, ermittelt man folgendermaßen. Man löst zyklische Benutzungsbeziehungen auf, indem man jeweils eine Komponente aus dem Nutzungszyklus durch einen Test-Stellvertreter simuliert, der seinerseits keine weitere Komponente aus dem Nutzungszyklus benutzt. Für die so entstandene azyklische Struktur ermittelt man eine bottom-up Integrationsstrategie (s. Arbeitsschritt 21.7.2.1). Hat man dann alle direkt oder indirekt von der simulierten Komponente abhängigen Komponenten integriert, kann der Stellvertreter durch die „echte" Komponente ersetzt werden, die somit als letzte integriert und getestet wird.

Beispiel

Wir betrachten das in Abb. 21-35 gezeigte System mit den Komponenten A, B, C und D, die in einer zyklischen Nutzungsbeziehung stehen.

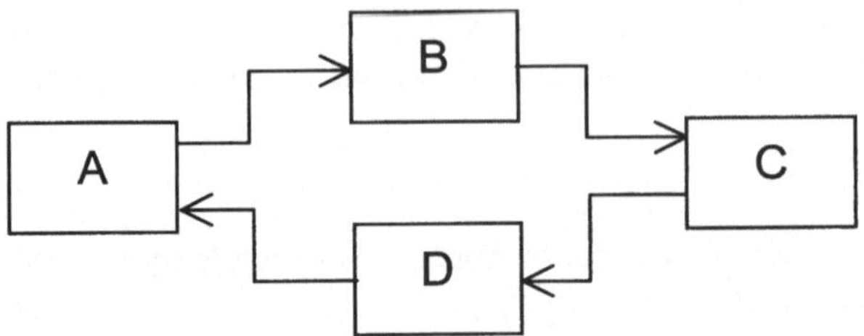

Abb. 21-35. Zyklische Nutzungsbeziehungen zwischen den Komponenten A ,B, C und D

Es ergibt sich die folgende, einen zu erstellenden Test-Stellvertreter As (Abb. 21-36) nutzende Integrationsstrategie, wenn die Suche nach der herauszulösenden Komponente z.B. mit Komponente A beginnt:

```
Erstelle As; Klassentest (As); Klassentest (D)(D nutzt As); Vertragstest (C,
D)(D nutzt As); Klassentest (C); Vertragstest (B, C) (D nutzt As); Klassentest
(B); Vertragstest (A, B) )(D nutzt As); Klassentest (A); Vertragstest (D,
A)
```

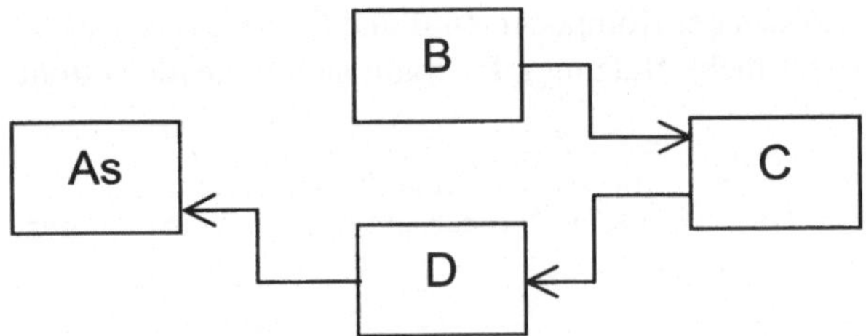

Abb. 21-36. Zyklische Nutzungsbeziehungen durch den Test-Stellvertreter As aufgelöst

21.7.2.3 Systeme mit Vererbung und mehrfacher Nutzung, aber ohne zyklische Nutzungen

Systeme mit Vererbung und mehrfacher Nutzung, aber ohne zyklische Nutzungen werden analog zu dem Test von Unterklassen integriert: Hierbei testet man zunächst die an der Spitze der Vererbungshierarchie stehenden Klassen, um dann top-down zu den Unterklassen vorzustoßen. Diese Idee ist der Kern des Algorithmus IntegrationstestA (Abb. 21-37). Hier und im Weiteren bezeichnen wir eine direkte Vererbungsbeziehung zwischen Oberklasse `A` und Unterklasse `B` mit dem Prädikat `erbt(B, A)`.

Algorithmus IntegrationstestA
Eingaben: Komponenten, Vererbungs- und azyklische, ggf. mehrfache Nutzungsbeziehungen
Ausgaben: Integrationsstrategie

```
BEGIN
  REPEAT
    Weiter := False
    FOR FIRST K WITH ∀A: K nutzt A → klassengetestet(A) ∧
    ∀B: erbt(K,B) → klassengetestet(B) DO
      Weiter := True
      SK := {X | K nutzt X)}
      REPEAT
        FOR FIRST Y ∈ SK WITH ∀Z ∈ SK: erbt(Y, Z) → vertragsgetestet (K, Z) DO
          Vertragstest (K, C)                              // (*)
        END FOR
      UNTIL ∀B ∈ SK: vertragsgetestet (K, B)
      Klassentest (K)                                      // (*)
      FOR ALL X ∈ SK DO CC_X := {D | D nutzt X) ∧ D ≠ K)} END FOR
      FOR ALL X ∈ SK WITH CC_X ≠ ∅ DO
        FOR FIRST Y WITH ∀Z ∈ SK: erbt(Y,Z) → vertragsgetestet(CC_Z ∪ K, Z) DO
          Vertragstest (CC_Y ∪ K, Y)                       // (*)
        END FOR
      END FOR
    END FOR
  UNTIL Weiter
END IntegrationstestA
```

Abb. 21-37. Algorithmus `IntegrationstestA`

In den weiteren Beispielen wird die vom Algorithmus ermittelte Integrationsstrategie durch die Folge von „Testdurchführungen" notiert, die sich aus den mit (*) gekennzeichneten Zeilen ergibt.

Beispiel

Wir ermitteln eine Integrationsstrategie für das in Abb. 21-38 gezeigte System mit den Komponenten A, B, B‘ und C.

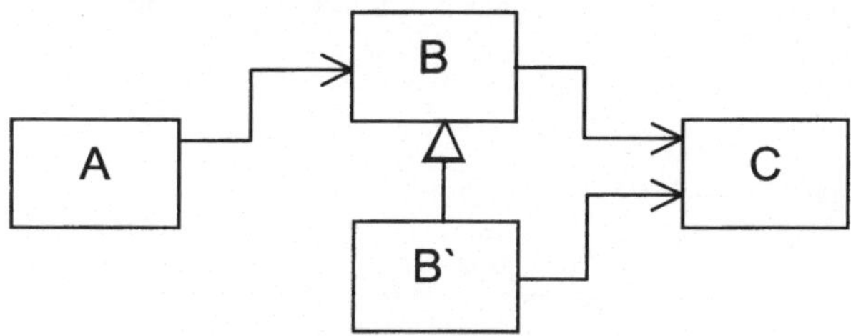

Abb. 21-38. Nutzungsbeziehungen und Vererbung zwischen den Komponenten A ,B, B‘ und C

Komponente A nutzt Operationen der Komponente B (bzw. ihrer Unterkomponente B‘), die ihrerseits Nutzer der Komponente C sind (mehrfache Nutzung). Algorithmus `IntegrationstestA` ermittelt folgende Integrationsstrategie:

```
Klassentest (C); Vertragstest (B, C); Klassentest (B); Vertragstest (B', C);
Klassentest (B'); Vertragstest ({B, B'}, C); Vertragstest (A, B);
Vertragstest (A, B'); Klassentest (A)
```

21.7.2.4 Systeme mit Vererbung und zyklischer Nutzung, aber ohne Mehrfachnutzung

Für Systeme mit Vererbung und zyklischer Nutzung, aber ohne Mehrfachnutzung verändert man das oben dargestellte Verfahren zur Integration von Komponenten mit zyklischen Nutzungsbeziehungen derart, dass zusätzlich die Vererbungsbeziehungen berücksichtigt werden. Setzt man dann für die Test-Stellvertreter wieder die eigentlichen Komponenten ein, müssen die Tests so angeordnet werden, das Oberklassen vor Unterklassen getestet werden. Es ergibt sich der in Abb. 21-39 gezeigte Algorithmus `IntegrationstestB`.

```
Algorithmus IntegrationstestB
Eingaben: Komponenten und Vererbungs- sowie einfache (zyklische)
Nutzungsbeziehungen
Ausgaben: Integrationsstrategie
BEGIN
   R := Minimale Menge von Nutzungsbeziehungen, ohne die keine zyklische
        Nutzungsbeziehung mehr existiert, z.B. mit Tiefensuche ermitteln
   FOR ALL C WITH ∃K: K nutzt C ∈ R DO
        Erstelle Test-Stellvertreter Cs
        Klassentest (Cs)
   END FOR
   IntegrationstestA (Dabei alle K nutzt C ∈ R durch K nutzt Cs ersetzen!)
   WHILE ∃X, Y: X nutzt Y ∈ R ∧ NOT vertragsgetestet (X, Y) DO
        FOR FIRST X, Y WITH X nutzt Y ∈ R ∧
        erbt(X,A) → vertragsgetestet(A, Y) ∧ erbt(Y,B) → vertragsgetestet(X, B)
        DO
        Vertragstest (X, Y)
   END WHILE
   FOR ALL X, Y, D1,..., Dn WITH X nutzt Y ∈ R ∧ Di nutzt Y ∧ Di ≠ X, 1 ≤ i ≤ n DO
        Vertragstest ({X,D1,..., Dn}, Y)
   END FOR
END IntegrationstestB
```

Abb. 21-39. Algorithmus *IntegrationstestB*

Beispiel

Wir ermitteln eine Integrationsstrategie für das in Abb. 21-40 gezeigte System mit den Komponenten A, B und B'.

Komponente A nutzt Operationen der Komponente B und ihrer Unterkomponente B', die ihrerseits beide Nutzer der Komponente A sind (zyklische Nutzung). Wir erhalten mit Algorithmus `IntegrationstestB` die folgende Integrationsstrategie:

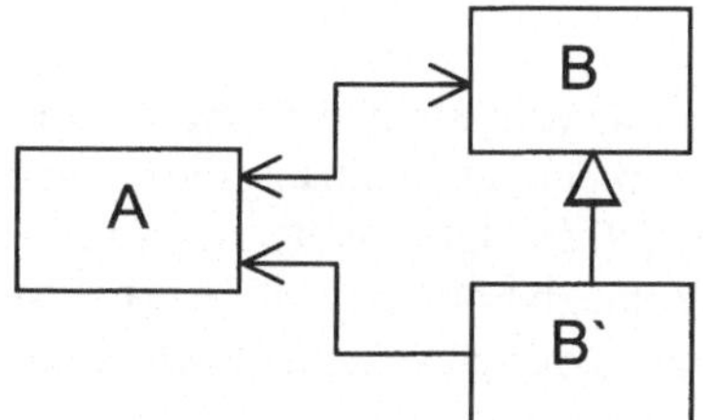

Abb. 21-40. Zyklische Nutzungsbeziehungen und Vererbung zwischen den Komponenten A , B und B`

```
Erstelle As; Klassentest (As); Klassentest (B) (B nutzt As); Klassentest
(B')(B` nutzt As); Vertragstest (A, B); Vertragstest (A, B'); Klassentest
(A); Vertragstest (B, A); Vertragstest (B', A); Vertragstest ({B, B'}, A)
```

21.7.2.5 Systeme mit Vererbung, zyklischer Nutzung und Mehrfachnutzung

Das vollständige Verfahren zur Ermittlung von Integrationsstrategien erlaubt letztendlich, Systeme mit Vererbung, zyklischer Nutzung und Mehrfachnutzung zu behandeln. Es kombiniert dazu geeignet die beiden Algorithmen `IntegrationstestA` und `IntegrationstestB`. Abb. 21-41 zeigt den resultierenden Algorithmus `Integrationstest`.

```
Algorithmus Integrationstest
Eingaben: Komponenten und Vererbungs- sowie beliebige Nutzungs-Beziehungen
Ausgaben: Integrationsstrategie
BEGIN
    REPEAT
      IntegrationstestA (Bis keine Komponente mehr gefunden wird)
      IF ∃K: NOT klassengetestet(K) THEN
         MZ := minimale Zusammenhangskomponente des Nutzungsgraphen
         MZ := MZ ∪ {K|NOT klassengetestet(K) ∧ ∃K' ∈ MZ : erbt(K', K)}
         FOR ALL X, Y WITH X ∈ MZ ∧ X nutzt Y ∧ Y ∉ MZ DO
           Vertragstest (X, Y)
         END FOR
      IntegrationstestB (für MZ)
      END IF
    UNTIL ∀K: klassengetestet (K)
END Integrationstest
```

Abb. 21-41. Algorithmus *Integrationstest*

Ergebnis dieses Arbeitsschrittes ist die Integrationsstrategie für die zu integrierenden Komponenten.

Beispiel

Wir betrachten die in Abb. 21-33 im ersten Abschnitt vorgestellten Komponenten A, B, B', C und D, zwischen denen zyklische bzw. mehrfache Nutzungsbeziehungen sowie eine Generalisierungsbeziehung bestehen. Der Algorithmus `Integrationstest` ermittelt in diesem Fall die folgende Integrationsstrategie (hierbei ist angenommen, dass die Tiefensuche im Algorithmus `IntegrationstestA` mit der Komponente B beginnt):

```
Klassentest (D); Vertragstest (B, D); Vertragstest (B', D); Vertragstest (C,
D); Vertragstest ({B, C}, D); Vertragstest ({B', C}, D); Erstelle Bs;
Klassentest (Bs); Erstelle B's; Klassentest (B's); Klassentest (C)(C nutzt
Bs); Vertragstest (B, C)
(C nutzt Bs); Vertragstest (B', C)(C nutzt B's); Klassentest (B)(C nutzt Bs);
Klassentest (B')(C nutzt B's); Vertragstest (C, B); Vertragstest (C, B');
Vertragstest (A, B); Vertragstest ({A, C}, B); Vertragstest (A, B');
Vertragstest ({A, C}, B'); Vertragstest (A, C); Vertragstest ({A, B}, C);
Vertragstest ({A, B'}, C); Klassentest (A)
```

21.7.3 Ermittlung wiederzuverwendender Testfälle und Testdaten

Ziel dieses Arbeitsschrittes ist die Auswahl wiederzuverwendender Testfälle aus dem Klassentest für den Integrationstest. Aus den Überdeckungsprotokollen des Operations- und Klassentests lassen sich Testfälle ermitteln, die bestimmte dynamische Bindungen bei Operationsaufrufen erzwingen (vgl. Technik *Test dynamisch gebundener Operationsaufrufe*). Die Reihenfolge der Klassentests und insbesondere der Vertragstests werden direkt im obigen Algorithmus `Integrationstest` ermittelt. Man unterscheidet zur zielorientierten Auswahl der Testfälle im Integrationstest folgende Fehlerhypothesen und Testmodelle [Spillner1990]:

- *Ablaufbezogen, kontrollflussbasierte Integration:* Es sollen fehlerhafte Aufrufreihenfolgen von Operationen festgestellt und die betreffenden Programmteile zur Ausführung gebracht werden oder es ist nachzuweisen, dass eine Aufrufreihenfolge nicht ausführbar ist.
- *Ablaufbezogen, datenflussbasierte Integration:* Betrachtet werden Parameterverwendungen an den Schnittstellen. Es wird versucht, Anomalien wie beispielsweise die Nichtverwendung eines Parameters in der aufgerufenen Operation oder die lesende Verwendung eines nichtdefinierten Parameters zu erkennen. Konkrete Werte der Parameter sind nur für die Aufrufreihenfolge entscheidend.
- *Wertbezogene Integration:* Inhalt sind die konkreten Werte der Parameter. Hierbei werden Testdaten zufällig, aus der Intuition des Testers, durch Äquivalenzklassenbildung oder aus Grenzwertanalysen ermittelt.
- *Funktionsbezogene Integration:* Zu prüfen ist, ob die einzelnen zu integrierenden Komponenten entsprechend der Spezifikation zusammenwirken und die geforderten (Teil) Funktionalitäten erbringen.

Natürlich verwendet man auch beim Integrationstest im Falle von zu integrierenden Unterklassen die Testfälle der Oberklasse nach den im Test von Unterklassen dargelegten Kriterien wieder.

Ergebnis ist eine Integrationstestsuite, in der Testskripte der Klassentests aufgerufen werden, mit denen die Schnittstellen der Komponenten geprüft werden.

21.7.4 Ermittlung weiterer Testfälle und Testdaten

Sind durch die unter Abschnitt 21.7.3 ermittelten wiederzuverwendenden Testfälle bzw. -skripte nicht alle Schnittstellen (Operationsaufrufe und deren aufgrund der Vererbung mögliche dynamische Bindungen) ausgeführt, so müssen weitere Testfälle ermittelt und mit entsprechenden Testdaten konkretisiert werden (vgl. auch Technik *Test dynamisch gebundener Operationsaufrufe*).

21.7.5 Ausführung der Tests und Überdeckungsmessung.

Zunächst werden die zu integrierenden Komponenten kompiliert und zusammengebunden (build test). Dann versucht man durch Instanzierung einer dienstnutzenden Komponente aus dem Testtreiber heraus, die Konstruktor- und Initialisierungsverträglichkeit der Komponenten nachzuweisen (smoke test).

Anhand der unter Abschnitt 21.7.2 ermittelten Integrationsstrategie sind nun die unter den Abschnitten 21.7.3 und 21.7.4 ermittelten Tests auszuführen und entsprechende Überdeckungsprotokolle festzuhalten (vgl. auch Techniken *Klassentest* und *Anwendungsfallbasierter Systemtest*).

Qualitätskriterien

Qualitätskriterien für den Integrationstest sind:

- Die zu integrierenden Klassen lassen sich zusammenbinden und (ggf. mit dem Testtreiber) ausführen (Initialtest, „smoke test").
- Alle direkt modellierten Nutzungsbeziehungen sind mindestens einmal ausgeführt und geprüft.
- Alle bzgl. der Generalisierung möglichen Nutzungsbeziehungen sind geprüft.
- Alle dynamischen Bindungen sind mindestens einmal pro möglicher Klasse des dienstleistenden Objekts einer Nachricht geprüft.

Vorausgesetztes Wissen

- Techniken *Test dynamisch gebundener Operationsaufrufe, Klassentest, Vertragstest, Komponentenmodellierung*
- Topologische Sortierung azyklischer Graphen, Tiefensuche

Literatur

[Overbeck1994] Overbeck, J.: Integration Testing for Object-Oriented Software, Dissertation, TU Wien 1994

[Spillner1990] Spillner, A.: Dynamischer Integrationstest modularer Softwaresysteme, Dissertation, Universität Bremen, 1990

21.8 Anwendungsfallbasierter Systemtest

Beschreibung

Das Ziel des anwendungsfallbasierten Systemtests ist es, bei der Ausführung möglicher Ereignisflüsse durch die Anwendungsfälle Fehler des Anwendungssysteme zu finden. Hierzu gehören die Angabe der Szenarien und der konkreten Eingabedaten sowie erwarteten Ausgaben, mit denen das Anwendungssystem gegen das Anwendungsfallmodell getestet wird.

Der Nutzen des anwendungsfallbasierten Systemtests besteht darin, zu zeigen, dass das Anwendungssystem bereit bzw. geeignet für den Einsatz in der Produktion ist. Er wird in der Regel unter der Regie des Auftraggebers unter Einbeziehung der Benutzer durchgeführt und soll diese davon überzeugen, dass die Anwendung der Anforderungsspezifikation bzw. dem „Pflichtenheft" entspricht. Hierzu wird das System systematisch gegen alle wesentlichen Ereignisflüsse der Anwendungsfälle mit sinnvollen Anfangszuständen und Eingaben getestet, wobei folgende Fehlertypen gefunden werden können:

- unvollständig implementierte Anwendungsfälle,
- fehlerhaft implementierte Geschäftslogik,
- nicht vom Anwendungssystem beachtete Abhängigkeiten zwischen Anwendungsfällen.

Die Voraussetzungen für den anwendungsfallbasierten Systemtest sind ein vollständiges Anwendungsfallmodell, welches für jeden Anwendungsfall die Spezifikation seiner Funktionalität mit Vor- und Nachbedingungen und Szenarien (siehe Technik *Detaillierung des Anwendungsfallmodells*), die Beschreibung seiner elementaren Aktionen und der diese ausführenden Akteure sowie die Beschreibung seiner Dynamik mit Hilfe eines die möglichen Reihenfolgen dieser Aktionen beschreibenden Aktivitätsdiagramms (siehe Technik *Anwendungsfalltest*) beinhaltet.

Das Ergebnis des anwendungsfallbasierten Systemtests ist das gegen die Anwendungsfälle getestete System, nachvollziehbar gemacht durch folgende Testdokumentation:

- für jeden Anwendungsfall existiert eine strukturierte Testsuite mit den entsprechenden Testelementen,
- Testskripte für jedes Testszenario,
- präzise Wertebereiche aller Parameter (Interaktionsdaten) der Aktionen eines Testskriptes,
- konkrete Testdaten für jedes Interaktionsdatum der Testfälle,
- tatsächliche Ausgaben des Anwendungssystems nach den Tests und Überdeckungsprotokolle.

Die Arbeitsschritte des anwendungsfallbasierten Systemtests sind:

- Fokussierung auf einen Anwendungsfall
- Vorbereiten der Testsuiten
- Erstellung der Testskripte für ablauforientierte Testfälle (bzgl. des Aktivitätsdiagramms)
- Präzisierung der Testskripte (bzgl. der Vor- und Nachbedingungen)
- Konkretisierung der Testdaten
- Ausführung der Tests und Messen der Testüberdeckung.

Arbeitsschritte

21.8.1 Fokussierung auf einen Anwendungsfall

In diesem Schritt wählt man einen bestimmten Anwendungsfall aus, für den Testfälle abgeleitet werden sollen, sowie das zugehörige Aktivitätsdiagramm (vgl. Technik *Anwendungsfalltest*) und ggf. die Aktivitätsdiagramme von Anwendungsfällen, zu denen eine include- oder extend-Assoziation besteht (Makroaktionen im Aktivitätsdiagramm).

Beispiel

Wir betrachten das in Abb. 21-42 dargestellte Aktivitätsdiagramm zum Anwendungsfall „Geld abheben" eines Geldautomaten.

Die Makroaktion „Anmelden" referenziert den gleichnamigen Anwendungsfall „Anmelden" des Bankautomaten, bei dem sich der Bankkunde durch Eingabe der Karte und der persönlichen Identifikationsnummer (PIN) identifiziert. Schlägt der

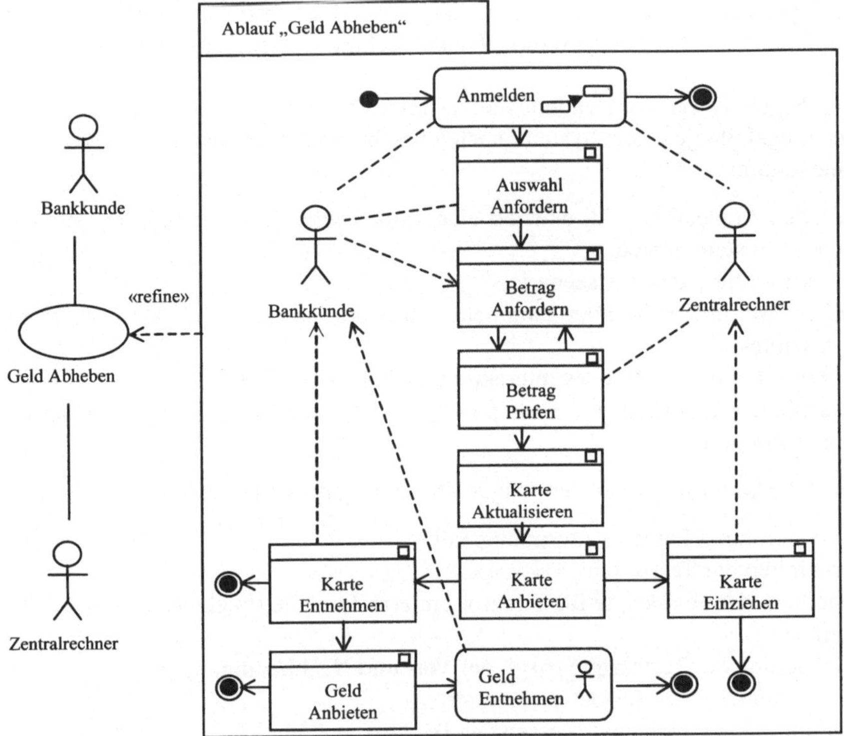

Abb. 21-42. Aktivitätsdiagramm zum Anwendungsfall „Geld Abheben“

referenzierte Anwendungsfall „Anmeldung“ fehl, so endet auch der Anwendungsfall „Geld Abheben“. Ansonsten gibt der Kunde seinen Transaktionswunsch (hier: Geld abheben) und den Betrag an. Der Betrag wird geprüft und ggf. ausbezahlt, nachdem die Karte aktualisiert, angeboten und entnommen wurde.

21.8.2 Vorbereiten der Testsuiten

Zu dem ausgewählten Anwendungsfall bzw. seinem Aktivitätsdiagramm wird eine eigene Testsuite angelegt. Diese dient als administratives Mittel für die Zuordnung einzelner Testskripte zu dem Anwendungsfall. Jede Testsuite enthält folgende Abschnitte, die in den weiteren Arbeitsschritten mit Inhalten gefüllt werden:

- Ein Abschnitt für die notwendige Testumgebung (Hardware, Software, Datenbank, Netzwerk, ...).
- Ein Abschnitt für die Testskripte.
- Ein Abschnitt für die die Protokolle bezüglich der mit den Tests erzielten funktionalen und strukturellen Überdeckung.

Beispiel

In Abb. 21-43 ist der Rahmen der Testsuite für den Test eines Bankautomaten-Systems gegen den Anwendungsfall „Geld abheben“ dargestellt.

```
TESTSUITE GeldAbheben ()
// Testumgebung

// Testskripte

//Überdeckungsprotokolle
...
END GeldAbheben.
```

Abb. 21-43. Rahmen einer Testsuite

21.8.3 Erstellung der Testskripte für ablauforientierte Testfälle (bzgl. des Aktivitätsdiagramms)

Die möglichen Ereignisflüsse des Anwendungsfalls (Testszenarien), zusammengefasst im Aktivitätsdiagramm (vgl. Technik *Anwendungsfalltest*), werden zu den Testfällen für den anwendungsfallbasierten Systemtest. Jedes Testszenario wird zu einem Testskript. Insbesondere die extern beobachtbaren Abläufe werden durch die Vor- und Nachbedingungen der Aktionen und die Übergangsbedingungen der Kanten im Aktivitätsdiagramm betrachtet. Auch Testskripte können dabei (anhand der Makroaktionen in Aktivitätsdiagrammen) hierarchisch strukturiert werden.

Jeder Test beginnt jeweils mit dem „Hochfahren“ des Anwendungssystems (Testsetup), wobei man die Zustände persistenter Objekte aus den konkreten Vorbedingungen des durchzuspielenden Testszenarios ermittelt und vor dem Start der Anwendung direkt in der Datenbank oder mit dem Durchspielen „vorgelagerter“ Testszenarien (Makroaktionen!) indirekt mit dem Anwendungssystem setzt.

Beispiel

In Abb. 21-44 ist ein Szenario zum Anwendungsfall „Geld Abheben“ dargestellt. In diesem Szenario wird davon ausgegangen, dass der Bankautomat betriebsbereit und der Kartenleser freigegeben ist (Vorbedingung des Anwendungsfalls). Der Verlauf des Szenarios wird dadurch bestimmt, dass die Anmeldung erfolgreich verläuft, also weder die Karte noch das Konto gesperrt ist und der Benutzer einen zulässigen Betrag angibt (Vorbedingung der Aktionen bzw. Übergangsbedingungen der Kanten, vgl. Technik *Anwendungsfalltest*).

Bei den anwendungsfallbasierten, ablauforientierten Systemtests wählt man die Testszenarien so aus, dass die geforderte Überdeckung des Aktivitätsdiagramms erzielt wird. Hierbei versucht man, die Anzahl der zu testenden Szenarien bezüglich der Überdeckung aller Knoten (Aktionen) und Kanten (Übergänge) im Aktivitätsdiagramm zu minimieren. Wie im strukturellen (White Box) Programmtest

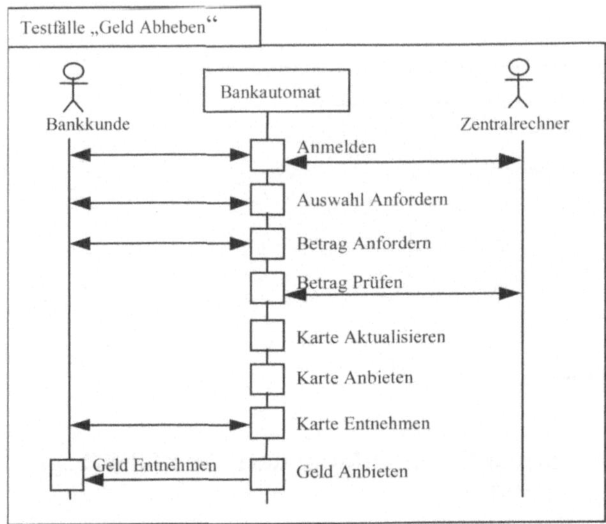

Abb. 21-44. Szenario zum Anwendungsfall „Geld Abheben“

kann man die Überdeckungsmetriken auch zur Generierung weiterer Testszenarien verwenden.

Beispiel

Wir betrachten das Aktivitätsdiagramm zum Anwendungsfall „Geld Abheben“ des Geldautomaten (Abb. 21-42). Abb. 21-45 zeigt die von drei unterschiedlichen Testszenarien durchlaufenen Pfade im Aktivitätsdiagramm. Jedes Testszenario beginnt mit der Startaktion, führt die Makroaktion „Anmelden“ und ggf. weitere Aktionen aus und endet in einer Endaktion.

Das durch den links dargestellte Pfad repräsentierte Testszenario „Erfolgreiches Abheben“ (vgl. Abb. 21-44) endet mit der Entnahme des angeforderten Bargeldes.

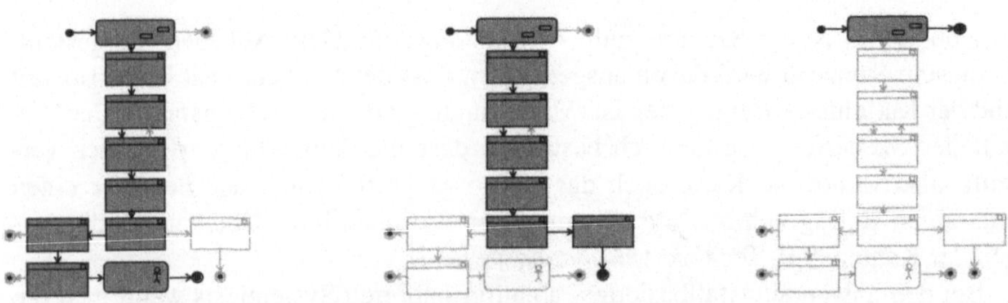

Abb. 21-45. Pfade dreier Testszenarien im Aktivitätsdiagramm „Geld Abheben“

Das Szenario „Karte nicht Entnommen“ (Abb. 21-45 Mitte) endet mit dem Einziehen der Karte nach Ablauf eines Zeitgebers, rechts ist der Pfad des Szenarios

„Anmeldung Fehlgeschlagen" skizziert, das aufgrund einer erfolglosen Identifizierung in der Endaktion oben rechts im Aktivitätsdiagramm endet.

Mit diesen drei Testszenarien ist bzgl. des Aktivitätsdiagramms eine *Aktionsüberdeckung* (entspricht der Anweisungsüberdeckung c_0 des strukturellen, kontrollflussorientierten Programmtests [Riedemann1997]) von 14/16 = 87,5% und eine *Kantenüberdeckung* (Zweigüberdeckung c_1 des strukturellen, kontrollflussorientierten Programmtests [Riedemann1997]) von 13/16 = 81,25% erreicht worden.

In Abb. 21-46 ist die um die Testskripte angereicherte Testsuite zum Anwendungsfall „Geld Abheben" skizziert. Zu beachten ist, dass z.B. die Parameter des aufgerufenen Testskripts Online-Anmeldung (definiert in der Testsuite zum Anwendungsfall „Anmelden") noch nicht weiter spezifiziert sind – dies erfolgt im nächsten Schritt.

```
TESTSUITE GeldAbheben ()
// Testumgebung
     ...
// Testskripte

TESTSCRIPT AnmeldungOK Anwendungsfall GeldAbheben ()
  // Der BankKunde hebt Geld ab.
  BEGIN
    // Aufruf des Testskripts Online-Anmeldung() im Anwendungsfall Anmelden
       durch
    // die Makroaktion Anmelden
    CALL Anmelden.Online-Anmeldung( Bankleitzahl, Kontonummer,
       Gültigkeitsdatum,
    Kartennummer, PIN);
    // Interaktion Auswahl Anfordern
    AuswahlAnfordern();
    // Interaktion Betrag Anfordern
    BetragAnfordern();
    // Interaktion Betrag Prüfen
    BetragPruefen();
    ...
  END AnmeldungOK.

TESTSCRIPT AnmeldungFehlerhaft Anwendungsfall GeldAbheben ()
  // Die Anmeldung schlägt fehl.
  BEGIN
    // Aufruf des Testskripts Online-Anmeldung() im Anwendungsfall Anmelden.
    CALL Anmelden.Online-Anmeldung( Bankleitzahl, Kontonummer,
       Gültigkeitsdatum,
    Kartennummer: Integer, PIN);
  END AnmeldungFehlerhaft.

  TESTCASE AuswahlAnfordern ROOTCLASS Bedienpult ()
  BEGIN
  // Der BankKunde wählt „Geld Abheben".
  END AuswahlAnfordern

  TESTCASE BetragAnfordern ROOTCLASS Bedienpult ()
```

```
  BEGIN
  // Der BankKunde gibt den Betrag ein.
  END BetragAnfordern

  TESTCASE BetragPrüfen ROOTCLASS Bedienpult ()
  BEGIN
  // Der BankAutomat lässt den Betrag vom Zentralrechner prüfen.
  END BetragPrüfen
  ...
//Überdeckungsprotokolle
...
END GeldAbheben.
```

Abb. 21-46. Testsuite mit vorläufigen Testskripten

21.8.4 Präzisierung der Testskripte (bzgl. der Vor- und Nachbedingungen)

Tests alleine nach dem Ereignisfluss bzw. der Struktur der Anwendungsfälle sind noch nicht ausreichend präzisiert, da ja die eigentlichen Spezifikationen des Anwendungsfalls bzw. der einzelnen Aktionen nicht im Mittelpunkt der Testfallermittlung stehen. Anhand der Beschreibung der Aktion ermittelt man die vom Benutzer (bzw. vom Werkzeug) auszuführenden elementaren Interaktionen. Das erwartete Ergebnis einer Aktion (Orakel) ergibt sich aus der konkreten Nachbedingung des Szenarios und der Übergangsbedingung der entsprechenden Kante zur Folgeaktion im Aktivitätsdiagramm.

In einem Testskript stellt man Testfälle zu einem Szenario anhand der Vor- und Nachbedingungen der Aktionen und der Flussbedingungen der Kanten im Aktivitätsdiagramm zusammen. Man unterscheidet Konformitätstests und Robustheitstests:

- Konformitätstests halten die Bedingungen explizit ein.
- Gezielte Verletzungen der Bedingungen der Aktionen und Kanten im Aktivitätsdiagramm und der Interaktionsparameter führen zu Robustheitstests, mit denen man die Robustheit des Anwendungssystems prüft.

Das Ziel bei der Präzisierung der Testskripte ist es, gezielt zu versuchen, die Nachbedingungen der Aktionen im Aktivitätsdiagramm bzw. des Anwendungsfalls bei erfüllter Vorbedingung des Anwendungsfalls zu FALSE auszuwerten – in diesem Fall ist ein Fehler im Anwendungssystem gefunden.

Zur Präzisierung der Testskripte betrachtet man den Typ der zugeordneten Aktion (vgl. Technik *Anwendungsfalltest*):

- Die Interaktionsparameter einer *Interaktion* ermittelt man aus den Eingabefeldern der Elemente der Benutzungsoberfläche. Die entsprechenden Elemente der Benutzungsoberfläche ergeben sich im optimalen Fall aus Entwurfsdokumenten. Ansonsten muss die Zuordnung aus einer Analyse der Quellcodes der

Anwendung manuell oder (semi-)automatisch mit Werkzeugen zum Test (grafischer) Benutzungsoberflächen erfolgen. Hierbei hilft eine konsistente Namenswahl, welche Elemente der Oberfläche zu entsprechenden Interaktionen zuordnet. Objekte, die in dem Anwendungssystem vor dem Test bereits existieren müssen, leitet man ggf. aus der Vorbedingung der Interaktion ab.

- Jede *Kontextaktion* beschreibt eine Aktivität, die vom Akteur ohne Unterstützung durch das Anwendungssystem ausgeführt wird. Hier werden externe Abläufe simuliert und geprüft, womit die Grenze zum umgebenden Geschäftsprozess erreicht ist.
- Jede *Makroaktion* wird zu einem Verweis auf ein Testskript der Test-Suite des „aufgerufenen" Anwendungsfalls. Man ermittelt passende Skripte anhand der Vor- und Nachbedingung der der Makroaktion zugeordneten Aktion im Testszenario und der Testszenarien des aufgerufenen Anwendungsfalls.

Für alle drei Aktionstypen gilt:

- Der Testsetup wird aus der Vorbedingung der Aktion ermittelt.
- Für das erwartete Ergebnis (Testorakel) zieht man die Nachbedingung der Aktion und die Übergangsbedingung der entsprechenden Kante im Aktivitätsdiagramm heran.

Auch hier unterscheidet man wieder Testfälle für positive und negative Tests: während positiven Tests die jeweiligen Vorbedingungen einhalten, verletzen negative Tests ganz bewusst eine Vorbedingung und spezifizieren als erwartetes Ergebnis eine bestimmte Ausnahme (-situation).

Die Vor- und Nachbedingungen der Spezifikation von Anwendungsfällen und Aktionen in Aktivitätsdiagrammen können aufgrund folgender Eigenschaften als eigenständiges (funktionales) Testmodell benutzt werden:

- Die Vorbedingung muss in einem Konformanztest vor der Bearbeitung der Aktion erfüllt sein – dies schränkt die Anzahl der benötigten Testfälle ein und gibt Hinweise auf notwendige Initialisierungen. Insbesondere muss die Vorbedingung des Anwendungsfalls vor dem Test erfüllt sein.
- Die Nachbedingung wird durch die Ausführung der Aktion zugesichert, wenn vor ihrer Bearbeitung die Vorbedingung erfüllt ist – die Nachbedingung spezifiziert also einerseits das erwartete Ergebnis der Testfälle. Andererseits kann man versuchen, durch die Auswahl gewisser „Eingangsdaten" eine bestimmte Belegung der Terme der Nachbedingung zu erzwingen oder sogar die Aufgabe der Aktion quasi „sabotieren", so dass die Nachbedingung trotz erfüllter Vorbedingung nicht erfüllt wird.

Genauso wie in bedingten Anweisungen oder Schleifen der Kontrollfluss innerhalb von Methoden durch Bedingungen gesteuert wird, steuern die Zusicherungen sozusagen die Traversierung von Kanten und damit die Ausführung oder Nicht-Ausführung der Aktionen. Gehen von einer Aktion mehrere Kanten aus, können (und sollen) die Bedingungen der Kanten in verschiedenen Szenarien zu dem Aktivitätsdiagramm beide Wahrheitswerte – *true* und *false* – annehmen, da sonst unerreichbare Aktionen, überflüssige Kanten oder nie ausgeführte bzw. nicht terminierende Schleifen vorliegen können.

Beispiel

Aus Gründen der Übersichtlichkeit beschränken wir uns im Weiteren auf den Anwendungsfall „Anmelden“, der von der Makroaktion Anmelden im Aktivitätsdiagramm *GeldAbheben* (Abb. 21-44) aufgerufen wird. Abb. 21-47 zeigt ein präzisiertes Testskript zum Testszenario Online-Anmeldung dieses Anwendungsfalls. Das Testskript benutzt die beiden Testskripte `KarteEinführen` und `PINAnfordern`. Zu den Einträgen für die Interaktionen ist zur Unterstützung der Instrumentierung für die Überdeckungsmessung zusätzlich angegeben, welche Klasse verantwortlich für die Aufgabe ist (ROOTCLASS).

```
TESTSUITE Anmelden ()
// Testumgebung

// Testskripte
TESTSCRIPT Online-Anmeldung Anwendungsfall Anmelden (
      Bankleitzahl: String[8],
      Kontonummer: String[10],
      Gültigkeitsdatum: Date,
      Kartennummer: Integer,
      PIN: Integer )
  // Der BankKunde identifiziert sich durch Eingabe der Karte und der PIN.
  VORBEDINGUNG
      AccountCreatedOrExists (Bankleitzahl, Kontonummer) AND
      CardNotLocked (Bankleitzahl, Kontonummer, Gültigkeitsdatum,
         Kartennummer)
AND ATMReadyAndOnline;

  BEGIN
  // Karte Eingeben
      KarteEinführen (Bankleitzahl, Kontonummer, Gültigkeitsdatum,
         Kartennummer)
      ORACLE ATM busy AND Karte im KartenLeser;
  // PIN Anfordern
      PINAnfordern (PIN)
      // Das Orakel spezifiziert das erwartete Ergebnis anhand der
         Nachbedingung.
      ORACLE ATM busy AND Karte im KartenLeser AND PIN_OK;
  // Auswahl anzeigen
      Bedienpult.MenüAnzeigen()
  END.

  TESTCASE KarteEinführen ROOTCLASS Kartenleser (
      Bankleitzahl: String[8],
      Kontonummer: String[10],
      Gültigkeitsdatum: Date,
      Kartennummer: Integer)
```

```
   BEGIN
   // Der BankKunde führt die Karte in den Kartenleser ein.
   END

   TESTCASE PINAnfordern ROOTCLASS Bedienpult (PIN: Integer)
   BEGIN
   // Der BankKunde gibt die PIN ein.
   END
   ...
END Online-Anmeldung.
```

Abb. 21-47. Präzisiertes Testskript für den Systemtest

21.8.5 Konkretisierung der Testdaten

Hat man aus den einzelnen Aktionen eines Testszenarios Testfälle abgeleitet und Testskripte erstellt, so sind für jeden Testfall wiederum Testdaten abzuleiten bzw. zu generieren. Hierzu muss der Tester die Eingaben durch die Wertebereiche bzw. die Vorzustände der Eingabe ergänzen. Testfälle konzentrieren sich auf einzelne elementare Interaktionen wie z.B. die Eingabe von Attributwerten eines Objekts und stellen somit Aufrufe und – als Testdaten – Aufrufparameter zur Verfügung.

Aufrufparameter werden aus den Beschreibungen der Aktionen und/oder aus den öffentlich sichtbaren Attributen der in den Bedingungen angesprochenen Klassen im Klassenmodell ermittelt.

Elementare Interaktionsparameter können darüber hinaus auch mit der Äquivalenzklassenbildung für die Testdatenermittlung herangezogen werden [Riedemann1997].

Die schnell explodierende Anzahl von kombinatorisch möglichen Testdaten sollte dabei systematisch reduziert werden (vgl. [Riedemann1997] und Technik *Test dynamisch gebundener Operationsaufrufe*).

Beispiel

Wir ermitteln Testdaten für den Interaktionsparameter der Aktion `PIN Eingeben` im Testskript `Online-Anmeldung`. Diese erwartet als Eingabeparameter einen Wert vom Typ integer[1]. Für diesen Interaktionsparameter ermitteln wir die Äquivalenzklassen `PIN` und `keinePIN`. Für eine Integer-Größe `i` bezeichne `Chars(i)` die Anzahl der Stellen in der Dezimaldarstellung von `i` (ohne führende Nullen). Damit spezifizieren wir die Äquivalenzklassen zu

$$\texttt{PIN} \equiv \{\texttt{i} \mid \texttt{i} > 0 \wedge \texttt{Chars(i)} = 4\} \text{ und}$$
$$\texttt{keinePIN} \equiv \{\texttt{i} \mid \texttt{i} \notin \texttt{PIN}\} = \{\texttt{i} \mid \texttt{i} \leq 0 \vee \texttt{Chars(i)} \neq 4\}.$$

[1] Man kann hier Eingaben, die überhaupt keiner Integer-Größe entsprechen, evtl. vernachlässigen, da solche über Prüffelder der Benutzungsoberfläche abgefangen werden sollten.

Die Äquivalenzklasse PIN verfeinern wir weiter in die beiden Klassen GueltigePIN und UngueltigePIN. Die Klasse GueltigePIN enthält alle Eingaben, zu denen ein entsprechendes Konto existiert, UngueltigePIN enthält alle anderen Eingaben. Ausführbare Tests zum Testszenario bzw. -skript Online-Anmeldung des Bankautomaten zeigt Abb. 21-48.

```
TEST GueltigePIN
BEGIN
      Bankleitzahl = 33050000;
      Kontonummer: 4712042;
      Gültigkeitsdatum: 01.01.2000;
      Kartennummer: 1234;
      PIN: 4656;
      CALL Online-Anmeldung( Bankleitzahl, Kontonummer, Gültigkeitsdatum,
         Kartennummer, PIN) ORACLE ...)
END GueltigePIN.

TEST UngueltigePIN
BEGIN
      Bankleitzahl = 33050000;
      Kontonummer: 4712042;
      Gültigkeitsdatum: 01.01.2000;
      Kartennummer: 1234;
      PIN: 4657;
      CALL Online-Anmeldung( Bankleitzahl, Kontonummer, Gültigkeitsdatum,
        Kartennummer, PIN) ORACLE ...)
END UnueltigePIN.

TEST KeinePIN
BEGIN
      Bankleitzahl = 33050000;
      Kontonummer: 4712042;
      Gültigkeitsdatum: 01.01.2000;
      Kartennummer: 1234;
      PIN: 46567;
      CALL Online-Anmeldung( Bankleitzahl, Kontonummer, Gültigkeitsdatum,
        Kartennummer, PIN) ORACLE ...)
END KeinePIN.
```

Abb. 21-48. Testdaten zum Testskript Online-Anmeldung

21.8.6 Ausführung der Tests und Messen der Testüberdeckung

Das prinzipielle Vorgehen beim anwendungsfallbasierten Systemtest zeigt Abb. 21-49.

Nach der Initialisierung der persistenten Daten z.B. mit vorhandenen (anonymisierten) Produktionsdaten wird die Anwendung über die Benutzungsoberfläche stimuliert. Nach jedem Test überprüft der Tester bzw. das Test-Werkzeug die resultierenden Ausgaben und damit indirekt den Zustand der Anwendung mit den

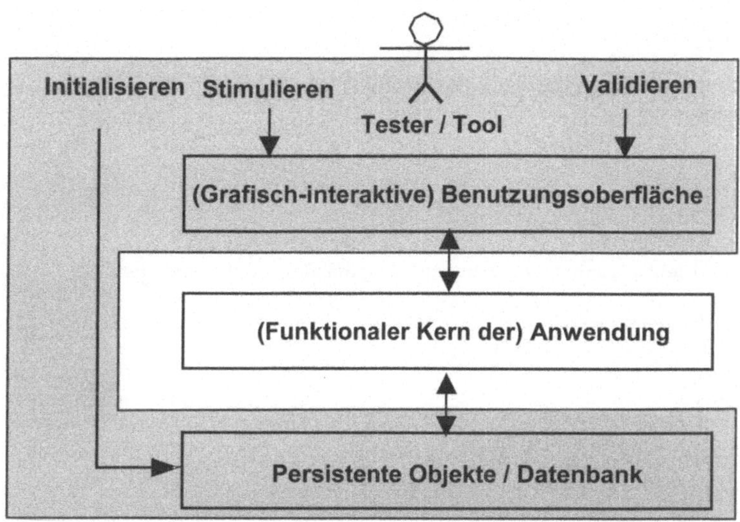

Abb. 21-49. Vorgehen beim Systemtest

Möglichkeiten der Benutzungsoberfläche (Feldvergleiche, Zustand der Oberflächenelemente, ...).

Man geht beim anwendungsfallbasierten Systemtest im wesentlichen nach dem Algorithmus `Systemtest` (Abb. 21-50) vor. Als Testendekriterium wendet man z.B. „alle Testszenarien geprüft" oder „alle Aktionen des Aktivitätsdiagramms überdeckt" an. Bezüglich weiterer, auf Prozessmetriken wie der Fehleraufdeckungsrate basierender Testendekriterien siehe z.B. [Riedemann1997].

```
Algorithmus Systemtest
Eingabe: Anwendungsfälle, Aktivitätsdiagramme und Test-Szenarien;
Ausgabe: Ausführungsprotokolle;
BEGIN
   Test-Reihenfolge tre und Test-Ressourcen trs planen;
   FORALL a ∈ Anwendungsfälle DO
   BEGIN
FORALL ts ∈ a.Test-Szenarien ORDERED BY tre DO
REPEAT
          Datenbank einrichten;
          Daten für die Interaktionsparameter der Aktionen von ts generieren;
          Test-Skript ausführen;
      UNTIL Test-Endekriterium erfüllt OR trs(Test-Szenario) ausgeschöpft;
      Weitere Testfälle je nach trs(a) ermitteln und ausführen;
   END
END Systemtest.
```

Abb. 21-50. Algorithmus *Systemtest*

Beispiel

Die nach den Tests mit den Überdeckungsprotokollen angereicherte Testsuite für den Anwendungsfall „Anmelden" skizziert Abb. 21-51.

```
TESTSUITE Anmelden
BEGIN
// Testfälle zum Anwendungsfall Anmelden.
       TESTFALL AnmeldungOK (...)
// Der BankKunde identifiziert sich durch Eingabe der Karte und der PIN.
       ...
       TESTFALL FalscheKarte (...)
       ...
TEST GueltigePIN ...
TEST UngueltigePIN ...
...
//Überdeckungsprotokolle
       RUN 07-Aug-1999_12:34 OF GueltigePIN
       Code Coverage: ...
       Action Coverage: ...
       Branch Coverage:...
       RUN 09-Aug-1999_12:34 OF UngueltigePIN
       ...
...
END Anmelden.
```

Abb. 21-51. Skizzierte Testsuite mit Überdeckungsprotokollen

Qualitätskriterien

Qualitätskriterien für den anwendungsfallbasierten Systemtest sind:

- Die Eingabedaten zu jeder Interaktion sind festgelegt.
- Die Werte der Vorbedingung des Anwendungsfalls, d.h. des Zustands des Anwendungssystems zu Beginn des Tests, sind spezifiziert.
- Die erwarteten Werte der Nachbedingungen, d.h. des Zustands des Anwendungssystems nach dem Test, sind spezifiziert.
- Alle Aktionen in den Aktivitätsdiagrammen sind durch Tests überdeckt.
- Alle Kanten in den Aktivitätsdiagrammen sind durch Tests überdeckt.

Vorausgesetztes Wissen

- Techniken *Anwendungsfallmodellierung, Detaillierung des Anwendungsfallmodells, Anwendungsfalltest*
- Konzept der Äquivalenzklassenbildung.

Literatur

[Jacobson1999] Jacobson, I., Booch, G., Rumbaugh, J.: The Unified Software Development Process, Addison-Wesley, 1999

[Riedemann1997] Riedemann, E.: Testmethoden für sequentielle und nebenläufige Systeme, Teubner, Stuttgart, 1997

[Winter2000] Winter, M.: Qualitätssicherung für objektorientierte Software: Anforderungsermittlung und Test gegen die Anforderungsspezifikation, Verlag dissertation.de, Berlin, 2000

22 Projektmanagement

22.1 Risikoanalyse

Beschreibung

Das Ziel der Technik Risikoanalyse ist es, Projektziele und Projektplanungen (einschließlich möglicher Alternativen) zu einem frühen Zeitpunkt auf ihre Erfolgsaussichten und mögliche Risiken zu untersuchen, Nutzen und Kosten gegeneinander abzuwägen und gesicherte Entscheidungsgrundlagen für die endgültige Festlegung der Projektziele und des Vorgehens zu liefern.

Der Nutzen der Risikoanalyse besteht darin, mögliche Risiken frühzeitig erkennen und Fehlentwicklungen vermeiden zu können. Lt. einer 1995 veröffentlichten Untersuchung aus den USA gingen ca. 1/3 der Ausgaben für Software-Projekte an gescheiterten Projekten und ca. ein weiteres Viertel für Kostenüberschreitungen verloren – lediglich 48 % der Ausgaben kamen dem ursprünglichen Zweck zugute. Andere Untersuchungen liefern teils noch schlechtere Werte. Der Einsatz neuer Techniken vermindert solche Risiken kaum, er lässt sie eher steigen [Sneed1999]. Eine frühzeitige Risikoanalyse kann hier mögliche Schäden vermeiden helfen. Stehen mehrere Alternativen für die Projektziele und/oder das Vorgehen zur Auswahl, so kann eine Risikoanalyse die Entscheidungsgrundlagen transparent machen und damit eine sichere und fundierte Entscheidung erleichtern.

Risiken können sich sowohl aus den Projektinhalten (z.B. zu ambitionierten Zielsetzungen) als auch aus dem Vorgehen (z.B. Einsatz von ungenügend qualifiziertem Personal) ergeben. Voraussetzung für eine Risikoanalyse sind daher zum einen das Vorliegen der Projekt-Anforderungen, d.h. die Tätigkeit „Anforderungen analysieren" ist bereits ausgeführt. Zum anderen sollten Vorüberlegungen zum Vorgehen vorliegen, etwa in Form der erfolgten Auswahl einer Modellvariante (vgl. Technik *Auswahl der Modellvariante*). Ist auch der Zuschnitt des Vorgehens bereits erfolgt (vgl. Technik *Auswahl des Zuschnitts*), so kann sich die Risikoanalyse auch darauf beziehen und im äußersten Falle zu einer Revision der Auswahl und des Zuschnitts führen.

Das Ergebnis der Risikoanalyse ist ein Bericht über mögliche Risiken sowohl der Projektziele (Anforderungen) als auch des beabsichtigten Vorgehens. Er ist in der Regel in zwei Teile gegliedert, die die Projektziele und das Vorgehen zum

Inhalt haben. Im Einzelfall kann sich aber die Risikoanalyse auf einen der beiden genannten Bereiche beschränken. Der Bericht orientiert sich an Risikofaktoren und weist Möglichkeiten zu ihrer Vermeidung bzw. Minimierung auf.

Die Arbeitsschritte bei der Risikoanalyse sind:

- Feststellung des Gegenstands der Risikoanalyse, z.B. der Projektziele (gegeben durch die Projekt-Anforderungen) bzw. der groben Projektplanung anhand einer ausgewählten Modellvariante und ggf. eines erfolgten Zuschnitts für das Vorgehen
- Feststellung der Risikofaktoren und Festlegung von Skalen oder Kriterien für das Einschätzen von Risiken
- Identifizierung der Risiken: Untersuchung der Projektziele und der Projektplanung im Hinblick auf die Risikofaktoren
- Klassifizierung und Bewertung der Risiken
- Empfehlung von Gegenmaßnahmen und Maßnahmen zur Risikoverfolgung.
- Abfassung eines Risikoberichts: Welche Anforderungen und welche Planungsschritte weisen bezüglich welcher Risikofaktoren ein Risiko auf? Durch welche Maßnahmen kann das Risiko ausgeschaltet oder vermindert werden?

Arbeitsschritte

22.1.1 Feststellung des Gegenstands der Risikoanalyse

H. Sneed zitiert als vorrangige Gründe für den erfolglosen Abbruch von Software-Projekten [Sneed1999]:

- unklare bzw. umstrittene Zielsetzung,
- Unkenntnis der Ist-Situation,
- zu wenig Anwenderbeteiligung,
- falsche Projektbesetzung,
- undefinierte Verantwortlichkeiten,
- unzulängliche Projektkontrollen,
- fehlendes technisches Know-how.

So wie man heute bei der Qualitätssicherung neben dem entstehenden Produkt auch den Herstellungsprozess betrachtet, kann sich eine Risikoanalyse grundsätzlich auf einen der Bereiche

- Projektinhalte – gegeben durch die Projektziele und -anforderungen sowie
- Vorgehen im Projekt – gegeben durch die ausgewählte Modellvariante und ggf. deren Zuschnitt

beziehen. Die oben genannten Gründe lassen sich unschwer diesen beiden Bereichen zuordnen. B. Boehm nimmt eine feinere Unterteilung in *Zeitrisiken, Produkt-*

risiken, Plattformrisiken, Personalrisiken, Prozessrisiken und Wiederverwendungsrisiken vor [Boehm1991].

Für die Risikoanalyse ist zu Beginn festzulegen, ob sie die beiden genannten Bereiche oder nur einen der beiden betrifft. Dabei sind jeweils die betroffenen Dokumente explizit zu benennen, z.B. der Ergebnistyp *Anforderungskatalog* (im Bereich Entwicklung) oder der Ergebnistyp *Projektplan* (im Bereich Projektmanagement).

22.1.2 Feststellung der Risikofaktoren

Wie oben ausgeführt, lassen sich die Risikofaktoren verschiedenen Bereichen zuordnen und damit klassifizieren:

- Technische Risiken

  Hierzu gehören i.w. die Risiken, die sich aus den technische Projektzielen und Projekt-Anforderungen ergeben. Enthält z.B. der Anforderungskatalog eine neue, bisher noch nicht realisierte Funktionalität oder sieht eine neue, noch nicht erprobte Plattform oder einen neuen methodischen Ansatz vor, so ist dies als erhöhtes Risiko einzustufen. Von besonderer Bedeutung sind Sicherheits-Risiken. Hängt vom einwandfreien Funktionieren der Software die Sicherheit großer technischer Anlagen oder gar die Gesundheit und das Überleben betroffener Menschen ab, so ist die Software als sicherheitskritisch einzustufen und besondere Qualitätsanforderungen und -prüfungen kommen zum Tragen (vgl. Technik Sicherheitsrisikoanalyse).

  Weiter gehören zu den technischen Risiken solche Risiken, die für den Betreiber der Software größere wirtschaftliche oder juristische Schäden nach sich ziehen können. Ist z.B. ein ausgeliefertes Software-System nicht genügend gegen das Eindringen unberechtigter Benutzer gesichert, so können dem Betreiber erhebliche Haftungsorderungen drohen.

- Risiken der Projektabwicklung

  Hiermit sind solche Risiken gemeint, die sich unmittelbar aus der Projektabwicklung und den dabei zu verwaltenden Budgets ergeben. Das Projekt-Management hat in der Regel einen gewissen Ermessensspielraum bei der Aufteilung des Budgets und bei der Setzung von Prioritäten. Ein falsch eingesetztes Budget kann zu Qualitätseinbußen oder nicht eingehaltenen Lieferterminen mit möglichen Konventionalstrafen führen. Die Einhaltung des Fertigstellungstermins wird vom Auftraggeber oft mit hoher Priorität gefordert und stellt damit ein erhebliches wirtschaftliches Risiko für den Auftragnehmer dar.

  Weiter gehören in diese Gruppe Risiken, die sich aus der Projektplanung und der Koordination einzelner Phasen und Aktivitäten ergeben. Defizite bei der Qualifikation der eingesetzten Mitarbeiter stellen ein erhebliches Risikopotential dar, weiter die Abhängigkeit von Lieferanten, Werkzeugen oder einer unerprobten oder erst im Aufbau befindlichen Plattform.

Weiter kann in der Auswahl einer Modellvariante und deren Zuschnitt ein mögliches wirtschaftliches Risiko liegen, da eine andere oder eine anders zugeschnittene Modellvariante möglicherweise zu einer wesentlich effizienteren Projektabwicklung führen würde. Mögliche Risiken lassen sich auch an den sogenannten *kritischen Pfaden* ablesen. Das sind Folgen von Aktivitäten, deren spätere Glieder unausweichlich vom erfolgreichen Abschluß früherer Glieder abhängen. Aktivitäten, die auf einem solchen kritischen Pfad liegen und von denen der Projekterfolg maßgeblich abhängt, sind als besondere Risikofaktoren einzustufen.

- Soziale Risiken
  Diese letzte Gruppe von Risiken hat mit der Zusammenarbeit und dem Umgang der an einem Projekt beteiligten Menschen miteinander zu tun. Die beste Projektplanung und gut ausgewogene und abgestimmte Projektziele können sich als unzureichend erweisen, wenn im Projektteam oder zwischen Auftraggeber und Auftragnehmer persönliche Spannungen herrschen, die die Zusammenarbeit erschweren oder gar unmöglich machen. Solche Spannungen sind also als erheblicher Risikofaktor anzusehen und es ist zu prüfen, inwieweit sie (z.B. durch eine Revision der Personalplanung) beseitigt oder zumindest gemildert werden können. T. de Marco [DeMarco1987] hebt auf der anderen Seite den unschätzbaren positiven Effekt eines „verschworenen Teams" (*the yelled team*) für eine erfolgreiche Projektabwicklung hervor und legt den Projekt-Managern eine besondere Sorgfalt bei der Team-Zusammenstellung nahe.

Die möglichen Risiken lassen sich entsprechend dieser Klassifizierung in einer Tabelle zusammenfassen. Die folgende Tabelle ist unvollständig und hat lediglich exemplarischen Charakter:

Tab. 22-1. Risikofaktoren

Risiko-Art	**Risiko**
Technische Risiken	Anforderungskatalog: Komplexe Anforderungen
	Anforderungskatalog: Schwer miteinander vereinbare Anforderungen
	Anforderungskatalog: Sicherheitskritische Anforderungen
	Anwendungsfälle: (Noch) nicht voll verstandene Anwendungsfälle
	Modellierung: Neue Methoden / Werkzeuge
	Implementierung: Neue Plattform
	Implementierung: Neue Programmiersprache, Generatoren, Werkzeuge
	Implementierung: Neue Testverfahren/ -werkzeuge
	Implementierung: Sicherheitskritische Funktionen
	Implementierung: Ungewohnte Integrationsstrategie
	Einführung: Unbekannte Zielumgebung

Tab. 22-1 (Fortsetzung). Risikofaktoren

Risiko-Art	Risiko
Risiken der Projektabwicklung	Ungewohnte Modellvariante + Zuschnitt
	Mangelnde Qualifikation des Projektteams
	Knappes Budget
	Enge Termine, Gefahr von Konventionalstrafen
	Gehäufte kritische Pfade
	Fehlende Zwischen-Erfolgskontrollen
	Abhängigkeit von Zulieferungen
	Unbekannte oder unpassende Werkzeugumgebung
	Unbekannte oder instabile Zielumgebung
Soziale Risiken	Zu kleine, überforderte Mannschaft
	Mögliche Spannungen innerhalb des Teams
	Mögliche Spannungen zwischen Auftraggebern und -nehmern
	Unzureichende Kommunikationswege und -mittel
Weitere ...	....

22.1.3 Identifizierung der Risiken

Die vorliegenden Projektdokumente sind auf potentielle Risiken hin zu untersuchen. Dabei dient eine Liste möglicher Risikofaktoren (vgl. oben) als Hilfestellung. Die Identifizierung sollte nicht nur vom Projektleiter, sondern von mehreren Projektbeteiligten unabhängig voneinander vorgenommen und anschließend gemeinsam diskutiert und abgeglichen werden. Soweit möglich, sollten auch Eintrittswahrscheinlichkeiten für die Risiken unabhängig geschätzt und dann im gemeinsamen Abgleich eingestuft werden.

22.1.4 Klassifizierung und Bewertung der Risiken

Die Tragweite eines Risikos kann von zwei unterschiedlichen Faktoren abhängen:

- der *möglichen Schadenshöhe* H, d.h. dem potentiellen Verlust bei Eintritt des Risiko-Ereignisses,
- der *Wahrscheinlichkeit* p des Risiko-Eintritts.

Ein Ansatz zur Bezifferung der Schadenshöhe ist die Abschätzung des Schaden-Geldwerts, etwa in TDM oder kEuro. Für die Wahrscheinlichkeits-Abschätzung bieten sich 10%-Stufen an. Eine Möglichkeit zur Gesamt-Einstufung (der sog. *Risikoaussetzung*) besteht darin, beide Schätzwerte miteinander zu multiplizieren.

Also z.B.: Die Konventionalstrafe für eine Terminüberschreitung um bis zu 2 Monate beträgt 100 TDM. Das Risiko für eine solche Verzögerung wird mit 20 % angesetzt. Die Risikoaussetzung lässt sich damit auf 100 TDM * 0.2 = 20 TDM beziffern.

Eine Alternative besteht darin, eine Standardgewichtung für alle Risikofaktoren anhand einer festliegenden Skala (etwa mit Werten zwischen 0.1 und 2.0, vgl. [Charette1998]) vorzunehmen. Das Produkt aus Gewicht und (Eintritts-) Wahrscheinlichkeit ergibt die Risikostufe, die dann mit der möglichen Schadenshöhe zu multiplizieren ist. An diesen Methoden ist nicht unproblematisch, dass Wahrscheinlichkeiten und potentielle Schadenshöhen als austauschbar betrachtet werden, obwohl sie dies in der Regel nicht sind. Das wird beim Beispiel einer gesundheits- oder lebenskritischen Anwendung sofort deutlich.

Oft sind verlässliche Abschätzungen mit der oben suggerierten Genauigkeit nicht möglich oder zu aufwendig. Dann kann man von vornherein eine gröbere Abschätzung vornehmen, z.B. in jeweils 3 Stufen für H und p. Für die kombinierte Risikoabschätzung $H * p$ ergeben sich daraus 6 mögliche Stufen:

Tab. 22-2. Grobe Risikowerte

Wahrscheinlichkeit p **mögl. Schadenhöhe H**	**hoch (3)**	**mittel (2)**	**niedrig (1)**
hoch (3)	9(sehr hoch)	6 (hoch)	3 (mittel)
mittel (2)	6 (hoch)	4 (mittel)	2 (gering)
gering (1)	3 (mittel)	2 (gering)	1 (sehr gering)

Mit dem letztgenannten Verfahren könnte nun für ein fiktives Projekt die folgende Risiko-Einschätzung vorgenommen werden:

Tab. 22-3. Projektspezifische Risikofaktoren (Beispiel)

Risiko-Art	**Risiko**	**H**	**p**	**H*p**
Technische Risiken	Anforderungskatalog: Komplexe Anforderungen	1	1	1
	Anforderungskatalog: Schwer miteinander vereinbare Anforderungen	2	2	4
	Anforderungskatalog: Sicherheitskritische Anforderungen	0		
	Anwendungsfälle: (Noch) nicht voll verstandene Anwendungsfälle	2	1	2
	Modellierung: Neue Methoden / Werkzeuge	0		
	Implementierung: Neue Plattform	0		
	Implementierung: Neue Programmiersprache, Generatoren, Werkzeuge	1	3	3

Tab. 22-3 (Fortsetzung). Projektspezifische Risikofaktoren (Beispiel)

Risiko-Art	Risiko	H	p	H*p
	Implementierung: Neue Testverfahren /-werkzeuge	1	2	2
	Implementierung: Sicherheitskritische Funktionen	0		
	Implementierung: Ungewohnte Integrationsstrategie	2	1	2
	Einführung: Unbekannte Zielumgebung	0		
Risiken der	Ungewohnte Modellvariante + Zuschnitt	1	3	3
Projekt-	Knappes Budget	2	2	4
abwicklung	Enge Termine, Gefahr von Konventionalstrafen	3	2	6
	Gehäufte kritische Pfade	2	1	2
	Fehlende Zwischen-Erfolgskontrollen	0		
	Unpassende Werkzeugumgebung	1	2	2
Soziale Risiken	Zu kleine, überforderte Mannschaft	0		
	Mögliche Spannungen innerhalb des Teams	0		
	Mögliche Spannungen zwischen Auftraggebern und -nehmern	2	1	2
	Unzureichende Kommunikationswege und -mittel	2	1	2
Weitere ...	Neues QS-Konzept des Auftraggebers	2	3	6
Summe Risiken				41

Aus dieser Tabelle kann z.B. sofort abgelesen werden, dass die größten Risiken bei der Terminfestsetzung (erhebliche Strafe, mittlere Wahrscheinlichkeit der Überschreitung) sowie beim neuen QS-Konzept des Auftraggebers (mittlerer Schaden bei Nichteinhaltung der dort erhobenen Forderungen, große Eintrittswahrscheinlichkeit) gesehen werden.

Wird eine Gesamtabschätzung des Risikos benötigt, so sind die einzelnen Risikofaktoren mit Gewichten zu versehen, es ist über die Faktoren aufzusummieren und die Summe mit der möglichen Schadenshöhe zu multiplizieren (vgl. oben).

22.1.5 Empfehlung von Gegenmaßnahmen und Maßnahmen zur Risikoverfolgung

Für jeden relevanten (d.h. mit einem von 0 abweichenden Risikowert belegten) Risikofaktor werden mögliche Gegenmaßnahmen ermittelt und aufgelistet. Zu den Gegenmaßnahmen gehören sowohl solche, die das Risiko gänzlich beseitigen, als auch solche, die seine Wirkungen abmildern. Wird eine detailliertere Abschätzung benötigt, so kann man einen *Risikominderungsfaktor* (als Mittelwert der Erfolgswahrscheinlichkeiten der empfohlenen Gegenmaßnahmen) berechnen und die Risikoaussetzung (vgl. oben) durch Multiplizieren mit diesem Faktor verringern.

Zu den Gegenmaßnahmen auf Management-Seite gehört immer eine Verfolgung der Risikoentwicklung. D.h. wird ein Projekt trotz erkannter Risiken durchgeführt, so ist sicherzustellen, dass während der Projektdurchführung zu regelmäßigen Zeitpunkten (etwa monatlich) die Projektentwicklung anhand der Risikofaktoren überprüft, neu eingeschätzt und die erhaltenen Werte zu Vergleichszwecken festgehalten werden. So lässt sich die Entwicklung des Gesamtrisikos über längere Zeiträume verfolgen und bei Erreichen gewisser Gefahrengrenzen werden weitere Maßnahmen eingeleitet, die bis zum Projektabbruch reichen können.

22.1.6 Abfassung eines Risiko-Berichts

Am Schluss der Risikoanalyse steht die Abfassung eines Risikoberichts. Dieser enthält die Ergebnisse der vorausgegangenen Arbeitsschritte:

- Benennung der Gegenstände der Risikoanalyse, insb. der Dokumente, auf die sich die Analyse bezieht;
- Aufstellung, Klassifizierung und Bewertung der Rsisikofaktoren, etwa in Form einer Tabelle wie oben exemplarisch angegeben;
- Darstellung und Bewertung der projektspezifischen Risiken, ggf. mit Begründungen, warum einzelne Risiken mit einer bestimmten Schadenhöhe und -wahrscheinlichkeit eingestuft wurden;
- Zusammenfassende Darstellung und Bewertung des Gesamtrisikos auf Basis der Einzelrisiken, Hervorhebung der besonders kritischen Einzelrisiken;
- Abgabe von Empfehlungen für Gegenmaßnahmen, d.h. eine Darstellung, wie das Gesamtrisiko – und im besonderen die herausgehobenen Einzelrisiken – beseitigt oder vermindert werden kann. Festlegung von Gefahrengrenzen, bei deren Überschreitung weitergehende Maßnahmen (z.B. Neuverhandlungen, Projektabbruch) auszulösen sind.

Qualitätskriterien

Da es sich bei der Risikoanalyse zu einem großen Teil um subjektive Einschätzungen von Menschen handelt, ist das beste Qualitätskriterium das Heranziehen von möglichst viel Expertise. So kann z.B. die Risikoanalyse zwei oder drei unabhängigen (und untereinander nicht in Verbindung stehenden) Experten übertragen werden. In einer abschließenden Sitzung kommen dann alle zusammen und stimmen ihre Abschätzungen untereinander ab.

Einen wertvollen Anhaltspunkt liefert (falls vorhanden) das Studium entsprechender Dokumente zur Risikoanalyse vergangener, möglichst vergleichbarer Projekte – im Zusammenhang mit den entsprechenden Projekt-Endberichten, aus denen hervorgeht, wie verläßlich frühere Risikoanalysen waren – ob man z.B. generell zu einer zu optimistischen oder einer zu pessimistischen Einschätzung von Risiken geneigt war.

Vorausgesetztes Wissen

Grundwissen über Vorgehensmodelle, über Kernfragen des Projekt-Managements, der Projektplanung, der Personalführung und des Risiko-Managements.

Literatur

[Boehm1986] Boehm, B.W.: Wirtschaftliche Software-Produktion, Forkel, 1986

[Boehm1988] Boehm, B.W.: A spiral model of Software development and enhancement, Computer, May 1988, 61-72

[Boehm1991] Boehm, B.W.: Software risk management – Principles and Practices, IEEE Software 8 (1), Jan. 1991

[Charette1998] Charette, R.: Software Engineering Risk Analysis and Management, McGraw Hill, 1998

[DeMarco1987] DeMarco, T., Lister, T.: Peopleware – Productive projects and teams, Dorset House,1987 (Titel der dt. Übersetzung: Wien wartet auf dich)

[Humphrey1989] Humphrey, W.: Managing the Software Process, Addison-Wesley, 1989

[SIZ1999a] Informatikzentrum der Sparkassenorganisation GmbH (SIZ): AE-Modell Objektorientierte Entwicklung, Bonn, 1999

[Sneed1999] Sneed, H.: Software-Risikoanalyse, In: Proc. Software-Management '99, 191-205, Teubner, 1999, 191-205

22.2 Auswahl der Modellvariante

Beschreibung

Das Ziel der Auswahl der Modellvariante ist es, unter den vorgegebenen Modellvarianten (vgl. Kapitel 2 „Das Anwendungsentwicklungsmodell“) eine Variante als Muster für das Vorgehen in einem konkreten Entwicklungsprojekt auszuwählen. Die Auswahl erfolgt anhand von verschiedenen Kriterien und ist i.a. durch die projektspezifischen Rahmenbedingungen begrenzt. Als Orientierungshilfe bei der Auswahl können die weiter unten erläuterten Auswahltabellen verwendet werden.

Der Nutzen der Aktivität besteht darin:

- das Vorgehen im Projekt an einem bekannten und verbreiteten Vorgehensmuster zu orientieren, um damit
- Projektleitern und Entwicklern die Arbeit zu erleichtern, ein projekt-spezifisches Vorgehen zu definieren und sich dabei auf klar definierte Auswahlkriterien zu beziehen.
- Projektleitern und QS-Verntwortlichen die Bewertung und den Vergleich von Arbeitsschritten und ihren Ergebnissen zu erleichtern.
- Die *Voraussetzung* für die Aktivität ist das Vorliegen der Projekt-Anforderungen und -Randbedingungen, d.h. die Fähigkeit, die in den unten angeführten Auswahltabellen geforderten Einstufungen vorzunehmen.

Das *Ergebnis* der Aktivität ist eine ausgewählte Modellvariante (in Ausnahmefällen eine weitere als „2. Wahl"), eine Begründung der Auswahl (etwa anhand des durch die Auswahltabellen vorgegebenen Kriterienrasters) sowie ggf. Zusatzinformationen, die für den anschließenden Zuschnitt des konkreten Vorgehens (Tailoring) vom Bedeutung sind.

Die *Arbeitsschritte* bei der Modellvarianten-Auswahl sind:

- Identifizierung der gegebenen Projekt-Anforderungen und -Randbedingungen
- Identifizierung der relevanten Auswahlkriterien
- Festlegung der ausgewählten Variante
- Begründung der Auswahl und Zusatzinformationen.

Arbeitsschritte

22.2.1 Identifizierung der gegebenen Projekt-Anforderungen und -Randbedingungen

Als Voraussetzungen liegen die projektspezifischen Anforderungen und -Randbedingungen vor. Daraus sind diejenigen Anforderungen und Bedingungen herauszufiltern, die für das Vorgehen (und damit für die Auswahl der Modellvariante) eine Rolle spielen. Beispiele für diese sind: Projektgröße, Termindruck, Innovationsgrad, Stabilität der Anforderungen, Fertigstellungstermine für das Gesamtsystem und evtl. für Teilsysteme, räumliche und zeitliche Verteilung des Entwicklungspersonals (vgl. Tab. 22-4).

22.2.2 Identifizierung der relevanten Auswahlkriterien

Ein vorrangiges Auswahlkriterium stellt die Frage dar, ob es sich um die Entwicklung eines Präsentationssystems handelt. Die weiteren, in der nachfolgenden Auswahltabelle zusammengestellten Kriterien sind in zwei Gruppen gegliedert:

(1)Projektziele, Aufgabenstellung, Anforderungen
(2)Pandbedingungen für die Projektdurchführung.

Anhand der gegebenen Projekt-Anforderungen und -Randbedingungen ist zu prüfen, welche der vorgegebenen Auswahlkriterien relevant und welche vernachlässigbar sind. Ferner ist zu prüfen, ob es weitere, in der Tabelle (noch) nicht enthaltene Kriterien gibt, die für die Auswahl wichtig sind.

Gibt es unter den relevanten Kriterien große Ungleichgewichte – d.h. einige der Kriterien sind sehr viel wichtiger als andere – so sind diese gesondert zu markieren, ggf. mit einem Gewicht zu versehen.

Beispiel

Als relevant werden 5 Kriterien (genannt A,B,C,D und E) erachtet. Unter diesen Kriterien werden C, D und E als etwa gleich wichtig eingeschätzt, B als doppelt so wichtig und A als dreimal so wichtig. Entsprechend gehen die Kriterien in die Bewertung für die Auswahlentscheidung mit dem Faktor 1 bzw. 2 oder 3 ein.

22.2.3 Festlegung der ausgewählten Variante

Für ein gegebenes Projekt die optimale Modellvariante auszuwählen, ist aufgrund der spezifischen Situation und der vielen Randbedingungen oft nicht einfach. Die nachfolgende Tabelle mit ihren Auswahl-Empfehlungen soll nicht als einfaches Regelwerk oder allgemeines „Kochrezept" missverstanden werden, das für eine jede beliebige Ausgangssituation immer eine eindeutige und zweifelsfreie Empfehlung liefert. Es werden lediglich Kriterien bezüglich ausgewählter (genereller) Anforderungen und Randbedingungen aufgeführt, die ein gegebenes Projekt, seine Aufgabenstellung und seine beschreibbaren Ausgangsbedingungen betreffen. Argumente, die auf den sozialen und psychologischen Projekthintergrund zurückgehen, wie z.B. das Verhältnis zwischen Auftraggeber und Auftragnehmer („Wer hat das Sagen?") oder etablierte Traditionen bei der Entwickler-Mannschaft („Wie haben wir es bisher gemacht?") sind hier nicht berücksichtigt, obwohl gerade solche Argumente in der Praxis oft den letzten Ausschlag geben.

Für die Auswahl sind eine Reihe von Kriterien maßgeblich, die im folgenden in zwei Gruppen gegliedert werden:

(1)Projektziele, Aufgabenstellung, Anforderungen
(2)Randbedingungen für die Projektdurchführung

Diese Kriterien stehen in den Zeilen der folgenden Auswahltabellen. Deren Spalten bilden die im AE-Modell beschriebenen vier Varianten für die operative Systementwicklung:

INC: Inkrementelle Entwicklung

KOM: Komponentenbasierte Entwicklung

PHA: Phasenorientierte Entwicklung

EVP: Evolutionäres Prototyping

Die Spalten-Einträge drücken aus, wie stark das jeweils in einer Zeile der Tabelle gegebene Argument für die betreffende Modellvariante spricht:

+++: Argument spricht sehr stark für die betreffende Variante

++: Argument spricht stark für die betreffende Variante

+: Argument spricht schwach für die betreffende Variante

?: Argument ist für die betreffende Variante irrelevant

-: Argument spricht gegen die betreffende Variante

Eine individuelle Auswertung kann auf folgende Weise durchgeführt werden:

(a) Standard-Auswertung

Pro zutreffendes Argument werden für die einzelnen Varianten die betreffenden Punkte addiert, wobei folgende Umrechnung gilt:

+++: 3 Punkte

++: 2 Punkte

+: 1 Punkt

?: 0 Punkte

-: -1 Punkt

Tab. 22-4. Ungewichtete Auswahltabelle

(1) Projektziele, Aufgabenstellung, Anforderungen	**INC**	**KOM**	**EVP**	**PHA**
Erstentwicklung, noch kein laufendes DV-System	+++	+	++	+
Teilsystem soll schnell zur Verfügung stehen	++	++	+++	-
Gesamtsystem soll schnell zur Verfügung stehen	++	+	?	+++
Kosten sollen möglichst niedrig sein	++	+	?	++
Stabiles System, kaum veränderlicher Einsatz	+	?	-	++
Monolithisches System, kaum Nutzung von Teilsystemen	+	-	?	++

Tab. 22-4 (Fortsetzung). Ungewichtete Auswahltabelle

(1) Projektziele, Aufgabenstellung, Anforderungen	**INC**	**KOM**	**EVP**	**PHA**
Sehr heterogene Anwendung, viele relativ unabhängige Funktionen	++	+++	+	?
System soll änderungs- und wartungsfreundlich sein	++	+++	+	-
System soll leicht an veränderte Anforderungen anpaßbar sein	++	+++	++	-
System soll verteilt laufen	++	+++	+	-
System soll hohen Sicherheitsanforderungen genügen	++	++	?	+
Hohe Anforderungen an die Qualität (z.B. Korrektheit)	++	++	+	+

(2) Randbedingungen für die Projektdurchführung	**INC**	**KOM**	**EVP**	**PHA**
Klassenbibliothek / wiederverwendbare Software liegt vor	++	+++	+	?
Geschäftsprozesse sind zentral für die Anwendungen	++	+	++	+
Geschäftsprozesse sind relativ unabhängig voneinander	++	+++	++	-
Datenstruktur-basiertes Altsystem soll weiter verwendet werden	+++	+	?	+
Komplexe, miteinander verzahnte Datenstrukturen	++	+	+	+
Viele lokale Daten	++	+++	?	?
Anforderungen sind klar, werden sich wahrscheinlich nicht stark ändern	+	+	-	+++
Anforderungen sind unklar / noch stark im Fluß	++	++	+++	-
Großes, komplexes System, starke Arbeitsteilung erforderlich	++	+++	+	+
Entwickler sind neu, noch wenig qualifiziert	++	-	+	+++
Projekt wird mit Kooperationspartner(n) gemeinsam entwickelt	+	+++	?	+

(b) Gewichtete Auswertung

Die einzelnen Argumente werden je nach ihrer Bedeutung für den betreffenden Fall mit Gewichten versehen – etwa gegeben durch die Werte 1,2 und 3 wie im o.g. Beispiel. Die wie oben ermittelten Tabellenwerte werden mit den betreffenden Gewichten multipliziert und dann addiert.

Bei beiden Auswertungsverfahren bekommt eine Variante eine um so stärkere Empfehlung, je höher ihre Gesamt-Punktzahl ausfällt.

Beispiel

Als Beispiel soll die geplante Entwicklung eines System zur Online-Überprüfung von (Kunden-) Unterschriften betrachtet werden. Für dieses Vorhaben gelten folgende Anforderungen bzw. Randbedingungen:

- Es handelt sich um eine Erstentwicklung. Bisher findet die Unterschriften-Prüfung manuell (durch Sachbearbeiter bzw. Filial-Angestellte) statt. Die Prüfung soll nicht vollständig automatisiert werden, sondern die Online-Überprüfung durch einen Sachbearbeiter (z.B. durch automatische Bereitstellung der Unterschriftsproben) unterstützen. Weitere Ausbauten sind (zunächst) nicht vorgesehen.
- Der Zeitrahmen für das Projekt ist relativ eng gesetzt, das Budget ist ausreichend.
- Das System soll leicht pfleg- und änderbar sein. Die Wartungskosten sollten möglichst gering gehalten werden.
- Das System wird für die vorgegebene Plattform des Kunden entwickelt. Bei Projekterfolg soll eine Portierung auf andere Plattformen des gleichen Kunden oder anderer Kunden möglich sein.
- Die Aufgabenstellung und die Anforderungen an das System sind weitgehend geklärt und finden sich in schriftlicher Form vor. Die Sicherheits- und Qualitätsanforderungen sind hoch.
- Das System weist Schnittstellen mit vorhandenen Systemen (z.B. zur Kunden- und Unterschriftenverwaltung) auf, diese sind klar definiert und begrenzt.
- Das Entwickler-Potential ist begrenzt, es stehen nur wenige, zum größten Teil sehr junge und noch wenig erfahrene Entwickler zur Verfügung.
- Der Kunde ist (außer bei den üblichen Klärungs- und Review-Aktivitäten) nicht an der Entwicklung beteiligt.

Unter diesen Voraussetzungen ergibt die Bewertung anhand der Kriterien die folgende Punktzahlen:

Tab. 22-5. Gewichtete Auswertung

(1) Projektziele, Aufgabenstellung, Anforderungen		**INC**	**KOM**	**EVP**	**PHA**
Erstentwicklung, noch kein laufendes DV-System	X	3	1	2	1
Teilsystem soll schnell zur Verfügung stehen					
Gesamtsystem soll schnell zur Verfügung stehen	X	2	1	0	3
Kosten sollen möglichst niedrig sein		0	0	0	0
Stabiles System, kaum veränderlicher Einsatz	X	1	0	-1	2
Monolithisches System, kaum Nutzung von Teilsystemen	X	1	-1	0	2
Sehr heterogene Anwendung, viele relativ unabhängige Funktionen		0	0	0	0
System soll änderungs- und wartungsfreundlich sein	X	2	3	1	-1
System soll leicht an veränderte Anforderungen anpaßbar sein	X	2	3	2	-1
System soll verteilt laufen		0	0	0	0
System soll hohen Sicherheitsanforderungen genügen	X	2	2	0	1
Hohe Anforderungen an die Qualität (z.B. Korrektheit)	X	2	2	1	1
		15	11	5	8

(2) Randbedingungen für die Projektdurchführung		**INC**	**KOM**	**EVP**	**PHA**
Klassenbibliothek / wiederverwendbare Software liegt vor		0	0	0	0
Geschäftsprozesse sind zentral für die Anwendungen		0	0	0	0
Geschäftsprozesse sind relativ unabhängig voneinander	X	2	3	2	-1
Datenstruktur-basiertes Altsystem soll weiter verwendet werden		0	0	0	0
Komplexe, miteinander verzahnte Datenstrukturen		0	0	0	0

(2) Randbedingungen für die Projektdurchführung		**INC**	**KOM**	**EVP**	**PHA**
Viele lokale Daten	X	2	3	0	0
Anforderungen sind klar, werden sich wahrscheinlich nicht stark ändern	X	1	1	-1	3
Anforderungen sind unklar / noch stark im Fluss		0	0	0	0
Großes, komplexes System, starke Arbeitsteilung erforderlich		0	0	0	0
Entwickler sind neu, noch wenig qualifiziert	X	3	-1	1	3
Projekt wird mit Kooperationspartner(n) gemeinsam entwickelt		0	0	0	0
		8	6	2	5

Bei der Bewertung erhält also in diesem Fall die Variante „INC" bezüglich beider Tabellen die höchste Punktzahl und damit auch die höchste Gesamtpunktzahl von 23 Punkten, was zu einer klaren Empfehlung für die inkrementelle Entwicklung führt.

22.2.4 Begründung der Auswahl und Zusatzinformationen

Das Ergebnis der Modellvarianten-Auswahl wird schriftlich niedergelegt und die Auswahl wird (schriftlich) begründet, wozu in der Regel die ausgefüllten Auswahltabellen (etwa wie im obigen Beispiel) ausreichen.

Soweit der Auswahlprozess zusätzliche Informationen erbracht hat, die für den anschließenden Zuschnitt der gewählten Variante für ein konkretes Vorgehen im Projekt benötigt werden, sind diese festzuhalten und in den genannten Schritt einzubringen. Dazu können z.B. gehören:

- vorgesehene Abweichungen von der gewählten Modellvariante,
- Aussagen über optionale Aktivitäten (übernehmen oder weglassen?),
- zusätzliche Aktivitäten aus anderen Varianten,
- Wiederholungsfaktoren iterierter Aktivitäten.

Qualitätskriterien

Qualitätskriterien für eine getroffene Auswahl einer Modellvariante sind:

- Ein formales Kriterium stellen die oben vorgestellten Auswahltabellen dar. Sollte dennoch aus anderen Gründen eine von der hier gegebenen Empfehlung abweichende Wahl getroffen werden, so sollte diese hinreichend begründet werden. Enthält die Begründung Vorschläge zur Ergänzung der hier berücksichtigten Kriterien oder zu einer abweichenden Bewertung, so sollten diese zur Modifikation der Auswahltabelle führen.

- Die Festlegung des Vorgehens ist eine sensible und oft nicht einfache Entscheidung von erheblicher Tragweite, die wesentlich zum Erfolg (oder Misserfolg) des Projekts, zur (Un-)Zufriedenheit von Mitarbeitern, Vorgesetzten, Kunden und weiteren Beteiligten beitragen kann und deshalb sehr besonnen und keinesfalls überstürzt oder unreflektiert vorgenommen werden sollte. Im Zweifelsfall empfiehlt sich eine Absprache mit Vertretern der wichtigsten betroffenen Gruppen und das Herbeiführen einer gemeinsamen, von allen getragenen Entscheidung als „qualitätsbildende" Maßnahme.

Vorausgesetztes Wissen

- Grundwissen über Projekt-Management und Software Engineering, Vorgehensmodelle
- Grobe Kenntnis der Modellvarianten.

Literatur

[SIZ1999a] Informatikzentrum der Sparkassenorganisation GmbH (SIZ): AE-Modell Objektorientierte Entwicklung, Bonn, 1999

[SIZ1999b] Informatikzentrum der Sparkassenorganisation GmbH (SIZ): AE-Modell Internet/Intranet- Entwicklung, Bonn, 1999

[Humphrey1989] Humphrey, W.: Managing the Software Process, Addison-Wesley, 1989

[Hesse1999] Hesse, W., Noack, J. : A Multi-Variant Approach to Software Process Modelling, In: M. Jarke, A. Oberweis (Eds.): CAiSE'99, Springer LNCS 1666, 1999, 210-224

22.3 Bildung von Inkrementen

Beschreibung

Das Ziel der Technik Bildung von Inkrementen ist es, die Projektplanung nach der Modellvariante „Inkrementelle Entwicklung" zu unterstützen. Diese Form der Projektabwicklung erweist sich für viele Projekte als verlässlich, überschaubar und gut zu steuern. Für ihren Erfolg ist die Definition geeigneter und gut zu behandelnder Inkremente wesentlich.

Der Nutzen der Technik besteht darin, Anhaltspunkte für das Bilden von Inkrementen und die Planung ihrer Entwicklung zu bekommen. Eine sorgfältig geplante und durchgeführte inkrementelle Entwicklung kann zu erheblichen Kosteneinsparungen bei gleichzeitiger Qualitätsverbesserung des Endprodukts führen.

Die Voraussetzung für die Anwendung dieser Technik ist die Auswahl der Modellvariante „Inkrementelle Entwicklung“ (vgl. Technik *Auswahl der Modellvariante*). Allerdings lassen sich Elemente dieser Technik auch nutzbringend in anderen Varianten (z.B. bei der Entwicklung einzelner Komponenten im Falle der komponentenbasierten Entwicklung) verwenden. Weiter wird die Kenntnis der Projekt-Anforderungen sowie eine Analyse der Anwendungsfälle (use case analysis) vorausgesetzt.

Das Ergebnis der Aktivität ist eine Liste von Inkrementen, ihrem inhaltlichen Zuschnitt (Darstellung ihrer jeweiligen Funktionalität) sowie einer Abfolge der Inkrement-Entwicklungen. Mit Hilfe der Technik *Iterationsplanung* werden die Inkrement-Entwicklungen im Detail geplant.

Die Arbeitsschritte bei der Bildung von Inkrementen sind:

- Entwicklung einer inkrementellen Systemarchitektur (Definition von Bausteinen mit Ausbaustufen und Zuordnung von Prioritäten für diese)
- Bildung und Beschreibung von Inkrementen (Baustein-Ausbaustufen gleicher Priorität)
- Grobplanung der Inkrement-Entwicklungen (Festlegung von Bearbeitungs-Reihenfolgen, Vorgaben für die detaillierte Planung).

Arbeitsschritte

22.3.1 Entwicklung einer inkrementellen Systemarchitektur

Aufgrund der Kenntnis der Projekt-Anforderungen und der durchgeführten Anwendungsfall-Analyse kann die Funktionalität des Gesamtsystems (in seiner geplanten End-Ausbaustufe) festgelegt werden. Für diese Funktionalität ist im Rahmen der Aktivität *Inkrement modellieren* für das erste Inkrement (= Kernsystem) eine Systemarchitektur zu entwickeln (vgl. die entsprechende Technik). Diese bestehe aus n Bausteinen (Komponenten, Subsystemen oder Modulen), die untereinander in Abhängigkeitsbeziehungen (z.B. Benutzt- oder Vererbungsbeziehungen) stehen können.

Im Hinblick auf die inkrementelle Entwicklung werden nun für die einzelnen Bausteine *Ausbaustufen* definiert. Ein Baustein kann entweder in einer Ausbaustufe voll entwickelt oder in mehreren Ausbaustufen Schritt für Schritt (weiter-) entwickelt werden. Den Ausbaustufen der einzelnen Bausteine werden nun solcherart Prioritäten zugeordnet, dass eine Baustein-Entwicklung der Prioritätsstufe n nur auf solche Bausteine zurückgreift, die bereits in der notwendigen Ausbaustufe mit einer Priorität $< n$ entwickelt wurden oder gleichzeitig (d.h. mit Priorität n) entwickelt werden.

Nachdem alle Baustein-Ausbaustufen mit ihren Prioritäten definiert sind, werden diese in einer Tabelle zusammengefasst. Dabei genügt es, ein Prioritätenraster zu wählen, das der Anzahl der zu bildenden Inkremente entspricht.

Beispiel

Gegeben sei ein System, für das im ersten Modellierungsschritt eine 2-schichtige Architektur definiert wird. Diese besteht aus den Kernbausteinen K1, K2 und K3 sowie den Anwendungs-Bausteinen A1, A2 und A3 (vgl. Abb. 22-1). Einige dieser Bausteine sollen in 2 bzw. 3 aufeinander aufbauenden Ausbaustufen entwickelt werden (in Abb. 22-1 durch gestrichelte Linien angedeutet).

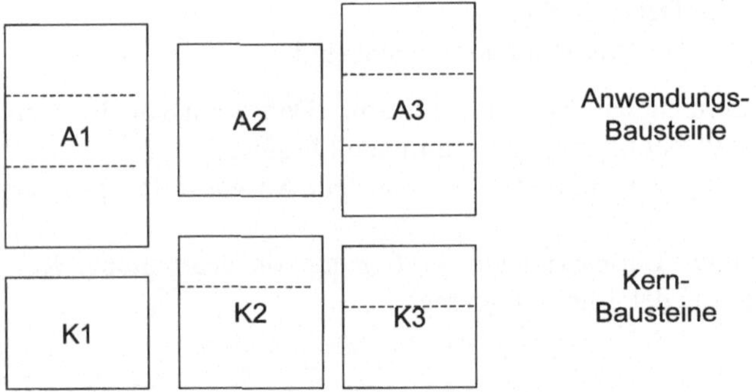

Abb. 22-1. Abbildung 1-1: Bausteine einer inkrementellen Systemarchitektur

Den Kernbausteinen K1 sowie K2 und K3 in ihrer jeweiligen 1. Ausbaustufe wird die Priorität 1 zugeordnet, weil sie in dieser Form für die Realisierung des 1. (Teil-) Anwendungs-Bausteins A1 benötigt werden. Mit der Priorität 2 soll der Anwendungsbaustein A2 (ganz) sowie A3 (teilweise) realisiert werden. Dafür wird K2 in voller Ausbaustufe benötigt. Entsprechendes gilt für die Bausteine und Ausbaustufen mit den höheren Prioritäten 3 und 4. Die Bausteine, ihre geplanten Ausbaustufen und die ihnen zugewiesenen Prioritäten sind in Abb. 22-2 zusammengefasst.

Baustein	**Ausbaustufe**	**Prioriät**
K1	1	1
K2	1	1
K2	2	2
K3	1	1
K3	2	3
A1	1	1

Abb. 22-2. Bausteine, Ausbaustufen und zugehörige Prioritäten

Baustein	Ausbaustufe	Prioriät
A1	2	3
A1	3	4
A2	1	2
A3	1	2
A3	2	3
A3	3	4

Abb. 22-2 (Fortsetzung). Bausteine, Ausbaustufen und zugehörige Prioritäten

22.3.2 Bildung und Beschreibung von Inkrementen

Aus den Bausteinen mit ihren jeweiligen Ausbaustufen können nun Inkremente gebildet werden, indem jeweils Baustein-Ausbaustufen gleicher Priorität zu einem Inkrement zusammengefasst werden. Aus der Prioritätenfolge ergibt sich in natürlicher Weise die Bearbeitungsfolge der Inkremente (vgl. Abb. 22-3).

Für jedes Inkrement wird eine Beschreibung (Spezifikation) erstellt, die folgende Punkte enthält:

- Name und Prioritäts-Nr. des Inkrements,
- Funktionalität,
- Vorausgesetzte (vorher fertigzustellende) Inkremente und Bausteine,
- Enthaltene Bausteine mit ihren jeweiligen Ausbaustufen (gemäß der Systemarchitektur),
- Abhängigkeiten der Bausteine,
- Test- und Integrationsplan für das Inkrement.

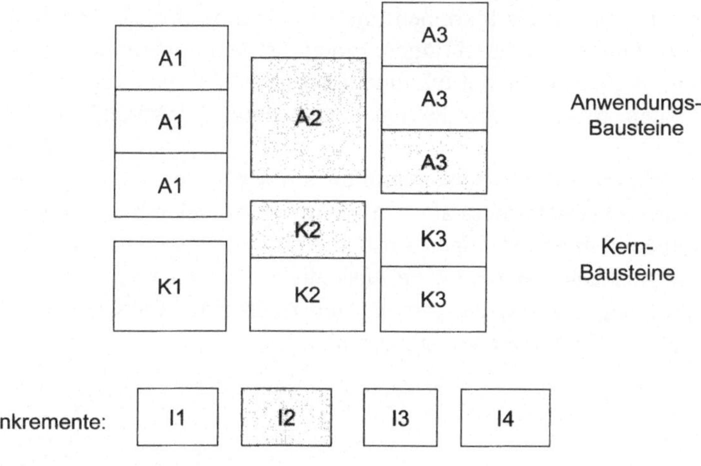

Abb. 22-3. Bildung von Inkrementen

Die Detaillierung der Inkrement-Beschreibungen hängt vom Zeitpunkt ihrer Erstellung ab. So werden zu einem frühen Zeitpunkt die später zu erstellenden Inkremente zunächst nur sehr grob beschrieben und diese Beschreibung wird im weiteren Projektverlauf schrittweise verfeinert.

22.3.3 Grobplanung der Inkrement-Entwicklungen

Aufgrund der Inkrement-Beschreibungen lässt sich eine Grobplanung für die Entwicklung der einzelnen Inkremente erstellen. In der Regel werden Inkremente in sequentieller Folge entwickelt, d.h. auf die Entwicklung von Inkrement I1 folgt die von I2, darauf die von I3 etc. Es kann aber auch baumartige Entwicklung von Inkrementen vorgesehen werden: So kann z.B. auf die Entwicklung von I1 die parallele Entwicklung I21 und I22 erfolgen. Voraussetzung dafür ist, dass I21 und I22 unabhängig voneinander entwickelt werden können. Sollen die parallel entwickelten Inkremente später wieder zu einem Gesamtsystem integriert werden, so kann das den Integrationsaufwand erhöhen und damit die durch Parallelarbeit gewonnene Zeit teilweise wieder verbrauchen.

Grobplanung bedeutet im wesentlichen das Festlegen der Bearbeitungsreihenfolge. Die Zuordnung zu Bearbeitern erfolgt im Rahmen einer gesonderten Aktivität (vgl. Technik *Zuordnung von Mitarbeitern*), die Zuordnung von Bearbeitungs-Zeiträumen ist Sache der detaillierten Projektplanung.

Qualitätskriterien

Qualitätskriterien für die Bildung von Inkrementen ergeben sich sowohl aus Anwender- als auch aus Entwicklersicht:

- Aus Anwendersicht muss jedes Inkrement die zu einem bestimmten Zeitpunkt gewünschte (Teil-) Funktionalität erbringen. Eine Inkrementstruktur ist also daraufhin zu prüfen, ob jede auf einem Inkrement beruhende Systemversion die in den entsprechenden System-Anforderungen geforderte Funktionalität auch wirklich beinhaltet.
- Aus Entwicklersicht muss die Inkrementstruktur mit der Systemarchitektur verträglich sein: Jedes Inkrement muss auf den im vorhergehenden Inkrement enthaltenen Bausteinen in ihren jeweiligen Ausbaustufen aufsetzen und fügt diesen entweder weitere Ausbaustufen oder neue, zusätzliche Bausteine zu.
- Inkremente sind ferner so zu bilden, dass sie sich zu einer funktionalen Einheit integrieren und als geschlossenes System testen lassen.

Vorausgesetztes Wissen

Grundwissen über Systemarchitekturen und Prinzipien des Systementwurfs, des Tests und der Integration von Software-Systemen (vgl. Technik *Integrationstest).*

Literatur

[Hesse1999] Hesse, W., Noack, J. : A Multi-Variant Approach to Software Process Modelling, In: M. Jarke, A. Oberweis (Eds.): CAiSE'99, Springer LNCS 1666, 1999, 210-224

[SIZ1999a] Informatikzentrum der Sparkassenorganisation GmbH (SIZ): AE-Modell Objektorientierte Entwicklung, Bonn, 1999

[Sommerville1992] Sommerville, I.: Software Engineering, Addison-Wesley, 1992

22.4 Iterationsplanung

Beschreibung

Das Ziel der Iterationsplanung ist es, dem experimentellen und evolutionären Charakter der Software-Entwicklung bei der Projektplanung besser gerecht zu werden. Die Idee, ein Software-Produkt von vornherein eindeutig und umfassend spezifizieren und dann „in einem Wurf" entwickeln zu können, erweist sich in der Praxis oft als Illusion. In vielen Fällen ist es notwendig, ein Produkt oder einige seiner Komponenten in „Iterationen" (wiederholt ausgeführten Aktivitäten) zu entwickeln oder bestimmte Phasen oder Aktivitäten der Entwicklung wiederholt durchzuführen. Das bedeutet, dass zunächst unvollständige oder vorläufige Versionen bereitgestellt, von Anwendern, Experten und sonstigen Beteiligten geprüft, begutachtet und dann in weiteren Entwicklungszyklen ergänzt, ausgebaut und vervollständigt werden. Damit lassen sich Fehler frühzeitig korrigieren, Fehlentwicklungen vermeiden und die Qualität sowohl der Herstellung als auch des Endprodukts wird verbessert.

Der Nutzen der Iterationsplanung besteht darin, schon frühzeitig die Notwendigkeit von Iterationen bei der Entwicklung zu erkennen und in die Projektplanung einzubeziehen. Damit lässt sich eine realistischere Planung erreichen und der Ausbau und die Verbesserung unfertiger Produkte mit den üblichen Mitteln der Projektplanung behandeln. Ein pauschales Subsummieren aller auf die Erstentwicklung folgenden Tätigkeiten unter eine diffuse (und oft das Mehrfache der Erstentwicklung kostenden) „Wartungsphase" entfällt und wird durch ein überschaubares, differenzierendes und nachvollziehbares Verfahren zur Iterationsplanung ersetzt.

Die Voraussetzung für die Iterationsplanung ist die erfolgte Auswahl einer Modellvariante (s. die gleichnamige Technik) und die Kenntnis der Anforderungen an das System (abgeschlossene Tätigkeit „Anforderungen analysieren"). Aus diesen Voraussetzungen läßt sich gegebenenfalls die Notwendigkeit von Iterationen ableiten und eine erste Iterationsplanung erstellen. Iterationsplanung spielt eine besondere Rolle im Zusammenhang mit den Modellvarianten „Inkrementelle Entwicklung", „Komponentenbasierte Entwicklung" und „Evolutionäres Prototyping", aber auch bei der phasenorientierte Entwicklung kann man Wiederholungen einzelner Phasen oder Tätigkeiten vorausplanen.

Das Ergebnis der Iterationsplanung ist eine Untersuchung der Notwendigkeit von Iterationen, z.B. für die Gesamtsystem-Entwicklung oder für einzelne Komponenten sowie ggf. ein Zeit- und Ressourcenplan für die iterierte Entwicklung.

Die Arbeitsschritte bei der Iterationsplanung sind:

- Untersuchung der Projekt-Anforderungen vor dem Hintergrund der gewählten Modellvariante im Hinblick auf notwendige Iterationen einzelner Arbeitsschritte, Phasen oder (Teil-) Produkt-Entwicklungen
- Grobplanung der Iterationen: betroffene Komponenten bzw. (Teil-) Produkte, Aktivitäten, Anzahl der Wiederholungen
- Feinplanung der Iterationen: Zeiträume, Personalbedarf, Ressourcenbedarf, Fertigstellungs- und Review-Termine.

Arbeitsschritte

22.4.1 Untersuchung der Projekt-Anforderungen im Hinblick auf notwendige Iterationen einzelner Arbeitsschritte

Der Bedarf, bestimmte Tätigkeiten im Projekt wiederholt durchzuführen, kann auf unterschiedlichen Ursachen beruhen:

(a) es ist an n gleichartigen Gegenständen jeweils die gleiche Tätigkeit zu vollziehen.
Beispiel: Die Tätigkeit *Anwendungsfälle analysieren* besteht aus der n-maligen, jeweils auf *einen Anwendungsfall* bezogenen Anwendung der Tätigkeit *analysieren.*

(b) der gleiche Gegenstand wird in ähnlichen Arbeitsgängen mehrfach bearbeitet und dabei weiter ausgebaut, verfeinert oder verbessert.
Beispiel: In der Modellvariante *Evolutionäres Prototyping* folgt auf die Tätigkeit *Analyse durchführen* die n-malig wiederholte Tätigkeitsgruppe *Prototyp-Entwicklung durchführen.*

Im Fall (a) ist die Iterationsplanung ein Teil des Zuschnitts der Modellvariante (*Tailoring*). Die Zahl der notwendigen Wiederholungen entspricht der Anzahl der zu analysierenden Anwendungsfälle und die einzelnen Tätigkeiten können auch (oder zumindest teilweise) parallel erfolgen. Diese Art von „Iteration" hat im Prinzip nichts mit dem Grundgedanken der evolutionären Software-Entwicklung zu tun.

Im Fall (b) liegt eine prinzipiell andere Situation vor. Eine Aktivität wird von vornherein als „vorläufig", noch nicht abgeschlossen betrachtet, dabei entstehende Ergebnisse oder (Teil-) Produkte stehen i.a. zur Weiterbearbeitung an und sind noch nicht Bestandteil des finalen (Projekt-) Ergebnisses.

Die Iterationsplanung bezieht sich grundsätzlich auf den zweiten genannten Fall. Da die Notwendigkeit von (weiteren) Iterationen sehr stark vom Erfolg oder Misserfolg der vorhergegangenen Tätigkeiten und von der Qualität der bereits erreichten (Teil-) Ergebnisse anhängt, ist eine Planung der Iterationen sehr situationsabhängig und langfristig nur schwer möglich.

Man kann jedoch Kriterien für die Notwendigkeit und die Bestimmung der Anzahl von Iterationen finden. Einige solcher genereller Kriterien sind:

- *Stabilität bzw. Unsicherheit der Projektziele und -Anforderungen:* Grundsätzlich gilt: Je genauer die Projektziele festliegen und je stabiler die Anforderungen sind, desto geringer ist die Notwendigkeit für Iterationen. Sind dagegen die Projektziele noch (teilweise) unklar und die Anforderungen noch Gegenstand von Verhandlungen und möglichen späteren Änderungen, so wird man in einer realistischen Projektplanung von vornherein Iterationen vorsehen – zumindest in den frühen Projektphasen, um die notwendigen Voraussetzungen auf experimentellem Wege zu schaffen.
- *Ausmaß und Wahrscheinlichkeit von Risiken:* Sind mit dem Projekt große Risiken verbunden oder besteht eine (relativ) große Wahrscheinlichkeit für ihr Eintreten, so können Iterationen ein gutes Mittel zur Risikoverminderung sein. An einem vorläufig erstellten Teilprodukt oder einem Prototyp lassen sich die Risiken besser einschätzen als an einer Spezifikation oder einem Konzeptpapier (vgl. dazu auch die Technik *Risikoanalyse*).
- *Qualifikation des Entwicklungsteams, Vertrautheit mit der Aufgabenstellung:* Dieses Kriterium ist ähnlich gelagert wie das vorhergehende: Je besser das Team für die Aufgabenstellung qualifiziert ist und je größer die Erfahrungen mit ähnlich gearteten Projekten sind, desto weniger zwingend ist es, Iterationen von vornherein einzuplanen.
- *Qualität der Kooperation zwischen Auftraggeber und Auftragnehmer:* Auch in dieser Hinsicht dienen Iterationen dazu, Unsicherheiten abzubauen und bestehende Defizite zu kompensieren. Besteht die Zusammenarbeit schon seit langem und hat sich über mehrere Projekte bewährt, so besteht weniger Bedarf für Iterationen als im umgekehrten Fall.
- Die *Anzahl* der benötigten Iterationen lässt sich in den meisten Fällen nur schwer vorherbestimmen. Auch hier gilt grundsätzlich, dass eine größere Unsicherheit zu einem höheren Bedarf an Iterationen führt. Es wäre jedoch verfehlt, bei sehr großer Unsicherheit von vornherein eine Vielzahl von Iterationen einzuplanen, da schon die erste Iteration – falls erfolgreich – die Unsicherheit in entscheidendem Maße abbauen kann. Mehrere Iterationen der gleichen Tätigkeit oder Tätigkeitsgruppe kommen in der Regel erst als Ergebnis einer dynamischen, situationsangepassten Planung zustande.

Ansatzpunkte für die *Verortung von Iterationen* (d.h. für den Gegenstand der Wiederholung(en)) bieten die Grundstrukturen der verschiedenen Modellvarianten:

Bei der inkrementellen Entwicklung vollzieht sich das Gesamtprojekt als Folge von n Inkrement-Entwicklungen. Diese werden im Zuge des Varianten-Zuschnitts geplant (vgl. Fall (a) oben). Jedes Inkrement kann für sich Gegenstand iterativer Entwicklung sein. Dies entspricht dem oben genannten Fall (b). D.h. zunächst wird eine Rohversion des Inkrements geplant (die vielleicht schon als Grundlage für weitere Inkremente dienen kann) und danach sieht man eine oder mehrere Iterationen zur Verfeinerung und Stabilisierung dieser Rohversion vor.

Im Falle der komponentenbasierten Entwicklung gliedert sich das Gesamtprojekt in die Entwicklung von n Komponenten. Diese erfolgt weitgehend unabhängig voneinander (ggf. parallel) und ist im Zuge des Varianten-Zuschnitts zu planen (vgl. Fall (a) oben). Jede einzelne Komponente muss nicht gleich im ersten Wurf fertig sein, sondern kann Gegenstand iterativer Entwicklung sein. Hier ist eine Iterationsplanung im Sinne des o.g. Falls (b) angezeigt.

Bei der phasenorientierten Entwicklung bilden die Phasen Anforderungsanalyse – Modellierung – Umsetzung – Einführung die oberste Projektstruktur. Im Normalfall wird jede Phase durch einen Meilenstein (d.h. ein Review der in der Phase zu erbringenden Ergebnisse) abgeschlossen. Führt ein solcher Review zu einem nicht vollständig befriedigendem Ergebnis, so kann die Wiederholung einer Phase (oder zumindest wesentlicher Aktivitäten daraus) notwendig werden. Iterationsplanung bezieht sich also in diesem Fall auf die Wiederholung einer Phase oder ihrer wesentlichen Aktivitäten.

Bei der Modellvariante *evolutionäres Prototyping* verläuft das Gesamtprojekt als Folge von aufeinander aufbauenden Prototyp-Entwicklungen. Diese werden im Zuge des Varianten-Zuschnitts geplant (vgl. Fall (a) oben). Unabhängig davon kann jeder Prototyp für sich im Sinne des o.g. Falls (b) in mehreren Iterationen verfeinert und weiter ausgebaut werden.

22.4.2 Grobplanung der Iterationen

Ist eine Modellvariante ausgewählt und der Zuschnitt erfolgt, so kann aufgrund der Projekt-Anforderungen eine grobe Iterationsplanung erfolgen. Dabei sind folgende Fragen zu beantworten:

- Welche Aktivität bzw. welche Gruppe von Aktivitäten soll wiederholt durchgeführt werden, welche Komponenten bzw. (Teil-) Produkte sind davon betroffen, welche Ergebnisse sollen dabei verfeinert bzw. weiter ausgebaut werden?
- Soll genau eine oder sollen mehrere Iterationen vorgesehen werden – wie viele genau?

Ist eine Revision der Iterationsplanung vorgesehen, wenn ja, wann? Gegenstand der Revision kann es z.B. sein, die Iterationsplanung zu überarbeiten, noch ausstehenden Iterationen auf ihre Notwendigkeit hin zu prüfen und – falls notwendig – weitere Iterationen einzuplanen.

22.4.3 Feinplanung der Iterationen

Jeweils vor dem Eintritt in eine neue Iteration ist diese im Detail zu planen:

- Was ist der Gegenstand der Iteration, welche Komponente, welches (Teil-) Produkt soll überarbeitet werden, was ist das erwartetet Ergebnis der Iteration?
- Welche Aktivitäten sollen (erneut) durchgeführt werden, welche kommen außerdem hinzu?
- Zeiträume für die Iterationen, Abhängigkeiten der Iterationen voneinander, Personalbedarf, Ressourcenbedarf, Fertigstellungs-, und Review-Termine.

Qualitätskriterien

Da die Iterationsplanung sehr situationsbedingt abläuft und oft ad hoc Revisionen unterliegt, ist eine ständige Qualitätskontrolle vonnöten. Oberstes Kriterium ist die Qualität der bisher (in vorhergegangenen Iterationen) erbrachten Ergebnisse. Im Normalfall steht am Ende einer Iteration ein Review mit einer entsprechenden Qualitätskontrolle. Anhand der Review-Ergebnisse ist zu entscheiden,

- ob die bisher durchgeführten Iterationen die geplanten Ergebnisse erbracht haben und erfolgreich abgeschossen werden können,
- ob weitere Iterationen (die evtl. schon vorher geplant wurden) durchgeführt werden sollen und welche Ergebnisse dabei jeweils zu erbringen sind,
- ob neue Iterationen in die Planung aufgenommen werden sollen – falls ja, sind diese in die Grobplanung einzubringen.

Vorausgesetztes Wissen

Grundwissen über iterative und evolutionäre Software-Entwicklung. Kenntnis der Modellvarianten und deren Zuschnitts (vgl. Technik *Zuschnitt des Vorgehens*).

Literatur

[Budde1984] Budde, R., Kuhlenkamp, K. Mathiassen, L., Züllighoven, H. (eds.): Approaches to prototyping, Springer, 1984

[Hesse1999] Hesse, W., Noack, J. : A Multi-Variant Approach to Software Process Modelling, In: M. Jarke, A. Oberweis (Eds.): CAiSE'99, Springer LNCS 1666, 1999, 210-224

[Humphrey1989] Humphrey, W.: Managing the Software Process, Addison-Wesley, 1989

[Lehman1980] Lehman, M.M.: Programs, life cycles, and laws of software evolution; Proceedings of the IEEE, Vol. 68, No. 9, 1980, pp. 1060-1076

[Lehman1996] Lehman, M.M.: Laws of software evolution revisited; in: C. Montangero (Ed.): Software Process Technology, 5th European Workshop, EWSPT 96; Springer LNCS 1149, 1996, pp. 241-256

[SIZ1999a] Informatikzentrum der Sparkassenorganisation GmbH (SIZ): AE-Modell Objektorientierte Entwicklung, Bonn, 1999

22.5 Zuschnitt des Vorgehens

Beschreibung

Das Ziel der Technik Zuschnitt des Vorgehens ist es, im Anschluss an die Auswahl einer Modellvariante (vgl. die gleichnamige Technik) die ausgewählte Variante an die speziellen Bedürfnisse des aktuellen Projekts anzupassen, d.h. das Vorgehen auf das gegebene konkrete Projekt „zuzuschneiden".

Der Nutzen der Technik besteht darin, das durch die Modellvariante gegebene Vorgehensschema nutzbar zu machen und es soweit mit Leben zu füllen, dass es als Grundlage für die Festlegung von Arbeitspaketen (vgl. die gleichnamige Technik) und die individuelle Projektplanung dienen kann.

Die Voraussetzung für das Zuschneiden ist die erfolgte Auswahl einer Modellvariante einschließlich einer Begründung der Auswahl anhand der Auswahlkriterien sowie – falls notwendig und vorhanden – Zusatzinformationen für den Zuschnitt.

Das Ergebnis des Zuschnitts ist eine Vorgehensbeschreibung für das gegebene Projekt, die sich an der ausgewählten Modellvariante orientiert und die notwendigen projektspezifischen Ergänzungen, Abweichungen, Auslassungen etc. beschreibt. Diese Vorgehensbeschreibung dient als Vorlage für die anschließende Festlegung der Arbeitspakete.

Die Arbeitsschritte beim Zuschnitt des Vorgehens sind:

- Auflistung der durchzuführenden Aktivitäten aufgrund der ausgewählten Modellvariante
- Untersuchung und Entscheidung für jede aufgelistete Aktivität im Hinblick auf das aktuelle Projekt
- Beschreibung des geplanten Vorgehens aufgrund der ausgewählten Variante und der getroffenen Entscheidungen

Arbeitsschritte

22.5.1 Auflistung der durchzuführenden Aktivitäten aufgrund der ausgewählten Modellvariante

Aus der Beschreibung der ausgewählten Modellvariante ergibt sich eine schematische Abfolge von Tätigkeiten, die in eine Tabelle einzutragen sind (vgl. Tab. 22-6). Durch Einrückungen kann man über- bzw. untergeordnete Aktivitäten kenntlich machen. An einer Aktivität sind eine oder mehrere Rollen beteiligt, diese sind in der ersten Spalte der Tabelle zu finden. Sind mehrere Rollen involviert, so werden untergeordnete (d.h. lediglich teilweise beteiligte oder unterstützende) Rollen durch ein „-" gekennzeichnet.

Weiter ist es zweckmäßig, optionale und zu wiederholende Aktivitäten gesondert zu kennzeichnen. Dazu dient die „Iterator" überschriebene Spalte in der folgenden Tabelle: Optionale Aktivitäten werden mit einem „o" und möglicherweise iterierte Aktivitäten mit einem „*" markiert.

Falls die Auswahl auf die „Komponentenbasierte Entwicklung" gefallen ist, sieht die entsprechende Tabelle etwa wie folgt aus:

Tab. 22-6. Aktivitätenliste für Komponentenbasierte Entwicklung

Rolle	Iterator	Aktivität
PL		Projekt starten
EN, PL, QS		Projekt durchführen
AN, EN et al.	*	{Analyse durchführen, Explorativen Prototyp entwickeln}
AN		Analyse durchführen
EN, PL, QS	o	Explorativen Prototyp entwickeln
DS		Architektur entwerfen
EN, PL, QS	*	Komponentenentwicklung durchführen
PL		Komponenten-Entwicklung starten
EN		Komponente entwickeln
AN		Analyse durchführen
DS		Komponente modellieren
IM		Komponente implementieren
PL	*	Komponenten-Entwicklung steuern
PL		Komponenten-Entwicklung abschließen
IM		Anwendungssystem integrieren und testen
IM, BN-		Anwendungssystem einführen und nutzen
PM	*	Projekt steuern
PM		Projekt abschließen

PL: Projektleiter **EN:** Entwickler **QS:** Qualitätssicherer **AN:** Analytiker **DS:** Designer
IM: Implementierer **BN:** Benutzer

Abschließend ist zu prüfen, ob weitere im AE-Modell nicht explizit aufgeführte Aktivitäten benötigt werden wie z.B. „Wrapping einer Legacy-Anwendung", „Migration eines Datenbestandes" etc. Sollte dies der Fall sein, so sind diese Aktivitäten (an entsprechender Stelle) mit in die Liste aufzunehmen.

22.5.2 Untersuchung und Entscheidung für jede aufgelistete Aktivität im Hinblick auf das aktuelle Projekt

Die Liste der Aktivitäten wird Aktivität für Aktivität durchmustert. Dabei ist für jede Aktivität zu prüfen und ggf. zu entscheiden,

- ob sie für das aktuelle Projekt notwendig ist (das betrifft im besonderen die optionalen Aktivitäten),
- ob ggf. Modifikationen oder Erweiterungen anzubringen sind,
- falls es sich um eine mehrfach zu durchlaufende Aktivität handelt, wie oft die Aktivität durchlaufen werden soll,
- ob als Voraussetzung oder im Zusammenhang mit der betrachteten Aktivität noch weitere, in der Modellvariante nicht aufgeführte Zusatz-Aktivitäten benötigt werden.

Dabei sollte abschließend das aktuelle Vorhaben noch einmal im Ganzen daraufhin geprüft werden, ob weitere Aktivitäten benötigt werden, um die gesetzten Ziele zu erreichen. Ist dies der Fall, müssen diese an entsprechender Stelle in die Liste aufgenommen werden.

Im oben skizzierten Beispiel seien die Entscheidungen dahingehend gefallen, dass

- keine explorativen Prototypen entwickelt werden,
- eine aus 5 Komponenten bestehende Systemarchitektur gebildet werden soll,
- keine zusätzlichen Aktivitäten benötigt werden,
- keine wesentlichen Modifikationen oder Erweiterungen der Aktivitäten notwendig sind.

Danach ergibt sich folgende Abfolge von Entwicklungs-Tätigkeiten:

Tab. 22-7. Projektspezifische Aktivitätenliste für Komponentenbasierte Entwicklung

Rolle	Iterator	Aktivität
PL		Projekt starten
AN		Analyse durchführen
DS		Architektur entwerfen
PL	5	Komponenten-Entwicklung starten
EN	5	Komponente entwickeln
AN	5	Analyse durchführen
DS	5	Komponente modellieren
IM	5	Komponente implementieren
PL	5	Komponenten-Entwicklung steuern
PL	5	Komponenten-Entwicklung abschließen
IM		Anwendungssystem integrieren und testen

Tab. 22-7 (Forts.). Projektspezifische Aktivitätenliste für Komponentenbasierte Entwicklung

Rolle	Iterator	Aktivität
IM, BN-		Anwendungssystem einführen und nutzen
PM	*	Projekt steuern
PM		Projekt abschließen

22.5.3 Beschreibung des geplanten Vorgehens aufgrund der ausgewählten Variante und der getroffenen Entscheidungen

Steht die Liste der konkret durchzuführenden Aktivitäten fest, so kann das Vorgehen für das aktuell gegebene Projekt beschrieben und verbindlich festgelegt werden. Dabei kann man von den Beschreibungen der Aktivitäten im Vorgehensmodell ausgehen und diese entsprechend der getroffenen Entscheidungen anpassen und ergänzen. Die resultierende Vorgehensbeschreibung bildet eine wichtige Grundlage für die Projektplanung, für die Einarbeitung des Projektteams und für die Festlegung von Arbeitspaketen.

Qualitätskriterien

Qualitätskriterien für den Zuschnitt einer gewählten Modellvariante ergeben sich aus einem abschließenden Vergleich dieser Variante (und ggf. weiteren, mit zu berücksichtigenden Varianten) mit der Zielsetzung für das aktuelle Projekt. Dabei ist zu prüfen,

- ob alle für die Zielsetzung relevanten Aktivitäten der Variante in die konkrete Vorgehensbeschreibung eingegangen sind,
- ob alle in der Vorgehensbeschreibung aufgeführten Aktivitäten im Sinne der Zielsetzung notwendig sind,
- ob iterierte Aktivitäten in der benötigten Vielfachheit berücksichtigt sind,
- ob weitere, für die Zielsetzung wichtige Aktivitäten aufgenommen wurden.

Weiterhin ist zu überprüfen, ob die zeitliche Abfolge der Aktivitäten den Zielsetzungen entspricht und Sinn macht und ob alle Möglichkeiten zur Parallelarbeit genutzt werden.

Vorausgesetztes Wissen

- Grundwissen über Projekt-Management, Software Engineering und Vorgehensmodelle
- Kenntnis der Modellvarianten und der Technik *Auswahl der Modellvariante.*

Literatur

[Hesse1999] Hesse, W., Noack, J. : A Multi-Variant Approach to Software Process Modelling, In: M. Jarke, A. Oberweis (Eds.): CAiSE'99, Springer LNCS 1666, 1999, 210-224

[Humphrey1989] Humphrey, W.: Managing the Software Process, Addison-Wesley, 1989

[Royce1998] Royce, W.: Software Project Management – A Unified Framework, Addison-Wesley, 1998

[SIZ1999a] Informatikzentrum der Sparkassenorganisation GmbH (SIZ): AE-Modell Objektorientierte Entwicklung, Bonn, 1999

22.6 Festlegung der Arbeitspakete

Beschreibung

Das Ziel der Festlegung der Arbeitspakete ist es, den Arbeitsablauf eines geplanten Vorhabens zur Software-Entwicklung so zu strukturieren, dass (für die Entwickler und die Projektleitung) handhabbare Einheiten – die sogenannten *Arbeitspakete* – dabei entstehen. Ein Arbeitspaket ist i.a. charakterisiert durch

- einen Arbeitsgegenstand, etwa eine Systemkomponente oder ein Klassenstrukturmodell für einen Modul bestehend aus n Klassen im Sinne der OO-Entwicklung,
- eine Aktivität oder eine Reihe von Aktivitäten, die an diesem Gegenstand durchzuführen sind, etwa „spezifizieren" oder „in Code umsetzen" oder „testen" etc.

Arbeitspakete sind so zu bilden, dass

- sie von einzelnen Mitarbeitern oder von einem kleinen Team selbständig in überschaubarer Zeit bewältigt werden können,
- sie in ihrer Gesamtheit die vorgegebene Aufgabenstellung vollständig abdecken und
- keine Redundanzen entstehen, d.h. keine Arbeitsschritte mehrfach vorkommen.

Der Nutzen der Technik besteht darin, das Projekt in überschaubare und sauber gegeneinander abgegrenzte Arbeitseinheiten zu zerlegen. Für die Entwickler bedeutet das eine begrenzte, leicht erfassbare und zu bewältigende Aufgabenstellung und die Möglichkeit zur Selbstkontrolle: „Wo stehe ich im Projekt?". Für die Projektführung bilden Arbeitspakete ein Instrument für die konkrete Arbeitsverteilung und Aufgaben-Zuweisung. Ein mögliches Risiko besteht in einer „Zerstückelung" des Projekts und in einer Vernachlässigung der Zusammenhänge und Wechselwirkungen zwischen den Arbeitspaketen. Daher muss die Projektführung ein besonderes Augenmerk auf die Schnittstellen-Definitionen an den Grenzen von

Arbeitspaketen, die Koordination der Entwicklung „benachbarter“ Arbeitspakete und die Integrationsplanung für die Ergebnisse solcher Arbeitspakete legen.

Die Voraussetzungen dafür, dass Arbeitspakete festgelegt werden können, sind:

- Das Projekt ist vertraglich abgesichert und initialisiert, ein Projekt-Team sowie die Verantwortlichen sind benannt.
- Die Projekt-Anforderungen – einschließlich der Qualitäts-, Sicherheits- und Wiederverwendungs-Anforderungen sind bekannt und abgestimmt.
- Auswahl und Zuschnitt der Modellvariante sind erfolgt, d.h. eine Variante wurde ausgewählt und an die aktuellen Projekt-Anforderungen und -bedürfnisse angepasst (vgl. Techniken *Auswahl der Modellvariante* und *Tailoring*). Damit ist das Vorgehen im Projekt grundsätzlich geklärt.

Das Ergebnis der Technik ist eine Liste von Arbeitspaketen sowie eine Beschreibung ihrer Aufgabenstellung, der erwarteten Ergebnisse und Qualitätskriterien bzw. Maßnahmen zur Qualitätssicherung.

Die Arbeitsschritte bei der Festlegung der Arbeitspakete sind:

- Sichten der gesamten vorgegebenen Aufgabenstellung und Ermitteln der Zielgröße und -anzahl möglicher Arbeitspakete
- Aufteilung der Aufgabenstellung und Abgrenzung von Arbeitspaketen
- Beschreibung der Arbeitspakete, ihrer Aufgabenstellung, der erwarteten Ergebnisse und Qualitätskriterien bzw. Maßnahmen zur Qualitätssicherung. Dabei ggf. Revision und Neuabgrenzung der Arbeitspakete.

Arbeitsschritte

22.6.1 Sichten der Aufgabenstellung und Ermitteln der Zielgröße

Für die durchschnittliche Größe von Arbeitspaketen bestehen in der Regel Erfahrungswerte aus früheren, ähnlich gearteten Projekten. Falls das nicht der Fall ist oder man nicht auf diese Erfahrungswerte zurückgreifen möchte, ist zunächst eine *durchschnittliche Größe für Arbeitspakete* festzulegen. Ein Anhaltswert dafür sind 20-80 BT (Bearbeitertage). Bei sehr großen Aufgabenstellungen sind Arbeitspakete möglicherweise hierarchisch (mehrstufig) zu planen. Hier empfiehlt sich die Aufteilung der gesamten System-Funktionalität in Komponenten und eine Festlegung von Arbeitspaketen auf Komponenten-Ebene.

Aus dem geschätzten Aufwand für die gesamte Aufgabenstellung und der Durchschnittsgröße ergibt sich durch einfache Division eine *Zielanzahl* von Arbeitspaketen. Diese Zahl ist lediglich als Anhaltspunkt zu verstehen, die tatsächliche Anzahl kann darüber oder darunter liegen, wenn andere Kriterien deutlich für eine stärkere oder schwächere Aufgliederung sprechen.

22.6.2 Aufteilung der Aufgabenstellung und Abgrenzung von Arbeitspaketen

Anhand der Zielgröße und Zielanzahl von Arbeitspaketen wird eine Aufteilung der Aufgabenstellung vorgenommen. Ausgangspunkte sind dabei die zu erstellenden Gegenstände (z.B. Modelle, Komponenten, Klassendefinitionen, Programme) und die daran auszuführenden Aktivitäten, wie sie im Vorgehensmodell benannt und definiert sind. Dabei sind verschiedene Kriterien maßgeblich.

Mögliche Kriterien für die Aufteilung

- (Relative) Abhängigkeit bzw. Unabhängigkeit einzelner Aufgaben: Hier können die Konzepte der Aufgaben-Kohärenz bzw. -Kopplung hilfreich sein. Sie beziehen sich auf die bei einer Aufteilung entstehenden Gliederungseinheiten (in unserem Fall: Arbeitspakete) und beschreiben deren inneren bzw. äußeren Zusammenhang. Die Kohärenz eines Arbeitspakets ist hoch, wenn die darin enthaltenen Aktivitäten und Arbeitsgegenstände eng zusammenhängen, ähnlich oder identisch sind. Die Kopplung zwischen zwei (oder mehreren) Arbeitspaketen ist hoch, wenn viele und enge Abhängigkeiten zwischen ihren Aktivitäten und Arbeitsgegenständen bestehen. Anzustreben ist also eine Aufteilung, die zu Arbeitspaketen mit möglichst hoher Kohärenz und möglichst niedriger Kopplung führt. Kohärenz und Kopplung bestehen in der Regel sowohl bezüglich der Aktivitäten als auch der dabei bearbeiteten Gegenstände (vgl. unten).
- Zuordnung zu Mitarbeitern: Ein vorrangiger Gesichtspunkt bei der Bildung von Arbeitspaketen ist die Arbeitsteilung: Jedes Arbeitspaket wird eindeutig einem einzelnen Entwickler oder einer kleinen Entwicklergruppe zugeordnet. Das Arbeitspaket sollte so abgegrenzt sein, dass möglichst wenig Berührungspunkte mit anderen Arbeitspaketen bestehen.
- Gegenstandsbezogene Arbeitsteilung: Aktivitäten, die sich auf den gleichen *Gegenstand* beziehen bzw. an den gleichen *Ergebnistyp* gebunden sind, wie z.B. einen Modul zu implementieren und diesen (selben Modul) zu testen, werden zu einem Arbeitspaket zusammengefasst. Das entspricht einer „objektorientierten" Arbeitsweise und stärkt das Verantwortungsbewusstsein der Entwickler für „ihr" Produkt. Es führt möglicherweise zu einer Verteilung ähnlicher oder gleichartiger Aktivitäten (an verschiedenen Gegenständen) auf verschiedene Entwickler(gruppen) und zu einer gewissen Erhöhung des Lern- und Einarbeitungsaufwands.
- Tätigkeitsbezogene Arbeitsteilung: Gleichartige oder ähnliche *Aktivitäten* (die sich möglicherweise auf verschiedene Gegenstände beziehen) werden zu einem Arbeitspaket zusammengefasst. Das fördert das Spezialistentum (von einzelnen Mitarbeitern für bestimmte Tätigkeiten) und erschwert möglicherweise die Festlegung von Verantwortlichkeiten – speziell dann, wenn mehrere Entwickler(gruppen) am gleichen Produkt „Hand anlegen". Damit kann kurzfristig Lern- und Einarbeitungsaufwand eingespart werden, mittel- und langfristig leidet aber

möglicherweise die breite Verwendbarkeit der Mitarbeiter, deren Motivation (routinemäßige Arbeit!) und die Organisation von Änderungs-, Anpassungs- und Wartungsarbeiten.

- Parallele oder sequentielle Arbeitspakete: Einen weiteren wichtigen Gesichtspunkt bildet die Teamgröße und -struktur. Steht ein großes, (relativ) homogenes Team für eine (relativ) begrenzte Zeit zur Verfügung, so spricht das für eine *parallele* (und damit oft eher gegenstandsbezogene) *Arbeitsteilung*: Es werden viele gleichzeitig durchzuführende Arbeitspakete gebildet, die sich über längere Zeit (möglicherweise über die gesamte Projektlaufzeit) erstrecken. Ist das Team dagegen klein und möglicherweise heterogen (aus Spezialisten zusammengesetzt), die Projektlaufzeit dagegen relativ lang, so spricht dies für die Definition sequentieller (dann meist tätigkeitsbezogener) Arbeitspakete. Damit ergeben sich inhaltlich relativ unabhängige (wenig gekoppelte), dafür aber zeitlich stark voneinander abhängende Arbeitspakete. Ein wichtiger Gesichtspunkt ist hierbei auch die Qualifikation der in Aussicht genommenen Mitarbeiter: Sind sie in der Lage, die ihnen zugeteilten Arbeitspakete in der gegebenen Zeit und in der erwarteten Qualität zu bewältigen?

Einfluss der Modellvarianten auf die Aufteilung

Inhaltlich wird die Aufteilung in Arbeitspakete maßgeblich von der ausgewählten Modellvariante bestimmt. So liegt es nahe, Arbeitspakete

- im Falle der inkrementellen Entwicklung (INC) als *Inkremente* (schrittweise aufeinander aufbauende Pakete von erweiterter Funktionalität)
- im Falle der komponentenbasierten Entwicklung (KOM) als *Komponenten* (parallel zu entwickelnde, weitgehend voneinander unabhängige Systemteile)
- im Falle der phasenorientierten Entwicklung (PHA) als *Phasenprodukte* (sequentiell zu erbringende Ergebnisse aufeinander aufbauender Entwicklungsschritte) und
- im Falle des evolutionären Prototyping (EVP) als *Prototypen* bzw. *Systemversionen* (Teilsysteme mit möglicherweise eingeschränkter Funktionalität, die im Gebrauch erprobt und laufend verbessert werden)

zu definieren.

Diese Betrachtung betrifft in der Regel eher die Grobeinteilung von Arbeitspaketen, während für eine feinere Einteilung andere Kriterien maßgeblich sind. So führt die oben genannte Zuordnung im Falle von drei Varianten (INC, PHA und EVP) zu einer *sequentiellen Grobstruktur* von Arbeitspaketen, die zweckmäßig durch eine Feinstruktur von parallel zu entwickelnden Arbeitspaketen (etwa gemäß der Strukturkomponenten des Systems) zu ergänzen ist. Umgekehrt führt die vierte Variante (KOM) zu einem Grob-Zuschnitt von parallel zu entwickelnden Arbeitspaketen (Komponenten), der durch eine sequentielle Feinstruktur (etwa gemäß der Entwicklungsschritte für die einzelnen Komponenten) ergänzt werden könnte. Dies soll an zwei Beispielen ausgeführt werden:

Beispiel: Arbeitspakete für inkrementelle Entwicklung

Als Modellvariante sei die inkrementelle Entwicklung (INC) ausgewählt. Diese beginnt mit der (system-weiten) Aktivität: *Analyse durchführen.* Dafür wird ein Arbeitspaket SAA definiert. Im (fiktiven) konkreten Fall sei eine Kernversion I0 sowie 3 Inkremente I1, I2 und I3 vorgesehen. Für die Kernversion ist eine Systemstruktur geplant, die i.W. aus drei Systemkomponenten besteht. Diese geben Anlass zur Definition der Arbeitspakete IK01, IK02 und IK03 . Im Inkrement I1 soll die erste Komponente erweitert sowie eine neue Komponente hinzugefügt werden. Dafür werden Arbeitspakete IK11 und IK14 festgelegt. Im Inkrement I2 geht es um den Ausbau der zweiten Kern-Komponente sowie um eine weitere zusätzliche neue Komponente. Das führt zu zwei Arbeitspaketen IK22 und IK25. Im letzten Inkrement soll die Komponente aus Arbeitspaket IK11 nochmals erweitert und eine letzte neue Komponente hinzugefügt werden. Das führt zu den Arbeitspaketen IK31 und IK36.

Daraus ergibt sich folgende Einteilung von Arbeitspaketen mit einer (schematischen) Grobversion für einen Arbeitsplan:

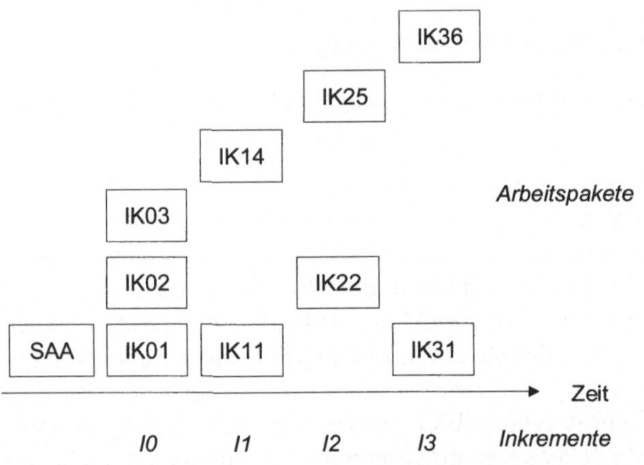

Abb. 22-4. Festlegung von Arbeitspaketen bei inkrementeller Entwicklung

Beispiel: Arbeitspakete für komponentenbasierte Entwicklung

Als Modellvariante sei die komponentenbasierte Entwicklung (KOM) ausgewählt. Diese beginnt mit zwei system-weiten Aktivitäten: *Analyse durchführen* und *Architektur entwerfen.* Dafür werden zwei Arbeitspakete SAA und SAE definiert. Im (fiktiven) konkreten Fall sei eine aus drei Komponenten K1, K2 und K3 bestehende Systemstruktur geplant. Für jede Komponente werden jeweils zwei Arbeitspakete für die Tätigkeiten (Komponenten-) *Analyse durchführen* und *Komponente modellieren* (zusammengenommen, kurz: KA-j, j = 1,2,3) sowie *Komponente implementieren* (kurz: KI-j) definiert. Auf Systemebene werden zwei weitere Arbeitspakete für die Aktivitäten *System integrieren und testen* (SIT) sowie *System einführen und nutzen* (SEN) festgelegt.

Daraus ergibt sich folgende Einteilung von Arbeitspaketen mit einer (schematischen) Grobversion für einen Arbeitsplan:

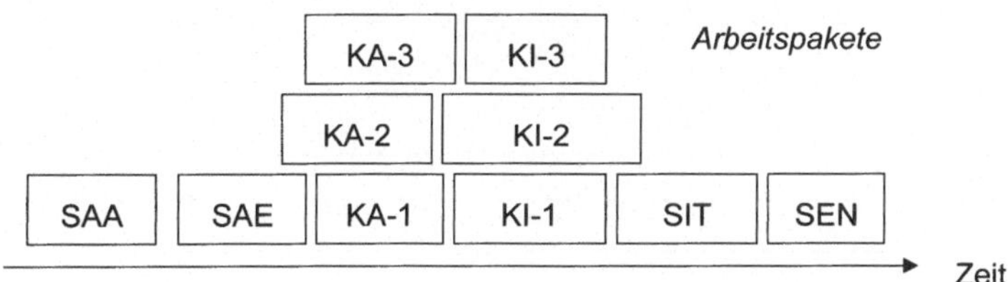

Abb. 22-5. Festlegung von Arbeitspaketen bei komponentenbasierter Entwicklung

22.6.3 Beschreibung der Arbeitspakete, ihrer Aufgabenstellung, der erwarteten Ergebnisse und Qualitätskriterien

Ist eine erste Festlegung der Arbeitspakete getroffen, so folgt die Beschreibung ihrer Aufgabenstellung, der erwarteten Ergebnisse und Qualitätskriterien bzw. Maßnahmen zur Qualitätssicherung. Für die Projektplanung sind die wichtigsten Festlegungen festzuhalten, etwa in einem Formular wie in Abb. 22-6 dargestellt. Planungsdaten wie die Beginn-/Endetermine oder die konkrete Zuordnung von Personen zu den Arbeitspaketen können dabei zunächst offen gelassen und später vom Projektleiter eingesetzt werden.

Bei der Beschreibung werden die Arbeitspakete noch einmal einer gründlichen Revision unterzogen. Besonders wichtig sind die Redundanzfreiheit und Vollständigkeit der Arbeitspakete. Die Planung der Arbeitspakete ist mit den Betroffenen abzusprechen und abzustimmen. Ergeben sich dabei neue Gesichtpunkte, so ist die Abgrenzung und Beschreibung der Arbeitspakete dementsprechend zu überarbeiten. Je frühzeitiger dies geschieht, desto weniger gravierend sind die möglichen nachteiligen Auswirkungen auf das Projekt wie Verzögerungen, Unstimmigkeiten unter den Betroffenen oder erhöhter Einarbeitungsaufwand.

Arbeitspaketplanung

Projekt: .... Arbeitspaket (AP):...............................
Phase(n): .... AP-Kürzel: ....

Übergeordnetes AP: ....
Teil-AP'e: ....
....

Aufgabe: ....
Ergebnis: ....
Zwischenschritte: ....
Arbeitsmittel, Werkzeuge: ....

Beginn-Datum (Soll): .... Beginn-Datum (Ist): ....
Ende-Datum: (Soll): .... Ende-Datum (Ist): ....
Aufwand (MT, Soll): .... Aufwand (MT, Ist): ....

Bearbeiter: .... Projektleiter: ....

Abb. 22-6. Formular für die Planung eines Arbeitspakets

Qualitätskriterien

Die *Qualitätskriterien* für die Festlegung der Arbeitspakete wurden zuvor bereits genannt und seien hier nochmals zusammengefasst:

- Kohäsion bzw. Kopplung der Arbeitspakete. Die Qualität ist in der Regel um so höher, je höher die Kohärenz und je niedriger die Kopplung unter den definierten Arbeitspaketen ist.
- Erfüllbarkeit durch einen konkreten Projektplan. Stehen für die gebildeten Arbeitspakete die notwendige Ressourcen (d.h. in erster Linie die geeigneten Mitarbeiter) zur Verfügung? Vertragen sich die Arbeitspakete mit dem vorgegebenen Zeitrahmen und mit dem Budget?
- Geregelte Verantwortlichkeiten – innerhalb des Projekts und womöglich über seine Laufzeit hinaus: Sind durch die Arbeitspakete die Verantwortlichkeiten klar geregelt und kann man sich auf diese auch zu späteren Zeitpunkten (z.B. bei der Integration oder Wartung) noch verlassen?

Vorausgesetztes Wissen

- Grundwissen über Projekt-Management und Software Engineering, Vorgehensmodelle, Arbeitsteilung und Modularisierung
- Techniken *Auswahl der Modellvariante* und *Zuschnitt des Vorgehens*

Literatur

[Boehm1981] Boehm, B.W.: Software Engineering Economics, Prentice Hall, 1981

[Frühauf1991] Frühauf, K., Ludewig, J., Sandmayr, H.: Software- Projektmanagement und -Qualitätssicherung, Leitfäden der Angewandten Informatik, Teubner, 1991

[Royce1998] Royce, W.: Software Project Management – A Unified Framework, Addison-Wesley, 1998

[SIZ1999a] Informatikzentrum der Sparkassenorganisation GmbH (SIZ): AE-Modell Objektorientierte Entwicklung, Bonn, 1999

[Sommerville1992] Sommerville, I.: Software Engineering, Addison-Wesley, 1992

22.7 Mitarbeiter-Zuordnung

Beschreibung

Das Ziel der Mitarbeiter-Zuordnung ist es, nach Auswahl einer Modellvariante für das Vorgehen im Projekt und nach Festlegung von Arbeitspaketen diesen Mitarbeiter für die Bearbeitung zuzuordnen. Dabei sind eine Reihe von Randbedingungen zu beachten, wie z.B. Eignung der Mitarbeiter für die gestellten Aufgaben, Verfügbarkeit, gleichmäßige Auslastung.

Der Nutzen der Technik besteht darin, eine der wichtigsten und erfolgsentscheidenden Aufgaben der Projektführung zu unterstützen – nämlich den Einsatz der richtigen Mitarbeiter am richtigen Fleck zu planen und zu organisieren. Welche Bedeutung die Mitarbeiter-Auswahl im allgemeinen und ihre Zuordnung zu den Aufgaben im besonderen hat, wird in der einschlägigen Literatur immer wieder hervorgehoben. So zitiert Royce die folgenden fünf Prinzipien für die Mitarbeiter-Auswahl und -Zuordnung (vgl. [Royce1998], S. 44/45):

(1)Das *„Top talent"-Prinzip*: Setze weniger und bessere Leute ein!

(2)Das *„Job matching"-Prinzip*: Versuche die Aufgaben an die Qualifikation und Motivation der vorhandenen Leute anzupassen.

(3)Das *„Karriere-Fortschritts"-Prinzip:* Langfristig ist die Organisation am erfolgreichsten, die ihre Mitarbeiter bei der Selbst-Weiterqualifikation unterstützt.

(4)Das *„Team-Gleichgewichts"-Prinzip:* Wähle solche Mitarbeiter aus, die die anderen ergänzen und mit ihnen harmonieren.

(5)Das *„Freistellungs"-Prinzip:* Trenne Dich von Mitarbeitern, die nicht ins Team passen.

Die *Voraussetzung* für die Mitarbeiter-Zuordnung ist die Auswahl und der Zuschnitt einer Modellvariante für das Vorgehen im Projekt sowie die Festlegung von Arbeitspaketen. Mit der Abgrenzung der Arbeitspakete steht in der Regel fest, inwieweit diese sequentiell oder parallel zueinander bearbeitet werden können. Daraus ergeben sich mögliche Bearbeitungsfolgen für die Arbeitspakete und die Anzahl der benötigten Mitarbeiter. Auf der anderen Seite müssen für die in Frage kommenden Mitarbeiter Qualifikationsprofile und Verfügbarkeits-Daten bekannt sein.

Das Ergebnis der Mitarbeiter-Zuordnung ist eine Aufstellung (z.B. in Form einer Liste oder von Balkendiagrammen) aller festgelegten Arbeitspakete und der ihnen zugeordneten Mitarbeiter – falls notwendig aufgeschlüsselt nach (grob festgelegten) Zeiträumen.

Die Arbeitsschritte bei der Mitarbeiter-Zuordnung sind:

- Auflistung aller zu bearbeitenden Arbeitspakete mit den beteiligten Rollen und Abhängigkeiten (insb. Parallel- oder aufeinanderfolgende Bearbeitung)
- Zusammenstellung von Daten über die in Frage kommenden Mitarbeiter: Qualifikations-Profile, Verfügbarkeit, Nebenbedingungen
- Zuordnung von Mitarbeitern für alle Arbeitspakete, dabei grobe Festlegung der Bearbeitungs-Zeiträume (als Voraussetzung für die nachfolgende Projektplanung)
- Organisation von Personalmaßnahmen wie die Qualifikation oder Rekrutierung von Mitarbeiten.

Arbeitsschritte

22.7.1 Auflistung der Arbeitspakete, Rollen und Abhängigkeiten)

Aus der erfolgten Festlegung der Arbeitspakete (vgl. die gleichnamige Technik) liegt eine Aufstellung der Arbeitspakete vor, die deren zeitlichen und inhaltlichen Abhängigkeiten einschließt. Arbeitspakete sind mit Rollen verknüpft: Übergeordnete Arbeitspakete (wie z.B. *Inkrement-Entwicklung durchführen* sind in der Regel mit mehreren Rollen verbunden, während nachgeordnete Arbeitspakete wie z.B. *Anforderungen analysieren* an *eine* Rolle (hier: an die Rolle *Analytiker*) gebunden sind.

In die Liste der Arbeitspakete werden die zugehörigen Rollen – ggf. bei mehreren betroffenen Rollen mit dem ungefähren prozentualen Anteil – eingetragen. Aus den Rollenbeschreibungen im Vorgehensmodell gehen die zugehörigen Qualifikationsprofile für potentielle Rolleninhaber hervor. Damit können aus den festgelegten Arbeitspaketen die Anzahl, aus deren logischen Abhängigkeiten die ungefähren

Zeiträume sowie die Qualifikationsprofile für die benötigten Mitarbeiter abgeleitet werden.

Als Beispiel betrachten wir die folgende Festlegung von Arbeitspakten (vgl. Technik *Festlegung von Arbeitspaketen*)

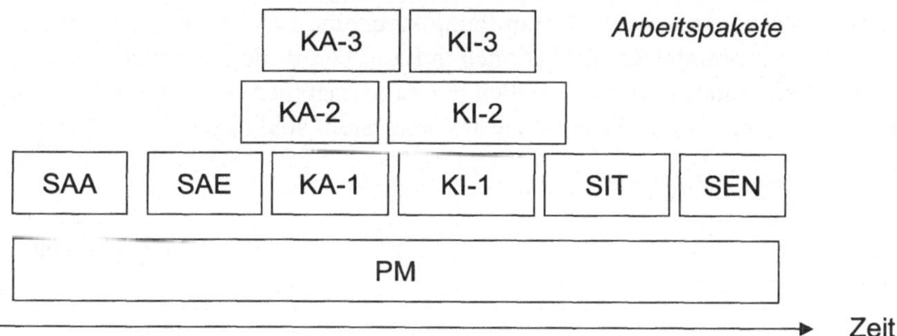

Abb. 22-7. Beispiel zur Festlegung von Arbeitspakten

Daraus lassen sich z.B. die folgenden benötigten Mitarbeiter-Kapazitäten ableiten:

Arbeitspaket	Rolle	Benötigte Kapazität	Zeitraum (Mon. Nr.)
SAA	AN	2	1-3
SAE	ChA	1	3-7
SAE	MO	2	4-7
KA-1	EN	2	8-9
KA-2	EN	1	6-9
KA-3	EN	1	7-9
KI-1	EN	2	10-12
KI-2	EN	1	10-13
KI-3	EN	1	10-12
SIT	EN	3	12-15
SEN	EN	1.5	16-17
SEN	BN	1	16-17
PM	PM	1	1-17

Abb. 22-8. Arbeitspakete und benötigte Mitarbeiter-Kapazitäten

22.7.2 Zusammenstellung von Daten über die in Frage kommenden Mitarbeiter

Der Nachfrage nach Mitarbeitern mit bestimmten Qualifikationsprofilen, die die benötigten Rollen ausfüllen können, steht das Angebot verfügbarer Mitarbeiter gegenüber. Für die Auswahl und Zuordnung kann eine Liste oder Tabelle hilfreich sein, in der die benötigten Qualifikationen in Form von Rollen (alternativ: durchzuführenden Aktivitäten oder zu erstellenden Ergebnistypen) und deren Nachweis durch die Mitarbeiter eines Projekts zusammengestellt sind (vgl. Tab. 22-8).

Tab. 22-8. Qualifikationsprofile der Mitarbeiter eines Projekts

Rolle Mitarbeiter	**AN**	**MO/ ChA**	**EN**	**..**	**PM**	**QS**	**Verfügbarkeit**
Ma_1					P1	P5	ab 1/00
Ma_2	P1					P5 (lfd.)	ab 9/00
Ma_3			P1				ab 1/00
Ma_4			K2: Kurs in 9/99				50% ab 3/00
Ma_5		P2					ab 3/00
Ma_n					Pj: Projekt 97/98 bei früh. AG	P7 (lfd.)	ab 5/00

Pi+: beziehen sich auf abgeschlossene oder noch laufende Projekte der Organisation
Kj: beziehen sich auf nachweislich absolvierte Trainingsveranstaltungen (Kurse)

Beim Führen einer solchen Tabelle sind datenschutzrechtliche Vorschriften und Regeln zum Persönlichkeitsschutz der Mitarbeiter zu beachten. So ist es oft notwendig, diese Angaben auf sowieso öffentlich zugängliche Informationen zu beschränken, wie z.B. auf früher durchgeführte (und dokumentierte) Projekte sowie nachweislich absolvierte Kurse und Qualifikations-Veranstaltungen der Mitarbeiter, Selbstauskunft oder Einstufung durch Vorgesetzte bzw. ehemalige Projektleiter.

22.7.3 Zuordnung von Mitarbeitern für alle Arbeitspakete

Aufgrund der vorliegenden Informationen (benötigte Kapazitäten und zur Verfügung stehende Mitarbeiter mit Qualifikationen) kann nun eine Zuordnung von Mitarbeitern zu den Arbeitspaketen vorgenommen werden. Als Hilfsmittel dafür bieten sich Balkendiagramme (*bar charts*) an. In dem oben begonnenen Beispiel könnte das wie folgt aussehen (vgl. Abb. 22-9):

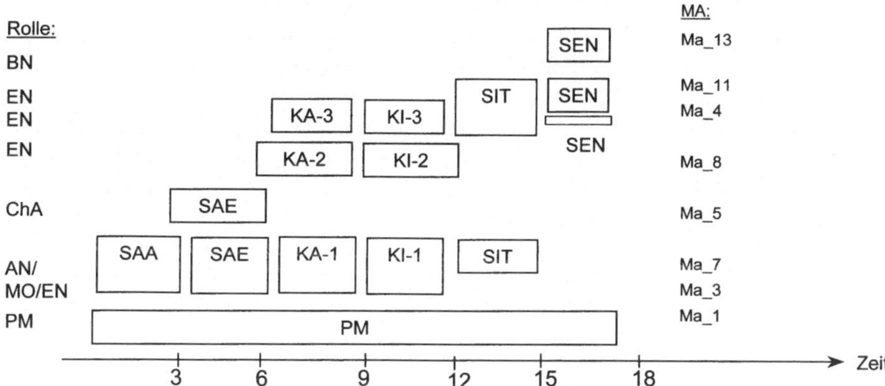

Abb. 22-9. Zuordnung von Mitarbeitern zu den Arbeitspaketen

Die horizontale Hauptachse beschreibt den Zeitverlauf des Projekts. Jeder Balken stellt den Bedarf für einen Mitarbeiter für einen bestimmten Zeitraum dar. Wird für ein Arbeitspaket mehr als ein Mitarbeiter benötigt, so ist dies durch entsprechend viele Balken zu dokumentieren. Jeder Balken wird durch das zugehörige Arbeitspaket markiert. Zusätzlich kann man (z.B. am linken Rand wie oben) die erforderliche Rolle eintragen.

Jeder Balken entspricht also der Kapazität eines Mitarbeiters für einen bestimmten Zeitraum. Die konkrete Zuordnung von Mitarbeitern zu den Balken geht in der Regel nicht problemlos vonstatten. Dafür müsste der (i.a. unwahrscheinliche) Idealfall gegeben sein, dass der/die für eine bestimmte Qualifikation benötigte Mitarbeiter(in) genau für den gewünschten Zeitraum zur Verfügung steht und sich die vorgesehene Tätigkeit wünscht. In der Regel wird sich das Angebot an Mitarbeitern nicht konfliktfrei auf die benötigten Rollen und Zeiträume verteilen lassen. Hierbei sind häufig Kompromisse zu schließen und Prioritäten unter verschiedenen Einsatzkriterien zu setzen wie z.B.:

- Qualifikation: ein Mitarbeiter steht zwar zur Verfügung, hat aber die notwendige Qualifikation (noch) nicht oder nur zum Teil,
- Verfügbarkeit: Mitarbeiter mit der geforderten Qualifikation sind zwar vorhanden, aber durch andere Projekte (noch) gebunden.
- Persönliche Wünsche: Ein Mitarbeiter mit der geforderten Qualifikation steht zwar für den benötigten Zeitraum zur Verfügung, möchte aber nur ungern die angebotene Rolle übernehmen, da er etwa in dem betreffenden Projekt Schwierigkeiten mit Kollegen oder Vorgesetzten fürchtet oder eine schon mehrfach ausgeführte Tätigkeit nicht noch einmal übernehmen mag, um sein eigenes Qualifikationsprofil zu erweitern und nicht zu einem einseitigen Spezialisten zu werden.

Möglichkeiten, solche Probleme zu lösen oder zumindest abzumildern bestehen u.a. in:

- Angebot von Zusatz-Qualifikationen (z.B. in Form von Trainingskursen) für in Aussicht genommene, aber noch nicht genügend qualifizierte Mitarbeiter.
- Projektübergreifende Einsatzplanung, d.h. z.B. Abziehen eines dringend benötigten, qualifizierten Mitarbeiters aus einem laufenden Projekt (falls damit das Gesamtrisiko nicht erhöht wird),
- Gespräche und begleitende Maßnahmen, die zur Motivation eines Mitarbeiters beitragen können, z.B. ein in Aussicht gestellter Kurs für die vom Mitarbeiter gewünschte Zusatzqualifikation oder personelle Umschichtungen, die ihm die Zusammenarbeit mit Kollegen und Vorgesetzten erleichtern.

Die getroffene Zuordnung von Mitarbeitern zu Arbeitspaketen wird abschließend dokumentiert, etwa in Form eines (revidierten und kommentierten) Balkendiagramms.

22.7.4 Organisation von Personalmaßnahmen wie die Qualifikation oder Rekrutierung von Mitarbeiten.

Dieser Schritt ist zeitlich unabhängig von den übrigen und hat projekt-übergreifenden Charakter. Projekte lassen sich nur dann erfolgreich durchführen, wenn dafür ausreichendes und gut qualifiziertes Personal zur Verfügung steht. Die Mitarbeiterzuordnung zu Aufgaben in aktuellen Projekten darf nicht nur unter kurzfristigen Gesichtspunkten gesehen werden, sondern hat auch eine langfristige Komponente: Einen Mitarbeiter in ein laufendes Projekt für ein Arbeitsgebiet mit langfristiger Perspektive mit hineinzunehmen, kann seine Qualifikation und Motivation so erhöhen, dass er damit im nächsten Projekt an Schlüsselposition eingesetzt werden kann.
Zu den längerfristigen personellen Maßnahmen gehören weiter:

- die Qualifikation von Mitarbeitern durch (interne oder externe) Schulungsveranstaltungen, Management-Kurse oder Konferenzbesuche,
- die rechtzeitige Einstellung und Ausbildung weiterer Mitarbeiter, die das vorhandene Personal verstärken.

Qualitätskriterien

Die Qualitätskriterien für die Mitarbeiter-Zuordnung sind im Arbeitsschritt 22.7.3 bereits genannt worden:

- Verfügbarkeit der ausgewählten Mitarbeiter für den in Aussicht genommen Zeitraum,
- ausreichende Qualifikation der Mitarbeiter für die zu übernehmenden Rollen und damit verbundenen Aufgaben,

- Motivation der ausgewählten Mitarbeiter für die ihnen zugedachten Ausgaben.

Ein weiterer, für die Projektplanung wichtiger Punkt ist die gleichmäßige Auslastung der vorhandenen Personal-Kapazität. Einzelne Mitarbeiter sollten weder (z.B. durch den gleichzeitigen Einsatz in mehreren Projekten) über längere Zeit überbeansprucht noch unterbeschäftigt werden.

Vorausgesetztes Wissen

- Grundwissen über Projekt-Management und Personalführung, Vorgehensmodelle
- Techniken *Auswahl der Modellvariante* und *Festlegung von Arbeitspaketen*

Literatur

[DeMarco1987] DeMarco, T., Lister, T.: Peopleware – Productive projects and teams, Dorset House,1987 (Titel der dt. Übersetzung: Wien wartet auf dich)

[SIZ1999a] Informatikzentrum der Sparkassenorganisation GmbH (SIZ): AE-Modell Objektorientierte Entwicklung, Bonn, 1999

[Royce1998] Royce, W.: Software Project Management – A Unified Framework, Addison-Wesley, 1998

22.8 Einrichten der Werkzeugunterstützung

Beschreibung

Das Ziel des Einrichtens der Werkzeugunterstützung ist es, für ein gegebenes aktuelles Projekt, dessen Anforderungen bekannt sind, die zu nutzenden Werkzeuge festzulegen und diese für den konkreten Projekteinsatz verfügbar zu machen. Im wesentlichen wird es sich dabei um eine Auswahl aus den vorhandenen Werkzeugen der gegebenen Werkzeugumgebung handeln. Werden dabei Lücken erkannt, kann es sich jedoch als notwendig erweisen, zusätzliche Werkzeuge anzuschaffen, in Auftrag zu geben oder selbst zu entwickeln.

Dabei steht der Leitgedanke im Vordergrund, das Projektteam mit einer Menge von Werkzeugen auszustatten, die zur Lösung der sich aus den Anforderungen ergebenden Aufgaben unter Kosten/Nutzen-Gesichtspunkten optimal ist. Dazu gehört im einzelnen, dass die Werkzeuge

- vollständig sind, d.h. sowohl die „vertikalen“ (phasenübergreifenden) als auch „horizontalen“ (phasenspezifischen) Aufgabenbereiche umfassen und in ihrer Gesamtheit den überwiegenden Teil eines typischen Projektverlaufs abdecken,
- aufeinander abgestimmt sind, d.h. ohne Bruchstellen (wie z.B. der Neuerfassung von Ausgaben eines Werkzeugs als Eingabe für ein anderes Werkzeugs) die gemeinsame Arbeit mit allen Werkzeugen ermöglichen.

Die Zusammensetzung der Werkzeugumgebung ist in der Regel das Ergebnis langjähriger, teilweise heterogener Projekterfahrungen, Entscheidungsprozesse und Investitionen. Daraus ergeben sich mögliche Redundanzen und Passungsprobleme: nicht jedes Werkzeug ist für jedes Projekt in gleicher Weise geeignet.

Der Nutzen der Technik besteht darin, dass Werkzeuge nicht – wie in der Vergangenheit oft geschehen – ad hoc beschafft oder gar entwickelt werden, wenn sie schon für den Einsatz benötigt werden – was in vielen Fällen zu Verzögerungen und Defiziten bei der Werkzeugunterstützung geführt hat. Statt dessen wird der Einsatz geeigneter Werkzeuge als entscheidender Faktor für den Projekterfolg erkannt, die Werkzeugunterstützung wird rechtzeitig geplant und Vorkehrungen für ihre Einrichtung werden so getroffen, dass die benötigten Werkzeuge bei Bedarf zur Verfügung stehen.

Die Voraussetzungen für das Einrichten der Werkzeugunterstützung sind:

- Feststehen der Anforderungen für das zur Debatte stehende Projekt und die dabei zu erbringenden Ergebnisse,
- Erfolgte Festlegung des Vorgehens, d.h. Auswahl und Zuschnitt einer Modellvariante und damit der durchzuführenden Aktivitäten,
- Feststehen der technischen Plattform für den Werkzeugeinsatz,
- Verfügbarkeit der Werkzeuge, d.h. Bestehen einer Werkzeugumgebung oder einer Grundausstattung an Werkzeugen,
- (im Falle, dass Werkzeug-Lücken bestehen) ein angemessenes Budget für die Beschaffung bzw. Selbst-Entwicklung benötigter, aber noch nicht vorhandener Werkzeuge,
- und (last not least) Qualifikation der Mitarbeiter für einen sinnvollen Gebrauch der Werkzeuge. Die beste Werkzeugausstattung nutzt nichts, wenn die Entwickler nicht damit umgehen können: „A fool with a tool is still a fool“.

Das Ergebnis des Einrichten der Werkzeugunterstützung ist eine Aufstellung der einzusetzenden Werkzeuge (einschließlich möglicherweise schon vorhandener Werkzeuge) – vorzugsweise dokumentiert in einem Werkzeug-Diagramm – mit ihren Querbezügen und Schnittstellen (zum Benutzer, zu benachbarten Werkzeugen, zur Plattform) sowie Angaben zu ihrer Verfügbarkeit, evtl. Beschaffung oder Eigen-Erstellung.

Die Arbeitsschritte beim Einrichten der Werkzeugunterstützung sind:

- Feststellung und Dokumentation der Anforderungen, Randbedingungen und Verfügbarkeiten für die Werkzeugunterstützung

- Werkzeug-Auswahl: Zuordnung von Werkzeugen zu den zu unterstützenden Aktivitäten bzw. zu den dabei zu erbringenden Ergebnissen
- Vollständigkeits- und Kompatibilitätsprüfung: Decken die ausgewählten Werkzeuge den Bedarf ab, sind sie kompatibel, d.h. problemlos im Zusammenhang einzusetzen?
- Zusammenfassende Darstellung der für das Projekt vorgesehenen Werkzeugunterstützung.

Arbeitsschritte

22.8.1 Feststellung von Anforderungen, Randbedingungen und Verfügbarkeiten

Die wichtigste Voraussetzung für die Werkzeugauswahl ist das Vorliegen der Projekt-Anforderungen – zumindest in grober Form, besser nach Abschluss der Aktivität *Anforderungen analysieren.* Weiter sollte die grundsätzliche Entscheidung für ein Vorgehen, d.h. die Auswahl einer Modellvariante getroffen sein. Aus dem Zuschnitt der Modellvariante (*Tailoring*) ergibt sich eine Folge von durchzuführenden Aktivitäten und für die dabei zu erbringenden Ergebnisse. Im AE-Modell finden sich Beschreibungen der entsprechenden Ergebnistypen und Hinweise auf die Art der dabei einzusetzenden Werkzeuge. In einem ersten Schritt sind die betreffenden Aktivitäten mit den zugehörigen Ergebnistypen und Werkzeugempfehlungen zu sammeln.

Aktivitäten sind *Rollen* zugeordnet, z.B. *Komponente modellieren* der Rolle *Modellierer* oder *Review durchführen* der Rolle *Qualitätssicherer.* Damit lassen sich Aktivitätengruppen bilden, die jeweils zur gleichen Rolle gehören. Für diese Aktivitätengruppen wird man bestrebt sein, möglichst wenige und gut zueinander passende Werkzeuge auszuwählen, um dem konkreten Träger der Rolle den Umgang mit den Werkzeugen zu erleichtern.

Zwar sind die meisten Standard-Werkzeuge auf allen gängigen Plattformen verfügbar, für Spezial-Werkzeuge gibt es dabei jedoch Einschränkungen. Deshalb sollte die Plattform für die Entwicklungsumgebung bekannt sein. Entsprechendes gilt für die Ziel-Plattform, falls auch Werkzeuge mit dem Zielsystem ausgeliefert und im operationellen Betrieb eingesetzt werden sollen.

Jede mit Software-Entwicklung befasste Institution hat eine Menge von im Einsatz befindlichen bzw. verfügbaren Werkzeugen. Es wird davon ausgegangen, dass diese irgendwo erfasst sind, z.B. in Form einer Liste wie der folgenden:

Tab. 22-9. Erfassung verfügbarer Werkzeuge

Werkzeug-Kategorie	**Werkzeuge**	**Bemerkungen**
Horizontale Werkzeuge:		
OO-Analyse und Entwurf	Wz_11	
	WZ_12	nur in Verbindung mit
	Wz_13	Wz_22 einzusetzen
Programmierung	Wz_21	
	Wz_22	
Wartung	Wz_31	
	Wz_32	
Vertikale Werkzeuge:		
Projektmanagement	Wz_41	
	Wz_42	
Konfigurationsmanagement	Wz_51	
Qualitätssicherung	Wz_61	erst ab .... verfügbar
	Wz_62	
Wiederverwendung	Wz_71	
	Wz_72	
Entwicklungs-Datenbank	Wz_81	

Die Werkzeug-Auswahl bzw. -Zusammenstellung lässt sich nun mit Hilfe einer *Werkzeug- Erfahrungs-* oder *Profiltabelle*, etwa der folgenden Form, unterstützen. Darin finden sich eine Zuordnung von geeigneten Werkzeugen zu den Ergebnistypen des Vorgehensmodells sowie ggf. Hinweise auf damit vorliegende Erfahrungen (siehe Tab. 22-10).

Tab. 22-10. Werkzeug-Erfahrungstabelle

		horizontal			**Erfahrungen, Bemerkungen**
Wz-Kategorie **Ergebnistyp**	**OOAD**	**Prog.**	**Wtg.**	**...**	
Anforderungs- katalog	Wz_11				Nicht mit Wz_13 verträglich (à Proj_Y)
Anwendungsfall- modell	Wz_11 Wz_12				Zu empf. bei Einsatz von Wz_13 (à Proj_Y)
....					
Klassenmodell	Wz_13 Wz_14				gute Erfahrungen in Proj_X
...					
Programmcode (Smalltalk)		Wz_21	Wz_3 1		
Programmcode (Java)		Wz_22			

	vertikal				Erfahrungen, Bemerkungen
Wz-Kategorie Ergebnistyp	**PM**	**KM**	**QS**	**...**	
Projektauftrag	Wz_41				gutes PM-Werkzeug (Proj_Z)
...					
Verteilungsmodell		Wz_51			
...					
Qualitätsplan	Wz_41		Wz_6 1		

22.8.2 Werkzeug-Auswahl

In der Regel gibt es in einem Unternehmen für jede Werkzeugkategorie bereits eine oder mehrere Vorauswahlen an Werkzeugen und Projekterfahrungen mit diesen Werkzeugen. Diese sollten an zentraler Stelle gewartet werden. Somit kann man eine Erfahrungs- oder Profiltabelle (vgl. Tab. 22-10) voraussetzen, in der auch Kompatibilitäten oder Inkompatibilitäten festgehalten sind. Diese Tabelle ist Hilfestellung für die Umsetzung der Technik, da evtl. das einzige gut funktionierende Werkzeug nur noch bestätigt werden muss oder aber deutlich wird, dass hier für das zu startende Projekt eine Lücke besteht.

Anhand der Liste der zu erstellenden Ergebnistypen und der Werkzeug-Profiltabelle kann nun eine Auswahl getroffen werden. In vielen Fällen wird sie einfach sein: Für eine Aktivität oder einen Ergebnistyp ist gerade ein Werkzeug verfügbar. Stehen mehrere Werkzeuge zur Wahl, so weist die Profiltabelle möglicherweise Präferenzen (++-Markierungen) auf. Einen weiteren maßgeblichen Gesichtspunkt bei der Auswahl bilden die Rollen und Kompatibilitäten: Einzelne Projektmitarbeiter sollten mit nicht zu vielen, möglichst homogenen und vertrauten Werkzeugen ausgestattet sein. Ausgewählte Werkzeuge müssen – falls sie Berührungspunkte haben – zueinander passen, d.h. etwa gleiche Datenformate benutzen oder Ausgaben eines (vorausgehenden) Werkzeugs leicht in Eingaben eines (nachfolgenden) Werkzeugs konvertieren können.

Weist die Werkzeug-Profiltabelle für eine zu unterstützende Aufgabe kein geeignetes Werkzeug aus, so ist eine Entscheidung über eine mögliche Beschaffung oder Eigenerstellung zu treffen (vgl. den nächsten Punkt). Die getroffene Auswahl wird – etwa in folgender Form – dokumentiert:

Tab. 22-11. Projektspezifisch angepasste Werkzeug-Profiltabelle

	horizontal				Erfahrungen, Bemerkungen
Wz-Kategorie Ergebnistyp	**OOAD**	**Prog.**	**Wtg.**	**...**	
Anforderungs-katalog	Wz_11				Gute Beispiele in à Proj_X
Anwendungsfall-modell	Wz_11				
....					
Klassenmodell	Wz_14				gute Erfahrungen in Proj_X
...					
Programmcode (Java).		Wz_22			

	vertikal				Erfahrungen, Bemerkungen
Wz-Kategorie Ergebnistyp	**PM**	**KM**	**QS**	**...**	
Projektauftrag	Wz_41				zugleich für QS einsetzbar
...					
Verteilungsmodell		Wz_51			
...					
Qualitätsplan	Wz_41				

22.8.3 Vollständigkeits- und Kompatibilitätsprüfung

Die getroffene Werkzeug-Auswahl wird einem *Review* unterzogen. Dabei sollten der Projektleiter, der Werkzeug-Administrator und typische Rollenträger, die mit den ausgewählten Werkzeugen zu arbeiten haben, vertreten sein. Im besonderen ist die Auswahl in Bezug auf Vollständigkeit und Kompatibilität zu prüfen.

- Vollständigkeitsprüfung

  Ist für jeden vereinbarten Ergebnistyp festgelegt, welche Werkzeugunterstützung zur Verfügung steht? Gibt es Aktivitäten, die sich nicht eindeutig einem oder mehreren Ergebnistypen zuordnen lassen, für die aber eine Werkzeugunterstützung gewünscht wird? Sind alle Rollen und Aufgaben durch Werkzeuge abgedeckt? Wurde der Bedarf an horizontalen wie an vertikalen Werkzeugen untersucht? Falls Lücken bestehen: sind diese beabsichtigt, d.h. ein Werkzeugeinsatz ist für die betreffende Aktivität nicht vorgesehen? Was sind die Gründe dafür? Ist die Beschaffung oder Eigenerstellung eines Werkzeugs vorgesehen? Ist diese im Projektplan verankert und gewährleisten die Termine eine rechtzeitige Verfügbarkeit?

- Kompatibilitätsprüfung
  Sind die ausgewählten Werkzeuge sinnvoll im Zusammenhang einzusetzen? Haben die Inhaber einer Rolle es mit verträglichen Werkzeugen zu tun? Welche Werkzeuge bauen aufeinander auf, d.h. sind nacheinander oder miteinander zu benutzen? Wie verhalten sich die Ausgaben vorausgehender zu den Eingaben nachfolgender Werkzeuge? Können sie übernommen werden (gleiche oder kompatible Formate) oder gibt es definierte Schnittstellen (etwa über ein gemeinsam genutztes Repository) bzw. praktikable Möglichkeiten zur Konvertierung? Legen die Werkzeuge die gleiche oder eine ähnliche Methodik und Terminologie zugrunde?

Fördert die Prüfung ernsthafte Inkompatibilitäten zu Tage, so ist die Werkzeug-Auswahl nochmals zu überdenken und ggf. zu revidieren. Weiter ist die Frage nach evtl. notwendigen Werkzeugbrücken zu klären: Können Lücken oder Inkompatibilitäten durch „Zwischen-Werkzeuge" wie etwa Konvertierer für Datenformate beseitigt werden? Die dazu notwendigen Arbeiten sind wie die Eigenerstellung eines Werkzeugs zu behandeln und zu planen.

22.8.4 Zusammenfassende Darstellung

Nach erfolgreichem Abschluss des Reviews für die Werkzeugunterstützung ist die getroffene Auswahl abschließend zu dokumentieren. Das kann etwa in Form einer aktualisierten Tabelle (vgl. Tab. 22-11) geschehen. Für die Darstellung der Werkzeugumgebung empfiehlt sich ein Werkzeug-Diagramm, das alle ausgewählten Werkzeuge im Zusammenhang, darstellt. Dies kann sich z.B. an die allgemeine Darstellung der Werkzeug-Architektur anlehnen (Abb. 22-10).

Für die ausgewählten Werkzeuge sind Hinweise auf deren Dokumentation, Installation, Inbetriebnahme etc. zu geben. Weiter enthält die Dokumentation eine Aufstellung der fehlenden bzw. wünschenswerten Werkzeuge; Angaben zur Beschaffung bzw. Erstellung weiterer Werkzeuge und benötigter Werkzeugbrücken sowie ggf. einen Stufenplan zum schrittweisen Aufbau der Werkzeugunterstützung.

Qualitätskriterien

Die wesentlichen *Qualitätskriterien* für das Einrichten der Werkzeugunterstützung sind oben als Gegenstände des Werkzeug-Reviews (vgl. Arbeitsschritt 22.8.3) bereits genannt worden: *Vollständigkeit* und *Kompatibilität* der Werkzeuge. Weiter ist die Zuordnung zu den Rollen wichtig: einzelne Mitarbeiter sollen nicht mit zu

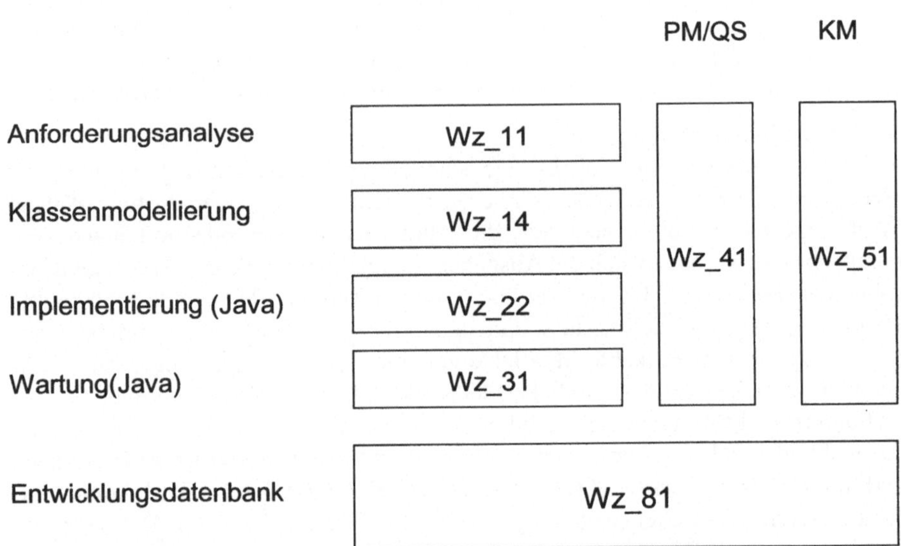

Abb. 22-10. Werkzeugdiagramm der Werkzeugumgebung für Projekt xyz

vielen und vor allem nicht mit inhomogenen und schwer zu kombinierenden Werkzeugen belastet werden.

Ein übergeordnetes Qualitätskriterium stellt die Unternehmens- (oder Abteilungs-) Strategie bei der Aufbau der gesamten Werkzeugumgebung dar: Welche Werkzeuge „passen in die Landschaft", sollten im Sinne der zukünftigen Organisationsentwicklung beschafft oder entwickelt werden? Wie kann man Synergieeffekte nutzen, d.h. eine Mannschaft gut qualifizierter und mit den vorhandenen Werkzeugen bestens vertrauter Mitarbeiter aufbauen, die diese möglichst flexibel und nutzbringend einzusetzen in der Lage sind.

Vorausgesetztes Wissen

Grundwissen über Werkzeuge, ihre Anwendungsgebiete und Voraussetzungen zu ihrem Einsatz, ferner die wesentlichen Aktivitäten, Ergebnistypen, Rollenbeschreibungen und Vorgehensweisen.

Literatur

[Balzert1996] Balzert, H.: Lehrbuch der Software-Technik, Spektrum Akademischer Verlag, 1996

[Boehm1981] Boehm, B.W.: Software Engineering Economics, Prentice Hall, 1981

[Endres1991] Endres, A., Weber, H.(Eds.): Software Development Environments and CASE Technology, Springer, 1991

[Ortner1999] Ortner, E.: Repository Systems. Teil 1: Mehrstufigkeit und Entwicklungsumgebung, Informatik Spektrum 22(4), 1999, 235-251; Teil 2: Aufbau und Betrieb eines Entwicklungsrepositoriums, Informatik Spektrum 22(5), 1999, 351-363

[SIZ1999a] Informatikzentrum der Sparkassenorganisation GmbH (SIZ): AE-Modell Objektorientierte Entwicklung, Bonn, 1999

[Royce1998] Royce, W.: Software Project Management – A Unified Framework, Addison-Wesley, 1998

[Sommerville1992] Sommerville, I.: Software Engineering, Addison-Wesley, 1992

Literatur

[Altmann1999] Altmann, G., Fiebiger H., Müller R.: Mediation: Konfliktmanagement für moderne Unternehmen, Beltz, 1999

[AMI1993] AMI-Corporation: The AMI Tool - User Manual, P.G.C.C. Technologie, Bourg-la-Reine, 1993

[Apple1995] Apple Computer, Inc.: Macintosh Human Interface Guidelines, Addison-Wesley Publishing Company, 1995

[Arnold1996] Arnold, R., Bohner, S.: Software Change Impact Analysis, IEEE, 1996

[Austin1995] Austin, T., Miller, C.: The Third Generation of Client/Server Computing, Part 1 and 2, Gartner Group, 1995

[Balzert1995] Balzert, H.: Methoden der objektorientierten Systemanalyse, BI Wissenschaftsverlag, 1995

[Balzert1996] Balzert, H.: Lehrbuch der Software-Technik, Spektrum Akademischer Verlag, 1996

[Balzert1999] Balzert, H.: Lehrbuch der Objektmodellierung: Analyse und Entwurf, Spektrum Akademischer Verlag, 1999

[Basili1994] Basili, V.R., Caldiera, G. und Rombach, H.D.: Experience factory. In Encyclopedia of Software Engineering (Vol. I), Marciniak, J.J. (Ed), Wiley, New York, 1994, 469-476

[Bays1999] Bays, M.: Software Release Methodology, Prentice-Hall, 1999

[Bellert1998] Bellert, J., Noack, J. Zang, T.: Ein UML-Vorgehensmodell im Praxiseinsatz, ObjektSpektrum, (5) 1998, 66-77

[Bellin1995] Bellin D., Simone S. S.: The CRC Card Book, Addison-Wesley, 1995

[Ben-Menachem1994] Ben-Menachem, M.: Software Configuration Management Guidebook, McGraw-Hill, 1994

[Biberstein1993] Biberstein, N.: CASE-Tools: Auswertung - Bewertung – Einsatz, Hanser Verlag,1993

[Binder1999] Binder, R.V.: Testing Object-Oriented Systems – Models, Patterns, and Tools, Addison-Wesley, Reading, 1999

[Blaha1998] Blaha, M., Premerlani, W.: Object-Oriented Modeling and Design for Database Applications, Prentice Hall, 1998

[Boehm1981] Boehm, B.W.: Software Engineering Economics, Prentice Hall, 1981

[Boehm1986] Boehm, B.W.: Wirtschaftliche Software-Produktion, Forkel, 1986 (dt. Übersetzung von [Boehm1981])

[Boehm1988] Boehm, B.W.: A spiral model of Software development and enhancement, Computer, May 1988, 61-72

[Boehm1991] Boehm, B.W.: Software risk management - Principles and Practices, IEEE Software 8 (1), Jan. 1991

[Booch1999] Booch, G., Rumbaugh, J., Jacobson, I.: The Unified Modeling Language, Addison-Wesley, 1999

[BSI1992] Bundesamt für Sicherheit in der Informationstechnik (BSI): IT-Sicherheitshandbuch, Handbuch für die sichere Anwendung der Informationstechnik, Bundesdruckerei, Bonn,1992

[BSI1993] Bundesamt für Sicherheit in der Informationstechnik (BSI): Handbuch für die Bewertung der Sicherheit von Systemen der Informationstechnik (ITSEM), Europäische Union, 1993

[BSI1998] Bundesamt für Sicherheit in der Informationstechnik (BSI): IT-Grundschutzhandbuch, Bonn, 1998

[Budde1984] Budde, R., Kuhlenkamp, K. Mathiassen, L., Züllighoven, H. (eds.): Approaches to prototyping, Springer, 1984

[Bund1997] Bundesregierung: Verordnung zur digitalen Signatur (Signaturverordnung – SigV); Bundesgesetzblatt, Teil 1 Nr.70, Bonn, 1997, 2498

[Buschmann1998] Buschmann, F., Meunier, R., Rohnert, H., Sommerlad, P., Stal, M.: Pattern-orientierte Software-Architektur, Addison-Wesley, 1998

[Cattell1994] Cattell, R.G.G.: Object Data Management, Addison-Wesley, 1994

[CCP1998] Common Criteria Project: Common Criteria Recognition Arrangement, http://www.common-criteria.org/registry/mr.html

[CCP2000] Common Criteria Project: Common Evaluation Methodology (CEM Version 1.0, Part 2), http://www.common-criteria.org/cem/cem.html

[Ceri1984] Ceri, S., Pelagatti, G.: Distributed Databases, McGraw-Hill 1984

[Charette1998] Charette, R.: Software Engineering Risk Analysis and Management, McGraw Hill, 1998

[Coad1997] Coad, P.: Object Models: Strategies, Patterns, and Applications, Prentice Hall, 1997

[Cosmos1993] COSMOS: Metrics Workbench 3 User Guide, Leiden, 1993

[Date1995] Date, C. J.: An Introduction to Database Systems, Addison-Wesley 1995

[DeMarco1987] DeMarco, T., Lister, T.: Peopleware - Productive projects and teams, Dorset House,1987 (Titel der dt. Übersetzung: Wien wartet auf dich)

[Dröschel1998] Dröschel, W., Heuser, W., Midderhoff, R. (Hrsg.): Inkrementelle und objektorientierte Vorgehensweisen mit dem V-Modell 97, Oldenbourg, 1998

[DSV2000a] Deutscher Sparkassen Verlag GmbH (DSV): Handbuch Ordnungsmäßigkeit und Prüfung der Datenverarbeitung, Stellungnahmen/Verlautbarungen FA OPDV, Teil A, Stuttgart, 2000

[DSV2000b] Deutscher Sparkassen Verlag GmbH (DSV): Handbuch Ordnungsmäßigkeit und Prüfung der Datenverarbeitung, Stellungnahmen und Arbeitsergebnisse des Fachausschusses für moderne Abrechnungssysteme, Teil B, Stuttgart, 2000

[DSV2000c] Deutscher Sparkassen Verlag GmbH (DSV): Handbuch Ordnungsmäßigkeit und Prüfung der Datenverarbeitung, Grundsätze ordnungsmäßiger DV-gestützter Buchhaltung (GOBS), Teil E, Kap. 6, Stuttgart, 2000

[Dumke2000] Dumke, R.: Software Metrics, http://ivs.cs.uni-magdeburg.de/sw-eng/us/bibliography/bib_main.shtml

[Elmasri1994] Elmasri, R., Navathe, S.B.: Fundamentals of Database Systems, Benjamin-Cummings, 1994

[Endres1991] Endres, A., Weber, H.(Eds.): Software Development Environments and CASE Technology, Springer, 1991

[EU1992] Europäische Union: Kriterien für die Bewertung von Systemen der Informationstechnik (ITSEC), Europäische Union, 1992

[Fenton1996] Fenton, N. , Pfleeger, S.L.: Software Metrics: A Rigorous Approach, PWS Publishing, London, 1996

[Fowler1997] Fowler, M.,Scott, K.: UML Distilled, Applying the Standard Object Modeling Language. Addison-Wesley, 1997

[Fowler1999a] Fowler, M., Scott, K.: UML Distilled, Second Edition, A Brief Guide to the Standard Object Modeling Language, Addison-Wesley, 1999

[Fowler1999b] Fowler, M.: Analysemuster, Wiederverwendbare Objektmodelle, Addison- Wesley, 1999

[Frühauf1991] Frühauf, K., Ludewig, J., Sandmayr, H.: Software – Projektmanagement und –Qualitätssicherung, Leitfäden der Angewandten Informatik, Teubner, 1991

[Gamma1995] Gamma, E., Helm, R., Johnson, R., Vlissides, J.: Design-Patterns, Elements of Reusable Object-Oriented Software, Addison-Wesley, 1995

[Gamma1996] Gamma, E., Helm R., Johnson R., Vlissides J.: Entwurfsmuster, Addison-Wesley, 1996 (dt. Übersetzung von [Gamma1995])

[Gause1993] Gause, D.C., Weinberg, G.M.: Software Requirements. Anforderungen erkennen, verstehen und erfüllen, Hanser, 1993

[Gilb1993] Gilb T., Graham D., Finzi S.: Software Inspection, Addison-Wesley, 1993

[Graham1997] Graham, I., Henderson-Sellers, B., Younessi, H.: The OPEN Process Specification, Addison-Wesley, 1997

[Graham1998] Graham, I.: Requirements Engineering and Rapid Development, Addison-Wesley, 1998

[Harel1998] Harel, D., Politi, M.: Modelling reactive Systems with Statecharts: The Statemate Approach, McGraw-Hill, 1998

[Henderson-Sellers1998] Henderson-Sellers, B., Simons, A., Younessi, H.: The OPEN Toolbox of Techniques, Addison-Wesley, 1998

[Herzwurm97] Herzwurm, G., Schockert, S., Mellis, W.: Qualitätssoftware durch Kundenorientierung, Vieweg, 1997

[Hesse1999] Hesse, W., Noack, J. : A Multi-Variant Approach to Software Process Modelling, In: M. Jarke, A. Oberweis (Eds.): CAiSE'99, Springer LNCS 1666, 1999, 210-224

[Hruby1999] Hruby, P.: Framework for Describing UML Compatible Development Process, Proceedings UML'99, Springer LNCS 1723, 1999, 308-323

[Hummelt1997] Hummelt, R.: Wirtschaftsspionage auf dem Datenhighway, Hanser Verlag, 1997

[Humphrey1989] Humphrey, W.: Managing the Software Process, Addison-Wesley, 1989

[IBM1997] IBM OOTC: Developing Object-Oriented Software, Prentice Hall, 1997

[IBM1999] IBM: Online Dokumentation Visual Age for Java 3.0 Professional, 1999

[ICM-HOME] Institute of Configuration Management (ICM): Home page, http://www.icmhq.com

[ISO/IEC1999a] ISO/IEC 15408_1: Information technology – Security techniques Evaluation Criteria for IT-Security – Part 1: Introduction and general model, Beuth, 1999

[ISO/IEC1999b] ISO/IEC 15408_2: Information technology – Security techniques Evaluation Criteria for IT-Security – Part 2: Security functional requirements, Beuth, 1999

[ISO/IEC1999c] ISO/IEC 15408_3: Information technology – Security techniques Evaluation Criteria for IT-Security – Part 3: Security assurance requirements, Beuth, 1999

[ISO1997] ISO 9241-14: Ergonomic requirements for office work with visual display terminals (VDTs) – Part 14: Menu dialogues, Switzerland,1997

[Jackson1995] Jackson, M.: Software Requirements and Specifications, ACM Press, 1995

[Jacobson1992] Jacobson, I.: Object-Oriented Software Engineering, Addison-Wesley, 1992

[Jacobson1999] Jacobson, I., Booch, G., Rumbaugh, J.: The Unified Software Development Process, Addison-Wesley, 1999

[Jézéquel1999] Jézéquel J-M., Train M. , Mingins C.: Design Patterns and Contracts, Addison-Wesley, 1999

[Klein1999] Klein, B.: QFD-Quality Function Deployment, Expert Verlag, 1999

[Kobryn1999] Kobryn, C.: UML 2001: A Standardization Odyssey, Communications of the ACM 42(10), 1999, 29-37

[Kovitz1998] Kovitz, B.: Practical Software Requirements, Manning Publications, 1998

[Krause1999] Krause, M., Tipton, H.F. (Eds.): Handbook of Information Security Management, Auerbach Publications, 1999

[Kruchten1999] Kruchten, P.: The Rational Unified Process, Addison-Wesley, 1999

[Kyas1996] Kyas, O.: Sicherheit im Internet: Risikoanalysen - Strategien - Firewalls, DATACOM Verlag, 1996

[Leffingwell1999] Leffingwell, D., Widrig, D.: Managing Software Requirements – A Unified Approach, Addison-Wesley, 1999

[Lehman1980] Lehman, M.M.: Programs, life cycles, and laws of software evolution; Proceedings of the IEEE, Vol. 68, No. 9, 1980, 1060-1076

[Lehman1996] Lehman, M.M.: Laws of software evolution revisited; in: C. Montangero (Ed.): Software Process Technology, 5th European Workshop, EWSPT 96; Springer LNCS 1149, 1996, 241-256

[Linthicum1997] Linthicum, D.: Client/Server and Intranet Development, Wiley, 1997

[Mandel1997] Mandel T.: The Elements of User Interface Design, Wiley, 1997

[McConnell1997] McConnell, S.: Software Project Survival Guide, Microsoft Press, 1997

[Mexis1994] Mexis, N.D., Hennig, J.: Handbuch Schwachstellenanalyse und Schwachstellenbeseitigung, 2. Auflage, TÜV-Verlag, 1994

[Mexis1994] Mexis, N.D., Hennig, J.: Handbuch Schwachstellenanalyse und Schwachstellenbeseitigung, 2. Auflage, TÜV-Verlag, 1994

[Microsoft1995] Microsoft: The Windows Interface Guidelines for Software Design, Microsoft Press, 1995

[Noack1998] Noack, J., Schienmann, B.: Designing an Application Development Model for a Large Banking Organization, In Proc. 20th ICSE'98, Kyoto, IEEE,1998, 495-498

[Noack1999a] Noack, J., Schienmann, B.: Objektorientierte Vorgehensmodelle im Vergleich, Informatik-Spektrum 22, 1999, 166-180

[Noack1999b] Noack, J., Schienmann, B.: Introducing Object Technology in a Large Banking Organization, IEEE Software 16(3) 1999, 71-81

[Noack2000a] Noack, J., Mehmanesh, H., Mehmaneche, H., Zendler, A.: Architekturen für Network Computing, Wirtschaftsinformatik 1/2000, 5-14

[Noack2000b] Noack, J.: Entwicklung, Einsatz und Pflege von Vorgehensmodellen in der Sparkassenorganisation, in U. Andelfinger, G. Herzwurm, W. Mellis, G. Müller-Luschnat (Hrsg.): Vorgehensmodelle: Wirtschaftlichkeit, Werkzeugunterstützung und Wissensmanagement, 7. Workshop der Fachgruppe 5.11 der Gesellschaft für Informatik, Shaker Verlag, 1-16

[Noack2000c] Noack, J: Extending the Software Development Process with a Toolkit of UML-Centred Techniques, Proceedings Software Methods and Tools 2000, Wollongong, IEEE, 87-96

[Oestereich1998] Oestereich, B.: Objektorientierte Softwareentwicklung: Analyse und Design mit der Unified Modeling Language, Oldenburg, 1998

[OMG1999] OMG: OMG Unified Modeling Language Specification 1.3, 1999, http://www.omg.com/uml

[Oppliger1997] Oppliger, R.: IT-Sicherheit, Vieweg Verlag, 1997

[Ortner1999] Ortner, E.: Repository Systems. Teil 1: Mehrstufigkeit und Entwicklungs-umgebung, Informatik Spektrum 22(4), 1999, 235-251; Teil 2: Aufbau und Betrieb eines Entwicklungsrepositoriums, Informatik Spektrum 22(5), 1999, 351-363

[Overbeck1994] Overbeck, J.: Integration Testing for Object-Oriented Software, Dissertation, TU Wien, 1994

[Phadke1989] Phadke, M.S.: Quality Engineering using Robust Design, Prentice Hall, Englewood Cliffs, 1989

[Pree1995] Pree, W.: Design Patterns for Object-Oriented Software Development, Addison-Wesley, 1995

[Preece1994] Preece, J., Rogers, Y. Benyon, D., Holland, S., Carey, T.: Human-Computer Interaction, Addison-Wesley, 1994

[Riedemann1997] Riedemann, E.: Testmethoden für sequentielle und nebenläufige Systeme, Teubner, Stuttgart, 1997

[Rising2000] Rising, L.: The Pattern Almanac 2000, Addison-Wesley, 2000

[Robertson1999] Robertson S., Robertson J.: Mastering the Requirements Process, Addison-Wesley, 1999

[Rosenfeld1998] Rosenfeld L., Morville P.: Information Architecture for the World Wide Web, O'Reilly, 1998

[Royce1998] Royce, W.: Software Project Management - A Unified Framework, Addison-Wesley, 1998

[Rumbaugh1991] Rumbaugh, J., Blaha, M., Premerlani, W., Eddy, F., Lorenson, W.: Object-Oriented Modeling and Design, Prentice Hall, 1991

[Rumbaugh1999] Rumbaugh J., Jacobson, I., Booch, G.: The Unified Modeling Language: Reference Manual, Addison-Wesley, 1999

[Saatweber1997] Saatweber J.: Kundenorientierung durch Quality Function Deployment, Hanser, 1997

[Sano1996] Sano, D.: Designing large-scale Web Sites, John Wiley & Sons, 1996

[Sauer1994] Sauer, H.: Relationale Datenbanken, Addison-Wesley, 1994

[Schneider1998] Schneider, G., Winters, J.P.: Applying Use Cases, Addison-Wesley, 1998

[Schneiderman 1998] Schneiderman, B.: Designing the User Interface, Addison-Wesley, 1998

[SES1995a] SES GmbH: SOFT-CALC: User Manual, Munich, 1995

[SES1995b] SES GmbH: SOFT-ORG: User Manual, Munich, 1995

[Shaw1996] Shaw, M., Garlan, D.: Software Architecture, Perspectives on an Emerging Discipline, Prentice Hall, 1996

[SIZ1998] Informatikzentrum der Sparkassenorganisation GmbH (SIZ): Standard der IT-Sicherheit, Version 2.0, Bonn,1998

[SIZ1999a] Informatikzentrum der Sparkassenorganisation GmbH (SIZ): AE-Modell Objektorientierte Entwicklung, Bonn, 1999

[SIZ1999b] Informatikzentrum der Sparkassenorganisation GmbH (SIZ): AE-Modell Internet/Intranet- Entwicklung, Bonn, 1999

[SIZ1999c] Informatikzentrum der Sparkassenorganisation GmbH (SIZ): SIZ-Style-Guide, Release 5.1, Deutscher Sparkassen Verlag GmbH, Stuttgart, Mai 1999.

[Sneed1999] Sneed, H.: Software-Risikoanalyse, In: Proc. Software-Management '99, 191-205, Teubner, 1999, 191-205

[Sommerville 1992] Sommerville, I.: Software Engineering, Addison-Wesley, 1992

[Spillner1990] Spillner, A.: Dynamischer Integrationstest modularer Softwaresysteme, Dissertation, Universität Bremen, 1990

[SPR1993] Software Productivity Research Inc (SPR): CHECKPOINT for Windows, Burlington, Maryland, 1993

[Voss1998] Voss, J., Nentwig, D.: Graphische Benutzungsschnittstellen, Hanser, 1998

[Wallmüller1990] Wallmüller, E.: Software-Qualitätssicherung in der Praxis, Hanser, 1990

[Wandmacher 1993] Wandmacher, J.: Software-Ergonomie, de Gruyter, Berlin, New York, 1993

[Warmer1999] Warmer, J., Kleppe A.: The Object Constraint Language: Precise Modeling with UML, Addison-Wesley, 1999

[Weinshenk1997] Weinschenk, S., Jamar, P., Yeo, S.: GUI Design Essentials, John Wiley & Sons, 1997

[Wiegers1999] Wiegers, K.: Software Requirements, Microsoft Press, 1999

[Winter2000] Winter, M.: Qualitätssicherung für objektorientierte Software: Anforderungsermittlung und Test gegen die Anforderungsspezifikation, Verlag dissertation.de, Berlin, 2000

[Wirfs-Brock1990] Wirfs-Brock, R., Wilkerson, B. , Wiener, L.: Designing Object-Oriented Software, Prentice Hall, 1990

[Wirfs-Brock1993] Wirfs-Brock, R. ; Wilkerson B. , Wiener L.: Objektorientiertes Software-Design, Hanser, 1993 (dt. Übersetzung von [Wirfs-Brock1990])

[Zuse1997] Zuse, H.: A Framework for Software Measurement, de Gruyter, Berlin, 1997

Liste der Techniken (in alphabetischer Reihenfolge)

1 Einleitende Bemerkungen zur Bedeutung der physikalischen Strukturforschung für Anwendung und Prüfung der Kunststoffe

1.1 Der Beitrag physikalischer Untersuchungsmethoden

Von **R. Vieweg**, Darmstadt

Wenn man die Entwicklungslinien der physikalischen Kunststoffuntersuchung aufzeigen will, so heißt dies, sich von einem Stück der Geschichte unserer Werkstoffe Rechenschaft geben. Dabei sind wir in der glücklichen Lage, die ganze in Frage kommende Zeit noch überblicken zu können. Gewiß hat es bekanntlich schon vor mehr als 100 Jahren Stoffe gegeben, die man heute dem weiteren Begriff der Kunststoffe zurechnet, und doch ist der eigentliche Beginn der jetzt als Kunststoffe im engeren Sinn bezeichneten, d. h. der synthetisch aus niedermolekularen Produkten gewonnenen makromolekularen Werkstoffe, klar angebbar. Das berühmte Druck- und Hitze-Patent Leo Hendrik Baekelands, in Deutschland vom Jahre 1908 datierend, kann als das markante Ereignis angesehen werden. Schon bei dieser Erfindung eines Verarbeitungsverfahrens waren es physikalisch-technische Bedingungen, die den Fortschritt begründeten.

Die Anforderungen, die man in der ersten Zeit an die physikalischen Eigenschaften von Kunststoffen stellte, waren, verglichen mit heutigen Bewertungslisten, spärlich. Vor allem waren sie mangels Erfahrungen in den Zahlenwerten und den Methoden noch recht unbestimmt. Man verlangte: genügende Durchschlagfestigkeit, möglichst geringe Hygroskopizität, Feuersicherheit, möglichst hohe Lebensdauer und mechanische Festigkeit. Das ist die Aufzählung der Bewertungsgruppen aus einem Buch von Wernicke, „Die Isoliermittel der Elektrotechnik", Braunschweig 1908. Die Ausweitung dieses knappen Programms zur Vielfalt heutiger Ansprüche hat sich in reizvollem Wechselspiel zwischen Forschung und Entwicklung, Fertigung, Anwendung und Prüfung allmählich vollzogen. Als überragend stellte sich der Einfluß der elektrischen Bewertungen heraus. Die Pionierdienste, welche die Elektrotechnik mit ihren Isolierstoffen unzweifelhaft der ganzen modernen Werkstoffkunde geleistet hat, beruhen ebenso auf der Schärfe der elektrischen Bedingungen wie auf der Unbestechlichkeit und Feinheit elektrischer Meßverfahren. Großen Erfolg brachte die 1920 von H. Schering angegebene Meßbrücke, mit der man in handlicher Weise auch bei hohen und höchsten Spannungen die dielektrischen Verluste und die Dielektrizitätskonstante bestimmt. Um die gleiche Zeit wurde erstmalig in geschlossener, auf die praktisch-elektrotechnische Seite abgestimmter Form eine physikalische Theorie der technischen Dielektrika vorgelegt. K. W. Wagner hat der Technik diesen Dienst geleistet, der sich in der Folge sowohl für die physikalische Isolierstoff-Forschung als auch für die technologisch-chemische Weiterbildung, insbesondere der Kunststoffe, als höchst wichtig erwies. Wenn auch die Vorstellung von Dielektrikum als Mehrschichtenkondensator mit Einschlüssen unterschiedlicher Leitfähigkeit unzulänglich war, so hatte man doch ein der Messung und der Rechnung zugängliches und in manchen Fällen sogar zutreffendes Anschauungsbild.

Theoretische und experimentelle Untersuchungen zahlreicher Gelehrter über das Phänomen des Durchschlags vertieften bald die Kenntnisse; den nächsten großen Schritt vorwärts brachte aber erst P. DEBYES Buch „Polare Molekeln", Leipzig 1929. Hier wurde durch Einführung der Begriffe Dipolmoment und dielektrische Polarisation die Ursache der dielektrischen Erscheinungen unmittelbar ins Molekülinnere verlegt[1]. Auf Grund dieser Auffassungen konnten viele Strukturfragen der Kunststoffe verstanden und sogar Probleme wie die Weichmachung angegangen werden. Die dielektrische Meßtechnik wurde weiter verfeinert, Verlustfaktoren der Größenordnung $\tan\delta = 10^{-6}$ sind heute der selbsttätigen Registrierung zugänglich. Chemisch wurde der Begriff des Makromoleküls immer deutlicher, zentral gefördert durch STAUDINGERS Arbeiten. Der chemischen Denkweise half die physikalische Methodik der Viskosimetrie. Auch die Ultrazentrifuge und die Lichtstreuungsmethode zur Molekulargewichtsbestimmung kommen aus der physikalischen Richtung, während man das Osmometer als physikalisch-chemisch ansehen kann. Erst recht haben die statistischen Verfahren W. KUHNS, durch die das Fadenmolekül und seine Häufungserscheinung, der Knäuel, exakter Behandlung erschlossen wurden, physikalischen Charakter. Eine wesentliche Verbreiterung der Auffassungen gelang durch Vergleich der elektrischen mit der mechanischen und chemischen Betrachtungsweise. Zwischen dielektrischem Verhalten und mechanischen Eigenschaften ergeben sich fruchtbare Analogien, die u. a. von F. H. MÜLLER, E. JENCKEL, K. A. WOLF aufgezeigt wurden. Daß statt der Frequenzabhängigkeit elektrischer Größen bei Kunststoffen auch die Wärmeeinflüsse weitgehende Einsichten vermitteln, ging aus Forschungen von F. WÜRSTLIN überzeugend hervor. Der klassische MAXWELLsche Begriff der Relaxation erfuhr eine Neubelebung und gewann auch experimentell Bedeutung. So wurde im Zusammenklang zwischen chemischer Reaktionskunst und physikalischer Meßpräparation der Traum Wirklichkeit, daß Kunststoffe mit vorgegebenen, einstellbaren Eigenschaften entstanden; der „Werkstoff nach Maß" (A. HÖCHTLEN) ist geschaffen.

Es wäre nun freilich falsch, das mit wenigen Strichen skizzierte Bild der Entwicklung für vollständig zu halten oder den Schluß zu ziehen, daß alles vollkommen wäre. Zum physikalischen Dienst haben alle Gruppen der Physik beigetragen, nicht nur die wenigen bisher erwähnten. Wer wollte die Bedeutung unterschätzen, die für unser Gebiet die Röntgenanalyse (KRATKY, KAST) erlangt hat? Und wie interessant war die Ermittlung der spannungsoptischen Konstanten! Erst dienten Harze dem Maschinenbau als Modellsubstanzen, dann fand man, daß der innere Spannungszustand auch für den Kunststoff in der gereckten Folie, im Halbzeug und Fertigteil analytisch wertvoll sei. Auch die Elektroakustik ist mit den Kunststoffen in einen nutzbringenden Austausch getreten. Man

[1] Vgl. P. DEBYE: Phys. Z. 13 (1912) S. 97.

zieht innere Dämpfung zur Beherrschung der Eigenschwingungen von Übertragern, Tonabnehmern und Lautsprechern heran. Als Schallschlucker finden wir Kunststoffe in der Raum- und Bauakustik, als Trägerstoffe in der Schallplatte und dem modernen Magnetophonband. Für uns aber ist das Wichtigste der Beitrag, den die elektroakustische Untersuchung der elastischen Konstanten von Kunststoffen zur Aufhellung der Zusammenhänge zwischen mechanischen und elektrischen Eigenschaften der Werkstoffe überhaupt beigesteuert hat (H. Oberst). Wohl gibt es auch heute noch Prüfeinrichtungen ad hoc, als deren Typus mehr im Scherz die „Knopfloch-Einreißsicherheits-Meßmaschine" genannt wird, aber die Erkenntnis ist doch stark im Vordringen, daß auf die Dauer nur wohldefinierte physikalische Kenngrößen, nur die Ergründung der Gesetzmäßigkeiten weiterhelfen. Diffusion und Permeation sind weitere Beispiele für Meßgrößen, die von der Physik her prüftechnisch ausgestaltet wurden, insbesondere durch feine Wägungen (Vieweg, Gast). Der außerordentlich weite Bereich von ziemlich grober Durchlässigkeit bei manchen Folien und den Stoffen der Schuhtechnik bis zur möglichst hohen Undurchlässigkeit beim Wettbewerb mit Metallen etwa in der Kabelhülle bedingt eine ganze Skala physikalischer Meßprinzipien.

Seitdem sich Kunststoffe auch als elektrostatisch isolierende Werkstoffe bewährt haben, sind Meßmethoden statischer Art wie die Bestimmung sehr hoher Widerstände für die Sicherung der Gleichmäßigkeit bedeutsam geworden. Und wieder haben wir einen Fall von Wechselwirkung zwischen Fortschritt in der Messung und Verbesserung der technischen Werkstoffe. Man benutzt die elektrostatische Kraftwirkung auf feine Partikel zur „Entstaubung", d. h. zur Reinigung, auch analytisch zur Wägung von Stäuben. Aber man macht sie sich auch anwendungstechnisch, z. B. zum Spritzen von Lacken und zum Niederschlagen feiner Beläge beim sog. „Beflocken", zunutze.

Als neueste Beziehung zwischen Physik und Kunststoffen ist die Anwendung in der Kernphysik zu nennen. Es ist selbstverständlich, daß in den modernen Anlagen zur Teilchenbeschleunigung und in den Reaktoren Kunststoffe gebraucht werden. Daher ist sehr bald die Frage aufgetaucht, ob hochpolymere Stoffe durch starke Strahlungen hoher Energie beeinflußt werden, insbesondere Schaden nehmen. Das Ergebnis von Versuchen war, daß offenbar die Möglichkeit besteht, Hochpolymere – beliebter Experimentierstoff ist das Polyäthylen – zur Vernetzung und damit zum gummiartigen Verhalten in der Wärme zu bringen. Schon werden phantastische Zukunftsbilder entworfen, wie die physikalische Kerntechnik hochfeste und thermisch resistente Werkstoffe zu erzeugen und den unterschiedlichsten Bedürfnissen anzupassen gestattet. Dazu wird es freilich noch manchen Fortschritts auch in der Meßtechnik bedürfen. Sicher aber ist, daß auch in Zukunft die physikalische Entwicklung der synthetischen Werkstoffe für deren gesamtes Gedeihen unerläßlich sein wird.

1.2 Die Entwicklung der Strukturforschung

Von **H. Mark**, Brooklyn N.Y./USA

Die Untersuchung organischer makromolekularer Stoffe auf ihre anwendungstechnisch wichtigen Eigenschaften ist so alt wie die technische Verwendung von

Holz, Leder, Leinen, Baumwolle, Seide und Lack, mußte aber naturgemäß eine rein empirische und zum Teil sogar recht qualitative Werkstoffbeschreibung bleiben, da die Struktur der aufgezählten Substanzen im wesentlichen unbekannt war und selbst die genaue Reproduktion eines gegebenen Materialstückes außerhalb des Bereiches der Möglichkeit lag. Trotzdem hat sich doch im Laufe der Jahrhunderte für jede der obengenannten Substanzen eine recht genaue Qualitätsskala entwickelt, deren höchstwertige Produkte bald gewisse optimale Grenzeigenschaften erreichten, die dann während langer Zeit – bis etwa zum Beginn unseres Jahrhunderts – keine erhebliche Verbesserung erfuhren. Die empirische Behandlung eines Gebietes erreicht eben Grenzwerte, die nur das Auffinden eines neuen Werkstoffes, wie z. B. Hickory oder Kautschuk, zu erweitern vermag.

Wenn aber systematische quantitative Forschung sich eines Gebietes bemächtigt und zu der Frage nach dem „WIE“ auch die nach dem „WARUM“ tritt, dann ergibt sich ein unaufhörlicher Strom neuer Tatsachen, neuer Fragestellungen und neuer Ideen, die immer wieder neue und bessere Werkstoffe schaffen, wenn immer neue Kombinationen von Eigenschaften erforderlich werden.

Dieser Umschwung trat auf dem hier zur Diskussion stehenden Gebiet im wesentlichen in den ersten zwei Jahrzehnten des gegenwärtigen Jahrhunderts ein und erhielt seinen stärksten Anstoß aus der Entwicklung der synthetischen organischen Chemie. Emil Fischer und bedeutende, seinem Kreise entstammende Forscher haben die Grundlage für die tiefere Kenntnis des chemischen Aufbaus der wichtigsten Klassen organisch chemischer Werkstoffe – Zellulose, Lignin, Eiweiß und Kautschuk – geschaffen, und Carothers, Meyer und Staudinger haben die Brücke zu den synthetischen Hochpolymeren geschlagen und ein ungeheures Gebiet der Forscher- und Entwicklertätigkeit für eine immer steigende Zahl von Chemikern, Physikern und Ingenieuren eröffnet.

Eine wichtige Folgeerscheinung des besseren Verständnisses vom Aufbau organischer Hochpolymerer war zunächst eine erhebliche Verfeinerung in der Herstellung solcher natürlicher Werkstoffe wie Baumwolle, Kautschuk oder Zellstoffe, die teils durch Züchtung, teils durch verbesserte Trennungs- und Reinigungsmethoden heute in bedeutend besserer und einheitlicherer Qualität auf den Markt gebracht werden als früher. Von noch größerer Bedeutung aber war die fast unübersehbare Zahl synthetischer Werkstoffe, deren Herstellung mit durchaus reproduzierbaren einfachen organischen Substanzen beginnt und aus einer Reihe wohldefinierter und im wesentlichen kontrollierbarer Schritte besteht, die eine ununterbrochene Einsicht in die vor sich gehenden chemischen und physikalischen Veränderungen der in Frage kommenden Substanzen gestatten.

Das Vorhandensein einer so viel besseren Kenntnis von der chemischen Zusammensetzung und physikalischen Beschaffenheit hochpolymerer Werkstoffe hat begreiflicherweise bald auch den Wunsch erweckt, die technisch wertvollen und wichtigen Eigenschaften dieser Substanzen nicht nur messend zu registrieren, sondern sie auch auf Grund des Aufbaues ihrer Träger zu verstehen und wenn möglich sogar durch rechtzeitige geeignete Eingriffe während der fabrikatorischen Herstellung in gewollter Weise vorher zu bestimmen. Hierzu